최신개정
2025년 3월

RI취급면허(일반/감독/특수) 시험대비

원자력안전법규

송재흥, 곽병준, 권경태, 권대철, 김가중, 김갑중, 김기복, 김순근,
김승철, 김영란, 김용민, 김원태, 김정훈, 김창규, 김형균, 류영환,
민병인, 박영준, 박철수, 박혜민, 박훈희, 서정민, 선종률, 신정섭,
신지윤, 양오남, 여진동, 여화연, 오명진, 유신영, 이기백, 이보우,
이상윤, 이선석, 이송재, 이승완, 이승재, 이행기, 이효영, 임재동,
정문택, 정봉재, 정상복, 제재용, 조광호, 조용인, 조정근, 주명식,
지연상, 최준구, 한상현, 한용수, 홍성일

청구문화사

머 리 말

우리나라의 원자력에 관한 연구·개발 및 이용은 해가 거듭될수록 급속히 발전되었다. 특히 산업의 발달과 더불어 방사성동위원소 등의 사용처도 날로 증가 추세에 있고, 그 이용분야도 다양화되었다. 특히 의료분야의 경우는 방사선을 이용한 진단 및 암 치료 등으로 국민 보건 향상에 크게 기여해왔다. 그러나 후쿠시마의 원전사고를 통한 충격과 최근 원자력 안전에 영향을 미치는 사회적 이슈로 원자력의 안전에 더욱더 많은 관심을 가지고 있다. 이에 따른 원자력과 관련된 각종 규제 및 기준이 제시된 원자력관계법령에도 일반인의 관심도가 높은 실정에 있다.

방사성동위원소 등의 허가사용자는 원자력안전법령에 규정한 각종 적합한 시설을 갖추어 원자력안전위원회의 허가를 받아야 하고, 방사성동위원소 등을 취급할 수 있는 소정의 면허를 취득한 자 중에서 방사선안전관리자를 선임해야 한다. 그 대상자는 방사성동위원소 취급자 일반면허, 방사성동위원소 취급자 특수면허 및 방사선 취급 감독자면허자만이 선임될 수 있다.

이 책은 방사성동위원소 등의 취급과 관련된 면허시험 과목 중 한 분야인 원자력관계법령에 대한 내용만을 수록하였다. 특히 최근 개정된 원자력안전법, 시행령, 시행규칙 및 원자력안전위원회 고시까지 법령의 체계에 따라 알기 쉽게 정리하였다. 그리고 교재 전반부에는 각 단원별로 면허시험 대비를 위한 예상문제를 수록하였고, 교재의 후반부에는 중요한 원자력안전위원회의 고시와 주관식 문제를 수록하여 이해의 폭을 넓혔다. 따라서 이 교재는 대학의 방사선분야와 관련된 학과에서 강의 교재로 사용할 수 있으며, 산업체, 의료기관 등에 종사하는 근무자의 방사선안전관리 및 방사선취급 면허시험의 수험서로서 활용할 수 있다.

이 책이 방사선 분야와 관련된 면허시험 준비생들에게 지침서의 역할을 하고 원자력의 안전관리와 이용증진에 조그마한 보탬이 되기를 바라며, 앞으로도 지속적으로 개정되는 원자력안전법령에 따라 수정·보완할 것을 약속드리며, 여러분들의 각별하신 성원과 지도편달을 바란다.

끝으로 본 교재가 2012년 처음 초판에서 개정판을 내기까지 격려와 사랑으로 도와주신 청구문화사 이상태 사장님과 편집부 임직원님에게 진심으로 감사의 말씀을 드립니다.

2025년 2월

대표저자 송재흥, 정봉재

면허의 종류별 면허시험 응시자격

면허의 종류	면허시험 응시자격
1. 방사성동위원소취급자일반면허	가. 이공계 전문대학 2년 이상 수료자 또는 이와 동등 이상의 학력이 있다고 교육부장관이 인정하는 사람이나 「국가기술자격법」에 따른 산업기사 이상의 자격을 가진 사람으로서 방사성동위원소 등의 취급에 관한 실무에 1년 이상 종사한 사람 나. 고등학교 졸업자 또는 이와 동등 이상의 학력이 있다고 교육부장관이 인정하는 사람이나 「국가기술자격법」에 따른 기능사 이상의 자격을 가진 사람으로서 방사성동위원소 등의 취급에 관한 실무에 2년 이상 종사한 사람 다. 외국에서 방사성동위원소 취급자 일반면허를 받았거나 이에 준하는 자격을 가진 사람으로서 위원회가 인정하는 사람
2. 방사선취급감독자면허	가. 이공계 4년제 대학 졸업자 또는 이와 동등 이상의 학력이 있다고 교육부장관이 인정하는 사람이나 「국가기술자격법」에 따른 기사 이상의 자격을 가진 사람으로서 방사선장해방어에 관한 실무에 2년 이상 종사한 사람 나. 방사성동위원소 취급자 일반면허를 받은 후 방사선장해 방어에 관한 실무에 2년 이상 종사한 사람 다. 방사성동위원소 취급자 특수면허를 가진 사람 라. 외국에서 방사선취급감독자면허를 받았거나 이에 준하는 자격을 가진 사람으로서 위원회가 인정하는 사람

면허의 종류별 시험과목

면허의 종류	시험과목	시험방법
1. 방사성동위원소취급자일반면허	방사성동위원소의 취급자로서 그 직무수행에 필요한 일반적 지식과 기술에 관하여 다음의 사항을 검정한다. 가. 원자력기초이론 나. 방사성동위원소 및 방사선의 취급기술에 관한 기초지식 다. 방사선장해 방어에 관한 기초지식 라. 원자력 관계 법령(법 및 방사선장해방어 관계 법령에 한정한다)	필기시험
2. 방사선취급감독자면허	방사선의 취급감독자로서 그 직무수행에 필요한 전문적 지식과 기술에 관하여 다음의 사항을 검정한다. 가. 방사선에 의한 장해 및 그 방어 나. 원자력이론(물리학·화학·생물학 분야 중 방사선에 관한 것에 한정한다) 다. 방사성동위원소 및 방사선의 취급기술 및 측정기술 라. 원자력 관계 법령(법 및 방사선장해방어 관계 법령에 한정한다)	필기시험

원자력 관계 면허 교부현황 (1962~2023년, 단위 : 개)

면 허 구 분	발급면허수	취소면허수	유효면허수
방사성동위원소취급자일반면허	10,830	105	10,725
방사성동위원소취급자특수면허	1,041	34	1,007
방사선취급감독자면허	1,157	27	1,130
합 계	13,028	166	12,862

방사선안전관리자 선임현황 (2022년 말 기준, 단위 : 명)

구 분 / 업 종	일반면허	감독면허	특수면허	방사선 관리기술사	업무대행	계
산업기관	344	288	-	10	472	1,114
공공기관	26	40	1	8	14	89
의료기관	197	25	167	-	-	389
교육기관	104	42	7	3	9	165
연구기관	27	30	2	2	13	74
군사기관	41	10	-	-	-	51
계	739	435	177	23	508	1,882

최근 5년간 업종별 종사자 수 (2023년 말 기준, 단위 : 명)

년 도 / 업종별	2019년	2020년	2021년	2022년	2023년
	종사자수	종사자수	종사자수	종사자수	종사자수
산업체	9,570	10,183	11,164	11,805	12,164
비파괴검사	5,350	5,214	4,963	4,703	4,650
의료기관	6,278	6,450	6,719	6,928	7,102
연구기관	2,318	2,503	2,512	2,606	2,576
교육기관	4,696	3,995	5,644	5,875	5,891
공공기관	1,362	1,388	1,442	1,474	1,446
군사기관	285	332	320	331	307
발전소(원전)	16,205	16,850	16,798	16,210	15,958
합 계 (업종별)	45,124 (46,064)	45,925 (46,915)	48,420 (49,562)	48,851 (49,932)	49,016 (50,094)

* 자료출처 : 원자력안전위원회(2023년 원자력안전연감)

방사성동위원소 취급자 일반면허 시험 출제범위

출제분야	출제항목	출제 세부항목
1. 총칙, 종합계획, 위원회	1. 정의	▸ 정의
	2. 기타	▸ 기타
2. 방사성동위원소 및 방사선발생장치에 관한 규정	1. 허가, 신고	▸ 허가기준(안전관리규정, 안전보고서 등 포함) ▸ 시설기준, 취급기준 ▸ 정기검사, 시설검사, 생산검사 ▸ 기타
	2. 방사선 기기	▸ 설계승인 ▸ 검사(제작)
	3. 업무대행	▸ 등록기준 ▸ 업무범위 ▸ 기타
	4. 방사선안전관리자	▸ 선임기준, 역할, 임무
3. 폐기, 운반 및 판독에 관한 규정	1. 폐기, 운반	▸ 방사성폐기물 자체처분 ▸ 운반신고 ▸ 포장 및 운반검사 ▸ 운반용기 설계승인 및 검사 ▸ 포장 및 운반에 관한 기술기준 ▸ 기타
	2. 피폭방사선량의 판독	▸ 등록기준 ▸ 정기검사, 시설검사, 성능검사 ▸ 기타
4. 면허, 교육, 규제, 보칙 및 벌칙에 관한 규정	1. 면허, 교육	▸ 면허, 교육
	2. 규제, 감독	▸ 방사선장해방어 조치 ▸ 기록, 비치, 보고 ▸ 기타
	3. 보칙, 벌칙	▸ 보칙, 벌칙

▶ 방사선취급 감독자 면허시험 : 원자력관계법령(법 및 방사선장해 방어 관계법령에 한정한다)에 대한 객관식 및 주관식 문항 출제됨

차 례

제1장 원자력안전법령의 체계

1. 원자력안전법의 목적

원자력의 연구·개발·생산·이용 등에 따른 안전관리에 관한 사항을 규정하여 방사선에 의한 재해의 방지와 공공의 안전을 도모함을 목적으로 한다.

2. 원자력안전법의 구성

국내 원자력안전법령체계는 아래 그림과 같이 원자력안전법, 시행령, 시행규칙, 원자력안전위원회 규칙 (원자로시설 등의 기술기준에 관한 규칙, 방사선 안전관리 등의 기술기준에 관한 규칙) 및 원자력안전위원회 고시로 구성되어있다.

원자력안전법	• 원자력 안전 규제에 관한 근거 및 기본 사항 규정(국회, 법률)
원자력안전법 시행령	• 원자력안전법 시행에 필요한 행정적인 사항 규정(대통령령)
원자력안전법 시행규칙	• 원자력안전법 및 시행령 시행에 필요한 행정적인 사항 규정 (총리령)
방사선안전관리 등의 기술기준에 관한 규칙	• 원자력안전법, 시행령 및 시행규칙의 시행에 필요한 인·허가 절차, 신청방법 및 기술기준 규정(원자력안전위원회 규칙)
원자력안전위원회 고시	• 기술기준 및 행정절차에 관한 사항을 상세히 규정 (원자력안전위원회)

3. 원자력안전법의 제정 · 개정현황

1) 원자력안전법

- ○ 제정 : 1958년 3월 11일, 법률 제483호
- ○ 통합 원자력법 제정 : 1982년 4월 1일, 법률 제3549호

○ 최근 개정 : 2024년 10월 22일, 법률 제20308호

2) 원자력안전법 시행령

○ 제정 : 1982년 9월 30일, 대통령령 제10927호
○ 최근 개정 : 개정 2024년 10월 29일, 대통령령 제34975호

3) 원자력안전법 시행규칙

○ 제정 : 1983년 4월 13일, 총리령 제275호
○ 최근 개정 : 개정 2024년 12월 24일, 총리령 제2000호

4) 방사선안전관리 등의 기술기준에 관한 규칙

○ 제정 : 2000년 4월 18일, 과학기술부령 제17호
○ 최근 개정 : 2023년 9월 25일, 원자력안전위원회 규칙 제50호

5) 원자력안전위원회 고시

○ 최근 개정 : 2024년, 원자력안전위원회 고시

4. 원자력안전법의 체계

1) 원자력안전법(개정 2024년 10월 22일, 법률 제20308호)

○ 제1장 총 칙
○ 제2장 원자력안전종합 계획의 수립·시행 등
○ 제3장 원자로 및 관계시설의 건설·운영
○ 제4장 핵연료주기사업 및 핵물질사용 등
○ 제5장 방사성동위원소 및 방사선발생장치
○ 제6장 폐기 및 운반
○ 제7장 방사선피폭선량의 판독 등
○ 제8장 면허 및 시험
○ 제9장 규제·감독
○ 제10장 보 칙
○ 제11장 벌 칙
부 칙

2) 원자력안전법 시행령(개정 2024년 10월 29일, 대통령령 제34975호)

○ 제1장 총 칙
○ 제2장 원자력안전종합 계획의 수립·시행 등
○ 제3장 원자로 및 관계시설의 건설·운영
○ 제4장 핵연료주기사업 및 핵물질사용 등
○ 제5장 방사성동위원소 등·방사성폐기물 및 방사성물질의 관리

- ○ 제6장 폐기 및 운반 등
- ○ 제7장 방사선피폭선량의 판독 등
- ○ 제8장 면허 및 시험
- ○ 제9장 규제·감독 등
- ○ 제10장 보 칙
- ○ 제11장 벌 칙

부칙 및 별표(선량한도 등)/서식

3) 원자력안전법 시행규칙(개정 2024년 12월 24일, 총리령 제2000호)

- ○ 제1장 총 칙
- ○ 제2장 원자로 및 관계시설의 건설·운영
- ○ 제3장 핵연료주기시설
- ○ 제4장 핵물질의 사용 등
- ○ 제5장 방사성동위원소 등 방사성폐기물 및 방사성물질의 관리
- ○ 제6장 방사성폐기물의 관리·운영
- ○ 제7장 방사성물질 등의 포장 및 운반
- ○ 제8장 방사선피폭선량의 판독 등
- ○ 제9장 원자력관계종사자의 면허 및 교육
- ○ 제10장 규제·감독 등
- ○ 제11장 권한의 위탁
- ○ 제12장 보 칙

부칙 및 별표(정기검사 시기 등)/서식(각종 신청서 양식)

4) 방사선안전관리 등의 기술기준에 관한 규칙(개정 2023년 9월 25일, 원자력안전위원회 규칙 제50호)

- ○ 제1장 총 칙
- ○ 제2장 핵물질의 사용
- ○ 제3장 방사성동위원소·방사선발생장치의 안전관리
- ○ 제4장 방사성폐기물의 안전관리
- ○ 제5장 방사성물질 등의 포장 및 운반의 안전관리

부칙 및 별표(방사능 표지 등)/서식

5) 원자력안전위원회 고시(방사선 관련 부문)

- ○ 방사선방호 등에 관한 기준(고시 제2019-10호)
- ○ 방사선발생장치 추가 적용대상에 관한 규정(고시 제 2017-37호)
- ○ 방사선안전보고서 작성지침(고시 제2023-4호)
- ○ 방사선안전관리 업무대행 권역구분 및 업무대행규정 작성 지침(고시 제 2019-5호)
- ○ 의료분야의 방사선안전관리에 관한 기술기준(고시 제2024-13호)

- ○ 개인 피폭방사선량의 평가 및 관리에 관한 규정(고시 제2019-20호)
- ○ 내부 피폭방사선량의 측정 및 산출에 관한 규정(고시 제2024-13호)
- ○ 방사선기기의 설계승인 및 검사에 관한 기준(고시 제2024-13호)
- ○ 방사선원의 누설점검에 관한 기술기준(고시 제2017-45호)
- ○ 방사성물질 등의 포장 및 운반에 관한 규정(고시 제2024-13호)
- ○ 안전관리규정 작성지침(고시 제2024-13호)
- ○ 중·저준위 방사성폐기물 처분시설의 위치 관한 기술기준(고시 제2024-13호)
- ○ 원자력관계 면허시험 시행에 따른 경력(교육훈련 포함)의 내용 및 산출방법 등에 관한 규정(고시 제2024-6호)
- ○ 방사성동위원소에서 제외되는 물질 등에 관한 규정(고시 제 2017-41호)
- ○ 중·저준위방사성폐기물 처분시설의 안전성분석보고서 작성지침(고시 제 2024-13호)
- ○ 방사선발생장치에서 제외되는 용도 및 용량 등에 관한 규정(고시 제 2017-42호)
- ○ 방사성동위원소 등의 허가사용자 및 업무대행자에 대한 정기검사 면제에 관한 규정(고시 제 2017-48호)
- ○ 원자력통제교육에 관한 규정(고시 제 2017-80호)
- ○ 방사성폐기물 분류 및 자체처분 기준에 관한 규정(고시 제 2023-7호)
- ○ 방사성물질 운반용기의 제작검사 및 사용검사에 관한 규정(고시 제 2017-67호)
- ○ 판독업무 등록기준 및 검사에 관한 규정(고시 제 2023-1호)
- ○ 중·저준위 방사성폐기물 인도규정(고시 제 2024-13호)
- ○ 외부피폭선량 판독에 관한 품질보증계획서 작성 기준(고시 제 2017-75호)
- ○ 방사성동위원소 등의 생산에 관한 기준(고시 제 2017-52호)
- ○ 방사성동위원소판매자의 준수사항(고시 제 2017-19호)
- ○ 방사성동위원소 보안관리에 관한 규정 (고시 제 2017-55호)

5. 원자력안전관리의 기본원칙

원자력의 연구 · 개발 · 생산 · 이용 등에 따른 안전관리(이하 "원자력안전관리"라 한다)는 다음 각 호의 원칙에 따라 추진하여야 한다.

- ○「원자력안전협약」등 국제규범에 따른 원칙을 준수할 것
- ○ 방사선장해로부터 국민안전과 환경을 보호하는 데에 기여할 것
- ○ 과학기술의 발전수준을 반영하여 안전기준을 설정할 것

6. 원자력안전법의 규제대상

- ○ 원자로(발전용, 연구용, 교육용) 및 관계시설
- ○ 핵연료주기사업 및 핵물질사용 등
- ○ 방사성동위원소 및 방사선발생장치

1. 원자력안전법령의 체계 예상문제

【문제 1】 원자력안전법의 목적에 관한 다음의 규정 중 괄호 안에 옳은 것은?

원자력의 연구·개발·생산·판매 등에 따른 (가)에 관한 사항을 규정하여 방사선에 의한 재해의 방지와 (나)의 안전을 도모함을 목적으로 한다.

① 가 : 안전관리 나 : 개인
② 가 : 안전관리 나 : 공공
③ 가 : 원자력진흥 나 : 개인
④ 가 : 원자력진흥 나 : 공공

【문제 2】 원자력안전법·동법 시행령의 위임사항과 그 시행에 관한 필요한 사항을 규정한 것은?

① 원자력안전법
② 원자력안전법 시행령
③ 원자력안전법 시행규칙
④ 원자력안전위원회 고시

【문제 3】 원자력안전법에 대한 설명 중 옳지 않은 것은?

① 원자력안전법의 시행규칙은 부령이다.
② 원자력안전법의 시행령은 대통령령이다.
③ 원자력안전법은 의료법과 대등한 관계에 있다.
④ 원자력안전법은 원자력의 이용 및 안전규제의 기본사항을 규정한다.

【문제 4】 원자력안전법의 규제대상이 아닌 것은?

① 의료 진단용 방사선발생장치
② 발전용 원자로 및 관계시설
③ 방사성동위원소 및 방사선발생장치
④ 핵연료 주기사업 및 핵물질사용 등

【문제 5】 원자력안전법령의 기술방식 순서가 올바른 것은?

① 법 → 시행령 → 시행규칙 → 고시령
② 법 → 시행규칙 → 시행령 → 고시령
③ 법 → 고시령 → 시행규칙 → 시행령
④ 법 → 시행령 → 고시령 → 시행규칙

【문제 6】 원자력안전법의 목적에 관한 설명 중 옳지 않은 것은?

① 방사성동위원소 등의 판매에 관한 규제
② 방사선에 의한 재해 방지와 공공의 안전도모
③ 원자력의 연구·개발에 따른 안전관리에 관한 사항
④ 원자력의 생산·이용에 따른 안전관리에 관한 사항

㉭ 1. ② 2. ③ 3. ① 4. ① 5. ① 6. ①

【문제 7】 원자력안전법령 중에서 총리령과 관련이 있는 것은?

① 원자력안전법 ② 원자력안전법 시행령
③ 원자력안전법 시행규칙 ④ 원자력안전위원회 고시

【문제 8】 원자력안전법에 대한 설명 중 옳은 것은?

① 전문법 ② 단일법
③ 이중법 ④ 특별법

【문제 9】 원자력안전법령 중에서 법률과 관련이 있는 것은?

① 원자력안전법 ② 원자력안전법 시행령
③ 원자력안전법 시행규칙 ④ 원자력안전위원회 고시

【문제 10】 법 규정과 제·개정 권한을 가진 기관을 연결한 것 중 옳은 것은?

① 원자력안전법 - 원자력안전위원회 ② 원자력안전법 시행령 - 국회
③ 원자력안전법 시행규칙 - 총리령 ④ 원자력안전위원회 고시 - 대통령령

【문제 11】 원자력안전법 및 시행령의 시행에 필요한 주요 기술기준에 관한 사항을 원자력안전위원회에서 원칙 수준으로 규정한 법령은?

① 원자력안전법 ② 원자력안전법 시행령
③ 원자력안전법 시행규칙 ④ 방사선안전관리 등의 기술기준에 관한 규칙

【문제 12】 원자력안전법의 목적에 관한 설명 중 옳지 않은 것은?

① 원자력의 연구에 따른 안전관리에 관한 사항
② 방사선에 의한 재해 방지와 개인의 안전도모
③ 원자력의 생산에 따른 안전관리에 관한 사항
④ 원자력의 이용에 따른 안전관리에 관한 사항

【문제 13】 원자력안전법, 시행령, 시행규칙 및 위원회 규칙의 시행에 필요한 특정 주제에 관한 상세 기술기준 또는 행정절차·서식 작성법 등을 규정한 것은?

① 원자력안전법 ② 원자력안전법 시행령
③ 원자력안전법 시행규칙 ④ 원자력안전위원회 고시

【문제 14】 원자력안전종합계획 수립, 원자로시설에 대한 건설허가 및 운영허가 등을 관장하는 원자력안전위원회의 안전규제 활동에 대한 법적 근거가 되는 것은?

① 원자력안전법 ② 원자력안전법 시행령
③ 원자력안전법 시행규칙 ④ 원자력안전위원회 고시

㉰ 7. ③ 8. ② 9. ① 10. ③ 11. ④ 12. ② 13. ④ 14. ①

제2장 원자력안전법의 관련 용어정의

1. 원자력안전법

1) 원자력

원자핵 변화의 과정에 있어서 원자핵으로부터 방출되는 모든 종류의 에너지

2) 핵물질

핵연료 물질 및 핵원료 물질

3) 핵연료물질

우라늄·토륨등 원자력을 발생할 수 있는 물질로서 **대통령령**이 정하는 것

▸ **대통령령**

(1) 우라늄 238에 대한 우라늄 235의 비율이 천연혼합율과 같은 우라늄 및 그 화합물
(2) 우라늄 238에 대한 우라늄 235의 비율이 천연혼합율에 미달하는 우라늄 및 그 화합물
(3) 토륨 및 그 화합물
(4) 제(1)호 내지 제(3)호의 물질이 1이상 함유된 물질로서 원자로의 연료로 사용할 수 있는 물질
(5) 우라늄 238에 대한 우라늄 235의 비율이 천연혼합율을 초과하는 우라늄 및 그 화합물
(6) 플루토늄 및 그 화합물
(7) 우라늄 233 및 그 화합물
(8) 제(5)호 내지 제(7)호의 물질이 1이상 함유된 물질

4) 핵원료물질

우라늄광·토륨광과 그 밖의 핵연료물질의 원료가 되는 물질로서 **대통령령**으로 정하는 것

▸ **대통령령**

우라늄 및 그 화합물 또는 토륨 및 그 화합물을 함유한 물질로서 핵연료물질 외의 물질

5) 방사성물질

핵연료물질·사용후핵연료·방사성동위원소 및 원자핵분열생성물

6) 방사성동위원소

방사선을 방출하는 동위원소와 그 화합물 중 **대통령령**이 정하는 것

▸ **대통령령**

동위원소의 수량과 농도가 **위원회가 정하는 수량 및 농도**를 초과하는 물질로서 다음 각 호의 물질은 제외됨

(1) 핵연료물질

(2) 핵원료물질

(3) 방사성물질 또는 이를 내장한 장치 중 방사선장해의 우려가 없는 것으로서 **위원회가 정하여 고시**하는 것

▸ **방사성동위원소의 수량 및 농도(위원회 고시)**

"원자력안전위원회가 정하는 수량과 농도"란 별표 5의 제2란의 해당 방사성핵종에 대한 제3란의 수량 및 제4란의 농도를 말함.

▸ **방사성동위원소에서 제외되는 물질 등(위원회 고시)**

"방사성물질 또는 이를 내장한 장치 중 방사선장해의 우려가 없는 것으로서 위원회가 정하여 고시하는 것"

(1) 설계승인 및 검사를 받은 방사선기기에 내장된 것으로서 다음 각 목에 해당하는 것

가. 연기 감지기에 내장된 것으로서 다음 조건을 만족하는 것

① 연기 감지기의 뒷면 및 이를 열었을 때 눈에 띄기 쉬운 곳에 방사성물질임을 나타내는 표지와 취급시의 주의사항(폐기방법 포함)을 부착하고 있을 것

② 건물주와 공급자 사이에 연기 감지기의 보수유지에 관한 유효한 서면 계약이 있을 것

나. 일정 시설에 고정되어 있거나 물품 내부에 견고하게 부착되어 있는 다음과 같은 것

① H-3을 사용한 안전지시등으로서 단위 제품당 925 GBq을 초과하지 아니하여야 하며, 다음 조건을 만족하는 것

가) 방사성동위원소와의 접촉을 방지하는 구조일 것

나) 접근 가능한 표면에서의 표면방사선량률이 1 μSv/h 이하일 것

다) 취급으로 인한 개인 피폭방사선량이 년간 10 μSv 미만일 것

② Pm-147을 사용한 항공기용 발광물질로서 3 GBq을 초과하지 않는 것

(2) 방사선기기에 내장된 것으로서 다음 각 목에 해당하는 것

가. 게이지 또는 지시계(시계를 포함한다)에 견고하게 내장된 발광물질로서 다음 기준을 만족하는 것

① 원자력안전위원회 고시 (방사선방호 등에 관한 기준)별표 5의 제3란에 명시된 최소 수량이 100 kBq 미만인 제2란의 당해 방사성핵종을 함유하지 않을 것

② 방사성 발광도료에 사람의 접촉이 어려운 상태의 것

③ 단위 제품 당 방사능이 방호기준 별표 5의 제2란의 당해 방사성핵종에 대한 제3란의 수량의 50배 이하이고, 표면방사선량률이 1 μSv/h 이하인 것

나. 전기 및 가스 기기에 내장된 것으로서 다음 조건을 만족하는 것
① 방호기준 별표 5의 제3란에 명시된 최소수량이 10 kBq 미만인 제2란의 당해 방사성핵종을 함유하지 않을 것
② 단위 부품 당 방사능이 방호기준 별표 5의 제2란의 당해 방사성핵종에 대한 제3란의 수량의 100배 미만일 것
③ 단위 부품 또는 여러 개의 단위 부품을 내장하는 기기의 표면방사선량률이 1 μSv/h 이하일 것

다. 군사용 기기에 내장된 다음과 같은 것
① 9.25 MBq 이하의 Am-241
② 37 GBq 이하의 H-3
③ 3 GBq 이하의 Pm-147
④ 1 GBq 이하의 Ni-63

(3) ISO 2919-1999(E) 또는 ANSI N542-1977에 명시된 방사선계측기의 검·교정 용 선원의 내구성 기준을 만족하는 밀봉된 방사성동위원소로서 그 수량이 3.7 MBq 이하 또는 방호 기준 별표 5의 제2란의 당해 방사성핵종에 대한 제3란의 수량의 10배 이하인 것
(4) 방사성의약품으로 인증된 37 kBq 이하의 C-14를 과립형태로 내장한 캡슐을 인체에 대한 진단용으로 사용하는 경우

7) 방사선

전자파 또는 입자선 중 직접 또는 간접으로 공기를 전리하는 능력을 가진 것으로서 **대통령령**으로 정하는 것

▸ **대통령령**

(1) 알파선·중양자선·양자선·베타선 그 밖의 중하전입자선
(2) 중성자선
(3) 감마선 및 엑스선
(4) 5만 전자볼트 이상의 에너지를 가진 전자선

8) 원자로

핵연료물질을 연료로 사용하는 장치, 다만, **대통령령**이 정하는 것은 제외

▸ **대통령령**

원자핵분열의 연쇄반응을 제어할 수 있고 그 반응의 평형상태를 중성자원을 쓰지 아니하고도 지속할 가능성이 있는 장치외의 것

9) 방사선발생장치

하전입자를 가속시켜 방사선을 발생하는 장치로 **대통령령**이 정하는 것

다만, 위원회가 정하는 용도의 것과 위원회가 정하는 용량 이하의 것은 제외

▸ **대통령령**

(1) 엑스선 발생장치
(2) 사이크로트론
(3) 신크로트론
(4) 신크로사이크로트론
(5) 선형가속장치
(6) 베타트론
(7) 반·데 그라프형 가속장치
(8) 콕크로프트·왈톤형 가속장치
(9) 변압기형 가속장치
(10) 마이크로트론
(11) 방사광가속기
(12) 가속이온주입기
(13) **그 밖에 위원회가 정하여 고시하는 것**

▸ **방사선발생장치 추가적용 대상(위원회 고시)**

"그 밖에 위원회가 정하여 고시하는 것"
(1) 수소를 이용한 핵융합 실험장치
(2) 중수소를 이용한 핵융합 실험장치

▸ **방사선발생장치에서 제외되는 용도 및 용량(위원회 고시)**

"위원회가 정하는 용도와 위원회가 정하는 용량 이하의 것"
(1) 하전입자를 가속시켜 방사선을 발생하는 장치로서 가속된 하전입자 및 이로 인해 부수적으로 발생하는 모든 방사선의 최대 에너지가 5 keV 이하인 것
(2) 의료 진단용으로 사용하는 엑스선발생장치
(3) 설계승인 및 검사를 받은 방사선기기로서 「원자력안전위원회 고시(방사선기기의 설계승인 및 검사에 관한 기준)」의 규정에 의한 완전 방호형인 것

▸ **방사선기기의 설계승인 및 검사에 관한 기준(위원회 고시) : 완전 방호형에 대한 구조 기준**

(1) 방사선원과 피사체 또는 시료는 정상적인 사용조건에서 고유 안전성이 항상 유지되는 고정 부착된 격리 구조물로 밀폐되어, 방사선방출 중에는 신체의 일부 가격리 구조물 내에 직접 접촉할 수 없도록 할 것
(2) 특수 공구를 이용하지 아니 하는 한 방사선기기의 분해가 되지 말 것
(3) 개폐가 가능한 모든 격리 구조물이 정상적인 위치에 있지 아니 한 경우에는 방사선기기가 작동하지 않도록 하여야 할 것
(4) 단순히 방사선기기를 고정하는 부분 이외에는 방사선기기의 안전성 확보를 위한 별도의

장치가 필요하지 않을 것
(5) 방사선기기의 외부에 형성되는 방사선장에 의한 피폭방사선량이 최대가 되는 가동 조건에서 모든 접촉부위의 표면방사선량은 시간당 1 μSv를 초과하지 말 것
(6) 방사선발생장치의 경우 가속관의 최대전압이 50 kV 이하 일 것

10) 관계시설

원자로의 안전에 관계되는 시설로서 **대통령령**이 정하는 것

▸ **대통령령**
(1) 원자로 냉각계통 시설
(2) 계측 제어계통 시설
(3) 핵연료물질의 취급시설 및 저장시설
(4) 원자력발전소 안에 위치한 방사성폐기물의 처리·배출 및 저장시설
(5) 방사선 관리시설
(6) 원자로 격납시설
(7) 원자로 안전계통 시설
(8) 그 밖에 원자로의 안전에 관계되는 시설로서 위원회가 정하는 것

11) 정련

핵원료물질에 포함된 우라늄 또는 토륨의 비율을 높이기 위하여 물리적·화학적 방법으로 핵원료물질을 처리하는 것

12) 변환

핵연료물질을 화학적 방법으로 처리하여 가공에 적합한 형태로 만드는 것

13) 가공

핵연료물질을 물리적·화학적 방법으로 처리하여 원자로의 연료로서 사용할 수 있는 형태로 만드는 것

14) 사용후핵연료처리

원자로의 연료로서 사용된 핵연료물질 또는 그 밖의 방법으로 원자핵분열을 시킨 핵연료물질을 연구 또는 시험을 목적으로 취급하거나, 물리적·화학적 방법으로 처리하여 핵연료물질과 그 밖의 물질로 분리하는 것

15) 핵연료주기시설

정련·변환·가공 또는 사용후핵연료처리를 위한 시설

16) 방사선관리구역

외부의 방사선량률, 공기 중의 방사성물질의 농도 또는 방사성물질에 따라 오염된 물질의 표면의 오염도가 **원자력안전위원회 규칙으로 정하는 값**을 초과할 우려가 있는 곳으로서 방사선의 안전관리를 위하여 사람의 출입을 관리하고 출입자에 대하여 방사선의 장해를 방지하기 위한 조치가 필요한 구역

- **방사선 안전관리 등의 기술기준에 관한 규칙 : 원자력안전위원회 규칙으로 정하는 값**
  (1) 외부 방사선량률 : 1주당 400마이크로시버트
  (2) 공기 중의 방사성물질의 농도 : 유도공기중농도
  (3) 물체표면의 오염도 : 허용표면오염도

- **외부 방사선량률 등이 제(1)항 규정에 의한 값을 초과할 우려가 있는 곳**
  사람의 출입을 관리하고 출입자에 대한 방사선의 장해를 방지하기 위하여 다음 각 호의 조치를 취하여야 함
  (1) 방사선관리구역의 설정
  (2) 벽·울타리 등의 구획물로 구획하여 방사능 표지를 부착함으로써 다른 장소와 구별하고 방사선작업종사자 외의 사람이 당해 구역에 출입하는 경우에는 방사선작업종사자의 지시에 따를 것
  (3) 바닥·벽 기타 사람이 접촉할 우려가 있는 물체의 표면이 방사성물질에 오염된 경우 그 오염도가 허용표면오염도를 초과하지 않을 것
  (4) 방사선관리구역으로 부터 사람이 퇴거하거나 물품을 반출하는 경우에는 인체 및 의복·신발 등 인체에 착용하고 있는 물품과 반출하는 물품(그 물품이 용기에 들어 있거나 포장한 경우에는 그 용기 또는 포장)표면의 방사성물질의 오염도가 허용표면 오염도의 10분의 1을 초과하지 않을 것

17) 국제규제물자

원자력의 연구·개발 및 이용에 관한 조약과 그 밖의 국제약속(이하 "국제약속"이라 한다)에 따라 보장조치의 적용대상이 되는 물자로서 **총리령**으로 정하는 것

- **총리령**
  (1) 국제원자력기구의 안전조치 및 물리적 방호의 대상이 되는 핵물질
  (2) 원자로 및 그 부속장비
  (3) 원자로에 사용되는 비핵물질
  (4) 조사용 핵연료의 재처리공장 및 이를 위하여 설계 또는 제작된 장비
  (5) 핵연료의 가공시설(변환시설을 포함한다. 이하 같다)
  (6) 우라늄농축시설 및 이를 위하여 설계 또는 제작된 장비
  (7) 중수, 중수소 또는 중수소화합물의 생산시설 및 이를 위하여 설계 또는 제작된 장비

(8) 그 밖에 원자력 관련 조약과 그 밖의 국제약속에 따라 관리되는 원자력 관련 물자 또는 시설

18) 방사성폐기물

방사성물질 또는 그에 따라 오염된 물질(이하 "방사성물질등"이라 한다)로서 폐기의 대상이 되는 물질(사용후핵연료를 포함)

19) 피폭 방사선량

사람의 신체의 외부 또는 내부에 피폭하는 방사선량을 말한다. 다만, 진료를 위하여 피폭하는 방사선량과 인위적으로 증가시키지 아니하는 자연방사선량은 제외한다. 이 경우 방사선량의 종류 및 적용기준은 원자력안전위원회가 정하여 고시함

20) 원자력이용 시설

원자력의 연구·개발·생산·이용(이하 "원자력이용"이라 한다)과 관련된 시설로서 **대통령령**으로 정하는 것

▸ **대통령령**

(1) 원자로 및 관계시설
(2) 핵연료주기시설
(3) 핵물질의 사용시설
(4) 방사성동위원소의 생산시설·사용시설·분배시설·저장시설·보관시설·처리시설 및 배출시설
(5) 방사선발생장치 및 그 부대시설
(6) 사용 후 핵연료 중간저장시설
(7) 방사성폐기물의 영구처분시설
(8) 방사성폐기물의 처리시설 및 저장시설

21) 방사선작업종사자

원자력이용시설의 운전·이용 또는 보전이나 방사성물질 등의 사용·취급·저장·보관·처리·배출·처분·운반과 그 밖의 관리 또는 오염제거 등 방사선에 피폭하거나 그 염려가 있는 업무에 종사하는 사람

22) 안전관련설비

원자로 및 관계시설 중에서 원자력안전위원회규칙으로 정하는 안전에 중요한 구조물·계통 및 기기로서 원자력안전위원회규칙으로 정하는 바에 따라 안전등급이 부여된 설비

23) 방사선투과검사

「비파괴검사기술의 진흥 및 관리에 관한 법률」 제2조에 따른 비파괴검사 중 방사선을 이용한 비파괴검사

24) 사고관리

원자로시설에 사고가 발생하였을 때 사고가 확대되는 것을 방지하고 사고의 영향을 완화하며 안전한 상태로 회복하기 위하여 취하는 제반조치를 말하며, 원자력안전위원회에서 정하는 설계기준을 초과하여 노심의 현저한 손상을 초래하는 사고(이하 “중대사고”라 한다)에 대한 관리

2. 원자력안전법 시행령

1) 고준위 방사성폐기물

방사성폐기물 중 그 방사능 농도 및 열발생률이 「원자력안전위원회의 설치 및 운영에 관한 법률」 원자력안전위원회(이하 “위원회”라 한다)가 정하는 값 이상인 방사성폐기물을 말하고, “중·저준위방사성폐기물”이란 고준위방사성폐기물 외의 방사성폐기물을 말한다. 이 경우 중·저준위 방사성폐기물은 위원회가 방사능 농도를 고려하여 정하는 바에 따라 구분함

원자력안전위원회가 정하는 값

방사능 농도	열 발생률
반감기 20년 이상의 알파선을 방출하는 핵종으로 4,000 Bq/g	2 kW/㎥

2) 밀봉된 방사성동위원소

기계적인 강도가 충분하여 파손될 우려가 없고, 부식되기 어려운 재료로 된 용기에 넣은 방사성동위원소로서 사용할 때에 방사선은 용기 외부로 방출하지만 방사성동위원소는 누출하지 못하도록 되어 있는 것

3) 선량한도

외부에 피폭하는 방사선량과 내부에 피폭하는 방사선량을 합한 피폭방사선량의 상한 값

선량한도(제2조제4호 관련)

(단위: 밀리시버트)

구분	유효선량한도	등가선량한도	
		수정체	손·발 및 피부
1. 방사선작업종사자	연간 50을 넘지 않는 범위에서 5년간 100	연간 150	연간 500
2. 수시출입자, 운반종사자 및 법 제96조 단서에 따라 교육훈련 등의 목적으로 위원회가 인정한 18세 미만인 사람	연간 6	연간 15	연간 50
3. 제1호 및 제2호 외의 사람	연간 1	연간 15	연간 50

▸ **비 고**

(1) "선량한도"란 매년 1월 1일부터 12월 31일까지 1년간 피폭하는 방사선량을 말한다.

(2) 제1호 또는 제2호에 해당하는 사람 중 임신이 확인된 사람과 제3호에 해당하는 사람 중 제79조제1항에 따른 방사성동위원소등을 제한적 또는 일시적으로 사용하는 사람에 대한 선량한도는 위의 표에도 불구하고 위원회가 정하여 고시한다.

(3) 제2호에서 "운반종사자"란 방사선관리구역 밖에서 제2조제12호에 따른 방사성물질등을 운반하는 사람으로서 방사선작업종사자에 해당하지 않는 사람을 말한다.

(4) 제3호에 해당하는 사람에 대하여 연간 1밀리시버트를 넘는 경우가 발생한 경우로서 위원회가 인정하는 경우에는 위 표 제3호의 유효선량한도값에도 불구하고 피폭방사선량의 합을 5년간 평균하여 연간 1밀리시버트를 넘지 않는 범위에서 해당 1밀리시버트를 넘는 값을 유효선량한도로 한다.

(5) 제1호의 유효선량한도란 및 비고 제4호에서 "5년간"이란 1998년 1월 1일부터 기산되는 5년마다의 기간을 말한다.

▸ **선량한도의 적용**

(1) 임신한 사실을 사업자에게 보고하여 임신이 확인된 방사선작업종사자에 대하여는 임신이 확인된 시점부터 출산 시까지 하복부 표면에서의 등가선량한도를 2 mSv로 하고 같은 기간 동안 섭취하는 방사성핵종의 한도는 연간섭취한도(ALI)의 1/20로 한다. 이때 외부피폭과 내부피폭이 병존한다면 2 mSv 및 ALI/20에 대한 각각의 분율의 합이 1을 초과하지 않을 것

(2) 방사성동위원소 등을 제한적 또는 일시적으로 사용하는 경우 일반인에 대한 선량은 연간 선량한도를 초과하지 않는 범위 내에서 주당 0.1 mSv 및 시간 당 20 μSv까지 허용할 수 있음.

▸ ICRP 103 권고(개인선량한도)

계획피폭 상황에 대한 개인선량한도

한도의 유형	직무 피폭	일반인 피폭
유효선량한도[1)]	지정된 5년간 평균 연간 20 mSv[2)]	연간 1 mSv[3)]
등가선량한도 눈, 수정체 피부[4)] 손/발	 연간 150 mSv 연간 500 mSv 연간 500 mSv	 연간 15 mSv 연간 50 mSv 연간 50 mSv

1) 유효선량 한도는 지정기간 중 외부피폭한 유효선량과 동일기간 중 예탁유효선량의 합에 적용됨
2) 어느 한해의 유효선량이 연간 최대 50 mSv 초과할 수 없음
3) 5년 평균 연간 1 mSv를 초과하지 않는 조건에서, 특수한 상황에서는 이보다 많은 유효선량이 한해에 대해 허용됨
4) 피폭한 면적에 관계없이 1 cm^2 피부에 평균한 값

4) 허용 표면오염도

물체 또는 인체 표면의 방사성오염도로서 **위원회가 정하는 허용표면오염도**

▸ **방사선방호등에 관한 기준 (위원회 고시)**

위원회가 정하는 허용표면오염도는 그 오염을 제거할 수 있는 경우 다음과 같다.

(1) α선을 방출하는 방사성물질에 대하여는 0.4 Bq/cm^2

(2) α선을 방출하지 않는 방사성물질에 대하여는 4 Bq/cm^2

5) 보전구역

원자력이용시설의 보전을 위하여 특별한 관리를 필요로 하는 장소

6) 제한구역

방사선관리구역 및 보전구역의 주변 구역으로서 그 구역 경계에서의 피폭방사선량이 위원회가 정하는 값을 초과할 우려가 있는 장소

7) 수시출입자

방사선관리구역에 청소, 시설관리 등의 업무상 출입하는 사람(방문, 견학 등을 위하여 일시적으로 출입하는 사람은 제외한다)으로서 방사선작업종사자 외의 사람

8) 영구처분

방사성폐기물을 회수할 의도 없이 인간의 생활권으로부터 영구히 격리하는 것

9) 사용후핵연료 중간저장

원자로의 연료로 사용된 핵연료물질이나 그 밖의 방법으로 핵분열시킨 핵연료물질을 발생자로부터 인수하여 처리 또는 영구처분하기 전까지 일정 기간 안전하게 저장하는 것

10) 특수형 방사성물질

견고한 고체형 방사성물질 또는 캡슐에 넣고 봉한 방사성물질로서 위원회가 정하는 운반 기준에 맞는 것

▸ **특수형 방사성물질의 기술기준**

(1) 견고한 고체형 방사성물질 또는 캡슐에 봉입된 방사성물질로서 한 변의 길이가 최소한 0.5센티미터 이상일 것

(2) 캡슐에 봉입된 방사성물질인 경우에는 캡슐이 파괴되어야만 개봉될 수 있을 것

(3) 위원회가 정하여 고시하는 특수형 방사성물질에 대한 시험기준에 적합할 것

11) 배출

방사성물질 또는 그로 인하여 오염된 물질(이하 "방사성물질등"이라 한다)로서 원자력이용 시설에서 정상운전 중에 발생한 액체 또는 기체 상태의 방사성물질 등을 **위원회가 정하는 제한 값** 이내에서 배수시설 또는 배기시설을 통하여 계획적이고 통제된 상태에서 외부로 내보내는 것

▸ **방사선방호 등에 관한 기준(위원회 고시) : 위원회가 정하는 제한 값**

(1) 방사성물질의 종류를 알 수 있고 단일 방사성핵종일 때에는 별표 3의 제1란의 해당 방사성핵종에 대한 제5란과 제8란의 농도

(2) 방사성물질의 종류를 알 수 있고 2종 이상의 방사성핵종일 때에는 각 방사성핵종의 농도의 제1호에 따른 농도에 대한 각각의 비율의 합계가 1이 되는 농도

(3) 방사성물질의 종류를 알 수 있으나 방사성물질의 일부 또는 전부의 농도를 알 수 없을 때에는 혼합물내 방사성핵종의 배출관리기준중 가장 낮은 값

(4) 방사성물질의 종류는 알 수 없으나 혼합물내에 존재하지 않는 방사성핵종이 알려진 경우에는 혼합물내에 존재할 수 있는 방사성핵종의 배출관리기준 중 가장 낮은 값 또는 별표 4의 제1란의 핵종별 각 경우에 대한 제4란과 제6란의 농도

(5) 배출관리기준을 산출함에 있어서 배기중 또는 배수중에 자연적으로 존재하는 방사성핵종의 농도는 제외한다.

▸ **방사선방호 등에 관한 기준(위원회 고시)**

배출관리기준을 적용함에 있어 배기중 또는 배수중 방사성핵종의 허용농도는 1주간의 평균치로 한다. 다만, 부득이한 경우에는 3개월간의 평균치로 갈음할 수 있음

12) 연간섭취한도

방사선작업종사자가 1년 동안 섭취할 경우 피폭방사선량이 선량한도에 이를 것으로 보이는 방사능의 양으로서 **위원회가 정하는 값**

▸ **방사선방호 등에 관한 기준(위원회 고시) : 위원회가 정하는 값**

(1) 방사성물질의 종류를 알 수 있고 단일 방사성핵종일 때에는 흡입에 대하여는 별표 3의 제1란의 당해 방사성핵종에 대한 제3란의 연간섭취한도, 경구섭취에 대하여는 제7란의 연간섭취한도

(2) 방사성물질의 종류를 알 수 있고 2종 이상의 방사성핵종일 때에는 각 방사성핵종의 흡입 또는 경구섭취량의 제1호의 규정에 의한 연간섭취한도에 대한 각각의 비율의 합계가 1이 되는 흡입 또는 경구섭취량

(3) 방사성물질의 종류를 알 수 있으나 방사성물질의 일부 또는 전부의 농도를 알 수 없을 때에는 혼합물 내 방사성핵종의 연간섭취한도 중 가장 낮은 값

(4) 방사성물질의 종류는 알 수 없으나 혼합물 내에 존재하지 않는 방사성핵종이 알려진 경우에는 혼합물 내에 존재할 수 있는 방사성핵종의 연간섭취한도 중 가장 낮은 값 또는 흡입에 대하여는 별표 4의 제1란의 핵종별 각 경우에 대한 제2란의 연간섭취한도

(5) 연간섭취한도를 산출함에 있어서 공기 중에 자연적으로 함유되어 있는 방사성핵종의 농도는 제외함

13) 유도공기중농도

방사선작업종사자가 1년 동안 흡입할 경우 방사능 섭취량이 연간섭취한도에 이를 것으로 보이는 공기 중의 농도로서 **위원회가 정하는 값**

▸ **방사선방호 등에 관한 기준(위원회 고시) : 위원회가 정하는 값**

(1) 방사성물질의 종류를 알 수 있고 단일 방사성핵종일 때에는 별표 3의 제1란의 당해 방사성핵종에 대한 제4란의 농도

(2) 방사성물질의 종류를 알 수 있고 2종 이상의 방사성핵종일 때에는 각 방사성핵종의 농도의 제(1)호의 규정에 의한 농도에 대한 각각의 비율의 합계가 1이 되는 농도

(3) 방사성물질의 종류를 알 수 있으나 방사성물질의 일부 또는 전부의 농도를 알 수 없을 때에는 혼합물 내 방사성핵종의 유도공기중농도중 가장 낮은 값

(4) 방사성물질의 종류는 알 수 없으나 혼합물 내에 존재하지 않는 방사성핵종이 알려진 경우에는 혼합물 내에 존재할 수 있는 방사성핵종의 유도공기중농도중 가장 낮은 값 또는 별표 4의 제1란의 핵종별 각 경우에 대한 제3란의 농도

(5) 유도공기중농도를 산출함에 있어서 공기 중에 자연적으로 함유되어 있는 방사성핵종의 농도는 제외함

14) 판독 특이자

(1) 선량한도를 초과하여 방사선에 피폭된 사람

(2) 선량계의 훼손·분실 등으로 인하여 선량판독이 불가능하게 된 사람

(3) 위원회가 정하는 선량계 교체주기를 2개월 이상 지난 후 선량계를 제출한 사람

3. 원자력안전법 시행규칙

1) 표면방사선량률

방사성물질, 방사성물질을 내장한 용기 또는 장치, 방사선발생장치 및 방사선차폐체 등 방사선이 나오는 물체의 표면으로부터 10센티미터의 거리에서 측정한 방사선량률

2) 핵분열성물질

우라늄 233, 우라늄 235, 플루토늄 239, 플루토늄 241 또는 이들의 혼합물을 말한다. 다만, 조사되지 아니한 천연우라늄 및 감손우라늄과 열중성자로에서 조사된 천연우라늄 및 감손우라늄은 제외

3) 개인선량계

사람의 신체 외부에 피폭되는 방사선량을 측정할 수 있는 장치로서 원자력안전위원회가 정하여 고시하는 것

4) 운반물

운반을 위하여 준비된 방사성물질등이 들어있는 용기

5) A값

방사성물질등의 운반을 위하여 방사성동위원소별로 위원회가 정하여 고시하는 방사능값

6) B(U)형 운반물

A값을 초과하는 방사성물질등을 운반하는 운반물로서 국제원자력기구의 방사성물질 안전운반에 관한 규정(이하 "국제운반규정"이라 한다)에 따라 설계 발원국가의 승인이 필요한 운반물

7) B(M)형 운반물

A값을 초과하는 방사성물질등을 운반하는 운반물로서 국제운반규정에 따라 설계 발원국가의 방사성물질 운반물이 통과 또는 도착하는 국가의 승인이 필요한 운반물

8) C형 운반물

항공운반을 위하여 준비된 운반물로서 위원회가 정하여 고시하는 방사능량을 초과하여 운반하는 운반물

9) 핵분열성물질 운반물

위원회가 정하여 고시하는 면제기준을 초과하는 핵분열성물질을 운반하는 운반물

4. 방사선안전관리 등의 기술기준에 관한 규칙

1) 작업실

밀봉되지 않은 방사성동위원소 또는 방사성동위원소에 의하여 오염된 물건으로서 밀봉되지 않은 것을 사용 또는 포장하는 곳

2) 오염검사실

인체 또는 작업복·신발·보호구 등 인체에 착용하였던 물건의 표면이 방사성물질에 의하여 오염되었는지 여부를 검사하는 곳

3) 배수설비

액체상태의 방사성물질이나 그에 의하여 오염된 액체를 정화하거나 배출하는 설비로서 농축기·분리기·이온교환장치 등의 배출액 처리장치 또는 저장탱크·희석탱크·여과탱크 등 배출액 정화탱크의 배수관·배수구 등

4) 고형화처리설비

방사성물질 등을 콘크리트 기타의 고형화 재료에 의하여 고형화하는 설비로서 분쇄장치·압축장치·혼합장치 또는 재포장장치 등

5) 외부 방사선량률

인체 외부로부터 피폭되는 시간당 방사선량(밀리시버트/시간)

6) 저분산성 방사성물질

분말형태가 아닌 고체이거나 밀봉된 캡슐에 내장되어 있어 분산성이 제한되는 방사성물질

7) 운반지수

운반물·덧포장·탱크 또는 화물컨테이너에 지정되는 등급으로서 방사선피폭에 대한 관리를 위하여 사용되는 수치

8) 핵임계안전지수

핵분열성물질이 들어있는 운반물·덧포장·탱크 또는 화물컨테이너에 지정되는 등급으로서 운반물·덧포장·탱크 또는 화물컨테이너의 집적량을 관리하기 위하여 사용되는 수치

9) 심층처분

지하 깊은 곳의 안정한 지층구조에 천연방벽 또는 공학적 방벽으로 방사성폐기물을 처분하는 것을 말한다.

10) 천층처분

다음 각 목의 어느 하나에 해당하는 것을 말한다.

(1) 동굴처분 : 지하의 동굴 또는 암반 내에 천연방벽 또는 공학적 방벽으로 방사성폐기물을 처분하는 것
(2) 표층처분 : 지표면과 가까이에 천연방벽 및 공학적 방벽으로 방사성폐기물을 처분하는 것
(3) 매립형처분 : 지표면과 가까이에 천연방벽으로 방사성폐기물을 매립하여 처분하는 것

5. 원자력안전위원회 고시

5-1. 방사선방호 등에 관한 기준

1) 외부피폭

사람의 신체 외부에 있는 방사선원으로부터 방출된 방사선에 의한 피폭

2) 내부피폭

사람의 신체 내부에 유입되어 체내에 존재하는 방사성핵종으로부터 방출되는 방사선에 의한 피폭

3) 조사선량

엑스선 또는 감마 방사선(또는 감마선)에 의하여 공기 단위 질량당 생성된 전하량을 말한다. 조사선량의 단위로 쿨롱/킬로그램(C/kg) 또는 렌트겐(Roentgen, R)이 사용되며, 1 R은 2.58× 10-4C/kg

4) 흡수선량

물질의 단위 질량당 흡수된 방사선의 에너지를 말한다. 흡수선량의 단위로 그레이(Gray, Gy)가 사용되며, 1 Gy는 1주울/킬로그램(J/kg)

5) 등가선량

인체의 피폭선량을 나타낼 때 흡수선량에 당해 방사선의 방사선가중치를 곱한 양을 말한다. 등가선량의 단위로 시버트(Sievert, Sv)가 사용되며, 이때 사용되는 방사선가중치는 다음과 같다

방사선가중치(W_R)

종류 및 에너지 범위		방사선 가중치[1]
광자(전 에너지)		1
전자 및 뮤온(전 에너지)[2]		1
중성자 에너지	< 10 keV	5
	10 keV - 100 keV	10
	100 keV - 2 MeV	20
	2 MeV - 20 MeV	10
	> 20 MeV	5
반조양자 이외의 양자 (에너지 > 2 MeV)		5
알파입자, 핵분열 파편, 무거운 원자핵		20

(1) 모든 값은 신체에 입사하는 방사선에 대한 것이며 신체 내 선원의 경우는 선원으로부터 방출되는 방사선에 대한 것

(2) DNA에 결합된 원자핵들로부터 방출되는 오제전자는 제외

▸ **ICRP 103 권고(방사선가중치)**

방사선가중치(W_R)

방사선 종류	방사선 가중치
광 자	1
전자(오제전자 제외) 또는 뮤온	1
양자 및 π(Pion) 중간자	2
알파입자, 핵분열단편, 중이온	20
중 성 자	중성자 에너지 연속함수

6) 유효선량

인체 내 조직간 선량분포에 따른 위험 정도를 하나의 양으로 나타내기 위하여 각 조직의 등가선량에 해당 조직의 조직가중치를 곱하여 이를 모든 조직에 대해 합산한 양을 말한다. 유효선량의 단위로 시버트가 사용되며, 이때 사용할 조직가중치는 다음과 같다.

조직가중치(W_T)

조직 또는 장기	조직가중치	조직 또는 장기	조직가중치[1]
생식선	0.20	간	0.05
골수(적색)	0.12	식 도	0.05
대 장	0.12	갑상선	0.05
폐	0.12	피 부	0.01
위	0.12	뼈표면	0.01
방 광	0.05	기타 조직	0.05[2,3]
유 방	0.05		

(1) 이 수치들은 남녀 동수, 광범위한 연령층의 기준 인구집단으로부터 도출된 것이다. 이 값들은 유효선량을 정의할 때 작업자 또는 전 인구, 남녀 어느 쪽에 대해서도 적용됨

(2) 계산목적을 위하여 기타 조직은 다음의 추가 조직 및 장기로 구성된다. 즉, 부신, 뇌, 대장 상부, 소장, 콩팥, 근육, 췌장, 비장, 흉선 및 자궁이 된다. 이 목록에는 선택적으로 방사선피폭이 있을 법한 장기가 포함되어 있다. 목록 중의 어떤 장기는 암 유발에 높은 감수성을 가진 것으로 알려져 있다. 만약, 다른 조직이나 장기가 암유발의 현저한 리스크를 갖는 것이 후에 확인된다면, 그들은 구체적인 W_T값과 함께 목록에 포함되거나 혹은 기타조직을 구성하는 추가 목록에 포함될 것이다. 기타 조직에는 선택적으로 방사선에 피폭하는 다른 조직 또는 장기도 포함

(3) 기타 조직 중의 하나가 위 "표"의 12개 기관 중의 최고선량을 초과한 등가선량을 받은 예외적인 경우에는, 그 조직 또는 장기에 가중치 0.025를 적용하고, 그 이외의 나머지 기타 조직 또는 장기에 대한 평균선량에 0.025의 가중치를 적용함

▸ **ICRP 103 권고(조직가중치)**

조직가중치(W_T)

조 직	조직가중치	
	W_T	ΣW_T
적색골수, 결장, 폐, 위, 유방, 나머지 조직*	0.12	0.72
생 식 선	0.08	0.08
방광, 식도, 간, 갑상선	0.04	0.16
골(뼈) 표면, 뇌, 침샘, 피부	0.01	0.04
합 계		1.00

* 나머지 조직 : 부신, 흉곽 외 부위, 쓸개, 심장, 신장, 림프절, 근육, 구강점막, 췌장, 전립선(남), 소장, 비장, 흉선, 자궁/자궁경부(여)

7) 집단선량

다수의 사람이 피폭되는 경우에 그 집단의 개인피폭방사선량의 총합을 말한다. 집단선량의 단위로 맨 시버트(man-Sv)가 사용

8) 예탁선량

체내에 존재하는 방사성핵종으로 인하여 그 사람이 일정기간 받게 되는 내부피폭방사선량을 말한다. 예탁선량은 예탁등가선량이나 예탁유효선량으로 나타낼 수 있으며, 피폭을 고려하는 기간이 사전지정되어 있지 아니 할 경우에 일정기간은 성인에 대해서는 50년, 아동에 대해서는 70년을 기준으로 함

9) 방사선안전관리 통합정보망

방사성동위원소 등의 이용과 관련된 기관을 네트워크로 구성하여 방사선안전관리에 대한 정보를 종합적으로 관리하는 망

10) 차폐물의 설계기준

(1) 사용시설 등의 내부에 사람이 상시 출입하는 장소는 연간 방사선량이 20 mSv를 초과하지 않아야 하고 1주당 방사선량은 1 mSv를 초과하지 말 것

(2) 사용시설 등의 경계에 인접하여 사람이 거주하는 구역은 연간 방사선량이 1 mSv를 초과하지 않아야 하고 1주당 방사선량은 0.1 mSv를 초과하지 말 것

5-2. 방사성동위원소 등의 생산에 관한 기준

11) 방사성동위원소 등

방사성동위원소 또는 방사선발생장치

12) 밀봉선원

기계적인 강도가 충분하여 파손될 우려가 없고, 부식되기 어려운 재료로 된 용기에 넣은 방사성동위원소로서 사용할 때에 방사선은 용기외부로 방출하지만 방사성동위원소는 누출하지 못하도록 되어 있는 것

13) 개봉선원

밀봉되지 않은 방사성동위원소

14) 특수형 방사성물질

견고한 고체형 방사성물질 또는 캡슐에 봉입된 방사성물질로서 원자력안전법 시행규칙 특수형 방사성물질 및 「원자력안전위원회고시(방사성물질등 포장 및 운반에 관한 규정)」의 기준에 적합한 것

15) 비차폐 선원

사용할 때 차폐체가 제거되어 있는 형태로 사용되는 밀봉선원

5-3. 방사선안전보고서 작성지침

16) 사업소(공장을 포함한다)

방사성동위원소 또는 방사선발생장치의 생산·판매·사용·이동사용(이하 "취급"이라 한다)을 위하여 등기부등본 또는 사업자등록증에 등재된 주소지에 설치한 생산시설·사용시설·분배시설·저장시설·보관시설·처리시설 또는 배출시설이 위치한 건물과 그 건물의 부속건물 및 토지를 말함

17) 대단위 사업

(1) 방사성동위원소 등의 이동사용을 전문으로 하는 사업
(2) 식품 등에 방사선을 조사하는 것을 전문으로 하는 사업
(3) 단위 시설 당 밀봉선원 111테라베크렐 이상 사용하는 사업
(4) 단위 시설 당 1기가전자볼트 이상의 방사선발생장치를 사용하는 사업

5-4. 의료분야의 방사선안전관리에 관한 기술기준

18) 방사선 진료장비

방사선을 이용하여 질병을 치료하는 데에 사용하는 방사선기기(이하 "치료용 방사선기기"라 한다)로서 다음 각 목의 어느 하나에 해당하는 장치

(1) 의료용 가속장치
(2) 의료용 방사성동위원소 치료장치

19) 의료용 가속장치

가속된 전자선 또는 이 전자가 금속 표적과 충돌할 때 방출하는 고에너지 X선이나 가속된 입자빔을 치료목적으로 사용하는 기기로서 다음 각 목의 어느 하나에 해당하는 장치

(1) 선형가속기
(2) 사이버나이프
(3) 토모테라피
(4) 양성자 치료장치
(5) 중입자 치료장치

20) 의료용 방사성동위원소 치료장치

방사성동위원소에서 발생되는 방사선을 이용하여 종양을 치료하는 장치로서 다음 각 목의 어느 하나에 해당하는 장치

(1) Co-60 치료장치

(2) Ir-192 치료장치

(3) 감마나이프

5-5. 방사성물질 등의 포장 및 운반에 관한 규정

21) 방사성내용물

방사성물질 등으로서 고체, 액체 또는 기체 상태로 운반용기 안에 들어있는 것

22) 운반용기

방사성내용물을 완전히 포장하는데 필요한 구성품의 집합체를 말하며 특히, 하나 이상의 운반용기, 흡수재, 공간구조물, 방사선 차폐체, 충진·제거·배기 및 압력경감을 위한 장치, 냉각, 기계적 충격흡수, 취급 및 결속을 위한 장치, 열적 차폐체 및 포장물의 구성요소인 장치 등으로 구성된다. 운반용기는 상자, 드럼이나 유사용기일 수 있고, 화물컨테이너, 탱크 또는 중형 화물 컨테이너일 수도 있음

23) 운반물

운반을 위해 제시된 방사성내용물이 들어있는 운반용기

24) 비방사능

방사성 핵종의 단위질량당 방사능

25) 저준위 비방사능물질

본질적으로 제한된 비방사능을 가지고 있는 방사성물질 또는 평균 비방사능의 제한치가 적용되는 방사성물질을 말한다. 다만, 평균 비방사능을 결정할 때에 저준위비방사능물질을 둘러싼 외부 차폐체는 고려하지 않음

26) 저독성 알파방출체

천연우라늄·감손우라늄·천연토륨·우라늄-235·우라늄-238·토륨-232·광석에 함유되어 있거나 물리적 및 화학적 농축상태의 토륨-228 및 토륨-230 또는 10일 이하의 반감기를 갖는 알파방출체 등을 말함

27) 오염

베타선·감마선 및 저독성 알파방출체의 경우에는 제곱센티 미터당 0.4베크렐을, 기타 알파선방출체의 경우에는 제곱센티 미터당 0.04베크렐를 초과하는 방사성물질이 물질의 표면에 존재하는 것

28) 제거성 오염

일상적인 운반조건에서 운반물의 표면으로부터 제거될 수 있는 오염

29) 고착성 오염

제거성오염 이외의 오염

30) 운반수단

(1) 도로 또는 철도에 의한 운반 : 모든 차량
(2) 수로에 의한 운반 : 모든 선박 또는 선창, 구획영역 또는 선박의 지정갑판 영역
(3) 항로에 의한 운반 : 모든 항공기

31) 덧포장

취급·적재 및 운반의 편리를 위하여 하나 이상의 운반물을 하나의 취급단위로 통합하기 위하여 단일 송하인이 사용하는 상자 등의 수납체

32) 전용운반

단일 송하인이 운반수단·탱크 또는 화물컨테이너를 독점적으로 사용하는 것으로서, 최초·중간 또는 최종 운반단계에서 적재 및 하역이 송하인 또는 수하인의 지시에 따라 수행되는 운반

33) 표면 오염물체

자체적으로는 방사성물질이 아니나 그 표면상에 방사성물질이 분포되어 있는 고체상태의 물체

34) 수하인

화물을 받는 개인이나 기관 또는 정부

35) 송하인

화물을 보내기 위하여 준비하는 개인이나 기관 또는 정부

36) 관계당국

원자력안전위원회고시 「방사성물질 등의 포장 및 운반에 관한 규정」 관련한 목적을 위하여 지정되었거나 인정된 국내·외의 규제기관 또는 당국

5-6. 방사선기기의 설계승인 및 검사에 관한 기준

37) 방사선기기

방사선발생장치 또는 방사성동위원소가 내장된 기기를 말한다. 이 경우, 방사선의 방출 특성에 영향을 미치는 모든 부속 장치를 포함하며, 운반 및 저장을 전용으로 하는 용기는 방사선기기로 간주하지 아니함

38) 방사선원

방사성동위원소 또는 방사선발생장치의 튜브와 같이 방사선을 발생시키는 선원

39) 연동장치

기기의 주요 기능들을 전기적·기계적으로 연동시켜 종사자가 방사선관리구역으로 허용되지 않은 접근을 하는 경우 직접 방사선방출을 제한하거나 종사자 접근을 물리적으로 제한하여 종사자를 보호하는 단위 시스템

40) 선원용기

방사성동위원소를 방사선기기에 내장시키거나 수납시키는 기능을 가진 용기

41) 격리

물리적으로 방사선을 차폐하거나 방사선원과의 거리를 확보하여 피폭방사선량을 저감하는 것

42) 표면방사선량

특수공구를 사용하지 아니하고 제거될 수 있는 방사선기기의 외부 부착물이 완전히 제거된 상태에서 신체 접촉이 가능한 방사선기기의 표면으로부터 10센티미터의 거리에서 측정한 방사선량

5-7. 방사선원의 누설점검에 관한 기술기준

43) 방사선원

밀봉된 방사성동위원소(이하 "밀봉선원"이라 한다)로서 이 기준에 따라 누설점검을 하여야 하는 선원을 말한다. 다만, 다음 각목에서 정하는 방사선원은 제외함

가. 베타 및 감마선을 방출하는 밀봉선원으로서 방사능량이 3.7 MBq 이하의 것

나. 알파선을 방출하는 밀봉선원으로서 방사능량이 0.37 MBq 이하의 것

다. 물리적 반감기가 30일 이하의 것

44) 누설점검

밀봉선원의 밀봉성능을 확인하기 위하여 이 기준에서 정하는 바에 따라 누설여부를 시험하는 것

- 시험방법 : 문지름시험, 건조 문지름시험, 가열 및 침수시험

5-8. 판독업무 등록기준 및 검사에 관한 규정

45) 개인선량계

사람의 신체외부에 피폭하는 방사선량의 판독업무를 수행하기 위하여 원자력안전위원회에 판독에 관한 업무를 등록한 자(이하 "판독업무자"라 한다)가 등록할 수 있는 장치(이하 "선량계"라 한다)로서 다음 각 목에 해당하는 선량계를 말함

가. 감광 또는 흑화작용 등 화학작용을 이용한 선량계
나. 형광 또는 섬광 등 여기작용을 이용한 선량계
다. 분자구조 결함 등 결함유발을 이용한 선량계

46) 전문 판독업무자

일정한 수수료를 받을 목적으로 방사선작업종사자 및 수시출입자(이하 "종사자등"이라 한다)의 피폭선량 판독을 대행하기 위한 판독업무자

47) 자체 판독업무자

원자력관계사업자로서 해당 원자력이용시설의 종사자등의 피폭선량 판독을 위한 판독업무자

48) 주 판독기

판독업무자가 보유하고 있는 성능검사에 합격한 판독기로서 종사자등에게 지급하였던 선량계를 일상적으로 판독하는 장비

49) 부 판독기

주 판독기의 고장 등으로 인하여 정상적인 판독업무가 불가능 할 경우 일시적으로 사용하기 위한 주 판독기와 동일한 성능을 갖춘 판독장비

50) 심부선량 및 표층선량

(1) 심부선량

국제방사선단위측정위원회(ICRU)가 정하는 HP(10)으로서 인체의 몸통 표면아래 10 mm 깊이에서의 선량을 선량계로 판독한 것

(2) 표층선량

국제방사선단위측정위원회(ICRU)가 정하는 HS(0.07)으로서 인체의 피부 표면아래 0.07 mm 깊이에서의 선량을 선량계로 판독한 것

5-9. 개인 피폭방사선량의 평가 및 관리에 관한 규정

51) 선량판독

방사선작업종사자 및 수시출입자(이하 "종사자등"이라 한다)가 일정기간 착용한 개인선량계(이하 "선량계"라 한다)를 회수하여 피폭방사선량을 산출하는 것

52) 사업자 추정선량

해당 사업자가 판독특이자에 대한 조사·평가 결과 실제 피폭이 아닌 것으로 판단되거나 선량판독이 불가능한 경우, 해당 판독특이자에 대한 자료 및 방사선작업 조건 검토, 동일 작업의 평가 등에 근거하여 합리적으로 추정한 피폭방사선량

5-10. 내부 피폭 방사선량의 측정 및 산출에 관한 규정

53) 체내섭취

입, 호흡구, 피부 또는 상처 등을 통하여 방사성핵종이 인체내부로 들어오는 것

54) 체액흡수

섭취된 방사성핵종이 혈액 및 세포액 등과 같은 체액에 흡수되는 것

55) 섭취 잔류량

방사성핵종이 인체 내로 섭취된 다음 일정 기간 경과 후에도 소변, 대변 또는 땀 등을 통하여 체외로 배설되지 않고 인체에 남아 있는 양

56) 배설률

인체 내에 섭취되었던 방사성핵종이 장기나 조직으로부터 소변 및 대변 등을 통하여 체외로 단위 시간당 배설되는 양

57) 직접 측정법

인체 내에 섭취된 방사성핵종의 농도 및 그 양을 방사선측정기를 이용하여 직접 측정하는 방법

58) 간접 측정법

인체 내부로부터 배설 또는 분비되는 물질이나 타액 등에 존재하는 방사능의 양을 측정하여 인체 내에 섭취된 방사성핵종의 농도 및 그 양을 측정하는 방법

5-11. 중 · 저준위 방사성폐기물 처분시설의 위치에 관한 기술기준

59) 처분장

중·저준위 방사성폐기물(이하 "폐기물"이라 한다) 처분시설이 위치하는 장소

60) 천연방벽

처분장의 지표 및 지하구조로서 방사성핵종의 이동을 지연시킬 수 있는 자연적인 방벽구조를 말하며, 폐기물 처분시설 또는 폐기물을 둘러싼 토양 및 암반 등을 포함

61) 공학적 방벽

폐기물 처분시설로부터 폐기물 및 방사성핵종의 이동을 지연시키거나 제한할 수 있는 인공구조물

62) 표층수

담수·염수를 포함하여 지표면상에 존재하는 모든 물

63) 지하수

지표면 아래로 침투하여 지하의 공극(비어 있는 공간) 또는 공동(비어 있는 구멍)을 채우고 있는 모든 물을 말한다.

5-12. 중 · 저준위 방사성폐기물 인도규정

64) 유리수

포장물 내에서 물리·화학적으로 결합되어 있지 않은 물

65) 킬레이트제등

킬레이트제 및 킬레이트 화합물로서, 유기물질과 결합하여 고리형 착화합물을 형성시켜 방사성핵종의 유동성을 촉진시키는 유기물질

66) 포장물

처분을 위해 폐기시설운영자에게 인도하는 폐기물을 담고 있는 용기와 그 안에 들어 있는 폐기물을 포함한 내용물 전체

67) 고형화

유동성이 있는 물질을 하소(Calcination: 공기 중에서 가열하여 태워 재로 만드는 일), 건조, 시멘트화, 아스팔트화, 유리화 등의 방법으로 물리적으로 안정한 고체 형태로 바꾸는 것을 말하며, 폐필터 등의 고체 물질을 시멘트 등으로 고정화하는 것을 포함한다.

68) 침출

폐기물이 물과 접촉하는 경우에 용해, 확산 등에 의해 방사성핵종이 폐기물로부터 누출되는 현상

69) 고건전성 용기

우리나라의 일반적인 지하 환경 및 처분 조건에서 300년 이상의 건전성을 유지할 수 있는 폐기물 포장용기

5-13. 방사성폐기물 분류 및 자체처분 기준에 관한 규정

70) 자체처분

방사성폐기물 중에서 핵종별 농도가 자체처분 허용농도 미만임이 확인된 것을 「원자력안전법」의 적용대상에서 제외하여 방사성폐기물이 아닌 폐기물로 소각, 매립 또는 재활용 등의 방법으로 관리하는 것

71) 자체처분 허용농도

「원자력안전법 시행규칙」(이하 "규칙"이라 한다) 제94조에 따른 핵종별 농도 미만으로 별표1의 허용농도 또는 자체처분 허용선량을 만족함이 입증되는 농도

72) 자체처분 허용선량

방사성폐기물의 자체처분에 따른 개인에 대한 연간 예상 피폭방사선량이 10 마이크로시버트(μSv) 미만이고 집단에 대한 연간 예상 총피폭방사선량이 1 맨 · 시버트(man · Sv) 미만이 되는 값

73) 검출 목표치

방사성폐기물을 자체처분하고자 하는 원자력관계사업자(이하 "자체처분사업자"라 한다)가 자체적으로 설정하는 검출목표 방사능 농도

74) 최소 검출가능 농도

방사능계측기, 시료량, 회수율, 계측시간 등의 계측조건에 따라 정해지는 검출가능한 최소 방사능 농도

5-14. 방사성동위원소 보안관리에 관한 규정

75) 허가사용자

「원자력안전법」방사성동위원소의 생산·판매·사용·소지·취급 또는 이동사용의 허가를 받은 자

76) 보안관리책임자

허가사용자가 임명한 방사성동위원소 보안관리의 책임을 가진 사람을 말하며 방사선안전관리자가 이를 겸임할 수 있음.

77) 단독접근자

보안관리구역에 업무상 목적으로 혼자서 접근할 수 있는 사람을 말하며 보안관리 책임자가 지명함.

78) 동반접근자

단독접근자의 안내에 따라 보안관리구역에 업무상 목적으로 일시적으로 접근할 수 있는 사람

79) 사보타주

방사성동위원소 또는 관련 설비를 의도적으로 공격하여 방사성물질을 분산시키거나 방사선을 노출함으로써 사람의 건강·안전 또는 환경을 위태롭게 하는 행위

80) 불법이전

정당한 권한 없이 방사성동위원소를 수수(授受)·소지·소유·보관·사용·운반·개조·처분 또는 분산하는 것

6. 원자력안전법령에 규정된 기타 용어

1) 원자력이용 : 원자력의 연구·개발·생산·이용
2) 방사성동위원소 등 : 방사성동위원소 및 방사선발생장치
3) 원자력관계사업자 : 허가사용자·신고사용자·업무대행자 및 폐기시설 등 건설·운영자
4) 원자력관계사업자 등 : 원자력관계사업자 또는 판독업무자
5) 사용 등 : 방사성동위원소 등의 생산, 판매, 사용 또는 이동사용
6) 사용시설 등 : 생산시설·사용시설·분배시설·저장시설·보관시설·처리시설 및 배출시설
7) 방사성물질 등 : 방사성물질 및 그에 의하여 오염된 물질
8) 밀봉선원 : 밀봉된 방사성동위원소
9) 방사성폐기물관리시설 등 : 방사성폐기물의 저장·처리·처분 시설 및 그 부속시설
10) 방사성폐기물관리시설등건설·운영자 : 방사성폐기물관리시설등의 건설·운영 허가를 받은 자
11) 운반용기 : 방사성물질 등의 포장 또는 운반을 위한 용기
12) 방사선기기 : 방사선발생장치 또는 방사성동위원소가 내장된 기기
13) 판독업무자 : 판독에 관한 업무를 등록한 자
14) 방사선 등 : 방사선 및 방사성동위원소
15) 종사자 등 : 방사선작업종사자 및 수시출입자

2. 원자력안전법의 관련 용어정의 예상문제

【문제 1】 원자력안전법에 규정된 방사성물질이 아닌 것은?

① 핵원료물질 ② 방사성동위원소
③ 사용후핵연료 ④ 원자핵분열생성물

【문제 2】 원자력안전법에 규정된 핵원료물질은?

① 토륨 및 그 화합물 ② 플루토늄 및 그 화합물
③ 우라늄 233 및 그 화합물 ④ 우라늄 원광

【문제 3】 원자력안전법에 규정된 방사선발생장치의 종류가 아닌 것은?

① 마이크로트론 ② 베타트론 ③ 원자로 ④ 선형가속장치

【문제 4】 원자력안전법에 의한 방사선으로 규제 대상이 아닌 것은?

① 알파선 ② 중성자선 ③ 중양자선
④ 50 kev 미만의 에너지를 가진 전자선

【문제 5】 연간섭취한도(ALI)와 유도공기중농도(DAC)의 기준은?

① 작업시간, 연간섭취한도 ② 연간섭취한도, 작업시간
③ 연간섭취한도, 선량한도 ④ 선량한도, 연간섭취한도

【문제 6】 여성 방사선작업종사자가 임신이 확정되었을 때 출산 시까지 허용되는 방사성물질의 섭취량은?

① 유도 공기중농도의 1/10 ② 연간 섭취한도의 1/10
③ 유도 공기중농도의 1/20 ④ 연간 섭취한도의 1/20

【문제 7】 선량한도의 정의는?

① 외부피폭선량과 내부피폭선량의 합이다.
② 외부피폭선량과 내부피폭선량의 곱이다.
③ 외부피폭선량과 내부피폭선량 합의 상한값이다.
④ 외부피폭선량과 내부피폭선량 합의 최저값이다.

【문제 8】 운반물·덧포장·탱크 또는 화물컨테이너에 지정되는 등급으로서 방사선피폭에 대한 관리를 위해 사용하는 수치는?

① 포장지수 ② 위험지수 ③ 운반지수 ④ 피폭지수

㉰ 1. ① 2. ④ 3. ③ 4. ④ 5. ④ 6. ④ 7. ③ 8. ③

【문제 9】 방사선작업종사자의 선량한도에 대한 설명 중 옳지 않은 것은?

① 손·발의 등가선량은 연간 500 mSv이다.
② 피부의 등가선량은 연간 500 mSv이다.
③ 유효선량은 50 mSv를 넘지 않는 범위에서 5년간 100 mSv이다.
④ 임신이 확인된 시점부터 출산 시까지 하복부 등가선량은 1 mSv이다.

【문제 10】 임신하지 않은 여성의 직업상 피폭 제어기준은?

① 남성보다 작다. ② 남성보다 많다.
③ 남성과 동일하다. ④ 남성의 1/2이다.

【문제 11】 인체 외부로부터 피폭되는 시간당 방사선량은?

① 유효선량 ② 등가선량 ③ 피폭방사선량 ④ 외부방사선량률

【문제 12】 표면방사선량률은 방사성물질, 방사선발생장치 및 방사선이 나오는 물체표면으로부터 몇 cm의 거리에서 측정한 값인가?

① 1 ② 10 ③ 50 ④ 100

【문제 13】 허용표면오염도에 관한 사항 중 옳은 것은?

① 감마선을 방출하는 핵종 : 0.4 Bq/cm^2
② 알파선을 방출하는 핵종 : 0.4 Bq/cm^2
③ 베타선, 감마선을 방출하는 핵종 : 0.4 Bq/cm^2
④ 알파선, 베타선을 방출하는 핵종 : 4 Bq/cm^2

【문제 14】 방사선관리구역은 외부 방사선량률이 주당 0.4 mSv 이상인 곳이다. 만약 주당 40시간씩 작업한다면 1시간당 외부 방사선량률(mSv)은?

① 0.01 ② 0.1 ③ 1.0 ④ 10

【문제 15】 방사선관리구역의 설정기준에 포함되지 않는 사항은?

① 수중 방사성물질의 농도
② 외부 방사선량률
③ 공기중 방사성물질의 농도
④ 방사성물질에 의하여 오염된 물질의 표면오염도

【문제 16】 "방사선"은 전자파 또는 입자선 중 직접 또는 간접으로 공기를 (   )하는 능력을 가진 것으로서 대통령령이 정하는 것은 말한다. 괄호 안에 옳은 것은?

① 여기 ② 분리 ③ 유리 ④ 전리

【문제 17】 밀봉선원의 밀봉성능을 확인하기 위한 누설점검 시험 항목이 아닌 것은?

① 문지름시험 ② 낙하시험 ③ 가열 및 침수시험 ④ 건조 문지름시험

㉣ 9. ④ 10. ③ 11. ④ 12. ② 13. ② 14. ① 15. ① 16. ④ 17. ②

【문제 18】 차폐물의 설계기준에서 사용시설 등의 경계에 인접하여 사람이 거주하는 구역에 대한 1주당 방사선량(mSv)은 얼마를 초과할 수 없는가?

① 0.01　② 0.1　③ 0.5　④ 1.0

【문제 19】 방사성동위원소 등을 제한적 또는 일시적으로 사용하는 경우 일반인에 대한 선량은 연간 선량한도를 초과하지 아니하는 범위 내에서 주당 0.1 mSv 및 시간당 (　　)μSv 까지 허용할 수 있다. 괄호 안에 알맞은 것은?

① 10　② 20　③ 30　④ 40

【문제 20】 원자력안전법 상 대단위 사업에 포함되지 않는 것은?

① 식품 등에 방사선을 조사하는 것을 전문으로 하는 사업소
② 밀봉선원을 이용한 방사선투과검사를 전문으로 하는 사업소
③ 단위 시설 당 밀봉선원 111 TBq 이상 사용하는 사업소
④ 단위 시설 당 1 MeV 이상의 방사선발생장치를 사용하는 사업소

【문제 21】 방사선작업종사자에 대한 선량한도 중 옳은 것은?

가. 유효선량 : 20 mSv/년(5년간 평균) 나. 손, 발의 등가선량 : 500 mSv/년 다. 임신부 복부 표면의 등가선량 : 2 mSv/임신기간 라. 긴급사태 시 피부 등가선량(인명 구조 시 제외) : 500 mSv

① 가, 나, 다　② 가, 다　③ 다, 라　④ 나, 다, 라

【문제 22】 방사선작업종사자가 1년 동안 흡입할 경우, 방사능 섭취량이 연간섭취한도에 이를 것으로 보이는 공기중의 농도는?

① 연간섭취한도　② 유도공기중농도　③ 예탁선량한도　④ 유효선량한도

【문제 23】 중·저준위 및 고준위폐기물을 구분하는 열 발생률(kW/㎥)의 기준은?

① 1　② 2　③ 3　④ 4

【문제 24】 밀봉된 방사성동위원소의 구비조건 중 옳지 않은 것은?

① 부식되기 어려운 재료로 된 용기에 넣을 것
② 방사성물질이 용기 외부로 잘 누출되는 구조 일 것
③ 기계적 강도에 강한 용기를 사용할 것
④ 사용 방사선이 용기외부로 잘 방출될 것

답 18. ②　19. ②　20. ④　21. ①　22. ②　23. ②　24. ②

【문제 25】 인체 내의 피폭선량 측정기로 옳은 것은?

① 포켓선량계 ② 열형광선량계
③ 형광유리선량계 ④ 전신계측기

【문제 26】 원자력안전법 규정에 의한 방사선의 범위는?

① 직접 전리방사선 ② 간접 전리방사선
③ 직접, 간접전리방사선 ④ 비 전리방사선

【문제 27】 예탁선량은 피폭을 고려하는 기간이 정해지지 않은 경우 어린아이는 몇 년인가?

① 10 ② 30 ③ 50 ④ 70

【문제 28】 인체의 전체조직 및 장기에 대한 하중계수(W_T)의 합은?

① 0.01 ② 0.1 ③ 1.0 ④ 10

【문제 29】 어떤 조직이나 장기의 흡수선량에 방사선 가중인자를 곱하여 표시하는 것은?

① 유효선량 ② 예탁선량 ③ 등가선량 ④ 집단선량

【문제 30】 사용시설내 사람이 상시 출입하는 장소에서 차폐물에 대한 방사선량(mSv)은 1주당 얼마를 초과할 수 없는가?

① 0.01 ② 0.05 ③ 0.1 ④ 1.0

【문제 31】 방사선관리구역의 설정 기준으로 옳은 것은?

> 가. 외부 방사선량률은 1주당 300 μSv 초과
> 나. 공기 중 방사성물질의 농도는 유도공기중농도 초과
> 다. 수중 방사성물질의 농도는 허용수중농도 초과
> 라. 물체 표면의 오염도는 허용표면오염도 초과

① 가, 나, 다 ② 가, 다 ③ 나, 라 ④ 나, 다, 라

【문제 32】 피폭방사선량에서 제외되는 것은?

> 가. 진료를 위하여 환자가 받는 방사선량
> 나. 환자의 진단을 위해 의사가 받는 방사선량
> 다. 자연방사선에 의해 인간이 받는 방사선량
> 라. 환자의 투시검사에서 방사선사가 받는 방사선량

① 가, 나, 다 ② 가, 다 ③ 나, 라 ④ 나, 다, 라

㉰ 25. ④ 26. ③ 27. ④ 28. ③ 29. ③ 30. ④ 31. ③ 32. ②

【문제 33】 방사선관리구역 및 보전구역 주변의 구역으로서 그 구역 경계에서의 피폭방사선량이 원자력안전위원회가 정하는 값을 초과할 우려가 있는 장소는?

① 방사선관리구역 ② 보전구역 ③ 위험구역 ④ 제한구역

【문제 34】 유효선량에 대한 설명 중 옳은 것은?

① 등가선량 × 흡수선량 ② 흡수선량 × 방사선가중계수
③ 등가선량 × 조직가중계수 ④ 흡수선량 × 선질계수

【문제 35】 인체의 피폭선량을 평가할 때 흡수선량에 방사선가중치를 곱한 양은?

① 조사선량 ② 등가선량 ③ 예탁선량 ④ 유효선량

【문제 36】 방사선관리구역에 종사자가 아닌 사람이 출입할 때 누구의 지시를 받는가?

① 사업주 ② 경영주 ③ 대표이사 ④ 방사선작업종사자

【문제 37】 방사성동위원소 등을 제한적 또는 일시적 사용하는 경우 (가)에 대한 선량은 연간 선량한도를 초과하지 않는 범위 내에서 주당 (나)mSv 및 시간당 20 μSv까지 허용할 수 있다. 괄호 안에 알맞은 것은?

① 가 : 일반인 나 : 0.1 ② 가 : 일반인 나 : 10
③ 가 : 방사선작업종사자 나 : 0.1 ④ 가 : 방사선작업종사자 나 : 10

【문제 38】 임신한 사실을 사업자에게 보고하여 임신이 확인된 방사선작업종사에 대한 임신 확인 시점부터 출산 시까지 하복부 표면에서 등가선량(mSv)은?

① 0.5 ② 1.0 ③ 1.5 ④ 2.0

【문제 39】 방사선작업종사자의 신체부위 또는 기관에 대한 선량한도의 설명 중 옳은 것은?

가. 5년 이상 근무자는 1년에 20 mSv이다.
나. 눈의 수정체는 1년에 15 mSv이다.
다. 피부는 1년에 500 mSv이다.
라. 손과 발은 1년에 50 mSv이다.

① 가, 나, 다 ② 가, 다 ③ 나, 라 ④ 나, 다, 라

【문제 40】 피폭방사선량에 해당되는 것은?

① 인위적이 아닌 자연방사선에 의하여 받는 선량
② 진료를 위하여 피폭하는 방사선량
③ 환자의 투시를 할 때 의사가 받는 방사선량
④ 환자가 폐암 치료를 위하여 피폭되는 방사선량

㉰ 33. ④ 34. ③ 35. ② 36. ④ 37. ① 38. ④ 39. ② 40. ③

【문제 41】 인체의 방사선방어 목적으로 장해평가에 사용되는 선량은?

가. 조사선량	나. 유효선량	다. 흡수선량	라. 등가선량

① 가, 나, 다 ② 가, 다 ③ 나, 라 ④ 나, 다, 라

【문제 42】 원자력관계사업자가 아닌 것은?

① 허가사용자 ② 신고사용자
③ 판독업무자 ④ 폐기시설 등 건설·운영자

【문제 43】 원자력안전법에 규정된 방사선작업종사자에 해당되지 않는 것은?

① 방사선관리구역에 업무상 출입하는 자
② 방사성물질의 사용, 취급 및 저장에 관여하는 자
③ 방사성물질의 처리, 배출 및 처분에 관여하는 자
④ 원자력이용시설의 운전, 이용 또는 보전하는 자

【문제 44】 방사선량의 물리적 용어와 단위의 연결이 옳지 않은 것은?

① 조사선량 - 뢴트겐(R) ② 흡수선량 - 그레이(Gy)
③ 등가선량 - 라드(rad) ④ 유효선량 - 시버트(Sv)

【문제 45】 원자력안전법 용어의 정의에 대한 설명으로 옳지 않은 것은?

① 등가선량은 인체의 피폭선량을 나타낼 때 유효선량에 당해 방사선의 방사선가중치를 곱한 양을 말한다.
② 집단선량은 다수의 사람이 피폭되는 경우에 그 집단의 개인피폭방사선량의 총합을 말한다.
③ 예탁선량은 체내에 존재하는 방사성핵종으로 인하여 그 사람이 일정기간 받게 되는 내부 피폭방사선량을 말한다.
④ 유효선량은 각 조직의 등가선량에 해당 조직의 조직가중치를 곱하여 이를 모든 조직에 대해 합산한 양을 말한다.

【문제 46】 방사선이 전신에 균등하게 피폭된 경우 확률적 영향과 관련이 있는 것은?

① 등가선량 ② 유효선량 ③ 조사선량 ④ 흡수선량

【문제 47】 심부선량은 국제방사선단위 및 측정위원회(ICRU)가 정하는 Hp(10)으로서 인체의 몸통 표면 아래 (   )mm 깊이에서 선량을 판독한 것인가? 괄호 안에 알맞은 것은?

① 1 ② 5 ③ 10 ④ 15

【문제 48】 사용시설 등의 내부에 사람이 상시 출입하는 장소는 연간 방사선량이 (   ) mSv를 초과하지 말아야 하고, 1주당 방사선량은 1 mSv를 초과하지 않아야 한다. 괄호 안에 알맞은 것은?

① 1 ② 12 ③ 20 ④ 50

㉢ 41. ③ 42. ③ 43. ① 44. ③ 45. ① 46. ② 47. ③ 48. ③

【문제 49】 삼중수소(^{3}H)를 사용한 안전지시등이 방사성동위원소에서 제외되기 위한 조건이 아닌 것은?

① 단위 제품당 925 GBq을 초과하지 않을 것
② 방사성동위원소와 접촉을 방지하는 구조일 것
③ 접근 가능한 표면에서 표면방사선량률이 5 μSv/h 이하일 것
④ 취급으로 인한 개인피폭방사선량이 연간 10 μSv 미만일 것

【문제 50】 신체 조직의 하중계수가 0.12인 것은?

가. 골수	나. 피부	다. 위장	라. 생식선

① 가, 나, 다　② 가, 다　③ 나, 라　④ 나, 다, 라

【문제 51】 사업자의 추정선량이란?

① 정상 작업시 종사자가 받은 선량
② 사고 처리시 일반인이 받은 선량
③ 긴급 작업시 수시출입자가 받은 선량
④ 선량판독이 불가능하여 합리적으로 추정한 피폭선량

【문제 52】 하전입자를 가속시켜 방사선을 발생하는 장치로서 가속된 하전입자 및 이로 인해 부수적으로 발생하는 모든 방사선의 최대 에너지가 (　　) keV 이하인 것은 방사선발생장치에서 제외된다. 괄호 안에 알맞은 것은?

① 1　② 5　③ 10　④ 50

【문제 53】 방사성동위원소가 체내에 섭취된 후 50년 동안 인체가 받게 될 선량은?

① 예탁선량　② 선량당량　③ 유효선량　④ 등가선량

【문제 54】 판독특이자와 관계가 있는 것은?

가. 선량한도를 초과하여 방사선에 피폭된 자
나. 선량계의 훼손으로 선량 판독이 불가능한 자
다. 선량계의 분실로 선량 판독이 불가능한 자
라. 선량계의 교체주기를 1개월 이상 경과하여 선량계를 제출한 자

① 가, 나, 다　② 가, 다　③ 나, 라　④ 나, 다, 라

【문제 55】 원자력안전법령에서 방사선관리구역의 주당 외부방사선량(mSv)의 기준은?

① 0.3　② 0.4　③ 0.5　④ 1.0

【문제 56】 원자력에 해당되지 않는 것은?

① 베타붕괴로 발생하는 에너지
② 핵융합 과정에서 발생하는 에너지
③ 원자 궤도내 전자의 천이로 발생하는 에너지
④ 핵분열 과정에서 발생하는 에너지

답 49. ③　50. ②　51. ④　52. ②　53. ①　54. ①　55. ②　56. ③

【문제 57】 원자력안전법에 규정된 방사성폐기물이 아닌 것은?

① 사용 후 핵연료로서 폐기의 대상이 되는 것
② 핵원료물질로서 폐기의 대상이 되는 것
③ 방사성물질로서 폐기의 대상이 되는 것
④ 방사성물질에 의하여 오염된 물질로서 폐기의 대상이 되는 것

【문제 58】 원자력안전법에 규정된 용어의 설명 중 옳지 않은 것은?

① 사용 등은 방사성동위원소 등의 생산, 판매, 사용 또는 이동사용을 말한다.
② 방사성동위원소 등은 방사성동위원소의 사용자만을 말한다.
③ 방사성물질 등은 방사성물질 및 그에 의하여 오염된 물질을 말한다.
④ 사용시설 등은 생산, 사용, 분배, 저장, 보관, 처리 및 배출시설의 총칭이다.

【문제 59】 눈의 수정체에 대한 연간 선량한도와의 연결이 옳지 않은 것은?

① 방사선작업종사자 : 150 mSv ② 수시출입자 : 12 mSv
③ 일반인 : 15 mSv ④ 운반종사자 : 15 mSv

【문제 60】 방사선작업종사자에 대한 연간 선량한도가 500 mSv인 신체 부위는?

가. 피부	나. 손	다. 발	라. 수정체

① 가, 나, 다 ② 가, 다 ③ 나, 라 ④ 나, 다, 라

【문제 61】 인체의 조직 또는 장기에 대한 조직가중인자가 큰 것에서 낮은 순으로 된 것은?

① 생식선 → 피부 → 갑상선 ② 생식선 → 갑상선 → 적색골수
③ 생식선 → 방광 → 적색골수 ④ 생식선 → 갑상선 → 피부

【문제 62】 방사선관리구역의 수시출입자에 해당되는 것은?

가. 방사선관리구역에 업무상 출입하는 자	나. 일시적 출입자는 제외
다. 방사선작업에 종사하지 않는 종업원	라. 방사선작업종사자

① 가, 나, 다 ② 가, 다 ③ 나, 라 ④ 나, 다, 라

【문제 63】 제품의 내부에 있으며 항공기용 발광물체로 사용되는 ^{147}Pm의 방사성동위 원소에서 제외되는 한계수량(GBq)은?

① 3 ② 6 ③ 9 ④ 12

【문제 64】 방사선안전보고서 작성지침에 명시된 대단위 사업과 관계가 없는 것은?

① 방사성동위원소 등의 생산을 전문으로 하는 사업
② 식품 등에 방사선을 조사하는 것을 전문으로 하는 사업
③ 단위 시설 당 밀봉선원 111 TBq 이상을 사용하는 사업
④ 단위 시설 당 1 GeV 이상의 방사선발생장치를 사용하는 사업

㉰ 57. ② 58. ② 59. ② 60. ① 61. ④ 62. ① 63. ① 64. ①

【문제 65】 원자력안전법에 규정된 작업실에 대한 설명 중 옳은 것은?

① 밀봉된 방사성동위원소를 사용하는 곳
② 밀봉된 방사성동위원소를 포장하는 곳
③ 밀봉되지 않은 방사성동위원소를 포장하는 곳
④ 밀봉되지 않은 방사성동위원소를 분배하는 곳

【문제 66】 수시출입자 및 운반종사자에 대한 연간 유효선량한도(mSv)는?

① 6 ② 12 ③ 20 ④ 50

【문제 67】 방사성물질 등을 콘크리트 기타의 고형화 재료에 의하여 고형화하는 설비로서 분쇄 장치·압축장치·혼합장치 또는 재포장 장치는?

① 포장실 ② 고형화작업실 ③ 작업실 ④ 고형화처리설비

【문제 68】 외부방사선량률 등이 방사선관리구역의 설정 값을 초과할 우려가 있는 곳에 대하여 출입자에 대한 방사선장해를 방지하기 위한 조치사항 중 옳지 않은 것은?

① 사람의 출입을 관리한다.
② 벽·울타리 등의 구획물로 구획하여 표지를 부착한다.
③ 허용표면오염도를 초과한 물질은 무조건 사용시설 밖으로 운송 후 폐기한다.
④ 오염된 물품을 반출할 경우 표면의 방사성물질의 오염도가 허용표면오염도의 10분의 1을 초과하지 말아야 한다.

【문제 69】 전기 및 가스기기에 내장된 것으로서 단위 부품의 표면방사선량률(μSv/h)이 얼마 이하이면 방사성동위원소에서 제외되는가?

① 1 ② 2 ③ 3 ④ 4

【문제 70】 제품에 설치되어 안전지시등의 발광물체에 사용되는 ^{3}H(트리티움)에 대한 방사성동위원소에서 제외되는 단위 제품당 한계수량(GBq)은?

① 125 ② 325 ③ 625 ④ 925

【문제 71】 원자력이용시설이 아닌 것은?

① 원자로 냉각계통 시설
② 방사선발생장치 및 그 부대시설
③ 방사성폐기물의 영구처분 시설
④ 사용후 핵연료 중간저장 시설

【문제 72】 사용시설 등의 경계에 인접하여 사람이 거주하는 구역은 연간 방사선량이 ( ) mSv를 초과하지 않아야 하고 1주당 방사선량은 0.1 mSv를 초과하지 말아야한다. 괄호 안에 알맞은 것은?

① 1 ② 12 ③ 20 ④ 50

㉰ 65. ③ 66. ① 67. ④ 68. ③ 69. ① 70. ④ 71. ① 72. ①

【문제 73】 원자핵 변화 과정에서 원자핵으로부터 방출되는 모든 종류의 에너지는?

① 방사선 ② 방사능 ③ 방사성 ④ 원자력

【문제 74】 전자파 또는 입자선 중 직접 또는 간접으로 ( )를 전리하는 능력을 가진 것으로서 대통령령으로 정하는 것은 방사선의 정의이다. 괄호 안에 알맞은 것은?

① 물 ② 공기 ③ 조직 ④ 팬텀

【문제 75】 방사선발생장치 또는 방사성동위원소가 내장된 기기라 함은 무엇인가?

① 방사선기기 ② 방사선 내장기기
③ 방사선발생장치등 ④ 방사성동위원소등

【문제 76】 원자력안전법의 규정에 의해 방사성동위원소에서 제외되는 물질이 아닌 것은?

① 군사용 기기에 내장된 37 GBq 이하의 H-3 사용
② 군사용 기기에 내장된 9.25 MBq 이상의 Am-241 사용
③ Pm-147을 사용한 항공기용 발광물질로서 3 GBq을 초과하지 않는 물질
④ H-3을 사용한 안전지시등으로서 단위 제품당 925 GBq을 초과하지 않는 물질

【문제 77】 방사선계측기의 검·교정용 선원의 내구성 기준을 만족하는 밀봉된 방사성동위원소로서 그 수량(MBq)이 얼마 이하일 때 방사성동위원소에서 제외되는가?

① 0.37 ② 3.7 ③ 37 ④ 370

【문제 78】 방사성의약품으로 인증된 ( ) kBq 이하의 C-14를 과립형태로 내장한 캡슐을 인체에 대한 진단용으로 사용하는 경우는 방사성동위원소에서 제외된다. 괄호 안에 알맞은 것은?

① 0.37 ② 3.7 ③ 37 ④ 370

【문제 79】 사업자 추정선량에 해당되는 것은?

① 선량판독이 불가능한 선량 ② 방사선작업종사자가 긴급 시 받은 선량
③ 수시출입자가 근무 시 받은 선량 ④ 일반인이 평상시 받은 선량

【문제 80】 방사성폐기물을 자체 처분할 수 없는 개인에 대한 연간 피폭방사선량은 몇 μSv 이상인가?

① 1 ② 5 ③ 10 ④ 15

【문제 81】 베타선·감마선 및 저독성 알파방출체의 경우에는 제곱센티 미터당 (가) Bq을, 기타 알파선 방출체의 경우에는 제곱센티 미터당 (나) Bq를 초과하는 방사성물질이 물질의 표면에 존재하는 것을 오염이라 한다. 괄호 안에 알맞은 것은?

① 가 : 0.4, 나 : 0.04 ② 가 : 0.04, 나 : 0.4
③ 가 : 0.37, 나 : 0.04 ④ 가 : 0.04, 나 : 0.37

㉰ 73. ④ 74. ② 75. ① 76. ② 77. ② 78. ③ 79. ① 80. ③ 81. ①

【문제 82】 선량계의 훼손·분실 등으로 인하여 선량판독이 불가능하게 된 사람은?

① 방사선작업종사자 ② 수시출입자 ③ 판독특이자 ④ 판독불량자

【문제 83】 베타 및 감마선을 방출하는 밀봉선원으로서 방사능량이 ( ) MBq 이하인 것은 밀봉선원에서 제외한다. 괄호 안에 알맞은 것은?

① 0.037 ② 0.37 ③ 3.7 ④ 37

【문제 84】 지표면과 가까이에 천연 방벽 또는 공학적 방벽으로 폐기물을 처분하는 것은?

① 천층처분 ② 동굴처분 ③ 공학적처분 ④ 심층처분

【문제 85】 방사선관리구역으로 부터 사람이 퇴거하거나 물품을 반출하는 경우에는 인체 및 의복·신발 등 인체에 착용하고 있는 물품과 반출하는 물품(그 물품이 용기에 들어 있거나 포장한 경우에는 그 용기 또는 포장) 표면의 방사성물질의 오염도가 허용표면 오염도의 ( )를 초과하지 말아야 한다. 괄호 안에 알맞은 것은?

① 1/2 ② 1/5 ③ 1/10 ④ 1/100

【문제 86】 고준위 방사성폐기물은 반감기가 20년 이상이며 알파선을 방출하는 핵종으로 농도(Bq/g)는 얼마 이상인가?

① 1,000 ② 2,000 ③ 3,000 ④ 4,000

【문제 87】 단위 시설 당 ( )기가 전자볼트 이상의 방사선발생장치를 사용하는 사업은 대단위 사업으로 분류된다. 괄호 안에 옳은 것은?

① 1 ② 3 ③ 5 ④ 10

【문제 88】 방사선가중치가 가장 작은 것은?

① 알파 입자 ② 1 MeV 중성자
③ 10 MeV 중성자 ④ 반조양자 이외의 양자(에너지 > 2 MeV)

【문제 89】 방사선가중치가 가장 큰 것은?

① 광자 ② 전자 및 뮤온(전 에너지)
③ 알파입자 ④ 양자

【문제 90】 설계승인 및 검사를 받은 방사선기기에 내장된 것으로 일정 시설에 고정되어 있거나 물품 내부에 견고하게 부착되어 있는 H-3을 사용한 안전지시등으로서 단위제품당 (가) GBq을 초과하지 아니하여야 하고, 접근 가능한 표면에서의 표면방사선량률이 (나) μSv/h 이하일 것, 또한 취급으로 인한 개인피폭방사선량이 년간 10 μSv 미만인 것은 방사성동위원소에서 제외되는 물질이다. 괄호 안에 알맞은 것은?

① 가 : 725, 나 : 1 ② 가 : 725, 나 : 10
③ 가 : 925, 나 : 1 ④ 가 : 925, 나 : 10

답 82. ③ 83. ③ 84. ① 85. ③ 86. ④ 87. ① 88. ④ 89. ③ 90. ③

【문제 91】 현재 국내에서 적용하고 있는 방사선작업종사자 및 인근주민의 연간 법정선량한도의 기준은?

① 20 mSv 와 1 mSv　② 20 mSv 와 2 mSv
③ 50 mSv 와 10 mSv　④ 50 mSv 와 20 mSv

【문제 92】 고준위 방사성폐기물은 반감기가 20년 이상인 알파선을 방출하는 핵종의 방사능 농도 및 열발생률 기준 값 이상으로 정의하는데, 이때 방사능 농도 및 열발생률의 기준값은?

① 1,000 Bq/g, 1 kW/m^3　② 2,000 Bq/g, 1 kW/m^3
③ 3,000 Bq/g, 2 kW/m^3　④ 4,000 Bq/g, 2 kW/m^3

【문제 93】 군사용 기기에 내장된 것으로서 방사성동위원소에서 제외되는 물질이 <u>아닌</u> 것은?

① 9.25 MBq 이하의 Am-241　② 37 GBq 이하의 H-3
③ 3 GBq 이하의 Pm-147　④ 1 GBq 이하의 Co-60

【문제 94】 완전방호형 구조 방사선기기는 외부에 형성되는 방사선장에 의한 피폭방사선량이 최대가 되는 가동 조건에서 모든 접촉부위의 표면방사선량은 시간당 (가) μSv를 초과하지 말아야 하고, 방사선발생장치의 경우 가속관의 최대전압이 (나) kV 이하이다. 괄호 안에 알맞은 것은?

① 가 : 1, 나 : 50　② 가 : 10, 나 : 50
③ 가 : 1, 나 : 70　④ 가 : 10, 나 : 70

【문제 95】 항공운반을 위하여 준비된 운반물로서 위원회가 정하여 고시하는 방사능량을 초과하여 운반하는 운반물은?

① B(U)형 운반물　② B(M)형 운반물　③ C형 운반물　④ L형 운반물

【문제 96】 대단위 사업이란 단위 시설 당 밀봉선원이 몇 TBq 이상을 사용하는 사업인가?

① 0.37　② 1.11　③ 37　④ 111

【문제 97】 배출관리기준을 적용함에 있어 배기중 또는 배수중 방사성핵종의 허용농도는 1주간의 평균치로 한다. 다만, 부득이한 경우에는 (　)개월간의 평균치로 갈음할 수 있다. 괄호 안에 알맞은 것은?

① 1　② 2　③ 3　④ 4

【문제 98】 우리나라의 일반적인 지하 환경 및 처분 조건에서 (　)년 이상의 건전성을 유지할 수 있는 폐기물 포장용기를 고건전성 용기라 한다. 괄호 안에 알맞은 것은?

① 100　② 200　③ 300　④ 400

【문제 99】 방사선관리구역을 설정하기 위한 외부 방사선량률(μSv)의 기준은?

① 100　② 200　③ 300　④ 400

【문제 100】 방사성물질등의 운반을 위하여 방사성동위원소별로 위원회가 정하여 고시하는 방사능 값은?

① A값　② B값　③ C값　④ M값

답 91. ①　92. ④　93. ④　94. ①　95. ③　96. ④　97. ③　98. ③　99. ④　100. ①

【문제 101】 A값을 초과하는 방사성물질등을 운반하는 운반물로서 국제운반규정에 따라 설계 발원국가의 방사성물질 운반물이 통과 또는 도착하는 국가의 승인이 필요한 운반물은?

① B(U)형 운반물 ② B(M)형 운반물 ③ C형 운반물 ④ A형 운반물

【문제 102】 의료용 가속장치의 종류가 아닌 것은?

① 선형가속기 ② 사이버나이프 ③ 감마나이프 ④ 양성자 치료장치

【문제 103】 의료용 방사성동위원소 치료장치가 아닌 것은?

① Co-60 치료장치 ② Ir-192 치료장치 ③ 감마나이프 ④ 토모테라피

【문제 104】 피폭방사선량에 해당하는 것은?

① 자연방사선에 의해 받는 방사선량
② 환자의 치료과정에서 받는 방사선량
③ 주치의사가 환자의 진료 목적으로 받는 방사선량
④ 종사자가 건강진단을 위해 받는 방사선량

【문제 105】 원자력안전법령에 규정된 용어의 설명 중 옳지 않은 것은?

① 원자력관계사업자 등 : 원자력관계사업자 또는 판독업무자
② 방사성폐기물관리시설 등 : 방사성폐기물의 저장·처리·처분 시설 및 그 부속시설
③ 운반용기 : 방사성물질 등의 포장 또는 운반을 위한 용기
④ 종사자 등 : 방사선작업종사자 및 일반인

【문제 106】 원자력안전관리의 기본원칙 내용이 아닌 것은?

① 「원자력안전협약」 등 국제규범에 따른 원칙을 준수할 것
② 방사선장해로부터 국민안전과 환경을 보호하는 데에 기여할 것
③ 과학기술의 발전수준을 반영하여 안전기준을 설정할 것
④ 자연방사선에 대한 안전기준을 설정하고 준수할 것

【문제 107】 수시출입자에 대한 설명 중 옳은 것은?

① 방사선 사용시설에 업무상 종사하는 자
② 원자력시설의 견학을 위해 일시적 출입하는 자
③ 방사선관리구역에 청소, 시설관리 등의 업무로 출입하는 자
④ 방사선안전관리 업무를 위해 방사선관리구역에 출입하는 자

【문제 108】 지표면과 가까이에 천연방벽 및 공학적 방벽으로 방사성폐기물을 처분하는 것은?

① 심층처분 ② 표층처분 ③ 동굴처분 ④ 매립형처분

답 101. ② 102. ③ 103. ④ 104. ③ 105. ④ 106. ④ 107. ③ 108. ②

【문제 109】 개봉선원(밀봉되지 않은 선원)을 사용 또는 포장하는 곳은?

① 작업실 ② 포장실 ③ 사용실 ④ 분배실

【문제 110】 방사성폐기물의 분류에서 반감기가 20년 이상의 알파선을 방출하는 핵종의 농도(Bq/g) 기준으로 옳은 것은?

① 1,000 ② 2,000 ③ 3,000 ④ 4,000

【문제 111】 체내 존재하는 방사성핵종으로 그 사람이 일정기간 받게 되는 내부피폭선량은?

① 예탁선량 ② 집단선량 ③ 유효선량 ④ 등가선량

【문제 112】 ICRP-60 권고에서 방사선작업종사자의 선량한도에 관한 설명으로 옳은 것은?

① 유효선량은 연간 1 mSv이다.
② 피부의 등가선량은 연간 150 mSv이다.
③ 손과 발의 등가선량은 연간 50 mSv이다.
④ 임신부의 방사성물질 섭취한도는 연간섭취한도(ALI)의 1/20이다.

【문제 113】 누설점검 실시 대상에서 제외되는 밀봉된 방사성동위원소의 물리적반감기는 며칠 이하인가?

① 10 ② 20 ③ 30 ④ 50

【문제 114】 임신이 확인된 방사선작업종사자가 출산할 때까지 허용되는 방사성핵종의 연간 섭취한도(ALI)는?

① 1/10 ② 1/20 ③ 1/50 ④ 1/100

【문제 115】 특수형 방사성물질은 캡슐에 봉입된 방사성물질로서 한 변의 길이가 최소한 몇 cm 이상인가?

① 0.5 ② 1.0 ③ 1.5 ④ 2.0

【문제 116】 원자력관계사업자에 포함되는 사람으로 조합된 것은?

가. 허가사용자	나. 신고사용자	다. 업무대행자	라. 판독업무자

① 가, 나, 다 ② 가, 다 ③ 나, 라 ④ 나, 다, 라

【문제 117】 원자력안전법 용어의 정의에 대한 설명으로 옳은 것은?

① 피폭방사선량은 사람의 신체의 외부 또는 내부에 피폭하는 방사선량을 말한다. 다만, 진료를 위하여 피폭하는 방사선량은 포함한다.
② 방사선은 전자파 또는 입자선 중 직접 또는 간접으로 공기를 전리하는 능력을 가진 것으로서 5만 전자볼트 미만의 에너지를 가진 전자선을 포함 한다.
③ 방사선발생장치는 하전입자를 가속시켜 방사선을 발생시키는 장치로서 의료 진단용 엑스선발생장치를 포함한다.
④ 방사선관리구역은 외부 방사선량률이 1주당 400마이크로 시버트를 초과할 우려가 있는 곳을 포함한다.

답 109. ① 110. ④ 111. ① 112. ④ 113. ③ 114. ② 115. ① 116. ① 117. ④

【문제 118】 원자력안전법령에 규정된 다음 용어를 설명하시오.

① 방사성동위원소 등

② 원자력관계사업자

③ 사용 등

④ 사용시설 등

⑤ 방사성물질 등

⑥ 폐기시설 등

⑦ 운반용기

⑧ 방사선기기

⑨ 판독 업무자

⑩ 폐기시설 등 건설·운영자

⑪ 종사자 등

⑫ 방사선 등

㉭ 118. ① 방사성동위원소 및 방사선발생장치
② 허가사용자·신고사용자·업무대행자 및 폐기시설 등 건설·운영자
③ 방사성동위원소 등의 생산, 판매, 사용 또는 이동사용
④ 생산시설·사용시설·분배시설·저장시설·보관시설·처리시설 및 배출시설
⑤ 방사성물질 및 그에 의하여 오염된 물질을 말한다.
⑥ 방사성폐기물의 저장·처리·처분 시설 및 그 부속시설
⑦ 방사성물질 등의 포장 또는 운반을 위한 용기
⑧ 방사선발생장치 또는 방사성동위원소가 내장된 기기
⑨ 판독에 관한 업무를 등록한 자
⑩ 폐기시설 등의 건설·운영 허가를 받은 자
⑪ 방사선작업종사자 및 수시출입자
⑫ 방사선 및 방사성동위원소

제3장 원자력안전종합계획의 수립 · 시행 등

1) 원자력안전종합계획의 수립

(1) 「원자력안전위원회의 설치 및 운영에 관한 법률」에 따른 원자력안전위원회(이하 "위원회"라 한다)는 원자력이용에 따른 안전관리(이하 "원자력안전관리"라 한다)를 위하여 5년마다 원자력안전종합계획(이하 "종합계획"이라 한다)을 수립하여야 한다.

(2) 종합계획에는 다음 각 호의 사항이 포함되어야 한다.

① 원자력안전관리에 관한 현황과 전망에 관한 사항

② 원자력안전관리에 관한 정책목표와 기본방향에 관한 사항

③ 부문별 과제 및 그 추진에 관한 사항

④ 소요재원의 투자계획 및 조달에 관한 사항

⑤ 그 밖에 원자력안전관리를 위하여 필요한 사항

(3) 위원회는 종합계획을 수립하려면 미리 관계 부처의 장과 협의하여야 한다. 수립된 종합계획을 변경하려는 때에도 또한 같다.

(4) 종합계획의 수립 및 변경은 위원회의 심의·의결을 거쳐 확정한다. 다만, **대통령령으로 정하는 경미한 사항의 변경**은 그러하지 아니하다.

▸ **대통령령으로 정하는 경미한 사항**

① 부문별 과제의 세부 추진에 관한 사항

② 원자력안전종합계획의 내용에 중대한 영향을 주지 아니하는 사항으로서 위원회가 정한 기준에 맞는 사항

(5) 위원회는 종합계획의 수립을 위하여 필요하다고 인정하면 관계 기관의 장에게 종합계획의 수립에 필요한 자료의 제출을 요구할 수 있다.

2) 종합계획의 시행

(1) 위원회는 확정된 종합계획을 관계 부처의 장에게 통보하여야 하며, 위원회와 관계 부처의 장은 종합계획에 따라 소관 사항에 대하여 5년마다 부문별 시행계획을 수립하고, 부문별 시행계획에 따라 연도별 세부사업추진계획을 수립·시행하여야 한다.

(2) 위원회와 관계 부처의 장은 제1항에 따른 부문별 시행계획을 수립하는 때에는 필요하면 다른 관계 부처의 장과 협의를 거쳐 부문별 시행계획을 확정하고, 관계 부처의 장은 확정된 부문별 시행계획을 위원회에 통보하여야 한다.

3) 원자력안전전문기관

(1) 위원회의 감독하에 원자력안전관리에 관한 사항을 전문적으로 수행하기 위하여 원자력안전전문기관을 둘 수 있다.

(2) 원자력안전전문기관의 설치·운영에 관한 사항은 따로 법률로 정한다.

4) 한국원자력통제기술원의 설립

(1) 원자력 관련 시설 및 핵물질 등에 관한 안전조치와 수출입통제 등(이하 "원자력통제"라 한다)의 업무를 효율적으로 추진하기 위하여 한국원자력통제기술원(이하 "통제기술원"이라 한다)을 설립한다.

(2) 통제기술원은 법인으로 한다.

(3) 통제기술원은 그 주된 사무소가 있는 곳에서 설립등기를 함으로써 성립한다.

(4) 통제기술원은 그 정관을 변경하고자 할 때에는 위원회의 인가를 받아야 한다.

(5) 통제기술원에 임원으로서 이사장과 원장 각 1명을 포함한 11명 이내의 이사와 감사 1명을 두며, 임원은 정관으로 정하는 바에 따라 이사회에서 선임하되, 위원회의 승인을 받아야 한다.

(6) 통제기술원의 중요사항을 심의·의결하기 위하여 통제기술원에 이사회를 둔다.

(7) 원장은 통제기술원을 대표하고, 통제기술원의 업무를 총괄하며, 소속 직원을 지휘·감독한다.

(8) 정부는 예산의 범위에서 통제기술원의 설립 및 운영에 필요한 경비를 출연할 수 있다.

(9) 통제기술원에 관하여 이 법에서 정하는 것을 제외하고는 「민법」 중 재단법인에 관한 규정을 준용한다.

5) 통제기술원의 사업

통제기술원은 다음 각 호의 사업을 수행한다.

(1) 위원회로부터 위탁받은 원자력 관련 시설·장비·기술·연구개발활동 및 핵물질에 관한 안전조치 관련 업무

(2) 위원회로부터 위탁받은 핵물질 등 국제규제물자에 관한 수출입통제 관련 업무

(3) 「원자력시설 등의 방호 및 방사능 방재 대책법」에 따라 위원회로부터 위탁받은 물리적방호 관련 업무

(4) 원자력통제에 관한 연구 및 기술 개발

(5) 원자력통제에 관한 국제협력 지원

(6) 원자력통제에 관한 교육

(7) 그 밖에 원자력통제 업무의 수행을 위하여 필요한 사항

6) 한국원자력안전재단의 설립

(1) 원자력 및 방사선 안전기반 조성 활동을 효율적으로 지원하기 위하여 한국원자력안전재단(이하 "안전재단"이라 한다)을 설립한다.

(2) 안전재단은 다음 각 호의 사업을 수행한다.

① 위원회의 원자력안전 정책수립 지원을 위한 기초자료 조사·연구

② 실태조사

③ 원자력안전연구개발사업의 기획, 관리 및 평가

④ 방사선작업종사자에 대한 교육 및 훈련

⑤ 국제협력 지원

⑥ 이 법 또는 다른 법령에 따라 위탁받은 업무 및 그 밖에 위원회에서 필요하다고 인정하는 사업

(3) 안전재단은 법인으로 한다.

(4) 안전재단은 그 주된 사무소가 있는 곳에서 설립등기를 함으로써 성립한다.

(5) 안전재단이 정관을 제정하거나 변경하고자 하는 때에는 위원회의 인가를 받아야 한다.

(6) 안전재단의 중요 사항을 심의·의결하기 위하여 안전재단에 이사회를 둔다.

(7) 안전재단에 임원으로서 이사장 1명을 포함한 11명 이내의 이사와 감사 1명을 두며 임원은 정관으로 정하는 바에 따라 이사회에서 선임하되, 위원회의 승인을 받아야 한다.

(8) 위원회는 예산의 범위에서 안전재단의 운영에 필요한 경비를 출연할 수 있다.

(9) 안전재단에 관하여 이 법에 정하는 것을 제외하고는 「민법」 중 재단법인에 관한 규정을 준용한다.

7) 실태조사

(1) 위원회는 원자력안전정책을 효율적으로 추진하기 위하여 원자력안전에 관한 실태조사를 실시하여야 한다. 이 경우 위원회는 **대통령령으로 정하는 기관 또는 단체**로 하여금 실태조사를 실시하게 할 수 있다.

▸ **대통령령으로 정하는 기관 또는 단체**

한국원자력안전재단(이하 "안전재단"이라 한다)을 말한다.

(2) 위원회는 실태조사를 위하여 필요하다고 인정하면 원자력 관련 기업·교육기관·연구기관과 그 밖의 원자력 관련 기관에게 자료의 제출이나 의견의 진술 등을 요구할 수 있다.

8) 원자력안전연구개발사업의 추진 등

(1) 위원회는 원자력안전종합계획의 수립된 부문별 시행계획에 따라 원자력안전연구개발사업 계획을 수립하고, 이를 효율적으로 추진하기 위하여 매년 연구개발과제를 선정하여 다음 각 호의 기관 또는 단체와 협약을 맺어 연구개발하게 할 수 있다.

① 원자력안전전문기관에 따라 설립된 기관

② 통제기술원

③ 「기초연구진흥 및 기술개발지원에 관한 법률」 제14조제1항 각 호의 기관 또는 단체

(2) 원자력안전연구개발사업을 실시하는 데에 드는 비용은 다음 각 호의 재원으로 충당한다.

① 정부의 출연금

② 「원자력 진흥법」에 따른 원자력기금의 원자력안전규제계정

③ 원자력안전연구개발사업의 실시과정에서 발생한 잔액과 그 밖의 수입금

▸ **연구협약의 체결**

(1) 원자력안전연구개발사업의 연구개발과제에 관한 협약(이하 "연구협약"이라 한다)을 맺고

연구를 주관하여 수행하는 기관 또는 단체(이하 "주관연구기관"이라 한다)의 장은 원자력안전연구개발사업에 필요한 비용 중 일부를 정부 외의 자의 출연금 또는 기술개발비(현물을 포함한다) 등으로 충당하려는 경우에는 그 비용을 지급하려는 자와 미리 출자계약 또는 연구계약을 체결하여야 한다.

(2) 연구협약에는 다음 각 호의 사항이 포함되어야 한다.

① 연구의 과제명·범위·수행방법 및 그 책임자
② 연구개발비의 부담 및 그 지급방법
③ 연구개발결과 보고
④ 연구개발결과의 귀속 및 활용
⑤ 연구개발결과의 평가에 따른 조치
⑥ 연구개발비의 사용 및 관리
⑦ 연구협약의 변경 및 해약
⑧ 연구협약 위반에 관한 조치
⑨ 그 밖에 연구개발에 수반되는 사항

(3) 주관연구기관의 장은 위원회가 정하는 바에 따라 연구개발과제의 일부를 「기초연구진흥 및 기술개발지원에 관한 법률」 제14조제1항 각 호의 어느 하나에 해당하는 기관 또는 단체나 해당 분야의 전문가와 협동 또는 공동으로 연구하거나 위탁하여 연구하게 할 수 있다.

▸ **출연금의 지급 및 관리**

(1) 위원회는 원자력안전연구개발사업계획에 따라 원자력안전연구개발사업을 수행하는 기관 또는 단체(이하 "사업수행기관"이라 한다)에 법 제9조제2항 각 호의 재원으로 출연금을 지급할 수 있다.

(2) 출연금은 분할하여 지급한다. 다만, 위원회는 연구개발과제의 규모 및 착수시기 등을 고려하여 출연금을 일시에 지급할 수 있다.

(3) 출연금을 지급받은 사업수행기관의 장은 다른 용도의 자금과 분리된 별도의 계정(計定)을 설치하고, 자금의 수입·지출 명세를 증명할 수 있도록 계정을 관리하여야 한다.

▸ **출연금의 사용 및 실적 보고**

(1) 사업수행기관의 장은 출연금을 위원회가 정하는 바에 따라 해당 사업에 드는 경비로만 사용하여야 한다.

(2) 사업수행기관의 장은 매년 출연금의 사용 실적에 다음 각 호의 서류를 첨부하여 다음 해 3월 31일까지 위원회에 제출하여야 한다.

① 연구개발사업계획과 그 집행실적의 대비표
② 공인회계사의 회계감사보고서(연간 출연금이 5억 원 이상인 경우에만 제출한다). 다만, 국공립연구기관의 경우에는 감독관청의 의견서로, 「고등교육법」에 따른 대학·산업대학·전문대학 및 기술대학의 경우에는 총장 또는 학장의 의견서로 이를 갈음할 수 있다.

3. 원자력안전종합계획의 수립·시행 등 예상문제

【문제 1】 원자력이용에 따른 안전관리를 위한 원자력안전종합계획의 수립은 누가 하는가?

① 대통령 ② 법무부장관 ③ 국무총리 ④ 원자력안전위원히

【문제 2】 원자력안전위원회는 원자력이용에 따른 안전관리를 위하여 몇 년마다 원자력안전종합계획을 수립하는가?

① 31 ② 3 ③ 5 ④ 7

【문제 3】 원자력안전종합계획을 수립하는데 포함되어야 할 사항이 아닌 것은?

① 원자력안전관리에 관한 현황과 전망에 관한 사항
② 원자력안전관리에 관한 정책목표와 기본방향에 관한 사항
③ 한국원자력안전기술원의 임원 선임 및 원장 임명에 관한 사항
④ 소요재원의 투자계획 및 조달에 관한 사항

【문제 4】 원자력 관련 시설 및 핵물질 등에 관한 안전조치와 수출입통제 등의 업무를 효율적으로 추진하기 위한 목적으로 설립하는 것은?

① 한국원자력통제기술원 ② 한국원자력안전기술원
③ 원자력진흥위원회 ④ 원자력안전위원회

【문제 5】 한국원자력통제기술원에 임원으로서 이사장과 원장 각 1명을 포함한 11명 이내의 이사와 감사 1명을 두며, 임원은 정관으로 정하는 바에 따라 이사회에서 선임하고 누구의 승인을 받아야 하는가?

① 한국원자력안전기술원장 ② 법무부장관
③ 대통령 ④ 원자력안전위원회

【문제 6】 한국원자력통제기술원의 수행 사업이 아닌 것은?

① 원자력안전관리에 관한 사항의 종합·조정
② 원자력통제에 관한 연구 및 기술개발
③ 원자력통제에 관한 국제협력 지원
④ 원자력통제에 관한 교육

【문제 7】 원자력 및 방사선 안전기반 조성 활동을 효율적으로 지원하기 위한 목적으로 설립하는 것은?

① 한국원자력안전기술원 ② 한국원자력안전재단
③ 원자력안전위원회 ④ 한국원자력통제기술원

답 1. ④ 2. ③ 3. ③ 4. ① 5. ④ 6. ① 7. ②

【문제 8】 한국원자력안전재단의 수행 사업이 아닌 것은?

① 위원회의 원자력안전 정책수립 지원을 위한 기초자료 조사·연구
② 위원회로부터 위탁받은 물리적방호 관련 업무
③ 원자력안전연구개발사업의 기획, 관리 및 평가
④ 방사선작업종사자에 대한 교육 및 훈련

【문제 9】 원자력안전정책을 효율적으로 추진하기 위하여 원자력안전에 관한 실태조사를 대통령령으로 정하는 기관 또는 단체로 하여금 실시할 수 있다. 이 경우 대통령령으로 정하는 기관 또는 단체는 누구를 말하는가?

① 한국원자력통제기술원 ② 한국원자력안전기술원
③ 한국원자력안전재단 ④ 원자력안전위원회

㉰ 8. ② 9. ③

제4장 원자력안전위원회

1. 원자력안전위원회

1) 목적

이 법은 원자력안전위원회를 설치하여 원자력의 생산과 이용에 따른 방사선재해로부터 국민을 보호하고, 공공의 안전과 환경보전에 이바지함을 목적으로 한다.

2) 운영원칙

원자력안전위원회는 독립성 및 공정성을 유지하며, 원자력의 연구·개발·생산·이용(이하 "원자력이용"이라 한다)에 의한 안전관리(이하 "원자력안전관리"라 한다)에 필요한 대책을 마련하고 이행에 노력하여야 한다.

3) 위원회의 설치

(1) 원자력안전에 관한 업무를 수행하기 위하여 국무총리 소속으로 원자력안전위원회(이하 "위원회"라 한다)를 둔다.

(2) 위원회는 「정부조직법」에 따른 중앙행정기관으로 본다. 다만, 다음 각 호의 사항은 「정부조직법」을 적용하지 아니한다.

① 원자력 이용자의 허가·재허가·인가·승인·등록 및 취소 등에 관한 사항

② 한국원자력안전기술원의 임원 선임 및 원장 임명에 관한 사항

③ 한국원자력통제기술원 임원 승인에 관한 사항

④ 그 밖에 원자력안전관리의 독립성 보장을 위하여 필요한 사항으로서 대통령령으로 정하는 사항

4) 위원회의 구성등

(1) 위원회는 위원장을 포함하여 9명의 위원으로 구성하며, 위원장 및 위원 1명은 상임 위원으로 한다.

(2) 위원장은 정무직으로 한다.

(3) 상임위원은 「정부조직법」 제10조에도 불구하고 정부위원이 된다.

5) 위원의 임명·위촉 등

(1) 위원은 원자력안전에 관한 식견과 경험이 풍부한 사람 중에서 임명하거나 위촉하되, 원자력·환경·보건의료·과학기술·공공안전·법률·인문사회 등 원자력안전에 이바지할 수 있는 관련 분야 인사가 고루 포함되어야 한다.

(2) 위원장은 국무총리의 제청으로 대통령이 임명하고, 상임위원인 위원을 포함한 4명 위원은 위원장이 제청하여 대통령이 임명 또는 위촉하며, 나머지 4명의 위원은 국회에서 추천하여 대통령이 임명 또는 위촉한다.
(3) 위원의 임명 또는 위촉, 그 밖의 위원회의 구성 등에 필요한 사항은 대통령령으로 정한다.

6) 위원장

(1) 위원장은 위원회를 대표하고, 위원회의 회의를 주재하며, 소관 사무를 총괄한다.
(2) 위원장은 필요한 경우에는 국무회의에 출석하여 발언할 수 있으며, 그 소관 사무에 관하여 국무총리에게 의안의 제출을 건의할 수 있다.
(3) 위원장은 국회에 출석하여 위원회의 소관 사무에 관하여 의견을 진술할 수 있으며, 국회의 요구가 있을 때에는 출석하여 보고하거나 답변하여야 한다.
(4) 위원장이 부득이한 사유로 직무를 수행할 수 없을 때에는 상임위원인 위원이 그 직무를 대행하고, 상임위원이 모두 부득이한 사유로 직무를 수행할 수 없을 때에는 위원회가 미리 정한 위원이 위원장의 직무를 대행한다.
(5) 국회는 위원장이 그 직무를 집행함에 있어 헌법이나 법률을 위반한 때에는 탄핵의 소추를 의결할 수 있다.

7) 위원의 임기

위원의 임기는 3년으로 하되, 1회에 한하여 연임할 수 있다.

8) 신분보장 등

(1) 위원은 다음 각 호의 어느 하나에 해당하는 경우를 제외하고는 그 의사에 반하여 면직되지 아니한다.
① 장기간 심신장애로 인하여 직무를 수행할 수 없게 된 경우
② 결격사유에 해당하는 경우
③ 이 법 또는 그 밖의 다른 법률에 따른 직무상의 의무를 위반한 경우
④ 이 법 또는 그 밖의 다른 법률에 따른 위원회의 소관 직무와 관련하여 부당한 이득을 취한 경우
(2) 위원은 직무를 집행함에 있어 부당한 지시나 간섭을 받지 아니한다.

9) 겸직금지 등

(1) 상임위원은 공무 외의 영리를 목적으로 하는 업무에 종사하지 못하며 다른 직무를 겸할 수 없다.
(2) 위원은 정치활동에 관여할 수 없다.
(3) 영리를 목적으로 하는 업무의 한계에 관하여 필요한 사항은 대통령령으로 정한다.

10) 영리업무의 금지

원자력안전위원회(이하 "위원회"라 한다)의 상임위원은 규정에 따라 근로를 제공하고 정기적으로 대가를 받는 업무에 종사하지 못한다.

11) 결격사유(개정 2024. 10. 22.)

(1) 다음 각 호의 어느 하나에 해당하는 사람은 위원이 될 수 없다.

① 「국가공무원법」 제33조 각 호의 어느 하나에 해당하는 사람

② 탄핵결정에 따라 파면된 사람

③ 「정당법」 규정에 따른 당원

④ 다음 각 목의 어느 하나에 해당하는 기관의 임직원(교원은 제외한다)으로 근무하고 있거나 퇴직한 날부터 3년이 경과되지 아니한 사람

가. 발전용원자로 및 관계시설의 건설 또는 발전용원자로 및 관계시설을 운영하려고 허가를 받은 기관

나. 연구용 또는 교육용의 원자로 및 관계시설을 건설 또는 연구용 또는 교육용 원자로 및 관계시설을 운영하려고 허가를 받은 기관

다. 핵원료물질 또는 핵연료물질의 정련사업 또는 가공사업 또는 핵연료주기시설을 운영하려고 허가를 받은 기관

라. 방사성폐기물의 저장·처리·처분 시설 및 그 부속시설(이하 "방사성폐기물관리시설등"이라 한다)을 건설·운영하려고 허가를 받은 기관

⑤ 제④호 각 목에 따른 기관으로부터 최근 3년 이내에 연구개발과제(「과학기술기본법」에 따른 국가연구개발사업은 제외한다) 등 총 1천만원 이상의 용역을 수탁하여 수행하고 있거나 수행하였던 사람

(2) 위원이 제(1)항 각 호의 어느 하나에 해당하게 되는 때에는 그 직에서 당연 퇴직한다.

(3) 위원회는 위원이 제(1)항 제④호 및 제⑤호에 따른 결격사유에 해당하는지 판단하기 위하여 필요한 자료의 제공을 같은 항 제④호 각 목에 따른 기관에 요청할 수 있다. 이 경우 요청받은 기관은 특별한 사유가 없으면 이에 따라야 한다.

12) 위원회의 소관 사무

(1) 원자력안전관리에 관한 사항

(2) 원자력안전관리에 따른 연구·개발에 관한 사항

(3) 그 밖에 이 법 또는 다른 법률에서 위원회의 사무로 정한 사항

13) 위원회의 심의·의결 사항

(1) 원자력안전관리에 관한 사항의 종합·조정

(2) 원자력안전종합계획의 수립에 관한 사항

(3) 핵물질 및 원자로의 규제에 관한 사항

(4) 원자력이용에 따른 방사선피폭으로 인한 장해의 방어에 관한 사항
(5) 원자력이용자의 허가·재허가·인가·승인·등록 및 취소 등에 관한 사항
(6) 원자력이용자의 금지행위에 대한 조치 및 과징금 부과에 관한 사항
(7) 원자력안전관리에 따른 경비의 추정 및 배분계획에 관한 사항
(8) 원자력안전관리에 따른 조사·시험·연구·개발에 관한 사항
(9) 원자력안전관리에 따른 연구자·기술자의 양성 및 훈련에 관한 사항
(10) 방사성폐기물의 안전관리에 관한 사항
(11) 방사선재해 대책에 관한 사항
(12) 원자력안전 관련 국제협력에 관한 사항
(13) 위원회의 예산 편성 및 집행에 관한 사항
(14) 소관 법령 및 위원회규칙의 제정·개정 및 폐지에 관한 사항
(15) 이 법 또는 다른 법률에 따라 위원회의 심의·의결 사항으로 정한 사항

14) 회의

(1) 위원회의 회의는 2명 이상의 위원의 요구가 있는 때에 위원장이 소집한다. 다만, 위원장은 단독으로 회의를 소집할 수 있다.
(2) 위원회의 회의는 재적위원 과반수의 찬성으로 의결한다.
(3) 위원은 의안을 제의할 수 있다.
(4) 위원회의 회의는 공개한다. 다만, 다음 각 호의 어느 하나에 해당하는 경우에는 위원회의 의결로 공개하지 아니할 수 있다
① 국가안전보장을 해칠 우려가 있는 경우
② 다른 법령에 따라 비밀로 분류되거나 공개가 제한된 내용이 포함되어 있는 경우
③ 개인·법인 및 단체의 명예를 훼손하거나 정당한 이익을 해칠 우려가 있다고 인정되는 경우
④ 감독·감사·인사관리 등에 관한 사항으로 공개하면 공정한 업무수행에 현저한 지장을 초래할 우려가 있는 경우
(5) 위원회의 회의 운영과 관련하여 그 밖에 필요한 사항은 위원회규칙으로 정한다.

15) 회의록의 작성 등

(1) 위원회는 회의록 및 녹음기록을 작성·보존하여야 한다.
(2) 회의록은 속기방법으로 작성한다.
(3) 회의록은 회의 종료 후 긴급한 회의가 소집되는 등 특별한 사유가 없으면 다음 회의일까지 공표한다.
(4) 회의록 및 녹음기록의 내용은 삭제할 수 없으며, 발언을 통하여 자구정정 또는 취소의 발언을 한 경우에는 그 발언을 회의록에 기재한다.
(5) 회의록 및 녹음기록의 작성·보존과 관련하여 그 밖에 필요한 사항은 위원회규칙으로 정한다.

16) 회의의 방청 등

(1) 위원회의 회의를 방청하고자 하는 사람은 위원장의 허가를 받아 방청할 수 있다.

(2) 위원장은 질서를 유지하기 위하여 필요한 때에는 방청인의 퇴장을 명할 수 있다.

17) 위원의 제척·기피·회피

(1) 위원이 다음 각 호의 어느 하나에 해당하는 경우에는 그 직무집행에서 제척된다.

① 위원 또는 그 배우자나 배우자이었던 사람이 해당 사안의 당사자가 되거나 해당 사안에 관하여 공동권리자 또는 의무자의 관계에 있는 경우

② 위원이 해당 사안의 당사자와 친족관계에 있거나 있었던 경우

③ 위원이 해당 사안에 관하여 증언이나 감정을 한 경우

④ 위원이 해당 사안에 관하여 당사자의 대리인으로서 관여하거나 관여하였던 경우

⑤ 위원이 해당 사안의 대상이 된 처분 또는 부작위에 관여한 경우

(2) 위원회는 직권 또는 당사자의 신청에 의하여 제척의 결정을 한다.

(3) 위원에게 심의·의결의 공정을 기대하기 어려운 사정이 있는 경우 당사자는 기피신청을 할 수 있고, 위원회는 의결로 이를 결정한다.

(4) 위원이 제(1)항 또는 제(3)항의 사유가 있는 경우에는 해당 사안에 대하여 회피 할 수 있다.

18) 전문위원회의 설치

(1) 위원회는 그 소관 사무의 실무적인 자문이나 심의·의결 사항에 관한 사전검토 또는 위원회로부터 위임받은 사무를 효율적으로 수행하기 위하여 필요하면 위원회소속으로 전문위원회를 둘 수 있다.

(2) 전문위원회의 구성 및 운영 등에 관하여 필요한 사항은 대통령령으로 정한다.

19) 전문위원회의 구성

위원회는 그 소관 사무의 실무적인 자문이나 심의·의결 사항에 관한 사전검토 또는 위원회로부터 위임받은 사무를 효율적으로 수행하기 위하여 필요하면 위원회 소속으로 전문위원회를 둘 수 있다.

(1) 전문위원회는 위원장 1명을 포함한 15명 이내의 위원으로 구성한다.

(2) 전문위원회의 위원장은 전문위원회의 위원 중에서 위원회의 위원장이 지명하고, 전문 위원회의 위원은 다음 각 호의 사람 중에서 위원회의 위원장이 위촉하거나 임명한다.

① 원자력에 관한 학식과 경험이 풍부한 사람

② 관계 기관의 직원

(3) 전문위원회 위원의 임기는 2년으로 하며, 한 차례만 연임할 수 있다.

(4) 전문위원회의 회의는 재적위원 과반수의 출석으로 열고, 출석위원 과반수의 찬성으로 의결한다.

(5) 위원회는 다음 각 호의 어느 하나에 해당하는 경우에는 별도의 전문위원회를 구성하여 조사하게 할 수 있다.

① 원자력 관계시설의 안전계통에서 중대한 사고가 발생한 경우

② 방사성으로 인한 환경오염사고가 발생한 경우

③ 방사선에 의한 중대한 피폭사고가 발생한 경우

④ 제①부터 제③까지의 경우에 준하는 국외의 방사능 사고가 발생한 경우 또는 방사성 오염이 확산되는 경우

20) 사무처

(1) 위원회의 사무를 처리하기 위하여 위원회에 사무처를 둔다.

(2) 사무처에 사무처장 1명과 필요한 직원을 두되, 사무처장은 상임위원인 위원이 겸임한다.

(3) 그 밖에 사무처의 조직 및 운영 등에 필요한 사항은 대통령령으로 정한다.

21) 청렴의무

전문위원회의 위원은 이 법에 따라 심의 또는 규제를 받는 원자력 관련 사업에 종사하는 사람으로부터 금품이나 그 밖의 이익을 제공받아서는 안 된다.

22) 벌칙

위의 청렴의무를 위반한 사람은 10년 이하의 징역에 처한다.

4. 원자력안전위원회 예상문제

【문제 1】 원자력안전에 관한 업무를 수행하기 위하여 누구의 소속으로 원자력안전위원회를 두는가?

① 국무총리　② 법무부장관　③ 미래창조과학부장관　④ 대통령

【문제 2】 원자력안전위원회는 위원장을 포함하여 몇 명의 위원으로 구성하는가?

① 3　② 5　③ 7　④ 9

【문제 3】 원자력안전위원회 위원의 임명에 대한 설명 중 옳지 않은 것은?

① 원자력안전에 관한 식견과 경험이 풍부한 사람
② 위원장은 국무총리의 제청으로 대통령이 임명
③ 상임위원인 위원을 포함한 4명의 위원은 위원장이 제청하여 국무총리가 임명
④ 위원은 원자력안전에 이바지할 수 있는 관련 분야의 전무가 임명

【문제 4】 원자력안전위원회의 위원장에 대한 설명 중 옳지 않은 것은?

① 위원회를 대표하고, 위원회의 회의를 주재하며 소관 사무를 총괄한다.
② 국회에 출석하여 위원회의 소관 사무에 관하여 의견을 진술할 수 있다.
③ 위원장은 필요한 경우에 국무회의에 출석하여 발언할 수 있다.
④ 국회의 요구가 있을 때에는 출석하여 보고하거나 답변할 의무는 없다.

【문제 5】 원자력안전위원회 위원의 임기는?

① 2년으로 하되, 1회에 한하여 연임　② 2년으로 하되, 2회에 한하여 연임
③ 3년으로 하되, 1회에 한하여 연임　④ 3년으로 하되, 2회에 한하여 연임

【문제 6】 원자력안전위원회의 위원에 대한 설명 중 옳지 않은 것은?

① 상임위원은 공무 외의 영리를 목적으로 하는 업무에 종사할 수 없다.
② 상임위원은 다른 직무를 겸직할 수 없다.
③ 위원은 정치활동에 관여하는 것은 가능하다.
④ 상임위원은 근로를 제공하고 정기적으로 대가를 받는 업무에 종사할 수 없다.

【문제 7】 원자력안전위원회의 심의·의결 사항이 아닌 것은?

① 방사선재해 대책
② 핵물질 및 원자로의 규제
③ 원자력진흥의 종합계획 수립
④ 방사성폐기물의 안전관리

㉮ 1. ①　2. ④　3. ③　4. ④　5. ③　6. ③　7. ③

【문제 8】 원자력안전위원회의 심의·의결 사항이 <u>아닌</u> 것은?

① 원자력안전종합계획의 수립
② 위원회의 예산 편성 및 집행
③ 위원회규칙의 제정·개정 및 폐지
④ 원자력이용에 관한 사항의 종합·조정

【문제 9】 원자력안전위원회의 회의에 관한 설명 중 옳지 <u>않은</u> 것은?

① 위원회의 회의는 2명 이상의 위원의 요구가 있는 때에 위원장이 소집한다.
② 위원회의 회의는 재적위원 과반수의 찬성으로 의결한다.
③ 위원회의 회의는 비공개를 원칙으로 한다.
④ 위원회의 회의 운영과 관련하여 그 밖에 필요한 사항은 위원회규칙으로 정한다.

【문제 10】 원자력안전위원회의 전문위원회는 위원장 1명을 포함한 몇 명 이내의 위원으로 구성하는가?

① 5　　② 10　　③ 15　　④ 20

【문제 11】 원자력안전위원회가 별도의 전문위원회를 구성하여 조사하게 할 수 있는 경우가 <u>아닌</u> 것은?

① 원자력관계시설의 안전계통에서 중대한 사고가 발생한 경우
② 방사성으로 인한 환경 오염사고가 발생한 경우
③ 방사선에 의한 중대한 피폭사고가 발생한 경우
④ 환경관리용 선량계의 훼손 및 분실 사고가 발생한 경우

【문제 12】 원자력안전위원회의 전문위원회 위원으로서 원자력관련사업에 종사하는 사람으로부터 금품이나 그 밖의 이익을 제공 받은 사람의 벌칙은?

① 1년 이하의 징역　② 3년 이하의 징역　③ 5년 이하의 징역　④ 10년 이하의 징역

【문제 13】 원자력안전위원회는 원자력이용에 따른 안전관리를 위하여 몇 년마다 원자력안전종합계획을 수립하는가?

① 1　　② 3　　③ 5　　④ 10

㉶ 8. ④　9. ③　10. ③　11. ④　12. ④　13. ③

제5장 방사성동위원소 등의 허가기준

1. 사용, 이동사용 및 판매 시 허가신청

1) 방사성동위원소·방사선발생장치 사용 등의 허가 등

(1) 방사성동위원소 또는 방사선발생장치(이하 **"방사성동위원소 등"**이라 한다)를 생산·판매·사용(소지·취급을 포함한다. 이하 같다) 또는 이동사용하려는 자는 대통령령으로 정하는 바에 따라 위원회의 허가를 받아야 한다. 허가받은 사항을 변경하려는 때에도 또한 같다. 다만, 총리령으로 정하는 일시적인 사용 장소의 변경과 그 밖의 경미한 사항을 변경하려는 때에는 이를 신고하여야 한다.

(2) 총리령으로 정하는 용도 또는 수량 이하의 밀봉된 방사성동위원소 또는 총리령으로 정하는 용도 또는 용량 이하의 방사선발생장치를 사용 또는 이동사용하려는 자는 대통령령으로 정하는 바에 따라 위원회에 신고하여야 한다. 신고한 사항을 변경하려는 때에도 또한 같다.

(3) 허가를 받으려는 자는 허가신청서에 안전성분석보고서, 품질보증계획서, 방사선안전보고서 및 안전관리규정과 그 밖에 총리령으로 정하는 서류를 첨부하여 위원회에 제출하여야 하며, 신고를 하려는 자는 신고서에 총리령으로 정하는 서류를 첨부하여 위원회에 제출하여야 한다. 다만, 안전성분석보고서 및 품질보증계획서의 제출은 생산허가를 받으려는 자에 한한다.

▸ 대형 방사선발생장치 사용허가의 사정검토

(1) 방사선발생장치 중 **대통령령으로 정하는 종류 또는 용량 이상의 방사선발생장치**(이하 **"대형방사선발생장치"**라 한다)의 사용허가를 받으려는 자는 총리령으로 정하는 공사착공일 전에 해당 대형방사선발생장치가 규정(생산시설·사용시설등의 위치·구조 및 설비가 위원회규칙으로 정하는 기술기준)에 따른 허가기준에 적합한지에 대하여 위원회에 사전검토를 신청하여야 한다.

(2) 위원회는 사전검토를 신청받은 경우에는 허가기준에 적합한지를 검토한 후 그 결과를 신청인에게 서면으로 통보하여야 한다.

(3) 위원회는 대형방사선발생장치에 대하여 사용허가 여부를 결정할 때에는 제(2)항에 따라 통보한 사전검토 결과를 고려하여야 한다.

(4) 상기 규정한 사항 외에 제(1)항에 따른 사전검토의 대상·범위 및 절차·방법 등에 필요한 세부 사항은 총리령으로 정한다.

▸ 대형 방사선발생장치 사용허가의 사전검토 대상

상기 규정에서 **"대통령령으로 정하는 종류 또는 용량 이상의 방사선발생장치"**란 다음 각 호의 어느 하나에 해당하는 방사선발생장치를 말한다.

(1) 가속시킨 전자(電子), 양성자(陽性子) 또는 중성자(中性子)의 입자당 에너지가 50메가전자볼트를 초과하는 방사선발생장치

(2) 다음 각 목의 요건을 모두 갖춘 방사선발생장치

① 원자핵의 질량수(質量數: 원자핵을 구성하는 양성자와 중성자 수의 합)가 4를 초과할 것

② 가속시킨 양성자 또는 중성자의 입자당 에너지가 10메가전자볼트를 초과할 것

③ 빔 출력[beam power: 가속시킨 입자당 에너지의 합을 초(秒)로 나눈 값]이 50와트를 초과할 것

▸ **대형 방사선발생장치 사용허가의 사전검토 신청**

(1) 대형방사선발생장치(이하 **"대형방사선발생장치"**라 한다)에 대한 사용허가의 사전검토를 신청하려는 자는 대형방사선발생장치 사용허가 사전검토 신청서에 제58조제4항제1호부터 제5호까지의 사항이 적힌 서류를 첨부하여 위원회에 제출해야 한다.

(2) 공사착공일은 「건축법 시행규칙」에 따라 제출한 대형방사선발생장치의 착공신고서에 적힌 착공예정일을 말한다.

2) 결격사유

(1) 피성년후견인 또는 파산선고를 받고 복권되지 아니한 사람

(2) 이 법을 위반하여 징역 이상의 형의 선고를 받고 그 형의 집행이 종료되거나 집행을 받지 아니하기로 확정된 후 3년이 경과되지 아니한 사람이나 징역 이상의 형의 집행유예를 선고받고 그 집행유예기간 중에 있는 사람

(3) 허가가 취소(이 조 제(1)호에 해당하여 허가가 취소된 경우는 제외한다)된 후 2년이 경과되지 아니한 자

(4) 임원 중에 제(1)호부터 제(3)호까지 중 어느 하나에 해당하는 사람이 있는 법인

3) 허가기준 등

▸ 방사성동위원소 등의 생산·판매·사용 또는 이동사용 할 때의 허가기준

(1) 생산시설·사용시설 등의 위치·구조 및 설비가 위원회규칙으로 정하는 기술기준에 적합할 것

(2) 방사성동위원소 또는 그에 따라 오염된 물질 또는 방사선발생장치에 따라 발생한 피폭방사선량이 대통령령으로 정하는 선량한도를 초과하지 아니할 것

(3) 생산하려는 방사성동위원소 등의 성능 및 품질보증계획서의 내용이 위원회가 정하여 고시하는 기준에 적합할 것

(4) 대통령령으로 정하는 장비 및 인력을 확보할 것

4) 사용허가 등의 신청

▸ 방사성동위원소 또는 방사선발생장치(이하 **"방사성동위원소등"**이라 한다)를 생산·판매·사용(소지·취급을 포함한다. 이하 같다) 또는 이동사용하기 위하여 허가를 받으려는 자는

사업소별로 총리령으로 정하는 바에 따라 허가신청서를 위원회에 제출하여야 한다.

- 방사성동위원소의 생산허가를 받으려는 자는 사업소마다 핵종별·수량별로 총리령으로 정하는 바에 따라 허가신청서를 위원회에 제출해야 한다.
- 방사선발생장치의 생산허가를 받으려는 자는 사업소마다 용량별로 총리령으로 정하는 바에 따라 허가신청서를 위원회에 제출해야 한다. 다만, 엑스선발생장치의 생산허가를 받으려는 자는 사업소마다 생산하려는 엑스선발생장치의 용량 중 최대 용량을 기준으로 총리령으로 정하는 바에 따라 허가신청서를 위원회에 제출할 수 있다.

(1) 방사성동위원소 등의 생산 허가신청 등

- 신청서에 첨부할 서류는 다음 각 호와 같다.
  ① 안전성분석보고서
  ② 품질보증계획서
  ③ 방사선안전보고서
  ④ 안전관리규정
  ⑤ 장비의 구입을 증명하는 서류
  ⑥ 인력의 재직을 입증하는 서류
  ⑦ 보상기준
- 안전성분석보고서에는 원자력안전위원회가 정하여 고시하는 작성지침에 따라 다음 각 호의 사항을 적어야 한다.
  ① 방사성동위원소 등의 개요 및 제원
  ② 방사성동위원소 등의 재질·구조 및 안전성평가
  ③ 방사성동위원소 등의 성능시험계획서

※ 방사선안전보고서

- 방사선안전보고서에는 위원회가 정하여 고시하는 작성지침에 따라 다음 각 호의 사항을 적어야 한다. 다만, 허가대상과 관련이 없는 사항은 기재하지 아니할 수 있다.
  ① 시설 개요
  ② 시설주변의 환경
  ③ 운영계획 개요
  ④ 방사선원의 특성·위치 및 제원
  ⑤ 안전시설 개요
  ⑥ 방사선취급방법 및 방사선안전관리 계획
  ⑦ 예상피폭선량의 평가에 관한 절차·방법 및 결과
  ⑧ 주변환경에 대한 방사선 영향
  ⑨ 사고의 위험 및 그 대책
  ⑩ 방사성폐기물의 발생 및 처리계획
  ⑪ 방사선안전보고서의 작성자의 인적사항 및 자격

▸ 방사선안전보고서 세부작성 지침(위원회 고시)

• 목적

이 지침은「원자력안전법 시행규칙」규정에 따른 방사선안전보고서 작성에 관한 사항을 규정함을 목적으로 한다.

• 적용범위

이 지침은 방사성동위원소 및 방사선발생장치의 사용·이동사용·판매허가신청에 따른 허가신청자의 방사선안전보고서(이하 "보고서"라 한다) 작성에 적용한다.

• 방사선 안전성평가 수행지침

① 방사선원을 구성하고 있는 요소와 방사선작업종사자·일반인·환경에 미치는 요인에 대하여 충분한 자료가 조사·기술되어야 한다.

② 객관적이고 가능한 한 정량적인 방법으로 방사선 안전성을 평가하되, 객관적인 평가방법이 확립되어 있지 아니한 경우에는 기존의 사례 또는 자료를 이용할 수 있다.

③ 취급현장을 확인하고 보고서를 작성하여야 한다. 다만, 해당 사업소의 설치가 완료되지 아니한 경우에는 완료되지 아니한 부분에 대하여만 계획되어 있는 관련 자료로 대치할 수 있다.

④ 방사선 안전성 평가에 사용된 방법 및 기술은 검증된 최신의 것이어야 하며, 검증되지 아니한 경우에는 그 타당성을 별도로 입증하여야 한다. 또한 인용된 자료는 출처를 명시하여야 한다.

• 세부 작성지침

① 시설 개요

방사선을 사용하는 사업 및 시설의 주체·위치·사용목적 및 방사선원에 대한 기본정보를 기술한다.

② 시설주변의 환경

방사선사용에 영향을 미치거나 방사선사용으로 영향을 받을 수 있는 주변환경의 특성에 대하여 기술한다.

③ 운영계획 개요

방사선시설의 설치, 방사선원의 도입, 방사선의 사용, 인력 확보 등 사업추진계획에 대하여 기술한다.

④ 방사선원의 특성·위치 및 제원

방사선원의 종류·수량·용량·특성 및 고유 안전기능과 선원이 사용되는 위치에 대하여 기술한다.

⑤ 안전시설 개요

안전시설 및 계통의 종류·제원·특성 및 사용관리 방안에 대하여 기술한다.

⑥ 방사선 취급방법 및 방사선안전관리 계획

방사선원을 취급하는 공정 및 절차에 대하여 설명하고, 방사선안전관리 계획을 구체적으로 기술한다.

⑦ 예상 피폭선량의 평가에 관한 절차·방법 및 결과

방사선작업종사자 등 시설내부에서 근무하는 인원의 예상피폭선량을 평가하고, 시설외부에 방사선영향을 미치는 경우에는 일반인의 예상피폭선량으로 안전성을 평가하여 기술한다.

⑧ 주변 환경에 대한 방사선 영향

직접 방사선에 의한 영향 및 방사능방출에 따른 영향과 그로 인한 환경 영향을 기술한다.

⑨ 사고의 위험 및 그 대책

예상되는 사고의 내용, 발생 가능성, 영향을 평가하고 이에 따른 대책을 기술한다.

⑩ 방사성폐기물의 발생 및 처리계획

방사성폐기물을 발생원별로 수량·특성 등을 평가하고 관리 및 처리·처분방법에 대하여 기술한다.

⑪ 종합 결론

안전관리 확보를 위한 제반조치의 타당성을 기술한다.

⑫ 보고서 작성자의 인적사항 및 자격

보고서 작성자의 인적사항 및 보유하고 있는 자격·경력 및 학력을 기술한다.

⑬ 참고문헌

보고서 작성에 이용된 참고자료를 기재한다.

※ 안전관리규정

- 안전관리규정에는 위원회가 정하여 고시하는 작성지침에 따라 다음 각 호의 사항을 적어야 한다. 다만, 허가대상과 관련이 없는 사항은 적지 아니할 수 있다.
  - ① 방사성동위원소등 또는 방사성동위원소에 의하여 오염된 물질을 취급하는 조직 및 그 기능에 관한 사항
  - ② 방사성동위원소등의 구매·사용 및 판매에 관한 사항
  - ③ 방사성동위원소 또는 방사성동위원소에 의하여 오염된 물질의 분배·보관·운반·처리·배출·저장·자체처분 및 인도에 관한 사항
  - ④ 방사선량률·피폭방사선량 및 방사성물질 또는 그에 의하여 오염된 물질(이하 "방사성물질등"이라 한다)에 따른 오염상황의 측정 및 그 측정결과의 기록과 보존에 관한 사항
  - ⑤ 방사선안전관리 장비의 보관·관리 및 교정에 관한 사항
  - ⑥ 방사선작업종사자 및 수시출입자에 대한 피폭방사선량의 평가 및 개인선량계의 관리에 관한 사항
  - ⑦ 방사선작업종사자 또는 수시출입자의 방사선장해발생을 방지하기 위하여 필요한 교육훈련에 관한 사항
  - ⑧ 방사선장해 발생 여부를 발견하기 위하여 필요한 조치에 관한 사항

⑨ 방사선장해를 받은 자 또는 그 우려가 있는 자에 대하여 필요한 보건상 조치에 관한 사항
⑩ 규정에 따른 기록과 그 비치에 관한 사항
⑪ 위험 시 조치에 관한 사항
⑫ 방사성동위원소등의 분실·도난 등 사고 시의 조치 및 사고예방에 관한 사항
⑬ 방사선안전관리자의 권한·책임 및 직무수행에 관한 사항
⑭ 그밖에 방사선장해의 방어에 필요한 사항

▸ 안전관리규정 작성지침(위원회 고시)

• 목적

이 지침은 「원자력안전법 시행규칙」 규정에 따른 안전관리규정의 작성에 관한 사항을 규정함을 목적으로 한다.

• 적용범위

이 지침은 방사성동위원소 및 방사선발생장치의 생산·사용·이동사용·판매허가신청에 따른 허가신청자의 안전관리규정 작성에 적용한다.

• 일반지침

① 안전관리규정은 방사선원을 구성하고 있는 요소와 방사선작업 종사자, 일반인, 환경에 미치는 요인에 대하여 충분히 고려하여 작성하여야 한다.
② 안전관리규정은 객관적이고 가능한 한 정량적인 방법에 의하되, 객관적인 평가방법이 확립되어 있지 않은 경우에는 기존의 사례 또는 자료를 이용하여 작성할 수 있다.
③ 안전관리규정은 사용현장을 충분히 확인하고 이해한 후 작성하여야 한다.
④ 안전관리규정의 내용 중 방사선안전보고서와 유사한 항목은 방사선안전보고서에 기술된 내용과 일치하도록 작성하여야 한다.
⑤ 안전관리규정 작성을 위한 방사선 안전성 평가에 사용된 방법 및 기술은 검증된 최신의 것이어야 하며, 검증되지 않은 경우에는 그 타당성을 별도로 입증하여야 한다. 이때에 인용된 자료는 출처를 명시하여야 한다.

• 세부지침

안전관리규정은 다음 각 호에서 정하는 바에 따라 별표의 세부 작성지침에 따라 작성하여야 한다.

① 방사성동위원소 등 또는 방사성동위원소에 의하여 오염된 물질을 취급하는 조직 및 그 기능에 관한 사항 : 방사선안전관리를 위한 조직도와 함께 조직도에 명시된 관련자의 직무를 기술한다.
② 방사성동위원소 등의 구매·사용 및 판매에 관한 사항 : 방사성동위원소 등의 구매·사용 및 판매(생산하여 판매하는 경우에는 생산단계를 포함한다)하기 위한 절차 및 관리방법을 기술한다.

③ 방사성동위원소 또는 방사성동위원소에 의하여 오염된 물질의 분배·보관·운반·처리·배출·저장·자체처분 및 인도에 관한 사항 : 방사성동위원소 또는 방사성동위원소에 의하여 오염된 물질의 분배·보관·운반·처리·배출·저장·자체처분 및 인도에 관한 절차 및 기준을 기술한다.

④ 방사선량률·피폭방사선량 및 방사성물질 또는 그에 의하여 오염된 물질에 따른 오염상황의 측정 및 그 측정결과의 기록과 보존에 관한 사항 : 측정의 대상 또는 장소 및 주기와 그 결과의 기록사항 및 보존기간에 대하여 기술하고 관련 양식을 첨부한다.

⑤ 방사선안전관리장비의 보관·관리 및 교정에 관한 사항 : 방사선안전관리장비의 보관 및 관리방법과 교정주기에 대하여 기술한다.

⑥ 방사선작업종사자 및 수시출입자 분류 대상을 각각 세부적으로 기술한다.

방사선작업종사자 및 수시출입자의 피폭방사선량의 평가 및 개인선량계의 관리에 관한 사항 : 방사선작업종사자 및 수시출입자 피폭방사선량을 평가하기 위한 개인선량계의 패용방법 및 절차와 개인선량계의 관리 및 판독 또는 교정주기에 대하여 기술한다.

⑦ 방사선작업종사자 또는 수시출입자의 방사선장해발생을 방지하기 위하여 필요한 교육훈련에 관한 사항 : 교육훈련의 대상, 주기 및 교과목의 내용과 교육훈련을 수행하는 절차 및 결과의 관리에 대하여 기술한다.

⑧ 방사선장해발생 여부를 발견하기 위하여 필요한 조치에 관한 사항 : 방사선장해발생의 여부를 발견하기 위한 건강진단 등 조치사항에 대하여 기술한다.

⑨ 방사선장해를 받은 자 또는 그 우려가 있는 자에 대하여 취하여야 할 보건상 조치에 관한 사항 : 방사선장해발생자 또는 우려자에 대한 구체적인 조치사항에 대하여 기술한다.

⑩ 「원자력안전법」에 따른 기록과 이의 비치에 관한 사항 : 원자력안전법령 및 관련 고시에서 규정하고 있는 각종 기록사항 및 보존기간을 기술하고 관련양식을 첨부한다.

⑪ 위험시의 조치에 관한 사항 : 생산 또는 사용하고자 하는 방사성동위원소 등과 관련하여 비상사태를 대비한 응급조치, 보고 및 조치사항에 대하여 기술한다.

⑫ 방사성동위원소 등의 분실·도난 등 사고시의 조치 및 사고예방에 관한 사항 : 방사성동위원소 등의 분실 또는 도난 등의 사고방지를 위한 구체적인 수행계획과 사고발생시의 조치사항에 대하여 기술한다.

⑬ 방사선안전관리자의 권한·책임 및 직무수행에 관한 사항 : 방사선안전관리에 관한 방사선안전관리자의 권한, 책임 및 직무수행에 관하여 구체적으로 기술한다.

⑭ 기타 방사선장해의 방어에 필요한 사항 : 사용하고자 하는 방사성동위원소 등의 특성에 따라 별도로 안전관리가 요구되는 사항이 있는 경우에는 이에 관하여 기술한다.

(2) 방사성동위원소 등의 사용허가 신청 등

▸ 신청서에 첨부할 서류는 다음 각 호와 같다.

① 방사선안전보고서

② 안전관리규정

③ 장비의 구입을 증명하는 서류
④ 인력의 재직을 입증하는 서류(업무대행 규정에 의한 인력으로 방사선안전관리자를 갈음하고자 하는 경우에는 업무대행 계약서류 사본)
⑤ 보상기준

(3) 방사성동위원소 등의 이동사용 허가신청 등

▸ 신청서에는 각각 다음 각 호의 서류를 첨부하여야 한다.
① 방사선안전보고서
② 안전관리규정
③ 장비의 구입을 증명하는 서류
④ 인력의 재직을 입증하는 서류(방사선투과검사 목적으로 이동사용하려는 경우에는 규정에 따른 장비 및 인력의 기준에 적합함을 증명하는 서류)
⑤ 보상기준

(4) 방사성동위원소 등의 판매 허가신청 등

▸ 신청서에는 각각 다음 각 호의 서류를 첨부하여야 한다.
① 방사선안전보고서
② 안전관리규정
③ 장비의 구입을 증명하는 서류
④ 인력의 재직을 입증하는 서류(업무대행 인력으로 방사선안전관리자를 갈음하려는 경우에는 업무대행 계약서류 사본)
⑤ 보상기준
⑥ 방사성동위원소등의 수급 및 판매에 관한 계획서
⑦ 방사선발생장치의 경우에는 취급 방사선발생장치의 명세서

▸ 허가신청서를 제출받은 위원회는 「전자정부법」에 따른 행정정보의 공동이용을 통하여 신청인의 사업자등록증을 확인하여야 한다. 다만, 신청인이 확인에 동의하지 아니하는 경우에는 사업자등록증 사본을 첨부하게 하여야 한다.

▸ 위원회는 규정에 따른 방사성동위원소등의 생산허가를 하였을 때에는 허가증을 신청인에게 발급하여야 한다. 이 경우 생산허가의 대상이 특수형방사성물질인 경우에는 별지 서식에 의한 특수형방사성물질설계승인서를 함께 발급하여야 한다.

5) 방사선 안전규제 업무 흐름도

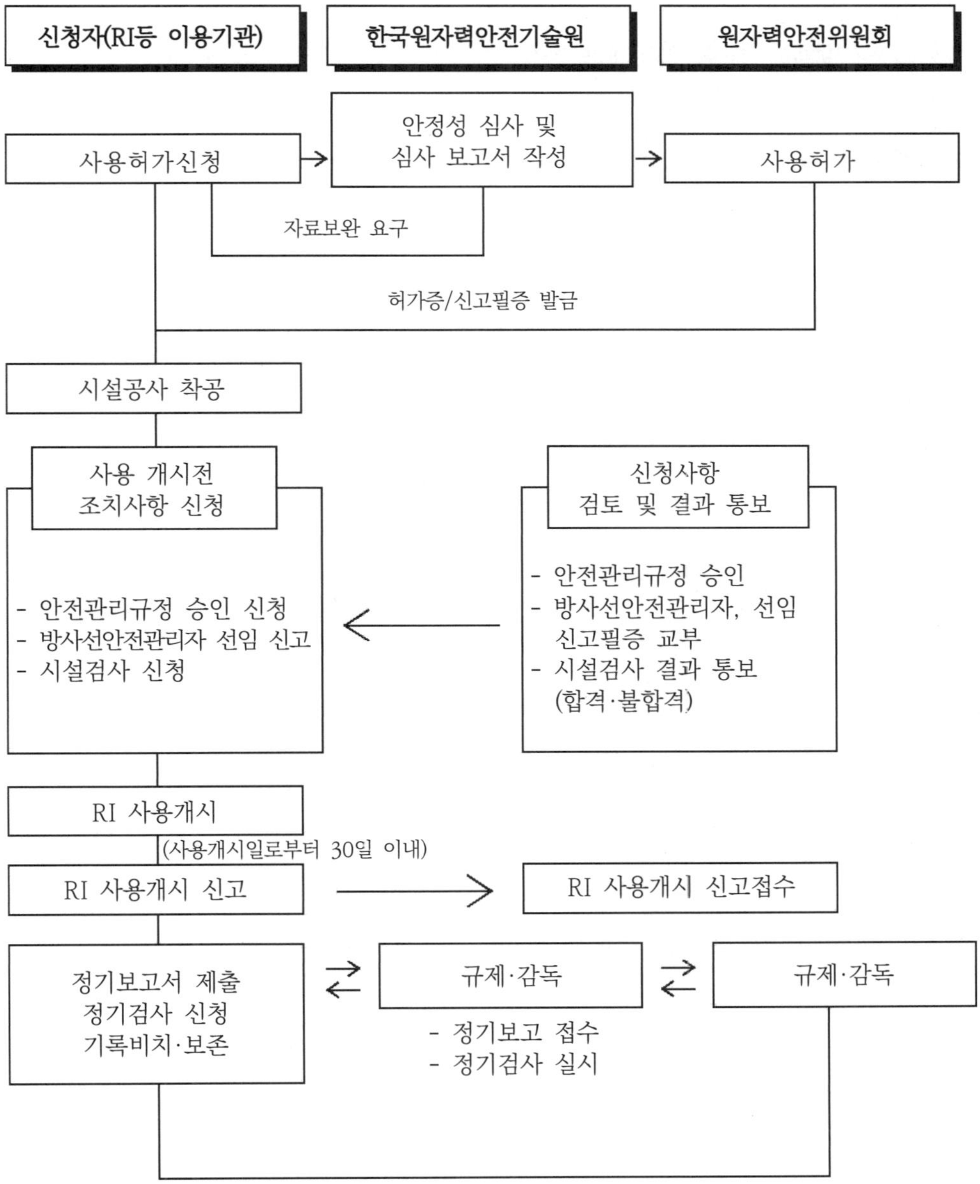

▸ **사용 개시 전 조치사항**

- 종사자의 교육훈련
- 종사자의 건강진단
- 개인피폭선량계의 지급, 판독계약 완료
- 방사선측정 장비의 검·교정 완료

▸ **사용 개시 후 조치사항**

- 사용 개시신고
- 정기 보고서 제출
- 정기 검사신청
- 기록 비치 및 보존

▸ **원자력안전법의 인·허가 분류**

인·허가 분류

종 류	대 상	변경 절차
허가	· 방사성동위원소 등 사용, 이동사용, 생산, 판매	변경허가
신고	· 방사성동위원소등 사용, 이동사용 · 개시 등의 신고 · 운반 등의 신고 · 도난 등의 신고 · 양도·양수 신고	변경신고
등록	· 업무 대행자 · 판독 업무자	변경신고
승인	· 방사선기기의 설계 승인 · 운반용기의 설계승인 · 특수형 방사성물질의 설계승인	변경승인

6) 변경허가 신청

허가사용자가 허가사항의 변경허가를 받으려면 총리령으로 정하는 바에 따라 변경 허가 신청서를 위원회에 제출하여야 한다.

7) 변경허가 신청 서류

(1) 변경사항에 관한 서류

(2) 허가증

(3) 공사를 수반하는 변경인 경우에는 그 공사기간 중 방사선장해방어를 위한 조치를 기재한 서류

[별표 1] 방사성동위원소 등의 허가 신청 시 제출서류

허가의 종류	허가 신청 시 제출서류
방사성동위원소 등의 생산 허가	▸ 품질보증계획서 ▸ 안전성 분석보고서 ▸ 방사선안전보고서 ▸ 안전관리규정 ▸ 보상기준 ▸ 장비구입을 입증하는 서류 ▸ 인력의 재직을 입증하는 서류
방사성동위원소 등의 사용(이동사용) 허가	▸ 방사선안전보고서 ▸ 안전관리규정 ▸ 보상기준 ▸ 장비구입을 입증하는 서류 ▸ 인력의 재직을 입증하는 서류
방사성동위원소 등의 판매 허가	▸ 방사선안전보고서 ▸ 안전관리규정 ▸ 보상기준 ▸ 장비구입을 입증하는 서류 ▸ 인력의 재직을 입증하는 서류 ▸ 방사성동위원소 등의 수급 및 판매에 관한 계획서 ▸ 방사선발생장치의 명세서

8) 허가기준

"대통령령으로 정하는 장비 및 인력"이란 **별표 2**에 따른 장비 및 **별표 3**에 따른 인력을 말한다.

[별표 2] 장비기준

방사성동위원소등 생산 등의 허가 시 장비기준

구 분	기 준
1. 생산	
가. 방사성동위원소를 생산하는 경우	방사선측정기 및 방사능측정기 각 2대 이상과 방사선원 운반차량 1대 이상
나. 방사선발생장치를 생산하는 경우	방사선측정기 2대 이상
2. 판매	
가. 밀봉된 방사성동위원소를 판매하는 경우	방사선측정기 2대 이상과 방사선원 운반차량 1대 이상
나. 밀봉되지 아니한 방사성동위원소를 판매하는 경우	방사선측정기 및 방사능측정기 각 2대 이상과 방사선원 운반차량 1대 이상
다. 방사선발생장치를 판매하는 경우	방사선측정기 2대 이상
3. 사용	
가. 밀봉된 방사성동위원소 또는 방사선발생장치를 사용하는 경우	방사선측정기 1대 이상
나. 밀봉되지 아니한 방사성동위원소를 사용하는 경우	사용시설마다 방사선측정기 및 방사능측정기 각 1대 이상
4. 이동사용	
가. 방사선투과검사의 목적으로 이동사용하는 경우	1) 방사선투과검사 장비: 5대 이상 2) 방사선 측정장비 가) 방사선측정기: 방사선투과검사 장비 1대당 1대 이상 나) 방사선경보기: 방사선작업종사자 1명당 1개 이상 다) 직독식개인선량계: 방사선작업종사자 1명당 1개 이상(방사선경보기로 알람도시메터를 갖추지 아니한 경우만 해당한다) 3) 방사선 방호장비 가) 콜리메이터(10밀리미터 이상): 방사선발생장치를 제외한 방사선투과검사 장비 1대당 1개 이상 나) 경고등: 방사선투과검사 장비 1대당 4개 이상 4) 방사선원 운반 전용차량: 2대 이상(승용차는 제외한다)
나. 가목 외의 경우	방사선측정기 1대 이상

[별표 3] 인력기준

방사성동위원소등 생산 등의 허가 시 인력기준

구 분	기 준
1. 생산	방사선취급감독자면허 소지자 또는 방사선관리기술사 1명 이상(「의료기기법」 제6조에 따른 의료기기 제조업 허가를 받은 자가 방사선발생장치 생산 허가를 받는 경우에는 방사성동위원소취급자일반면허 소지자, 방사선취급감독자면허 소지자 또는 방사선관리기술사 1명 이상)
2. 판매	
가. 방사성동위원소를 판매하는 경우	방사선취급감독자면허 소지자 또는 방사선관리기술사 1명 이상
나. 방사선발생장치를 판매하는 경우	방사성동위원소취급자일반면허 소지자, 방사선취급감독자면허 소지자 또는 방사선관리기술사 1명 이상
3. 사용	
가. 인체에 사용하는 경우	방사성동위원소취급자특수면허 소지자 1명 이상 및 방사성동위원소취급자일반면허 소지자, 방사선취급감독자면허 소지자 또는 방사선관리기술사 1명 이상
나. 인체 외에 사용하는 경우	
1) 밀봉된 방사성동위원소	
가) 기기에 장비되지 않은 것으로서 연간 사용량 1.85테라베크렐 이상	방사선취급감독자면허 소지자 또는 방사선관리기술사 1명 이상
나) 기기에 장비되지 않은 것으로서 연간 사용량 1.85테라베크렐 미만	방사성동위원소취급자일반면허 소지자, 방사선취급감독자면허 소지자 또는 방사선관리기술사 1명 이상
다) 기기에 장비된 것으로서 연간 사용량 3.7테라베크렐 이상	방사선취급감독자면허 소지자 또는 방사선관리기술사 1명 이상
라) 기기에 장비된 것으로서 연간 사용량 3.7테라베크렐 미만	방사성동위원소취급자일반면허 소지자, 방사선취급감독자면허 소지자 또는 방사선관리기술사 1명 이상
2) 밀봉되지 아니한 방사성동위원소	
가) 연간 사용량 1.85기가베크렐 이상	방사성동위원소취급자특수면허 소지자, 방사선취급감독자면허 소지자 또는 방사선관리기술사 1명 이상
나) 연간 사용량 1.85기가베크렐 미만	방사성동위원소취급자일반면허 소지자, 방사성동위원소취급자특수면허 소지자, 방사선취급감독자면허 소지자 또는 방사선관리기술사 1명 이상
3) 방사선발생장치	
가) 1메가 전자볼트 이상	방사선취급감독자면허 소지자 또는 방사선관리기술사 1명 이상
나) 최대 전압 350킬로볼트 이상으로서 용량이 350킬로볼트 5밀리암페어 1대 이상	방사선취급감독자면허 소지자 또는 방사선관리기술사 1명 이상

다) 최대 전압 350킬로볼트 미만으로서 용량이 250킬로볼트 5밀리암페어 2대 이상	방사선취급감독자면허 소지자 또는 방사선관리기술사 1명 이상
라) 가)부터 다)까지의 규정에 해당되지 않는 경우	방사성동위원소취급자일반면허 소지자, 방사선취급감독자면허 소지자 또는 방사선관리기술사 1명 이상
4. 이동사용	
가. 방사선투과검사의 목적으로 이동사용하는 경우	방사선취급감독자면허 소지자 또는 방사선관리기술사 2명 이상
나. 가목 외의 경우	방사성동위원소취급자일반면허 소지자, 방사선취급감독자면허 소지자 또는 방사선관리기술사 1명 이상

9) 생산·판매·사용 또는 이동사용 허가 등의 취소 등

위원회는 허가사용자·신고사용자 또는 업무대행자가 다음 각 호의 어느 하나에 해당하면 그 허가·등록의 취소 또는 1년 이내의 기간을 정하여 그 업무를 정지하거나 사용금지(신고사용자만 해당한다)를 명할 수 있다. 다만, (1) 또는 (4)호에 해당하는 때에는 그 허가 또는 등록을 취소하여야 한다.

(1) 거짓이나 그 밖의 부정한 방법으로 허가를 받았거나 신고 또는 등록한 때

(2) 정당한 사유 없이 **대통령령으로 정하는 기간** 안에 그 허가받은 사용 또는 사업을 개시하지 아니하거나 1년 이상 계속하여 중단한 때

▸ **사업개시 기간**

"대통령령으로 정하는 기간"이란 그 허가를 받은 날부터 1년을 말한다.

(3) 변경허가 또는 변경신고를 하지 아니하고 허가받은 사항이나 신고 또는 등록한 사항을 변경한 때

(4) 결격사유 규정의 어느 하나에 해당하게 된 때. 다만, 법인의 대표자가 그 사유에 해당하게 된 경우 3개월 이내에 그 대표자를 바꾸어 선임한 때에는 그러하지 아니하다.

(5) 허가 또는 등록 기준에 미달하게 된 때

(6) 시정보완, 기준준수 의무, 방사선장해를 방지하기 위하여 필요한 조치 등의 명령을 위반한 때

(7) 안전관리규정, 업무대행규정, 방사성폐기물 처분제한, 방사성물질등 양도 양수제한, 원자력이용시설 취급제한 또는 방사선장해 방지에 필요한 교육 및 훈련 실시를 위반한 때

(8) 허가조건을 위반한 때

- 위원회가 상기 규정에 따라 업무의 정지 또는 사용금지를 명하여야 할 경우에 그 업무의 정지 또는 사용금지를 갈음하여 5억원 이하의 과징금을 부과할 수 있다.
- 위원회는 규정에 따른 과징금을 내야 할 자가 납부기한까지 과징금을 내지 아니하면 국세강제징수의 예에 따라 이를 징수하거나 과징금 부과처분을 취소하고 규정에 따른 업무정지처분 또는 사용금지처분을 하여야 한다.

10) 허가증 등의 재발급

(1) 허가증·지정증 또는 신고필증을 훼손 또는 분실한 때에는 별지 서식(제115호)에 의한 원자력관계 허가증 등 재발급 신청서를 원자력안전위원회에 제출하여 재발급 받아야 한다.

(2) 신청서에는 다음 각 호의 서류를 첨부하여야 한다.

① 훼손한 경우에는 그 허가증(지정증·신고필증)

② 분실한 경우에는 그 사유서

2. 방사성동위원소 등의 사용신고

1) 사용신고

밀봉된 방사성동위원소 또는 방사선발생장치의 사용 또는 이동사용 신고를 하려는 자는 총리령으로 정하는 바에 따라 사업소마다 사용 또는 이동사용 신고서를 작성하여 위원회에 제출하여야 한다.

2) 사용 등의 신고대상 방사성동위원소

"총리령으로 정하는 용도 또는 수량 이하의 밀봉된 방사성동위원소"란 다음 각 호의 기준에 적합한 밀봉된 방사성동위원소로서 사용 또는 이동사용 중 파손의 우려가 없고 방사능 표지가 용기 또는 장치 외부에 부착되어 있는 것을 말한다.

(1) 용도

가. 엑스선 형광분석용

나. 엑스선 회절분석용

다. 가스 크라마토그래피 중 전자 포획용

라. **그 밖에 위원회가 정하여 고시하는 것**

▸ **방사선방호 등에 관한 기준(위원회 고시) : 방사성동위원소의 신고대상 용도**

"그 밖에 원자력안전위원회가 정하여 고시하는 것"이라 함은 다음 각 호와 같다.

① 휴대형 소화기용량측정용

② 휴대형 재료성분분석용

③ 밀봉선원 100μCi 이하의 휴대형 밀도함수량측정용

(2) 수량

가. 교정용 장치에 방사성동위원소가 내장된 경우에는 방사성동위원소의 수량이 40메가베크렐 이하이고, 사용 중인 경우에는 표면 방사선량률이 시간당 500마이크로시버트 이하이며, 사용하지 아니하는 경우에는 표면 방사선량률이 시간당 1마이크로시버트 이하일 것

나. 가목 외의 용기 또는 장치에 내장된 경우에는 방사성동위원소의 수량은 **위원회가 정하는 값** 이하이고, 표면 방사선량률은 시간당 10마이크로시버트 이하로서 방사성물질의 접촉을 방지하는 일체형 장치일 것

"위원회가 정하는 값"이란 별표 5의 제2란의 해당 방사성핵종에 대하여 제3란에 규정된 수량의 10,000배로 한다.

3) 사용 등의 신고대상 방사선발생장치

▸ "총리령으로 정하는 용도 또는 용량이하의 방사선발생장치"라 함은 다음 각 호의 기준에 적합한 방사선발생장치를 말한다.

(1) 용도

가. 엑스선 형광분석용

나. 엑스선 회절분석용

다. 가속 이온주입용

라. 수화물 검색용

마. **그 밖에 위원회가 정하여 고시하는 것**

▸ **방사선방호 등에 관한 기준(위원회 고시) : 방사선발생장치의 신고대상 용도**

"그 밖에 원자력안전위원회가 정하여 고시하는 것"이라 함은 휴대형 폭발물처리 또는 휴대형 테러방지 검사용을 말한다.

(2) 용량

자체 차폐된 방사선발생장치로서 가속관의 최대전압이 170킬로볼트 이하이고, 표면 방사선량률이 시간당 10마이크로시버트 이하일 것

4) 방사성동위원소 등의 사용신고

▸ 신고서에는 각각 다음 각 호의 서류를 첨부하여야 한다.

(1) 다음 각 목의 사항이 포함된 방사성동위원소 등의 명세서

가. 방사성동위원소의 종류 및 수량(방사선발생장치의 경우에는 방사선의 종류 및 최대에너지)

나. 표면 방사선량률

다. 사용의 목적 및 방법

라. 장치의 명칭·모델번호·고유번호 및 제조회사의 명칭

(2) 사용이 종료된 방사성동위원소의 조치계획서(방사성동위원소 사용신고의 경우에 한한다)

(3) 사용시설 등 및 주변 환경의 현황에 관한 설명서

(4) 방사성동위원소취급자 일반면허, 방사선취급감독자 면허를 받은 자 또는 「국가기술자격법」에 의한 방사선관리기술사가 재직하는 경우 이를 입증하는 서류나 방사선안전관리의 업무대행자가 있는 경우 이를 입증하는 서류

(5) 규정에 의한 보상기준

5) 방사성동위원소 등의 사용변경 신고

신고사용자가 신고한 사항을 변경하려면 총리령으로 정하는 바에 따라 변경신고서를 위원회에 제출하여야 한다. 신고서에는 다음 각 호의 서류를 첨부하여야 한다.

(1) 변경사항을 증명하는 서류
(2) 신고확인증

6) 경미한 사항의 변경신고

▸ “총리령으로 정하는 **일시적인 사용장소**의 변경과 **그 밖의 경미한 사항**”이란 다음 중 어느 하나에 해당하는 변경을 말한다.

(1) 일시적인 사용장소의 변경

가. 방사성동위원소 등을 사업소 외에서 검정 또는 교정을 목적으로 이동사용하기 위하여 그 사용 장소를 변경하는 것
나. 방사성동위원소 등을 사업소 외에서 방사선투과검사를 목적으로 이동사용하기 위하여 작업장(방사성동위원소 등을 사용하는 장소를 말한다. 이하 같다)을 개설하는 것
다. 방사선발생장치 또는 방사성동위원소가 내장된 기기(이하 “방사선기기”라 한다)를 사업소 외에서 검문·검색 또는 보안을 목적으로 이동사용하기 위하여 그 사용장소를 변경하는 것
라. 방사선기기를 사업소 외에서 제품의 홍보 등을 목적으로 진열·전시하기 위하여 그 사용장소를 변경하는 것

(2) 일시적인 사용 장소의 변경신고

▸ 일시적인 사용 장소의 변경의 경우에는 사용의 개시 5일 전까지 일시적 사용장소의 변경신고서를 제출하여야 한다. 신고한 사항을 변경하고자 하는 경우에도 또한 같다.
▸ 신고서에는 다음 각 호의 서류를 첨부하여야 한다.
① 사용 장소 및 그 부근의 상황설명서
② 저장시설의 구조명세서
③ 저장시설 및 방사선관리구역의 평면도
④ 작업방법에 관한 설명서
⑤ 운반방법에 관한 설명서
⑥ 신고한 사항의 변경에 관한 서류(신고한 사항을 변경하고자 하는 경우에만 제출한다)
▸ 작업장의 개설로 인한 변경신고를 하려는 자는 이동사용의 개시 15일(긴급을 요하는 경우에는 5일) 전까지 별지 서식의 신고서에 다음 각 호의 서류를 첨부하여 위원회에 제출해야 한다. 신고한 사항을 변경하려는 경우에도 또한 같다.
① 발주자와의 방사선투과검사 계약서
② 작업장 및 그 부근의 상황설명서
③ 저장시설·보관시설의 구조명세서 및 차폐평가결과
④ 방사선관리구역에 관한 설명서
⑤ 작업방법에 관한 설명서
⑥ 운반방법에 관한 설명서
⑦ 작업장 안전관리자의 배치에 관한 서류

- 이동사용 신고를 한 자는 개설된 작업장의 운영이 종료된 경우에는 10일 이내에 신고서에 작업인원 및 작업량이 포함된 발주자의 작업장 폐지확인서를 첨부하여 위원회에 제출하여야 한다.

(3) 그 밖의 경미한 사항 변경

가. 사용시설 등의 변경을 요하지 아니하는 방사성동위원소 등의 종류 또는 수량의 감소에 관한 사항

나. 허가를 받은 사람(허가사용자)의 성명 및 주소(법인인 경우에는 명칭 및 주소와 그 대표자의 성명)

다. 허가사용자가 사용신고 대상 방사성동위원소 또는 사용신고 대상 방사선발생장치를 추가 또는 변경하는 것에 관한 사항

라. 안전관리규정의 변경에 관한 사항

- 위의 사항을 변경한 때에는 변경 후 30일 이내에 경미한 사항 변경 신고서를 원자력안전위원회에 제출하여야 한다. 다만, 다 목의 사항을 변경하고자 할 때에는 변경 전에 제출하여야 한다.
- 변경 신고서에는 **허가증**과 **변경사항에 관한 서류**를 첨부하여야 한다.

3. 방사선안전관리자의 선임

1) 방사선안전관리자

- 허가사용자 및 신고사용자는 방사선 안전관리에 관한 다음 각 호의 업무를 수행하기 위하여 대통령령으로 정하는 바에 따라 방사선안전관리자를 선임하여 방사성동위원소등의 사용개시 전에 이를 위원회에 신고하여야 한다. 신고한 사항을 변경하려는 때에도 또한 같다.

(1) 안전관리규정 및 기술기준의 준수여부 점검

(2) 방사선작업종사자 또는 방사선관리구역에 출입하는 자에 대한 방사선장해방지조치

(3) 허가사용자 및 신고사용자에 대한 방사선 안전관리에 관한 조치 권고

(4) 그 밖에 방사선 안전관리를 위하여 필요한 조치

- 위원회는 방사선안전관리자가 업무를 게을리한 때에는 허가사용자 및 신고사용자에게 그 방사선안전관리자의 해임을 요구할 수 있다.
- 허가사용자 및 신고사용자는 해임 요구를 받은 때에는 정당한 사유가 없으면 해당 방사선안전관리자를 지체 없이 해임하고 새로운 방사선안전관리자를 선임하되, 해임한 날부터 30일 이내에 위원회에 선임신고 및 해임신고를 하여야 한다.
- 허가사용자 및 신고사용자는 해임된 후 1년이 지나지 아니한 사람을 방사선안전관리자로 선임하여서는 아니 된다.
- 허가사용자, 신고사용자, 방사선작업종사자 및 방사선관리구역출입자는 방사선 안전관리에 관한 방사선안전관리자의 조치와 권고에 따라야 한다.

▸ 방사선안전관리자를 선임한 허가사용자 또는 신고사용자는 다음 각 호의 어느 하나에 해당하는 경우에는 대통령령으로 정하는 바에 따라 대리자를 지정하여 일시적으로 방사선안전관리자의 직무를 대행하게 하여야 한다.

(1) 방사선안전관리자가 여행·질병이나 그 밖의 사유로 일시적으로 그 직무를 수행할 수 없는 경우

(2) 방사선안전관리자의 해임 또는 퇴직과 동시에 다른 방사선안전관리자가 선임되지 아니한 경우

▸ 방사선안전관리자 및 대리자의 자격 요건, 대리자의 직무대행기간 등에 필요한 사항은 대통령령으로 정한다.

2) 방사선안전관리자의 선임 등

▸ 허가사용자 및 신고사용자는 사업소마다 방사선안전관리자를 선임하여야 하며, 선임한 방사선안전관리자를 변경하거나 해임한 때에는 지체 없이 새로운 방사선안전관리자를 선임하여야 한다.

▸ 방사성동위원소등을 사업소 외에서 방사선투과검사를 목적으로 이동사용하기 위한 작업장(이하 "작업장"이라 한다) 개설 또는 변경 신고를 한 자는 작업장마다 방사선안전관리자를 선임하여야 한다. 다만, 작업장이 다음 각 호의 어느 하나에 해당하는 경우에는 작업장마다 방사선안전관리자를 선임하지 아니하고 해당 각 호의 구분에 따라 방사선안전관리자를 선임할 수 있다.

(1) 작업장이 같은 시·군·구(자치구를 말한다. 이하 같다)에 위치하거나 그 시·군·구 경계에서 15킬로미터 이내에 위치하는 경우 : 2개 이하(전용 방사선 사용시설에서만 방사선원을 사용하는 경우에는 3개 이하)의 작업장마다 1명의 방사선안전관리자

(2) 작업장이 방사선원을 1개만 사용하고, 방사선 작업기간이 1개월 미만이며, 방사선안전관리자가 방사선 작업에 항상 참여하는 경우 : 5개 이하의 작업장마다 1명의 방사선안전관리자

▸ 방사선안전관리자를 선임하거나, 선임한 방사선안전관리자를 변경 또는 해임 후 선임하는 때에는 다음 각 호의 기한까지 총리령으로 정하는 바에 따라 위원회에 신고하여야 한다.

(1) 허가사용자 및 신고사용자가 방사선안전관리자를 선임한 경우 : 방사성동위원소등의 사용개시 전

(2) 허가사용자 및 신고사용자가 방사선안전관리자를 변경하려는 경우 : 변경 전

(3) 허가사용자 및 신고사용자가 방사선안전관리자를 해임 후 선임하는 경우 : 해임한 날부터 30일 이내

3) 방사선안전관리자의 선임신고 등

선임 신고서에는 다음 각 호의 서류를 첨부하여야 한다.

(1) 방사선안전관리자의 재직을 증명하는 서류(업무대행 인력으로 방사선안전관리자를 갈음하려는 경우에는 업무대행 계약서류 사본) 1부

(2) 허가사용자의 경우 면허증 사본(보수교육 이수 증명서류를 포함한다) 또는 「국가기술자격법」에 따른 방사선관리기술사 자격증 사본(「기술사법」에 따른 자격 등록증을 포함한다) 1부
(3) 신고 사용자의 경우 방사성동위원소등의 취급업무에 종사한 경력확인서류 및 규정에 따른 방사선안전관리자 교육 이수 증명서류 각 1부
(4) 방사선안전관리자의 업무분장 내용 1부(2명 이상인 경우로 한정한다)
(5) 신고한 사항을 변경하는 경우 그 사실을 증명하는 서류 1부

4) 방사선안전관리자의 자격요건

방사선안전관리자의 자격요건은 다음 각 호와 같다.
(1) 허가사용자가 선임하는 경우에는 해당 사업소 종업원 중에서 방사성동위원소취급자 일반면허, 방사성동위원소취급자 특수면허, 방사선취급감독자면허 중 어느 하나에 해당하는 면허를 소지한 사람 또는 방사선관리기술사 자격을 소지한 사람
(2) 신고사용자가 선임하는 경우에는 해당 사업소 종업원 중에서 방사성동위원소등의 취급업무에 종사한 경력이 있는 사람
(3) 허가사용자 및 신고사용자가 방사선안전관리를 업무대행자에게 대행시키는 자는 **별표 4** 제3호에 따른 인력을 방사선안전관리자로 선임할 수 있다.
(4) 방사선안전관리자의 자격요건에 관한 세부적인 사항은 총리령으로 정한다.

▸ **별표 4 제3호 인력기준**

(1) 방사선취급감독자면허 소지자 또는 방사선관리기술사로서 다음 중 어느 하나에 해당하는 사람 1명 이상
① 방사선안전관리 경력 5년 이상이며 최근 5년간 법을 위반하여 처벌을 받은 사실이 없는 사람
② 방사선안전규제업무 경력이 5년 이상인 사람
(2) 방사선취급감독자면허 소지자 또는 방사선관리기술사로서 다음 중 어느 하나에 해당하는 사람 2명 이상
① 방사선안전관리 경력 3년 이상이며 최근 3년간 법을 위반하여 처벌을 받은 사실이 없는 사람
② 방사선안전규제업무 경력이 3년 이상인 사람
(3) 주 사무소 외에 사업소를 별도로 두는 경우에는 사업소별로 방사성동위원소취급자일반면허 소지자로서 다음 중 어느 하나에 해당하는 사람 2명 이상
① 방사선안전관리 경력 3년 이상이며 최근 3년간 법을 위반하여 처벌을 받은 사실이 없는 사람
② 방사선안전규제업무 경력이 3년 이상인 사람

5) 방사선안전관리자의 대리자 지정 및 자격요건 등

- 방사선안전관리자를 선임한 허가사용자 또는 신고사용자는 일시적으로 방사선안전관리자의 직무를 대행할 사유가 발생한 때에는 즉시 방사선안전관리자의 대리자를 지정하고 총리령으로 정하는 바에 따라 지정서를 작성해둬야 한다.
- 규정에 따른 대리자의 직무대행기간은 다음 각 호의 구분에 따른다.
  (1) 방사선안전관리자가 여행·질병이나 그 밖의 사유로 일시적으로 그 직무를 수행할 수 없는 경우: 연간 30일 이내. 다만, 출산휴가로 인한 경우 연간 90일 이내로 한다.
  (2) 방사선안전관리자의 해임 또는 퇴직과 동시에 다른 방사선안전관리자가 선임되지 아니한 경우: 해임 또는 퇴직한 날부터 30일 이내
- 대리자의 자격요건은 다음 각 호의 구분에 따른다.
  (1) 허가사용자가 선임하는 경우 : 다음 각 목의 어느 하나에 해당하는 해당 사업소 종업원
    가. 방사성동위원소취급자일반면허, 방사성동위원소취급자특수면허, 방사선취급감독자면허 중 어느 하나에 해당하는 면허를 소지한 사람
    나. 방사선관리기술사 자격을 소지한 사람
    다. 방사성동위원소등의 취급업무에 종사한 경력이 있는 사람
  (2) 신고사용자가 선임하는 경우 : 해당 사업소 종업원 중에서 방사성동위원소 등의 취급업무에 종사한 경력이 있는 사람
- 대리자의 자격요건에 관한 세부사항은 총리령으로 정한다.

6) 방사선안전관리자의 자격요건 등

규정에 따른 방사선안전관리자의 세부 자격요건은 다음 각 호와 같다.

(1) 허가사용자가 선임하는 경우에는 **별표1의 2** 따른 인력으로 다음 각 목의 구분에 따른 요건을 갖춘 사람
  가. 면허를 소지한 경우 : 선임일부터 최근 3년 이내에 면허를 취득하였거나 보수교육을 받은 사람
  나. 방사선관리기술사 자격을 소지한 경우 : 「국가기술자격법」에 따라 방사선관리기술사자격을 취득하고 「기술사법」에 따른 기술사로 등록하거나 등록을 갱신한 사람

(2) 신고사용자가 선임하는 경우에는 방사성동위원소등의 취급업무에 종사한 경력이 있는 사람으로서 선임일부터 최근 3년 이내에 방사선안전관리자 교육을 받은 사람

- 방사선안전관리자가 2명 이상인 경우 각각의 방사선안전관리 업무를 명확하게 구분하여야 한다.

▣ 원자력안전법 시행규칙 [별표 1의2]

방사성동위원소등 허가사용자의 방사선안전관리자 인력기준
(제68조의4제1항제1호 관련)

구 분	기 준
1. 생산	방사선취급감독자면허 소지자 또는 방사선관리기술사 1명 이상(「의료기기법」 제6조에 따른 의료기기 제조업 허가를 받은 자가 방사선발생장치 생산 허가를 받는 경우에는 방사성동위원소취급자일반면허 소지자, 방사선취급감독자면허 소지자 또는 방사선관리기술사 1명 이상)
2. 판매	
가. 방사성동위원소를 판매하는 경우	방사선취급감독자면허 소지자 또는 방사선관리기술사 1명 이상
나. 방사선발생장치를 판매하는 경우	방사성동위원소취급자일반면허 소지자, 방사선취급감독자면허 소지자 또는 방사선관리기술사 1명 이상
3. 사용	
가. 인체에 사용하는 경우	방사성동위원소취급자특수면허 소지자 1명 이상 및 방사성동위원소취급자일반면허 소지자, 방사선취급감독자면허 소지자 또는 방사선관리기술사 1명 이상
나. 인체 외에 사용하는 경우	
1) 밀봉된 방사성동위원소	
가) 기기에 장비되지 않은 것으로서 연간 사용량 1.85테라베크렐 이상	방사선취급감독자면허 소지자 또는 방사선관리기술사 1명 이상
나) 기기에 장비되지 않은 것으로서 연간 사용량 1.85테라베크렐 미만	방사성동위원소취급자일반면허 소지자, 방사선취급감독자면허 소지자 또는 방사선관리기술사 1명 이상
다) 기기에 장비된 것으로서 연간 사용량 3.7테라베크렐 이상	방사선취급감독자면허 소지자 또는 방사선관리기술사 1명 이상
라) 기기에 장비된 것으로서 연간 사용량 3.7테라베크렐 미만	방사성동위원소취급자일반면허 소지자, 방사선취급감독자면허 소지자 또는 방사선관리기술사 1명 이상
2) 밀봉되지 아니한 방사성동위원소	
가) 연간 사용량 1.85기가베크렐 이상	방사성동위원소취급자특수면허 소지자, 방사선취급감독자면허 소지자 또는 방사선관리기술사 1명 이상
나) 연간 사용량 1.85기가베크렐 미만	방사성동위원소취급자일반면허 소지자, 방사성동위원소취급자특수면허 소지자, 방사선취급감독자면허 소지자 또는 방사선관리기술사 1명 이상
3) 방사선발생장치	
가) 1메가전자볼트 이상	방사선취급감독자면허 소지자 또는 방사선관리기술사 1명 이상
나) 최대 전압 350킬로볼트 이상으로서 용량이 350킬로볼트 5밀리암페어 1대 이상	방사선취급감독자면허 소지자 또는 방사선관리기술사 1명 이상

다) 최대 전압 350킬로볼트 미만으로서 용량이 250킬로볼트 5밀리암페어 2대 이상	방사선취급감독자면허 소지자 또는 방사선관리기술사 1명 이상
라) 가)부터 다)까지의 규정에 해당되지 않는 경우	방사성동위원소취급자일반면허 소지자, 방사선취급감독자면허 소지자 또는 방사선관리기술사 1명 이상
4. 이동사용	
가. 방사선투과검사의 목적으로 이동사용하는 경우	방사선취급감독자면허 소지자 또는 방사선관리기술사 2명 이상
나. 방사선투과검사 목적으로 이동사용 하는 작업장의 경우	방사성동위원소취급자일반면허 소지자, 방사선취급감독자면허 소지자 또는 방사선관리기술사 1명 이상
다. 가목 또는 나목 이외의 경우	방사성동위원소취급자일반면허 소지자, 방사선취급감독자면허 소지자 또는 방사선관리기술사 1명 이상

7) 방사선안전관리자의 대리자 지정 및 자격요건

- 방사선안전관리자의 대리자 지정서는 별지 서식에 따른다.
- 대리자의 세부 자격요건은 **별표 1의3**과 같다.

▣ 원자력안전법 시행규칙 [별표 1의3]

방사성동위원소등 방사선안전관리자의 대리자 인력기준

(제68조의5제2항 관련)

구 분	기 준
1. 허가사용자	
가. 생산 또는 판매	(1) 방사선취급감독자면허 또는 방사선관리기술사 자격을 소지한 사람 (2) 방사성동위원소취급자일반면허를 소지한 사람 (3) 방사성동위원소등 취급업무에 종사한 경력이 3년 이상인 사람으로서 지정일부터 역산하여 2년 이내에 제138조제2항에 따른 방사선안전관리자 교육을 받은 사람
나. 사용	
1) 인체에 사용하는 경우	
가) 방사성동위원소취급자특수면허를 소지한 방사선안전관리자의 대리자	(1) 방사성동위원소취급자특수면허를 소지한 사람 (2) 방사성동위원소등 취급업무에 종사한 경력이 3년 이상인 사람으로서 「의료법」 제5조에 따른 의사면허를 소지한 사람
나) 가) 외의 면허 또는 자격을 소지한 방사선안전관리자의 대리자	(1) 방사선취급감독자면허 또는 방사선관리기술사 자격을 소지한 사람 (2) 방사성동위원소취급자일반면허를 소지한 사람

	(3) 방사성동위원소등 취급업무에 종사한 경력이 3년 이상인 사람으로서 지정일부터 역산하여 2년 이내에 제138조제2항에 따른 방사선안전관리자 교육을 받은 사람
2) 인체 외에 사용하는 경우	(1) 방사선취급감독자면허 또는 방사선관리기술사 자격을 소지한 사람
	(2) 방사성동위원소취급자일반면허를 소지한 사람
	(3) 방사성동위원소등 취급업무에 종사한 경력이 3년 이상인 사람으로서 지정일부터 역산하여 2년 이내에 제138조제2항에 따른 방사선안전관리자 교육을 받은 사람
다. 이동사용	
1) 방사선투과검사의 목적으로 이동사용하는 작업장의 경우	(1) 방사선취급감독자면허 또는 방사선관리기술사 자격을 소지한 사람
	(2) 방사성동위원소취급자일반면허를 소지한 사람
	(3) 방사성동위원소등 취급업무에 종사한 경력이 5년 이상인 사람으로서 지정일부터 역산하여 2년 이내에 제138조제2항에 따른 방사선안전관리자 교육을 받은 사람
	(4) 「국가기술자격법」에 따른 방사선비파괴검사 산업기사 이상 자격을 소지한 사람으로서 방사성동위원소등 취급업무에 종사한 경력이 2년 이상이고 지정일부터 역산하여 2년 이내에 제138조제2항에 따른 방사선안전관리자 교육을 받은 사람
2) 1) 외의 경우	(1) 방사선취급감독자면허 또는 방사선관리기술사 자격을 소지한 사람
	(2) 방사성동위원소취급자일반면허를 소지한 사람
	(3) 방사성동위원소등 취급업무에 종사한 경력이 3년 이상인 사람으로서 지정일부터 역산하여 2년 이내에 제138조제2항에 따른 방사선안전관리자 교육을 받은 사람
2. 신고사용자: 사용 및 이동사용	(1) 방사성동위원소등 취급업무에 종사한 경력이 있는 자로서 지정일부터 역산하여 3년 이내에 제138조제2항에 따른 방사선안전관리자 교육을 받은 사람
	(2) 방사성동위원소등 취급업무에 종사한 경력이 1년 이상인 사람
	(3) 방사성동위원소등 취급업무에 종사한 경력이 있는 자로서 해당 사업소의 직제에서 방사선안전관리자를 지휘·감독하는 직위에 있는 사람

4. 업무대행자 등록

1) 업무대행자의 등록

- 허가사용자 및 신고사용자를 대행하여 다음 각 호의 어느 하나의 업무를 하려는 자는 위원회에 등록하여야 한다.

  (1) 방사성오염의 제거

  (2) 방사성동위원소 등 및 방사성폐기물의 수거·처리 및 운반

  (3) 방사선안전보고서·안전관리규정의 작성

  (4) 사용시설 등의 설치에 대한 감리

  (5) 방사선안전관리

  (6) **그 밖에 총리령으로 정하는 방사선의 안전관리 및 장해방지 관련 업무**

- **"그 밖에 총리령으로 정하는 방사선의 안전관리 및 장해방지 관련 업무"**란 다음 각 호의 어느 하나에 해당하는 업무를 말한다.

  (1) 방사선원 누설점검 업무

  (2) 사용시설 등의 설계

  (3) 자체점검 보고서의 작성 업무

- 업무대행규정에는 위원회가 정하여 고시하는 지침에 따라 다음 각 호의 사항을 적어야 한다.

  (1) 방사선안전관리 체계

  (2) 수행하려는 대행업무의 절차

  (3) 안전관리절차

  (4) 방사선비상대응절차

- 등록을 하려는 자는 그 신청서에 업무대행규정과 다음의 서류(그 밖에 총리령으로 정하는 서류)를 첨부하여 위원회에 제출하여야 한다.

  (1) 장비 및 인력을 확보하고 있음을 증명하는 서류

  (2) 보상기준

  (3) 대행업무와 관련된 기술을 보유하고 있는 인력의 경력확인서

- 인력의 경력을 산출하는 방법은 다음 각 호와 같다.

  (1) 경력기간은 경력월수를 단위로 하여 계산하되, 15일 이상은 1개월로 계산할 것

  (2) 경력 산출의 기준일은 업무대행등록 신청일로 할 것

- 업무대행자의 결격사유

  (1) 피성년후견인 또는 파산선고를 받고 복권되지 아니한 사람

  (2) 이 법을 위반하여 징역 이상의 형의 선고를 받고 그 형의 집행이 종료되거나 집행을 받지 아니하기로 확정된 후 3년이 경과되지 아니한 자나 형의 집행유예를 선고받고 그 집행유예기간 중에 있는 자

(3) 등록이 취소된 후 2년이 경과되지 아니한 자
(4) 대표자가 상기규정 중 어느 하나에 해당하는 사람이 있는 법인

2) 등록기준

▸ 허가사용 및 신고사용자의 업무 대행업의 등록기준
(1) 총리령으로 정하는 대행업무 수행에 필요한 기술능력을 확보하고 있을 것
(2) 대통령령으로 정하는 장비 및 인력을 확보할 것
(3) 대행업무의 범위 및 업무대행규정이 총리령으로 정하는 기준에 적합할 것

▸ **"총리령으로 정하는 대행업무 수행에 필요한 기술능력을 확보하고 있을 것"**이란 다음 각 호의 요건을 모두 갖춘 것을 말한다.
(1) 방사선안전관리 체계를 수립하여 운영하고 있을 것
(2) 등록한 대행업무의 유형별 절차를 수립하고 있을 것

▸ **"대통령령으로 정하는 장비 및 인력"**이란 다음 각 호의 장비 및 인력을 말한다.
(1) 장비: 등록업무를 전담하기 위한 다음 각 목의 장비
가. 방사선측정기 5대 이상
나. 방사능측정기 2대 이상
다. 전담인력마다 방사선경보기 또는 직독식 개인선량계 1대 이상
라. 방사성물질 등을 운반할 수 있는 전용차량 1대 이상
(업무를 대행하려는 경우에 한정한다)
(2) 인력: 등록업무를 전담하기 위한 **별표 4**에 따른 인력

▸ **"대행업무의 범위 및 업무대행규정이 총리령으로 정하는 기준에 적합할 것"**이란 다음 각 호의 기준을 모두 갖춘 것을 말한다.
(1) 방사선안전관리에 관한 업무의 대행은 위원회가 정하여 고시하는 권역별로 위치한 사무소에서 할 것
(2) 업무대행규정이 위원회가 정하여 고시하는 지침에 적합하게 작성되었을 것

[별표 4]

업무대행자의 등록 시 인력기준

구 분	인력기준
1. 방사선오염의 제거, 방사선안전보고서·안전관리규정의 작성, 방사선의 안전관리 및 장해방지 관련 업무	가. 방사선취급감독자면허 소지자 또는 방사선관리기술사로서 방사선안전관리 경력 또는 방사선안전규제업무 경력이 5년 이상인 사람 1명 이상 나. 방사성동위원소취급자일반면허 소지자로서 방사선안전관리 경력 또는 방사선안전규제업무 경력이 3년 이상인 사람 1명 이상
2. 사용시설 등의 설치에 대한 감리업무	가. 방사선취급감독자면허 소지자 또는 방사선관리기술사로서 사용시설 등의 설치 또는 방사선안전규제업무 경력이 3년 이상인 사람 1명 이상 나. 방사성동위원소취급자일반면허 소지자로서 방사선안전관리 또는 방사선안전규제업무 경력이 3년 이상인 사람 1명 이상
3. 방사선안전관리 업무	가. 방사선취급감독자면허 소지자 또는 방사선관리기술사로서 다음 중 어느 하나에 해당하는 사람 1명 이상 1) 방사선안전관리 경력 5년 이상이며 최근 5년간 법을 위반하여 처벌을 받은 사실이 없는 사람 2) 방사선안전규제업무 경력이 5년 이상인 사람 나. 방사선취급감독자면허 소지자 또는 방사선관리기술사로서 다음 중 어느 하나에 해당하는 사람 2명 이상 1) 방사선안전관리 경력 3년 이상이며 최근 3년간 법을 위반하여 처벌을 받은 사실이 없는 사람 2) 방사선안전규제업무 경력이 3년 이상인 사람 다. 주 사무소 외에 사업소를 별도로 두는 경우에는 사업소별로 방사성동위원소취급자일반면허 소지자로서 다음 중 어느 하나에 해당하는 사람 2명 이상 1) 방사선안전관리 경력 3년 이상이며 최근 3년간 법을 위반하여 처벌을 받은 사실이 없는 사람 2) 방사선안전규제업무 경력이 3년 이상인 사람

3) 등록사항의 변경신고

(1) 업무대행자가 등록사항의 변경신고를 하려는 경우에는 해당 변경사유가 발생한 날부터 30일 이내에 업무대행자변경등록신고서를 위원회에 제출하여야 한다.

(2) 신고서에는 다음 각 호의 서류를 첨부하여야 한다.

① 변경사항에 관한 서류

② 등록증

4) 방사선안전관리자의 대행

▸ 사용 또는 판매하고자 하는 자가 업무대행자의 인력으로 방사선안전관리자를 갈음할 수 있는 경우는 다음 각 호와 같다.

(1) 밀봉된 방사성동위원소를 진단용으로 사용하는 경우

(2) 다음 각 목의 방사성동위원소 등을 사용하는 경우(인체에 사용하는 경우를 제외한다)
가. 기기에 내장되거나 장착되지 아니한 것으로서 연간 사용량이 1.85테라베크렐미만인 밀봉된 방사성동위원소
나. 기기에 내장되거나 장착된 것으로서 연간 사용량이 3.7테라베크렐 미만인 밀봉된 방사성동위원소
다. 최대전압이 250킬로볼트, 최대용량 5밀리암페어 이하로서 1대 이하인 방사선발생장치
(3) 방사선발생장치를 판매하는 경우

- 허가사용자의 방사선안전관리 업무를 대행하려는 자는 소속 전담인력 1명으로 허가사용자를 최대 15명까지 대행할 수 있다.
- 신고사용자의 방사선안전관리 업무를 대행하려는 자는 소속 전담인력 1명으로 신고사용자를 최대 30명까지 대행할 수 있다.
- 허가사용자 및 신고사용자의 업무를 대행하는 소속 전담인력은 허가사용자 및 신고사용자의 업무를 각각 분리하여 대행하여야 한다.

5) 업무대행의 범위 등

- 대행업무의 범위는 다음과 같다.
  (1) 방사선안전관리에 관한 업무의 대행은 **위원회가 정하여 고시**하는 바에 따라 권역별로 위치한 사무소에서 행하여야 한다.
  (2) 방사선안전관리외의 업무에 관한 업무의 대행은 권역별 제한 없이 이를 행할 수 있다.
- 업무대행규정에는 다음 각 호의 사항이 포함되어야 한다.
  (1) 방사선안전관리 체계
  (2) 수행하고자 하는 대행업무의 절차
  (3) 안전관리절차
  (4) 방사선 비상대응절차
- 업무대행규정의 작성에 관하여 필요한 세부사항은 **위원회가 정하여 고시**한다.

6) 방사선안전관리 업무대행 권역구분 및 업무대행규정 작성지침(위원회 고시)

- **권역구분**

업무대행업자가 방사선안전관리 업무를 대행할 수 있는 권역 구분은 다음 각 호와 같다.
① 수도권(서울특별시, 인천광역시, 경기도, 강원도)
② 충청권(대전광역시, 세종특별자치시, 충청남도, 충청북도)
③ 영남권(부산광역시, 대구광역시, 울산광역시, 경상남도, 경상북도)
④ 호남권(광주광역시, 전라남도, 전라북도, 제주특별자치도)

▸ **일반지침**

등록신청자가 업무대행규정을 작성하는데 필요한 일반지침은 다음 각 호와 같다.

(1) 업무대행규정은 「원자력안전법」의 규정에 해당하는 업무 중 등록신청자가 대행하고자 하는 업무에 한하여 작성한다.

(2) 등록신청자는 대행하고자 하는 업무의 내용을 충분히 파악하고 이해한 후에 업무대행규정을 작성하여야 한다.

(3) 등록신청자는 업무대행규정을 작성함에 있어 업무의 대행을 충분히 수행할 수 있음을 입증할 수 있도록 작성하여야 한다.

(4) 등록신청자는 업무대행규정 작성을 위하여 인용된 자료는 그 출처를 명시하여야 한다.

▸ **세부지침**

등록신청자가 업무대행규정을 작성하는데 필요한 세부지침은 다음 각 호와 같다.

(1) "방사선안전관리 체계"에는 다음 각 호 사항을 기술한다.

가. 조직도 : 업무대행자의 대표자를 정점으로 하여 대행업무와 관련된 안전관리업무를 수행하는 전체 소속직원의 조직도 및 인력배치도(사무소를 별도로 두고 있는 경우에는 주사무소와 권역별 지역사무소의 조직을 모두 포함한다)

나. 직무 : 대표이사, 부서장 및 대행 업무를 수행할 전담인력을 포함한 방사선작업 종사자의 직무에 관한 사항

다. 업무의 대행절차(계약체결, 결과보고 등)

라. 업무의 대행을 위한 계약서, 보고서, 결과서 등 필요한 제반 서식에 관한 사항

(2) "대행업무의 수행절차"에는 수행하고자 하는 해당 대행업무에 한하여 다음과 같이 각각 기술한다.

가. 방사성오염의 제거

① 방사성오염제거 작업계획 수립에 관한 사항

② 방사성오염의 측정방법 및 절차

③ 방사성오염의 제거방법 및 절차

④ 방사성오염제거 작업자에 대한 방호조치와 투입된 장비 등의 제염에 관한 사항

⑤ 방사성오염의 제거에 따른 방사성폐기물의 관리

나. 방사성동위원소 등 및 방사성폐기물의 수거·처리 및 운반

① 방사성동위원소 등 및 방사성폐기물의 수거·처리

- 수거·처리 작업계획 수립에 관한 사항
- 수거·처리 방법 및 절차에 관한 사항
- 수거·처리를 위한 용기 등 장비에 관한 사항

② 방사성동위원소 등 및 방사성폐기물의 운반

- 운반계획 수립에 관한 사항

- 운반방법 및 절차에 관한 사항
- 운반용기 및 차량에 관한 사항
- 운반 중 사고 발생 시 비상조치 계획에 대한 사항

다. 방사선안전보고서·안전관리규정의 작성

① 방사선안전보고서 작성 기준에 대한 사항

② 안전관리규정 작성 기준에 대한 사항

라. 사용시설 등의 설치에 대한 감리

① 감리 계획의 수립에 관한 사항

② 감리 방법 및 절차에 관한 사항

마. 방사선안전관리

① 방사선안전관리 범위에 관한 사항

② 방사선안전관리 방법 및 절차에 관한 사항

바. 방사선원 누설점검

① 누설점검 대상, 시기 및 방법

② 누설점검에 필요한 장비 등의 확보에 관한 사항

③ 누설점검결과에 대한 판정기준 및 조치 등에 관한 사항

사. 사용시설 등의 설계

① 설계의 범위에 관한 사항

② 설계계획 수립에 관한 사항

③ 설계의 방법 및 절차에 관한 사항

아. 자체점검보고서의 작성

① 자체점검 계획 수립에 관한 사항

② 자체점검 항목, 방법 및 절차에 관한 사항

(3) "안전관리절차"에는 대행 업무를 수행하는데 따른 자체 방사선안전관리와 관련하여 다음 각 호의 사항을 기술한다.

가. 방사선작업종사자 및 수시출입자의 피폭관리에 관한 사항

나. 방사선작업종사자 및 수시출입자에 대한 교육훈련에 관한 사항

다. 방사선작업종사자 및 수시출입자의 건강진단에 관한 사항

라. 안전관리장비의 관리에 관한 사항

마. 각종 기록의 작성 및 비치

(4) "방사선비상대응절차"에는 대행 업무를 수행하는데 따른 방사선비상 대응과 관련하여 다음 각 호의 사항을 기술한다.

가. 대행업무 수행과 관련하여 예측 가능한 사고의 종류

나. 각 사고시의 대응 절차

다. 대응조치에 필요한 조직, 인력, 차량, 장비의 확보에 관한 사항

5. 판독업무자 등록

1) 판독업무자의 등록

(1) 신체의 외부에서 피폭하는 방사선량의 판독에 관한 업무를 하려는 자는 위원회에 등록하여야 한다.

(2) 등록한 자(이하 "판독업무자"라 한다)가 등록한 사항을 변경하려는 경우에는 이를 위원회에 신고하여야 한다.

(3) 등록을 하려는 자는 그 신청서에 **판독에 관한 품질보증계획서**와 **그 밖에 총리령으로 정하는 서류**를 첨부하여 위원회에 제출하여야 한다.

(4) 등록을 하려는 자에게는 **결격사유**를 준용한다.

▸ **판독에 관한 품질보증계획서**

위원회가 정하여 고시하는 지침에 따라 다음 각 호의 사항을 적어야 한다.

(1) 품질보증체계

(2) 판독취급관리자

(3) 시설 및 장비

(4) 판독방법 및 절차

▸ **판독업무자의 등록신청**

"**그 밖에 총리령으로 정하는 서류**"라 함은 다음 각 호의 서류를 말한다.

(1) 피폭방사선량의 판독에 필요한 장비 및 인력의 확보 등에 관한 판독의 기술적 능력을 입증하는 서류

(2) 장비의 성능을 입증하는 서류 및 성능시험 계획서

(3) 판독시설의 목록

▸ **판독업무자의 결격사유**

(1) 피성년후견인 또는 파산선고를 받고 복권되지 아니한 사람

(2) 이 법을 위반하여 징역 이상의 형의 선고를 받고 그 형의 집행이 종료되거나 집행을 받지 아니하기로 확정된 후 3년이 경과되지 아니한 자나 형의 집행유예를 선고받고 그 집행유예 기간 중에 있는 자

(3) 등록이 취소된 후 2년이 경과되지 아니한 자

(4) 대표자가에 상기규정 중 어느 하나에 해당하는 사람이 있는 법인

2) 변경신고

변경신고를 하고자 하는 자는 변경신고의 사유가 발생한 날부터 30일 이내에 판독업무자 등록변경신고서에 다음 각 호의 서류를 첨부하여 원자력안전위원회에 제출하여야 한다.

(1) 변경사항에 관한 서류

(2) 등록증

3) 등록기준

(1) 총리령으로 정하는 판독시설의 설치·운영에 필요한 기술적 능력을 가지고 있을 것

"총리령으로 정하는 판독시설의 설치·운영에 필요한 기술적 능력을 가지고 있을 것"이란 다음 각 호의 능력을 모두 갖추는 것을 말한다.

▸ **판독의 기술적 능력**

① **별표 5**의 기술인력·시설 및 취급기준에 적합할 것

② 판독시설 및 장비가 「국가표준기본법」에 따른 소급성(遡及性)을 유지할 수 있을 것

③ 개인선량계를 달고 있는 기간 동안 자연적으로 증가 또는 감소하는 피폭선량의 영향에 대한 평가를 할 수 있을 것

④ 피폭방사선량을 원자력안전위원회가 정하는 **심부선량과 표층선량**으로 구분하여 판독할 수 있을 것**(별지 서식)**

⑤ 판독시스템의 최저측정준위를 0.1밀리시버트 이하로 유지할 수 있을 것

⑥ 피폭방사선량의 기록에 대한 보안을 유지할 수 있을 것

(2) 품질보증계획서의 내용이 총리령이 정하는 기준에 적합할 것

품질보증계획서의 내용이 규정에 따라 위원회가 정하여 고시한 지침에 적합하게 작성된 것을 말한다.

4) 판독업무자 등록의 취소 등

위원회는 판독업무자가 다음 각 호의 어느 하나에 해당하면 그 등록을 취소하거나 1년 이내의 기간을 정하여 그 업무의 정지를 명할 수 있다. 다만, 제①호 또는 제⑤호에 해당하는 때에는 그 등록을 취소하여야 한다.

(1) 거짓이나 그 밖의 부정한 방법으로 등록을 한 때

(2) 정당한 사유 없이 대통령령으로 정하는 기간 안에 그 등록한 업무를 개시하지 아니하거나

(3) 신고를 하지 아니하고 등록한 사항을 변경한 때

(4) 등록기준에 미달하게 된 때

(5) 결격사유 제(1)호·제(2)호 및 제(4)호 중 어느 하나에 해당하게 된 때. 다만, 법인의 대표자가 그 사유에 해당하게 된 경우 3개월 이내에 그 대표자를 바꾸어 선임한 때에는 그러하지 아니하다.

(6) 규정에 따른 명령을 위반한 때

▸ 검사결과 판독업무자가 등록기준에 미달되어 그 시정 또는 보완의 명령

▸ 원자력관계사업자·판독업무자와 원자로 및 관계시설의 건설 또는 운영에 참여하는 사업자와 국제규제물자를 취급하거나 관련 연구를 수행하는 자로서 대통령령으로 정하는 자에게 그 업무에 관한 보고 또는 서류의 제출 및 제출된 서류의 보완의 명령

▸ 위원회는 규정에 따라 검사 등을 실시한 결과 이 법과 국제약속을 위반한 사항이 있을 때 그 시정 또는 보완의 명령

[별표 5]

기술인력·시설기준 및 취급기준(제113조제1항 관련)

구분	기준
1. 기술인력	가. 판독취급관리자: 방사선취급감독자면허 또는 방사선관리기술사 자격 소지자 또는 4년제 대학 졸업자 이상으로서 물리학, 화학공학, 전기·전자공학, 방사선학 또는 방사선방호와 관련된 분야를 전공하고 동일분야 판독업무 실무경력이 2년 이상인 사람 1명 나. 판독업무종사자: 개인선량계의 취급 종류별로 전문대학 이상의 졸업자로서 물리학, 전기·전자공학, 화학공학, 화학, 방사선학 또는 방사선방호와 관련된 분야의 전공자 또는 판독관련 업무경력이 1년 이상인 자 2인 이상
2. 시설기준	가. 개인선량계 측정결과의 재현성이 보장되는 자동 측정시설 나. 「국가표준기본법」에 따른 교정시설. 다만, 「국가표준기본법」 제3조제17호에 따른 소급성(遡及性)을 유지할 수 있을 경우에는 교정시설을 갖추지 않을 수 있다. 다. 개인선량계(재사용이 가능한 것만 해당한다)의 기록선량을 초기화할 수 있는 자동 열처리(annealing) 시설 라. 측정의 연속성을 유지할 수 있는 무정전 전원시설 마. 상대습도 65% 이하, 온도 20±5℃를 유지할 수 있는 판독시설 바. 화학약품이나 자연방사선에 따른 영향이 적고 개인선량계 제조회사가 권고한 습도 및 온도를 유지할 수 있는 선량계 보관시설
3. 취급기준	가. 판독의 안정성을 보장하기 위하여 개인선량계와 판독시스템의 상태 변화를 항상 확인하여야 한다. 나. 개인선량계의 측정방식 또는 측정부위에 대한 재현성과 균질성이 항상 보장되어야 한다. 다. 판독기를 사용하기 전에 품질관리용 선량계 또는 제작사가 제시하는 기준장치를 이용하여 판독기의 안정성 및 재현성을 확인하여야 한다. 라. 판독시스템에 대한 교정은 6개월 이내로 하고, 「국가표준기본법」 제3조제17호에 따른 소급성(遡及性)을 유지하여야 한다. 마. 개인선량계의 판독주기는 판독시스템의 특성에 따라 매월 또는 매분기를 유지하여야 하고 개인선량계는 수거 후 30일 이내에 판독을 완료하여야 한다. 바. 판독시스템은 기준 조사(照射)된 품질관리용 선량계에 대한 판독정도(判讀精度)가 95퍼센트(%) 신뢰도에서 ±10퍼센트(%) 범위 이내여야 한다. 사. 판독 결과의 신뢰성과 정확성을 유지하기 위하여 유효성이 증명된 선량평가 프로그램을 사용하여야 하며, 선량평가 프로그램은 방사선의 종류를 평가할 수 있어야 한다. 아. 개인선량계 및 판독시스템은 국제기준(ANSI, IEC, ISO) 및 한국산업규격에서 정한 기준과 판독기 제조사에서 권고하는 절차와 기준을 준수하여야 한다. 자. 기록준위 이하의 피폭방사선량은 "기록준위 이하"로 표기하여 관리하여야 한다. 차. 판독기 및 개인선량계는 제114조제1항에 따른 성능검사에 합격한 것을 사용하여야 한다.

비고: 이 표에서 "기록준위"란 방사선작업종사자에 대한 피폭방사선량을 관리하기 위한 최소값으로서 원자력안전위원회가 정하는 값을 말한다.

4) 판독업무자 등록의 취소 등

위원회는 판독업무자가 다음 각 호의 어느 하나에 해당하면 그 등록을 취소하거나 1년 이내의 기간을 정하여 그 업무의 정지를 명할 수 있다. 다만, (1) 또는 (5)에 해당하는 때에는 그 등록을 취소하여야 한다.

(1) 거짓이나 그 밖의 부정한 방법으로 등록을 한 때
(2) 정당한 사유 없이 **대통령령으로 정하는 기간** 안에 그 등록한 업무를 개시하지 아니하거나 1년 이상 계속하여 중단한 때
(3) 신고를 하지 아니하고 등록한 사항을 변경한 때
(4) 등록기준에 미달하게 된 때
(5) 허가 및 등록이 취소된 때. 다만, 법인의 대표자가 그 사유에 해당하게 된 경우 3개월 이내에 그 대표자를 바꾸어 선임한 때에는 그러하지 아니하다.
(6) 등록 기준에 미달 또는 법 규정 미달 시 보완 및 시정조치 명령을 위반한 때

▸ **사업개시 기간**

"**대통령령으로 정하는 기간**"이란 그 등록을 한 날부터 1년을 말한다.

5) 기록과 비치

판독업무자는 위원회규칙으로 정하는 바에 따라 판독시설 및 판독업무에 관한 사항 등을 기록하여 이를 공장 또는 사업소마다 비치하여야 한다.

5-1. 판독업무 등록기준 및 검사에 관한 규정(위원회 고시)

• **목적**

이 규정은 「원자력안전법」 제78조제1항에 따라 원자력안전위원회에 판독에 관한 업무를 등록한 자에 대하여 「원자력안전법 시행령」 제115조제1항 및 제4항에 따라 원자력안전위원회가 실시하는 판독검사의 기준·방법 및 절차 등에 관한 사항과 「원자력안전법 시행규칙」 제113조제1항제4호 및 별표 2에 관한 세부사항을 규정함을 목적으로 한다.

• **심부선량 및 표층선량**

「원자력안전법 시행규칙」에서 원자력안전위원회가 정하는 심부선량 및 표층선량이란

(1) "**심부선량**"이라 함은 국제방사선단위측정위원회(ICRU)가 정하는 HP(10)으로서 인체의 몸통 표면아래 10 mm 깊이에서의 선량을 선량계로 판독한 것을 말한다.
(2) "**표층선량**"이라 함은 국제방사선단위측정위원회(ICRU)가 정하는 HS(0.07)으로서 인체의 피부 표면아래 0.07 mm 깊이에서의 선량을 선량계로 판독한 것을 말한다.

• **최저 측정준위**

규칙에서 최저측정준위(Lower limit of detection, LLD)란 방사선작업종사자에게 선량계를 지급하고 회수하는 발급주기에 해당하는 기간 동안 방사선작업종사자가 피폭 받은 방사선량을

판독하여 선량평가를 하였을 때 신뢰할 수 있는 최소 측정값을 말하며 다음의 식에 따라 산출되는 값으로 한다.

$$LLD = \frac{2(1.8S_o + FH_B)}{(1-F)}$$

($F = [1.8S/(1+B)]^2$, H_B : 자연방사선량, S_o : 자연방사선량의 표준편차)

- **성능검사 신청 및 절차**

「원자력안전법 시행령」에 따른 판독성능검사(이하 "성능검사"라 한다)의 절차는 다음 각 호와 같다.

(1) 판독업무자는 품질보증계획서의 심사와 판독시설 및 장비 등에 대한 검사에 합격한 후 성능검사를 신청하여야 한다.

(2) 판독업무자는 별지 제1호 서식에 따라 작성된 신청서와 제3호에 따른 성능검사용 선량계를 검사개시 1개월 전까지 한국원자력안전기술원장에게 제출하여야 한다.

(3) 선량계는 판독업무자가 방사선작업종사자에게 지급하여 사용하고 있는 선량계 중에서 무작위로 선정한 것을 배지케이스에 넣어 제출하여야 한다.

(4) 삭제

(5) 선량계는 선량계 모델 및 범주별로 제출하고, 범주별로 15개씩 제출하되 예비용 선량계 40개를 추가로 제출하여야 한다.

(6) 선량계에 대한 기준조사는 한국원자력안전기술원의 "선량계 기준조사 지침서"에 따른다.

(7) 기준조사가 완료된 선량계는 3개월 이내에 판독업무자에게 판독을 위하여 반송하고, 범주 Ⅰ,Ⅱ 및 Ⅷ과 관련된 선량계에는 범주를 표시하여야 한다.

(8) 판독업무자는 기준조사된 선량계를 반송받은 날부터 15일 이내에 판독결과를 별지 제2-1호 서식 및 별지 제2-2호 서식에 따라 한국원자력안전기술원장에게 제출하여야 한다.

(9) 한국원자력안전기술원장은 판독업무자가 제출한 판독결과를 기준조사 자료와 비교하여 분석한 후, 그 결과를 원자력안전위원회에 제출하고 판독업무자에 대하여는 검사성적서를 발급하여야 한다.

- **성능기준 등의 적용**

(1) 규정에 의한 판독성능검사의 범주 및 합격기준은 다음 각 호와 같이 적용한다.

① 성능검사는 규칙 **별표 6**과 같이 8개의 범주로 구분하여 실시하며, 규칙 **별표 6**의 범주 모두 또는 **별표 1**의 범주를 적용한다.

② 각 범주별 성능검사 결과 범주Ⅰ 및 Ⅱ에 대해서는 허용준위값이 0.3 이하인 경우에 합격으로 하며, 나머지 범주에 대해서는 허용준위값이 0.5 이하인 경우에 합격으로 한다. 또한, 각 범주에서의 |B|값과 S값이 각각 0.35 이하인 경우에 합격으로 한다.

③ 성능검사 결과 다음 각 목의 어느 하나에 해당하는 경우에는 불합격으로 한다.

가. 성능검사 결과 2개 이상의 범주에서 제2호의 규정에 의한 합격기준을 만족시키지 못하는 경우

나. 성능검사 결과 1개 범주에서 제2호의 규정에 의한 합격기준을 만족시키지 못하고 1차에 한하여 실시된 재 성능검사 결과에서도 어느 1개의 범주에서 합격기준을 만족시키지 못하는 경우

(2) 성능검사의 주기는 다음 각 호와 같다.

① 판독업무 신규등록 이후에는 규칙 **별표 6** 모든 범주에 대해서 2년 주기로 실시한다.

② 정기검사 및 시설을 변경할 때에는 규칙 **별표 6**의 범주 중에서 임의의 3개의 범주에 대하여 제6조의 규정에 따라 2년 주기로 실시한다.

- **재 성능검사**

(1) 성능검사에서 1개 범주에서 불합격 판정을 받은 판독업무자는 다음과 같이 재 성능검사를 실시한다.

가. 범주 Ⅰ, Ⅱ 또는 Ⅷ인 경우에는 해당 범주와 1개의 추가범주

나. 범주 Ⅲ, Ⅳ, Ⅴ, Ⅵ 또는 Ⅶ인 경우에는 해당 범주와 2개의 추가범주

(2) 성능검사에서 1개 범주에서 불합격 판정을 받은 판독업무자는 규칙 **별표 6** 모든 범주에 대해서 재 성능검사를 실시한다.

(3) 판독업무자는 한국원자력안전기술원장으로부터 재 성능검사 실시공문을 받은 후 30일 이내에 별지 제1호서식에 따라 재 성능검사를 신청하여야 한다.

(4) 재 성능검사 방법은 제5조에 따른 성능검사 신청 및 절차에 따라 실시한다. 다만, 선량계는 범주별로 15개를 제출하여야 한다.

- **부 판독기의 사용**

(1) 부 판독기는 주 판독기의 고장 등으로 정상적인 판독이 불가능 할 경우에만 사용하여야 하며, 부 판독기의 사용은 30일을 초과하여서는 아니 된다.

(2) 부 판독기를 사용하고자 하는 경우에는 사용개시 5일전까지 원자력안전위원회에 보고하여야 한다. 또한 30일을 초과하여 사용하고자 하는 경우에는 30일이 초과하기 5일전까지 원자력안전위원회에 보고하여야 한다.

(3) 규정에 따라 30일을 초과하여 부 판독기를 사용한 경우에는 부 판독기의 사용을 완료한 후 5일 이내에 원자력안전위원회에 완료 보고를 하여야 한다.

▸ 판독업무자는 부 판독기의 사용에 앞서 규칙 **별표 6**의 모든 범주에 대하여 성능검사를 받아야 한다.

- **기록준위**

(1) 규칙 **별표 2** 기술인력·시설기준 및 취급기준의 비고에서 "기록준위"란 방사선작업종사자에 대한 피폭방사선량을 관리하기 위한 최소값으로서, 그 값은 제4조에 따른 최저 측정준위로 한다.

(2) 판독업무자는 기록준위 미만의 판독값에 대해서 국가기록으로 보고할 때 “기록준위 미만”로 표기하여 보고하여야 한다.

- **판독시설의 설치·운영검사의 내용**
  (1) 인력기준의 적합성 및 교육훈련 상태
  (2) 판독기의 검·교정 상태
  (3) 선량계의 승인기준 및 기술적 검사
  (4) 선량계의 보관 및 취급절차
  (5) 선량계의 구분
  (6) 장비의 정확도 및 안정성 평가
  (7) 측정결과의 처리절차
  (8) 선량평가 알고리즘의 적합성 및 관리
  (9) 품질보증 확보를 위한 활동

[별표 6]

방사선 종류별 최소 신청범주

성능검사 범주	방사선 종류			
	감 마	X-선	베 타	중성자
Ⅰ. 고선량, 저에너지 광자 M150		○		
Ⅱ. 고선량, 고에너지 광자 ^{137}Cs의 γ선	○			○
Ⅲ. 저에너지 광자[1)] M30, M60, M100, M150, H150		○	○	○
Ⅳ. 고에너지 광자 ^{137}Cs의 γ선	○			○
Ⅴ. 베타, ^{90}Sr/^{90}Y, ^{204}Tl			○	
Ⅵ. 광자 혼합 방사선장 Ⅲ 및 Ⅳ 항의 혼합	○	○		○
Ⅶ. 베타-광자 혼합 방사선장 Ⅳ 및 Ⅴ항의 혼합	○	○	○	
Ⅷ. 중성자 - 광자 혼합 방사선장[2)]				○

[예 시] X선에 대한 최소신청 범주는 Ⅰ, Ⅲ, Ⅵ 및 Ⅶ에 대한 4개 범주임

주 : 1) M30, M60, M100, M150, H150의 특성 및 선량환산인자는 [규칙 별표3 부표]와 같음
2) 두께 0.051 cm Cd에 둘러싸인 반경 15cm 구형의 D2O에 의해 감속된 ^{252}Cf 핵분열 중성자와 ^{137}Cs의 γ선과의 혼합 방사선장

5-2. 외부피폭선량 판독에 관한 품질보증계획서 작성 기준(위원회 고시)

- **목적**

이 기준은 원자력안전법의 규정에 의하여 개인이 신체의 외부에 받은 피폭방사선량 판독에 관한 업무를 하기 위해 원자력안전위원회에 등록하고자 하는 자가 원자력안전법 시행규칙의 규정에 의한 외부피폭선량의 판독에 관한 품질보증계획서를 작성하는데 필요한 사항을 규정함을 목적으로 한다.

• **세부작성 지침**

원자력법 시행규칙의 규정에 의한 외부피폭선량의 판독에 관한 품질보증계획서의 작성을 위한 세부작성지침은 **별지**와 같다.

[별 지]

품질보증계획서 작성 세부지침

(1) 일반 사항

가. 품질보증계획서는 합리적이고 체계적인 내부품질체제를 확립하며 원자력안전위원회에 판독에 관한 업무를 등록한 자(이하 "판독업무자"라 한다)가 자체품질체제 개발지침으로 활용될 수 있도록 작성되어야 한다.

나. 품질보증계획서에는 실제로 운영되고 있는 품질체제의 요소와 운영방법이 기술되어야 하며, 동 기술내용은 일상적으로 이행되어야 한다.

다. 품질보증계획서에는 문서의 위치, 개정시기, 처리절차를 명시하고 각 쪽별로 작성관리하여야 하며, 이를 위하여 각 쪽별로 제정 또는 개정된 번호와 일자 및 쪽수를 기재하여야 한다.

(2) 작성구분 및 세부기준

품질보증계획서는 판독업무자의 품질체제 전반을 파악할 수 있고 일상적 업무에 적용이 용이하도록 다음 각목과 같이 구분하여 작성하여야 한다.

가. 품질매뉴얼

① 품질 매뉴얼은 구체적인 사항까지 상세하게 기술할 필요는 없으나, 품질방침 및 품질체제의 기본적인 사항에 대해서는 간단 명료하면서도 관련된 내용이 누락되지 아니하도록 기술하여야 한다.

② 품질매뉴얼의 구성 및 주요내용은 [**별표 7**]와 같다.

나. 절차서

① 절차서는 각 기능별 단위활동의 절차를 기술한 문서로서, 몇 개의 부문 또는 그룹에서 조직적으로 분담하여 수행하는 활동의 흐름, 역할, 권한, 책임, 정보의 흐름 및 상호관계 등에 관하여 기술하여야 한다.

② 절차서에는 다음과 같은 사항이 포함되어야 한다. 다만, 판독업무자의 특성상 해당되지 아니하는 사항에 대해서는 그러하지 아니하다.

가) 기기관리

나) 판독업무처리

다) 물품관리

라) 구매관리

마) 품질참고치 또는 참고 대상물 관리

바) 품질관리

사) 문서관리

아) 안전관리

자) 품질보증위원회 운영

차) 의뢰자 불만처리

카) 교육훈련

타) 내부 품질감사 절차

파) 예비용 판독기 가동

하) 소프트웨어 관리

다. 지시서

① 구체적인 업무에 관한 지시문서로서 기록서식, 보고서식, 작업지시서 등을 통칭한다.

② 지시서에는 다음과 같은 사항이 포함되어야 한다. 다만, 판독업무자의 특성상 해당되지 아니하는 사항에 대해서는 그러하지 아니하다.

가) 기기관리

나) 판독방법

다) 안전관리

라) 문서관리

마) 품질관리

바) 교육훈련

사) 의뢰자 불만처리

아) 내부 품질감사

[별표 7]

표준 품질매뉴얼의 구성 및 주요내용

목 차	주요 기술내용
품질 방침	품질확보를 위한 경영자의 의지 및 정책 등
제1장 총 론	목적, 적용범위, 용어정의
제2장 판독기관 안내	일반개요, 업무분야, 기구 및 조직, 소재지, 업무분장, 소유권 및 기밀 정보
제3장 품질보증체계 및 판독취급관리자	품질보증 운영, 품질보증 위원회, 품질 매뉴얼, 품질관리체제의 감사, 숙련도시험 및 기관간 비교시험, 품질관리체계 검토
제4장 직 원	직원의 임무 및 관련서류, 개인인사기록, 관리와 감독, 권한위임, 신규직원 채용, 훈련, 직원평가
제5장 시설 및 장비	설비목록, 설비의 사용, 유지관리, 검교정, 장비구매, 소모품구매
제6장 판독작업 환경	환경조건, 유지관리
제7장 판독방법 및 절차	관련서류의 목록, 판독절차, 비표준화 방법, 서류의 갱신, 문서보안, 표본추출
제8장 판독업무의 관리	의뢰자와의 접촉, 접수관리, 판독작업 수행, 표본추출작업, 판독결과의 확인 및 보고서, 시료 및 근거자료의 보관, 시료의 폐기, 보관관리, 외부의뢰, 안전관리
제9장 판독결과 보고서	판독결과보고서, 보고서의 내용 및 변경
제10장 의뢰자의 불만처리	판독업무자의 책임, 의뢰자의 불만 및 정정

6. 방사선기기의 설계승인

1) 방사선발생장치 등의 설계승인 등(법)

▸ 방사선발생장치 또는 방사성동위원소가 내장된 기기(이하 "방사선기기"라 한다)를 제작하려는 자 또는 외국에서 제작된 방사선기기를 수입하려는 자는 방사선기기의 형식별로 설계에 대하여 총리령으로 정하는 바에 따라 위원회의 승인을 받아야 한다. 이를 변경하려는 때에도 또한 같다. 다만, **총리령으로 정하는 경미한 사항**을 변경하려는 때에는 이를 위원회에 신고하여야 한다.

▸ **총리령으로 정하는 경미한 사항**

다음 각 호의 어느 하나에 해당하는 사항을 말한다.

(1) 승인을 받은 사람의 성명 및 주소(법인인 경우에는 그 명칭 및 주소와 대표자의 성명)

(2) 사업소의 명칭 및 소재지

(3) 방사선기기의 설계변경이 없는 단순한 형식명칭의 변경

위의 사항을 변경한 때에는 변경 후 30일 이내에 경미한 사항 변경신고서를 원자력 안전위원회에 제출하여야 한다. 신고서에는 다음 각 호의 서류를 첨부하여야 한다.

(1) 변경사항을 증명하는 서류

(2) 설계승인서

▸ 제1항에도 불구하고 다음 각 호의 어느 하나에 해당하는 경우에는 위원회의 승인을 받지 아니하고 방사선기기를 제작하거나 수입할 수 있다.

(1) 제1항에 따라 승인을 받은 방사선기기와 동일한 형식의 방사선기기를 제작하거나 수입하려는 경우

(2) 시험용으로 시제품을 개발하거나 비영리 단체의 학술연구를 위한 경우로서 위원회가 정하여 고시하는 기준에 적합한 경우

(3) 수출전용으로 방사선기기를 제작하는 경우로서 위원회가 정하여 고시하는 기준에 적합한 경우

(4) 그 밖에 **대통령령으로 정하는 경우**

▸ 제1항에 따른 승인을 받으려는 자는 방사선기기의 설계자료, 안전성평가자료, 품질보증계획서(방사선기기를 제작하려는 경우만 해당한다)와 그 밖에 **총리령으로 정하는 서류**를 첨부하여 위원회에 제출하여야 한다.

▸ 제1항에 따른 방사선기기의 형식별 설계승인의 기준은 대통령령으로 정한다.

▸ **대통령령으로 정하는 경우**

다음 각 호의 어느 하나에 해당하는 경우를 말한다.

(1) 「의료기기법」 및 「체외진단의료기기법」에 따라 품목별 제조허가 또는 제조인증을 받거나 제조신고를 한 경우

(2) 「의료기기법」 및 「체외진단의료기기법」에 따라 품목별 수입허가 또는 수입인증을 받거나 수입신고를 한 경우

▸ **총리령으로 정하는 서류**

제작국에서 인증된 제작검사 관련 증명서 또는 제작사가 발행한 품질보증 관련 증명서를 말한다.

2) 방사선기기의 설계승인(영)

▸ 방사선발생장치 또는 방사성동위원소가 내장된 기기(이하 "방사선기기"라 한다)의 형식별 설계승인의 기준은 다음 각 호와 같다.

(1) 방사선기기의 파손·마모 등에 의하여 방사선원이 쉽게 이탈되거나 방사선장해가 발생할 우려가 없을 것

(2) 방사선기기의 설계 및 구조가 위원회가 정하여 고시하는 기준에 맞을 것

3) 방사선기기의 설계승인 신청(규칙)

▸ 방사선기기의 설계승인(이하 "설계승인"이라 한다)을 받으려는 자는 별지 제74호서식의 신청서를 위원회에 제출하여야 한다.

▸ 방사선기기의 설계자료에는 다음 각 호의 사항을 적어야 한다.

(1) 설계의 개요 및 설명

(2) 설계도면

▸ 안전성평가자료에는 다음 각 호의 사항을 적어야 한다.

(1) 방사선기기의 개요 및 제원

(2) 방사선기기의 재질, 구조 및 안전성 평가

(3) 방사선기기의 설치 및 운영절차

(4) 방사선기기의 시험 및 유지·보수절차

▸ 품질보증계획서에는 제4조제4항 각 호의 사항을 적어야 한다.

▸ "총리령으로 정하는 서류"란 제작국에서 인증된 제작검사 관련 증명서 또는 제작사가 발행한 품질보증 관련 증명서를 말한다.

▸ 제작검사 관련 증명서 및 품질보증 관련 증명서는 외국에서 수입한 방사선기기의 경우에만 제출한다.

▸ 방사선기기의 설계승인을 하였을 때에는 별지 제75호서식의 설계승인서를 신청인에게 발급하여야 한다.

▸ 규정에 따른 설계자료, 안정성평가자료, 품질보증계획서 등의 세부 기재사항과 작성방법은 위원회가 정하여 고시한다.

▸ **방사선기기의 설계변경 승인**

방사선기기의 설계변경 승인을 받으려는 자는 별지 제76호 서식의 신청서에 다음 각 호의 서류를 첨부하여 위원회에 제출하여야 한다.

(1) 변경사항에 관한 서류

(2) 설계승인서

▶ 방사선기기의 설계승인 및 검사에 관한 기준(고시)

1) 목적

이 기준은 「원자력안전법 시행령」에 따른 제작 또는 수입하고자 하는 방사선기기의 설계 및 구조에 관한 기준, 방사선기기의 검사기준 및 검사면제에 관한 필요한 사항을 정함을 목적으로 한다.

2) 적용범위

(1) 「원자력안전법」(이하 "법"이라 한다)에 의한 방사성동위원소 등의 생산 또는 판매허가를 받은 자로서, 판매하고자 하는 품목이 방사선기기에 해당하는 경우

(2) 판매할 때에는 방사성동위원소를 내장하지 아니하였어도 명백하게 방사성동위원소를 내장하기 위한 목적으로 제작된 기타 기기. 이 경우, 방사선기기의 제작은 자체적인 설계제작을 포함하여 조립제작 또는 제작된 기기의 개조를 망라한다.

(3) 방사선발생장치의 사용허가를 받은 자가 방사선발생장치의 연구개발을 목적으로 수입하려는 방사선발생장치

3) 적용배제

(1) 시험용으로 시제품을 개발하거나 사업자등록증상의 비영리 단체의 학술연구를 위하여 사전에 방사선기기의 설계·구매·제작 또는 개조·설치·운영 절차 및 안전관련 품목의 품질기준을 안전관리규정에 포함하여 방사성동위원소 등의 사용허가를 받은 경우에, 허가된 범위에서 자체 제작 또는 개조하는 방사선기기는 설계승인 및 검사를 적용하지 않는다. 이 경우에 방사선기기는 해당 시설의 일부로 간주한다.

(2) 판매허가를 받은 특정 판매업자에게 독점 공급하기 위하여 제작하는 방사선기기로서, 일반인에게 특정 판매업자의 명의로 판매하는 경우에는 특정 판매업자에게만 설계승인을 적용하여 중복적용을 배제한다.

6-1. 설계 및 구조기준

1) 설계의 일반기준

(1) 방사선기기 자체의 결함으로 인하여 종사자 또는 일반인이 선량한도를 초과하여 방사선에 피폭되어서는 아니 된다.

(2) 방사선기기는 운영·유지·수리 및 선원교체 등 일련의 방사선작업이 용이하도록 설계하여야 한다.

(3) 방사선기기에 결함이 발생하는 경우에는 즉시 그 사실을 감지하여 의도하지 않은 방사선피폭을 제한하거나 감소시킬 수 있어야 하며, 특히 의료용 방사선기기의 경우에는 운영자의 실수를 방지할 수 있도록 설계하여야 한다.

(4) 방사선기기의 안전계통을 우회하거나 훼손하여 사용할 우려가 없도록 설계하여야 한다.

2) 방사선차폐

(1) 차폐체의 성능은 종사자 및 일반인의 선량한도를 기준으로 한다.

(2) 차폐 재료는 균일성 및 변성 등에 관한 사항은 품질이 보증된 것이어야 하며, 재료 자체의 하중으로 인하여 구조적으로 변형되거나 물리적 충격에 의하여 쉽게 손상되지 않아야 한다.

(3) 서로 다른 종류의 차폐 재료가 연결되는 부위 또는 공조설비·배관설비·케이블 등이 차폐 재료를 관통하는 부위가 있는 경우에는 해당부위 또는 기타 특정부분의 차폐효과가 저하되지 않아야 한다.

(4) 천연 우라늄 또는 감손 우라늄을 차폐 재료로 사용하는 경우에는 종사자가 우라늄에 직접 접촉할 수 없도록 내구성 있는 도료로 포장하거나 다른 외장재로 보강하여야 한다.

(5) 차폐성능의 평가는 별도의 합리적인 기준이 없는 한 임의의 종사자에 의한 방사선기기 가동 시간을 연간 2,000시간(일일 8시간, 주당 5일 및 연간 50주)으로 한다.

3) 연동장치

(1) 연동장치는 작동 환경 등을 고려하여 설계목적을 충분히 달성할 수 있는 성능을 확보하여야 한다.

(2) 연동장치는 비상안전기능을 갖추어야 하며, 다른 계통 또는 장치에 의하여 영향을 받지 않도록 하여야 한다.

(3) 연동장치는 방사선기기를 가동하기 위한 일상적인 수단으로 이용되지 않도록 하여야 한다.

(4) 특수공구를 사용하지 않아도 탈착·부착 또는 개·폐가 가능한 부위가 방사선 차폐 또는 방사선원의 접촉을 제한하는 기능을 하는 것은 연동장치와 연동되도록 하여야 한다.

(5) 수시 개·폐가 필요한 특정 부위는 2개 이상의 서로 독립적인 연동장치와 연동되어야 하며, 이중 최소한 1개는 시스템의 주 전원 공급회로를 차단하거나 방사선발생장치인 경우에는 고전압 발생기 전원공급회로를 차단하는 기능을 하도록 하여야 한다.

4) 보안장치

(1) 방사선기기의 무단 취급을 방지하고 방사선기기를 보호하기 위하여 최소한 1개 이상의 보안장치를 갖추어야 한다.

(2) 보안장치를 열쇠로 이용하는 경우에는 특정기기의 열쇠가 다른 기기(동일모델의 방사선기기를 포함한다)에 사용될 수 없도록 하여야 한다.

(3) 열쇠를 이용하여 방사선기기를 작동하는 경우 방사선기기의 가동 중에는 열쇠를 분리할 수 없도록 하여야 한다.

5) 비상정지 계통

(1) 연동장치의 기능이 비정상인 경우에는 방사선방출이 가능하지 않도록 하여야 한다.

(2) 최소한 1개의 비상정지 스위치는 수동조작에 의해서만 가동하고, 이를 통한 정지기능은 모든 제어기능에 우선하여야 하며, 연동장치에 연동되어 있어야 한다.

(3) 비정상적으로 방사선의 방출이 제한 또는 중단된 경우에는 중단 원인의 단순한 복구 또는 조정에 의하여 방사선방출이 재개되지 않도록 하여야 한다. 이 경우 주 제어판을 수동으로 복원하여 처음부터 방사선기기의 가동절차를 다시 거치는 경우에만 방사선방출이 가능하도록 하여야 한다.
(4) 작동원리상 방사선기기에 내장된 방사성동위원소 또는 선원용기의 이동이 불가피한 경우에 대비하여 탈락·끼임·훼손 및 파손 등의 사고를 예방하고 복구하는 방법을 강구하여야 한다.

6) 방사선 방출 제어장치

(1) 방사선방출이 정상적임을 감지하는 장치와 방사선방출을 직접 제한하는 장치는 기능이 정상적임을 보증할 수 있도록 비상안전기능을 갖추어야 한다.
(2) 셔터나 방사선원의 위치이동을 통하여 방사선방출을 제어하는 기능이 있는 방사선기기의 경우에는 셔터의 개폐상태 또는 방사선원의 위치확인이 방사선기기의 통상적인 가동환경에서 용이하도록 하여야 한다.
(3) 전원을 통하여 셔터의 개폐 또는 방사선원의 위치를 조종하는 방사선기기의 경우에는 전원이 상실된 상황에서는 반드시 셔터가 닫히거나 방사선원이 안전한 위치로 복원되도록 하여야 한다.
(4) 압축공기나 유압을 이용하여 장치를 구동하는 경우에는 이물질을 제거하기 위한 필터와 안전 보조밸브 및 비상구동 기능을 갖추어야 한다.
(5) 시간 제어장치를 통하여 방사선방출을 제어하는 경우에는 시간제어 가능 범위와 경과시간을 확인할 수 있도록 하여야 한다.
(6) 두 종류 이상의 방사선을 사용하기 위하여 특별히 제작된 방사선기기는 목적하지 않은 방사선이 방출되는 것을 감지하는 기능을 갖추어야 하며, 이 기능은 연동장치와 연동되어야 한다.
(7) 컴퓨터에 탑재한 소프트웨어나 PLC(Programmable Logic Controller)에 입력한 정보 등을 통하여 방사선기기의 가동을 제어하는 경우에는 프로그램 충돌 등에 의한 제어상실 가능성에 대비하여 예방대책 및 복구절차를 강구하여야 한다.

7) 경고체계

(1) 예상되는 방사선기기의 사용 환경에서 방사선이 방출되고 있음을 쉽게 확인할 수 있어야 하며, 다른 표시와 혼동되거나 중복되지 않도록 하여야 한다.
(2) 방사선방출을 경고하기 위한 시각적인 장치는 적색을 이용하여야 하며, 방사선기기 주위의 모든 종사자 및 일반인이 쉽게 식별할 수 있는 위치에 충분한 수량을 설치하여야 한다.
(3) 최소한 1개의 방사선방출 경고장치는 비상안전기능을 갖추어야 한다.
(4) 방사선기기로부터 1미터 위치에서의 피폭방사선량이 시간당 5시버트(Sv)를 초과하는 경우에는 시각적 경고 장치와 함께 연동장치에 연동된 청각적 경고 장치를 함께 설치하여야

한다. 이 경우 청각적 경고 장치는 방사선방출 직전까지 최소한 20초 이상 작동되어야 한다.

8) 선원용기

(1) 선원용기의 내구성은 ISO 2919:1999(E)에 규정된 밀봉된 방사성동위원소의 이용목적별 기준에 부합하거나, 이에 부합하는 밀봉된 방사성동위원소를 내장하여야 한다.
(2) 선원용기의 밀봉성은 ISO 9978:1992(E)에 규정된 시험방법별 기준에 부합하거나, 이에 부합하는 밀봉된 방사성동위원소를 내장하여야 한다.
(3) 선원용기는 화재·폭발 및 부식 가능성에 대하여 적절히 대처할 수 있는 성능을 갖추어야 한다.
(4) 선원용기는 진동이나 충격 등에 의하여 기기로부터 쉽게 탈락하지 않도록 고정되어야 한다.
(5) 선원용기는 이에 내장될 수 있는 방사성동위원소의 물리적, 화학적 제한조건 및 최대 적재수량을 고려하여 설계하여야 하며, 이와 같은 내용을 용기에 명시하여야 한다.
(6) 방사선기기의 사용목적 및 작동원리상 제1호의 기준을 적용할 수 없는 경우에는 방사선기기를 제작하고자 하는 자가 해당 방사선기기의 사용·저장 및 운반 등 예상 가능한 취급조건을 전제 기준으로 하여 충분한 검증시험을 한 결과가 유사사례와 비교하여 안전성 확보가 객관적으로 인정되는 경우에는, 이를 인정할 수 있다.

9) 식별체계

(1) 방사선기기 또는 선원용기의 외부에 방사능표지를 부착하거나 색인 등의 조치를 하여 방사선을 방출하고 있거나 방출할 수 있음을 누구나 쉽게 인지할 수 있어야 한다.
(2) 방사성동위원소를 내장하고 있는 방사선기기에는 방사선표지, 방사선원의 종류, 방사능량, 모델번호, 제작번호, 기기공급사 및 설계승인번호를 표시하여야 한다.
(3) 방사선발생장치에는 방사선표지, 가속입자의 최대 빔에너지(엑스선발생장치인 경우에는 최대 관전압), 가속입자의 최대 빔전류(엑스선발생장치인 경우에는 최대 관전류), 모델번호, 제작번호, 기기 공급사 및 설계승인번호를 표시하여야 한다.
(4) 중성자를 방출하는 방사선기기는 방출되는 중성자속을 별도로 표시하여야 한다.
(5) 우라늄을 차폐 재료로 사용하고 있는 방사선기기는 이와 같은 내용을 방사선기기의 외부에 표시하여야 한다.
(6) 부적절한 설치, 조립 또는 연동장치 및 차폐물 제거행위 등을 방지하기 위한 표지 또는 표시를 부착하여야 한다.
(7) 각종 경고기능은 명확한 의미를 확인할 수 있어야 한다.
(8) 모든 식별체계는 한글로 표기하고, 해당 방사선기기의 수명기간동안 식별이 가능하여야 하며, 자연적인 제거가 쉽지 않아야 한다.

10) 구조기준

외형 및 표면방사선량의 관점에서 방사선기기의 구조기준은 방사선기기의 설계승인 및 검사에 관한 기준(제16조부터 제20조 까지)의 규정을 적용한다. 이 경우 구조기준의 입증에 방사선작업이 수반되는 경우에는 이에 필요한 보조 장비와 적절한 기능범위 및 이용방법을 포함한 표준작업 지침서를 구비하여야 한다.

11) 완전방호형

(1) 방사선원과 피사체 또는 시료는 정상적인 사용조건에서 고유 안전성이 항상 유지되는 고정 부착된 격리 구조물로 밀폐되어, 방사선방출 중에는 신체의 일부가 격리 구조물 내에 직접 접촉할 수 없도록 하여야 한다.

(2) 특수공구를 이용하지 않는 한 방사선기기의 분해가 가능하지 않아야 한다.

(3) 개폐가 가능한 모든 격리 구조물이 정상적인 위치에 있지 않은 경우에는 방사선기기가 작동하지 않도록 하여야 한다.

(4) 단순히 방사선기기를 고정하는 부분이외에는 방사선기기의 안전성 확보를 위한 별도의 장치가 필요하지 않아야 한다.

(5) 방사선기기의 외부에 형성되는 방사선장에 의한 피폭방사선량이 최대가 되는 가동조건에서 모든 접촉부위의 표면방사선량은 시간당 1마이크로시버트(μSv)를 초과하지 않아야 한다.

(6) 방사선발생장치의 경우 가속관의 최대전압이 50킬로볼트(kV) 이하이어야 한다.

12) 캐비닛형

(1) 방사선원과 최소한 피사체 또는 시료의 조사되는 부분은 정상적인 사용 조건에서 고유 안전성이 항상 유지되는 고정 부착된 격리 구조물 내에 위치하여야 한다.

(2) 방사선방출 중에는 신체의 일부가 격리 구조물 내에 직접 접촉할 수 없거나, 만약 접촉 가능하더라도 접촉하는 곳의 피폭방사선량이 격리구조물 외부의 방사선량과 동일한 수준이거나 방사선 빔에 직접 노출되지 않도록 하여야 한다.

(3) 공구를 이용한 분해 또는 개폐가 가능한 모든 격리 구조물이 정상적인 위치에 있지 않은 한 방사선기기가 작동하지 않도록 하여야 한다.

(4) 단순히 방사선기기를 고정하는 부분이외에는 방사선기기의 안전성 확보를 위한 별도의 장치가 필요하지 않아야 한다.

(5) 방사선기기의 외부에 형성되는 방사선장에 의한 피폭방사선량이 최대가 되는 가동 조건에서 모든 접촉 부위의 표면방사선량은 시간당 10마이크로시버트(μSv)를 초과하지 않아야 한다.

13) 무인 격리형

(1) 방사선원은 특정한 단일 목적으로 제작된 격리 구조물 내에 수납되어야 하며, 셔터의 개폐 또는 방사선원의 위치이동 등을 통하여 방사선의 방출을 제어할 수 있어야 한다.

(2) 수동조작을 통하여 셔터를 개폐하거나 방사선원의 위치를 이동하는 경우에는 방사선의 방출경로에 신체가 노출되지 않도록 방지대책을 강구하여야 한다.
(3) 방사성동위원소가 내장된 기기의 경우 셔터를 닫거나 방사선원을 안전위치로 이동시킨 후, 방사선기기의 표면방사선량은 시간당 2밀리시버트(mSv)를 초과하지 않아야 한다.
(4) 방사선기기를 점유도가 낮은 위치에 고정설치하거나, 방사선원을 설치한 부근에서 종사자가 상시 체류하지 않아야 한다.

14) 휴대 개방형

(1) 작업수행에 필요한 방사선이외에 불필요하게 방출되는 방사선은 필터나 콜리메타 등을 이용하여 제거하거나 차단하여야 한다.
(2) 제어기와 방사선방출 부분이 분리되어 있는 경우에는 두 부분을 연결하는 케이블의 길이를 충분히 유지하여 방사선피폭을 저감시켜야 한다.
(3) 방사성동위원소가 내장된 기기의 경우 셔터를 닫거나 방사선원을 안전위치로 이동한 후, 방사선기기의 표면방사선량은 시간당 2밀리시버트(mSv)를 초과하지 않아야 하며, 방사선기기의 표면으로부터 1미터 떨어진 위치에서의 방사선량은 시간당 0.02밀리시버트(mSv)를 초과하지 않아야 한다.
(4) 휴대가 용이한 방사선기기에는 방사선기기 자체나 보조 운반 장치에 잠금 장치를 구비하여야 한다.

6-2. 설계승인의 신청

1) 일반사항

(1) 설계승인신청서에 첨부하여 제출하는 서류는 한글로 작성하여야 한다. 다만, 도면 또는 참고자료는 영문표기를 혼용할 수 있다.
(2) 신청서에 첨부하여 제출하는 서류를 작성하는 데 참고한 문헌은 그 출처를 명기하여야 하며, 신청자의 명의로 발간한 문헌은 제출자료에 포함시켜야 한다.
(3) 설계승인 신청자는 설계승인신청서류 가운데 대외적으로 공개되어서는 안 되는 서류에 대하여는 이러한 사실을 해당 서류에 표기하여 제출할 수 있다.
(4) 설계승인 신청자는 설계승인의 심사업무를 촉진시키기 위하여 방사선이 방출되지 아니하는 모형 방사선기기를 제출할 수 있다.

2) 방사선기기의 종류

설계승인을 받아야 하는 방사선기기의 종류는 다음 각 호와 같다. 다만, 방사선기기가 독립적인 기기 형태가 아닌 사용시설 구조물의 일부로서 설치되는 것은 제외한다.

(1) 방사성동위원소가 내장된 기기
  가. 산업용 방사선촬영기
  나. 의료용 방사선촬영기

다. 의료용 원격치료기
라. 감마선 게이지
마. 베타선 게이지
바. 관정 정보 연속 측정기
사. 휴대용 수분·밀도 게이지
아. 감마선 조사장치
자. 이온발생기(크로마토그라피)
차. 이온발생기(정전기제거기)
카. 이온발생기(연기감지기)
타. 엑스선형광분석기
파. 자체발광 기기
하. 교정기
거. 일반 의료용 기기
너. 기타

(2) 방사선발생장치
가. 엑스선발생장치
나. 사이크로트론
다. 신크로트론
라. 신크로사이크로트론
마. 선형가속장치
바. 베타트론
사. 반·데 그라프형 가속장치
아. 콕크로프트·왈톤형 가속장치
자. 변압기형 가속장치
차. 마이크로트론
카. 방사광가속기
타. 가속이온주입기
파. 기타

3) 설계자료의 작성기준

(1) 방사선기기 설계승인신청서에 첨부되어야 하는 설계자료의 작성기준은 다음 각 호와 같다. 다만, 해당하지 않는 것이 명백한 경우에는 이를 생략할 수 있다.

▸ 설계의 개요 및 설명
가. 개요
1) 설계 목적
2) 방사선 응용원리

3) 설치 및 운영현황
4) 설계표준 및 기준요건
5) 안전관련 품목 및 기능의 종류

나. 설명

1) 방사선기기 전체 관점에서의 작동원리 또는 절차 및 제한사항
2) 안전관련 품목 관점의 작동원리 또는 절차 및 제한사항

▸ 설계도면

가. 도면에는 개략도, 설계도 및 사진 등을 첨부한다.

나. 방사선기기 전체와 각 안전관련 품목별로 구분하여 작성한다.

다. 실물과 대비한 축척을 명기한다.

라. 안전기능과 관련한 도면은 작동원리를 도시한다.

마. 다음 항목은 치수, 허용오차 및 제작물질을 도면상에 명시한다.

1) 선원의 위치
2) 차폐물의 위치
3) ON/OFF 및 셔터 기능표시의 위치
4) 가동 중임을 알리는 기능표시의 위치
5) 표지의 부착위치

(2) 제(1)에도 불구하고 제작국가로부터 법 규정에 준하는 설계승인을 받은 방사선기기를 수입하는 경우로서, 다음 각 호의 서류를 제출하는 경우에는 설계도 등 설계에 관한 세부사항을 설계 자료에 적지 않을 수 있다.

1) 해당 방사선기기가 제작국가로부터 설계승인을 받은 것을 증빙하는 서류
2) 기술유출 방지, 제작국 법령상의 제한에 따른 제작사의 자료제공 거부 등 설계에 관한 세부사항을 설계자료에 적기 어려운 구체적 사유와 이를 증빙하는 서류

4) 안전성 평가자료의 작성기준

방사선기기 설계승인신청서에 첨부되어야 하는 안전성평가자료의 작성기준은 다음 각 호와 같다. 다만, 해당하지 않는 것이 명백한 경우에는 이를 생략할 수 있다.

(1) 방사선기기의 개요 및 제원

가. 개요

1) 방사선 방출량 및 방사선의 품질 또는 방향에 영향을 미치는 모든 부품 및 부속품에 대한 정보
2) 사용 환경의 조건(온도, 압력, 진동, 부식, 내화, 충격, 관통, 폭발, 침수 및 공기의 청정도 등)
3) 사용 제한사항(누설검사, 기기 관리, 기기 운영, 피폭방사선량 관리 및 교육 등)

나. 제원

1) 방사성동위원소를 내장한 기기의 제원

가) 설치형식
나) 제어기에서 제어 가능한 항목 현황
다) 내장된 방사성동위원소의 제조자
라) 핵종, 수량 및 방사능량
마) 물리적 및 화학적 상태
바) 제조용도, 제조번호 및 제조일자
사) 밀봉 내구성 시험기관 및 시험 결과
아) 누설검사 시험기관 및 시험 결과
자) 승인번호 및 등급

2) 방사선발생장치의 제원
가) 설치형식
나) 제어기에서 제어 가능한 항목 현황
다) 가속입자의 종류 및 공급방식
라) 발생 가능한 방사선
마) 목적하는 방사선
바) 고전압 유도방식
사) 최대 유도전압
아) 가속된 입자의 최대 빔 에너지(엑스선발생장치의 경우에는 관전압)
자) 가속된 입자의 최대 빔 전류(엑스선발생장치의 경우에는 관전류)
차) 빔 방출의 형태(연속형 또는 섬광형의 구분)
카) 연속가동이 가능한 경우에는 가동시간과 대비한 실제 방사선방출시간의 비율

3) 부착 표지에 대한 제원
가) 표지내용이 암호화된 경우 해독 정보
나) 방사선기기 및 선원용기 부착 표지에 대한 정보(규격, 내용, 재질 등)

(2) 방사선기기의 재질, 구조 및 안전성평가

가. 재질
1) 안전관련 품목에 대한 제조물질을 기술한다.
2) 방사성동위원소 내장 기기의 경우에는 선원용기, 셔터 부위, 용접 부위 및 선원 유지 부위를 기술한다.
3) 방사선발생장치의 경우에는 가속관의 구조 부위, 셔터 부위, 표적 부위, 필터 및 콜리메타 부위를 기술한다.
4) 특정 재질의 선택 사유 및 특성을 기술한다.

나. 구조
1) 안전관련 품목의 제작 방법을 서술적으로 기술한다.
2) 선원 부위의 조립 방법을 기술한다.
3) 안전관련 품목을 포함한 주요 부품 및 부속품의 정상적인 조립 상태를 기술한다.

다. 안전성 평가

1) 평가 방법

가) 안전관련 품목에 적용하고 있는 제작기준을 기술하되, 그 기준이 법적 규정인 경우에는 해당규정을 명시한다.

나) 각 기준에 따른 시험 또는 측정의 적용방법 및 절차를 설계 과정, 부품의 구입 또는 제작 과정, 제품의 생산 또는 조립 과정으로 구분하여 서술적으로 기술하고, 선정 근거를 제시한다.

다) 불필요한 방사선의 누설, 산란 및 이차 방사선 영향을 경감하는 기능에 대한 방사선학적 입증시험 및 측정에 적용한 방법 및 절차를 기술하고, 선정 근거를 제시한다.

라) 방사선량에 관한 평가 자료로서 실제 측정결과를 제시하는 경우에는, 신뢰성 확인을 위한 정보로서의 측정 조건, 측정 방사선의 종류, 측정위치, 측정 장비의 사양, 교정의 유효성 유지 여부, 측정일자, 측정자 및 측정 방법을 제시하고, 측정 방법의 유효함을 입증하는 객관적인 자료 또는 출처를 명시하여야 한다.

마) 방사선량에 관한 평가 자료로서 계산 결과를 제시하는 경우에는 계산을 위한 전제조건 및 계산방법과 방법론의 신뢰성확보를 위한 근거 및 결과의 해석을 기술하여야 한다.

2) 시제품의 평가결과

가) 방사선기기의 고유 안정성이 유지되고 있음을 알 수 있도록 시제품의 시험을 통하여 나타난 결과가 있는 경우에는 이를 기술한다.

나) 시험이 일반 산업기준이나 상식적인 기준을 근거로 수행하였을 경우에는 해당기준을 기술한다.

다) 시험결과를 대신하여 해당제품이나 유사제품의 실제 운영경력이나 또는 공학적인 안정성 해석결과를 제출하는 경우에는 이러한 사실을 명시하고, 설계의 적합성을 입증하는 객관적인 근거를 제시하여야 한다.

3) 방사선기기 외부 방사선량 제시

가) 방사선기기에서 방출할 수 있는 최대 방사선량을 기술한다. 이 경우 최대 방사선량은 방사성동위원소를 최대 적재하거나 방사선발생장치를 최대 가동조건으로 운전하고 있는 조건에서 평가한 값으로 한다.

나) 가)에 따른 최대 방사선량은 실측값을 기준으로 한다. 다만, 실측이 여의치 않은 경우에는 계산 값을 적용할 수 있다.

다) 셔터의 개폐상태는 가능한 한 구분하여 기술한다. 이 경우 실제 설치된 경우를 가정하여 제한조건을 명시한 상태에서 기술할 수 있다.

라) 누설되는 방사선량의 평가위치는 방사선기기로부터 10센티미터(cm) 및 100센티미터(cm)의 지점으로 구분하여 기술하되, 별도로 목적하는 빔이 있는 경우에는 특정 해당위치에서 평가한 값을 포함하여야 한다.

마) 도면으로 제시하는 경우에는 도면에 가동조건을 명시한다.

4) 예상 피폭방사선량 제시

가) 정상적인 사용조건에서 종사자 또는 일반인이 받을 수 있는 연간 피폭방사선량을 평가하되, 피폭 시나리오 및 평가방법을 기술하고 평가의 적합성을 신뢰할 수 있는 객관적인 근거를 제시하여야 한다.

나) 합리적인 범위 내에서 예상 가능한 비정상적 피폭을 가정하여 평가하되, 피폭 시나리오 및 평가 방법을 기술하고 평가의 적합성을 신뢰할 수 있는 객관적인 근거를 제시하여야 한다.

(3) 방사선기기의 설치 및 운영절차

가. 방사선기기의 설치 및 운영을 위하여 제공되는 상세한 절차를 서술적으로 기술한다.

나. 절차서에는 허가 또는 신고사용에 따른 사용자의 법적인 의무사항을 고려한 상세한 취급제한의 내용과 근거를 포함하여야 한다.

(4) 방사선기기의 시험, 유지 및 보수절차

가. 방사선기기의 시험, 유지 및 보수를 위하여 사용자에게 제공하고자 하는 상세한 절차를 서술적으로 기술한다.

나. 방사선기기가 설치된 시설에 대하여 적절한 운전상태 및 기능을 점검하는 관리가 필요한 경우에는, 설치된 방사선기기의 방사선학적인 안전성을 입증할 수 있는 현장 적용이 가능한 시험의 종류 및 절차를 제시한다.

다. 의료용 방사선조사 기기의 경우에는 조사선량 재현의 안정성 기준과 조사시간 제어기능의 정확성 기준을 유지하는 방법을 기술한다.

라. 시간 경과에 따라 방사선 방출이 증가할 우려가 있는 방사선발생장치에 대해서는 방사선학적인 관점에서 내구성 및 안정성을 입증하기 위한 시험 방법, 절차 및 적용주기를 기술하되, 해당 시험방법 및 절차를 선정한 근거를 제시하고, 입증시험 및 품질관리가 필요하지 않다고 판단한 경우에는 판단 근거를 제시한다.

5) 품질 보증계획서의 작성기준

방사선기기 설계승인신청서에 첨부되어야 하는 제작에 관한 품질보증계획서의 작성기준은 「방사성동위원소등의 생산에 관한 기준」(원자력안전위원회고시)을 준용한다.

6) 검사 및 품질 보증관련 증명서

방사선기기 설계승인 신청서에 첨부되어야 하는 제작국의 검사관련 증명서 또는 품질보증관련 증명서는 다음 각 호의 어느 하나와 같다.

(1) 다음 각 목의 어느 하나에 해당하는 제작국에서 인증된 검사관련 증명서

가. 제작국에서 발행된 기기검사 증명서

나. 제작국이 검사관련 증명자료를 발행하지 않는 경우 그에 대한 제작국의 근거법령 및 조항이 기술된 자료

(1) 다음 각 목의 어느 하나에 해당하는 제작사가 발행한 품질보증관련 증명서
가. 제작사의 해당 기기에 대한 품질보증서 또는 시험검사 성적증명서
나. 기타 제작사가 발행한 해당 기기에 대한 품질보증 자료

7) 설계 변경승인 신청

(1) 방사선기기 설계변경승인신청서의 작성기준은 다음 각 호와 같다.
① 신청인 및 사업자분류 항목에는 설계승인 신청의 경우와 동일하게 기재한다.
② 설계승인번호 및 승인일자 항목에는 방사선기기설계승인서의 설계승인번호와 승인일자를 각각 기재한다.
③ 설계변경사유 항목은 간단히 그 사유를 기재하되, 필요한 경우에는 별도 제출서류에 포함하여 구체적으로 기재할 수 있다.
(2) 변경사항에 관한 서류는 설계승인 신청 당시에 제출한 자료에서 변경된 부분에 대해서만 기재하되, 작성 방법은 설계승인 신청의 경우와 동일하다.
(3) 변경사항에 관한 서류는 설계승인 신청서의 제출 서류 단위별로 분류하고, 자료 첫머리에는 변경 전후를 대비한 표를 함께 제출한다.

7. 운반용기 설계승인

1) 운반용기의 설계승인(법 제76조)

(1) 원자력관계사업자가 **총리령으로 정하는 수량의 방사성물질등의 포장 또는 운반을 위한 용기**(이하 "운반용기"라 한다)를 제작하려는 때 또는 외국에서 제작된 운반용기를 수입하려는 때에는 **대통령령으로 정하는 설계기준**에 따라 위원회의 승인을 받아야 한다. 이를 변경하려는 때에도 또한 같다. 다만, **총리령으로 정하는 경미한 사항**을 변경하려는 때에는 이를 위원회에 신고하여야 한다.

▸ **"총리령으로 정하는 수량의 방사성물질등의 포장 또는 운반을 위한 용기"**란 다음 각 호의 어느 하나의 운반물에 적용하는 용기를 말한다.
① B(U)형 운반물
② B(M)형 운반물
③ C형 운반물
④ 핵분열성물질 운반물

▸ **"대통령령으로 정하는 설계기준"**이란 다음 각 호의 기준을 말한다.
① 운반용기의 파손·마모 등에 의하여 방사선원 또는 그 오염물이 쉽게 누설되거나 방사선장해가 발생할 우려가 없을 것
② 운반용기의 설계·재료 및 구조가 위원회가 정하여 고시하는 기준에 맞을 것

▸ **경미한 사항의 변경신고**

"총리령으로 정하는 경미한 사항"이란 다음 각 호의 어느 하나에 해당하는 사항을 말한다.

① 승인을 받은 자의 성명 및 주소(법인인 경우에는 그 명칭 및 주소와 대표자의 성명)

② 사업소의 명칭 및 소재지

"변경신고를 하려는 자"는 변경 후 30일 이내에 별지 제4호 서식의 신고서에 다음 각 호의 서류를 첨부하여 위원회에 제출하여야 한다.

① 변경사항을 증명하는 서류

② 설계승인서

(2) 승인을 받으려는 자는 승인신청서에 운반용기의 설계자료, 제작에 관한 품질보증계획서, 안전성분석보고서와 그 밖에 총리령으로 정하는 서류를 첨부하여 위원회에 제출하여야 한다.

▸ **"총리령으로 정하는 서류"**란 성능시험계획서를 말한다.

2) 설계 승인신청

(1) 운반용기 제작에 관한 품질보증계획서는 제작검사 신청 시에 제출할 수 있다.

(2) 안전성분석보고서에는 다음 각 호의 사항을 적어야 한다.

① 운반용기의 개요 및 제원

② 운반용기의 재질·구조·열·격납·차폐 및 핵임계의 평가결과

③ 운반용기의 조작 및 운영절차

④ 운반용기의 시험 및 유지·보수절차

(3) 외국에서 설계승인을 받은 운반용기의 경우에는 법 제76조제2항에 따른 첨부서류 대신 해당 국가의 설계승인서를 승인신청서에 첨부하여 제출할 수 있다.

3) 운반용기의 설계승인(영 제112조)

(1) 방사성물질등의 포장 또는 운반을 위한 용기(이하 "운반용기"라 한다)를 제작 또는 수입하려는 원자력관계사업자는 총리령으로 정하는 바에 따라 운반용기의 형식별로 설계승인을 받아야 한다. 다만, 설계승인을 받은 운반용기를 반복하여 제작하려는 경우에는 그렇지 않다.

8. 기록과 비치

1) 기록과 비치(법)

허가사용자·신고사용자 및 업무대행자는 총리령으로 정하는 바에 따라 방사성동위원소 등의 생산·사용·이동사용·분배·저장·운반·보관·처리·배출·판매 또는 업무대행 등에 관한 사항을 기록하여 이를 공장 또는 사업소마다 비치하여야 한다.

2) 기록과 비치(규칙)

규정에 따라 기록·비치하여야 할 사항은 **별표 8**와 같다. 다만, 기록하여야 할 사항 중 측정이 필요한 경우로서 직접 측정하기가 곤란한 때에는 당해 사항을 간접적으로 추정하여 그 내용을 기록하되, 추정치임을 부기하여야 한다.

[별표 8]

기록·비치하여야 할 사항

1. 방사성동위원소등의 생산 및 사용자(신고사용자는 제외한다)

기록사항	기록시기	보존기간
가. 방사성동위원소등의 생산 또는 사용기록(생산 또는 사용 일시·장소·방법·목적·종사자성명·종류 및 수량)	생산 또는 사용한 때마다	5년
나. 방사성동위원소 또는 방사성동위원소에 따른 오염물의 보관·처리·저장 및 배출기록(일시·장소·방법·종사자·성명·종류 및 수량)	보관·처리·저장 및 배출한 때마다	5년
다. 방사선안전관리의 기록		
1) 방사성동위원소등의 생산, 사용, 분배, 저장 및 폐기시설의 방사선량률	측정한 때마다	5년
2) 밀봉방사성동위원소 또는 방사선발생장치로서 방사선차폐시설이 일정한 장소의 방사선량률	측정한 때마다	10년
3) 배기구 및 배수구에서의 방사성물질의 농도	배기 및 배수한 때마다	10년
4) 방사선관리구역에서의 방사성물질로 오염된 물체의 표면오염도	작업한 때마다	10년
5) 매년 1월 1일을 기준으로 한 각 3개월간의 방사선작업종사자의 피폭방사선량	매분기 1회	사용을 폐지할 때까지
6) 매년 1월 1일을 기준으로 한 각 3개월간의 수시출입자의 피폭방사선량	매분기 1회	5년
7) 방사선작업종사자가 해당 업무에 종사하기 이전의 건강진단기록 및 방사선피폭경력	해당 업무에 종사하기 시작한 때	사용을 폐지할 때까지
8) 수시출입자가 해당 업무에 종사하기 이전의 건강진단기록	해당 업무에 종사하기 시작한 때	5년
9) 방사선작업종사자가 해당 업무에 종사하는 기간 중의 건강진단기록	건강진단을 한 때마다	사용을 폐지할 때까지
10) 수시출입자가 해당 업무에 종사하는 기간 중의 건강진단기록	건강진단을 한 때마다	5년
11) 자체처분한 방사성폐기물의 발생원, 종류, 수량, 방사선량률, 처분방법 및 처리일시	자체처분을 한 때마다	5년

2. 방사성동위원소등의 판매업자

기록사항	기록시기	보존기간
가. 방사성동위원소등의 구입 또는 판매기록(일시·종류 및 수량)	구입 또는 판매한 때마다	5년
나. 방사성동위원소 또는 방사성동위원소에 따른 오염물의 보관·처리·저장 및 배출기록(일시·장소·방법·종사자 성명·종류 및 수량)	보관·처리·저장 및 배출한 때마다	5년

다. 방사선안전관리의 기록		
1) 방사성동위원소등의 분배·저장·보관·처리 및 배출시설의 방사선량률	측정한 때마다	10년
2) 밀봉방사성동위원소 저장시설의 방사선량률	측정한 때마다	10년
3) 배기구 및 배수구에서의 방사성물질의 농도	배기 및 배수한 때마다	10년
4) 방사선관리구역에서 방사성물질로 오염된 물체표면의 오염도	작업한 때마다	10년
5) 매년 1월 1일을 기준으로 한 각 3개월간의 방사선작업종사자의 피폭방사선량	매분기 1회	판매사업을 폐지할 때까지
6) 매년 1월 1일을 기준으로 한 각 3개월간의 수시출입자의 피폭방사선량	매분기 1회	5년
7) 방사선작업종사자가 해당 업무에 종사하기 이전의 건강진단기록 및 방사선피폭경력	해당 업무에 종사하기 시작한 때	판매사업을 폐지할 때까지
8) 수시출입자가 해당 업무에 종사하기 이전의 건강진단기록	해당 업무에 종사하기 시작한 때	5년
9) 방사선작업종사자가 해당 업무에 종사하는 기간 중의 건강진단기록	건강진단을 한 때마다	판매사업을 폐지할 때까지
10) 수시출입자가 해당 업무에 종사하는 기간 중의 건강진단기록	건강진단을 한 때마다	5년
11) 자체처분한 방사성폐기물의 발생원, 종류, 수량, 방사선량률, 처분방법 및 처리일시	자체처분을 한 때마다	5년

3. 폐기시설등의 건설·운영허가를 받은 자

기록사항	기록시기	보존기간
가. 방사성폐기물기록		
1) 인수한 방사성폐기물의 종류 및 수량	인수한 때마다	영구
2) 방사성폐기물의 인수일시 및 인수장소	인수한 때마다	영구
3) 처리시설에서 처리한 방사성폐기물의 종류·수량 및 처리방법·일시	처리한 때마다	영구
4) 처분시설에 영구처분한 방사성폐기물의 종류·수량·처분방법·처분위치 및 총방사능 농도	영구처분한 때마다	영구
5) 자체처분한 방사성폐기물의 발생원·종류·수량·방사선량률·처분방법 및 처리일시	자체처분한 때마다	5년
나. 방사선안전관리의 기록		
1) 방사성폐기물저장시설, 처리시설, 처분시설 등의 방사선량률	측정한 때마다	10년

2) 방사성폐기물의 배기구 및 배수구에서의 방사성물질의 3개월간의 평균농도	매분기 1회	10년
3) 방사선관리구역 및 제한구역에서의 외부방사선량과 공기 중 및 수중의 방사성물질의 1주일간의 평균농도와 방사성물질로 오염된 물체표면의 오염도	매주 1회	10년
4) 매년 1월 1일을 기준으로 한 각 3개월간의 방사선작업종사자의 피폭방사선량	매분기 1회	폐기시설등의 건설·운영을 폐지할 때까지
5) 매년 1월 1일을 기준으로 한 각 3개월간의 수시출입자의 피폭방사선량	매분기 1회	5년
6) 방사선작업종사자가 해당 업무에 종사하기 이전의 건강진단기록 및 방사선피폭경력	해당 업무에 종사하기 시작한 때	폐기시설등의 건설·운영을 폐지할 때까지
7) 수시출입자가 해당 업무에 종사하기 이전의 건강진단기록	해당 업무에 종사하기 시작한 때	5년
8) 방사선작업종사자가 해당 업무에 종사하는 기간 중의 건강진단기록	건강진단을 한 때마다	폐기시설등의 건설·운영을 폐지할 때까지
9) 수시출입자가 해당 업무에 종사하는 기간 중의 건강진단기록	건강진단을 한 때마다	5년
다. 폐기시설등의 검사기록		
1) 사용 전 검사의 결과	검사한 때마다	10년
2) 정기검사의 결과	검사한 때마다	5년
3) 처분검사의 결과	검사한 때마다	5년
라. 운영유지관리의 기록		
안전관리규정에 따른 재해방지를 위하여 특히 관리를 필요로 하는 기기의 순시·점검·보수결과 및 그 담당자의 성명	매일 1회 및 보수한 때마다	·순시·점검: 1년·보수: 폐기시설등의 건설·운영을 폐지할 때까지
마. 폐기시설등의 사고기록		
1) 사고발생 및 복구일시	사고발생 및 복구한 때마다	폐기시설등의 건설·운영을 폐지할 때까지
2) 사고의 상황 및 그 조치 내용	수시	폐기시설등의 건설·운영을 폐지할 때까지

3) 사고의 원인	사고가 발생한 때마다	폐기시설등의 건설·운영을 폐지할 때까지
4) 사고 후 조치 내용	조치한 때마다	폐기시설등의 건설·운영을 폐지할 때까지
바. 환경감시		
1) 시료채취 장소 및 일시	시료채취한 때마다	폐기시설등의 건설·운영을 폐지할 때까지
2) 시료분석 방법 및 결과	시료분석한 때마다	폐기시설등의 건설·운영을 폐지할 때까지
3) 환경방사선 측정방법 및 결과	측정한 때마다	폐기시설등의 건설·운영을 폐지할 때까지
사. 기상기록		
1) 풍향 및 풍속	연속적으로	10년
2) 대기안정도	연속적으로	10년

4. 판독업무자

기록사항	기록시기	보존기간
가. 피폭방사선량 평가 관련 자료 1) 다음의 구분에 따른 피폭방사선량 판독의 기초자료 가) 재사용이 가능한 개인선량계의 경우: 소자별 반응 및 스펙트럼 등의 기초 자료 나) 재사용이 불가능한 개인선량계의 경우: 피폭 이미지가 영구 기록된 해당개인선량계	평가한 때마다	판독업무등록을 폐지할 때까지
2) 개인피폭 방사선량 측정결과	평가한 때마다	판독업무등록을 폐지할 때까지
나. 판독장비의 검사 및 교정기록	검사 및 교정한 때마다	5년
다. 판독검사 결과	검사한 때마다	5년

5. 업무대행자

기록사항	기록시기	보존기간
가. 업무대행 실적		
1) 업무대행 내용 및 기간	업무 대행 때마다	업무대행등록을 폐지할 때까지

2) 방사선작업 내용 및 결과	업무 대행 때마다	업무대행등록을 폐지할 때까지
3) 방사선안전관리대행의 경우에는 정기적인 안전관리대행 실적	업무 대행 때마다	업무대행등록을 폐지할 때까지
나. 방사선안전관리의 기록		
1) 매년 1월 1일을 기준으로 한 각 3개월간의 방사선작업종사자의 피폭방사선량	매분기 1회	의뢰받은 업무대행을 종료한 후 5년
2) 매년 1월 1일을 기준으로 한 각 3개월간의 수시출입자의 피폭방사선량	매분기 1회	5년
3) 방사선작업종사자가 해당 업무에 종사하기 이전의 건강진단기록 및 방사선피폭경력	해당 업무에 종사하기 시작한 때	의뢰받은 업무대행을 종료한 후 5년
4) 수시출입자가 해당 업무에 종사하기 이전의 건강진단기록	해당 업무에 종사하기 시작한 때	5년
5) 방사선작업종사자가 해당 업무에 종사하는 기간 중의 건강진단기록	건강진단을 한 때마다	의뢰받은 업무대행을 종료한 후 5년
6) 수시출입자가 해당 업무에 종사하는 기간 중의 건강진단기록	건강진단을 한 때마다	5년

9. 보고

원자력관계사업자·판독업무자와 원자로 및 관계시설의 건설 또는 운영에 참여하는 사업자가 원자력안전위원회에 보고하여야 할 방사선안전관련 정기보고 사항과 보고기한은 별표 9와 같다.

▸ **보고의 대행**

① 원자력관계사업자는 **별표 9** 제6호에 따른 방사선작업종사자의 개인별피폭방사선량 등의 보고는 위원회에 등록한 판독업무자로 하여금 대행하게 할 수 있다.

② 원자력관계사업자는 상기규정에 따라 피폭방사선량의 보고를 대행하게 하는 경우에는 그 보고대행 사실을 증명하는 서류를 한국원자력안전재단에 제출하여야 한다.

[별표 9]

원자력관계사업자 등이 보고하여야 할 사항과 보고기한(제127조 관련)

보고사항	보고기한
1. 발전용원자로설치자·발전용원자로운영자 및 연구용원자로등설치자	
방사선작업종사자의 방사선피폭 기록관리에 관한 사항을 제외한 방사선관리에 관한 사항	매분기 경과 후 1개월 이내
2. 정련사업자 및 가공사업자	
방사성물질농도의 3개월간에 대한 평균치	매분기 경과 후 1개월 이내
3. 사용후핵연료처리사업자	
가. 방사성물질농도의 3개월간에 대한 평균치 및 최고치	매분기 경과 후 1개월 이내
나. 방출한 방사성물질량의 3개월간에 대한 평균치 및 최고치와 합계치	매분기 경과 후 1개월 이내
4. 핵연료물질사용자	
가. 핵연료물질의 재고량에 관한 보고서	해당 연도 경과 후 1개월 이내
나. 핵연료물질에 의하여 오염된 물질의 처리·저장·배출 및 처분 현황	매분기 경과 후 1개월 이내
5. 허가사용자 및 폐기시설 등 건설·운영자	
방사성물질등 또는 방사선발생장치의 생산·취득(설계승인서 등 관련 증명서류 포함)·사용·판매·보유·보관·처리·저장·배출 및 처분 현황	매분기 경과 후 1개월 이내
6. 원자력관계사업자(신고사용자는 제외한다)	
가. 개인선량계에 의한 방사선작업종사자의 피폭방사선량	매 분기 경과 후 1개월 이내
나. 직독식 개인선량계에 의한 방사선작업종사자의 피폭방사선량(방사선투과검사만 해당한다)	매 작업 종료 시 마다
다. 방사선작업종사자의 건강진단 결과	건강진단 결과를 받은 해당 분기 경과 후 1개월 이내
라. 선량계의 훼손·분실 등으로 인하여 선량판독이 불가능하게 된 판독특이자 현황	발생 즉시
마. 방사선안전관리자 외의 방사선작업종사자의 직장교육 결과	직장교육을 실시한 해당 분기 경과 후 1개월 이내
7. 원자력관계사업자(신고사용자는 제외한다) 또는 그로부터 방사성물질등을 위탁받아 운반하는 자	
가. 국내에서 운반되는 운반물 현황	해당 연도 경과 후 1개월 이내
나. 국외에서 국내로 반입되는 운반물 현황	해당 연도 경과 후 1개월 이내
다. 국내에서 국외로 반출되는 운반물 현황	해당 연도 경과 후 1개월 이내

8. 업무대행자	
가. 방사능 오염제거 실적	매반기 경과 후 1개월 이내
나. 방사성동위원소등 및 방사성폐기물의 수거·처리 및 운반 실적	매반기 경과 후 1개월 이내
다. 사용시설 등의 설치 감리실적	매반기 경과 후 1개월 이내
라. 방사선안전관리실적	매반기 경과 후 1개월 이내
마. 방사선원 누설점검 실적	매반기 경과 후 1개월 이내
9. 판독업무자	
측정불능, 연간선량초과자 등 판독특이자 현황	발생 즉시

10. 기술준수 의무 등

- 허가사용자 및 신고사용자는 다음 사항에 관하여 위원회 규칙으로 정하는 기술기준을 준수하여야 한다.
  (1) 방사성동위원소 또는 그에 따라 오염된 물질이나 방사선발생장치의 생산시설·사용시설 등의 위치·구조 및 설비
  (2) 방사성동위원소 또는 그에 따라 오염된 물질이나 방사선발생장치의 사업소 안에서의 생산·사용·분배·저장·운반·보관·처리 및 배출
  (3) 방사성동위원소 등의 이동사용 및 판매
- 위원회는 사업소 안에서의 방사성동위원소 또는 그에 따라 오염된 물질이나 방사선발생장치의 생산시설 또는 사용시설 등의 위치·구조 및 설비, 사업소 안에서의 생산·사용·분배·저장·운반·처리 및 배출과 방사성동위원소 등의 이동사용이나 판매가 기술기준에 적합하지 아니하다고 인정하면 허가사용자 및 신고사용자에게 해당 시설의 수리·개선·이전 또는 생산·사용의 정지, 취급방법의 변경과 그 밖의 안전에 필요한 조치를 명할 수 있다.
- 허가사용자 및 그 종업원은 안전관리규정을 준수하여야 하며, 업무대행자와 그 종업원은 업무대행규정을 준수하여야 한다.

※ 방사선안전관리등의 기술기준에 관한 규칙

10-1. 방사성동위원소 및 방사선발생장치의 시설기준

1. 개봉선원

1) 적용범위

방사성동위원소 중 밀봉되지 아니한 것(이하 "개봉선원"이라 한다)에 관한 생산시설 및 사용시설 등의 위치·구조 및 설비에 관한 기술기준은 아래의 규정을 적용한다.

2) 개봉선원의 생산시설

▸ 개봉선원의 생산시설은 지반이 견고하고 화재 또는 침수의 우려가 적은장소에 이를 설치하여야 한다.

▸ 개봉선원 생산시설의 구조 및 설비에 관한 기술기준은 다음 각 호와 같다.

(1) 주요구조 부는 내화구조로 하거나 불연재료를 사용할 것

(2) 다음 각목의 1에 해당하는 방사선량이 선량한도 이하가 되도록 필요한 **차폐벽이나 차폐물을 설치할 것**

가. 생산시설 안의 사람이 상시 출입하는 장소에서의 방사선량

나. 사업소의 경계에 인접하는 구역에서의 방사선량

▸ **차폐물의 설계기준(위원회 고시)**

가. 사용시설 등의 내부에 사람이 상시 출입하는 장소는 연간 방사선량이 20 mSv를 초과하지 아니 하여야 하고 1주당 방사선량은 1 mSv를 초과하지 아니 하여야 한다.

나. 사용시설 등의 경계에 인접하여 사람이 거주하는 구역은 연간 방사선량이 1 mSv를 초과하지 아니 하여야 하고 1주당 방사선량은 0.1 mSv를 초과하지 아니하여야 한다.

(3) 다음 각목의 기준에 따라 작업실을 설치할 것

가. 작업실 내부의 벽·바닥 그 밖에 개봉선원에 의하여 오염될 우려가 있는 부분의 표면은 평탄하고 매끄러우며 빈틈이나 구멍이 없도록 하고, 기체 또는 액체가 침투할 수 없는 내식성이 강한 재료로 할 것

나. 작업실에 설치한 후드·글로브 박스 등 기체상의 방사성동위원소의 확산을 방지하는 장치는 배기설비에 연결시킬 것

(4) 다음 각목의 기준에 따라 오염검사실을 설치할 것

가. 오염검사실은 사람이 상시 출입하는 출입구 부근 등 개봉선원에 의한 오염검사를 실시하기에 가장 적합한 장소에 설치할 것

나. 오염검사실 내부의 벽·바닥 그 밖에 개봉선원에 의하여 오염될 우려가 있는 부분은 제(3)호 가목의 기술기준에 적합한 것으로 할 것

다. 오염검사실에는 세정·탈의설비, 오염검사를 위한 방사선측정기 및 오염제거에 필요한 장비를 갖출 것

(5) 개봉선원을 생산하기 위한 방사선 조사시설에는 다음 각목의 기준에 따라 시설을 설치할 것

가. 출입구에 방사선 조사 중임을 자동적으로 표시하는 장치를 설치할 것

나. 방사선 조사 여부에 따라 출입구가 개폐되는 연동장치를 할 것

다. 내부를 상시 감시할 수 있는 장치를 할 것

라. 사람의 출입을 제한하는 장치를 할 것

(6) 시설의 경계에는 울타리 그 밖에 사람의 출입을 제한하는 시설을 할 것. 다만, 방사선량이 선량한도 이하가 되도록 차폐벽이나 차폐물이 설치되어 있는 경우에는 그러하지 아니하다.

(7) 생산시설·작업실·오염검사실의 경계에 설치한 울타리 그 밖에 사람의 출입을 제한하는 시설에는 **별표 10**에 의한 표지를 부착할 것

3) 사용시설 등의 위치

지반이 견고하고 화재 또는 침수의 우려가 적은 장소에 이를 설치하여야 한다.

4) 사용시설 및 분배시설

▸ 개봉선원의 사용시설 및 분배시설의 구조 및 설비에 관한 기술기준은 다음 각 호와 같다.

(1) 주요구조부는 내화구조로 하거나 불연재료를 사용할 것. 다만, **원자력안전위원회가 정하여 고시하는 것**은 그러하지 아니하다.

▸ **설비기준 예외 규정에 대한 방사성동위원소의 수량(위원회 고시)**

"원자력안전위원회가 정하여 고시하는 것"이라 함은 다음 각 호와 같다.

가. 내화구조 및 불연재료 시설을 요하지 아니하는 한도량은 별표 5의 제2란의 당해 방사성핵종에 대하여 제3란에 규정된 수량의 1,000배

나. 오염검사 또는 배기설비의 설치를 요하지 아니하는 한도량은 별표 5의 제2란의 당해 방사성핵종에 대하여 제3란에 규정된 수량의 100배

(2) 사용시설은 개봉선원을 취급하기 위한 장비의 설치 및 작업 수행에 필요한 공간을 확보할 것

(3) 다음 각목의 1에 해당하는 방사선량이 선량한도 이하가 되도록 필요한 차폐벽이나 차폐물을 설치할 것

가. 사용시설 안 및 분배시설안의 사람이 상시 출입하는 장소에서의 방사선량

나. 사업소의 경계에 인접하는 구역에서의 방사선량

(4) 다음 각목과 같은 작업실을 설치할 것

가. 작업실 내부의 벽·바닥 기타 개봉선원에 의하여 오염될 우려가 있는 부분의 표면은 평탄하고 매끄러우며 빈틈이나 구멍이 없도록 하고, 기체 또는 액체가 침투할 수 없는 내식성이 강한 재료로 할 것

나. 작업실에 설치한 후드·글로브 박스 등 기체상의 방사성동위원소의 확산을 방지하는 장치는 배기설비에 연결시킬 것. 다만, 원자력안전위원회가 정하는 것은 그러하지 아니하다.

(5) 다음 각목의 1에 해당하는 오염검사실을 설치할 것. 다만, 인체 및 작업복·신발 등 인체에 착용하는 물건의 표면이 방사성동위원소에 의하여 오염될 우려가 없도록 밀폐된 장치 안에서 개봉선원을 사용 또는 분배하는 경우와 원자력안전위원회가 정하여 고시하는 경우에는 그러하지 아니하다.

가. 오염검사실은 사람이 상시 출입하는 출입구 부근 등 개봉선원에 의한 오염검사를 실시하기에 가장 적합한 장소에 설치할 것

나. 오염검사실 내부의 벽·바닥 기타 개봉선원에 의하여 오염될 우려가 있는 부분은 제(4)호 가목의 기술기준에 적합한 것으로 할 것

다. 오염검사실에는 세정·탈의설비, 오염검사를 위한 방사선측정기 및 오염제거에 필요한 기재를 갖출 것

(6) 경계에는 울타리 기타 사람의 출입을 제한하는 시설을 할 것. 다만, 방사선량이 선량한도 이하가 되도록 차폐벽이나 차폐물이 설치되어 있는 경우에는 그러하지 아니하다.

(7) 사용시설·분배시설·작업실·오염검사실의 경계에 설치한 울타리 기타 사람의 출입을 제한하는 시설에는 **별표** 10에 의한 표지를 부착할 것

▸ 상기의 규정은 누수의 조사, 곤충의 역학적 조사 또는 원료물질의 생산 공정 중 이동 상황의 조사 등을 위하여 개봉선원을 광범위하게 분산·이동시키는 경우 또는 일시적으로 사용·분배하는 경우에는 이를 적용하지 아니한다.

5) 저장시설

개봉선원 저장시설의 구조 및 설비에 관한 기술기준은 다음 각 호와 같다.

(1) 저장시설의 구조는 다음 각목과 같이 할 것

가. 저장실의 주요구조부 및 출입문은 내화구조로 하거나 불연재료를 사용할 것

나. 저장함은 내화구조로 하거나 불연재료를 사용할 것

(2) 저장시설에는 기술기준에 적합한 차폐벽이나 차폐물을 설치할 것

(3) 저장시설에 비치하는 용기는 다음 각목의 기준에 적합할 것

가. 외부의 공기를 오염시킬 우려가 있는 개봉선원을 넣는 용기는 기밀구조일 것

나. 액체상의 개봉선원을 넣는 용기의 구조는 액체가 누출되지 아니하도록 하고, 그 재료는 액체가 침투할 수 없는 것으로 할 것

다. 액체상 또는 기체상의 개봉선원을 넣는 용기가 균열 또는 파손될 우려가 있는 때에는 밑받이·흡수재 기타 개봉선원에 의한 오염의 확산을 방지하기 위한 시설 또는 기구를 설치할 것

(4) 저장시설의 문·덮개 등 외부로 통하는 부분에는 자물쇠 기타 도난 또는 분실을 방지하기 위한 시설 또는 기구를 설치할 것

(5) 저장시설의 경계에는 울타리 기타 사람의 출입을 제한하는 시설을 설치할 것

(6) 저장실·저장함, 저장시설에 비치하는 용기 및 저장시설의 경계에 설치하는 울타리 기타 사람의 출입을 제한하는 시설에는 **별표** 10에 의한 표지를 부착할 것

6) 보관시설

개봉선원 및 그에 의하여 오염된 물질의 보관시설의 구조 및 설비에 관한 기술기준은 다음 각 호와 같다.

(1) 주요구조 부를 내화구조로 하거나 불연재료로 할 것

(2) 기술기준에 적합한 차폐벽이나 차폐물을 설치할 것

(3) 다음 각목의 기준에 적합한 보관설비를 갖출 것
  가. 외부와 구획된 구조로 할 것
  나. 문·덮개 등 외부로 통하는 부분에는 자물쇠 기타 도난 또는 분실을 방지하기 위한 설비 또는 기구를 설치할 것
  다. 저장시설에 비치하는 용기의 기술기준에 적합한 용기를 비치할 것. 다만, 방사성동 위원소에 의하여 오염된 대형기계 등으로서 용기에 넣기가 곤란하여 오염확산을 방지하기 위한 조치를 취한 경우에는 그러하지 아니하다.
(4) 보관설비, 저장시설에 비치하는 용기 기타 사람의 출입을 제한하는 시설에는 별표 10에 의한 표지를 부착할 것

7) 처리시설

개봉선원 및 그에 의하여 오염된 물질의 처리시설의 구조 및 설비에 관한 기술기준은 다음 각 호와 같다.
(1) 주요구조 부를 내화구조 또는 불연재료로 할 것
(2) 기술기준에 적합한 차폐벽이나 차폐물을 설치할 것
(3) 방사성동위원소 및 그에 의하여 오염된 물질을 소각하는 경우에는 원자력안전위원회가 정하여 고시하는 바에 따라 소각설비를 설치할 것
(4) 방사성동위원소 및 그에 의하여 오염된 물질을 콘크리트 기타 고형화 재료에 의하여 고형화하는 경우에는 다음 각목에 정하는 바에 따라 고형화처리 설비를 설치하는 외에 오염검사실 및 기준에 적합한 배기설비를 설치할 것
  가. 고형화처리 설비는 방사성동위원소 및 그에 의하여 오염된 물질이 누설되거나 넘쳐흐르지 아니하고 분진이 확산되지 아니하는 구조로 할 것
  나. 고형화처리 설비는 액체가 침투하지 아니하고 부식에 강한 재료로 할 것
(5) 소각로·오염검사실 기타 사람의 출입을 제한하는 시설에는 별표 10에 의한 표지를 부착할 것

8) 배출시설

개봉선원 및 그에 의하여 오염된 물질의 배출시설의 구조 및 설비에 관한 기술기준은 다음 각 호와 같다.
(1) 주요구조 부를 내화구조 또는 불연재료로 할 것
(2) 기술기준에 적합한 차폐벽이나 차폐물을 설치할 것
(3) 액체상의 방사성동위원소를 정화하거나 배출하는 경우에는 다음 각목에 정하는 바에 따라 배수설비를 설치할 것. 다만, **위원회가 정하여 고시**하는 경우에는 그러하지 아니하다.
  가. 배수설비는 배수구에서 채취한 배출액의 방사성동위원소 농도를 배출관리기준의 제한값 이하로 하는 능력을 갖추도록 할 것. 다만, 배수구에서의 배수중 방사성동위원소의 농도를 배출관리기준의 제한값 이하로 하기가 곤란한 경우로서 배수중 방사성동위원소의 농도를 감시하기 위한 배수감시설비를 하고 사업소의 경계외부에서의 수중 방사성동위

원소의 농도를 배출관리기준의 제한값 이하로 하는 경우에는 그러하지 아니하다.

나. 배수설비의 구조는 배출액이 누설되지 아니하도록 하고, 그 재료는 배출액이 침투할 수 없고 내식성이 강한 것으로 할 것

다. 배수정화조는 배출액을 채취하여 배출액의 방사성동위원소 농도를 쉽게 측정할 수 있도록 이를 설치하고, 그 주위에는 울타리 등 사람의 출입을 제한하는 시설을 설치 할 것

(4) 기체상의 방사성동위원소를 정화하거나 배출하는 경우에는 다음 각목에 정하는 바에 따라 배기설비를 설치할 것. 다만, **위원회가 정하여 고시**하는 경우에는 그러하지 아니하다.

가. 배기설비는 작업실안의 사람이 상시 출입하는 장소에서의 공기중 방사성동위원소의 농도를 유도공기중농도 이하로 하는 능력을 갖출 것

나. 배기설비는 배기구의 배기 중 방사성동위원소 농도를 배출관리기준의 제한 값 이하로 하는 능력을 갖출 것. 다만, 배기구에서의 배기중 방사성동위원소의 농도를 배출관리기준의 제한 값 이하로 하기가 곤란한 경우로서 배기중 방사성동위원소의 농도를 감시하기 위한 배기감시설비를 하고 사업소 등의 경계외부에서의 공기 중 방사성동위원소 농도를 배출관리기준의 제한값 이하로 하는 경우에는 그러하지 아니하다.

다. 배기설비의 구조는 배기구 외로 기체가 누설되지 아니하도록 하고, 그 재료는 내식성이 강한 것으로 할 것

라. 배기설비에는 고장이 발생한 경우 방사성동위원소에 의하여 오염된 공기의 확산을 신속히 방지할 수 있는 장치를 할 것

(5) 배수설비·배기설비와 기타 사람의 출입을 제한하는 시설에는 별표 10에 의한 표지를 부착할 것

▸ **위원회가 정하여 고시 : 배출시설을 요하지 아니하는 경우**

방사선규칙에서 배수설비 및 배기설비의 설치를 요하지 아니하는 경우란 90-Sr 및 알파입자를 방출하는 동위원소를 제외한 방사성동위원소로서 규정의 수량을 초과하지 아니하고 다음 각호에 해당하는 것을 말한다.

가. 별표 5의 제2란의 해당 방사성핵종에 대하여 제3란에 규정된 수량의 10,000배 이하의 양을 사용하고 배출물의 방사능이 충분히 감쇠될만한 기간 동안 보관한 다음 다량의 물로 희석하여 배출할 때

나. 별표 5의 제2란의 해당 방사성핵종에 대하여 제3란에 규정된 수량의 100배 이하의 양을 사용하고 후드 안의 공기가 작업실로 거꾸로 유출하지 아니하는 후드 및 적절한 용량의 보관용기를 설비하였을 때

다. (가)호와 같은 양의 방사성동위원소를 사용하고 후드의 창을 열었을 때의 공기유입속도가 매분당 15미터 이상인 후드를 마련하였을 때

▸ 개봉선원의 보안관리 시설 등

개봉선원 생산시설 및 사용시설 등에는 원자력안전위원회가 정하여 고시하는 바에 따라 도난·분실 등을 방지하기 위한 방범·보안관리 시설 등을 설치하여야 한다.

※ 방사성동위원소 보안관리에 관한 규정(위원회 고시)

1) 목적

「원자력안전법」 및 「방사선 안전관리 등의 기술기준에 관한 규칙」에 따라 허가사용자가 준수하여야 하는 방사성동위원소의 보안관리에 관한 사항을 정함을 목적으로 한다.

2) 적용대상

(1) 방사성동위원소의 방사능이 별표의 2등급 이상인 경우에 적용한다. 다만, 사용이 종료된 방사성동위원소의 보안 관리는 방사성동위원소의 등급에 관계없이 적용한다.

(2) 「원자력시설 등의 방호 및 방사능방재 대책법」에 따라 물리적방호의 대상이 되는 핵물질 및 원자력시설에는 이 규정을 적용하지 아니한다.

3) 방사성동위원소 등급

(1) 방사성동위원소의 등급은 핵종과 방사능에 따라 별표에서 정한 바에 따른다.

(2) 원자력안전위원회(이하 "위원회"라 한다)는 방사성동위원소의 물리적·화학적 특성, 차폐특성 및 사고 이력 등을 고려하여 방사성동위원소의 등급을 조정할 수 있다.

4) 보안관리계획

허가사용자는 보안관리 요건을 체계적으로 준수할 수 있도록 다음 각 호의 사항이 포함된 보안관리계획을 수립하고 이행하여야 한다.

(1) 보안관리 조직 및 그 기능에 관한 사항
(2) 보안관리책임자의 권한, 책임 및 직무수행에 관한 사항
(3) 방사성동위원소의 핵종, 방사능 및 물리적·화학적 형태 등에 관한 사항
(4) 방사성동위원소 등급에 관한 사항
(5) 보안관리구역의 설정에 관한 사항
(6) 접근 통제에 관한 사항
(7) 탐지 및 확인 조치에 관한 사항
(8) 지연에 관한 사항
(9) 대응 및 보고 등에 관한 사항
(10) 정보 보호에 관한 사항
(11) 보안관리계획의 주기적인 유효성 검토 및 개정에 관한 사항
(12) 그 밖에 보안관리에 필요한 사항

▸ 보안관리계획은 방사선 안전에 미치는 영향이 없도록 수립되어야 하며 이를 위하여 방사선안전관리자의 확인을 받아야 한다.

▸ 작업장에 방사성동위원소를 저장하는 경우에는 방사선투과검사를 의뢰한 발주자의 책임과 역할을 보안관리계획에 포함하여야 한다.

5) 보안관리구역의 설정

허가사용자는 불법이전 또는 사보타주를 방지하기 위하여 보안관리조치를 수행하는 구역(이하 "보안관리구역"이라 한다)을 설정하여야 한다. 다만, 보안관리책임자 또는 단독접근자가 참여하여 일시적으로 방사성동위원소를 취급하는 장소에 대해서는 보안관리구역을 설정하지 아니할 수 있다.

6) 접근 통제

(1) 허가사용자는 보안관리구역에 물리적 접근 통제 수단을 확보하고, 접근 통제절차를 수립·이행하여야 한다.

(2) 접근 통제 절차에는 다음 각 호의 사항이 포함되어야 한다.

① 단독접근자의 지명에 관한 사항

② 동반접근자의 신분확인 관한 사항

③ 단독접근자 또는 동반접근자의 출입 기록 보존에 관한 사항

7) 탐지 및 확인

허가사용자는 보안관리구역에 대한 불법 침입의 탐지 및 확인을 위하여 다음 각 호의 조치를 취해야한다.

(1) 침입탐지시스템 또는 보안관리 인력 배치

(2) 방사성동위원소의 이상 유무의 주기적 확인

8) 지연

허가사용자는 불법 침입의 발생을 탐지한 경우 대응 시간 확보를 위한 복수의 잠금 장치 또는 다중 보안설비 등과 같은 시설 또는 기구를 설치하여야 한다.

9) 대응 및 보고 등

(1) 허가사용자는 불법이전 또는 사보타주가 발생하였거나 발생할 우려가 있는 경우 대응조치를 하고, 그 사실을 경찰관서에 신고하고 위원회에 보고하여야 한다.

(2) 허가사용자는 보안관리계획을 이행하는 사람에게 보안관리계획의 내용을 숙지하고 대응 및 보고 등의 조치를 이행하는데 필요한 충분한 정보를 제공하여야 한다.

10) 정보 보호

허가사용자는 다음 각 호의 사항이 업무상 목적과 관계없는 외부로 노출되지 않도록 안전하게 관리하여야 한다.

(1) 보안관리계획

(2) 단독접근자 명단

(3) 그 밖에 보안관리를 위해 필요하다고 판단하는 정보

11) 운반보안

허가사용자는 규정에 따른 1등급 또는 2등급 방사성동위원소를 운반하는 경우에는 다음 각 호의 조치를 취해야 한다.

(1) 운반하는 방사성동위원소의 물리적·화학적 특성, 운반수단 및 운반용기 등을 고려하여 보안관리계획[보안관리구역의 설정에 관한 사항(제5조 제5호)에 따른 보안관리구역 설정은 제외한다]을 수립할 것. 다만, 「원자력안전법」 규정에 따라 수립한 비상대응계획서에 그 내용이 반영된 경우에는 그러하지 아니하다.

(2) 정기적인 운반일정 및 운반경로를 피할 것

(3) 운반경로를 설정할 때에는 만일의 사태를 대비한 대안 경로를 확보할 것

(4) 운반에 소요되는 총 시간, 운반 수단의 변경 및 그에 따른 시간의 지체를 최소화할 것

(5) 운반물 및 운반수단을 보호하기 위한 상시 감시를 수행할 것

(6) 운반물을 일시적으로 보관하는 경우 보안관리구역의 설정, 접근통제, 탐지 및 확인에서 정한 보안조치에 준하는 조치를 취할 것

(7) 운반 중인 방사성동위원소의 위치를 확인할 수 있는 조치를 취할 것

(8) 방사선투과검사용 감마선조사장치에는 한국원자력안전기술원의 장이 지급한 위치 추적장치를 장착·가동할 것. 이 경우 방사선투과검사용 감마선조사장치는 (7)에 따른 조치를 취한 것으로 본다.

(9) 운반명세서 및 운반신고 등의 운반 관련 정보에 대한 보안을 유지할 것

12) 사용이 종료된 방사성동위원소의 보안관리

사용이 종료된 밀봉된 방사성동위원소를 보관시설 내에 보관할 경우에는 보관기간은 사용종료일로부터 2년 이내로 한다. 다만, 방사선투과검사용 이리듐-192(Ir-192)의 경우에는 보관기간을 취득일로부터 5년 이내로 한다.

13) 수출요건 확인

(1) 1등급 또는 2등급 방사성동위원소를 수출하려는 허가사용자는 별지 제1호 서식의 방사성동위원소 수출요건 확인 신청서를 위원회에 제출하여야 한다. 다만, 2등급 방사성동위원소를 동일한 자에게 반복적으로 수출하는 수출요건에 대하여 확인을 받은 경우에는 1년간 이를 생략할 수 있다.

(2) 위원회는 방사성동위원소 수출요건 확인 신청에 대하여 적합성 여부를 확인하고 그 결과를 허가사용자에게 통보하여야 한다.

(3) 1등급 방사성동위원소의 수출요건 확인 신청에 대하여는 방사성동위원소를 수입하려는 국가의 관련 규제당국의 수입 동의를 얻은 후 허가사용자에게 수출요건이 확인되었음을 통보하여야 한다. 다만, 위원회는 국제원자력기구의 「방사선원 안전 및 보안에 관한 행위 준칙(Code of Conduct on the Safety and Security of Radioactive Sources)」 및 그 부속서인 「방사선원 안전 및 보안에 관한 행위 준칙: 방사선원 수출입 지침(Code of

Conduct on the Safety and Security of Radioactive Sources: Guidance on the Import and Export of Radioactive Sources)」에 대한 이행의사를 표명하지 않은 국가에 1등급 방사성동위원소를 수출하기 위한 수출요건 확인 신청에 대해서는 수입국의 동의를 얻지 않고 수출요건 확인을 허가사용자에게 통보할 수 있다.

(4) 수출요건 확인을 받은 허가사용자는 방사성동위원소를 선적하기 전까지 별지 제2호 서식의 사전통지서 2부를 작성하여 1부는 위원회에 제출하고 1부는 해당 방사성동위원소를 수입하려는 국가의 관련 규제당국에 제출할 수 있도록 수입하려는 자에게 송부하여야 한다.

[별 표]

방사성동위원소 등급별 최소 방사능

제1란	제2란	제3란	제4란	제5란
핵종	1등급 (D×1,000)	2등급 (D×10)	3등급 (D)	4등급 (D×0.01)
	TBq	TBq	TBq	TBq
Am-241	6.E+01	6.E-01	6.E-02	6.E-04
Am-241/Be	6.E+01	6.E-01	6.E-02	6.E-04
Au-198	2.E+02	2.E+00	2.E-01	2.E-03
Cd-109	2.E+04	2.E+02	2.E+01	2.E-01
Cf-252	2.E+01	2.E-01	2.E-02	2.E-04
Cm-244	5.E+01	5.E-01	5.E-02	5.E-04
Co-57	7.E+02	7.E+00	7.E-01	7.E-03
Co-60	3.E+01	3.E-01	3.E-02	3.E-04
Cs-137	1.E+02	1.E+00	1.E-01	1.E-03
Fe-55	8.E+05	8.E+03	8.E+02	8.E+00
Gd-153	1.E+03	1.E+01	1.E+00	1.E-02
Ge-68	7.E+01	7.E-01	7.E-02	7.E-04
H-3	2.E+06	2.E+04	2.E+03	2.E+01
I-125	2.E+02	2.E+00	2.E-01	2.E-03
I-131	2.E+02	2.E+00	2.E-01	2.E-03
Ir-192	8.E+01	8.E-01	8.E-02	8.E-04
Kr-85	3.E+04	3.E+02	3.E+01	3.E-01
Mo-99	3.E+02	3.E+00	3.E-01	3.E-03
Ni-63	6.E+04	6.E+02	6.E+01	6.E-01
P-32	1.E+04	1.E+02	1.E+01	1.E-01
Pd-103	9.E+04	9.E+02	9.E+01	9.E-01
Pm-147	4.E+04	4.E+02	4.E+01	4.E-01
Po-210	6.E+01	6.E-01	6.E-02	6.E-04
Pu-238	6.E+01	6.E-01	6.E-02	6.E-04
Pu-239/Be	6.E+01	6.E-01	6.E-02	6.E-04
Ra-226	4.E+01	4.E-01	4.E-02	4.E-04
Ru-106(Rh-106)	3.E+02	3.E+00	3.E-01	3.E-03
Se-75	2.E+02	2.E+00	2.E-01	2.E-03
Sr-90(Y-90)	1.E+03	1.E+01	1.E+00	1.E-02
Tc-99m	7.E+02	7.E+00	7.E-01	7.E-03
Tl-204	2.E+04	2.E+02	2.E+01	2.E-01
Tm-170	2.E+04	2.E+02	2.E+01	2.E-01
Yb-169	3.E+02	3.E+00	3.E-01	3.E-03

방사성동위원소 등급결정 방법 및 유의사항 등

(1) 방사성동위원소의 등급은 다음과 같이 결정한다.

가. 해당 방사성핵종의 제4란의 D값에 대한 방사능(A)의 비(A/D)가 1,000 이상으로서 제2란의 방사능 이상은 1등급을 적용한다.

나. 해당 방사성핵종의 제4란의 D값에 대한 방사능의 비가 10 이상 및 1,000 미만으로서 제3란의 방사능 이상은 2등급을 적용한다.

다. 해당 방사성핵종의 제4란의 D값에 대한 방사능의 비가 1 이상 및 10 미만으로서 제4란의 방사능 이상은 3등급을 적용한다.

라. 해당 방사성핵종의 제4란의 D값에 대한 방사능의 비가 0.01 이상 및 1 미만으로서 제5란의 방사능 이상은 4등급을 적용한다.

마. 해당 방사성핵종의 제4란의 D값에 대한 방사능의 비가 0.01 미만이면서 원자력안전위원회 고시 「방사선 방호 등에 관한 기준」 별표에서 정하는 방사성핵종별 규제면제 방사능 이상은 5등급을 적용한다.

바. 방사성동위원소의 등급을 결정하기 위한 방사능(A)은 보안관리계획의 최초 수립 및 보안관리계획의 유효성을 재평가하는 시점에서의 방사능을 산정하여 적용한다.

※ D값: 방사성동위원소가 적절하게 관리되지 않을 경우 심각한 결정적 영향을 초래할 잠재적 위험이 있는 방사능

(2) 다수의 동일한 방사성핵종 또는 2종 이상의 방사성핵종이 작업장 내에 동시에 존재할 경우 방사성동위원소의 등급은 아래와 같이 결정한다.

가. n개의 방사성 핵종이 각각 i개 있는 경우, D값에 대한 방사능비의 총합을 아래의 식과 같이 산출한다.

$$\sum_{n}\frac{\sum_{i}A_{i,n}}{D_{n}} = \sum iA_{i,1}/D_{1} + \sum iA_{i,2}/D_{2} + \ldots \ \ldots + \sum iA_{i,n}/D_{n}$$

· $A_{i,n}$: 방사성핵종 n에 대한 각 개별 방사선원 i의 방사능 [단위: TBq]

· D_n: 방사성핵종 n의 D값 [단위: TBq]

나. 위와 같이 산출한 D값에 대한 방사능비의 총합에 따른 등급은 제1호의 방법을 동일하게 적용하여 결정한다.

다. (예시) Kr-85 핵종 300 TBq와 Ni-63 핵종 60 TBq를 동일 시설에서 사용할 경우, 각 핵종의 위험수량에 대한 방사능의 비의 총 합은 11 [(300 TBq/30 TBq) + (60 TBq/60 TBq)] 이므로 2등급을 적용한다.

(3) 별표에 해당하지 않은 방사성핵종의 경우 IAEA EPR D-Values에 명시된 D값을 적용한다.

2. 밀봉선원

1) 적용범위

방사성동위원소 중 밀봉된 것(이하 "밀봉선원"이라 한다)에 관한 생산시설 및 사용시설 등의 위치·구조 및 설비에 관한 기술기준은 아래의 규정을 적용한다.

2) 밀봉선원의 생산시설

- 밀봉선원의 생산시설은 비상시 생산시설 안에 들어가 있는 사람이 신속히 탈출할 수 있는 구조로 하고, 반입구·비상구 등 사람이 상시 출입하지 아니하는 출입구의 문은 외부로부터 개폐할 수 없도록 하여야 한다.
- 밀봉선원 생산시설의 구조 및 설비에 관한 기술기준에 관하여 상기 규정에 없는 사항은 개봉선원 생산시설의 설치(위치)기준과 개봉선원 생산시설의 구조 및 설비에 관한 기술기준 (1), (2), (5), (7)호의 규정을 준용한다. 이 경우 "개봉선원"은 "밀봉선원"으로 본다.

3) 사용시설 등의 위치

화재·침수 또는 지반붕괴의 우려가 적은 장소에 이를 설치하여야 한다.

4) 사용시설 및 분배시설

- 밀봉선원의 사용시설 및 분배시설의 구조 및 설비에 관한 기술기준은 다음 각 호와 같다.
  (1) 주요구조 부는 내화구조로 하거나 불연재료를 사용할 것
  (2) 다음 각목의 1에 해당하는 방사선량이 선량한도 이하가 되도록 필요한 차폐벽이나 차폐물을 설치할 것
    가. 사람이 상시 출입하는 장소에서의 방사선량
    나. 사업소의 경계에 인접하는 구역에서의 방사선량
  (3) 111테라베크렐 이상의 밀봉선원을 사용 또는 분배하는 때에는 다음 각목의 시설을 갖출 것
    가. 출입구에 밀봉선원의 사용 또는 분배중임을 자동적으로 표시하는 장치를 설치할 것
    나. 밀봉선원의 사용 또는 분배여부에 따라 출입구가 개폐되는 연동장치를 할 것
    다. 내부를 상시 감시할 수 있는 장치를 할 것
    라. 사람의 출입을 제한하는 장치를 할 것
  (4) 시설의 경계에는 울타리 등 사람의 출입을 제한하는 시설을 하고 별표 10에 의한 표지를 부착할 것. 다만, 방사선량이 선량한도 이하가 되도록 하는 데 필요한 차폐벽이나 차폐물이 설치되어 있는 경우에는 그러하지 아니하다.
  (5) 비상시 사용시설 또는 분배시설 안에 들어있는 사람이 신속히 탈출할 수 있는 구조로 하고, 반입구·비상구 등 사람이 상시 출입하지 아니하는 출입구의 문을 외부로부터 개폐할 수 없도록 할 것
- 상기 (1)·(2)·(3) 및 (5)호의 규정은 밀봉선원을 수시로 이동시켜 사용 또는 분배하는 경우에는 이를 적용하지 아니한다.

5) 저장시설

밀봉선원의 저장시설의 구조 및 설비에 관한 기술기준은 다음 각 호와 같다.

(1) 저장시설의 구조는 다음 각목과 같이 할 것

가. 저장실의 주요 구조부 및 출입문은 내화구조로 하거나 불연재료로 할 것

나. 저장함은 내화구조로 하거나 불연재료로 할 것

(2) 기술기준에 적합한 차폐벽이나 차폐물을 설치할 것

(3) 문·덮개 등 외부로 통하는 부분에는 자물쇠 기타 도난 또는 분실을 방지하기 위한 시설 또는 기구를 설치할 것

(4) 시설의 경계에는 울타리 기타 사람의 출입을 제한하는 시설을 설치할 것

(5) 저장실·저장함 및 저장시설의 경계에 설치하는 울타리 등에는 **별표** 10에 의한 표지를 부착할 것

6) 보관시설

폐기하는 밀봉선원의 보관시설의 구조 및 설비에 관한 기술기준은 다음 각 호와 같다.

(1) 내화구조로 하거나 불연재료로 할 것

(2) 외부와 구획된 구조로 할 것

(3) 문·덮개 등 외부로 통하는 부분에는 자물쇠 기타 도난 또는 분실을 방지하기 위한 설비 또는 기구를 설치할 것

(4) 기술기준에 적합한 차폐벽이나 차폐물을 설치할 것

(5) 시설의 경계에는 **별표** 10에 의한 표지를 부착하고 울타리 기타 사람의 출입을 제한하는 시설을 설치할 것

▸ 밀봉선원의 보안관리 시설등

원자력안전위원회가 정하는 수량 이상의 밀봉선원 생산시설 및 사용시설 등에는 원자력안전위원회가 정하여 고시하는 바에 따라 보안관리 시설 또는 설비를 설치하여야 한다.

3. 방사선발생장치

1) 적용범위

방사선발생장치의 생산시설 및 사용·보관시설의 위치·구조 및 설비에 관한 기술기준은 아래의 규정을 적용한다.

2) 방사선발생장치의 생산시설

개봉선원 생산시설의 설치(위치) 기준과, 개봉선원 생산시설의 구조 및 설비에 관한 기술기준 (2)·(6) 및 (7)호의 규정을 방사선발생장치 생산시설의 구조 및 설비에 관한 기술기준에 이를 준용한다. 이 경우 “개봉선원”은 “방사선발생장치”로 본다.

3) 사용·보관시설의 위치

방사선발생장치의 사용·보관시설은 화재·침수 또는 지반붕괴의 우려가 적은장소에 설치하여야 한다. 다만, 시설 내에 방사성물질에 의한 오염이나 방사성물질의 외부 누설의 우려가 없는 시설의 경우 「건축법」 제11조 및 「소방시설 설치 및 관리에 관한 법률」 제12조에서 정한 요건을 충족하면 본문의 기준에 부합하는 것으로 본다.

4) 사용시설

▸ 방사선발생장치의 사용시설의 구조 및 설비에 관한 기술기준은 다음 각 호와 같다.

(1) 사용시설에는 다음 각목의 1에 해당하는 방사선량이 선량한도 이하가 되도록 필요한 차폐벽이나 차폐물을 설치할 것

가. 사용시설안의 사람이 상시 출입하는 장소에서의 방사선량

나. 사업소의 경계에 인접하는 구역에서의 방사선량

(2) 방사선발생장치를 사용하는 때에는 그 사용시설의 출입구에 방사선발생장치의 사용 중임을 자동적으로 표시하는 장치와 사람의 출입을 제한하는 장치를 할 것

(3) 방사선발생장치를 사용하는 때에는 방사선발생장치의 사용여부에 따라 사용시설의 출입구가 개폐되는 연동장치를 할 것

(4) 시설의 경계에는 울타리 기타 사람의 출입을 제한하는 시설을 할 것. 다만, 제(1)호 가목에 해당하는 방사선량이 선량한도 이하가 되도록 하는 데 필요한 차폐벽이나 차폐물이 설치되어 있는 경우에는 그러하지 아니하다.

(5) 사용시설 및 사용시설의 경계에 설치한 울타리 기타 사람의 출입을 제한하는 시설에는 **별표 10**에 의한 표지를 부착할 것

(6) 비상시 사용시설 안에 들어있는 사람이 신속히 탈출할 수 있는 구조로 하고, 반입구·비상구 등 사람이 상시 출입하지 아니하는 출입구의 문을 외부로부터 개폐할 수 없도록 할 것

▸ 상기 (1)·(2) 및 (6)호의 규정은 방사선발생장치를 수시로 이동시켜 사용하는 경우에는 이를 적용하지 아니한다.

5) 보관시설

방사선발생장치 보관시설의 구조 및 설비에 관한 기술기준은 다음 각 호와 같다.

(1) 문·덮개 등 외부로 통하는 부분에는 자물쇠 기타 도난·분실을 방지하기 위한 시설 또는 기구를 설치할 것

(2) 출입문에는 눈에 띄기 쉬운 곳에 방사선장해방지에 필요한 주의사항을 게시할 것

10-2. 방사성동위원소 및 방사선발생장치의 취급기준

1. 개봉선원

1) 적용범위

방사성동위원소중 개봉선원의 생산 및 개봉선원 또는 그에 의하여 오염된 물질의 사용·분배·저장·운반·보관·처리 또는 배출에 관한 기술기준은 아래의 규정을 적용한다.

2) 생산

개봉선원의 생산에 관한 기술기준은 다음 각 호와 같다.

(1) 다음 각목에 해당하는 조치를 함으로써 방사선작업종사자 또는 수시출입자의 피폭방사선량이 선량한도를 초과하지 아니하도록 할 것

가. 차폐벽이나 차폐물에 의하여 방사선을 차폐할 것

나. 원격조작장치·집게 등을 사용하여 개봉선원과 인체 사이에 적당한 거리를 확보하고 차폐물을 이용하도록 할 것

다. 면밀한 작업계획 및 숙달·훈련 등을 통하여 인체에 방사선이 피폭되는 시간을 단축할 것

(2) 생산시설 안의 사람이 상시 출입하는 장소에서 사람이 호흡하는 공기중 방사성동위원소의 농도는 방사성동위원소에 의하여 오염된 공기를 정화하거나 배기함으로써 유도공기중농도를 초과하지 아니하도록 할 것

(3) 생산시설 안의 사람이 접촉하는 물건표면의 방사성동위원소의 오염도가 허용표면오염도를 초과하지 아니하도록 할 것

(4) 생산시설 안에서는 작업복·신발·보호구 등을 착용하되, 이를 착용한 채 작업실을 나가지 아니하도록 할 것

(5) 생산시설을 나갈 때에는 인체에 착용하고 있는 물건표면에 대하여 방사성동위원소에 의한 오염상태를 검사하고 그 오염을 제거할 것

(6) 생산시설에는 눈에 띄기 쉬운 장소에 방사선장해방지에 필요한 주의사항을 게시할 것

3) 사용 및 분배

개봉선원의 사용 또는 분배에 관한 기술기준은 다음 각 호와 같다.

(1) 사용시설 또는 작업실에서 사용·분배할 것

(2) 다음 각목에 해당하는 조치를 함으로써 방사선작업종사자 또는 수시 출입자의 피폭방사선량이 선량한도를 초과하지 아니하도록 할 것

가. 차폐벽이나 차폐물에 의하여 방사선을 차폐할 것

나. 원격조작장치·집게 등을 사용하여 개봉선원과 인체 사이에 적당한 거리를 확보하고 차폐물을 이용하도록 할 것

다. 면밀한 작업계획 및 숙달·훈련 등을 통하여 인체에 방사선이 피폭되는 시간을 단축할 것

(3) 작업실 안의 사람이 상시 출입하는 장소에서 사람이 호흡하는 공기중 방사성동위원소의 농도는 방사성동위원소에 의하여 오염된 공기를 정화하거나 배기함으로써 유도공기 중 농도를 초과하지 아니하도록 할 것
(4) 작업실 또는 오염검사실안의 사람이 접촉하는 물건표면의 방사성동위원소의 오염도가 허용표면오염도를 초과하지 아니하도록 할 것
(5) 작업실 안에서는 작업복·신발·보호구 등을 착용하되, 이를 착용한 채 작업실을 나가지 아니하도록 할 것
(6) 작업실을 나갈 때에는 인체 및 작업복·신발·보호구 등 인체에 착용하고 있는 물건 표면에 대하여 방사성동위원소에 의한 오염상태를 검사하고 그 오염을 제거할 것
(7) 사용 또는 분배시설에는 눈에 띄기 쉬운 장소에 방사선장해방지에 필요한 주의 사항을 게시할 것

4) 저장

개봉선원의 저장에 관한 기술기준은 다음 각 호와 같다.
(1) 용기에 넣어 저장시설에 저장할 것
(2) 저장시설의 저장능력을 초과하여 저장하지 아니할 것
(3) 방사선작업종사자 또는 수시출입자의 피폭방사선량이 선량한도를 초과하지 아니 하도록 할 것
(4) 저장함은 개봉선원의 보관 중에는 그 운반을 제한하도록 할 것
(5) 저장시설안의 사람이 호흡하는 공기중 방사성동위원소의 농도가 유도공기중 농도를 초과하지 아니하도록 할 것
(6) 저장시설안의 사람이 접촉하는 물건표면의 방사성동위원소의 오염도가 허용표면오염도를 초과하지 아니하도록 다음 각목의 조치를 할 것
  가. 액체상의 방사성동위원소는 액체가 흘러넘치지 아니하는 구조 및 액체가 침투할 수 없는 재료로 된 용기에 넣을 것
  나. 액체상의 방사성동위원소를 넣은 용기가 균열 또는 파손될 우려가 있는 경우에는 밑받이·흡수재 기타 시설 또는 기구를 사용하여 방사성동위원소에 의한 오염의 확산을 방지할 것
(7) 방사선관리구역에는 사람의 출입을 제한하는 조치를 할 것

5) 운반

▸ 개봉선원 및 그에 의하여 오염된 물질을 사업소 안에서 운반하는 경우의 기술기준은 다음 각 호와 같다.
(1) 용기에 봉입하여 운반할 것. 다만, 다음 각목의 조치를 하는 경우에는 그러하지 아니하다.
  가. 방사성동위원소에 의하여 오염된 것(당해 물질에 함유된 방사성동위원소의 농도가 허용표면오염도를 초과하지 아니하는 것에 한한다)으로서 방사성동위원소의 확산 또는 누설

의 방지조치를 하거나 기타 원자력안전위원회가 정하여 고시하는 방사선장해 방지를 위한 조치를 하여 운반하는 경우

나. 방사성동위원소에 의하여 오염된 것으로서 대형기계 등 용기에 넣어 운반하기 어려운 것을 원자력안전위원회의 승인을 얻어 운반하는 경우

(2) 방사성동위원소 및 그에 의하여 오염된 물질을 넣은 용기[제(1)호 가목 또는 나목의 규정에 의한 방사성동위원소에 의하여 오염된 것을 포함하며, 이하 이 조에서"운반물"이라 한다] 및 이를 적재하는 차량이나 방사성동위원소 및 그에 의하여 오염된 물질을 운반하는 기계·기구(이하 이 조에서 "차량 등"이라 한다)의 표면으로부터 10센티미터 및 차량의 외부표면으로부터 2미터 떨어진 위치의 방사선량률이 각각 원자력안전위원회가 정하여 고시하는 방사선량률을 초과하지 아니하도록 하고 운반물표면의 방사성동위원소의 오염도가 허용표면오염도를 초과하지 아니하도록 할 것

(3) 운반물을 차량 등에 실을 때에는 운반 중에 이동·전도 또는 전락 등에 의하여 운반물의 안전성이 손상되지 아니하도록 할 것

(4) 동일한 차량 등에 위험물과 운반물을 혼재하지 아니하도록 할 것

(5) 운반물의 운반경로에는 표지를 설치하거나 감시인을 배치하는 등의 방법으로 운반에 종사하지 아니하는 자와 운반에 사용되지 아니하는 차량 등의 출입을 제한할 것

(6) 운반물을 운반하는 차량 등은 서행하도록 할 것

(7) 방사성동위원소의 취급에 관하여 지식과 경험을 갖춘 자를 동행하게 하거나 방사선장해방지를 위하여 필요한 감독을 하도록 할 것

(8) 운반물 및 차량 등에는 눈에 띄기 쉬운 곳에 별표 10에 의한 표지를 부착할 것

(9) 방사선작업종사자 외의 사람이 운반물의 운반에 종사하는 경우에는 그의 피폭방사선량이 선량한도를 초과하지 아니하도록 할 것

(10) 용기 밖의 운반물 등을 오염시킬 우려가 있는 방사성동위원소 및 그에 의하여 오염된 물질은 기밀구조의 용기에 넣어 운반할 것

(11) 액체상태의 방사성동위원소 및 그에 의하여 오염된 물질은 그 액체의 침투나 부식이 잘 되지 아니하는 재료로 만들어지고 전복되기 어려운 구조로 된 용기에 넣어 운반할 것

- 상기규정 (3)호의 조치의 전부 또는 일부를 하기가 곤란한 경우에는 원자력안전위원회의 승인을 얻은 조치로 이를 갈음할 수 있다. 이 경우 당해 운반물의 표면으로부터 10센티미터 및 2미터 떨어진 위치의 방사선량률은 각각 원자력안전위원회가 정하여 고시하는 방사선량률을 초과하여서는 아니 된다.
- 상기 (1)·(2)·(5) 내지 (8)호의 규정은 방사선관리구역 안에서의 운반에 관하여는 이를 적용하지 아니한다.
- 상기 규정은 방사성동위원소 및 그에 의하여 오염된 물질을 사용시설 등의 안에서 운반하는 경우와 운반시간이 짧고 방사선장해의 우려가 없는 경우에는 이를 적용하지 아니한다.

6) 보관·처리 및 배출

사업소 안에서 방사성동위원소 또는 그에 의하여 오염된 물질을 보관·처리 및 배출하는 경우에는 다음 각 호의 기술기준에 따르는 외에 개봉선원의 사용 또는 분배에 관한 기술기준(제37조, 단 제1호를 제외한다)의 규정을 준용한다. 이 경우 "사용 또는 분배시설"은 "보관·처리 및 배출시설"로 본다.

(1) 기체상의 방사성동위원소 또는 그에 의하여 오염된 물질은 이를 배기설비로 정화하거나 배출할 것

(2) 제(1)호의 방법으로 배출하는 경우에는 배기설비의 배기구에서의 배기중 방사성동위원소의 농도를 배출관리기준의 제한값 이하로 할 것. 다만, 고형화처리 설비에 액체가 침투하지 아니하고 부식에 강한 재료를 사용한 경우에는 그러하지 아니하다.

(3) 배기설비에 부착한 방사성동위원소를 제거하는 때에는 깔개·밑받이 또는 흡수재 기타 방사성동위원소에 의한 오염의 확산을 방지하기 위한 시설·기구 및 보호구를 사용할 것

(4) 액체상의 방사성동위원소 또는 그에 의하여 오염된 물질은 다음 각목의 1의 방법으로 보관·처리 또는 배출할 것

가. 배수설비로 정화하거나 배출할 것

나. 용기에 넣거나 고형화처리 설비 안에서 콘크리트 기타 고형화 재료로 고형화하여 보관할 것

다. 방사선장해방지를 위하여 원자력안전위원회가 정하여 고시하는 기준에 따라 소각할 것

(5) 제(4)호 가목의 방법으로 배출하는 경우에는 배수설비의 배수구에 있어서의 배출액중 방사성동위원소의 농도를 배출관리기준의 제한값 이하로 할 것. 다만, 배수설비에 배수구에서 채취한 배출액의 방사성동위원소 농도를 배출관리기준의 제한값 이하로 하는 능력을 갖춘 경우에는 그러하지 아니하다.

(6) 제(4)호 가목의 방법으로 배출하는 경우 배출액을 처리하는 때 또는 동목의 배수설비의 부착물 또는 침전물 등의 방사성동위원소를 제거하는 때에는 깔개·밑받이 또는 흡수재 기타 방사성동위원소에 의한 오염의 확산을 방지하기 위한 시설·기구 또는 보호구를 사용할 것

(7) 제(4)호 나목의 방법으로 보관하는 경우 액체상의 방사성동위원소 및 그에 의하여 오염된 물질을 넣는 용기는 액체가 흘러넘치지 아니하는 구조 및 액체가 침투할 수 없는 재료로 된 용기에 넣을 것

(8) 제(4)호 나목의 방법 중 액체상의 방사성동위원소 또는 그에 의하여 오염된 물질을 용기에 넣어 보관하는 경우 당해 용기가 균열 또는 파손될 우려가 있는 때에는 밑받이·흡수재 기타 방사성동위원소에 의한 오염의 확산을 방지하기 위한 시설 또는 기구를 사용하여 방사성동위원소의 오염의 확산을 방지할 것

(9) 제(4)호 나목의 방법 중 액체상의 방사성동위원소 또는 그에 의하여 오염된 물질을 고형화하는 경우에는 액체상의 방사성동위원소 또는 그에 의하여 오염된 물질의 확산 또는 누설을 방지할 수 있을 것

▶ 개봉선원의 보안관리 등

원자력안전위원회가 정하는 수량 이상의 개봉선원을 생산·사용·분배·보관·저장 또는 운반하는 경우에는 원자력안전위원회가 정하여 고시하는 바에 따라 보안관리 및 그에 관련된 계획 등을 수립하여 이행하여야 한다.

2. 밀봉선원

1) 적용범위

방사성동위원소 중 밀봉선원의 생산 및 밀봉선원 또는 그에 의하여 오염된 물질의 사용·분배·보관·저장 또는 운반에 관한 기술기준은 아래의 규정을 적용한다.

2) 생산

- 방사선작업종사자 또는 수시출입자의 피폭방사선량이 선량한도를 초과하지 아니하도록 할 것
  가. 차폐벽이나 차폐물에 의하여 방사선을 차폐할 것
  나. 원격조작장치·집게 등을 사용하여 밀봉선원과 인체 사이에 적당한 거리를 확보하고 차폐물을 이용하도록 할 것
  다. 면밀한 작업계획 및 숙달·훈련 등을 통하여 인체에 방사선이 피폭되는 시간을 단축할 것
- 생산시설에는 눈에 띄기 쉬운 장소에 방사선장해방지에 필요한 주의사항을 게시할 것

3) 사용

- 밀봉선원의 사용에 관한 기술기준은 다음 각 호와 같다.

(1) 사용시설 안에서만 사용할 것

(2) 정상적인 사용 상태에서는 밀봉선원이 개봉 또는 파괴될 우려가 없도록 할 것

(3) 다음 각목의 1에 해당하는 조치를 함으로써 방사선작업종사자 또는 수시출입자의 피폭방사선량이 선량한도를 초과하지 아니하도록 할 것

가. 차폐벽이나 차폐물에 의하여 방사선을 차폐할 것

나. 원격조작장치 또는 집게 등을 사용하여 밀봉선원과 인체 사이에 적당한 거리를 확보하도록 할 것

다. 면밀한 작업계획 및 취급의 숙달·훈련 등을 통하여 인체에 방사선이 피폭되는 시간을 단축할 것

(4) 사용시설 또는 방사선관리구역의 눈에 띄기 쉬운 장소에 방사선장해방지에 필요한 주의사항을 게시할 것

(5) 밀봉선원을 이동 사용하는 경우에는 사용직후 그 밀봉선원의 분실 또는 누설 등 이상 유무를 점검하고, 이상이 판명된 때에는 탐사 기타 방사선장해방지를 위하여 필요한 조치를 할 것

(6) 밀봉선원의 건전성을 확인하기 위하여 원자력안전위원회가 정하여 고시하는 바에 따라 누설점검을 실시할 것

▸ 누설점검의 종류(위원회 고시)

가. 문지름 시험

나. 건조 문지름 시험

다. 가열 및 침수 시험

(7) 밀봉선원이 내장된 방사선기기의 건전성을 확인하기 위하여 원자력안전위원회가 정하여 고시하는 바에 따라 정기점검을 실시할 것

4) 분배

밀봉선원의 분배에 관한 기술기준은 다음 각 호와 같다.

(1) 밀봉선원의 분배는 분배시설에서 할 것

(2) 방사성동위원소를 밀봉된 상태로 분배하는 경우에는 그 방사성동위원소를 규정에 적합한 상태에서 분배할 것

(3) 분배시설안의 눈에 띄기 쉬운 곳에는 방사선장해방지에 필요한 주의사항을 게시할 것

5) 보관·저장

밀봉선원을 보관 또는 저장하는 경우의 기술기준은 다음 각 호와 같다.

(1) 사용하지 아니하는 밀봉선원은 저장시설에 저장할 것

(2) 저장시설의 저장능력을 초과하여 방사성동위원소를 저장하지 아니할 것

(3) 방사선작업종사자 및 수시출입자의 피폭방사선량이 선량한도를 초과하지 아니하도록 할 것

(4) 저장함(방사성동위원소를 내화구조의 용기에 넣어 보관하는 경우에는 그 용기)에 방사성동위원소를 보관·저장중인 때에는 그 운반을 제한하도록 할 것

(5) 보관·저장시설에는 눈에 띄기 쉬운 곳에 방사선장해방지에 필요한 주의사항을 게시할 것

6) 운반

밀봉선원을 사업소 안에서 운반하는 때에는 개봉선원 운반기준의 규정을 준용 한다. 이 경우 "개봉선원 및 그에 의하여 오염된 물질"은 "밀봉선원"으로 본다.

▸ 밀봉선원의 보안관리등

원자력안전위원회가 정하는 수량 이상의밀봉선원을 생산·사용·분배·보관·저장 또는 운반하는 경우에는 원자력안전위원회가 정하여 고시하는 바에 따라 보안관리 및 그에 관련된 계획 등을 수립하여 이행하여야 한다.

3. 방사선발생장치

1) 생산

- 방사선작업종사자 또는 수시출입자의 피폭방사선량이 선량한도를 초과하지 아니 하도록 할 것

  가. 차폐 벽이나 차폐물에 의하여 방사선을 차폐할 것

  나. 원격조작장치·집게 등을 사용하여 개봉선원과 인체 사이에 적당한 거리를 확보하고 차폐물을 이용하도록 할 것

  다. 면밀한 작업계획 및 숙달·훈련 등을 통하여 인체에 방사선이 피폭되는 시간을 단축할 것
- 생산시설에는 눈에 띄기 쉬운 장소에 방사선장해방지에 필요한 주의사항을 게시할 것

2) 사용

방사선발생장치의 사용에 관한 기술기준은 다음 각 호와 같다.

(1) 사용시설 안에서만 사용할 것

(2) 정상적인 사용 상태에서는 방사선발생장치가 파괴될 우려가 없도록 할 것

(3) 다음 각목의 조치를 할 것

가. 차폐 벽이나 차폐물에 의하여 방사선을 차폐할 것

나. 원격조작장치를 사용하여 방사선발생장치와 인체 사이에 적당한 거리를 두게 할 것

다. 면밀한 작업계획 및 취급의 숙달·훈련 등을 통하여 인체에 방사선이 피폭되는 시간을 단축할 것

(4) 사용시설 또는 방사선관리구역의 눈에 띄기 쉬운 장소에 방사선장해방지에 필요한 주의사항을 게시할 것

(5) 방사선발생장치의 건전성을 확인하기 위하여 원자력안전위원회가 정하여 고시하는 바에 따라 정기점검을 실시할 것

[별표 10]

각종 표지 및 방사능표지

구 분	표지 사항	방사능표지의 크기	표지를 붙일 장소
1. 방사선관리구역(생산·사용·분배·저장·보관·처리·배출·처분) 등제시설	부표에 의한 표지(이하"표지"라함)의 위에는 "방사선 관리구역"이란 글자를, 그 바로 아래에는 "생산시설"·"사용시설"·"분배시설"·"저장시설"·"보관시설"·"처리시설"·"배출시설" 또는 "처분시설" 등을 표시하는 글자를, 표지의 아래에는 "허가없이 들어감을 금함"이란 글자를 기입한다.	반지름 15센티미터 이상	생산시설 및 사용시설 등의 출입구와 방사선관리구역의 경계로 설정된 곳
2. 방사성동위원소 또는 방사선발생장치의 생산실, 사용실 및 작업실	표지의 위에는 "방사성동위원소생산실"·"방사성동위원소사용실"·"방사성동위원소사용작업실"·"방사선발생장치생산실" 또는 "방사선발생장치사용실"이란 글자를 기입한다.	반지름 10센티미터 이상	방사성동위원소생산실·방사성동위원소사용실·방사성동위원소사용작업실·방사선발생장치생산실 또는 방사선발생장치사용실의 출입구 및 그 부근
3. 방사성동위원소의 분배실	표지의 위에는 "방사성동위원소 분배실"이란 글자를 기입한다.	반지름 10센티미터 이상	방사성동위원소분배실의 출입구 또는 그 부근
4. 방사성동위원소의 저장실	표지의 위에는 "방사성동위원소저장실"이란 글자를, 표지의 아래에는 "허가없이 접근함을 금함"이란 글자를 기입한다.	반지름 10센티미터 이상	방사성동위원소 저장실의 출입구 및 그 부근
5. 오염검사실· 처리작업실	표지의 위에는 "오염검사실" 또는 "폐기작업실"이란 글자를 기입한다.	반지름 10센티미터 이상	오염검사실 또는 폐기작업실의 출입구 또는 그 부근
6. 방사성동위원소의 저장함	표지의 위에는 "방사성동위원소저장함"이란 글자를, 표지의 아래에는 "허가없이 접근함을 금함"의 글자를 기입한다.	반지름 3센티미터 이상	저장함의 표면
7. 방사성동위원소저장시설에 비치한 용기	표지의 위에는 "방사성동위원소"의 글자를, 표지의 아래에는 방사성동위원소의 종류와 수량을 기입한다.	반지름 2.5센티미터 이상	용기의 표면
8. 배수설비	표지의 위에는 "배수설비"의 글자를, 표지의 아래에는 "허가없이 들어감을 금함"의 글자를 기입한다.	배수정화탱크에는 반지름 10센티미터 이상, 배액처리장치에는 반지름 5센티미터 이상, 배수관에는 반지름 2.5센티미터 이상, 기타	배수정화탱크의 경우에는 그 표면(배수정화탱크가 매몰되어 있을 경우에는 당해 매몰장소의 지상 또는 바로 위쪽), 배액처리장치 및 배수관의 경우에는

		의 설비의 주위에 붙이는 표지는 반지름 10센티미터 이상	지상에 노출한 부분의 표면과 그 설비의 주위 일대
9. 소각로	표지의 위에는 "소각로"의 글자를, 표지의 아래에는 "허가없이 접근함을 금함"의 글자를 기입한다.	반지름 5센티미터 이상	소각로의 주위
10. 배기설비	표지의 위에는 "배기설비"의 글자를, 표지의 아래에는 "허가없이 접근함을 금함"의 글자를 기입한다.	반지름 5센티미터 이상	배수구 또는 그 부근 및 배기정화장치배기관의 표면
11. 보관설비 및 보관시설에 비치한 용기	표지의 위에는 "방사성폐기물"의 글자를 기입한다.	반지름 2.5센티미터 이상	용기의 표면
12. 방사성동위원소 또는 방사성동위원소에 의한 오염물 비치장소	표지의 위에는 "방사성오염물"의 글자를, 표지의 아래에는 "허가없이 접근함을 금함"의 글자를 기입한다.	반지름 10센티미터 이상	비치장소의 주위
13. 방사성폐기물을 보관·처리·저장·배출·처분하는 경우 표면방사선량률이 원자력안전위원회가 정하는 수치를 초과하는 경우	표지의 위에는 "방사성폐기물"의 글자를, 표지 아래에는 폐기하는 사업자의 성명·폐기물의 수량·방사성물질의 농도 및 정리번호 등을 기입한다.	반지름 5센티미터 이상	방사성폐기물의 표면

▸ 비고
1. 방사능 표지의 크기를 위 표의 반지름기준에 맞추어 정하기가 곤란하다고 인정되는 때에는 당해 반지름기준을 적용하지 아니할 수 있다.
2. 위 표에서 "반지름"이라 함은 부표의 5R의 크기를 말한다.

[부표]

표지의 예시도

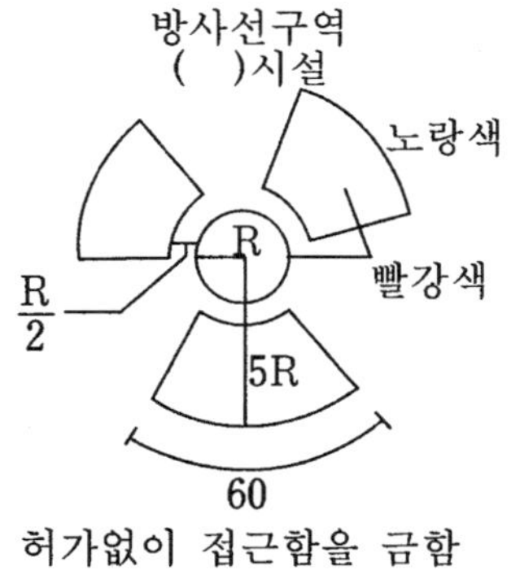

10-3. 방사선원의 누설점검에 관한 기술기준(위원회 고시)

• **목적**

이 기준은 「방사선 안전관리 등의 기술기준에 관한 규칙」 제43조제6호에 따라 밀봉선원의 건전성을 확인하기 위한 누설점검의 방법·주기·누설한도 및 후속조치 등을 정함을 목적으로 한다.

• **적용범위**

이 기준은 밀봉선원의 건전성을 확인하기 위하여 사용자가 자체적으로 실시하는 누설점검과 사용자로부터 위탁받아 업무대행자가 실시하는 누설점검에 대하여 적용한다.

• **용어의 정의**

(1) "방사선원"이란 「원자력안전법 시행령」 제2조제3호에서 정의된 밀봉된 방사성동위원소(이하 "밀봉선원"이라 한다)로서 이 기준에 따라 누설점검을 하여야 하는 선원을 말한다. 다만, 다음 각 목에서 정하는 방사선원은 제외한다.
   가. 베타 및 감마선을 방출하는 밀봉선원으로서 방사능량이 3.7 MBq 이하의 것
   나. 알파선을 방출하는 밀봉선원으로서 방사능량이 0.37 MBq 이하의 것
   다. 물리적 반감기가 30일 이하의 것

(2) "누설점검"이란 밀봉선원의 밀봉성능을 확인하기 위하여 이 기준에서 정하는 바에 따라 누설여부를 시험하는 것을 말한다.

• **누설점검의 시기**

(1) 방사선원에 대한 누설점검의 시기는 다음 각 호와 같다.
   ① 방사선원을 신규로 인수하였을 경우에는 취득일로부터 30일 이내
   ② 사용 중인 방사선원에 대해서는 매 1년
   ③ 최근 6개월 이내에 누설점검을 실시하지 아니하고 보관 또는 저장하고 있는 방사선원에 대해서는 사용을 재개하기 직전

(2) 제1항의 규정에 불구하고 방사선원의 제작자가 서면으로 누설점검의 시기 및 유효기간을 지정한 경우에는 이에 따를 수 있다. 다만, 이 경우에 사용자는 관련 증빙서류를 확보하고 있어야 한다.

• **누설점검의 방법**

(1) 방사선원의 누설점검의 방법은 **별지 1** 내지 **별지 3**과 같다.

(2) 방사선원의 제작자가 서면으로 누설점검의 방법을 지정한 경우에는 이에 따를 수 있다. 다만, 이 경우에 사용자는 관련 증빙서류를 확보하고 있어야 한다.

• **누설점검의 안전관리**

방사선원의 누설점검은 해당선원의 방사선안전관리자의 지시·감독 하에 수행하여야 한다. 다만, 누설점검업무를 업무대행자에게 위탁하는 경우에는 해당선원의 방사선 안전관리자 또는 관련책임자가 누설점검에 입회하여야 한다.

- **기록 및 품질보증**

(1) 누설점검을 실시한 경우에는 다음 각 호에서 정하는 서류를 작성하여 5년간 보관하여야 한다.

① 방사선원의 핵종, 방사능량, 제작사 및 모델 등 제원

② 방사선원의 일련번호 및 관리번호

③ 점검일시 및 장소

④ 점검방법 및 점검에 사용한 장비의 목록

⑤ 점검책임자 및 점검에 참여한 자의 인적사항

⑥ 점검결과

(2) 누설점검의 품질을 보증하기 위하여 방사선원의 사용자는 다음 각 호의 서류를 확보하고 있어야 한다.

① 누설점검의 절차서

② 누설점검의 평가에 필요한 계측장비 등 소요품목의 목록 및 확보여부

③ 누설점검의 평가에 사용하였던 계측장비 등의 검·교정 내역

- **누설선원에 대한 조치**

누설점검의 실시결과 **별지** 1부터 **별지** 3에서 규정된 기준 또는 방사선원의 제작자가 제시하는 기준에 미달하여 누설이 확인된 방사선원은 사용의 정지 등 필요한 안전조치를 취하고 원자력안전위원회에 즉시 보고하여야 한다.

[별지 1]

문지름 시험

(1) 시험조건

시험실시 전에 방사선원은 청결한 상태이어야 하며 방사선원의 표면은 방사능오염이 없는 상태를 유지하여야 한다.

(2) 시험절차

가. 습기보유능력 및 흡수 능력이 양호한 종이필터 또는 이와 유사한 문지름 재료를 준비한다.

나. 종이필터 등에 방사선원의 표면물질에 손상을 주지 아니하는 용매를 적시어 방사선원의 외부표면을 충분히 문지른다. 다만, 종이필터 등을 방사선기기에 내장된 방사선원에 직접 접촉시키는 것이 실질적으로 불가능한 경우에는 방사선원이 누설되어 방사선원 내부의 방사성물질이 묻어 있을 것으로 추정되는 부위를 문지르는 것으로 대신할 수 있다.

다. 방사선원의 외부표면 또는 방사선기기를 문지른 종이필터 등의 방사능을 계측 한다.

(3) 합격기준

계측결과, 해당 방사선원을 구성하고 있는 핵종의 총 방사능량이 200 Bq을 초과하지 아니하는 경우에는 방사선원의 누설이 없는 것으로 간주한다.

[별지 2]

건조 문지름 시험

(1) 시험조건

시험실시 전에 방사선원은 청결한 상태이어야 하며 방사선원의 표면은 방사능오염이 상태를 유지하여야 한다.

(2) 시험절차

가. 건조한 종이필터 또는 이와 유사한 물질을 준비한다.

나. 건조한 종이필터 등으로 방사선원의 외부표면을 충분히 문지른다. 다만, 종이필터 등을 방사선기기에 내장된 방사선원에 직접 접촉시키는 것이 실질적으로 불가능한 경우에는 방사선원이 누설되어 방사선원 내부의 방사성물질이 묻어 있을 것으로 추정되는 부위를 문지르는 것으로 대신할 수 있다.

다. 방사선원의 외부표면 또는 방사선기기를 문지른 종이필터 등의 방사능을 계측한다.

(3) 합격기준

계측결과, 해당 방사선원을 구성하고 있는 핵종의 총 방사능량이 200 Bq을 초과하지 아니하는 경우에는 방사선원의 누설이 없는 것으로 간주한다.

[별지 3]

가열 및 침수 시험

(1) 시험조건

시험실시 전에 방사선원은 청결한 상태이어야 하며 방사선원의 표면은 방사능오염이 없는 상태를 유지하여야 한다.

(2) 시험절차

가. 방사선원의 외부표면물질에 손상을 주지 않는 청결한 용매를 준비한다.

나. 용매에 방사선원을 침수시키고 10분간 가열한 후 선원을 꺼낸다.

다. 선원을 냉각시킨 후 깨끗한 용매로 방사선원의 외부를 닦아낸다.

라. 나목 및 다목의 시험을 3회 반복하여 실시한다. 이때, 용매는 처음의 것을 계속 사용하여야 한다.

마. 최초의 용매에 대한 총 방사능량을 계측한다.

(3) 합격기준

계측결과, 해당 방사선원을 구성하고 있는 핵종의 총 방사능량이 200 Bq을 초과하지 아니하는 경우에는 선원의 누설이 없는 것으로 간주한다.

5. 방사성동위원소 등의 허가기준 예상문제

【문제 1】 원자력관계사업자의 인·허가 절차에 대한 연결 중 옳지 않은 것은?

① 방사성동위원소의 사용 - 허가
② 특수형 방사성물질의 설계 - 신고
③ 방사성물질의 양도·양수 - 신고
④ 방사성동위원소의 도난 및 분실 - 신고

【문제 2】 방사성동위원소 등의 사용허가를 받은 자는?

① "허가사용자"라 한다.
② "신고사용자"라 한다.
③ "등록사용자"라 한다.
④ "면허사용자"라 한다.

【문제 3】 방사성동위원소 등의 허가 종류는?

① 방사성동위원소 사용 및 이동 사용
② 방사선발생장치 사용 및 이동 사용
③ 방사성동위원소 등의 생산 및 판매
④ 방사성동위원소 등의 생산, 판매, 사용 또는 이동 사용

【문제 4】 방사성동위원소의 사용신고 대상이 아닌 것은?

① 엑스선 형광분석용
② 액체농도 측정용
③ 휴대형 소화기용량 측정용
④ 가스 크로마토그래피 등 전자 포획용

【문제 5】 방사성동위원소 등의 사용허가를 신청할 때 제출서류가 아닌 것은?

① 장비구입 입증서류
② 인력의 재직을 입증하는 서류
③ 보상기준
④ 시설검사 신청서

【문제 6】 사용허가를 신청할 때 필요한 안전관리규정의 기재사항이 아닌 것은?

① 방사성폐기물의 발생 및 처리 계획에 관한 사항
② 방사성동위원소 등의 구매·사용 및 판매에 관한 사항
③ 방사선 안전관리장비의 보관·관리 및 교정에 관한 사항
④ 방사선장해발생 여부를 발견하기 위하여 필요한 조치에 관한 사항

【문제 7】 업무대행자가 허가사용자를 대행할 수 있는 업무가 아닌 것은?

① 개인피폭선량계의 판독
② 사용시설 등의 설치에 대한 감리
③ 방사선원의 누설점검
④ 방사선안전보고서·안전관리규정의 작성

㉧ 1. ② 2. ① 3. ④ 4. ② 5. ④ 6. ① 7. ①

【문제 8】 방사성동의원소 허가 사용자에 대한 경미한 사항 변경신고 대상으로 옳지 않은 것은?

① 안전관리규정의 변경
② 허가사용자가 사용 신고대상 방사성동위원소 또는 방사선발생장치를 추가 또는 변경
③ 방사성폐기물 저장시설의 변경
④ 허가 받은 사람의 성명 및 주소의 변경

【문제 9】 방사성동위원소 등의 일시적 사용 장소(사업소 외)의 변경사항이 아닌 것은?

① 검정 또는 교정을 목적으로 이동사용하기 위한 장소의 변경
② 검문·검색 또는 보안을 목적으로 이동사용하기 위한 장소의 변경
③ 방사선투과검사 목적으로 이동사용하기 위한 작업장의 개설
④ 허가사용자의 성명 및 주소 변경의 목적

【문제 10】 원자력법령에 규정된 용어의 설명 중 옳지 않은 것은?

① 방사성물질 등 : 방사성물질 또는 그에 의하여 오염된 물질
② 방사성동위원소 등 : 방사성동위원소 또는 방사선발생장치
③ 방사선기기 : 방사선발생장치 또는 방사성동위원소가 내장된 기기
④ 원자력관계사업자 : 허가사용자, 신고사용자, 업무대행자, 판독업무자

【문제 11】 방사성동위원소의 사용 등에 대한 신고사항이 아닌 것은?

① 일시적 사용 장소의 변경
② 방사성물질 등의 도난 및 분실
③ ^{60}Co 조사장치의 공업용 이용
④ 허가 등의 취소 또는 폐지 등에 따른 조치

【문제 12】 신고대상 방사선발생장치는 자체 차폐된 방사선발생장치로서 가속관의 최대전압이 몇 kV 이하인 것인가?

① 130 ② 150 ③ 170 ④ 190

【문제 13】 방사성동위원소 등의 허가사용자가 기록·비치하여야 할 사항 중 방사선작업종사자가 당해 업무에 종사하기 이전의 건강진단기록 및 방사선피폭 경력의 보존기간은?

① 5년 ② 7년 ③ 10년 ④ 사용을 폐지할 때까지

【문제 14】 방사선원의 누설점검에 관한 기술기준에 규정된 누설점검의 방법이 아닌 것은?

① 진동시험 ② 건조 문지름시험
③ 가열 및 침수시험 ④ 문지름시험

【문제 15】 방사선안전보고서에 포함될 사항이 아닌 것은?

① 방사선취급 방법 및 방사선안전관리 계획 ② 주변 환경에 대한 방사선영향
③ 일반 작업종사자의 주소 및 자격 ④ 방사성폐기물의 발생 및 처리계획

㊐ 8. ③ 9. ④ 10. ④ 11. ③ 12.③ 13. ④ 14. ① 15. ③

【문제 16】 방사성동위원소 등의 사용을 위한 허가를 받을 때 확보해야 할 장비기준으로 옳지 않은 것은?

① 방사선발생장치 사용 : 방사선측정기 1대 이상
② 밀봉된 방사성동위원소 사용 : 방사선측정기 1대 이상
③ 개봉선원 사용 : 방사선측정기 1대 이상, 방사능측정기 2대 이상
④ 밀봉된 방사성동위원소 판매 : 방사선측정기 2대 이상, 운반차량 1대 이상

【문제 17】 방사성동위원소의 사용 신고서 첨부서류가 아닌 것은?

① 방사선안전보고서
② 사용이 종료된 방사성동위원소의 조치 계획서
③ 사용시설 등 및 주변 환경의 현황에 관한 설명서
④ 규정에 의한 보상기준

【문제 18】 방사선원의 누설점검 방법 중 문지름시험의 합격기준은 계측한 결과, 해당 방사선원을 구성하고 있는 핵종의 총 방사능량(Bq)이 얼마를 초과할 수 없는가?

① 100　　② 200　　③ 300　　④ 400

【문제 19】 111 TBq 이상의 밀봉선원을 사용 또는 분배하는 경우 갖추어야 할 시설 중 옳지 않은 것은?

① 사람의 출입을 제한하는 장치를 할 것
② 내부를 상시 감시할 수 있는 장치를 할 것
③ 내부와 외부 간에 연락할 수 있는 통화장치
④ 밀봉선원의 사용 또는 분배여부에 따라 출입구가 개폐되는 연동장치를 할 것

【문제 20】 신고대상 방사선발생장치는 사업소마다 자체 차폐한 장치로서 가속관의 최대전압이 170 kV 이하이고 시간당 표면 방사선량률(μSv)은 얼마 이하인가?

① 0.01　　② 0.1　　③ 1.0　　④ 10

【문제 21】 업무대행자의 등록을 위하여 필요한 장비기준 중 옳지 않은 것은?

① 방사능측정기 1대　　② 방사성물질을 운반할 수 있는 전용차량 1대 이상
③ 방사선측정기 5대 이상　　④ 전담 인력마다 방사선경보기 1대 이상

【문제 22】 업무대행자의 기록·비치와 관련하여 업무대행 내용의 보존기간은?

① 업무대행 등록을 폐지할 때까지　　② 2년　　③ 5년　　④ 10년

【문제 23】 업무대행자의 업무 중 그 밖에 총리령으로 정하는 방사선안전관리 및 장해방지에 관련된 업무가 아닌 것은?

① 사용시설 등의 설계　　② 사용시설 등의 정기검사 업무
③ 자체점검 보고서의 작성 업무　　④ 방사선원의 누설점검 업무

답 16. ③　17. ①　18. ②　19. ③　20. ④　21. ①　22. ①　23. ②

【문제 24】 방사성동위원소의 허가나 신고사용자가 허가가 취소되거나 1년 이내의 기간을 정하여 그 업무를 정지 또는 사용금지를 명할 수 있는 규정이 아닌 것은?

① 허가 기준에 미달될 때
② 부정한 방법으로 허가를 받았거나 신고 또는 등록할 때
③ 정당한 사유 없이 계속해서 3개월 이상 그 사용 또는 사업을 하지 않을 때
④ 변경허가나 신고를 하지 않고 허가받은 사항이나 신고한 사항을 변경할 때

【문제 25】 사용시설 등에 포함되지 않는 시설은?

① 생산시설 ② 저장시설 ③ 분배시설 ④ 검사시설

【문제 26】 일시적 사용 장소의 변경 신고 시 첨부서류가 아닌 것은?

① 사용장소 및 그 부근의 상황 설명서 ② 저장시설의 구조 명세서
③ 사용시설 및 방사선관리구역의 평면도 ④ 작업방법에 관한 설명서

【문제 27】 원자력관계사업자의 허가사항이 아닌 것은?

① 방사성동위원소의 생산 ② 방사성동위원소의 사용
③ 방사선발생장치의 판매 ④ 방사선기기의 제작

【문제 28】 방사성동위원소 등의 허가기준에 대한 결격사유 중 옳지 않은 것은?

① 허가취소 후 2년 미경과자
② 피성년 후견인으로 복권되지 아니한 자
③ 형의 집행유예를 받고 집행유예 기간 중에 있는 자
④ 징역이상의 선고 후 그 형의 종료, 집행정지 후 1년이 경과되지 아니한 자

【문제 29】 밀봉된 방사성동위원소의 사용 시 사업개시 기간은 허가받은 날로부터 언제까지의 기간인가?

① 1년 ② 2년 ③ 3년 ④ 4년

【문제 30】 밀봉선원의 사용에 관한 기술기준 중 옳지 않은 것은?

① 작업실 안에서만 사용한다.
② 개봉 또는 파괴될 위험이 없어야 한다.
③ 밀봉선원의 건전성을 확인하기 위해 누설점검을 실시한다.
④ 사용시설의 출입구 부근에 방사선장해 방지에 필요한 주의사항을 게시한다.

【문제 31】 개봉선원 저장시설의 구조 및 설비에 관한 기술 기준 중 옳지 않은 것은?

① 방사선량이 선량한도 이하가 되도록 차폐물을 설치한다.
② 저장시설의 경계에는 출입제한 시설과 보안·관리시설을 설치한다.
③ 저장시설에 비치하는 용기는 액체가 침투할 수 없는 용기이어야 한다.
④ 저장실은 내화구조나 불연재료를 사용하나 규모가 작은 저장함은 불필요하다.

㉠ 24. ③ 25. ④ 26. ③ 27. ④ 28. ④ 29. ① 30. ① 31. ④

【문제 32】 허가·등록의 취소 및 1년 이내의 기간을 정하여 사용 중지를 명할 수 있는 경우가 아닌 것은?

① 허가사용자가 거짓이나 그 밖의 부정한 방법으로 허가를 받았을 때
② 허가받은 사용 또는 사업을 개시하지 아니하거나 6개월 이상 계속하여 중단한 때
③ 변경허가를 하지 아니하고 허가받은 사항을 변경한 때
④ 허가 또는 등록기준에 미달하게 된 때

【문제 33】 허가신청서에 첨부서류인 안전관리규정의 기재사항이 아닌 것은?

① 방사성동위원소 등의 구매·사용 및 판매에 관한 사항
② 예상 피폭선량의 평가에 관한 절차·방법 및 결과
③ 방사선장해 발생여부를 발견하기 위하여 필요한 조치에 관한 사항
④ 방사성동위원소 등의 분실·도난등 사고시의 조치 및 사고 예방에 관한 사항

【문제 34】 방사성동위원소 등의 취급자에 대한 허가 취소요건이 아닌 것은?

① 부정한 방법으로 허가를 받았을 때
② 허가기준에 미달했을 때
③ 허가사항을 허가받지 않고 변경했을 때
④ 만 20세 이상의 종사자를 고용했을 때

【문제 35】 개봉선원을 취급하는 작업실 바닥표면의 구비조건 중 옳지 않은 것은?

① 기체 또는 액체가 잘 침투할 수 없을 것
② 내식성이 강한 재료를 사용할 것
③ 작업실 표면은 평탄할 것
④ 화학적으로 활성일 것

【문제 36】 안전관리규정의 기재사항이 아닌 것은?

① 방사성동위원소 등에 의하여 오염된 물질을 취급하는 조직 및 그 기능에 관한 사항
② 위험시의 조치에 관한 사항
③ 방사선 안전관리장비의 보관·관리 및 교정에 관한 사항
④ 주변 환경에 대한 방사선 영향에 관한 사항

【문제 37】 방사선안전보고서의 기재사항이 아닌 것은?

① 규정에 의한 기록과 그 비치에 관한 사항
② 방사선원의 특성·위치 및 제원
③ 방사선취급 방법 및 방사선안전관리 계획
④ 사고의 위험 및 그 대책

【문제 38】 업무대행자가 등록업무를 전담하기 위하여 확보해야 할 장비기준이 아닌 것은?

① 방사능측정기 2대 이상
② 방사선측정기 5대 이상
③ 전담 인력마다 방사선경보기 또는 포켓도시메터 3대 이상
④ 방사성폐기물의 수거·처리 및 운반 업무 시 전용차량 1대 이상

㉢ 32. ② 33. ② 34. ④ 35. ④ 36. ④ 37. ① 38. ③

【문제 39】 원자력안전법의 기준준수 의무 등과 관련된 사항이 아닌 것은?

① 방사성동위원소의 사업소 안에서의 사용·분배
② 방사성동위원소의 사업소 안에서의 저장·운반
③ 방사성동위원소의 사업소 안에서의 보관·처리 및 배출
④ 방사선발생장치의 사업소 밖에서의 운반

【문제 40】 안전관리규정 준수 의무의 법적 대상자는?

① 허가사용자 및 신고사용자
② 방사성동위원소 취급자 일반면허 소지자
③ 허가사용자 및 그 종업원
④ 허가사용자 및 그 회사원의 임원

【문제 41】 기술기준에 적합하지 않을 때 신고 사용자에 해당되는 행정조치 명령은?

① 등록취소
② 면허취소
③ 사용정지 및 취급방법 변경
④ 허가취소

【문제 42】 방사성동위원소를 사용 또는 판매하고자 하는 자가 업무대행자의 인력으로 방사선안전관리자를 갈음할 수 있는 경우가 아닌 것은?

① 방사선발생장치를 판매하는 경우
② 밀봉된 방사성동위원소를 진단에 사용하는 경우
③ 인체에 사용하는 경우 이외에 최대사용전압 250 kV, 최대용량 5 mA 이하로서 1대 이하인 방사선발생장치
④ 인체에 사용하는 경우 이외에 기기에 내장되거나 장착된 것으로서 연간 사용량이 3.7 TBq 이상인 밀봉된 방사성동위원소

【문제 43】 판독업무자의 기술적 능력과 관련하여 판독시스템의 최저 측정준위(mSv)는 얼마 이하인가?

① 0.1 ② 0.2 ③ 0.3 ④ 0.4

【문제 44】 교정용장치에 방사성동위원소가 내장된 경우 수량이 40 MBq 이하이고 사용하지 않는 경우 표면 방사선량률(μSv)은 시간당 얼마 이하면 신고 대상인가?

① 1 ② 10 ③ 100 ④ 500

【문제 45】 교정용장치에 방사성동위원소가 내장된 경우 수량이 40 MBq 이하이고 사용 중인 경우 표면 방사선량률(μSv)은 시간당 얼마 이하면 신고 대상인가?

① 200 ② 300 ③ 400 ④ 500

【문제 46】 밀봉된 방사성동위원소를 판매하는 경우 방사선측정기 (가)대 이상과 방사선원 운반차량 (나)대 이상을 확보하여야 한다. 괄호 안에 알맞은 것은?

① 가 : 1, 나 : 1
② 가 : 1, 나 : 2
③ 가 : 2, 나 : 1
④ 가 : 2, 나 : 2

㉰ 39. ④ 40. ③ 41. ③ 42. ④ 43. ① 44. ① 45. ④ 46. ③

【문제 47】 방사선발생장치 사용시설의 구조 및 설비에 관한 기술기준 중 옳지 않은 것은?

① 사용시설 및 사용시설의 경계에 설치한 울타리 기타 사람의 출입을 제한하는 시설에는 방사능 표지를 부착할 것
② 방사선발생장치를 사용할 때는 방사선발생장치의 사용 여부에 따라 사용시설의 출입구가 개폐되는 연동장치를 할 것
③ 반입구, 비상구등 사람이 상시출입하지 아니하는 출입구의 문을 내부로부터 개폐할 수 없도록 할 것
④ 사용시설에는 방사선량이 선량한도 이하가 되도록 필요한 차폐벽이나 차폐물을 설치할 것

【문제 48】 개봉선원을 사용하는 경우에 사용시설마다 확보하여야 하는 장비는?

① 방사선측정기 1대 이상
② 방사능측정기 1대 이상
③ 방사선측정기 및 방사능측정기 각 1대 이상
④ 방사능측정기 2대 및 방사선측정기 1대 이상

【문제 49】 오염검사실에 대한 기술기준에 적합하지 않은 것은?

① 오염될 우려가 있는 부분의 표면은 평탄하고 매끄러울 것
② 오염검사를 실시하기에 적합한 장소에 설치할 것
③ 오염검사를 위한 방사선측정기 및 오염제거에 필요한 기자재를 갖출 것
④ 반드시 차폐벽이나 차폐물을 설치할 것

【문제 50】 작업장의 개설로 인한 변경신고를 하려는 자는 이동사용의 개시 (   )일(긴급을 요하는 경우에는 5일) 전까지 별지 서식의 신고서에 다음 각 호의 서류를 첨부하여 위원회에 제출해야 한다. 괄호 안에 알맞은 것은?

① 5 ② 10 ③ 15 ④ 30

【문제 51】 개봉선원 사용시설의 구조 및 설비에 관한 기술기준 중 옳지 않은 것은?

① 지반은 견고하고 화재 또는 침수우려가 없을 것
② 사용시설의 경계에 울타리를 설치하고 표지를 부착할 것
③ 오염검사실의 설치는 시설의 출입구 부근에 할 것
④ 주요 구조부는 내화구조나 내식성 재료를 사용할 것

【문제 52】 방사성동위원소 등의 생산·사용에 대한 허가기준에 의해 확보하여야 하는 장비 중 옳지 않은 것은?

① 밀봉 방사성동위원소를 사용하는 경우 : 방사선측정 1대 이상
② 개봉 방사성동위원소를 사용하는 경우 : 사용시설마다 방사선측정기 및 방사능측정기 각 1대 이상
③ 방사성동위원소를 생산하는 경우 : 방사선측정기 1대 이상
④ 방사선발생장치를 생산하는 경우 : 방사선측정기 2대 이상

㉰ 47. ③ 48. ③ 49. ④ 50. ③ 51. ④ 52. ③

【문제 53】 방사성동위원소의 사용허가는 누가 하는가?

① 대통령 ② 국무총리 ③ 미래창조과학부장관 ④ 원자력안전위원회

【문제 54】 허가신청서의 첨부서류 변경은?

① 승인 ② 신고 ③ 허가 ④ 등록

【문제 55】 1 GeV 이상의 방사선발생장치 사용 시 정기검사 시기는 몇 년인가?

① 1 ② 2 ③ 3 ④ 4

【문제 56】 원자력안전법에서 업무 대행자는?

① 등록 ② 허가 ③ 신고 ④ 승인

【문제 57】 방사선 피폭선량의 판독에 관한 사업은?

① 신고 ② 허가 ③ 보고 ④ 등록

【문제 58】 방사성동위원소 등의 사용개시 전 조치사항이 아닌 것은?

① 종사자의 교육훈련 ② 종사자의 건강진단
③ 정기검사의 신청 ④ 방사선측정 장비의 검·교정

【문제 59】 방사선발생장치의 사용개시 후 조치사항이 아닌 것은?

① 사용개시 신고 ② 종사자 건강진단
③ 정기검사 신청 ④ 기록비치 및 보존

【문제 60】 사용시설 및 분배시설의 규정에 의거 방사성동위원소를 사용하는 경우 출입구 자동개폐연동장치를 설치하여야 하는 방사성동위원소의 기준 방사능량(TBq)은 얼마 이상인가?

① 0.37 ② 3.7 ③ 1.11 ④ 111

【문제 61】 허가신청서 첨부 서류인 안전관리규정은?

① 허가사용자만 준수 ② 신고사용자만 준수
③ 업무대행자만 준수 ④ 허가사용자 및 그 종업원이 준수

【문제 62】 밀봉선원의 건전성 확인과 관련이 있는 것은?

① 밀봉선원 누설점검 ② 방사선 차폐
③ 작업시간 단축 ④ 선원과 거리유지

【문제 63】 밀봉선원을 사용한 후 몇 시간 후에 다시 재사용 하려면 보관은?

① 저장시설에 보관 ② 작업실에 임시보관
③ 관리실에 임시보관 ④ 종사자에게 임시보관 하도록 위임

㊟ 53. ④ 54. ③ 55. ① 56. ① 57. ④ 58. ③ 59. ② 60. ④ 61.④ 62. ① 63. ①

【문제 64】 업무대행자가 방사성동위원소 등의 허가사용자 및 신고사용자를 대행하여 수행할 수 있는 업무가 아닌 것은?

① 방사선피폭 사고정보 수집 및 분석
② 자체점검 보고서의 작성 업무
③ 방사선안전보고서·안전관리규정의 작성
④ 방사성동위원소 등 및 방사성폐기물의 수거·처리 및 운반

【문제 65】 업무대행자의 업무 범위가 아닌 것은?

① 방사성오염 제거
② 핵연료물질 운반
③ 방사선안전관리
④ 방사선안전보고서 작성

【문제 66】 업무대행자의 인력으로 방사선안전관리자를 갈음할 수 있는 경우는?

① 밀봉되지 아니한 방사성동위원소를 교육용으로 사용
② 밀봉된 방사성동위원소를 진단용으로 사용
③ 밀봉된 방사성동위원소를 비파괴검사용으로 사용
④ 기기에 내장된 밀봉된 방사성동위원소로서 연간 37 TBq를 교육용으로 사용

【문제 67】 방사성동위원소등 생산 및 사용자의 기록사항과 보존기간의 연결이 옳지 않은 것은?

① 방사성동위원소 등의 생산 또는 사용 : 10년
② 배기구 및 배수구에서 방사성물질의 농도 : 10년
③ 3월간의 종사자 피폭방사선량 : 사용을 폐지할 때 까지
④ 방사선작업종사자로 근무한 기간 중의 건강진단 : 사용을 폐지할 때 까지

【문제 68】 밀봉선원의 사용시설 및 분배시설의 구조 및 설비에 관한 기술기준 중 옳지 않은 것은?

① 주요 구조부는 내화구조로 하거나 불연재료를 사용할 것
② 사람이 상시출입하는 장소에서 방사선량이 선량한도 이하가 되도록 필요한 차페벽이나 차페물을 설치할 것
③ 반입구·비상구 등 사람이 상시출입하지 않는 출입구의 문은 내부로부터 개폐할 수 없도록 할 것
④ 시설의 경계에는 울타리 등의 사람의 출입을 제한하는 시설을 할 것

【문제 69】 업무대행자 등록신청서 첨부서류의 하나인 업무대행규정에 포함되지 않는 것은?

① 방사선안전관리 체계
② 수행하고자 하는 대행업무의 절차
③ 방사선 비상대응절차
④ 방사선안전관리자의 권한·책임 및 직무수행에 관한 사항

답 64. ① 65. ② 66. ② 67. ① 68. ③ 69. ④

【문제 70】 허가사용자 및 신고사용자를 대행하여 업무를 하려는 자는 위원회에 등록하여야 한다. 다음 중 등록업무와 관련이 없는 것은?

① 방사성오염의 제거
② 사용시설 등의 설치
③ 사용시설등의 설계
④ 자체점검보고서의 작성

【문제 71】 원자력관계사업자가 방사선작업종사자의 개인별 피폭방사선량 보고기한은?

① 매월 경과 후 5일 이내
② 매분기 경과 후 10일 이내
③ 매분기 경과 후 1개월 이내
④ 매반기 경과 후 1개월 이내

【문제 72】 폐기하는 밀봉된 방사성동위원소 보관시설의 구조 및 설비에 관한 기술기준으로 옳지 않은 것은?

① 내화구조로 하거나 불연재료로 할 것
② 외부와 구획된 구조로 할 것
③ 문·덮개 등 외부로 통하는 부분에는 분실 방지를 위한 기구를 설치할 것
④ 보관시설은 보관함 및 보관실로 설치할 것

【문제 73】 표층선량은 국제방사선단위측정위원회(ICRU)가 정하는 Hs(가)으로서 인체의 피부 표면 아래 (나) mm 깊이에서의 선량을 판독한 것을 말한다. 괄호 안에 알맞은 것은?

① 가 : 0.07, 나 : 0.7
② 가 : 0.07, 나 : 0.07
③ 가 : 0.7, 나 : 0.7
④ 가 : 0.7, 나 : 0.07

【문제 74】 기기에 장비된 것으로서 밀봉된 방사성동위원소의 연간 사용량이 3.7 TBq 미만일 경우의 필요한 인력기준은?

① 방사성동위원소 일반면허자, 방사선취급감독자면허 소지자 또는 방사선관리기술사 1명 이상
② 방사성동위원소 일반면허자, 방사선취급감독자면허 소지자 또는 방사선관리기술사 2명 이상
③ 방사성동위원소 일반면허자 또는 방사선취급 감독자 면허자 1명 이상
④ 방사선취급 감독자 면허 또는 방사성동위원소 취급자 특수면허자 1명 이상

【문제 75】 방사선발생장치의 경우 사용 최대전압이 350 kV 미만으로서 그 용량이 250 kV, 5 mA인 것 2대 이상 취급하는 사업장에서 필요한 인력기준은?

① 방사성동위원소 취급자 일반면허 1명 이상
② 방사성동위원소 취급 감독자 면허 2명 이상
③ 방사성동위원소 취급자 특수면허 1명 이상
④ 방사선취급 감독자면허 소지자 또는 방사선관리기술사 1명 이상

【문제 76】 방사성동위원소의 판매업을 하고자 하는 경우 필요한 자격조건은?

① 감독자 또는 방사선관리기술사 1명 이상
② 특수면허 또는 방사선관리기술사 1명 이상
③ 일반면허 또는 감독자 면허 1명 이상
④ 감독자 또는 특수면허 1명 이상

㉰ 70. ② 71. ③ 72. ④ 73. ② 74. ① 75. ④ 76. ①

【문제 77】 방사성동위원소등을 인체에 사용하는 경우 허가 시 인력기준으로 옳은 것은?

① 일반면허 2명 이상 및 특수면허, 감독자 또는 방사선관리기술사 1명 이상
② 일반면허 2명 이상 및 특수면허, 감독자 또는 방사선관리기술사 2명 이상
③ 특수면허 1명 이상 및 일반면허, 감독자 또는 방사선관리기술사 1명 이상
④ 특수면허 2명 이상 및 일반면허, 감독자 또는 방사선관리기술사 2명 이상

【문제 78】 방사성동위원소를 방사선투과검사 목적으로 이동 사용시 허가기준으로 옳지 않은 것은?

① 방사선투과검사 장비 : 5대 이상
② 방사선측정기 : 방사선투과검사 장비 1대당 1대 이상
③ 경고등 : 방사선투과검사 장비 1대당 4개 이상
④ 방사선원 운반 전용차량 : 1대 이상

【문제 79】 방사성동위원소 등의 사용을 위한 허가를 받을 때 확보해야할 장비의 기준으로 옳지 않은 것은?

① 방사선발생장치 사용 : 방사선측정기 1대 이상
② 개봉선원 사용 : 사용시설마다 방사선측정기 및 방사능측정기 각 1대 이상
③ 방사성동위원소 등의 이동사용(방사선투과검사 목적이 아닌 경우) : 방사선측정기 1대 이상
④ 밀봉선원 사용 : 방사선측정기 2대 이상

【문제 80】 허가사용자가 업무대행자의 인력으로 방사선안전관리자를 갈음할 수 있는 경우가 아닌 것은?

① 기기에 내장되거나 장착되지 않은 것으로 연간 사용량이 1.85 TBq 이상인 밀봉선원
② 기기에 내장되거나 장착된 것으로 연간 사용량이 3.7 TBq 미만인 밀봉선원
③ 최대사용전압 250 kV, 최대용량 5 mA 이하로서 1대 이하인 방사선발생장치
④ 밀봉된 방사성동위원소를 진단용으로 사용하는 경우

【문제 81】 방사선안전관리의 업무 대행자는 소속전담 1인으로 최대 몇 명까지 허가사용자를 대행할 수 있는가?

① 5 ② 10 ③ 15 ④ 20

【문제 82】 업무대행자 인력의 경력을 산출하는 방법에 대한 설명 중 옳지 않은 것은?

① 경력기간은 경력월수를 단위로 하여 계산한다.
② 15일 이상은 1개월로 계산한다.
③ 경력기간은 경력일수를 단위로 하여 계산한다.
④ 경력 산출의 기준일은 업무대행등록 신청일로 한다.

【문제 83】 방사선발생장치를 1대 구입하여 사용하고자 할 때 이를 업무대행자의 인력으로 방사선안전관리자로 갈음하기 위하여 어떤 규격의 방사선발생장치를 선택하는가?

① 최대사용전압 200 kV, 최대용량 5 mA 이상
② 최대사용전압 250 kV, 최대용량 5 mA 이하
③ 최대사용전압 300 kV, 최대용량 10 mA 이하
④ 최대사용전압 350 kV, 최대용량 10 mA 이하

답 77. ③ 78. ④ 79. ④ 80. ① 81. ③ 82. ③ 83. ②

【문제 84】 업무대행자가 등록사항을 변경하고자 할 때에는 업무대행자 변경등록 신고서를 변경사유가 발생한 날로부터 며칠 이내 원자력안전위원회에 제출하는가?

① 20　② 30　③ 40　④ 50

【문제 85】 사용시설 등의 설치에 대한 감리를 대행하고자 하는 경우 해당 업무대행자가 구비할 장비가 아닌 것은?

① 방사선측정기　② 방사능측정기
③ 방사선경보기　④ 방사성물질 운반 전용차량

【문제 86】 업무대행자가 "안전관리규정의 작성" 업무를 대행하는 경우 확보하여야 할 인력기준으로 방사선취급 감독자면허를 소지한 자로서 방사선안전관리의 경력이 있는 자 1인 이상을 확보하여야 한다. 다음 중 상기 면허 소지자의 안전관리 경력은 몇 년 이상인가?

① 1　② 3　③ 5　④ 7

【문제 87】 판독의 기술적 능력에 대한 설명 중 옳지 않은 것은?

① 판독시설 및 장비가 국가표준기본법에 따른 소급성을 유지할 수 있을 것
② 피폭방사선량의 기록에 대한 보안을 유지할 것
③ 피폭방사선량은 심부선량만으로 판독할 수 있을 것
④ 판독시스템의 최저 측정준위를 0.1 mSv 이하로 유지할 수 있을 것

【문제 88】 판독업무 등록신청서에 필요한 품질보증계획서의 기재 사항이 아닌 것은?

① 품질보증 체계　② 판독취급 관리자
③ 판독업무 신청자의 재산목록　④ 판독방법 및 절차

【문제 89】 판독업무 등록신청서에 첨부하여야 할 서류가 아닌 것은?

① 장비 및 인력확보 등에 관한 기술적 능력을 입증하는 서류
② 판독시설의 목록
③ 장비의 성능을 입증하는 서류
④ 판독시설의 운영계획

【문제 90】 판독업무의 등록기준과 관련하여 판독시설의 설치·운영에 필요한 기술적 능력에 대한 설명 중 옳지 않은 것은?

① 기술인력·시설 및 취급기준이 적합할 것
② 피폭방사선량의 기록은 공개 후 즉시 폐기할 것
③ 개인선량계 패동기간동안 자연방사선량의 영향에 대한 평가를 할 수 있을 것
④ 피폭방사선량을 심부선량과 표층선량으로 구분하여 판독할 수 있을 것

답 84. ②　85. ④　86. ③　87. ③　88. ③　89. ④　90. ②

【문제 91】 사용시설 등의 위치기준으로 옳은 것은?

가. 지반이 견고할 것	나. 화재의 위험성이 없을 것
다. 침수우려가 없을 것	라. 거주구역에 인접된 위치일 것

① 가, 나, 다　② 가, 다　③ 나, 라　④ 나, 다, 라

【문제 92】 개봉선원을 사용시설에서 사용하지 않아도 되는 시설기준에 대한 설명 중 옳지 않은 것은?

① 누수의 조사
② 곤충의 면역학적 조사
③ 광범위하게 분산·이동시키는 경우 또는 일시적으로 사용·분배하는 경우
④ 원료물질의 생산 공정 중 이동상황의 조사

【문제 93】 개봉선원 사용시설, 분배시설의 구조 및 설비에 관한 기술기준 중 옳지 않은 것은?

① 모든 주요 구조부는 내화구조로 하거나 불연재료를 사용할 것
② 사용시설은 개봉선원을 취급하는 데 용이하도록 충분한 공간을 확보할 것
③ 방사선량이 선량한도 이하가 되도록 필요한 차폐벽이나 차폐물을 설치할 것
④ 작업실 및 오염검사실을 설치할 것

【문제 94】 밀봉선원 분배시 기술기준 중 옳지 않은 것은?

① 분배는 분배시설에서 실시할 것
② 주의사항은 분배시설 안에 게시할 것
③ 장해방지에 필요한 주의사항을 게시할 것
④ 분배는 사용실 및 저장시설에서 실시할 것

【문제 95】 밀봉선원을 보관 또는 저장하는 경우의 기술기준 중 옳지 않은 것은?

① 사용하지 않는 밀봉선원은 사용시설에 저장할 것
② 저장함에 방사성동위원소를 보관·저장중인 때에는 그 운반을 제한하도록 할 것
③ 보관, 저장시설에는 눈에 띄기 쉬운 곳에 방사선장해방지에 필요한 주의사항을 게시할 것
④ 방사선작업종사자 및 수시출입자의 피폭방사선량이 선량한도를 초과하지 말 것

【문제 96】 방사선관리구역 내에 있는 방사성동위원소의 사용시설에 대한 방사능 표지를 출입구에 붙이고자 한다. 방사능 표지의 크기는 반지름(㎝)이 얼마 이상인가?

① 5　② 10　③ 15　④ 20

【문제 97】 방사성동위원소 저장함에 대한 방사능 표지판의 크기는 반지름(㎝)이 얼마 이상인가?

① 3　② 5　③ 10　④ 15

㉰ 91. ①　92. ②　93. ①　94. ④　95. ①　96. ③　97. ①

【문제 98】 방사능 표지의 크기가 옳지 않은 것은?

① 배기설비 반지름 8 cm 이상
② 방사선관리구역은 반지름 15 cm 이상
③ 방사선발생장치의 사용실은 반지름 10 cm 이상
④ 방사성동위원소의 저장함은 반지름 3 cm 이상

【문제 99】 방사능 표지판의 크기가 반지름 10 cm 이상이 아닌 곳은?

① 방사선발생장치 사용실 ② 방사성동위원소 분배실 ③ 오염검사실 ④ 소각로

【문제 100】 밀봉선원의 건전성을 확인하기 위하여 사용자가 자체적으로 실시하는 누설점검에 대한 시기가 옳지 않은 것은?

① 방사선원을 신규로 인수하였을 경우에는 취득일로부터 30일 이내
② 사용 중인 방사선원에 대해서는 매 1년
③ 최근 6월 이내 누설점검을 실시하지 않고 보관하고 있는 방사선원은 매 1년
④ 최근 6월 이내 누설점검을 실시하지 않고 저장하고 있는 방사선원은 사용을 재개하기 직전

【문제 101】 방사성동위원소 등의 사용·분배·저장시설에 대한 방사선량률의 안전관리기록 보존기간은?

① 5년 ② 10년 ③ 15년 ④ 사용을 폐지할 때까지

【문제 102】 방사성동위원소 등의 사용자가 사용을 기록한 장부의 보존기간은?

① 1년 ② 5년 ③ 10년 ④ 사용을 폐지할 때까지

【문제 103】 판독업자가 개인 피폭방사선량의 측정결과 기록부의 보존기간은?

① 5년 ② 10년 ③ 50년 ④ 판독업무 등록을 폐지할 때까지

【문제 104】 방사성동위원소 또는 방사선발생장치 사용허가를 받은 자가 장부에 기록 비치하여야 할 사항이 아닌 것은?

① 사용하는 방사선발생장치의 수량 및 종류
② 방사선발생장치 사용에 종사하는 자의 성명
③ 허가증 및 사업자등록증 번호
④ 사용하는 방사성동위원소의 일시 및 장소

【문제 105】 방사선작업종사자가 근무한 기간 중의 건강진단기록부와 개인 방사선피폭관리의 기록은 몇 년간 보존하는가?

① 10 ② 30 ③ 50 ④ 사용을 폐지할 때까지

㉰ 98. ① 99. ④ 100. ③ 101. ① 102. ② 103. ④ 104. ③ 105. ④

【문제 106】 허가사용자가 방사성물질 등에 대한 보유현황의 보고기한은?

① 당해 연도 경과 후 1개월 이내　② 매반기 경과 후 1개월 이내
③ 매분기 경과 후 1개월 이내　④ 매분기 경과 후 2개월 이내

【문제 107】 업무대행자가 방사선안전관리 실적에 대한 보고기한은?

① 매분기 경과 후 1주 이내　② 매분기 경과 후 1개월 이내
③ 매반기 경과 후 1주 이내　④ 매반기 경과 후 1개월 이내

【문제 108】 자체처분한 방사성폐기물의 발생원·종류·수량·방사선량률·처분방법 및 처리일시에 대한 기록 보존기간은?

① 5년　② 10년　③ 15년　④ 사용을 폐지할 때까지

【문제 109】 방사선발생장치 사용시설 및 사용의 규정에 의거 원격조작장치를 사용하였다면 다음 중 관계가 있는 것은?

① 거리효과　② 차폐효과　③ 작업시간 단축　④ 자동개폐 연동장치

【문제 110】 업무대행업자가 방사선안전관리 업무를 대행할 수 있는 권역 구분 중 옳지 않은 것은?

① 수도권 : 서울특별시, 인천광역시, 경기도, 강원도
② 충청권 : 대전광역시, 세종특별자치시, 충청남도, 충청북도
③ 영동권 : 부산광역시, 대구광역시, 울산광역시, 경상남도, 경상북도
④ 호남권 : 광주광역시, 전라남도, 전라북도, 제주특별자치도

【문제 111】 방사성동위원소의 사용시설에 대한 주요 구조부의 시설기준은?

① 불연재료, 내화구조　② 불연재료, 방화구조
③ 불연재료, 내식성구조　④ 불연재료, 불연구조

【문제 112】 외부 방사선량률 등이 방사선관리구역의 규정에 의한 값을 초과할 우려가 있는 곳에 대하여 사람의 출입을 관리하고 출입자에 대한 방사선의 장해를 방지하기 위한 조치사항이 아닌 것은?

① 방사선관리구역의 설정
② 벽·울타리 등의 구획물로 구획하여 방사능 표지를 부착하고 방사선작업종사자 외의 사람이 당해 구역에 출입하는 경우에는 방사선작업종사자의 지시에 따르도록 할 것
③ 바닥·벽 기타 사람이 접촉할 우려가 있는 물체의 표면이 방사성물질에 오염된 경우 그 오염도가 허용표면오염도를 초과하지 말 것
④ 방사선관리구역으로부터 사람이 퇴거하거나 물품을 반출하는 경우에는 인체 및 의복·신발 등 인체에 착용하고 있는 물품과 반출하는 물품 표면의 방사성물질의 오염도가 허용표면오염도의 10분의 3을 초과하지 말 것

답 106. ③　107. ④　108. ①　109. ①　110. ③　111. ①　112. ④

【문제 113】 원자력관계사업자가 직독식 개인선량계에 의한 방사선작업종사자의 피폭방사선량(방사선투과검사만 해당한다)에 대한 보고기한은?

① 매 작업 시작 전마다 ② 매 작업 종료 시마다
③ 매반기 경과 후 1주 이내 ④ 매반기 경과 후 1개월 이내

【문제 114】 원자력관계사업자가 방사선작업종사자의 건강진단 결과에 대한 보고기한은 결과를 받은 해당 분기 경과 후 얼마 이내에 하는가?

① 1주 ② 2주 ③ 3주 ④ 1개월

【문제 115】 방사성동위원소등을 이동사용 신고를 한 자는 개설된 작업장의 운영이 종료된 경우에는 ( ) 이내에 신고서에 작업인원 및 작업량이 포함된 발주자의 작업장 폐지확인서를 첨부하여 위원회에 제출하여야 한다. 괄호 안에 알맞은 것은?

① 10 ② 20 ③ 30 ④ 40

【문제 116】 품질보증계획서의 제출이 필요한 허가의 종류는?

① 방사선동위원소등의 사용 ② 방사성동위원소등의 판매
③ 방사성동위원소등의 이동사용 ④ 방사성동위원소등의 생산

【문제 117】 방사성동위원소를 방사선투과검사 목적으로 이동사용하지 않는 경우 허가 시 인력기준으로 옳은 것은?

① 방사성동위원소취급자일반면허 소지자, 방사선취급감독자면허 소지자 또는 방사선관리기술사 1명 이상
② 방사선취급감독자면허 소지자 또는 방사선관리기술사 2명 이상
③ 방사선취급감독자면허 소지자 또는 방사선관리기술사 1명 이상
④ 방사성동위원소취급자일반면허 소지자, 방사성동위원소취급자특수면허 소지자, 방사선취급감독자면허 소지자 또는 방사선관리기술사 1명 이상

【문제 118】 방사선안전관리의 기록사항과 보존기간에 대한 설명 중 옳지 않은 것은? 단, 방사성동위원소등의 생산 및 사용자(신고사용자를 제외한다)일 때이다.

① 방사성동위원소 등의 생산·사용·분배·저장 및 폐기시설의 방사선량률 : 5년
② 방사선관리구역에서의 방사성물질로 오염된 물체의 표면오염도 : 10년
③ 밀봉방사성동위원소 또는 방사선발생장치로서 방사선차폐시설이 일정한 장소의 방사선량률 : 10년
④ 자체처분한 방사성폐기물의 발생원·종류·수량·방사선량률·처분방법 및 처리일시 : 10년

【문제 119】 판독업무자가 개인피폭선량계의 측정불능, 연간 선량초과자 등 피폭특이자의 발생 현황에 대한 보고기한은?

① 발생즉시 ② 발생 후 10일 이내
③ 발생 후 20일 이내 ④ 발생 후 30일 이내

답 113. ② 114. ④ 115. ① 116. ④ 117. ① 118. ④ 119. ①

【문제 120】 방사성동위원소등을 인체 외에 사용할 때 방사성동위원소취급자 일반면허자가 필요한 것은? 단, 방사선투과 검사 이동사용은 제외한다.

① 밀봉된 방사성동위원소로 기기에 장비된 연간사용량이 3.7 TBq 미만
② 밀봉된 방사성동위원소로 기기에 장비되지 않은 연간사용량이 1.85 TBq 이상
③ 개봉선원으로 연간사용량이 1.85 GBq 이상
④ 350 kV 미만의 방사선발생장치로서 용량이 250 kV, 5 mA 2대 이상

【문제 121】 방사성동위원소 취급자 특수면허 소지자가 필요한 것은? 단, 방사선투과 검사 이동사용은 제외한다.

① 밀봉된 방사성동위원소로 기기에 장비되지 않은 것으로서 연간 사용량 1.85 TBq 미만
② 방사선발생장치 및 방사성동위원소를 판매하는 경우
③ 밀봉되지 아니한 방사성동위원소 연간사용량이 1.85 GBq 이상
④ 최대 사용전압 350 kV 이상으로서 용량이 350 kV, 5 mA 1대 이상

【문제 122】 업무대행자의 업무가 아닌 것은?

① 안전보고서 작성
② 방사선안전관리 교육
③ 사용시설 등 설치에 대한 감리
④ 방사성동위원소 등 방사성폐기물 수거 처리 및 운반

【문제 123】 오염검사실에 대한 설명으로 옳지 않은 것은?

① 사람이 상시 출입하는 장소 등 비밀봉선원에 의한 오염검사를 실시하기에 가장 적합한 장소에 설치할 것
② 세정, 탈의설비 등 오염검사를 위한 방사선측정기 및 오염제거에 필요한 장비를 갖출 것
③ 내부의 벽, 바닥 그 밖의 개봉선원에 의하여 오염될 우려가 있는 부분은 기술기준에 적합할 것
④ 후드, 글로브박스 등 기체상 방사성동위원소의 확산을 방지하는 배기설비를 할 것

【문제 124】 방사선 안전보고서 작성과 관련이 없는 것은?

① 방사선 취급방법 및 방사선 안전관리계획
② 방사선폐기물의 발생 및 처리계획
③ 주변환경에 대한 방사선영향
④ 방사선동위원소 등의 구매 사용 및 판매에 관한 사항

【문제 125】 밀봉선원 누설점검의 시기로 옳지 않은 것은?

① 방사선원을 신규로 인수한 경우에는 취득일로부터 30일 이내 실시한다.
② 사용 중인 방사선원의 경우에는 6개월 이내 실시한다.
③ 최근 6개월 이내에 누설점검을 실시하지 않고 보관 또는 저장하고 있는 방사선원에 대해서는 사용재개 하기 직전에 점검 실시한다.
④ 방사선원의 제작자가 서명으로 누설점검의 시기 및 유효기간을 지정 시 관련 증빙서류를 확보한 경우는 이에 따를 수 있다.

㉠ 120. ① 121. ③ 122. ② 123. ④ 124. ④ 125. ②

【문제 126】 판독업무 등록기준 검사에 관한 규정에서 성능검사 신청 및 절차에 관한 설명 중 옳지 않은 것은?

① 선량계는 판독업무자가 방사선작업종사자에게 지급하여 사용하고 있는 선량계 중에서 무작위로 선정한 것을 배지케이스에 넣어 제출하여야 한다.
② 성능검사용 선량계를 검사개시 1개월 전까지 한국원자력안전기술원장에게 제출하여야 한다.
③ 선량계는 선량계 모델 및 범주별로 제출하고, 범주별로 15개씩 제출하되 예비용 선량계 20개를 추가로 제출하여야 한다.
④ 기준조사가 완료된 선량계는 3개월 이내에 판독업무자에게 판독을 위하여 반송하고, 범주Ⅰ, Ⅱ 및 Ⅷ과 관련된 선량계에는 범주를 표시하여야 한다.

【문제 127】 방사성동위원소를 방사선투과검사 목적으로 이동사용하지 않는 경우 허가 시 장비기준으로 옳은 것은?

① 방사능측정기 : 1대 이상　② 방사선측정기 : 1대 이상
③ 방사능측정기 : 2대 이상　④ 방사선측정기 : 2대 이상

【문제 128】 교정용 장치에 방사성동위원소가 내장된 경우 방사성동위원소의 사용신고대상 기준은 방사성동위원소의 수량이 (가) MBq 이하이고, 사용 중에는 표면방사선량률이 (나) μSv/h 이하이며, 사용하지 아니할 때에는 표면방사선량률이 1 μSv/h 이하이다. 괄호 안에 알맞은 것은?

① 가 : 40, 나 : 50　② 가 : 40, 나 : 500
③ 가 : 100, 나 : 50　④ 가 : 100, 나 : 500

【문제 129】 밀봉선원 누설점검 계측결과, 해당 방사선원을 구성하고 있는 핵종의 총 방사능량이 (　　) Bq을 초과하지 아니하는 경우에는 방사선원의 누설이 없는 것으로 간주한다. 괄호 안에 알맞은 것은?

① 100　② 200　③ 300　④ 400

【문제 130】 방사선안전관리자가 여행·질병이나 그 밖의 사유로 일시적으로 그 직무를 수행할 수 없는 경우 방사선안전관리자 대리자를 지정하여야 한다. 이때 연간 직무대행 기간은? (단, 출산휴가로 인한 경우가 아님)

① 30일　② 60일　③ 90일　④ 120일

【문제 131】 판독업무 신규 등록한 이후에 성능검사 주기는 모든 범주에 대하여 (　　)년 주기로 실시한다. 괄호 안에 알맞은 것은?

① 1　② 2　③ 3　④ 4

【문제 132】 부 판독기를 사용하고자 하는 경우에는 사용개시 며칠 전까지 원자력안전위원회에 보고하여야 하는가?

① 3　② 5　③ 7　④ 10

㉻ 126. ③　127. ②　128. ②　129. ②　130. ①　131. ②　132. ②

【문제 133】 방사성동위원소를 인체 외에 사용하는 허가 사용자가 방사선안전관리자 대리자를 지정할 때 취급 업무에 종사한 경력이 3년 이상인 사람으로서 지정일로부터 최근 (　　) 이내에 방사선안전관리자 교육을 받은 사람을 지정한다. 괄호 안에 옳은 것은?

① 6개월　② 1년　③ 2년　④ 3년

【문제 134】 방사성동위원소를 생산하는 허가 사용자가 방사선안전관리자 대리자를 지정하고자 할 때 인력기준으로 옳지 않은 것은?

① 방사선관리기술사 자격자　② 방사성동위원소 취급자 특수면허자
③ 방사성동위원소 취급자 일반면허자　④ 방사선 취급 감독자면허자

【문제 135】 안전성 분석보고서의 제출이 필요한 허가의 종류는?

① 방사선동위원소등의 사용　② 방사성동위원소등의 판매
③ 방사성동위원소등의 이동사용　④ 방사성동위원소등의 생산

【문제 136】 방사성동위원소등을 사업소 외에서 방사선투과검사를 목적으로 이동사용하기 위하여 변경신고를 하려는 자는 이동사용의 개시 30일 전(작업기간이 1개월 미만이거나 긴급을 요하는 경우에는 5일 전)까지 위원회에 신고하여야 한다. 이때 제출할 서류가 아닌 것은?

① 발주자와의 방사선투과검사 계약서
② 저장시설·보관시설의 구조명세서 및 차폐평가결과
③ 작업장 안전관리자의 배치에 관한 서류
④ 품질보증계획서 및 안전성분석 보고서

【문제 137】 이동사용 신고를 한 자는 개설된 작업장의 운영이 종료된 경우에는 (　　)일 이내에 신고서에 작업인원 및 작업량이 포함된 발주자의 작업장 폐지확인서를 첨부하여 위원회에 제출하여야 한다. 괄호 안에 옳은 것은?

① 5　② 10　③ 20　④ 30

【문제 138】 허가·등록의 취소 및 1년 이내의 기간을 정하여 사용 중지를 명할 수 있는 규정에서 그 업무의 정지 또는 사용금지를 갈음하여 (　　) 이하의 과징금을 부과할 수 있다. 괄호 안에 옳은 것은?

① 5천만 원　② 1억 원　③ 3억 원　④ 5억 원

【문제 139】 방사선안전관리의 업무를 수행하기 위하여 허가사용자는 방사선안전관리자를 선임하여야 한다. 이때 방사선안전관리자의 업무가 아닌 것은?

① 방사성동위원소 판매계획서 및 기술기준의 준수여부 점검
② 방사선작업종사자에 대한 방사선장해방지조치
③ 허가사용자에 대한 방사선안전관리에 관한 조치 권고
④ 그 밖에 방사선안전관리를 위하여 필요한 조치

㊐ 133. ③　134. ②　135. ④　136. ④　137. ②　138. ④　139. ①

【문제 140】 방사선안전관리업무를 수행하기 위해 신고사용자가 방사선안전관리자를 선임한 경우 위원회에 신고 시기는?

① 방사성동위원소의 사용개시 전
② 방사성동위원소의 사용 후 즉시
③ 방사성동위원소의 사용개시 후 1개월 이내
④ 방사성동위원소의 사용개시 후 3개월 이내

【문제 141】 방사선안전관리자 선임에 관한 사항 중 옳지 않은 것은?

① 위원회는 방사선안전관리자가 업무를 게을리한 때에 허가사용자에게 그 방사선안전관리자의 해임을 요구할 수 있다.
② 허가사용자가 방사선안전관리자를 선임하였을 때는, 선임한 날부터 20일 이내에 위원회에 선임신고를 하여야 한다.
③ 신고사용자는 해임된 후 1년이 안된 사람을 방사선안전관리자로 선임할 수 없다.
④ 방사선작업종사자는 방사선 안전관리에 관한 방사선안전관리자의 조치와 권고에 따라야 한다.

【문제 142】 작업장이 같은 시·군·구에 위치하거나 그 시·군·구 경계에서 (가)킬로미터 이내에 위치하는 경우는 2개 이하의 작업장마다 (나)명의 방사선안전관리자를 선임해야 한다. 단, 전용 방사선 사용시설에서만 방사선원을 사용하는 경우에는 3개 이하이다. 괄호 안에 옳은 것은?

① 가 : 10, 나 : 1　② 가 : 10, 나 : 2
③ 가 : 15, 나 : 1　④ 가 : 15, 나 : 2

【문제 143】 작업장이 방사선원을 1개만 사용하고, 방사선 작업기간이 1개월 미만이며, 방사선안전관리자가 방사선 작업에 항상 참여하는 경우에는 (　)개 이하의 작업장마다 1명의 방사선안전관리자를 선임할 수 있다. 괄호 안에 옳은 것은?

① 2　② 3　③ 4　④ 5

【문제 144】 방사선안전관리 선임 신고서에 첨부할 서류가 아닌 것은?

① 원자력관계사업자의 재직을 증명하는 서류
② 허가사용자의 경우 면허증 사본 또는 방사선관리기술사 자격증 사본
③ 방사선안전관리자의 업무분장 내용(2명 이상인 경우로 한정한다)
④ 신고한 사항을 변경하는 경우 그 사실을 증명하는 서류

【문제 145】 허가사용자가 종사자 중 방사선안전관리자를 선임할 때 자격요건으로 맞지 않는 것은?

① 방사성동위원소취급자 일반면허자
② 방사성동위원소취급자 특수면허자
③ 방사선관리기술사
④ 방사성동위원소 등의 취급업무에 종사한 경력이 있는 사람

㉮ 140. ①　141. ②　142. ③　143. ④　144. ①　145. ④

【문제 146】 허가사용자가 종사자 중 방사선안전관리자를 선임할 때 면허를 소지한 경우는 선임 일부터 최근 (가)년 이내에 면허를 취득하였거나 (나)교육을 받은 사람을 선임해야 한다. 괄호 안에 옳은 것은?

① 가 : 3, 나 : 기본　　② 가 : 3, 나 : 보수
③ 가 : 5, 나 : 기본　　④ 가 : 5, 나 : 보수

【문제 147】 업무대행자가 등록을 할 때 신청서의 제출서류가 아닌 것은?

① 장비 및 인력을 확보하고 있음을 증명하는 서류
② 규정에 의한 보상기준
③ 대행업무와 관련된 기술을 보유하고 있는 인력의 경력확인서
④ 판독의 기술적 능력을 입증하는 서류

【문제 148】 허가사용자의 방사선안전관리 업무를 대행하려는 자는 소속 전담인력 1명으로 허가사용자를 최대 (가)명까지 대행할 수 있으며, 신고사용자는 최대 (나)명까지 대행할 수 있다. 괄호 안에 옳은 것은?

① 가 : 15, 나 : 30　　② 가 : 30, 나 : 15
③ 가 : 20, 나 : 10　　④ 가 : 10, 나 : 20

【문제 149】 방사성동위원소 또는 관련 설비를 의도적으로 공격하여 방사성물질을 분산시키거나 방사선을 노출함으로써 사람의 건강·안전 또는 환경을 위태롭게 하는 행위는 무엇인가?

① 행위의 정당화　　② 개입(방사선 사고)
③ 사보타주　　④ 방어의 최적화

【문제 150】 허가사용자가 외부로 노출되지 않도록 안전하게 관리해야할 정보사항이 아닌 것은?

① 보안관리계획　　② 동반 접근자 명단
③ 단독 접근자 명단　　④ 그 밖에 보안관리를 위해 필요하다고 판단하는 정보

【문제 151】 사용이 종료된 밀봉된 방사성동위원소를 보관시설 내에 보관할 경우에는 보관기간은 사용 종료일로부터 (가)년 이내로 한다. 다만, 방사선투과검사용 이리듐(Ir-192)의 경우에는 보관기간을 취득일로부터 (나)년 이내로 한다. 괄호 안에 옳은 것은?

① 가 : 5, 나 : 2　　② 가 : 2, 나 : 5
③ 가 : 2, 나 : 10　　④ 가 : 10, 나 : 2

【문제 152】 업무대행자가 허가사용자 및 신고사용자를 대행하여 수행할 수 있는 업무가 아닌 것은?

① 방사성폐기물의 저장·처분시설의 건설, 운영
② 자체점검 보고서의 작성 업무
③ 방사선안전보고서·안전관리규정의 작성
④ 방사선안전관리

답 146. ② 147. ④ 148. ① 149. ③ 150. ② 151. ② 152. ①

【문제 153】 업무대행자의 업무 중 그 밖에 총리령으로 정하는 방사선의 안전관리 및 장해방지 관련 업무가 아닌 것은?

① 방사선원 누설점검 업무
② 사용시설 등의 설계
③ 자체점검 보고서의 작성 업무
④ 사용시설 등의 설치에 대한 감리

【문제 154】 방사성동위원소등의 생산·판매·사용 허가시 확보하여야 할 장비기준으로 옳지 않은 것은?

① 밀봉된 방사성동위원소 판매 : 방사선측정기 2대 이상과 방사선원 운반차량 1대 이상
② 방사선투과검사의 목적으로 이동사용하지 않는 경우 : 방사능측정기 1대 이상
③ 밀봉되지 아니한 방사성동위원소를 사용하는 경우 : 사용시설마다 방사선측정기 및 방사능측정기 각 1대 이상
④ 밀봉되지 아니한 방사성동위원소를 판매하는 경우 : 방사선측정기 및 방사능측정기 각 2대 이상과 방사선원 운반차량 1대 이상

【문제 155】 방사성동위원소 사용자가 기록한 방사선안전관리 기록 중 보존기간이 다른 하나는?

① 밀봉방사성동위원소 또는 방사선발생장치로서 방사선차폐시설이 일정한 장소의 방사선량률
② 배기구 및 배수구에서의 방사성물질의 농도
③ 방사성동위원소 등의 생산·사용·분배·저장 및 폐기시설의 방사선량률
④ 방사선관리구역에서의 방사성물질로 오염된 물체의 표면오염도

【문제 156】 사용신고 대상 방사선발생장치에 해당되지 않는 것은?

① 휴대형 폭발물처리
② 테러방지 검사용
③ 자체 차폐된 방사선발생자치로서 표면방사선량률이 100 μSv/h 이하인 것
④ 자체 차폐된 방사선발생장치로서 가속관의 최대전압이 170 kV 이하

【문제 157】 방사성동위원소등의 사용여부에 따라 출입구가 개폐되는 연동장치를 갖추어야 하는 시설은?

① 개봉선원을 생산하기 위한 방사선 조사시설
② 111 TBq 이상의 개봉선원을 사용하는 시설
③ 방사선발생장치의 사용시설
④ 111 TBq 이상의 밀봉선원을 사용하는 시설

【문제 158】 오염검사실에 대한 기술기준 중 옳지 않은 것은?

① 오염검사실은 사람이 상시 출입하는 출입구 부근 등 개봉선원에 의한 오염검사를 실시하기에 가장 적합한 장소에 설치할 것
② 오염검사실 내부의 표면은 오염의 확대를 방지하기 위하여 기체 또는 액체가 잘 흡수하는 물질을 사용하고 내식성이 강한 재료로 할 것
③ 오염검사실 내부의 벽·바닥 그 밖에 개봉선원에 의하여 오염될 우려가 있는 부분은 표면이 평탄하고 매끄러우며 빈틈이나 구멍이 없도록 할 것
④ 오염검사실에는 세정·탈의설비, 오염검사를 위한 방사선측정기 및 오염제거에 필요한 장비를 갖출 것

㉰ 153. ④ 154. ② 155. ③ 156. ③ 157. ④ 158. ②

【문제 159】 개봉선원을 사용하는 경우에 사용시설마다 확보하여야 하는 장비는?

① 방사선측정기 및 방사능측정기 각 1대 이상
② 방사선측정기 및 방사능측정기 각 2대 이상
③ 방사선측정기 2대 또는 방사능측정기 1대 이상
④ 방사선측정기 2대 또는 방사능측정기 2대 이상

【문제 160】 방사성동위원소 생산 등의 허가 시 인력기준 중 방사선취급감독자면허 또는 방사선관리기술자 취득자 2명 이상이 필요한 경우는?

① 방사선투과 목적으로 이동사용하는 경우
② 방사성동위원소를 판매하는 경우
③ 1 MeV 이상의 방사선발생장치를 사용하는 경우
④ 방사성동위원소 등을 생산하는 경우

【문제 161】 완전 방호형 방사선기기의 구조기준에 대한 설명 중 옳지 않은 것은?

① 특수공구를 이용하지 않는 한 방사선기기의 분해가 가능해서는 안 된다.
② 개폐가 가능한 모든 격리 구조물이 정상적인 위치에 있지 않는 한방사선기기가 작동해서는 안 된다.
③ 방사선기기의 외부에 형성되는 방사선장에 의한 피폭방사선량이 최대가 되는 가동조건에서 모든 접촉부위의 표면방사선량은 시간당 1 μSv를 초과하지 않아야 한다.
④ 방사선발생장치의 경우 가속관의 최대전압이 70 kV 이하여야 한다.

【문제 162】 방사성동위원소가 내장된 기기의 종류가 아닌 것은?

① 산업용 방사선촬영기 ② 감마선조사 장치
③ 선형가속장치 ④ 엑스선형광분석기

【문제 163】 방사성동위원소를 내장하고 있는 방사선기기에는 누구나 방사선이 방출하고 있음을 알 수 있도록 외부에 표시해야 한다. 다음 중 표시 사항이 아닌 것은?

① 방사선원 종류 ② 모델번호
③ 설계승인 번호 ④ 가속입자 최대 빔에너지

【문제 164】 방사선기기의 차폐기준에서 차폐성능의 평가는 별도의 합리적인 기준이 없는 한 임의의 종사자에 대한 방사선기기의 가동시간은 연간 얼마인가?

① 1,000 ② 2,000 ③ 3,000 ④ 4,000

【문제 165】 방사선기기로부터 1미터 위치에서의 피폭방사선량이 시간당 5 Sv를 초과하는 경우에는 시각적 경고 장치와 함께 연동장치에 연동된 청각적 경고 장치를 함께 설치하여야 한다. 이 경우, 청각적 경고 장치는 방사선방출 직전까지 최소한 ( )초 이상 작동되어야 한다. 괄호 안에 알맞은 것은?

① 10 ② 20 ③ 30 ④ 400

답 159. ① 160. ① 161. ④ 162. ③ 163. ④ 164. ② 165. ②

【문제 166】 방사선기기의 설계승인 및 검사에 관한 일반기준으로 옳지 않은 것은?

① 방사선기기는 운영, 유지, 수리 및 선원 교체 등 일련의 방사선작업이 용이하도록 설계하여야 한다.

② 방사선기기 자체의 결함으로 인하여 종사자 또는 일반인이 선량한도를 초과하여 피폭될 경우를 대비하여 보조 차폐체를 구입한다.

③ 방사선기기에 결함이 발생하는 경우에는 즉시 그 사실을 감지하여 의도하지 않은 방사선 피폭을 제한하거나 감소시킬 수 있어야 한다.

④ 의료용 방사선기기의 경우에는 운영자의 실수를 방지할 수 있도록 설계하여야 한다.

【문제 167】 원자력안전위원회 고시 "방사선기기의 설계승인 및 검사에 관한 기준"에서 무인 격리형에 대한 구조기준과 관련하여 셔터를 닫거나 방사선원을 안전위치로 이동시킨 후, 방사선기기의 표면방사선량은 시간당 몇 mSv를 초과할 수 없는가?

① 1 ② 2 ③ 3 ④ 4

【문제 168】 원자력안전위원회 고시 "방사선기기의 설계승인 및 검사에 관한 기준"에서 캐비닛형에 대한 구조기준과 관련하여 방사선기기의 외부에 형성되는 방사선장에 의한 피폭방사선량이 최대가 되는 가동 조건에서 모든 접촉 부위의 표면방사선량은 시간당 몇 μSv를 초과할 수 없는가?

① 1 ② 5 ③ 10 ④ 100

【문제 169】 신체외부에서 피폭하는 방사선량의 판독에 관한 업무를 하고자 하는 자는?

① 원자력안전위원회의 허가 ② 원자력안전위원회의 승인
③ 원자력안전위원회의 신고 ④ 원자력안전위원회에 등록

【문제 170】 총리령이 정하는 바에 따르면 방사선기기의 설계승인은?

① 형식별로 받아야 한다. ② 연도별로 받아야 한다.
③ 용량별로 받아야 한다. ④ 수량별로 받아야 한다.

【문제 171】 방사선기기를 제작하거나 수입하고자 하는 자는 방사선기기의 형식 별로 어떠한 승인을 받아야 하는가?

① 설계승인 ② 시설승인 ③ 사용승인 ④ 제작승인

【문제 172】 방사선기기의 설계승인에 관한 기준으로 옳지 않은 것은?

① 방사선기기가 파손·마모 등에 의하여 방사선원이 쉽게 이탈되지 말 것
② 방사선장해발생의 우려가 없을 것
③ 방사선기기의 설계 및 구조가 위원회가 정하는 고시 기준에 적합할 것
④ 제작국의 제작검사 또는 품질검사에 관한 검사에 합격할 것

㉰ 166. ② 167. ② 168. ③ 169. ③ 170. ① 171. ① 172. ④

【문제 173】 방사성동위원소 등의 허가사용자가 기록·비치하여야 할 사항 중 수시출입자가 당해 업무에 종사하기 이전의 건강진단기록 및 방사선피폭 경력의 보존기간은?

① 5년 ② 10년 ③ 영구히 ④ 사용을 폐지할 때까지

【문제 174】 방사성동위원소 등의 허가사용자가 기록·비치하여야 할 사항 중 자체처분한 방사성폐기물의 발생원, 종류, 수량, 방사선량률, 처분방법 및 처리일시에 대한 기록부의 보존기간은?

① 5년 ② 10년 ③ 영구히 ④ 사용을 폐지할 때까지

【문제 175】 방사성동위원소 등의 허가사용자가 기록·비치하여야 할 사항 중 매년 1월 1일을 기준으로 한 각 3개월간의 수시출입자의 피폭방사선량에 대한 기록부의 보존기간은?

① 5년 ② 10년 ③ 영구히 ④ 사용을 폐지할 때까지

【문제 176】 원자력관계사업자가 방사선안전관리자 외의 방사선작업종사자에 대한 직장교육을 실시한 결과 보고서의 보고기한은?

① 해당분기 경과 후 20일 이내 ② 해당분기 경과 후 1개월 이내
③ 해당분기 경과 후 2개월 이내 ④ 해당분기 경과 후 3개월 이내

【문제 177】 원자력관계사업자가 개인선량계에 의한 방사선작업종사자의 피폭방사선량 측정 결과 보고서의 보고기한은?

① 매분기 경과 후 1개월 이내 ② 매분기 경과 후 3개월 이내
③ 매반기 경과 후 1개월 이내 ④ 매반기 경과 후 3개월 이내

【문제 178】 방사선투과검사 목적의 작업장 개설신고를 위해 제출해야하는 서류가 <u>아닌</u> 것은?

① 발주자의 방사선투과검사 계약서 ② 방사선관리규정에 관한 설명서
③ 작업방법에 관한 설명서 ④ 품질보증 계획서

【문제 179】 허가사용자 및 신고사용자를 대행하여 다음 업무를 하고자 하는 자는 원자력안전위원회에 등록하여야 한다. 이때 등록 업무가 <u>아닌</u> 것은?

① 자체점검 보고서의 작성업무 ② 사용시설등의 설계
③ 방사선원 누설점검 업무 ④ 사용시설등의 설치

【문제 180】 방사성동위원소 사용 허가증의 기재사항 중 옳지 <u>않은</u> 것은?

① 저장시설의 저장능력 ② 허가조건 및 허가일자
③ 방사성동위원소의 종류 및 수량 ④ 허가종류 및 유효기간

답 173. ① 174. ① 175. ① 176. ② 177. ① 178. ④ 179. ④ 180. ④

【문제 181】 개봉선원 100기가베크렐를 사용하는 연구기관에 대한 규정 중 옳지 않은 것은?

① 업무대행자의 인력으로 방사선안전관리자를 대행할 수 없다.
② 정기검사의 시기는 매 3년이다.
③ 방사선조사 여부에 따라 출입구가 개폐되는 연동장치를 한다.
④ 개봉선원의 저장시설을 변경하는 경우 시설검사가 면제된다.

【문제 182】 허가사용자 및 신고사용자의 결격사유에 해당하지 않은 것은?

① 피성년후견인
② 법을 위반하여 징역 이상의 형의 선고를 받고 그 형의 집행이 종료되거나 집행을 받지 아니하기로 확정된 후 3년이 경과되지 아니한 사람
③ 허가가 취소된 후 5년이 경과되지 아니한 자
④ 임원중 파산선고를 받고 복권되지 아니한 사람이 있는 법인

㉰ 181. ③ 182. ③

제6장 검사

1. 검사

▸ 허가사용자 및 업무대행자는 방사성동위원소 등의 생산·판매·사용·이동사용 또는 대행업무를 대통령령으로 정하는 바에 따라 위원회의 검사를 받아야 한다. 다만, 대통령령으로 정하는 바에 따라 검사가 면제되는 경우에는 그러하지 아니하다.

▸ 위원회는 검사결과 다음 각 호의 어느 하나에 해당하면 허가사용자 또는 업무대행자에게 그 시정 또는 보완을 명할 수 있다.

(1) 허가기준 또는 등록기준에 미달될 때

(2) 안전관리규정 또는 업무대행규정을 위반하였을 때

2. 시설검사

1) 시설검사

▸ 허가사용자는 방사성동위원소 등의 생산시설·사용시설·분배시설·저장시설·보관시설·처리시설 및 배출시설(이하 "사용시설 등"이라 한다)을 설치 또는 변경한 경우에는 해당 시설에 대하여 위원회의 검사를 받아야 한다.

▸ 허가사용자가 다음 각 호의 어느 하나에 해당하는 사용시설 등에 대하여 총리령으로 정하는 바에 따라 자체점검을 하고, 그 자체점검결과에 대하여 위원회의 서면심사를 받아 합격한 경우에는 해당 자체점검으로 상기규정에 따른 시설검사에 갈음한다. 다만, 해당 사용 시설 등을 최초로 검사하는 경우에는 그러하지 아니하다.

(1) 승인을 받은 방사선기기(별도의 방사선 차폐체를 설치하지 아니하고 취급할 수 있는 것 만 해당한다)를 설치한 사용시설 등

(2) 승인을 받은 방사선발생장치로서 **총리령으로 정하는 장치**를 설치한 사용시설 등

(3) 370기가베크렐 미만의 밀봉된 방사성동위원소의 사용시설 등

▸ 업무대행자가 상시 사용시설 등의 어느 하나에 해당하는 사용시설 등에 대하여 총리령으로 정하는 바에 따라 감리를 실시하고, 그 감리 결과에 대하여 위원회의 서면 심사를 받아 합격한 경우에는 그 감리로 상기 규정에 따른 시설검사를 갈음한다. 다만, 해당 사용시설 등을 최초로 검사하는 경우에는 그러하지 아니하다.

2) 시설검사의 서면심사 대상

"총리령으로 정하는 장치"란 최대전압 250킬로볼트 이하의 방사선발생장치를 말한다.

3) 시설검사의 면제

시설검사가 면제되는 경우는 다음 각 호와 같다.

(1) 밀봉된 방사성동위원소의 외의 방사성동위원소(이하 "밀봉되지 아니한 방사성동위원소"라 한다)의 저장시설을 변경하는 경우
(2) 방사성폐기물[폐기선원(사용이 종료된 방사성동위원소를 말한다)은 제외한다]의 저장시설을 변경하는 경우
(3) 일시적인 사용 장소에 사용시설 등을 설치하는 경우
(4) 신고대상인 방사성동위원소 등을 사용하기 위하여 사용시설 등을 추가로 설치하거나 변경하는 경우
(5) 제작검사에 합격한 방사선기기를 기존 시설의 변경 없이 설치하는 경우
(6) 방사광가속기에 방사광 빔라인을 추가로 설치하거나 구조를 변경하는 경우로서 위원회가 시설검사가 필요 없다고 인정하는 경우
(7) 방사선발생장치의 보관시설을 설치하거나 변경하는 경우

4) 시설검사의 자체점검·감리에 대한 서면심사 등

▸ 허가사용자의 자체점검 또는 업무대행자의 감리는 다음 각 호의 사항에 대하여 실시한다.
(1) 방사선기기의 제작회사·모델번호 및 일련번호
(2) 방사선발생장치의 최대 사용용량
(3) 내장되어 있는 방사성동위원소의 핵종·방사능량·제작회사·모델번호·일련번호 및 인증서
(4) 방사선기기를 포함한 사용시설 등의 설치위치 및 상태
(5) 방사선기기 설치 후 방사선기기 외부표면 및 사용시설 등의 주요지점에서의 방사선량률
(6) 사용시설 등의 재질 및 치수
(7) 사용시설 등의 주변 환경
(8) 사용시설 등의 안전장치설치 및 안전관리장비 보유현황
(9) 방사능표지·주의사항의 게시위치 및 내용

3. 정기검사

1) 정기검사

▸ 허가사용자는 사용시설 등의 시설 및 그 운영에 관하여 총리령으로 정하는 바에 따라 정기적으로 위원회의 검사를 받아야 한다.
▸ 업무대행자는 대행업무의 운영 및 내용에 관하여 총리령으로 정하는 바에 따라 정기적으로 위원회의 검사를 받아야 한다.
▸ 다음 각 호의 요건을 모두 갖춘 허가사용자가 사용시설등의 시설 및 그 운영에 관하여 총리령으로 정하는 바에 따라 자체점검을 하고, 그 자체점검 결과를 위원회에 제출하여 서면심사에 의한 검사(이하 이 조에서 "서면검사"라 한다)를 받아 합격한 경우에는 그 서면검사로 제1항에 따른 정기검사를 갈음한다. 다만, 처음으로 정기검사를 받아야 하는 경우와 서면검사를 받은 직후에 정기검사를 받아야 하는 경우는 예외로 한다.

(1) **총리령으로 정하는 정기검사주기가 3년 또는 5년인 사용시설 등을 설치·운영하는 자일 것**
(2) 직전 정기검사에서 시정 또는 보완 명령을 받지 아니하였을 것
(3) 정기검사 해당 연도의 1월 1일부터 기산하여 최근 3년간 업무에 관한 보고(해당 사용시설 등의 시설 및 그 운영에 관한 보고에 한정한다)가 누락되지 아니하였을 것
(4) 정기검사 해당 연도의 1월 1일부터 기산하여 최근 3년간 판독특이자가 발생하지 아니하였을 것
(5) 정기검사 해당 연도의 1월 1일부터 기산하여 최근 5년간 방사선발생장치 또는 방사성물질 등에 관한 도난·분실·화재, 그 밖의 사고가 발생하지 아니하였을 것

▸ 검사 결과 또는 서면심사 결과 규정에 따른 기준에 맞게 유지된 경우에는 합격으로 한다.
▸ 위원회는 제출된 서면심사 결과 불합격한 사용시설 등의 시설 및 그 운영에 대해서는 정기검사를 실시해야 한다.

2) 정기검사의 서면검사 대상

"총리령으로 정하는 정기검사주기가 3년 또는 5년인 사용시설 등을 설치·운영하는 자일 것"이라 함은 **별표 3**에 따른 정기검사의 시기가 매 3년 또는 5년인 자를 말한다.

3) 정기검사의 면제

검사 결과나 허가사용자 및 업무대행자의 자체 안전관리 수준이 우수하다고 위원회가 인정하는 허가사용자 및 업무대행자에 대해서는 정기검사를 면제한다. 검사면제의 기준 등 검사면제에 필요한 사항은 **위원회가 정하여 고시**한다.

▸ **방사성동위원소 등의 허가사용자 및 업무대행자에 대한 정기검사 면제(위원회 고시)**

• 목적

이 규정은 「원자력안전법」의 규정에 따른 방사성동위원소 등의 허가사용자 및 업무대행자에 대한 정기검사의 면제를 위한 기준 등에 관하여 필요한 사항을 규정함을 목적으로 한다.

• 적용범위

이 규정은 정기검사주기가 매 1년인 방사성동위원소 등의 허가사용자 및 업무대행자(이하 "허가사용자 및 업무대행자"라 한다) 중에서 전년도에 정기검사 또는 수시검사를 받은 자에 대하여 적용한다.

• 정기검사 면제대상자의 선정

한국원자력안전기술원장(이하 "기술원장"이라 한다)은 매년 2월 말까지 제4조에 따른 면제기준에 해당하는 허가사용자 및 업무대행자를 해당 년도 정기검사계획에 반영하여 원자력안전위원회의 승인을 받아야 한다.

• 정기검사 면제기준

안전관리실적평가표 **별표 1** 및 **별표 2**에 따른 평점이 70점 이상인 허가사용자 및 업무대행자에 대하여는 해당연도 정기검사를 면제할 수 있다.

• 정기검사 면제의 통보

기술원장은 정기검사가 면제되는 허가사용자 및 업무대행자에 대하여 해당연도 정기검사계획에 따라 이를 통보하여야 한다.

• 정기검사 면제에 대한 조치

정기검사가 면제된 허가사용자 및 업무대행자에 대하여는 해당연도 정기검사가 합격된 것으로 한다.

• 정기검사 면제 예외규정

원자력안전위원회는 정기검사가 면제된 허가사용자 및 업무대행자에 대하여 방사선안전관리상 문제가 있거나 문제가 있을 것으로 예상되는 경우에는 수시검사를 통하여 방사선안전관리상태를 점검할 수 있다.

[별표 1]

허가사용자의 안전관리 실적 평가표

<table>
<tr><th colspan="2">항 목</th><th>해당 기간</th><th>평 점</th><th>비 고</th></tr>
<tr><td>1</td><td>정기검사 또는 수시검사 지적사항</td><td>전년도</td><td>-30</td><td>(주1)</td></tr>
<tr><td>2</td><td>정기검사 또는 수시검사 권고사항</td><td>전년도</td><td>-10</td><td>(주2)</td></tr>
<tr><td>3</td><td>정기검사 또는 수시검사 준비 및 수검자세가 우수함</td><td>전년도</td><td>+5</td><td></td></tr>
<tr><td rowspan="5">4</td><td rowspan="5">방사성동위원소 등의 분실 또는 도난 사고 발생</td><td>최근 1년간</td><td>-50</td><td></td></tr>
<tr><td>1~2년 경과시</td><td>-40</td><td></td></tr>
<tr><td>2~3년 경과시</td><td>-30</td><td></td></tr>
<tr><td>3~4년 경과시</td><td>-20</td><td></td></tr>
<tr><td>4~5년 경과시</td><td>-10</td><td></td></tr>
<tr><td rowspan="3">5</td><td rowspan="3">선량한도 초과피폭자 발생</td><td>최근 1년간</td><td>-30</td><td></td></tr>
<tr><td>1~2년 경과시</td><td>-20</td><td></td></tr>
<tr><td>2~3년 경과시</td><td>-10</td><td></td></tr>
<tr><td rowspan="2">6</td><td rowspan="2">피폭선량 측정결과 판독특이자 발생</td><td>최근 1년간</td><td>-10</td><td></td></tr>
<tr><td>1~2년 경과시</td><td>-5</td><td></td></tr>
<tr><td>7</td><td>변경허가를 받은 실적이 있음</td><td>전년도</td><td>-5</td><td></td></tr>
<tr><td>8</td><td>방사선안전관리자의 변경 실적이 있음</td><td>전년도</td><td>-5</td><td></td></tr>
<tr><td>9</td><td>각종 보고 또는 신고기한 초과</td><td>전년도</td><td>-5</td><td></td></tr>
</table>

※ 기본점수 100점에서 각 항목의 점수를 가감하여 70점 이상인 경우 정기검사 면제 가능

(주 1) 발급건당 10점 감점, 최대 30점 감점

(주 2) 발급건당 5점 감점, 최대 10점 감점

[별표 2]

업무대행자의 안전관리실적 평가표

항 목		해당기간	평 점	비 고
1	정기검사 또는 수시검사 지적사항	전년도	-30	(주1)
2	정기검사 또는 수시검사 권고사항	전년도	-10	(주2)
3	정기검사 또는 수시검사 준비 및 수검자세가 우수함	전년도	+5	
4	대행업무 분야 관련 사고발생	최근 1년간	-50	
		1~2년 경과시	-40	
		2~3년 경과시	-30	
		3~4년 경과시	-20	
		4~5년 경과시	-10	
5	선량한도 초과피폭자 발생	최근 1년간	-30	
		1~2년 경과시	-20	
		2~3년 경과시	-10	
6	피폭선량 측정결과 판독특이자 발생	최근 1년간	-10	
		1~2년 경과시	-5	
7	변경등록 실적이 있음	전년도	-5	
8	전담인력의 변경 실적이 있음	전년도	-5	
9	각종 보고 또는 신고기한 초과	전년도	-5	
10	업무대행자가 제공한 대행업무로 인한 원자력관계사업자의 보완 및 지적발생	전년도	-20	(주3)

※ 기본점수 100점에서 각 항목의 점수를 가감하여 70점 이상인 경우 정기검사 면제 가능

(주 1) 발급건당 10점 감점, 최대 30점 감점

(주 2) 발급건당 5점 감점, 최대 10점 감점

(주 3) 발생건당 2점 감점, 최대 20점 감점

4) 정기검사 신청

검사를 받아야 하는 자는 검사신청서를 위원회에 제출하여야 한다. 다만, 위원회가 해당 연도 정기검사 대상기관에 대하여 그 검사계획을 수립하여 허가사용자 및 업무대행자에게 통보한 경우에는 그러하지 아니하다.

5) 정기검사의 시기

정기검사의 시기는 **별표 3**과 같다.

[별표 3]

방사성동위원소등 사용자에 대한 정기검사의 시기

구 분	검사시기
1. 방사성동위원소 등을 인체에 사용하는 공장 또는 사업소	
가. 인체의 치료 및 체내외 검진을 목적으로 사용하는 경우	매 1년
나. 가목 외의 경우	
(1) 연간 사용량이 3.7기가베크렐(100밀리퀴리) 이상	매 3년
(2) 연간 사용량이 3.7기가베크렐(100밀리퀴리) 미만	매 5년
2. 방사성동위원소 등을 인체에 사용하지 않는 공장 또는 사업소	
가. 밀봉된 방사성동위원소	
(1) 연간 사용량이 111테라베크렐(3,000퀴리) 이상	매 3년
(2) 연간 사용량이 111테라베크렐(3,000퀴리) 미만	매 5년
나. 밀봉되지 않은 방사성동위원소	
(1) 연간 사용량이 3.7기가베크렐(100밀리퀴리) 이상	매 3년
(2) 연간 사용량이 3.7기가베크렐(100밀리퀴리) 미만	매 5년
다. 방사선발생장치	
(1) 1기가전자볼트 이상	매 1년
(2) 1기가전자볼트 미만, 1메가전자볼트 이상	매 3년
(3) 최대전압 350킬로볼트 이상으로서 용량이 350킬로볼트, 5밀리암페어 1대 이상	매 3년
(4) 최대전압 350킬로볼트 미만으로서 용량이 250킬로볼트, 5밀리암페어 2대 이상	매 3년
(5) (3) 또는 (4)에서 정한 각각의 전압·용량 및 수량에 해당되지 않는 경우	매 5년
3. 방사성동위원소 등의 이동사용을 전문으로 하는 사업소	매 1년
4. 판매허가를 받은 자	
가. 밀봉된 방사성동위원소	
(1) 연간 판매량이 370테라베크렐(10,000퀴리) 이상	매 1년
(2) 연간 판매량이 370테라베크렐(10,000퀴리) 미만	매 3년
나. 밀봉되지 아니한 방사성동위원소	
(1) 연간 판매량이 37테라베크렐(1,000퀴리) 이상	매 1년
(2) 연간 판매량이 37테라베크렐(1,000퀴리) 미만	매 3년
다. 방사선발생장치	매 3년
5. 방사성동위원소 등의 생산허가를 받은 자	매 1년
6. 업무대행자	매 1년

6) 정기검사에 갈음하는 자체점검에 대한 서면검사

▸ 허가사용자의 자체점검은 다음 각 호의 사항에 대하여 실시한다.

(1) 방사성동위원소 등의 구매·사용·저장 및 폐기 현황

(2) 방사성동위원소 등의 사용실적

(3) 방사선작업종사자 현황

(4) 방사선작업종사자 및 수시출입자의 피폭관리·건강진단 현황, 방사선작업종사자의 교육 현황

(5) 사용시설 등의 방사선측정 현황

(6) 방사선 측정 장비의 보유현황 및 그에 대한 검정·교정 현황

(7) 방사선기기에 대한 누설점검 실적 및 결과

(8) 보유하고 있는 안전관리기록 현황

(9) 법 규정에 따른 기술기준에 적합하지 아니한 사항과 그 원인 및 조치에 관한 사항

▸ 서면검사를 신청하려는 자는 사용시설등의 자체점검결과에 관한 서면검사신청서에 자체점검결과를 첨부하여 위원회에 제출하여야 한다.

4. 생산검사

▸ 방사성동위원소의 생산허가를 받은 자는 규정에 따라 다음 각 호의 방사성동위원소 생산에 대하여 핵종별 및 수량별로 위원회가 정하는 바에 따라 검사를 받아야 한다.

(1) 밀봉된 방사성동위원소

(2) 밀봉되지 아니한 방사성동위원소

(3) **특수형방사성물질**

▸ 검사 결과 방사성동위원소의 성능 및 품질보증계획서의 내용이 법 규정에 따른 허가 기준에 맞는 경우에는 합격으로 한다.

▸ **"특수형 방사성물질"**이란 다음 각 호의 기준에 적합한 방사성물질을 말한다.

(1) 견고한 고체형 방사성물질 또는 캡슐에 봉입된 방사성물질로서 한 변의 길이가 최소한 0.5센티미터 이상인 것

(2) 원자력안전위원회가 정하여 고시하는 시험기준에 적합한 방사성물질

(3) 캡슐에 봉입된 방사성물질인 경우에는 캡슐이 파괴되어야만 개봉될 수 있도록 제작된 것

5. 방사선기기 검사

1) 검사(법)

▸ **방사선기기의 승인을 받은 자는 제작 또는 수입한 방사선기기를 승인받은 방사선기기의 형식별로 총리령으로 정하는 바에 따라 위원회의 검사를 받아야 한다. 다만, 다음 각 호의 어느 하나에 해당하는 경우에는 그러하지 아니하다.**

(1) 검사에 합격한 방사선기기와 동일한 형식의 방사선기기를 제작하거나 수입하는 경우
(2) 제작국의 인허가 절차를 완료한 방사선기기를 수입하는 경우로서 위원회가 정하여 고시하는 기준에 적합한 경우

- 검사의 기준에 필요한 사항은 위원회가 정하여 고시한다.
- 허가사용자 및 신고사용자는 다음 각 호의 어느 하나에 해당하는 방사선기기를 사용하여야 한다.

(1) 검사에 합격되거나 검사가 면제된 방사선기기
(2) 설계에 대한 승인이 면제된 방사선기기

2) 방사선기기의 검사신청(규칙)

신청서에는 다음 각 호의 서류를 첨부하여야 한다.
(1) 시험·검사시설 및 장비명세서
(2) 시험·검사에 관한 설명서
(3) 설계승인서

5-1. 방사선기기의 검사기준(고시)

1) 검사항목

방사선기기의 검사 분야 및 세부 검사항목은 제2장에 따른 기준을 포함하여 설계승인서에서 승인된 검사항목으로 한다.

2) 검사기준

방사선기기의 검사기준은 제2장에 따른 기준을 포함하여 설계승인서에서 승인된 검사기준으로 한다.

3) 검사방법

(1) 방사선기기의 검사는 방사선기기의 제작, 출하, 현장설치 등의 과정에 대하여 현장입회의 방법으로 한다.
(2) 검사는 방사선기기 구입 사용자가 규정에 따른 조치를 완료한 후에 수행하되, 검사과정에서 방사선방출을 수반하여 검사 수행 전에 시설검사가 필요한 경우에는 시설검사 완료 후에 수행한다.
(3) 검사는 검사신청자의 시설 및 장비를 이용하여 검사신청자가 수립하여 타당성을 입증하는 검사방법으로 수행한다.

4) 검사결과 확인

「원자력안전법 시행규칙」(이하 "규칙"이라 한다)에 따른 검사합격내용 표시는 방사선기기 설계승인서의 기기검사결과 란에 '합격'이라고 기재하며, 기기검사를 받지 않은 경우는 '검사 미필'이라고 기재한다.

▸ 검사면제를 위한 지정 등

1) 방사선기기의 검사면제

(1) 영 제95조제3호에서 그 밖에 위원회가 정하여 고시하는 방사선기기의 경우란 수입하는 방사선기기가 제작국 규제기관의 최종 인허가절차를 완료한 경우를 말한다. 다만, 방사선기기의 차폐 및 안전계통이 사용시설과 연동되어 조립, 설치되는 경우는 제외한다.

(2) 제(1)에 따른 확인은 방사선기기 설계승인 신청자가 관련 증빙서류를 제시하는 것으로 갈음한다.

2) 설계승인번호

설계승인서의 승인번호는 다음 각 호에 따른 표시를 순차적으로 나열하여 명시한다.

(예: 12번째 제작판매업체에서 승인 받은(전체로는 85번째에 해당) 방사선발생장치를 두 번째 변경하는 경우: NSSC1.12RG85.02)

(1) NSSC: 설계승인 기관

(2) 1~4: 설계승인 신청업체별 구분

가. 1: 제작판매

나. 2: 수입판매

다. 3: 국내구입판매

라. 4: 방사선발생장치의 연구개발 목적 사용

(3) RI/RG: 방사선기기의 구분

가. RI: 방사성동위원소를 내장한 기기

나. RG: 방사선발생장치

(4) 001~999: 방사선기기(방사선발생장치 및 밀봉선원 내장기기 별) 승인 일련번호

(5) 00~99: 설계승인의 변경회수

3) 검사신청

(1) 방사선기기 검사신청서의 작성 기준은 다음 각 호와 같다.

① 신청인은 설계승인을 얻은 자에 한정한다.

② 사업자등록이 된 소재지와 사업장소가 다른 경우에는 그 사업소명과 사업장소를 기재한다.

③ 사업자분류 항목에는 사업자등록증상의 사업의 종류를 기재한다.

④ 설계승인연도 항목에는 규칙 제82조제7항에 따른 방사선기기설계승인서의 승인일자를 기재하되, 설계승인번호가 다른 기기는 검사를 각각 신청하여야 한다.

⑤ 방사선기기의 종류 항목에는 해당 방사선기기의 모델과 함께 제29조의 해당 용도를 선택하여 함께 기록한다.

⑥ 검사수량 항목에는 특정 모델별로 검사 목적을 충족할 수 있는 최소 수량을 1대 이상 기재하되, 수입한 방사선기기의 경우에는 전량을 기재한다.

(2) 방사선기기 검사신청서에 첨부되어야 하는 시험·검사시설 및 장비명세서의 작성기준은 다음 각 호와 같다.
① 방사선방출을 수반하는 검사를 수행하는 시설은 법의 관련규정에 적합한 상태임을 입증하여야 한다.
② 측정 장비는 세부 사양과 측정 절차(조건, 대상, 위치, 표준 유효성 유지 방법) 및 측정 방법(원리, 결과산출 보정과정)을 제시하되, 측정 방법의 유효함을 입증하는 객관적인 자료 또는 출처를 함께 기록하여야 한다.
③ 상업적으로 제조된 측정 장비는 장비 모델명, 제조사명, 고유 제조번호 및 기술사양을 제시하여야 한다.
(3) 방사선기기 검사신청서에 첨부하여야 하는 시험·검사에 관한 설명서의 작성기준은 다음 각 호와 같다.
① 설계승인을 얻은 자가 승인신청 당시에 제출한 신청서와 제3장 및 제4장의 세부기준에 입각한 상세한 검사 진행계획(담당자, 일시, 장소, 항목, 절차, 기준 등)을 제시하여야 한다.
② 방사선방출을 수반하는 검사 수행에 참여하는 자에 대한 방사선장해 방지대책 및 절차를 제시하여야 하며, 또한 이로 인하여 검사수행 목적이 방해받지 않도록 하여야 한다.

6. 판독검사

1) 검사

(1) 판독업무자는 판독업무 등을 대통령령으로 정하는 바에 따라 위원회의 검사를 받아야 한다.
(2) 위원회는 검사결과 판독업무자가 등록기준에 미달되면 그 시정 또는 보완을 명할 수 있다.

2) 판독검사

(1) 판독에 관한 업무를 등록한 자(이하 "판독업무자"라 한다)는 판독시설의 설치·운영 및 판독 성능에 대하여 위원회규칙으로 정하는 바에 따라 위원회의 검사를 받아야 한다.
(2) 검사는 판독업무를 개시하기 전에 실시하는 검사와 매년 정기적으로 실시하는 검사로 구분한다.
(3) 검사를 받으려는 자는 검사신청서에 **총리령으로 정하는 서류**를 첨부하여 위원회에 제출하여야 한다. 다만, 위원회가 매년 정기적으로 실시하는 검사에 관하여 해당 연도 검사 계획을 수립하여 판독 업무자에게 통보한 경우에는 검사신청서를 제출하지 아니할 수 있다.
(4) 검사의 기준·방법 및 절차 등에 관하여 필요한 사항은 위원회가 정하여 고시한다.
(5) 검사 결과 기준에 맞는 경우에는 합격으로 한다.

▸ **"총리령"으로 정하는 서류**

다음 각 호의 구분에 따른 서류를 말한다.
(1) 판독업무 개시 전 검사 신청의 경우: 다음 각 목의 서류. 다만, 판독업무자 등록신청 시 제출한 서류는 제출하지 아니할 수 있다.

가. 판독시설 등의 목록과 개요
나. 판독시설 등에 관한 도면(상세단면도를 포함한다)
다. 보유장비 및 그 성능에 관한 자료
라. 보유인력에 관한 자료

(2) 정기검사 신청의 경우: 다음 각 목의 서류
가. 검사받으려는 시설의 개요
나. 수검계획서

3) 성능기준 및 검사

(1) 판독 성능검사의 범주 및 합격기준은 **별표 4**와 같다.
(2) 성능검사는 성능검사 범주별로 실시하여야 한다.

[별표 4]

성능검사 범주 및 성능합격 기준

성능검사 범주	조사 범위	성능합격 기준					
		Hp(10)			Hp(0.07)		
		L	ǀBǀ	S	L	ǀBǀ	S
Ⅰ. 고선량, 저에너지 광자 M150	0.1-2Sv	0.3	-	-	-	-	-
Ⅱ. 고선량, 고에너지 광자 ^{137}Cs의 γ선	0.1-1Sv	0.3	-	-	-	-	-
Ⅲ. 저에너지 광자[1) M30, M60, M100, M150, H150	0.3-100mSv	0.5	0.35	0.35	0.5	0.35	0.35
Ⅳ. 고에너지 광자 ^{137}Cs의 γ선	0.3-100mSv	0.5	0.35	0.35	-	-	-
Ⅴ. 베타, ^{90}Sr/^{90}Y, ^{204}Tl	1.5-100mSv	-	-	-	0.5	0.35	0.35
Ⅵ. 광자 혼합 방사선장 Ⅲ 및 Ⅳ항의 혼합	0.5-50mSv	0.5	0.35	0.35	0.5	0.35	0.35
Ⅶ. 베타 - 광자 혼합 방사선장 Ⅳ 및 Ⅴ항의 혼합	2-50mSv	0.5	0.35	0.35	0.5	0.35	0.35
Ⅷ. 중성자 - 광자 혼합 방사선장[2)	1.5-50mSv	0.5	0.35	0.35	-	-	-

주

1. M30, M60, M100, M150, H150 및 ^{137}Cs의 특성 및 선량환산인자는 부표와 같음
2. 두께 0.051cm Cd에 둘러싸인 반경 15cm 구형의 D_2 O에 의하여 감속된 ^{252}Cf 핵분열 중성자와 ^{137}Cs의 γ선과의 혼합 방사선장

[부표]

광자에 대한 특성 및 선량환산 인자[1)

방사선원							선량환산 인자[2)	
선원 코드	부가필터(mm)[3)			반가층(HVL)[4) (mm Al)	균질계수[4) (1st HVL/ 2nd HVL)	평균 에너지 (keV)	$C_{k,d}$	$C_{k,s}$
	Al	Cu	Sn					
M30	0.5			0.36	0.64	20	0.42	1.02
M60	1.51			1.68	0.68	34	1.00	1.21
M100	5.0			5.03	0.73	51	1.52	1.49
M150	5.0	0.25		10.25	0.89	70	1.78	1.64
H150	4.0	4.0	1.51	17.0	1.0	117	1.71	1.62
^{137}Cs						662	1.21	1.21

1. ANSI N13.11-1993 Revised(1995)에 제시된 값이며, X-선에 대하여는 1R=0.876rad(공기커마), ^{137}Cs에 대하여는 1R=0.878rad(공기커마)을 적용한다.
2. 선량환산인자($C_{k,d}$,$C_{k,s}$)의 단위는 Sv/Gy(혹은 rem/rad)이며, Hp(10) = $C_{k,d} \times K_a$, Hs(0.07) = $C_{k,s} \times K_a$이다(K_a는 공기커마).
3. M30 X-선은 1 mm Be, 그 외의 X-선은 3 mm Be의 내장필터를 포함한다.
4. 다른 종류의 X-선 발생장치를 사용하는 경우, 반가층은 5% 이내, 균질계수는 10% 이내로 유지되어야 한다.

7. 포장 및 운반 검사

1) 포장 및 운반 검사(법)

(1) 원자력관계사업자 및 그로부터 방사성물질 등의 포장 또는 운반을 위탁받은 자는 규정에 의한 기술기준의 준수에 관하여 대통령령으로 정하는 바에 따라 위원회의 검사를 받아야 한다.

(2) 위원회는 검사결과 규정에 의한 기술기준에 미달되면 그 시정 또는 보완을 명할 수 있다.

2) 포장 및 운반 검사(영)

(1) 원자력관계사업자 및 그로부터 방사성물질 등의 포장 또는 운반을 위탁받은 자로서 **총리령으로 정하는 자**는 총리령으로 정하는 바에 따라 정기적으로 규정에 의한 검사를 받아야 한다.

(2) 원자력관계사업자 및 그로부터 방사성물질 등의 포장 또는 운반을 위탁받은 자는 **총리령으로 정하는 방사성물질 등**을 포장 또는 운반할 때마다 그 포장 또는 운반에 관하여 규정에 의한 검사를 받아야 한다.

(3) 포장 또는 운반 검사의 방법·절차 등에 관하여 필요한 사항은 위원회가 정하여 고시 한다.

(4) 포장 또는 운반 검사를 받으려는 자는 검사신청서를 위원회에 제출하여야 한다. 다만, 위원회가 해당 연도의 정기검사 계획을 수립하여 해당 사업자에게 통보한 경우에는 그러하지 아니하다.

(5) 다음 각 호의 요건을 모두 갖춘 원자력관계사업자가 **총리령으로 정하는 검사대상**에 대하여 자체점검을 하고, 자체점검 결과에 대하여 위원회의 서면심사를 받아 합격한 경우에는 자체점검으로 제(1)항에 따른 정기검사를 갈음한다. 다만, 최초의 정기검사에 대해서는 그러하지 아니하다.

① 생산 또는 판매하는 방사성동위원소의 양이 **총리령으로 정하는 기준량** 미만일 것

② 직전 정기검사에서 시정 또는 보완명령을 받지 아니하였을 것

③ 정기검사 해당 연도의 1월 1일부터 기산하여 최근 3년간 규정에 따른 보고(법 제75조 제1항에 따른 검사와 관련된 보고에 한정한다)가 누락되지 아니하였을 것

④ 정기검사 해당 연도의 1월 1일부터 기산하여 최근 5년간 방사선발생장치 또는 방사성물질 등에 관한 도난·분실·화재, 그 밖의 사고가 발생하지 아니하였을 것

(6) 검사 결과 또는 자체점검 결과에 대한 서면심사 결과 포장 또는 운반이 규정에 의한 운반신고의 내용과 기술기준에 맞는 경우에는 합격으로 한다.

(7) 위원회는 제출된 자체점검 결과에 대한 서면심사 결과 불합격한 검사대상에 대해서는 제(1)항에 따른 검사를 하여야 한다.

3) 포장·운반검사(규칙)

(1) 상기 규정(영)에서 **"총리령으로 정하는 자"**란 다음 각 호의 자를 말한다.

① 발전용원자로 및 관계시설의 운영 허가를 받은 자
② 연구용 또는 교육용 원자로 및 관계시설의 건설허가를 받은 자(이하 "연구용원자로등설치자"라 한다)
③ 핵연료주기사업자(이하 "핵연료주기사업자"라 한다)
④ 방사성폐기물관리시설등 건설·운영자(이하 "방사성폐기물 관리시설등 건설운영자"라 한다) 또는 방사성동위원소등의 이동사용을 전문으로 하는 자
⑤ 방사성동위원소 생산 및 판매업자

(2) 검사의 주기는 다음 각 호와 같다.
① 상기규정 제 ①~④까지의 자: 매 1년
② 방사성동위원소 생산 및 판매업자
가. 밀봉된 방사성동위원소의 연간 생산·판매량이 370테라베크렐 이상인 경우: 매 1년
나. 밀봉된 방사성동위원소 외의 방사성동위원소(이하 "밀봉되지 아니한 방사성동위원소"라 한다)의 연간 생산·판매량이 37테라베크렐 이상인 경우: 매 1년
다. 밀봉된 방사성동위원소의 연간 생산·판매량이 370테라베크렐 미만인 경우: 매 3년
라. 밀봉되지 아니한 방사성동위원소의 연간 생산·판매량이 37테라베크렐 미만인 경우: 매 3년

(3) 상기규정(영)에서 **"총리령으로 정하는 방사성물질등"**이란 다음 각 호의 구분에 따른 방사성물질 등을 말한다.
① (1)항의 자가 포장 또는 운반하는 경우
가. 사용후핵연료
나. 위원회가 정하여 고시하는 바에 따라 특별운반이 승인된 방사성물질등
다. 운반하려는 방사성물질등의 방사능량이 위원회가 정하여 고시하는 A값의 30배를 초과하는 방사성물질등
라. 1.6세제곱미터 이상의 중·저준위방사성폐기물
② (1)항의 해당하는 자 외의 자가 포장 또는 운반하는 경우
가. B(U)형 운반물 또는 B(M)형 운반물 해당하는 운반물
나. 위원회가 정하여 고시하는 바에 따라 특별운반이 승인된 방사성물질등

4) 포장·운반검사의 서면심사 대상(규칙)

상기규정(영)에서 **"총리령이 정하는 기준량"**이란 다음 각 호의 구분에 따른 양을 말한다.
(1) 밀봉된 방사성동위원소의 연간 생산·판매량 : 370테라베크렐
(2) 밀봉되지 아니한 방사성동위원소의 연간 생산·판매량 : 37테라베크렐

5) 포장·운반에 대한 서면심사 등(규칙)

상기규정(영)에서 **"총리령으로 정하는 검사대상"**이란 다음 각 호의 사항을 말한다.
(1) 방사성물질 등의 포장·운반 및 점검 실적

(2) 방사성물질 등의 포장·운반관련 작업자 현황
(3) 방사성물질 포장·운반관련 작업자의 피폭관리 및 교육 현황
(4) 운반용기 보유 및 관리현황
(5) 운반차량 보유 및 관리현황
(6) 방사선 측정 장비 보유현황 및 그에 대한 검정·교정 현황
(7) 보유하고 있는 안전관리기록 현황
(8) 포장 또는 운반에 관한 기술기준에 적합하지 아니한 사항과 그 원인 및 조치에 관한 사항

8. 운반용기 제작 및 사용검사

8-1. 운반용기 검사

1) 검사(법)

(1) 원자력관계사업자는 승인을 받아 제작·수입된 운반용기 및 사용 중인 운반용기를 대통령령으로 정하는 바에 따라 위원회의 검사를 받아야 한다. 다만, 대통령령으로 정하는 바에 따라 검사가 면제되는 경우에는 그렇지 않다
(2) 원자력관계사업자는 검사에 합격된 운반용기를 사용하여야 한다.

2) 운반용기의 검사(영)

(1) 원자력관계사업자는 설계승인을 받아 운반용기를 제작하거나 외국에서 제작된 운반용기를 수입한 경우에는 제작검사를 받아야 한다.
(2) 운반용기를 계속적으로 사용하려는 원자력관계사업자는 규정에 따라 다음 각 호에 대하여 5년마다 사용검사(이하 "사용검사"라 한다)를 받아야 한다. 이 경우 사용검사의 시기 등에 대하여 필요한 사항은 위원회가 정하여 고시한다.
① B(U)형 운반용기, B(M)형 운반용기, C형 운반용기
② 핵분열성물질 운반용기
(3) 사용검사를 받으려는 자가 총리령으로 정하는 바에 따라 자체점검보고서를 제출하여 위원회의 서면심사를 받은 경우에는 해당 자체점검보고서의 제출로 제(2)항에 따른 사용검사를 갈음한다.
(4) 제(1)항 및 제(2)항에 따른 제작검사 및 사용검사의 검사기준과 제(3)항에 따른 자체점검보고서의 서면심사기준 등에 관하여 필요한 사항은 총리령으로 정한다.
(5) 제(1)항부터 제(3)항까지의 규정에 따른 제작검사·사용검사 및 서면심사 결과 운반용기가 제(4)항에 따른 검사기준 및 서면심사기준에 맞는 경우에는 합격으로 한다.

3) 운반용기의 검사 면제(영)

제작검사 또는 사용검사가 면제되는 경우는 다음 각 호와 같다.

(1) 외국에서 제작된 운반용기에 대하여 **총리령으로 정하는 설계승인 및 제작검사 합격 관련서류**를 제출하여 위원회의 서면심사를 받아 합격한 경우
(2) 외국에서 사용검사를 받은 운반용기에 대하여 **총리령으로 정하는 사용검사 합격 관련 서류**를 제출하여 위원회의 서면심사를 받아 이에 합격한 경우

▸ **검사면제의 신청(규칙)**

(1) **"총리령으로 정하는 설계승인 및 제작검사 합격 관련서류"**란 해당 국가의 설계승인서 및 제작검사 합격을 입증하는 해당 국가의 서류를 말한다.
(2) **"총리령으로 정하는 사용검사 합격 관련 서류"**란 사용검사 합격을 입증하는 해당 국가의 서류를 말한다.
(3) 운반용기의 제작검사 또는 사용검사를 면제받으려는 자는 신청서에 각각 제(1)항 또는 제(2)항에 따른 서류를 첨부하여 위원회에 제출하여야 한다.
(4) 서면심사의 기준에 관하여 필요한 사항은 위원회가 정하여 고시한다.
(5) 위원회는 제(3)항에 따라 검사면제를 신청한 자에 대하여 검사면제 여부를 통지하여야 한다.

4) 운반용기의 제작검사(규칙)

(1) 운반용기의 제작검사를 받고자 하는 자는 별지 서식(제92호)에 의한 운반용기 제작검사신청서에 다음 각 호의 서류를 첨부하여 원자력안전위원회에 제출하여야 한다.
  ① 품질보증계획서(설계승인 신청 시 제출하지 아니한 경우에만 해당한다)
  ② 제작방법에 관한 설명서
  ③ 제작설비 명세서
  ④ 시험방법·검사방법에 관한 설명서
  ⑤ 시험·검사시설 또는 검사기기 명세서
(2) 원자력안전위원회는 제작검사를 받은 자에 대하여 제작검사에의 합격여부를 통지하여야 한다.
(3) 운반용기의 제작검사에 관한 검사기준은 다음 각 호와 같다.
  ① 설계승인을 얻은 당시의 설계·재료 및 구조내용과 일치할 것
  ② 운반용기의 형식별 검사항목 및 방법 등에 관하여는 **위원회가 정하여 고시**하는 기준에 적합할 것

5) 운반용기의 사용검사(규칙)

(1) 운반용기의 사용검사를 받고자 하는 자는 별지 서식(제93호)에 의한 운반용기 사용 검사신청서에 다음 각 호의 서류를 첨부하여 원자력안전위원회에 제출하여야 한다.
  ① 운반용기의 보수명세서(보수한 경우에 한한다)
  ② 운반용기 자체점검보고서 및 점검절차서(서면심사를 받고자 하는 경우에 한한다)
(2) 원자력안전위원회는 사용검사를 받은 자에 대하여 사용검사에의 합격여부를 통지하여야 한다.

(3) 운반용기의 사용검사에 관한 검사기준은 다음 각 호와 같다.
  ① 제작검사 합격 당시의 성능을 유지하고 있을 것
  ② 운반용기의 형식별 검사항목 및 방법 등에 관하여는 **위원회가 정하여 고시**하는 기준에 적합할 것
(4) 자체점검보고서에는 제(3)항 각 호의 검사기준에 적합함을 입증하는 서류를 첨부하여야 한다.
(5) 자체점검보고서의 서면심사기준은 다음 각 호와 같다.
  ① 제(3)항 각 호의 기준에 적합할 것
  ② 제(3)항 제②호의 검사항목별 검사절차가 적합할 것

8-2. 방사성물질 운반용기의 제작검사 및 사용검사에 관한 규정(위원회 고시)

▶ 목적

이 규정은 「원자력안전법 시행규칙」 제108조제3항제2호, 제109조제3항제2호 및 제110조제4항에 따른 방사성물질 등을 사업소외에서 운반하는데 사용하는 운반용기의 제작검사 및 사용검사에 관하여 필요한 사항을 규정함을 목적으로 한다.

▶ 제작검사

1) 제작검사 항목

▸ 운반용기의 제작검사 항목은 다음 각 호와 같다.
  (1) 구조 및 주요기능 부품에 대한 재료검사
  (2) 주요 기능부위에 대한 용접검사 및 비파괴검사
  (3) 성능검사
    가. 내부와 외부의 외형검사
    나. 인양장치의 하중검사
    다. 수압 또는 공기압을 이용한 최대정상운전압력검사
    라. 격납경계에 대한 누설검사
    마. 방사선차폐 성능검사
    라. 열전달 성능검사. 다만, 방사성내용물로부터 발생되는 열이 없는 경우에는 제외한다.
  (4) 품질보증검사

2) 제작검사 기준

운반용기 제작검사의 기준은 설계승인서에서 승인된 검사기준으로 한다.

3) 외국제작 운반용기

외국 해당 관계당국으로부터 설계승인을 받아 제작한 운반용기의 경우 제작설비 등 및 제작검사 기준의 규정에도 불구하고 해당 관계당국의 설계승인서에서 승인된 제작검사 항목 및 검사기준을 적용할 수 있다.

▶ 사용검사

1) 사용검사의 대상 및 시기

(1) 운반용기 사용검사의 대상은 다음 각 호와 같다.
  ① B(U)형 운반용기·B(M)형 운반용기·C형 운반용기
  ② 핵분열성물질 운반용기

(2) 운반용기에 대한 사용검사의 시기는 제작검사에 합격한 이후 5년마다 한다.

(3) 제(2)항의 규정에도 불구하고 해당 운반용기를 사용하지 아니하는 경우 사용검사를 받지 아니할 수 있다. 다만, 제작검사 또는 사용검사를 받은 지 5년을 초과한 운반용기를 다시 사용하고자 하는 경우 사용검사를 받은 이후에 사용하여야 한다.

2) 사용검사 항목

(1) B(U)형·B(M)형·C형 운반용기 중에서 방사선 비파괴검사를 위한 방사선조사기 겸용으로 사용하는 용기에 대한 사용검사 항목은 다음 각 호와 같다.
  ① 내부와 외부에 대한 외형 육안검사
  ② 인양장치의 하중검사(방사성내용물을 포함한 운반용기의 총 중량이 50 kg 이하인 경우에는 제외한다.)
  ③ 방사선차폐 성능검사
  ④ 감손우라늄이 방사선 차폐체로 사용된 방사선조사기의 경우 감손우라늄의 누설여부에 대한 검사
  ⑤ 방사선조사기의 방사선원 고정장치 또는 잠금장치에 대한 건전성 검사
  ⑥ 유지 및 보수 적합성 검사

(2) 핵분열성물질 운반용기 중에서 사용 전 핵연료집합체를 운반하는 용기에 대한 사용검사 항목은 다음 각 호와 같다.
  ① 제(1)항의 규정에 의한 검사항목
  ② 주요 용접부위에 대한 비파괴검사(방사성내용물을 포함한 운반용기의 총 중량이 50 kg 이하인 경우에는 제외한다.)

(3) "B(U)형·B(M)형·C형 또는 핵분열성물질 운반용기 중에서 제(1)항 및 제(2)항 이외의 운반용기"에 대한 사용검사 항목은 다음 각 호와 같다.
  ① 제(2)항의 규정에 의한 검사항목
  ② 수압 또는 공기압을 이용한 최대정상운전압력검사
  ③ 격납계통에 대한 누설검사
  ④ 열전달 성능검사. 다만, 방사성내용물로부터 발생되는 열이 없는 경우에는 제외한다.

(4) 규정에 의한 사용검사 항목 중 당해 운반용기의 사용목적이나 그 원리 또는 설계의 특성상 당해 운반용기에 그대로 적용하기가 적합하지 아니하거나 적용하지 아니하더라도 안전에 지장이 없는 경우에는 일부 규정을 적용하지 아니할 수 있다.

3) 사용검사 기준

(1) 내부와 외부에 대한 외형 육안검사의 기준은 다음 각 호와 같다.

① 운반용기(운반용기의 지지대 및 설치대 포함) 본체에 균열·변형 또는 손상이 없을 것

② 밸브·플러그·보강판·보강링 또는 스커트 등이 운반용기에 부착된 경우에 이들의 균열·변형 또는 손상이 없고 성능이 정상일 것

③ 운반용기에 선원을 내장하는 바스켓·장착대 또는 안내튜브 등이 설치된 경우에는 이들의 균열·변형 또는 손상이 없을 것

④ 운반용기에 선원을 고정하거나 잠그는 장치가 설치된 경우 이들의 기능이 정상적으로 유지될 것

⑤ 운반용기에 충격완충체가 부착되는 경우 충격완충체는 균열·변형 또는 손상이 없을 것

⑥ 운반용기에 부착된 명판은 읽기 쉽고 내구성이 있으며 견고하게 부착되어 있을 것

(2) 인양장치 또는 결속장치의 하중검사의 기준은 다음 각 호와 같다.

① 인양장치 또는 결속장치에 방사성내용물을 포함한 운반용기 총 중량의 1.5배의 하중을 적용시킨 상태에서 10분 이상 유지할 것

② 시험을 실시한 후에 인양장치 및 결속장치 등 하중 작용부위에 대한 육안검사를 실시하여 변형이나 손상이 발생되지 아니하고 비파괴검사를 실시하여 결함이 발견되지 아니할 것

(3) 방사선차폐 성능검사의 기준은 다음 각 호와 같다.

① 제작검사 당시의 검사방법과 동일한 기준 또는 이와 동등한 검사기준을 적용하여 실시할 것

② 검사에서 제작검사 당시의 차폐성능이 유지될 것

(4) 감손우라늄 누설검사의 기준은 다음 각 호와 같다.

① 방사선조사기의 “S-튜브”에 대하여 문지름 시험을 실시할 것

② 문지름 시험 시료에 포함된 제거성 감손우라늄의 양을 분석할 것. 이때, 시료에 대한 분석은 감손우라늄 오염물질 200 Bq을 분별할 수 있는 성능의 장비와 방법을 사용할 것

③ 분석결과 감손우라늄의 양이 200 Bq 미만일 것

④ 분석결과 200 Bq 제한치를 초과한 경우 해당 방사선조사기의 사용을 즉시 중단하고, “S-튜브”가 관통된 것으로 최종 판정되는 경우 불합격으로 할 것

(5) 유지 및 보수 이행의 적합성 검사 기준은 설계 승인 신청시 제출된 문서와 해당 설계승인서에 따른다.

(6) 주요 용접부위에 대한 비파괴검사의 기준은 다음 각 호와 같다.

① 운반용기(운반용기의 지지대 및 설치대 포함) 제작검사 당시의 검사방법과 동일한 기준 또는 이와 동등한 기준을 적용하여 실시할 것
다만, 운반용기의 형태가 제작검사 당시의 검사방법을 적용할 수 없는 때에는 그와 동등한 검사방법이나 또는 승인을 받은 다른 검사방법을 적용할 수 있다.

② 검사에서 결함이 발견되지 아니할 것

(7) 최대 정상운전 압력검사의 기준은 다음 각 호와 같다.
  ① 운반용기 설계 시에 적용한 최대 정상운전 압력의 1.5배의 압력을 가한 후 10분 이상 동안 유지할 것
  ② 시험에서 압력저하가 발생하지 아니할 것
(8) 격납계통에 대한 누설검사의 기준은 다음 각 호와 같다.
  ① 제작검사 당시의 검사방법과 동일한 기준 또는 이와 동등한 검사기준을 적용하여 실시할 것
  ② 검사에서 누설이 발생하지 아니할 것
(9) 열전달 성능검사의 기준은 다음 각 호와 같다.
  ① 제작검사 당시의 검사방법과 동일한 기준 또는 이와 동등한 검사기준을 적용하여 실시할 것
  ② 검사에서 제작검사 당시의 열전달 성능이 유지될 것

4) 외국제작 운반용기

외국 해당 관계당국으로부터 설계승인을 받아 제작한 운반용기의 경우 사용검사항목이나 사용검사기준의 규정에도 불구하고 해당 관계당국의 설계승인서에서 승인된 사용검사항목 및 검사기준을 적용할 수 있다.

5) 자체 사용검사 대상

자체점검보고서를 제출하여 원자력안전위원회의 서면심사를 받아 사용검사에 갈음할 수 있는 용기는 다음 각 호와 같다.

(1) B(U)형 또는 B(M)형 운반용기 중에서 방사선비파괴 검사용 방사선조사기 겸용으로 사용하는 운반용기
(2) 핵분열성물질 운반용기 중에서 사용 전 핵연료집합체를 운반하는 운반용기
(3) 육불화 우라늄 운반용기(실린더) 등을 보호하기 위한 외부 보호용기

▶ 검사면제

1) 제작검사 면제

(1) 제작검사 합격을 입증하는 해당 국가의 서류는 다음 각 호와 같다.
  ① 외국 해당국가 규제기관에서 발급한 제작검사합격증명서 또는 이와 동등한 증명서
  ② 외국 제작업체의 운반용기 제작 및 검사 기록이 포함된 제작검사보고서 또는 이와 동등한 서류
(2) 제작검사를 면제하는 기준은 다음 각 호와 같다.
  ① 외국 관계당국으로부터 발급 받은 설계승인서가 적합한 것일 것
  ② 운반용기의 구조 및 재료가 설계 승인된 도면과 일치할 것
  ③ 설계승인서에서 승인된 성능검사 및 시험기준에 적합할 것
  ④ 품질보증규정에 따라 제작되었을 것

2) 사용검사 면제

(1) 사용검사 합격을 입증하는 해당 국가의 서류는 다음 각 호와 같다.

① 외국 해당국가 규제기관에서 발급한 사용검사합격증명서 또는 이와 동등한 증명서

② 외국 검사업체의 운반용기 보수내용 및 사용검사 기록이 포함된 사용검사보고서 또 이와 동등한 서류

(2) 사용검사를 면제하는 기준은 다음 각 호와 같다.

① 운반용기 보수내용이 설계 승인된 보수내용과 일치할 것

② 설계승인서에서 승인된 사용검사항목 및 기준에 적합할 것

③ 품질보증규정에 따라 보수 및 사용검사가 되었을 것

9. 저장용기 등의 검사 등(법)

(1) 발전용원자로설치자등은 규정에 따라 승인을 받은 저장용기등의 설계를 이용하여 저장용기등을 제작하려는 경우 대통령령으로 정하는 바에 따라 위원회의 검사를 받아야 한다.

(2) 제(1)항에 따라 저장용기등의 제작 검사를 받은 발전용원자로설치자등은 저장용기등을 설치하려는 경우 그 제작 검사에 합격한 저장용기등을 사용하여야 한다.

▶ 저장용기 등의 제작검사(영)

(1) 법 규정에 따른 발전용원자로설치자등(이하 "발전용원자로설치자등"이라 한다)은 다음 각 호의 시기마다 총리령으로 정하는 바에 따라 저장용기 등의 제작검사를 위원회에 신청해야 한다.

① 기밀 또는 수밀이나 내부식이 요구되는 재료 또는 부품에 대하여 재료시험 및 압력시험이 가능하게 되었을 때

② 용접부위에 대한 외형 확인 및 비파괴검사가 가능하게 되었을 때

③ 저장용기 등의 제작이 완료되어 누설, 차폐, 열전달 등 성능시험이 가능하게 되었을 때

(2) 제(1)항에 따른 검사의 합격 기준은 다음 각 호와 같다.

① 법 규정에 따라 승인(변경승인을 포함한다)받은 당시의 설계·재료·구조 및 성능과 일치할 것

② 법 규정에 따라 승인(변경승인을 포함한다)받은 당시의 품질보증계획서에 따라 품질보증에 관한 업무가 수행되었을 것

③ 저장용기 등의 제작검사 항목 및 기준 등 위원회가 정하여 고시하는 기준에 적합할 것

▶ 저장용기 등의 제작검사 신청(규칙)

저장용기 등의 제작검사를 신청하려는 자는 검사를 받으려는 날의 30일 전까지 별지 서식에 따른 신청서에 다음 각 호의 서류를 첨부하여 위원회에 제출해야 한다.

① 제작방법에 관한 설명서

② 제작설비에 관한 명세서

③ 시험방법·검사방법에 관한 설명서

④ 시험·검사시설 또는 검사기기의 종류 및 명세서

10. 방사성폐기물 관리시설 등의 검사

1) 검사

(1) 방사성폐기물관리시설등의 건설·운영 허가를 받은 자(이하 “방사성폐기물관리시설등건설·운영자”라 한다)는 방사성폐기물관리시설등의 설치·운영, 방사성폐기물의 저장·처리·처분, 특정핵물질의 계량관리에 관한 사항을 대통령령으로 정하는 바에 따라 위원회의 검사를 받아야 한다.

(2) 규정에 따른 검사결과 다음 각 호의 어느 하나에 해당하면 방사성폐기물관리시설등건설·운영자에게 그 시정 또는 보완을 명할 수 있다.

① 허가기준 및 기술기준에 미달될 때

② 허가신청서의 첨부 서류에 기재된 내용과 일치하지 아니하거나 규정에 따라 준용되는 계량관리규정에 위반될 때

2) 사용 전 검사

(1) 방사성폐기물관리시설 등 건설·운영자는 방사성폐기물관리시설 등의 공사 및 성능에 관하여 위원회의 검사를 받아야 한다.

(2) 검사 결과 방사성폐기물관리시설 등이 다음 각 호의 기준에 맞는 경우에는 합격으로 한다.

① 해당 공사가 방사성폐기물 관리시설 등 건설·운영 허가 내용에 따라 이루어진 경우

② 방사성폐기물관리시설 등의 구조·설비 및 성능이 위원회규칙으로 정하는 기술기준에 맞는 경우

(3) 검사를 받으려는 자는 총리령으로 정하는 바에 따라 검사신청서를 위원회에 제출하여야 한다.

▶ 사용 전 검사의 신청 등

(1) 사용 전 검사를 받으려는 자는 신청서에 검사받으려는 시설의 개요와 공사일정을 적은 서류를 첨부하여 위원회에 제출하여야 한다.

(2) 신청서는 사용 전 검사 시기마다 검사받으려는 날의 30일 전까지 제출하여야 한다.

(3) 위원회는 규정에 따른 사용 전 검사를 받은 자에 대하여 합격 여부를 통지하여야 한다.

▶ 사용 전 검사의 시기

(1) 토목 또는 건축구조물에 대해서는 공사를 착공하였을 때 및 공정별로 강도를 확인할 수 있거나 누설에 관계되는 시험이 가능하게 되었을 때

(2) 방사선차폐·기밀·수밀 또는 내부식이 요구되는 재료·부품에 대해서는 기밀시험·수밀시험·강도시험·화학시험 또는 비파괴검사가 가능하게 되었을 때

(3) 방사선관리 설비·환기설비·폐기물처리 설비 또는 계측제어 설비에 대해서는 그 성능시험이 가능하게 되었을 때

(4) 공사계획에 따른 모든 공사가 끝났을 때

3) 정기검사

(1) 방사성폐기물관리시설 등 건설·운영자는 규정에 따라 방사성폐기물관리시설 등의 설치·운영 및 방사성폐기물의 저장·처리·처분에 관하여 총리령으로 정하는 바에 따라 정기적으로 위원회의 검사를 받아야 한다.

(2) 정기검사를 받으려는 자는 그 신청서에 총리령으로 정하는 서류를 첨부하여 위원회에 제출하여야 한다.

(3) 검사 결과 방사성폐기물관리시설 등이 다음 각 호의 기준에 맞는 경우에는 합격으로 한다.

① 구조·설비 및 성능이 규정에 따른 기술기준에 맞는 경우

② 방사성폐기물의 저장·처리 및 처분이 규정에 따른 기술기준에 맞는 경우

▶ 정기검사의 신청 등

(1) 정기검사를 받으려는 자는 별지 서식(제82호)의 신청서에 다음 각 호의 사항을 적은 서류를 첨부하여 위원회에 제출하여야 한다.

① 검사받으려는 시설의 개요

② 정기검사 수검계획서

(2) 신청서는 검사받으려는 날의 30일 전까지 제출하여야 한다.

(3) 위원회는 정기검사를 받은 자에 대하여 합격 여부를 통지하여야 한다.

▶ 정기검사의 시기

규정에 의한 정기검사는 매 1년마다 실시한다.

4) 처분검사

(1) 방사성폐기물관리시설 등 건설·운영자는 방사성폐기물을 처분하려면 위원회가 정하는 바에 따라 처분검사를 받아야 한다.

(2) 처분검사를 받으려는 자는 그 신청서에 총리령으로 정하는 서류를 첨부하여 위원회에 제출하여야 한다.

(3) 검사 결과 방사성폐기물의 처분이 법 규정에 의한 기술기준에 맞는 경우에는 합격으로 한다.

▶ 처분검사신청

신청서는 처분작업 개시 1개월 전까지 제출하여야 한다.

※ 중·저준위 방사성폐기물 처분검사에 관한 규정(위원회 고시)

1) 목적

방사성폐기물관리시설등건설·운영자가 중·저준위 방사성폐기물을 처분시설에 처분하고자 하는 때에 받아야 하는 검사에 관하여 필요한 사항을 규정함을 목적으로 한다.

2) 검사 방법 및 내용

(1) 이 규정에 의한 처분검사는 처분하고자 하는 중·저준위 방사성폐기물에 대하여 서류검토, 현장확인, 입회검사 또는 수검자와의 면담 등의 방법으로 실시한다.

(2) 처분검사의 내용은 다음 각 호와 같다.

① 인수기준 적용과 인수절차의 적합 여부

② 폐기물 특성규명 방법 및 해당 품질보증의 적합 여부

③ 폐기물 포장물 특성의 처분요건 부합 여부

④ 처분재고량 관리, 처분계획, 처분 자재 및 설비 등 처분준비 상태

3) 처분시기

방사성폐기물관리시설등건설·운영자는 처분검사에 대한 합격통지를 받은 후에 중·저준위 방사성폐기물을 처분시설에 처분할 수 있다.

4) 기록·비치 등

방사성폐기물관리시설등건설·운영자는 중·저준위 방사성폐기물의 처분에 대하여 다음 각 호의 서류를 기록·비치하여야 한다.

① 검사신청서

② 검사결과 통지서

③ 처분 후 누적 방사능량

④ 처분장소(처분구역 표시)

6. 검사 예상문제

【문제 1】 방사성동위원소 등의 사용시설 등에 대한 시설검사가 면제되는 경우는?

① 폐기선원의 저장시설을 변경하는 경우
② 제작검사에 합격한 방사선기기를 설치하는 경우
③ 방사선발생장치의 보관시설을 설치하거나 변경하는 경우
④ 밀봉되지 아니한 방사성동위원소의 분배시설을 변경하는 경우

【문제 2】 방사성동위원소 등의 정기검사에 대한 허가사용자의 자체점검보고서에 포함될 사항이 아닌 것은?

① 방사성동위원소 등의 사용실적
② 방사선기기에 대한 누설점검 실적 및 결과
③ 방사선안전관리자의 인적사항
④ 사용시설 등의 방사선측정 현황

【문제 3】 방사성동위원소 등의 사용시설 등에 대한 시설검사의 면제 대상이 아닌 것은?

① 방사성폐기물의 저장시설을 변경하는 경우
② 제작검사에 합격한 방사선기기를 기존시설의 변경 없이 설치하는 경우
③ 일시적인 사용 장소에 사용시설 등을 설치하는 경우
④ 방사광가속기에 방사광 빔라인을 추가로 설치하거나 구조를 변경하는 경우

【문제 4】 원자력관계사업자가 정당한 사유 없이 계속하여 얼마동안 휴지한 때에는 허가사용자에게 허가의 취소 또는 (　　) 이내의 기간을 정하여 그 업무의 정지를 명할 수 있다. 괄호 안에 알맞은 것은?

① 1개월　② 3개월　③ 6개월　④ 1년

【문제 5】 시설검사가 면제되는 경우가 아닌 것은?

① 허가대상인 방사성동위원소 등을 사용하기 위하여 사용시설 등을 추가 설치하거나 변경하는 경우
② 제작검사에 합격한 방사선기기를 기존 시설의 변경 없이 설치하는 경우
③ 방사선발생장치의 보관시설을 설치하거나 변경하는 경우
④ 밀봉되지 아니한 방사성동위원소의 저장시설을 변경하는 경우

【문제 6】 방사성동위원소의 생산허가를 받은 자가 생산에 대한 검사를 받을 필요가 없는 것은?

① 밀봉된 방사성동위원소
② 밀봉되지 아니한 방사성동위원소
③ 특수형 방사성물질
④ 방사선발생장치

【문제 7】 특수형 방사성물질의 기준에 대한 설명 중 옳지 않은 것은?

① 견고한 고체형 방사성물질로서 한 변의 길이가 최소한 0.5 cm 이상일 것
② 캡슐에 봉입된 방사성물질로서 한 변의 길이가 최소한 1.5 cm 이상일 것
③ 원자력안전위원회가 정하여 고시하는 시험기준에 적합한 방사성물질일 것
④ 캡슐에 봉입된 방사성물질인 경우에는 캡슐이 파괴되어야만 개봉될 수 있도록 제작할 것

㊐ 1. ③　2. ③　3. ④　4. ④　5. ①　6. ④　7. ②

【문제 8】 방사선기기의 설계승인을 얻은 자와 외국에서 방사선기기를 수입한 자는 제작 또는 수입한 방사선기기에 대하여 원자력안전위원회의 어떠한 검사를 받아야 하는가?

① 방사선기기의 검사 ② 시설검사 ③ 정기검사 ④ 운반검사

【문제 9】 판매허가를 받은 자의 정기검사 시기 중 옳지 않은 것은?

① 밀봉선원의 연간 판매량이 370 TBq 이상 : 매 1년
② 밀봉선원의 연간 판매량이 370 TBq 미만 : 매 5년
③ 개봉선원의 연간 판매량이 37 TBq 이상 : 매 1년
④ 개봉선원의 연간 판매량이 37 TBq 미만 : 매 3년

【문제 10】 자체점검 보고서의 제출로 시설검사를 갈음 할 수 있는 허가사용자가 아닌 것은?

① 승인을 받은 방사선기기를 설치한 사용시설 등
② 37 GBq 미만의 밀봉된 방사성동의원소의 판매자
③ 370 GBq 미만의 밀봉된 방사성동의원소의 사용시설 등
④ 최대용량 250 kV 이하의 승인 받은 방사선발생장치를 설치한 사용시설 등

【문제 11】 업무대행자의 방사선시설 감리보고서로 당해 시설검사를 갈음할 수 있는 시설은?

① 37 GBq 미만의 밀봉된 방사성동위원소의 사용시설 등
② 370 GBq 미만의 밀봉된 방사성동위원소의 사용시설 등
③ 37 GBq 미만의 개봉된 방사성동위원소의 사용시설 등
④ 370 GBq 미만의 개봉된 방사성동위원소의 사용시설 등

【문제 12】 방사성동위원소 등에 대한 정기검사 시기가 1년이 아닌 것은?

① 방사성동위원소 인체의 치료목적 사용
② 방사성동위원소의 이동사용 전문 업소
③ 개봉선원 연간 사용량이 3.7 GBq 이상 사용하는 사업소
④ 방사선발생장치 1 GeV 이상 사용하는 사업소

【문제 13】 방사성동위원소 등에 대한 정기검사 시기가 3년이 아닌 것은?

① 밀봉선원 연간 사용량이 111 TBq 이상
② 개봉선원 연간 사용량이 3.7 TBq 이상
③ 밀봉선원 연간 판매량이 370 TBq 미만
④ 방사성동위원소 등의 이동사용을 전문으로 하는 사업소

【문제 14】 밀봉된 방사성동위원소를 연간 111 TBq 이상 사용하는 공장 또는 사업소에서 정기검사 기간은 몇 년인가? (단, 인체에는 사용하지 않는다)

① 1 ② 2 ③ 3 ④ 4

㉰ 8. ① 9. ② 10. ② 11. ② 12. ③ 13. ④ 14. ③

【문제 15】 방사성동위원소 등을 인체에 사용하지 아니하는 공장 또는 사업소의 정기검사 시기 중 옳지 않은 것은?

① 밀봉된 방사성동위원소의 연간 사용량이 111 TBq 이상 - 3년
② 밀봉된 방사성동위원소의 연간 사용량이 111 TBq 미만 - 5년
③ 밀봉되지 아니한 방사성동위원소의 연간사용량이 3.7 GBq 이상 - 1년
④ 밀봉되지 아니한 방사성동위원소의 연간사용량이 3.7 GBq 미만 - 5년

【문제 16】 방사선발생장치를 인체에 사용하지 아니하는 공장 또는 사업소의 정기검사 시기 중 옳지 않은 것은?

① 1 GeV 이상 - 매 1년
② 1 GeV 미만, 1 MeV 이상 - 3년
③ 최대전압 350 kV 이상, 용량이 350 kV, 5 mA 1대 이상 - 3년
④ 최대전압 350 kV 미만, 용량이 250 kV, 5 mA 2대 이상 - 5년

【문제 17】 방사성동위원소 등에 대한 정기검사 시기 중 옳지 않은 것은?

① 방사성동위원소 등의 이동사용 전문으로 하는 사업소 - 매 1년
② 밀봉된 방사성동위원소 연간 판매량 370 TBq 미만 - 매 1년
③ 밀봉된 방사성동위원소 연간 판매량 370 TBq 이상 - 매 1년
④ 방사성동위원소를 인체의 치료 및 체내외 검진목적 사용 - 매 1년

【문제 18】 허가사용자가 시설사용 등의 시설 및 그 운영에 관하여 자체점검을 실시하고, 그 자체점검 결과에 대하여 위원회의 서면심사를 받아 합격한 경우에는 해당 자체점검을 정기검사에 갈음한다. 이에 해당하는 허가사용자의 요건에 해당하지 않는 것은?

① 정기검사 주기가 3년 또는 5년인 사용시설 등을 설치·운영하는 자일 것
② 직전 정기검사에서 시정 또는 보완 명령을 받지 않았을 것
③ 정기검사 해당 연도의 1월 1일부터 기산하여 최근 3년간 판독특이자 발생이 없을 것
④ 정기검사 해당 연도의 1월 1일부터 기산하여 최근 3년간 방사성동의원소 등의 도난 등의 사고 발생이 없을 것

【문제 19】 운반용기 제작검사의 신청서에 첨부서류가 아닌 것은?

① 품질보증 계획서
② 제작방법에 관한 설명서
③ 시험방법·검사방법에 관한 설명서
④ 운반용기 자체점검 보고서 및 점검절차서

【문제 20】 운반용기의 사용검사 대상이 아닌 것은?

① B(U)형 운반용기
② A형 운반용기
③ C형 운반용기
④ 핵분열성물질 운반용기

㉰ 15. ③ 16. ④ 17. ② 18. ④ 19. ④ 20. ②

【문제 21】 방사선 비파괴검사를 위한 방사선조사기 겸용으로 사용하는 방사성물질의 운반용기에 대한 사용검사 항목이 아닌 것은?

① 내부와 외부에 대한 외형 육안검사　② 방사선차폐 성능검사
③ 외부표면 오염도 검사　④ 인양장치의 하중검사

【문제 22】 정기적으로 포장 또는 운반검사를 받아야 할 대상이 아닌 것은?

① 업무대행자
② 방사성폐기물관리시설 등 건설·운영자
③ 방사성동위원소 생산 및 판매업자
④ 방사성동위원소 등의 이동사용을 전문으로 하는 자

【문제 23】 방사성폐기물관리시설 등의 건설·운영 허가를 받은 자의 정기검사 시기는?

① 매 1년　② 매 2년　③ 매 3년　④ 매 5년

【문제 24】 방사성동위원소 등의 이동사용을 전문으로 하는 기관의 운반 및 포장검사 주기는?

① 매 1년　② 매 2년　③ 매 3년　④ 매 5년

【문제 25】 판독업무는 원자력안전법의 규정에 의하여 위원회의 검사를 받아야 한다. 다음 중 검사시기가 옳은 것은?

① 판독업무개시 후 검사 : 매 3년
② 주기적 검사 : 매 2년
③ 판독업무개시 전 검사와 정기적 검사 : 매 1년
④ 정기적 검사 : 매 3년

【문제 26】 검사 결과 또는 허가사용자의 자체안전관리 실적이 우수하여 위원회가 정하는 규정에 의해 다음 정기 검사가 면제 되는 경우가 있다. 이때 대상이 되는 기관과 평가표의 기준점수는?

① 정기검사 1년인 기관, 70점 이상　② 정기검사 1년인 기관, 80점 이상
③ 정기검사 3년인 기관, 70점 이상　④ 정기검사 3년인 기관, 80점 이상

【문제 27】 정기적으로 포장 또는 운반검사를 받아야 하는 대상자 및 그 검사주기에 대한 설명 중 옳지 않은 것은?

① 방사성폐기물관리시설 등 건설·운영자 : 매 1년
② 방사성동위원소 등의 이동사용을 전문으로 하는 자 : 매 3년
③ 밀봉된 방사성동위원소의 연간 생산·판매량이 370 TBq 이상인 경우 : 매 1년
④ 밀봉되지 아니한 방사성동위원소의 연간 생산·판매량이 37 TBq 미만인 경우 : 매 3년

【문제 28】 방사선기기의 검사 신청서에 첨부서류가 아닌 것은?

① 시험·검사시설 및 장비명세서　② 시험·검사에 관한 설명서
③ 방사선기기 설계승인서　④ 보유 장비 및 그 성능에 관한 자료

답 21. ③　22. ①　23. ①　24. ①　25. ③　26. ①　27. ②　28. ④

【문제 29】 판독업무 개시 전 검사의 신청서에 첨부서류가 아닌 것은?

① 수검 계획서
② 판독시설 등에 관한 도면(상세 단면도를 포함한다)
③ 보유 장비 및 그 성능에 관한 자료
④ 보유인력에 관한 자료

【문제 30】 시설검사에 대한 허가사용자의 자체점검 보고서에 포함될 사항이 아닌 것은?

① 방사선기기의 제작회사·모델번호 및 일련번호
② 방사선발생장치의 최대 사용용량
③ 방사선작업종사자 현황
④ 사용시설 등의 재질 및 치수

【문제 31】 운반 할 때마다 포장 또는 운반 검사를 받아야 하는 경우가 아닌 것은?

① 사용 후 핵연료
② A형 운반물을 운반 하는 경우
③ 운반하고자 하는 방사성물질 등의 방사능량이 「방사선 안전관리 등의 기술기준에 관한규칙」이 정하는 A1 또는 A2의 값 중에서 해당되는 값의 30배를 초과하는 방사성물질 등
④ 특별운반이 승인된 방사성물질 등

【문제 32】 B(U)형·B(M)형·C형 운반용기 중에서 방사선 비파괴검사를 위한 방사선조사기 겸용으로 사용하는 용기가 아닌 경우 사용검사 항목으로 옳지 않은 것은?

① 수압 또는 공기압을 이용한 최대정상운전압력검사
② 격납계통에 대한 누설검사
③ 열전달 성능검사
④ 품질보증검사

【문제 33】 외국 해당 관계당국으로부터 설계승인을 받아 제작한 운반용기의 경우 사용검사 항목이나 사용검사 기준의 규정에도 불구하고 해당 관계당국의 ( )에서 승인된 사용검사항목 및 검사기준을 적용할 수 있다. 괄호 안에 알맞은 것은?

① 허가승인서 ② 설계승인서 ③ 제작승인서 ④ 사용승인서

【문제 34】 방사성물질 운반용기의 제작검사 항목이 아닌 것은?

① 구조 및 주요기능 부품에 대한 재료검사
② 성능검사
③ 주요 기능부위에 대한 용접검사 및 비파괴검사
④ 방사선조사기의 방사선원 고정장치 또는 잠금장치에 대한 건전성 검사

답 29. ① 30. ③ 31. ② 32. ④ 33. ② 34. ④

【문제 35】 방사성물질 운반용기의 사용검사 중 인양장치의 하중검사는 방사성내용물을 포함한 운반용기의 총 중량이 (　　) kg 이하인 경우에는 제외한다. 괄호 안에 알맞은 것은?

① 20　　② 30　　③ 40　　④ 50

【문제 36】 방사성물질 운반용기의 사용검사를 면제하는 기준으로 옳지 않은 것은?

① 운반용기 보수내용이 설계 승인된 보수내용과 일치할 것
② 운반용기의 구조 및 재료가 설계 승인된 도면과 일치할 것
③ 설계승인서에서 승인된 사용검사항목 및 기준에 적합할 것
④ 품질보증규정에 따라 보수 및 사용검사가 되었을 것

【문제 37】 방사성물질 운반용기의 제작검사를 면제하는 기준으로 옳지 않은 것은?

① 외국 관계당국으로부터 발급 받은 설계승인서가 적합한 것일 것
② 설계승인서에서 승인된 성능검사 및 시험기준에 적합할 것
③ 운반용기 보수내용이 설계 승인된 보수내용과 일치할 것
④ 품질보증규정에 따라 제작되었을 것

【문제 38】 방사성물질 운반용기에 대한 사용검사의 시기는 "제작검사에 합격한 이후" 몇 년 마다 실시하는가?

① 1　　② 3　　③ 5　　④ 7

【문제 39】 원자력관계사업자는 설계승인을 받아 운반용기를 제작하거나 외국에서 제작된 운반용기를 수입한 경우에는 (가)검사를 받아야 한다. 또한 운반용기를 계속적으로 사용하려는 원자력관계사업자는 정기적으로 (나)검사를 받아야 한다. 괄호 안에 알맞은 것은?

① 가 : 설계,　나 : 사용　　② 가 : 제작,　나 : 사용
③ 가 : 설계,　나 : 제작　　④ 가 : 제작,　나 : 운반

【문제 40】 포장·운반검사의 서면심사 대상에서 "원자력안전위원회가 정하는 기준량"(생산 또는 판매하는 방사성동위원소의 양이 총리령으로 정하는 기준량 미만일 것)이란 밀봉된 방사성동위원소의 연간 생산 · 판매량이 (가)TBq, 밀봉되지 아니한 방사성동위원소의 연간 생산·판매량이 (나)TBq이다. 괄호 안에 알맞은 것은?

① 가 : 3.7,　나 : 37　　② 가 : 37,　나 : 3.7
③ 가 : 37,　나 : 370　　④ 가 : 370,　나 : 37

【문제 41】 허가사용자의 안전관리 실적 평가표에 관한 설명 중 옳지 않은 곳은?

① 선량한도 초과 피폭자 발생(최근 1년간) : -30
② 피폭선량 측정결과 판독 특이자 발생(1~2년 경과시) : -5점
③ 각종 보고 또는 신고기한 초과(전년도) : -5점
④ 정기검사 또는 수시검사 준비 및 수검자세가 우수함(전년도) : + 10

답 35. ④　36. ②　37. ③　38. ③　39. ②　40. ④　41. ④

【문제 42】 허가사용자의 안전관리 실적 중 옳지 않은 것은?

① 정기검사 또는 수시검사 지적 사항(전년도) : -30
② 방사성동위원소 분실 또는 사고 발생(3~4년 경과시) : -20
③ 정기검사 또는 수시검사 권고 사항(전년도) : -20
④ 방사선안전관리자의 변경 실적 있음(전년도) : -5

【문제 43】 시설검사가 면제되는 사항 중 옳지 않은 것은?

① 방사성폐기물(폐기선원은 제외)의 저장시설 변경하는 경우
② 밀봉된 방사성동위원소 저장시설을 변경하는 경우
③ 일시적 사용장소에서 사용시설등을 설치하는 경우
④ 방사광가속기에 방사광 빔라인을 추가로 설치하거나 구조를 변경하는 경우 원자력안전위원회장이 시설검사가 필요하지 않다고 인정하는 경우

【문제 44】 방사성동위원소등을 인체에 사용하지 않는 공장 또는 사업소의 정기검사 시기 중 옳지 않은 것은?

① 밀봉선원의 연간 사용량이 111 TBq 이상 : 매 3년
② 밀봉선원의 연간 사용량이 111 TBq 미만 : 매 5년
③ 개봉선원의 연간 사용량이 3.7 GBq 이상 : 매 1년
④ 개봉선원의 연간 사용량이 3.7 GBq 미만 : 매 5년

【문제 45】 업무대행자의 안전관리 실적 평가표에 관한 설명 중 옳지 않은 곳은?

① 선량한도 초과 피폭자 발생(2~3년 경과시) : -20
② 대행업무 분야 관련 사고발생(4~5년 경과시) : -10점
③ 각종 보고 또는 신고기한 초과(전년도) : -5점
④ 전담 인력의 변경실적이 있음(전년도) : - 5

【문제 46】 시설검사의 서면심사 대상 중 "총리령으로 정하는 장치"란 최대전압 (　　)킬로볼트 이하의 방사선발생장치를 말한다. 괄호 안에 알맞은 것은?

① 150　② 200　③ 250　④ 300

【문제 47】 시설검사를 받지 않아도 되는 것은?

① 개봉선원의 저장시설을 변경하는 경우
② 개봉선원의 작업실을 설치하는 경우
③ 폐기선원의 저장시설을 변경하는 경우
④ 개봉선원의 배출시설을 설치하는 경우

【문제 48】 방사성의약품을 인체에 사용하는 사업소와 정기검사 시기가 다른 사업소는?

① 업무대행자
② 방사성동위원소등의 생산허가를 받은 자
③ 방사선발생장치를 1GeV이상 인체 외에 사용하는 사업소
④ 방사선발생장치 판매 허가를 받은 자

㊟ 42. ③　43. ②　44. ③　45. ①　46. ③　47. ①　48. ④

제7장 방사선안전관리

1. 의료분야의 안전관리

1) 의료방사선 방호 및 관리

(1) 방사성동위원소등을 인체에 사용함에 따른 방사선피폭(이하 "의료피폭"이라 한다)의 관리 대상 및 범위는 다음 각 호와 같다.
  ① 진료 목적으로 받는 개인의 피폭
  ② 진료를 받은 임산부의 태내 배태아 또는 모유 수유하는 환자의 유아가 받는 피폭
  ③ 진료 환자를 간병하는 가족이나 친지가 받는 피폭
  ④ 방사선을 이용한 의생명 연구 대상으로 참여하는 연구 자원자가 받는 피폭
(2) 방사성동위원소등을 인체에 사용하는 자는 방사선피폭으로 인한 해로움보다 이로움이 항상 크도록 의료피폭의 정당화를 보장하여야 한다.
(3) 제(2)항에 따른 사용자는 방사선 피폭이 경제적, 사회적 인자를 고려해 합리적으로 달성할 수 있는 범위에서 낮게 유지되도록 의료피폭의 최적화를 보장하여야 한다.

2) 사용자의 책임

(1) 방사성동위원소등을 인체에 사용하는 자는 의료방사선 방호에 충분한 전문성을 가진 진료의사가 의료방사선을 사용하도록 하여야 한다.
(2) 방사성동위원소등을 인체에 사용하는 자는 진료의사의 의뢰가 있고, 방사선방호 대책이 수립되어 있으며, 피폭을 받는 사람이 적절하게 이해하고 동의한 경우가 아니면 의료피폭을 받지 않도록 하여야 한다.
(3) 제(1)항에 따른 사용자는 의도되지 아니한 또는 사고에 의한 의료피폭 가능성을 최소화하기 위한 모든 가용한 수단을 강구해야 하며, 이러한 의료피폭이 있는 경우 즉시 조사를 수행하고 시정조치를 하여야 한다.
(4) 제(1)항에 따른 사용자는 방사선 사용시설에서 이행하는 의료피폭의 정당화와 최적화에 대하여 원자력안전위원회가 정하여 고시하는 바에 따라 주기적으로 검토하여야 하며 의료피폭 기록을 유지하여야 한다.

3) 의료방사선 품질관리

(1) 진료의 목적으로 방사성동위원소등을 인체에 사용하는 자는 환자의 피폭방사선량을 의사의 처방대로 유지하여야 한다.
(2) 제(1)항에 따른 사용자는 원자력안전위원회가 고시하는 바에 따라 방사선 진료장비를 유지·관리하여야 하며, 방사선안전관리자와 별도로 의료방사선 품질관리를 위한 전담인력을 두어야 한다.

4) 방사성동위원소 투여환자 안전관리

(1) 진료의 목적으로 방사성동위원소를 인체에 사용하는 자는 체내에 잔류하는 방사능 또는 인체표면 1 m 거리에서의 방사선량률이 **위원회가 정하여 고시하는 수량**을 초과하는 환자를 일반환자와 격리하여 입원시켜야 한다.

(2) 환자의 입원실에 전용 화장실을 설치하여야 한다.

(3) 진료환자의 배설물을 배출하는 경우에는 원자력안전위원회가 정하여 고시하는 방법에 따라야 한다.

▸ **위원회가 정하여 고시하는 수량**이란 다음 각 호의 하나와 같다.

(1) 환자 체내에 잔류하는 방사성동위원소의 방사능은 별표 2의 1란

(2) 환자 신체 표면으로부터 1 m 거리에서 최대 방사선량률은 별표 2의 2란

(3) 환자 퇴원 후 요양 계획 및 주변 환경을 면밀히 고려하여 환자의 가족이나 친지 등이 받는 개인의 유효선량이 5 mSv를 초과하지 않도록 한다.

5) 임신 또는 모유 수유중인 여성

진료의 목적으로 방사성동위원소등을 인체에 사용하는 자는 여성 환자가 임신했거나 임신했을 가능성이 있는 경우, 또는 모유 수유중인 경우에는 적합한 방사선방호 절차를 수립하여 이행하여야 한다.

▸ 의료분야의 방사선 안전관리에 관한 기술기준(위원회 고시)

1) 목적

이 기준은 「방사선 안전관리 등의 기술기준에 관한 규칙」의 규정에 따른 의료분야의 방사선안전관리에 필요한 사항을 규정함을 목적으로 한다.

2) 적용범위

이 기준은 의료분야에서 다음 각 호의 어느 하나에 해당하는 방사성동위원소등의 취급과 이와 관련된 장비 및 시설에 대하여 적용한다.

(1) 방사선발생장치

(2) 밀봉된 방사성동위원소(이하 "밀봉선원"이라 한다)

(3) 밀봉선원이 내장된 기기

(4) 밀봉되지 아니한 방사성동위원소(이하 "개봉선원"이라 한다)

3) 품질관리

(1) 의료기관은 환자의 피폭선량이 의사의 처방대로 유지됨을 확인하기 위하여 문서화된 품질관리 절차를 수립하고, 이에 따른 품질관리를 수행하여야 한다.

(2) 품질관리 절차서는 다음 각 호의 사항이 포함되어야 한다.

① 품질관리 조직 및 직무

② 품질관리에 필요한 장비
③ 품질관리 항목에 대한 품질관리 방법, 주기, 관리오차 및 관리오차 초과 시 조치방법
④ 치료용 방사선기기의 선량 교정 및 평가
⑤ 환자의 피폭방사선량을 의사의 처방대로 유지하기 위한 치료계획 수립 및 점검방법
⑥ 의료방사선 품질관리 전문인력(이하 "전문인력"이라 한다)의 교육 및 훈련
⑦ 외부기관에 의한 독립적인 품질감사

(3) 품질관리 항목, 관리 주기 및 관리 오차는 **별표** 1을 참조하여 수립한다.
(4) 의료기관은 제(1)항에 따른 품질관리를 제(2)항 제③호의 규정에 따라 수행하고 그 결과를 문서로 비치하여야 한다.
(5) 의료기관은 품질관리 결과 관리오차를 초과하는 항목이 있을 경우 원인 파악 및 시정조치를 하여야 하며, 이를 기록 및 비치하여야 한다.
(6) 의료기관은 매 3년마다 외부기관에 의한 독립적인 품질감사를 수행하고 그 결과를 비치하여야 한다.
(7) 원자력안전위원회는 필요한 경우 6인 이하로 별도의 품질감사팀을 구성하여 품질감사를 수행하게 할 수 있다.
(8) 제(7)항에 따라 품질감사를 수행한 때마다 품질감사팀은 수행 결과를 원자력안전위원회에 보고하여야 한다.
(9) 의료기관은 치료용 방사선기기별로 환자별 조사내역을 확인할 수 있는 기록체계를 갖추어야 한다.

4) 취급절차서

의료기관은 치료용 방사선기기에 대한 국문 취급 절차서를 구비하여야 한다.

5) 방사선기기 안전요건

치료용 방사선기기 중 밀봉선원이 내장된 장비의 안전요건은 다음 각 호와 같다.

(1) 전원의 공급이 중단되는 경우, 자동으로 방사선원이 차폐되고 제어판으로부터 빔 제어기능이 재 작동될 때까지 차폐된 상태로 유지되어야 한다.
(2) 비정상 상황 시 방사선 조사를 중단시키는 독립된 장치를 둘 이상 갖추어야 한다.
(3) 밀봉선원이 장착된 치료실에는 연속적으로 방사선량을 감시하는 장치를 설치하여 종사자가 선원의 상태를 알 수 있도록 하여야 한다.
(4) 방사선 치료를 위해 치료실 내부에 치료받는 자 외의 사람이 남아있는지를 외부에서 확인할 수 있도록 하여야 한다.

6) 방사선량 교정

의료기관은 치료용 방사선기기에 대한 방사선량교정 및 평가를 다음 각 호에 따라 수행하여야 한다.

(1) 해당 방사선 기기의 방사선량교정에 적합한 측정장비 및 방사성동위원소를 준비하여야 한다.

(2) 국제원자력기구 기술보고서 또는 이와 동등한 기술기준 및 해당 방사선 기기의 제작사가 권고한 조건에 따라 방사선량을 교정하여야 한다.

(3) 치료용 방사선기기에 대한 선량 교정 및 평가주기는 다음 각 목의 어느 하나와 같다.

가. 장비를 설치하고 처음으로 사용할 때

나. 처음으로 사용한 이후 매 1년마다

다. 삭제

라. 선량평가에 영향을 미칠 수 있는 보수를 한 경우

마. 1년 이상 사용을 중지한 후 다시 사용하려는 경우

7) 의료방사선 품질관리 인력 등

(1) 의료기관은 의료방사선 품질관리를 수행할 전문인력을 정하여 규정의 서식에 따라 위원회에 제출하여야 한다. 보고 한 사항을 변경한 때에는 변경 후 30일 이내에 위원회에 제출하여야 한다.

(2) 전문인력은 규정에 따른 품질관리를 수행할 수 있는 역량을 지닌 자로서 방사선진료전문의의 지시·감독을 받아 직무를 수행하되 다음과 같은 책임 및 권한을 갖는다.

① 치료용 방사선기기의 품질관리

② 치료용 방사선기기와 품질관리에 사용하는 방사선 측정장비의 교정

③ 환자의 피폭방사선량을 의사의 처방대로 유지하기 위한 치료계획 수립 및 확인

8) 교정장비

(1) 교정에 사용하는 장비는 「국가표준기본법」에 의해 국가교정기관으로 지정된 기관에서 정하는 바에 따라 교정을 받아야 한다.

(2) 제(1)항에 따라 교정 받아야 하는 측정장비는 다음과 같다.

① 전리함

② 온도계 및 기압계

③ 그 외 교정이 필요한 장비

9) 환자방호

(1) 방사성동위원소 등을 인체에 사용하는 자는 치료 전에 해당 환자 또는 보호자에게 방사선 치료의 개요와 예상 이득, 잠재적 위험 등을 설명하고 서면으로 이해 동의를 받아야 한다.

(2) 사용자는 의사 및 전문인력의 교육훈련, 선량 상호 교차 평가, 치료용 방사선 기기 품질관리, 외부기관에 의한 독립적인 품질감사(제5조 제2항 제7호)에 따른 외부 독립적인 품질감사 등의 프로그램을 통해 환자 방호대책을 수립하여야 한다.

10) 진료환자의 격리 및 퇴원 기준

(1) 치료의 목적으로 방사성동위원소를 인체에 사용하는 자는 환자의 퇴원으로 인하여 방사선에 의해 영향을 받을 수 있는 다른 개인의 유효선량을 합리적으로 가능한 낮게 유지하도록 하기 위하여 퇴원 후 주의사항이 기재된 지침(이하 **"지침서"**라 한다)을 제공하여야 한다.

(2) 지침서는 다음 각 호의 사항을 포함하여야 하며, 특히 가정 내에 수유중인 유아(乳兒) 또는 어린이가 있거나 치료를 받고 퇴원하는 환자가 가정 이외의 장소에 머무르는 경우, 퇴원한 환자 이외의 다른 개인의 유효선량이 일반인 선량한도를 초과할 가능성이 있을 때, 환자가 지켜야 할 사항을 강조한 특정 내용을 추가하여야 한다.

① 방사성동위원소 투여량에 따른 환자와의 접촉 제한과 접촉시간 최소화
② 방사성동위원소 투여 환자 특정 장소로의 군집 제한
③ 환자의 배설물 등으로 인한 오염의 최소화
④ 모유 수유 또는 임신 계획에 대한 주의사항 및 방사선에 의한 영향
⑤ 항공 이용 시 X-선 검색 주의사항
⑥ 전리방사선 영향에 대한 정보
⑦ 추가 질문이 있는 경우 연락 가능한 담당자의 성명 및 연락처

11) 진료환자의 배설물

진료환자의 배설물을 배출하는 경우에는 배출액 중의 방사성동위원소의 농도가 원자력안전위원회고시 「방사선방호 등에 관한 기준」의 배출관리기준을 초과하여서는 아니 된다.

12) 임신 또는 모유 수유 중인 여성에 대한 방호 절차

의료기관은 다음 각 호의 사항을 포함하여 적합한 방사선 방호 절차를 수립하여 이행하여야 한다.

(1) 배태아에게 영향을 줄 수 있는 방사선 치료를 수행하기 전 가임여성의 임신여부 확인
(2) 방사성동위원소를 투여하는 치료를 수행하기 전 여성의 모유수유 확인
(3) 임신 가능성이 있거나 임신 또는 모유 수유중인 환자가 의료진에게 이 사실을 알리도록 안내하는 절차

13) 기록의 유지

의료기관은 **별표 3**에서 정하는 바에 따라 기록을 작성하고 비치하여야 한다.

[별표 1]

치료용 방사선기기의 품질관리 항목, 주기 및 관리오차(제5조제3항 관련)

가. 선형가속기

주 기	항 목	관리오차		
		Non-IMRT	IMRT	SRS/SBRT
일간	X-선 출력 일치도(모든 에너지) (전자선 출력일치도는 주간 항목으로 수행)	3%	3%	3%
	레이저 정렬(십자선 기준)	±2 mm	±2 mm	±1 mm
	광거리 표시기(ODI)	±2 mm	±2 mm	±2 mm
	콜리메이터 크기 표시기	±2 mm	±2 mm	±1 mm
	출입문 연동장치	기능유지	기능유지	N/A
	정위방사선치료기구연동장치법	N/A	N/A	기능유지
	환자 감시 장치	기능유지	기능유지	N/A
	빔 사용 표시등	기능유지	기능유지	N/A
월간	X-선 출력 일치도	±2%	±2%	±2%
	전자선 출력 일치도	±2%	±2%	N/A
	광자선 프로파일 일치도	±2%	±2%	±2%
	전자선 프로파일 일치도	±2%	±2%	N/A
	광자선/전자선 에너지 일치도	2%/2 mm	2%/2 mm	N/A
	광/방사선 조사면 크기 일치도	2 mm or 1% on a side	2 mm or 1% on a side	2 mm or 1% on a side
	광/방사선 조사면 크기 일치도(비대칭성)a	1 mm or 1% on a side	1 mm or 1% on a side	1 mm or 1% on a side
	레이저위치 정확도	±2mm	±1mm	±1mm
	갠트리/콜리메이터 각도 중심축	1.0°	1.0°	0.5°
	MLC 위치 정확성	-	1mm	-
	치료대 위치 표시기b	±2 mm/1°	±2 mm/1°	±1 mm/0.5°
	콜리메이터 회전에 따른 십자선 중심일치도	1 mm	1 mm	1 mm
	게이트 연동장치	-	기능유지	-
연간	X-선 편평도 변화	±1%	±1%	±1%
	X-선 대칭도 변화	±1%	±1%	±1%
	전자선 편평도 변화	±1%	±1%	±1%
	전자선 대칭도 변화	±1%	±1%	±1%
	정위 방사선 수술 회전모드 (범위: 0.5-10 MU/deg)	N/A	N/A	모니터 유닛 : 1.0 MU 또는 2% 중 큰 값 Gantry: 1.0°또는 2% 중 큰 값.
	X-선/전자선 출력 절대선량 교정	±1%	±1%	±1%

	X-선 빔선질 일치도 (PDD_{10} or $TMR_{10}{}^{20)}$)	±1%	±1%	±1%
	빔선질(R50)	±1 mm	±1 mm	±1 mm
	쐐기(Wedge) 투과인자 일치도	±2%	±2%	±2%
	X-선 MU 선형성 (출력 일치도)	±2% ≥5 MU	±5% (2-4 MU), (±2% ≥5 MU)	±5% (2-4 MU), (±2% ≥5 MU)
	전자 MU 선형성 (출력 일치도)	±2% ≥5 MU	±2% ≥5 MU	±2% ≥5 MU
	선량률에 따른 X-선 출력 일치도	±2%	±2%	±2%
	갠트리 각도에 따른 X-선 출력 일치도	±1%	±1%	±1%
	갠트리 각도에 따른 전자선 출력 일치도	±1%	±1%	±1%
	갠트리 각도에 따른 전자선과 X-선 축이탈 계수 일치도	±1%	±1%	±1%
	콜리메이터 회전 중심축	±1 mm	±1 mm	±1 mm
연간	갠트리 회전 중심축	±1 mm	±1 mm	±1 mm
	치료대 회전 중심축	±1 mm	±1 mm	±1 mm
	전자선 치료기 연동장치	기능유지	기능유지	기능유지
	방사선과 기계적인 중심축 일치도	±2 mm	±2 mm	±1 mm
	치료대 상단 기울기	2 mm	2 mm	2 mm
	치료대 각도	± 1°	± 1°	± 1°
	치료대 최대 이동 범위	±2 mm	±2 mm	±2 mm
	정위 방법의 부가장치, 잠금장치 등	-	-	기능유지
	위상과 폭의 순간 정확도	100 ms	100 ms	100 ms
	호흡 동조	100 ms	100 ms	100 ms
	연동장치 작동여부	기능유지	기능유지	기능유지
	MLC 투과도 변화	0.5%	0.5%	0.5%
	MLC 위치 재현성	±1.0 mm	±1.0 mm	±1.0 mm
	X-선과 광조사면 일치도	±2.0 mm	±2.0 mm	±2.0 mm
	IMRT 치료 MLC위치 최대오차	최대, 〈0.35	최대, 〈0.35	최대, 〈0.35

[a]광조사면이 임상 치료용으로 설정되었다면 광/방사선 조사면 크기 일치도는 월별로 점검 가능.

[b]치료대 위치 표시기는 가로, 세로, 회전기능을 모두 표시하는 것을 의미한다.

나. 사이버 나이프

주 기	항 목	관리오차
일간	가속장치 출력 안전성(공기중 측정)	±5%
	안전연동 시스템	기능유지
	레이저 위치 일치도	2 mm
월간	가속장치 출력 안전성	±3%
	레이저 시스템 정확도	±1 mm
	레이저 시스템과 조사야 일치도	±2 mm
	표적의 육안 확인	기능유지
	영상 화질	기능유지
	빔 에너지(PDD)	60 ± 2%
	빔선질	0.5~0.84
	최종 빔 조사 팬텀 테스트	0.95 mm 단, 움직임 기록 시 1.5 mm
	빔 형태	12%
	빔 대칭성	±2%
분기	비대칭성 환자의 빔 전달	±2%/2 mm (동시성일 때 ±3%/3 mm)
연간	중앙 픽셀 확인	±1 mm
	초기 측정빔과의 일치도 확인	-
	빔형태(collimator 40mm)	14%
	빔 대칭성(collimator 40mm)	±2%

다. 토모테라피

주 기	항 목	관리오차(±)
일간	출력 안정성 - 정지 또는 회전	3%
	영상과 레이저 좌표 일치도	1-2 mm
	영상등록과 정렬	1 mm
	레이저 초기화	1-1.5 mm
월간	출력 안정성 - 정지 또는 회전	2%
	선량감시 전리함 안정성	2%
	회전 출력 변화	2%
	선질	1% PDD_{10} 또는 TML_{20}[10]
	횡단면 선량분포	1%
	종단면 선량분포	1% at FWHM
	중단 절차	3%
	레이저 이동 정확성	1 mm
	치료 테이블 이동 정확성	1 mm

	치료 테이블 수평도	0.5°
	치료 테이블 종횡 정렬	1 mm
	치료 테이블 기울기	5 mm
	기하학적 왜곡	1-2 mm
	영상 잡음	표준값
	영상 균일성	표준값
	영상 공간 분해능	1.6 mm
	영상 대조도	표준값
	영상 균일성(선량 계산 시)	25 HU
	물의 CT number 정확도	표준값 ±30 HU
	폐와 뼈의 CT number 정확도	표준값 ±50 HU
분기별	갠트리 각도 정확성	1°
	치료 테이블 속도 균일성	2%
	갠트리 회전 당 치료 테이블 이동	1 mm/5 cm
	메가볼트 CT선량(MVCT)	표준값
연간	y축과 턱 중심 정렬	0.3 mm
	x축과 MLC 정렬	0.34 mm
	y축과 턱 회전축 이탈	0.5 mm
	y축과 턱 회전축 정렬	0.5°
	치료 조사면 중심축	0.5 mm
	MLC 측면 오프셋	1.5 mm
	MLC 뒤틀림	0.5°
	선질	1% PDD_{10} 또는 TML_{20}[10]
	횡단면 선량분포	1%
	종단면 선량분포	1% at FWHM
	X선 출력보정	1%
	축상면 초록 레이저 거리	1 mm/0.3°
	시상면과 관상면 초록 레이저 정렬	±1 mm
	영상, 치료, 레이저 좌표 일치도	1-2 mm
	선량계산시스템의 개체 크기 일치도	1 kVCT 복셀
	CT 복셀 크기 정확도	합격/불합격
	CT 방향 정확도	합격/불합격
	CT 회색도 정확도	합격/불합격
	통합 텍스트 정보 정확도	합격/불합격
	구조물 크기 일치도	1 kVCT 복셀
	구조물 위치 일치도	합격/불합격
	구조물 방향 일치도	합격/불합격
	저 경사도 영역의 점선량 일치도	3%
	고 경사도 영역의 점선량 일치도	3%/3 mm

마그네트론 / 고체 변조기 (SSM : 부품교체	출력 안정성 - 정지 또는 회전	2%
	회전 출력 변화	2%
	선질	1% PDD(10) 또는 TML(20/10)
	횡단면 선량분포	1%
	종단면 선량분포	반치전폭에서 1%
	계획과 선량 계산 시스템의 일치도	3%
	영상 균일성(선량 계산 시)	25 HU
	물의 CT number 정확도	기준치 대비 ±30 HU
선형가속기 / 타겟 부품교체	y축과 턱 중심 정렬	0.3 mm
	X축과 MLC 정렬	0.34 mm
	y축과 턱 회전축 이탈	0.5 mm
	출력 안정성 - 정지 또는 회전	2%
	회전 출력 변화	2%
	선질	1% PDD(10) 또는 TML(20/10)
	횡단면 선량분포	1%
	종단면 선량분포	반치전폭에서 1%
	계획과 선량 계산 시스템의 일치도	3%
	영상 균일성(선량 계산 시)	25 HU
	물의 CT number 정확도	기준치 대비 ±30 HU
유압계 부품교체	y축과 턱 중심 정렬	0.3 mm
	y축과 턱 회전축 이탈	0.5 mm
	y축과 턱 회전축 정렬	0.5°
	치료 조사면 중심축	0.5 mm
	종단면 선량분포	반치전폭에서 1%
	출력 안정성 - 정지 또는 회전	2%
	회전 출력 변화	2%
	선질	1% PDD(10) 또는 TML(20/10)
MLC 부품교체	x축과 MLC 정렬	0.34 mm
	MLC 측면 오프셋	1.5 mm
	MLC 뒤틀림	0.5°
	계획과 선량 계산 시스템의 일치도	3%

라. Co-60 치료장치

주 기	항 목	관리오차
일간	출입문 연동장치	기능유지
	치료실 방사선 감시 장치	기능유지
	CCTV 장치	기능유지
	레이저 정확도	2 mm
	거리 지시기 정확도	2 mm
주간	방사선원 위치 정확도	3 mm
월간	선량 출력 안정성	2%
	광조사면과 조사야의 일치성	3 mm
	조사면 크기 표시기 정확도	2 mm
	갠트리/콜리메이터 각도 표시기 정확성	1°
	조준용 십자선 중심 정확도	1 mm
	쐐기(Wedge) 안전장치 동작	기능유지
	응급 스위치 동작	기능유지
	쐐기(Wedge) 잠금장치 동작	기능유지
연간	선량 출력 안정성	2%
	조사면 크기 표시기 정확도	2 mm
	중심축 선량인자 정확성	2%
	모든 부속품의 투과인자 일치도	2%
	쐐기(Wedge) 투과 인자 일치도	2%
	타이머 선형성 및 오차	1%
	갠트리 각도에 따른 출력 일치도	2%
	갠트리 각도에 따른 빔 일치도	3%
	안전 연동장치 : 제조업체의 시험 절차에 따름	기능유지
	콜리메이터 회전 중심축	직경 2 mm
	갠트리 회전 중심축	직경 2 mm
	치료대 회전 중심축	직경 2 mm
	콜리메이터, 갠트리, 테이블 중심축의 일치도	직경 2 mm
	방사선과 기계적 중심축의 일치도	직경 2 mm
	치료대 상단 기울기 검사	2 mm
	치료대의 수직 이동범위	2 mm
	조사면 빛 강도조절	기능유지

마. Ir-192 치료장치

주 기	항 목	관리오차
일간	선량의 정확성(선원 교정 날짜, 시간, 선원의 강도 확인)	3%
	치료기 작동 표시등	기능 유지
	선원의 위치 정확성	1 mm
	출입문 연동장치	기능유지
	CCTV 장치	기능유지
	방사선 경고등 및 알람	기능유지
	비상 제어 장비의 비치 확인(여분의 건전지, 응급대책세트, 휴대용 GM 검출기)	기능유지
분기별 선원 교체 후	전리함을 이용한 붕괴된 선원의 출력 측정	교정값과 3% 이내
	치료기기의 시간 정확성	60sec
	치료기기의 위치 정확성	1 mm
	선원교체를 위한 사용기간 확인	기능유지
	비상 제어 장비의 비치 확인(여분의 건전지, 응급대책세트, 휴대용 GM 검출기)	기능유지
	대기방사선 검출기 작동 확인	기능유지

바. 감마나이프

주 기	항 목	관리오차
일간	환자감시장치	기능유지
	출입문 연동장치	정지점의 ≤0.5 cm
월간	타이머 선형성	±1%
	전원 on/off 작동오차	0.01분
	컴퓨터 계산 출력과 측정출력의 차이	±3%
	트러니언 중심 일치도	±(0.2 - 0.5) mm
	헬멧 미세이동 시험	정지점 ± 0.1 mm
	빔 정확도	±3 mm
	비상 정지버튼	기능유지
연간	누설시험	≤200 Bq
	방사선/기계적 중심축 일치도	±0.3 mm
	선량 분포	50%선 ± 1 mm

[별표 2]

진료환자 격리 및 퇴원 기준(제12조제1항 관련)

	방사능 제1란		1m 거리 선량률 제2란
주요 핵종	GBq	mCi	mSv/h
Au-198	3.5	93	0.21
Ga-67	8.7	240	0.18
I-123	6	160	0.26
I-125	0.25	7	0.01
I-125 (이식)	0.33	9	0.01
I-131	1.2	33	0.07
In-111	2.4	64	0.2
Ir-192 (이식)	0.074	2	0.008
P-32	*	*	*
Re-186	28	770	0.15
Sr-89	*	*	*
Tc-99m	28	760	0.58
Tl-201	16	430	0.19
Y-90	*	*	*
Yb-169	0.37	10	0.02
Ra-223	*	*	*

1. 방사성동위원소를 투입 또는 투여 받은 환자의 퇴원으로 인한 다른 개인의 피폭방사선량이 5 mSv를 초과할 가능성이 있는 방사능 및 환자로부터 1 m 거리에서의 선량률을 각각 제시하였다.
2. 1 m 거리에서의 선량률은 환자 신체 표면에서부터 1 m 거리에서 바닥으로부터 1 m 높이의 공간 선량률(주위선량당량률 또는 유효선량당량률)을 측정한다.

* 알파 방출체(Ra-223) 또는 베타 방출체(P-32, Sr-89, Y-90)는 다른 개인에게 미치는 영향이 매우 미미하므로 기준값을 따로 제시하지 않는다.

[별표 3]

<u>기록 비치 사항(제15조 관련)</u>

기록 사항	기록시기	보존기간
가. 치료용 방사선기기의 유지보수 및 사용 기록		
1) 방사선기기의 보수 및 정비 기록	보수 및 정비한 때마다	5년
2) 방사선 치료 일시·장소·목적, 방법, 담당자 및 확인자 성명, 조사선량	치료한 때마다	5년
나. 치료용 방사선기기에 대한 품질관리에 관한 기록		
1) 방사선기기의 품질관리, 담당자 및 확인자 성명	수행한 때마다	5년
2) 방사선기기 선량 교정에 사용하는 장비의 교정	교정한 때마다	5년
3) 전문인력의 교육 및 훈련	실시한 때마다	5년
4) 독립적 품질 감사 수행	수행한 때마다	5년
다. 방사성동위원소 투여 환자의 안전관리에 관한 기록		
1) 방사성동위원소 투여량, 투여 일시	투여한 때마다	5년
2) 치료를 목적으로 방사성동위원소를 투여 받은 환자의 퇴원 일시, 환자별 격리 및 퇴원 방법, 담당자 및 확인자 성명	치료한 때마다	5년
3) 고시 제12조제1항3호의 경우 환자의 퇴원 후 거주 계획 및 환경에 대하여 환자가 기재하고 서명한 확인서, 피폭방사선량	치료한 때마다	5년

2. 방사선투과검사 작업의 안전관리

1) 발주자의 안전조치 의무(법)

(1) 방사선투과검사를 위하여 방사성동위원소등을 이동사용하는 경우 방사선투과검사를 의뢰한 발주자(이하 "발주자"라 한다)는 발주자의 사업장에서 방사성동위원소등을 이동사용하는 방사선작업종사자가 과도한 방사선에 노출되지 아니하도록 위원회규칙으로 정하는 바에 따라 안전한 작업환경을 제공하여야 한다.

(2) 위원회는 발주자에게 다음 각 호의 안전설비의 설치 또는 보완을 명할 수 있다.

① 방사선장해방지조치에 적합한 전용작업장

② 방사선방호를 위한 차폐시설 또는 차폐물

(3) 위원회는 다음 각 호의 어느 하나에 해당하는 사유로 인하여 방사선작업종사자의 안전이 위협받을 때에는 위원회규칙으로 정하는 바에 따라 방사선투과검사 작업의 중지를 명할 수 있다.

① 발주자가 안전한 작업환경을 제공하지 아니한 경우

② 위원회가 발주자에게 안전설비의 설치 또는 보완을 명하였음에도 발주자가 이를 이행하지 아니한 경우

(4) 작업이 중지된 작업장에서는 방사선투과검사를 실시하여서는 아니 된다.
(5) 작업이 중지된 작업장에 대하여 발주자 및 허가사용자 또는 신고사용자가 작업을 재개하기 위한 이행사항·절차·방법 및 그 밖에 필요한 사항은 대통령령으로 정한다.
(6) 발주자는 안전한 작업환경 조성을 위하여 방사선작업종사자의 실제 일일작업량을 위원회에 보고하여야 한다. 이 경우 보고 대상·방법 및 절차 등에 필요한 사항은 위원회규칙으로 정한다.
(7) 방사성동위원소등을 이동사용하여 방사선투과검사를 실시할 때 방사선안전관리자가 안전한 방사선투과검사의 수행을 위하여 발주자에게 필요한 조치나 협력을 요청할 경우 발주자는 이에 따라야 한다.
(8) 안전설비의 세부기준 등에 필요한 사항은 위원회규칙으로 정한다.

2) 발주자 등의 작업의 재개(영)

(1) 발주자(이하 "발주자"라 한다) 및 허가사용자 또는 신고사용자가 규정에 따라 작업을 재개하기 위해서는 안전설비의 설치 등으로 작업이 중단된 사유가 해소되었음을 입증할 수 있는 서류를 위원회에 제출하여야 한다.
(2) 위원회는 제(1)항에 따른 증명서류를 검토한 후 법 규정에 따른 안전설비의 설치 또는 보완 명령이 적정하게 이행되었다고 판단되는 경우에는 발주자 및 허가사용자 또는 신고사용자에게 중지된 작업을 재개할 수 있음을 지체 없이 통지하여야 한다.

※ 방사선투과검사 작업의 안전관리(규칙)

1) 위치

방사성동위원소 등을 일시적 사용 장소에 이동하여 사용하는 경우에는 방사성동위원소 및 방사성발생장치의 위치규정을 적용하지 아니한다.

2) 사용시설 이외에서의 방사선투과검사 작업

방사성동위원소등을 고정 차폐된 사용시설 이외에서 사용하는 것은 검사대상물을 사용시설 내부로 이동할 수 없는 타당한 사유가 있고 방사선투과검사 이외의 가능한 검사 방법이 없는 경우에 한하며 이때 적용하는 기술기준은 다음 각 호와 같다.

(1) 피폭방사선량이 선량한도 이하가 되도록 하는 차폐벽이나 차폐물을 설치할 것
(2) 방사선관리구역의 경계에 설치한 울타리 등 사람의 출입을 제한하는 시설의 사방에 소리 및 경광등 겸용의 경고등을 설치할 것
(3) 방사성동위원소는 Ir-192 0.74 테라베크렐 이하에 상응하는 것만을 사용할 것
(4) 제(3)호에도 불구하고「도시가스사업법 시행규칙」에 따른 "배관" 및「집단에너지사업법 시행규칙」"열수송관" 중 두께 20 mm 이하의 검사대상물에는 2.22 테라베크렐 이하의 Se-75를 사용할 것. 다만, 사용이 불가능한 경우 원자력안전위원회의 인정을 받아 Ir-192 0.74 테라베크렐 이하에 상응하는 방사성동위원소를 사용할 수 있다.

3) 작업환경

발주자는 규정에 따라 안전한 작업환경을 제공하기 위하여 다음 각 호의 조치를 취하여야 한다.

(1) 방사선장해방지 조치에 적합한 사용시설 또는 차폐물 및 방사선원과 종사자 사이에 안전거리를 유지할 수 있는 작업환경을 제공할 것

(2) 용역계약의 내용이 허가사용자의 방사선 안전관리 계획 수립 이행에 지장을 초래하지 않도록 할 것

(3) 작업장 소재지 직원 및 출입자에게 방사선투과검사가 진행됨을 알려 주의를 환기할 것

(4) 복수의 허가사용자에게 방사선투과검사 용역을 발주하는 경우 동시 작업에 따른 방사선영향을 최소화할 것

4) 작업중지

위원회는 규정에 따라 방사선투과검사의 중지를 명할 때에는 발주자에게 다음 각 호의 사항을 알려야 한다.

(1) 작업을 중지하여야 하는 장소 및 일시

(2) 설치 또는 보완되어야 하는 안전설비와 그 사유

5) 일일 작업량 등 보고

(1) 규정에 따라 작업 기간을 1개월 이상 발주한 발주자는 다음 각 호의 사항을 위원회에 보고하여야 한다.

① 용역 계약 시 총 작업량 및 조별 일일 최대작업량

② 허가사용자의 작업자(작업조)가 일자별로 수행한 방사선투과검사 작업시간, 작업장소, 작업량, 피검사체의 설명서 및 사용선원

③ 조별 일일 최대작업량을 초과한 경우 해당 사유

(2) 발주자는 제1항제①호에 따른 사항은 업무가 개시된 해당 월 경과 후 15일 이내에, 제②호 및 제 ③호에 따른 사항은 매월 경과 후 15일 이내에 방사선안전관리통합정보망을 통하여 온라인 보고하여야 한다. 다만, 위원회가 인정하는 부득이한 경우에는 서면으로 보고할 수 있다.

6) 방사선투과검사 작업

방사성동위원소등을 이동사용하는 경우의 기술기준은 다음 각호와 같다.

(1) 사용시설 또는 방사선관리구역안에서 사용할 것

(2) 정상적인 사용상태에서는 밀봉선원이 개봉 또는 파괴될 우려가 없도록 할 것

(3) 다음 각목에 해당하는 조치를 함으로써 방사선작업종사자 또는 수시출입자의 피폭방사선량이 선량한도를 초과하지 아니하도록 할 것

가. 전용작업장을 설치하거나, 차폐벽 또는 차폐물에 의하여 방사선을 차폐할 것

나. 원격조작장치·집게 등을 사용하여 방사성동위원소등과 인체 사이에 적당한 거리가 확보되도록 할 것

다. 면밀한 작업계획, 숙달·훈련 등을 통하여 인체에 방사선이 피폭되는 시간을 단축할 것

(4) 사용시설 또는 방사선관리구역의 눈에 띄기 쉬운 장소에 방사선장해방지에 필요한 주의사항을 게시할 것

(5) 사용시설에는 사람의 출입을 제한하고, 방사선작업종사자외의 사람이 출입하는 경우에는 방사선작업종사자의 지시에 따르도록 할 것

(6) 사용시설에는 별표 1에 의한 표지를 부착할 것

(7) 방사선투과검사 장비를 사용한 직후에는 그 방사성동위원소등의 분실 및 누설 등 이상유무를 점검하고, 이상이 판명되는 경우에는 탐사 등 방사선장해방지를 위하여 필요한 조치를 취할 것

(8) 감마선조사장치를 천장 차폐체가 제27조 제1항 제2호(방사선량이 선량한도 이하가 되도록 필요한 차폐벽이나 차폐물을 설치할 것)의 기준을 충족하지 않은 사용시설 또는 사용시설 외에서 사용하는 경우에는 콜리메이터(collimator)를 장착하고 사용할 것

(9) 방사선투과검사 장비 1대당 측정범위가 작업현장에 적합한 방사선측정기 1대 이상을 휴대하고 이상유무를 점검하여 활용할 것

(10) 방사선작업은 반드시 2인 이상을 1조로 편성하여 작업을 수행하고 각 개인에 대한 직무를 분담하되, 조장은 다음 각목의 1에 해당하는 자일 것

가. 방사성동위원소취급자일반면허 또는 방사선취급감독자면허 취득자

나. 방사선투과검사 경력 3년 이상 또는 「국가기술자격법」에 의한 방사선비파괴검사 산업기사 이상의 자격을 취득한 자

(11) 방사선투과검사 장비의 정상작동상태를 확보하고 안전한 작업을 수행하기 위한 점검절차서를 정하고 그 절차서에 따라 점검을 실시한 후 작업을 수행할 것

(12) 야간 방사선작업을 수행하는 경우에는 작업수행에 필요한 다음 각목의 기구 등을 확보할 것

가. 방사선관리구역의 경계를 쉽게 식별할 수 있는 기구

나. 작업수행에 필요한 조명기구

다. 기타 작업수행에 필요한 기구

(13) 방사선작업 전·후에는 방사선투과검사 장비 등의 안전성 여부를 확인하기 위하여 다음 각목의 조치를 할 것

가. 방사선투과검사 장비의 정상상태를 확인하고, 안전관련 품목 등을 임의조작하거나 훼손하여 사용하지 않도록 할 것

나. 개인피폭선량계, 직독식선량계 및 방사선경보기 등의 정상상태를 확인할 것

다. 기타 안전장구 등에 대하여 안전상태를 점검할 것

(14) 일시적 사용장소에 사용을 종료한 방사선투과검사 장비를 보관하지 아니할 것

(15) 고정 설치된 방사선차폐시설이 없는 곳에서 방사선작업을 하는 경우 외부방사선량률이

시간당 10마이크로시버트를 초과하는 구역에 대하여 작업장 출입을 관리하고, 시간당 1마이크로시버트를 초과하는 구역에 대하여 일반인의 접근 여부를 감시할 것

7) 작업장 방사선안전관리자

방사성동위원소등을 방사선투과검사 목적으로 이동 사용하는 장소(이하 "작업장"이라 한다.)의 방사선안전관리자(이하 "작업장 방사선안전관리자"라 한다)의 역할 및 의무 등에 관한 기준은 다음 각 호와 같다.

(1) 이동사용허가를 받은 자는 작업장 방사선안전관리자에게 작업장에서 발생하는 방사선작업의 허가 및 취소를 할 수 있는 권한을 부여하고, 작업장의 방사선안전관리 업무에 전담하도록 할 것

(2) 작업장 방사선안전관리자는 방사선작업 전에 반드시 작업현장을 확인하고 그 현장에 적합한 작업방법, 절차 및 방사선장해방지에 필요한 사항들을 정하여 방사선작업종사자에 대하여 교육을 실시할 것

(3) 작업장 방사선안전관리자는 방사선 작업, 작업대기 및 휴식 중에는 방사선조사장치의 도난·분실 등을 예방하기 위하여 항상 감시인을 배치하여 감시하도록 할 것

3. 판매분야의 안전관리

1) 방사성동위원소의 판매 시설기준

방사성동위원소를 판매하고자 하는 자는 규정에 의한 저장시설을 갖추어야 한다. 다만, 개봉선원을 생산하여 판매하거나 원포 장을 개봉·분배하여 판매하는 경우에는 저장시설 이외에 규정에 의한 분배시설·보관시설·처리시설 및 배출시설을, 밀봉선원을 생산하여 판매하거나 원포 장을 개봉·분배하여 판매하는 경우에는 저장시설 이외에 규정에 의한 분배시설 및 보관시설을 갖추어야 한다.

2) 방사성동위원소의 판매 취급기준

(1) 방사성동위원소를 판매하는 경우에는 구매자가 방사성동위원소의 사용에 관한 허가(이동사용 허가를 포함한다)를 받거나 신고를 하였는지 여부를 확인하여야 한다.

(2) 방사성동위원소가 내장된 기기중 **위원회가 정하여 고시하는 것**을 판매하는 경우로서 최종소비자에게 설치하기 위하여 판매시설 이외의 장소에 보관하는 경우에는 보관시설의 구조 및 설비에 관한 기술기준의 규정에 준하는 시설에 보관하여야 한다.

▸ 보관시설을 요하는 방사선기기

"원자력안전위원회가 정하여 고시하는 것"은 다음 각 호에 해당하는 방사선기기를 말한다.

① 원자력안전위원회고시 「방사성동위원소에서 제외되는 물질 등에 관한 규정」에서 정하는 **연기감지기**

② 원자력안전위원회고시 「방사성동위원소에서 제외되는 물질 등에 관한 규정」에서 정하는

H-3을 사용한 안전지시등

(3) 방사성동위원소를 생산하거나 분배하여 판매하고자 하는 경우의 기술기준은 다음 각호와 같다.

① 포장 단계마다 표면오염도를 검사하여 표면오염도가 허용표면오염도를 초과하지 아니하는 제품만 판매할 것

② 표면오염도를 측정하여 기록을 유지할 것

③ 방사성동위원소등을 분배하는 경우에는 분배에 필요한 절차서를 작성하여 구비할 것

(4) 방사성동위원소 또는 방사성동위원소가 내장된 기기를 판매하는 경우에는 다음 각 호의 자료를 사용자에게 제공하여야 한다.

① 방사선기기설계승인서 및 기기의 정상작동 상태를 입증하는 서류

② 사용·운영·보수 및 관리방법, 취급금지 사항 등을 사용자가 쉽게 이해 할 수 있도록 작성된 사용설명서

③ 사용자가 직관적으로 이해할 수 있도록 작성하여 방사성동위원소가 내장된 기기에 붙일 수 있게 제작된 사용방법, 주의사항 및 경고사항에 대한 표지

④ 방사성동위원소가 내장된 기기의 사용 및 취급 방법에 대한 교육자료

(5) 방사성동위원소 또는 방사성동위원소가 내장된 기기를 판매하는 경우에는 사용자에게 교육하고 훈련을 실시하여야 한다.

(6) 방사성동위원소가 내장된 기기중 **위원회가 정하여 고시하는 것**을 판매하여 설치하는 경우에는 원자력안전위원회가 정하여 고시하는 바에 따라 누설여부를 점검하여야 한다.

"위원회가 정하여 고시하는 것" 은 누설여부 점검을 요하는 방사선기기(**H-3을 사용한 안전지시등)를 말한다.**

▸ 누설여부의 점검시기

H-3을 사용한 안전지시등의 방사선기기에 대한 누설여부의 점검시기는 다음 각 호와 같다.

① 최초로 설치한 때 및 교체한 때: 10일이 경과한 후 30일 이내

② 상기 점검 이후: 매 2년

▸ 누설여부의 점검방법

누설여부의 점검은 다음 각 호에서 정하는 육안검사의 방법으로 한다.

① 방사선기기의 부착상태 및 훼손여부

② 방사성동위원소가 내장된 튜브의 손상여부

③ 조도의 적정성

▸ 누설 방사선기기에 대한 조치

누설여부의 점검결과 누설이 확인된 방사선기기는 사용을 정지하고 회수 또는 철거 등 필요한 안전조치를 취하여야 한다.

(7) 판매한 방사성동위원소 또는 방사성동위원소가 내장된 기기의 안전성에 결함이 발견된 때에는 즉시 사용자에게 그 사실을 통지하고 필요한 조치를 하여야 한다.

(8) 방사성동위원소 또는 방사성동위원소가 내장된 기기의 판매와 관련하여 발생한 **방사성폐기물의 수거·폐기**에 관한 사항은 원자력안전위원회가 정하여 **고시**한다.

▸ **방사성폐기물의 수거 및 폐기**

방사성폐기물의 수거는 다음 각 호에서 정하는 바에 따른다.

① 방사성동위원소의 판매와 관련하여 발생한 방사성폐기물은 이를 판매한 자가 수거할 수 있다.

② 방사선기기(H-3을 사용한 안전지시등)의 판매와 관련하여 발생한 방사성폐기물은 이를 판매한 자가 수거하여야 한다.
수거한 방사성폐기물은 「원자력안전법」 규정에 따라 허가를 받은 폐기시설 등 건설·운영자에게 위탁하여 폐기하여야 한다. 다만, 밀봉선원의 경우에는 이를 생산한 자에게 반송할 수 있다.

▸ **기록의 유지**

누설여부의 점검결과 및 규정에 따른 방사성폐기물의 수거·폐기실적은 기록으로 유지하여 10년간 보관하여야 한다.

3) 방사선발생장치의 판매 시설기준

방사선발생장치를 판매하고자 하는 자는 규정에 의한 보관시설을 갖추어야 한다.

4) 방사선발생장치의 판매 취급기준

(1) 방사선발생장치를 판매하는 경우에는 방사선발생장치의 사용에 관한 허가를 받거나 신고를 하였는지 여부를 확인하고 판매하여야 한다.

(2) 방사선발생장치의 표면에는 제작사에서 권고하는 안전수칙을 표시하여야 한다.

(3) 방사선발생장치를 판매하는 경우에는 다음 각 호의 자료를 사용자에게 제공하여야 한다.

① 방사선기기설계승인서 및 기기의 정상작동 상태를 입증하는 서류

② 사용·운영·보수 및 관리방법, 취급금지사항 등을 사용자가 쉽게 이해할 수 있도록 작성된 사용설명서

③ 사용자가 직관적으로 이해할 수 있도록 작성하여 방사선발생장치에 붙일 수 있게 제작된 방사선기기의 사용방법, 주의사항 및 경고사항에 대한 표지

④ 방사선발생장치 사용 및 취급방법에 대한 교육자료

(4) 방사선발생장치를 판매하는 경우에는 사용자에게 교육하고 훈련을 실시하여야 한다.

(5) 판매한 방사선발생장치의 안전성에 결함이 발견된 때에는 즉시 사용자에게 그 사실을 통지하고 필요한 조치를 하여야 한다.

4. 신고 사용분야의 안전관리

1) 적용

법 규정에 의한 신고 사용기관에서의 취급기준에 관해서는 제43조 제2호, 제4호부터 제7호와 제45조, 제48조 제2호, 제4호 및 제5호를 적용하는 외에 제63조의3부터 제63조의4까지를 적용한다.

2) 사용

원자력안전법 시행규칙에 따른 사용 등의 신고대상 방사선기기의 취급기준에 대하여는 다음 각 호를 적용한다.

(1) 신고한 사용 장소에서만 사용할 것

(2) 방사선기기가 정상상태임을 확인하고 사용할 것

(3) 방사선기기의 안전관련 품목 등을 임의조작하거나 훼손하여 사용하지 않도록 할 것

3) 방사선안전관리자

방사선안전관리자의 역할 및 의무 등에 대한 기준은 다음의 각 호와 같다.

(1) 신고사용자는 방사선안전관리자에게 방사선안전관리 전반에 대한 권한을 부여할 것

(2) 방사선작업종사자에게 작업방법, 절차 및 방사선장해방지 등을 교육할 것

(3) 방사선작업종사자가 제63조의3 각 호의 사항을 준수하는지 주기적으로 확인할 것

5. 대형방사선발생장치의 안전관리

1) 적용

대형방사선발생장치에 관한 기술기준은 방사선발생장치의 사용·보관시설 위치, 사용시설, 보관시설, 사용에 관한 기술기준을 적용하는 외에 대형방사선발생장치의 시설에 대한 운영관리, 비상안전장치, 방사선감시 및 배출시설의 규정을 적용한다.

2) 시설에 대한 운영관리

대형방사선발생장치 시설의 운영에 대한 관리 기준은 다음 각 호와 같다.

(1) 시설 내에서 외부방사선량률이 시간당 1밀리시버트를 초과할 것으로 예상되는 구역은 가동 중 사람의 출입을 통제하도록 할 것. 이 경우 외부방사선량률의 측정기준에 관한 사항은 위원회가 정하여 고시한다.

(2) 차폐벽이나 차폐물을 통과하는 공조설비, 배관, 전선, 비상구 등 관통 부위에 대해 차폐성능이 저하되지 않도록 할 것

(3) 방사선 방출을 직접적으로 제어할 수 있는 설비는 권한 없는 자의 조작을 제한할 수 있는 수단을 갖출 것

(4) 방사화의 우려가 높은 지점에는 시편측정 등 방사화의 수준을 감시할 수 있는 관리 방법을 적용할 것

3) 비상안전장치

대형방사선발생장치 시설의 비상안전장치에 대한 기준은 다음 각 호와 같다.

(1) 모든 제어기능에 우선하여 방사선을 차단할 수 있도록 하는 기능을 확보할 것

(2) 비상스위치는 쉽게 식별되도록 하여야 하며 최소한 1개의 비상스위치는 수동조작 수단에 의하여 작동되도록 구성할 것

4) 방사선감시

대형방사선발생장치 시설의 방사선감시장치에 대한 기준은 다음 각 호와 같다.

(1) 실시간 방사선량률을 확인할 수 있는 방사선감시장치를 설치하여 운영할 것

(2) 방사선감시장치는 방사선준위 등을 고려하여 적절한 위치에 설치할 것

(3) 방사선감시에 적용하는 측정장비는 성능이 유지되도록 주기적 점검을 통하여 관리할 것

5) 배출시설

대형방사선발생장치 시설 외부로 배출되는 배기 또는 배수의 배출관리기준 제한값을 초과할 것으로 예상되는 경우에는 규정에 따른 배출시설을 설치하여야 한다.

6) 방사성폐기물 보관시설

대형방사선발생장치 시설의 운영으로 인하여 발생된 방사성폐기물을 보관하는 시설에 관한 기술기준은 다음 각 호와 같다.

(1) 방사선량이 선량한도 이하가 되도록 필요한 차폐벽이나 차폐물을 설치할 것

(2) 외부와 구획된 구조로 할 것

(3) 문·덮개 등 외부로 통하는 부분에는 자물쇠 또는 기타 도난·분실을 방지하기 위한 시설 또는 기구를 설치할 것

6. 방사성폐기물의 안전관리

6-1. 방사성폐기물 관리시설 등의 위치

1) 적용범위

방사성폐기물의 저장·처리·처분시설 및 그 부속시설(이하 "방사성폐기물관리시설등"이라 한다)의 위치·구조 및 설비에 관한 기술기준은 천층처분의 위치와 폐기물 처리설비의 규정을 적용한다.

2) 방사성폐기물 저장시설 등의 위치

방사성폐기물 저장·처리 시설 및 그 부속시설(이하 "방사성폐기물저장시설등"이라 한다)의 위치에 관한 기준은 다음 각 호와 같다.

(1) 인구밀집지역으로부터 떨어진 곳일 것

(2) 기상·수문조건·지표면 및 지질학적 상태를 고려하여 적합한 곳일 것

(3) 지표수 및 지하수로부터 가능한 한 멀리 떨어진 곳으로서 그 분포상태가 적합한 곳일 것
(4) 지진 특성을 조사·평가한 결과 장해가 없는 곳일 것
(5) 해당 시설로부터 방사성물질이 대기 또는 수중으로 방출되는 경우 주변의 환경에 장해가 없는 곳일 것

3) 천층처분 시설의 위치

중·저준위 방사성폐기물 천층처분 시설의 위치는 다음 각 호의 기준에 적합한 곳이어야 한다.
(1) 인구밀집지역으로부터 떨어진 곳일 것
(2) 기상·수문조건·지표면 및 지질학적 상태를 고려하여 적합한 곳일 것
(3) 지표수 및 지하수로부터 가능한 한 멀리 떨어진 곳으로서 그 분포상태가 적합한 곳일 것
(4) 지진, 생태학적 특징, 수자원의 이용, 기타 제반 환경 등과 관련된 요건에 적합한 곳일 것

4) 심층처분 시설의 위치

고준위 방사성폐기물 심층처분 시설의 위치에 관한 기준은 다음 각 호와 같다.
(1) 인구밀집 지역으로부터 떨어진 곳일 것
(2) 해안지역에 위치한 경우에는 해수에 의한 심각한 영향을 받지 않는 곳일 것
(3) 처분시설의 안전을 위하여 주변지역이 지질학적으로 안정된 곳일 것
(4) 기후변화 등이 처분시설의 안전성에 심각한 영향을 미치지 아니하는 심부에 위치할 것
(5) 지층의 암석은 방사성물질의 이동을 억제할 수 있도록 침투성·다공성 및 확산성이 낮을 것
(6) 지하매질은 방사성물질의 붕괴열 등이 처분시설의 안전성에 심각한 영향을 미치지 않는 것일 것
(7) 지표수 및 지하수로부터 멀리 떨어진 곳일 것
(8) 석유·천연가스 등 인화성 광물질의 매장지역으로부터 멀리 떨어진 곳일 것

6-2. 방사성폐기물 관리시설 등의 구조·설비 및 성능

1) 방사성폐기물저장시설등의 구조 및 설비

방사성폐기물저장시설등의 구조 및 설비에 관한 기술기준은 다음 각 호와 같다.
(1) 방사성폐기물을 안전하게 취급하고 저장할 수 있는 방사선 차폐능력을 유지할 것
(2) 해일·회오리바람·태풍·홍수·폭설·폭우 또는 지진 등의 자연현상으로 인하여 안전기능이 손상되지 않을 것
(3) 화재, 폭발 및 진동 등을 포함한 예상 가능한 외부 인위적 사건의 발생으로 인하여 안전기능이 손상되지 않을 것
(4) 기타 방사선 안전사고에 의한 방사성물질의 유출로 주변환경에 대한 방사성물질의 오염 또는 일반인에 대한 방사선피폭을 방지할 것

2) 천층처분 시설의 구조 및 설비

중·저준위 방사성폐기물 천층처분 시설의 구조 및 설비에 관한 기술기준은 다음 각 호와 같다.

(1) 주위의 지질특성과 토양의 흡착능을 고려하여 방사성물질의 이동을 최대로 억제할 수 있도록 설계·건설함으로써 폐쇄 시까지 그 기능이 유지되도록 할 것

(2) 처분장소 주위에 물이 고일 가능성이 없도록 할 것

(3) 주위의 지표수의 범람을 방지할 수 있도록 처분장소를 두껍게 복개할 것

(4) 처분장소 주위에 방사성물질 감시설비를 설치할 것

(5) 화재 또는 지진 등의 사고 시에도 처분시설로부터 방사성물질이 누출되지 않도록 할 것

3) 심층처분 시설의 구조 및 설비

고준위 방사성폐기물 심층처분 시설의 구조 및 설비에 관한 기술기준은 다음 각 호와 같다.

(1) 처분된 방사성폐기물로부터 발생하는 붕괴열 및 압력을 충분히 제어할 수 있도록 할 것

(2) 처분된 방사성폐기물이 임계에 도달할 가능성이 없도록 할 것

4) 환기 및 배기 설비

(1) 방사성물질에 오염된 공기로부터 방사선장해를 방지할 필요가 있는 방사성폐기물관리시설등에는 다음 각 호의 기술기준에 적합한 환기설비를 설치해야 한다.

① 방사선장해를 방지하기 위하여 필요한 환기능력을 가질 것

② 방사성물질에 오염된 공기가 누설되지 않는 구조이고 역류할 우려가 없을 것

③ 배출되는 공기를 정화하는 설비를 설치한 경우에는 방사성물질에 오염된 공기의 정화 및 여과 장치를 교체하기 쉬운 구조일 것

④ 흡기구는 방사성물질에 오염된 공기를 흡입하지 않도록 설치할 것

(2) 환기 및 배기 계통의 성능은 정상 시뿐만 아니라 사고가 발생한 경우에도 방사선작업종사자 및 공중의 안전을 확보할 수 있어야 한다.

5) 화재방호설비

(1) 방사성폐기물관리시설등에 화재방호시설을 설치할 때에는 화재 및 폭발의 가능성을 낮추고 화재 및 폭발로 인한 방사성물질의 확산 또는 누출의 방지 능력에 현저한 지장을 초래하지 않도록 다음 각 호의 심층방어개념을 적용해야 한다.

① 화재 발생의 방지를 위하여 가능한 한 불연성 또는 난연 재료를 사용할 것

② 화재를 조기에 감지하고 신속하게 소화할 수 있는 소방시설을 설치할 것

③ 화재방호시설의 정상적인 작동뿐만 아니라 고장·손상 또는 오작동으로 인하여 안전설비의 기능이 손상되지 않도록 할 것

(2) 방사성폐기물관리시설등의 화재방호에 대한 설계가 제1항의 심층방어개념을 준수하고 있음을 보장하기 위하여 설계 초기단계에 다음과 같은 사항이 고려된 화재위험도분석을 수행해야 한다.

① 화재방호구역의 구분
② 화재방호시설
③ 가연성물질의 종류 및 크기(방사성폐기물의 경우에는 해당 시설의 최대 저장능력)
④ 화재위험성의 평가
⑤ 설계기준화재의 범주
⑥ 방사성물질 누출방지 능력

6) 방사성폐기물 저장설비

(1) 방사성폐기물저장설비에 관한 기술기준은 다음 각 호와 같다.
① 운영 시에 발생하는 방사성폐기물을 저장할 수 있는 용량일 것
② 붕괴열 및 방사선 조사에 의하여 발생하는 열에 견뎌야 하고 화학약품 등에 의하여 부식되는 경우에도 정상작동상태를 유지할 것
③ 방사성폐기물에 의한 오염이 확산되지 않도록 할 것

(2) 액체 상태의 방사성폐기물을 저장하는 설비가 설치되는 시설에는 그 설비의 고장·손괴 등에 의하여 액체 상태의 방사성폐기물이 시설 밖으로 누설되는 것을 방지하기 위한 둑을 설치해야 한다.

7) 방사성폐기물처리설비

(1) 방사성폐기물을 처리하는 설비에 관한 기술기준은 다음 각 호와 같다.
① 제한구역경계에서 공기 중 및 수중의 방사성물질 농도가 원자력안전위원회가 정하여 고시하는 배출관리기준상의 제한값 이하가 되도록 방사성폐기물관리시설등의 운영 중에 발생하는 방사성폐기물의 처리 능력을 보유하고 있을 것
② 방사성폐기물 외의 폐기물을 처리하는 시설과 구별하여 설치할 것
(방사성폐기물 외의 액체 상태의 폐기물을 처리하는 설비로 연결하는 경우에는 연결된 시설을 따라 역류할 우려가 없는 때에는 제외한다)
③ 방사성폐기물이 누설되지 않는 구조이고 화학약품 등에 의하여 현저히 부식될 우려가 없을 것
④ 기체 상태의 방사성폐기물을 처리하는 설비는 다음 각 목의 기준에 적합할 것
가. 방사성폐기물에 의한 오염이 확산되지 않도록 할 것
나. 배기구 외의 곳에서 기체 상태의 방사성폐기물을 배출하지 않을 것
⑤ 액체 상태의 방사성폐기물을 처리하는 설비가 설치되는 시설은 다음 각 목의 기준에 적합할 것
가. 시설 내부는 바닥면의 경사 또는 바닥면에 만들어진 배수로의 경사에 의하여 액체 상태의 방사성폐기물이 배수구로 흐르는 구조이고 액체 상태의 방사성폐기물 누설 확대 방지를 위한 둑이 설치되어 있을 것
나. 시설 밖으로 통하는 출입구 또는 그 주변에는 액체 상태의 방사성폐기물이 시설 밖으

로 누설되는 것을 방지하기 위한 둑이 설치되어 있을 것
(시설 내부의 바닥면이 인접하는 바닥면 또는 지표면보다 낮아서 시설 밖으로 누설될 우려가 없는 때에는 제외한다)

다. 배수구 외의 곳에서 액체 상태의 방사성폐기물을 배출하지 않도록 할 것

⑥ 고체 상태의 방사성폐기물을 처리하는 설비가 설치되는 시설은 원자력안전위원회가 정하여 고시하는 바에 따라 방사성폐기물을 처분에 적합한 형태로 고형화 또는 안정화하거나, 처분안전성이 입증된 용기에 장입할 수 있는 능력이 있을 것

(2) 제(1)항의 규정에 의한 방사성폐기물 처리설비의 구조 및 설비에 관한 세부기술기준은 원자력안전위원회가 정하여 고시한다.

6-3. 방사성폐기물 관리시설 등의 운영

1) 피폭방사선량 등에 관한 조치

방사성폐기물관리시설등건설·운영자는 법 제68조제1항제1호(인구밀집지역으로부터 떨어진 곳)에 따라 방사성폐기물관리시설등의 운영 중 종사자 및 주민의 방사선피폭을 가능한 한 최소화하기 위하여 다음 각 호의 조치를 취해야 한다.

(1) 방사선피폭을 일으키는 모든 활동을 관리·평가하는 방사선방호계획을 수립·이행할 것

(2) 종사자가 상시 출입하는 장소 및 방사선관리가 필요한 장소의 방사선량률과 표면오염도 및 공기 중 방사성물질 농도는 해당 외부방사선량률 한도와 허용표면오염도 및 유도공기중농도를 각각 초과하지 않도록 해야 하며, 초과할 경우에는 제84조의7제1호에 따라 조치할 것

(3) 방사성폐기물관리시설등건설·운영자는 주기적으로 시설 내의 방사선량률, 표면오염도 및 공기 중 방사성물질 농도를 측정하고 그 측정결과가 제2호의 조건을 만족함을 확인할 것

(4) 방사선작업종사자 및 수시출입자의 피폭방사선량이 선량한도를 초과하지 않도록 할 것

(5) 액체 및 기체 유출물에 의한 제한경계구역에서의 주민 연간 피폭방사선량이 제한치를 초과하지 않도록 할 것

2) 천층처분 시설에서의 저장·처리 또는 처분

중·저준위방사성폐기물 천층처분시설에서의 저장·처리 또는 처분에 관하여 다음 각 호의 조치를 취해야 한다

(1) 방사성폐기물은 방사선장해를 방지하기 위하여 적절한 용기에 넣거나 고형화할 것

(2) 처분하는 방사성폐기물의 종류 및 수량이 「원자력안전법 시행규칙」 제87조제6항제3호에 따른 허가신청서 첨부서류에서 정한 한도를 초과하지 않을 것

(3) 방사성폐기물에는 눈에 띄기 쉬운 표면에 별표 1에 의한 방사능 표지를 부착하고, 방사성폐기물에 관한 기록과 대조할 수 있도록 정리번호를 표시할 것

(4) 위치와 경계를 표시하고 보전구역을 설치하여 그 경계선에 별표 1에 의한 방사능표지를 설치할 것

(5) 방사선작업종사자 및 수시출입자의 피폭방사선량이 선량한도를 초과하지 않도록 할 것

3) 심층처분 시설에서의 저장·처리 또는 처분

고준위방사성폐기물 및 사용후핵연료의 심층처분시설에서의 저장·처리 또는 처분에 관하여 다음 각 호의 조치를 취해야 한다.

(1) 처분장소 주위에 보전구역과 제한구역을 설정할 것

(2) 방사성폐기물에는 눈에 띄기 쉬운 표면에 별표 1에 의한 방사능 표지를 부착하고, 방사성폐기물에 관한 기록과 대조할 수 있도록 정리번호를 표시할 것

(3) 방사선작업종사자 및 수시출입자의 피폭방사선량이 선량한도를 초과하지 않도록 할 것

4) 운영조직 관리

방사성폐기물관리시설등건설·운영자는 법 제68조제1항제2호 및 제4호에 따라 다음 각 호의 기준에 적합하도록 운영조직을 구성해야 한다.

(1) 방사성폐기물관리시설등의 안전 운영에 필요한 조직과 부서를 구성하고 책임과 권한을 명확히 할 것

(2) 방사성폐기물관리시설등의 업무특성을 고려하여 지식 및 경험을 갖춘 종사자 또는 유자격자를 선임할 것

(3) 비상시 대응을 위한 기능상의 책임 및 권한을 명확히 하고, 비상연락체계를 수립할 것

5) 운영절차서 관리

방사성폐기물관리시설등건설·운영자는 법 제68조제1항제2호 및 제4호에 따라 다음 각 호의 사항을 포함한 운영절차서를 운영을 개시하기 전에 작성하여 비치해야 한다.

(1) 방사성폐기물관리시설등의 운영에 요구되는 제반사항

(2) 방사성폐기물관리시설등의 운영 중 발생될 것으로 예상되는 비상 상황에 대처할 수 있는 제반 조치사항

(3) 운영 중 인적 요소에 의한 사고를 예방·관리하기 위한 계획과 조치사항

6) 점검 및 보수

방사성폐기물관리시설등건설·운영자는 법 제68조제1항제3호(처분시설의 안전을 위하여 주변지역이 지질학적으로 안정된 곳일 것)에 따라 안전관련 구조물·계통 및 기기의 안전기능 및 성능을 의도한 대로 유지하기 위해서 다음 각 호에 대한 시험·감시·검사 및 보수 계획을 수립하고 이행해야 한다.

(1) 방사성폐기물 관리계통

(2) 감시 및 제어 설비

(3) 배수 및 환기 설비

(4) 기타 안전에 중요한 구조물·계통 및 기기

7) 화재방호 운영

방사성폐기물관리시설등건설·운영자는 법 제68조제1항제4호(기후변화 등이 처분시설의 안전성에 심각한 영향을 미치지 않는 심부에 위치할 것)에 따라 다음 각 호의 사항이 포함된 화재방호 운영절차를 마련하고 이를 이행해야 한다.

(1) 화재 예방·대응 및 진압대책 등이 포함된 화재방호구역별 소방대책

(2) 화재 발생 시 외부 소방대와의 협력체계 등이 포함된 비상대응절차

(3) 적용된 기술기준에 따라 소방시설을 포함한 화재방호시설에 대한 시험·검사 및 유지관리 절차

방사성폐기물관리시설등건설·운영자는 법 규정에 따라 방사성폐기물관리시설등의 건설공사를 완료하고 운영을 개시한 날로부터 매 10년이 되는 날을 평가기준일로 하여 화재위험도분석의 적합성을 평가해야 한다.

8) 방사선관리구역 등의 설정 및 안전관리에 관한 조치

방사성폐기물 관리시설 등건설·운영자는 법에 따라 방사선관리구역·보전구역·제한구역을 정하고 이들 구역에서 다음 각 호의 구분에 따라 조치를 취해야 한다.

(1) 방사선관리구역은 외부방사선량률과 공기 중 방사성물질 농도 및 표면오염도가 제3조제1항의 규정에 의한 값을 초과할 우려가 있는 곳으로 방사선장해방지를 위하여 제3조제2항에 따라 조치할 것

(2) 보전구역에 대하여는 표지를 설치하는 등 다른 장소와 구별하고 관리의 필요에 따라 사람의 출입제한·열쇠관리·물품반출제한 등의 조치를 취할 것

(3) 제한구역에 대하여는 그 경계에 울타리 또는 표지를 설치하는 등의 방법에 의하여 일반인의 출입 및 통행을 통제할 수 있는 상태를 유지할 것

▶ 중·저준위 방사성폐기물 처분시설의 위치에 관한 기술기준(고시)

(1) 목적

이 기준은 「원자력안전법」, 「방사선 안전관리 등의 기술기준에 관한 규칙」에 따른 중·저준위 방사성폐기물 처분시설의 위치에 관한 기술기준을 정함을 목적으로 한다.

(2) 기상조건

① 처분장은 강우 및 강설 등으로 인하여 안전운영에 영향을 미치지 않는 곳이어야 한다.

② 처분장은 태풍, 돌풍, 지진해일, 폭풍해일 등으로 인하여 안전운영에 영향을 미치지 않는 곳이어야 한다.

(3) 지표면 상태

① 처분장은 표면배수(지표면에 흘러드는 물을 끌어모아 내보냄)가 잘 되고 내부 투수가 어려운 곳이어야 한다.

② 표층처분(지표면과 가까이에 천연방벽과 공학적 방벽으로 방사성폐기물을 처분하는 것) 및 매립형처분(지표면과 가까이에 천연방벽으로 방사성폐기물을 매립하여 처분하는 것)

의 경우 처분장은 기후의 변화 또는 침식작용, 풍화작용 등의 영향으로 표토의 심한 변화나 그 우려가 없는 곳에 위치하여야 한다.

(4) 지질학적 상태

① 처분장은 방사성핵종의 이동을 충분히 지연시킬 수 있는 지층 또는 균질 기반암 내에 위치하여야 한다.

② 처분장은 풍화, 침식, 산사태 및 화산 등과 같은 지표면의 변동 등으로 인하여 폐기물 중의 방사성핵종 이동이 현저히 증가할 것으로 예측되는 지역에 위치하여서는 아니 된다.

③ 처분장은 가능한 한 방사성핵종에 대한 흡착력이 있어야 하며, 특히 장반감기의 방사성핵종 이동을 지연시키는 천연방벽이 발달한 지역이어야 한다.

④ 동굴처분(지하의 동굴 또는 암반 내에 천연방벽 또는 공학적 방벽으로 방사성폐기물을 처분하는 것)의 경우 처분장의 기반암 또는 지층은 균열이 많고 석회암이 존재하는 곳이어서는 아니 된다.

⑤ 동굴처분의 경우 처분장은 구조적으로 동굴이 안정되고 강도가 큰 기반암에 위치하여야 한다.

⑥ 해저동굴처분의 경우 처분장은 저탁류에 따른 침식이나 해저사태의 위험이 없는 곳에 위치하여야 한다.

(5) 표층수

① 처분장 인접지역의 지표면에서 지하수로 충전될 수 있는 표층수가 가능한 한 분포하지 않아야 한다.

② 처분장과 가장 가까운 표층수와의 거리는 폐기물 중의 방사성핵종이 표층수역으로 이동하여 방사성핵종 방출에 따른 환경영향이 없을 만큼 충분히 떨어져야 한다.

③ 처분장은 홍수, 댐의 파손, 해수의 작용이나 기타 인위적인 사고로 인한 내수면(하천, 댐, 호수, 저수지 따위의 수면)의 범람 시 예측수위보다 상부에 위치하여야 한다.

(6) 지하수

① 처분장 주위의 지하수위는 단층작용, 해수작용 등의 자연현상에 따른 변동과 계절적인 변동이 크지 않아야 한다.

② 표층처분(지표면과 가까이에 천연방벽과 공학적 방벽으로 방사성폐기물을 처분하는 것) 및 매립형처분(지표면과 가까이에 천연방벽으로 방사성폐기물을 매립하여 처분하는 것)의 경우 처분장 주위의 최고 지하수위는 처분 트랜치(도랑 형식의 굴착면) 하부보다 가능한 한 낮은 곳에 위치하여야 한다.

③ 처분장 주위의 지하수 유동 및 유속은 가능한 한 작아야 한다.

④ 처분장 주위의 지하수 유동 계통내에서 방사성핵종의 예상지연시간은 그 핵종이 충분히 붕괴되어 인간생활권에 영향을 미치지 않도록 길어야 한다.

⑤ 처분장 주위의 대수층(지하수가 있는 지층)은 지하수 유동계통상 가능한 한 다른 대수층과 연결되어 있지 않아야 한다.

(7) 지진

① 처분장은 처분시설의 안전성을 위하여 장기간에 걸쳐 역사적으로 지진 발생빈도, 규모 및 진도가 낮고, 또한 그와 같이 예상되는 지역이어야 한다.

② 처분장은 지진의 발생에 의하여 방사성핵종의 이동속도를 증가시킬 가능성이 있는 활성단층지역이나 그와 같은 지역에 인접하여서는 아니 된다.

(8) 생태학적 특징

생태학적 특징과 관련하여 처분장은 기타 관련법으로 지정, 보호되고 있는 생태계가 존재하지 않는 곳이어야 한다.

(9) 수자원의 이용성

수자원의 이용조건과 관련하여 처분장은 상수원 보호구역에 위치하여서는 아니 된다.

(10) 기타 제반환경 등

① 처분장은 가능한 한 굴착작업 및 이에 관련된 시추사실이 없는 지역에 위치하여야 한다. 다만, 그러한 사실이 있을 경우에는 충분한 공간을 설정하여 처분장의 지형변화 가능성을 최소화할 수 있는 곳이어야 한다.

② 처분장의 위치는 지표수 관리체계의 통합, 예상 밖의 방사성핵종 이동현상에 대한 대비, 방사성핵종의 이동현상을 측정할 수 있는 충분한 공간을 확보할 수 있는 지역이어야 한다.

③ 처분장은 군사 활동으로 인하여 처분장 안전운영에 영향을 미치는 지역이거나 그로 인한 방사성핵종 이동의 증가가 예상되는 지역에 위치하여서는 아니 된다.

④ 처분장은 폐기물을 안전하게 수송하는 데에 적합한 교통조건을 갖춘 지역이거나 교통시설의 건설이 용이한 지역에 위치하여야 한다.

⑤ 처분장은 가능한 한 토지이용의 효율성이 낮은 지역에 위치하여야 하며 비행장이 있거나 고압전송·통신선 및 가스와 석유수송로 등이 지나는 장소에 위치하여서는 아니 된다.

(11) 공학적 방벽

처분장의 위치가 제3조부터 제8조까지의 규정을 만족시키지 못할 경우에는 처분장에 공학적 방벽의 설치를 통하여 부족한 성질이 보완될 수 있도록 이를 설계에 반영하여야 한다.

(12) 준용

폐기물을 해저 동굴 또는 도서에 처분하고자 하는 폐기시설 등 건설·운영자가 제3조부터 제11조까지의 기준을 직접 적용하기 어려운 경우에는 외국의 기준을 준용할 수 있다.

7. 방사성물질 등의 포장 및 운반의 안전관리

7-1. 운반물 및 운반용기의 기술기준

1) 적용범위

방사성물질 및 그에 의하여 오염된 물질(이하 "방사성물질 등"이라 한다)의 운반을 위한 운반물 및 운반용기의 기술기준에 관하여는 아래의 규정을 적용한다.

2) 운반물의 종류

운반하기 위하여 제시된 방사성물질등과 그 포장(이하 "운반물"이라 한다)의 종류는 방사성물질 등의 종류와 그 한도량에 따라 다음 각 호와 같이 분류한다.

(1) L형 운반물
(2) IP형 운반물(IP형 운반물은 IP-1형 운반물, IP-2형 운반물 또는 IP-3형 운반물로 구분한다)
(3) A형 운반물
(4) B형 운반물(B형 운반물은 B(U)형 운반물 또는 B(M)형 운반물로 구분한다)
(5) C형 운반물
(6) 핵분열성물질 운반물

3) 운반물별 방사성물질의 한도량

▸ L형 운반물의 방사성물질등과 그 한도량은 다음 각 호와 같다.

(1) 천연우라늄·감손우라늄 또는 천연토륨으로 제조된 물품인 경우로서 우라늄 또는 토륨의 외부표면이 금속 기타 견고한 물질로 된 비활성 외장물로 싸여 있는 경우에는 한도량에 제한이 없음

(2) 천연우라늄·감손우라늄 또는 천연토륨으로 제조된 물품 이외의 방사성물질인 경우에는 그 한도량이 다음 각목의 값을 초과하지 아니하도록 할 것

가. 당해 방사성물질이 봉입되어 있거나 시계·전자기기 등 다른 제품의 구성부품으로 되어 있는 경우에는 각 품목 및 운반물에 대하여 **별표 2**의 2란 및 3란에 의한 값

나. 당해 방사성물질이 봉입되어 있지 아니하거나 다른 제품의 구성부품으로 되어 있지 아니한 경우에는 **별표 2**의 4란에 의한 값

(3) 원자력안전위원회가 정하여 고시하는 핵분열성물질의 면제수량 또는 그 비율에 해당하는 물질

▸ IP형 운반물의 방사성물질등과 그 한도량은 다음 각 호와 같다.

(1) 운반물의 방사성물질이 저준위 비방사능물질인 경우 저준위 비방사능물질이 차폐되지 아니한 상태에서 당해 운반물로부터 3미터 지점의 방사선량률이 시간당 10밀리시버트를 초과하지 아니하도록 할 것

(2) 운반물의 방사성물질이 표면오염물체인 경우 표면오염물체가 차폐되지 아니한 상태에서 당해 운반물로부터 3미터 지점의 방사선량률이 시간당 10밀리시버트를 초과하지 아니하도록 할 것

(3) 비가연성 고체상태인 제2종 저준위 비방사능물질 또는 제3종 저준위 비방사능물질이 내장된 운반물을 항공 운반하는 경우 그 방사능은 특수형방사성물질 이외의 물질에 적용하는 A값(이하 'A_2'라 한다.)"의 3천배를 초과하지 아니하도록 할 것

(4) 운반물의 방사성물질의 수량은 **별표 3**에서 규정하는 지정된 운반수단에 대한 방사능제한값을 초과하지 아니하도록 할 것

▸ A형 운반물의 방사성물질등과 그 한도량은 다음 각 호와 같다.

(1) 종류 및 방사능을 명확히 알고 있는 단일 방사성 핵종인 경우에는 그 한도량이 다음 각목의 값을 초과하지 아니하도록 할 것

가. 특수형방사성물질: 특수형방사성물질에 적용하는 A값(이하 'A_1'이라 한다.)

나. 특수형 방사성물질 이외의 방사성물질 : A_2

(2) 종류와 각각의 방사능을 알고 있는 혼합 방사성 핵종의 경우에는 각 핵종별 A_1과 A_2에 대한 비의 합계가 1을 초과하지 아니하도록 할 것

▸ B형 운반물의 방사성물질등과 그 한도량은 다음 각 호와 같다.

(1) 해당 설계승인서에서 규정하는 제한 값을 초과하지 아니하도록 할 것

(2) 항공기에 의하여 운반하는 경우 제(1)호의 기준 및 다음 각목에 의한 값을 초과하지 아니하도록 할 것

가. 저분산성방사성물질의 경우에는 해당 설계승인서에서 규정하는 값

나. 특수형 방사성물질의 경우에는 A_1의 3천배 또는 A_2의 10만배 중에서 낮은 값

다. 가목 및 나목 이외의 경우에는 A_2의 3천배

▸ C형 운반물의 방사성물질등과 그 한도량은 B형 운반물의 방사성물질등과 그 한도량 제(2)호 나목 및 다목에서 규정한 방사성물질등과 그 한도량을 초과하는 것으로서 당해 운반물을 항공기에 의하여 운반하는 경우 해당 설계승인서에서 규정하는 제한 값을 초과하지 아니하여야 한다.

▸ 핵분열성물질 운반물은 핵분열성물질이 포함된 운반물로서 그 한도량은 다음 각 호와 같다.

(1) 육불화우라늄(UF6)이 들어있지 아니한 핵분열성물질 운반물의 경우에는 설계승인서에서 규정하는 제한값을 초과하지 아니하도록 할 것

(2) 육불화우라늄이 들어있는 핵분열성물질 운반물의 방사성물질 한도량은 다음 각목의 기준에 적합하도록 할 것

가. 제(1)호에서 규정하는 제한 값을 초과하지 아니할 것

나. 운반물의 육불화우라늄은 사용 장소 주변의 최대온도를 감안하여 포화상태에 이르지 아니하도록 할 것

다. 육불화우라늄은 고체상태를 유지하고 내부압력은 주위압력보다 낮게 유지할 것

4) 운반용기의 종류

운반용기의 종류는 운반하고자 하는 운반물의 종류에 따라 구분하되, 규정에 의한 운반물의 종류별로 각각 다음과 같이 구분한다.

(1) L형 운반용기

(2) IP형 운반용기(IP-1형 운반용기, IP-2형 운반용기 및 IP-3형 운반용기로 구분한다)

(3) A형 운반용기

(4) B형 운반용기{B(U)형 운반용기 및 B(M)형 운반용기로 구분한다}

(5) C형 운반용기

(6) 핵분열성물질 운반용기

5) 저준위 비방사능물질 및 표면 오염물체의 구분

(1) 저준위 비방사능물질은 제1종 저준위 비방사능물질, 제2종 저준위 비방사능물질 및 제3종 저준위 비방사능 물질로 구분한다.

(2) 표면 오염물체는 제1종 표면 오염물체 및 제2종 표면 오염물체로 구분한다.

(3) 제(1)호 및 제(2)호의 규정에 의한 저준위 비방사능물질 및 표면 오염물체의 구분기준은 원자력안전위원회가 정하여 고시한다.

7-2. 포장 및 운반의 기술기준

1) 포장

▸ 운반물은 최초로 운반하기 전에 다음 각 호의 기준에 적합하도록 하여야 한다.

(1) 운반물의 격납계통이 해당 압력 하에서 그 정상작동 상태를 유지하기 위하여 승인된 설계기준에 적합할 것

(2) B(U)형 운반물·B(M)형 운반물·C형 운반물 및 핵분열성물질 운반물을 운반하는 경우 그 차폐·격납 및 열전달 특성이 승인된 설계기준에 적합할 것

(3) 중성자 흡수물질이 운반물의 구성요소로 포함되어 있는 경우 핵분열성물질의 임계를 방지하기 위하여 중성자 흡수물질의 존재와 분포를 확인할 것

▸ 운반물은 매 운반 전에 다음 각 호의 기준에 적합하도록 하여야 한다.

(1) 원자력안전위원회가 정하여 고시하는 인양장치의 기준을 만족시키지 아니하는 부착물은 이를 제거하거나 인양하는데 사용할 수 없도록 할 것

(2) B(U)형 운반물·B(M)형 운반물·C형 운반물의 경우 다음 각목의 기준에 적합할 것

가. 해당 설계승인서에 명시된 모든 기준을 만족시키고 있을 것

나. 온도 및 압력이 평형상태를 유지할 것

다. 방사성물질이 누설될 가능성이 있는 격납계통의 모든 밀봉장치·밸브 및 개구부는 방사성물질이 누출되지 아니하도록 적절하게 밀봉되었는지를 검사 또는 시험할 것

(3) 핵분열성물질 및 특수형방사성물질 운반물의 경우 해당 설계승인서에 명시된 기준에 적합할 것

(4) 중성자에 의하여 조사된 핵분열성물질 운반물의 경우 방사성물질에 대한 동위원소별 함유량을 확인하고 운반물의 밀봉을 입증하는 시험을 실시할 것

(5) 운반물의 방사성물질이 저분산성 방사성물질인 경우 해당 설계승인서에 명시된 기준에 적합할 것

2) 방사성물질외의 물품

방사성물질외의 물품의 포장·운반에 관한 기술기준은 다음 각 호와 같다.

(1) 운반물은 당해 방사성물질 등의 이용을 위하여 필요한 물품외의 것과 함께 포장 또는 운반하지 아니할 것. 다만, 운반물과 상호작용하여 운반물의 안전성을 저해할 우려가 없는 경우에는 그러하지 아니하다.

(2) 방사성물질 등의 운반에 사용되는 탱크 및 화물컨테이너는 그 내부 및 외부표면 300제곱센티미터 이상에 대하여 측정한 제거성오염의 평균값이 베타·감마방출체 또는 저독성 알파방출체의 경우 제곱센티미터당 0.4베크렐 이하, 그 외의 모든 알파방출체의 경우 제곱센티미터당 0.04베크렐 이하로 제염되지 아니하는 한 이를 다른 물품과 함께 보관 또는 운반하지 말 것

3) 위험물질 혼재의 제한 등

▸ 운반물은 다음 각 호의 1에 정하는 물건 또는 물질과 혼재하여서는 아니 된다.

(1) 화약류

(2) 고압가스

(3) 휘발유·알코올·이황화탄소 기타 인화성 물질로서 인화점이 섭씨 50도 이하인 것

(4) 염산·황산·질산 기타 강산류로서 산의 함유량이 체적의 10퍼센트를 초과하는 것

(5) 제(1)호 부터 제(4)호에 의한 것 외에 운반물의 안전한 운반에 지장을 초래할 우려가 있는 물건 또는 물질

▸ 방사성 또는 핵분열성 이외에 폭발성·인화성·자연발화성·화학적 독성 또는 부식성 등 운반물내의 방사성물질에 대한 기타의 위험성도 고려하여야 한다.

4) 방사선량률

운반물 또는 덧포장의 최대 방사선량률은 다음 각 호의 1에 의한 제한 값을 초과하지 아니하여야 한다.

(1) 외부표면에서는 시간당 2밀리시버트. 다만, 전용운반인 경우에는 시간당 10밀리시버트로 한다.

(2) 외부표면으로부터 1미터 떨어진 지점에서는 시간당 0.1밀리시버트. 다만, 전용운반인 경우를 제외한다.

5) 표면오염도

운반물의 외부표면과 덧포장·화물컨테이너 및 탱크의 내·외부표면의 제거성 표면오염도는 임의의 표면 300제곱센티미터 이상에 대하여 측정한 평균값이 베타·감마방출체 및 저독성 알파방출체는 제곱 센티미터당 4베크렐, 그 외의 모든 알파방출체는 제곱 센티미터당 0.4베크렐을 초과하지 아니하여야 한다.

6) 오염 및 누출 관리

(1) 운반물이 손상 또는 누출되었거나 손상 또는 누출이 우려되는 경우 운반물에의 접근을

제한하여야 하며, 가능한 한 신속하게 운반물의 오염정도 및 방사선량률을 평가하여야 한다. 이 경우 평가대상은 운반물, 운반수단 및 인근의 적재·하역구역 등 운반에 관련된 모든 사항을 포함하여야 한다.

(2) 운반물이 손상 또는 누출된 경우 사람·재산 및 환경의 보호를 위한 조치를 하여야 한다.

(3) 방사성물질이 손상 또는 누설된 운반물은 적절한 장소로 이동하여 수리 및 제염을 한 후 운반하여야 한다.

(4) 방사성물질 등의 운반을 위하여 일상적으로 사용하는 운반수단 및 장비는 오염상태를 주기적으로 점검하여야 한다.

(5) 방사성물질 등의 운반과정에 있어서 표면오염도의 규정에 의한 제한값 이상으로 오염되었거나 표면에서의 방사선량률이 시간당 5마이크로시버트를 초과하는 운반수단·장비 및 관련부속물은 가능한한 신속하게 제염하여야 한다.

(6) 제거성 표면오염도가 표면오염도의 규정에 의한 제한값을 초과하거나 제염 후 표면의 고착성 오염으로 인한 방사선량률이 시간당 5마이크로시버트를 초과하는 운반수단·장비 또는 관련부속물은 이를 재사용하여서는 아니 된다.

(7) 전용으로 방사성물질 등을 운반하는 경우 덧포장·화물컨테이너·탱크 및 운반수단의 내부표면에 대하여는 제(5)호 및 표면오염도의 규정을 적용하지 아니한다.

7) 운반지수 및 핵임계안전지수

▸ 운반물 및 덧포장의 운반지수 및 핵임계안전지수는 다음 각 호와 같다. 다만, 전용으로 운반하는 경우를 제외한다.

(1) 운반지수는 10을 초과하지 아니할 것

(2) 핵임계안전지수는 50을 초과하지 아니할 것

▸ 운반지수의 산출

운반지수 산출규정에 의한 운반물·덧포장·탱크·화물컨테이너에 대한 운반지수의 산출방법은 다음 각 호와 같다.

(1) 단일의 운반물·덧포장·화굴컨테이너의 외부표면으로부터 1미터 거리에서의 시간당 밀리시버트(mSv/h) 단위로 나타내는 최대 방사선량률에 100을 곱하여 수치를 구할 것. 다만, 단일의 운반물이 우라늄 및 토륨 광석과 그 농축물인 경우 본문에 따른 최대 방사선량률을 각 목에서 정한 값으로 볼 수 있다.

가. 우라늄 및 토륨의 광석과 물리적 농축물 : 시간당 0.4밀리시버트

나. 토륨의 화학적 농축물 : 시간당 0.3밀리시버트

다. 육불화우라늄을 제외한 우라늄의 화학적 농축물 : 시간당 0.02밀리시버트

(2) 탱크·화물컨테이너의 경우에는 (1)에서 산출한 수치에 다음 표의 해당 인자를 곱한 수치로 할 것

적하물의 제원 (주)	증배 계수
1 ㎡ 이하인 경우	1
1 ㎡보다 크고 5 ㎡ 이하인 경우	2
5 ㎡보다 크고 20 ㎡ 이하인 경우	3
20 ㎡보다 클 경우	10

(주) : 제원은 적하물의 가장 큰 단면적을 말함

(3) 제(1)호 및 제(2)호의 규정에 의하여 구한 수치를 소수 둘째 자리에서 올림하여 구한 수치를 운반지수로 할 것. 다만, 0.05 이하의 값은 영(0)으로 한다.

(4) 여러 개의 운반물이 포함된 덧포장·화물컨테이너 또는 운반수단 각각에 대한 운반지수는 포함되어 있는 모든 운반물의 운반지수를 합계하거나 또는 직접적인 방사선량률의 측정에 의하여 구할 것. 다만, 단단하지 않은 덧포장의 경우에는 모든 운반물의 운반지수의 합으로 할 것

- **핵임계 안전지수의 산출**

핵임계 안전지수의 산출방법은 다음 각 호와 같다.

(1) 핵분열성물질 운반물의 핵임계 안전지수는 정상운반 조건에서 운반물의 배열(제33조) 및 운반사고 조건에서 운반물의 배열(제34조)의 규정에 의하여 산출한 두개의 N의 값 중에서 작은 것으로 50을 나누어 결정된 수치로 할 것(즉, 핵임계안전지수 = 50/N)

(2) 무한 갯수의 운반물이 미임계를 유지하는 경우 핵임계 안전지수의 값은 영(0)으로 할 것

(3) 여러 개의 운반물이 포함된 화물에 대한 핵임계 안전지수는 포함되어 있는 모든 운반물의 핵임계 안전지수의 합으로 할 것

8) 운반물의 등급

운반물 및 덧포장은 **별표 4**에 규정된 조건과 다음 각 호의 기준에 따라 제1종 백색운반물, 제2종 황색운반물, 제3종 황색운반물로 구분하여 등급을 분류하여야 한다.

(1) 운반물 또는 덧포장의 분류등급은 운반지수 및 표면 방사선량률을 고려하여 결정 할 것

(2) 운반지수와 표면 방사선량률의 조건 중에서 어느 하나가 다른 하나보다 더 높은 등급에 해당하는 경우에는 더 높은 등급으로 분류할 것

9) 표시

- 운반물의 표시에 관한 기술기준은 다음 각 호와 같다.

(1) 포장의 외부에 읽기 쉽고 내구성이 있게 송하인 또는 수하인의 확인표시를 할 것

(2) 방사성물질을 운반하는 경우 **별표 5**에 의하여 국제 연합번호 및 해당 운반명을 운반용기의 외부에 읽기 쉽고 내구성이 있게 표시할 것

- 운반물의 총 중량이 50킬로그램을 초과하는 경우에는 총 중량을 운반용기의 외부에 읽기 쉽고 내구성이 있게 표시하여야 한다.

10) 표지

(1) 운반물·덧포장 및 화물컨테이너의 표지에 관한 기술기준은 다음 각 호와 같다.

① 운반물 등급 규정에 의하여 등급이 분류된 운반물에는 다음 각목에 의한 해당 표지를 부착할 것

가. 제1종 백색운반물은 **별표** 1에 의한 부표 2의 제1종 백색 운반표지

나. 제2종 황색운반물은 **별표** 1에 의한 부표 3의 제2종 황색 운반표지

다. 제3종 황색운반물은 **별표** 1에 의한 부표 4의 제3종 황색 운반표지

② 방사성물질과 관련이 없는 표지는 제거하거나 덮어씌울 것

(2) 핵분열성물질을 함유한 운반물·덧포장 및 화물 컨테이너는 **별표** 1에 의한 부표 5의 핵임계안전 운반표지를 부착하여야 한다.

(3) 제(1)항 및 제(2)항의 규정에 의한 표지는 다음 각 호에 의한 방법으로 부착하여야 한다.

① 제(1)항 제①호의 표지는 운반물 또는 덧포장의 경우에는 외부의 양 측면에, 화물컨테이너 또는 탱크의 경우에는 4면에 각각 부착할 것

② 제(2)항의 핵임계안전 운반표지는 제①호의 방법에 따라 부착한 표지 근처에 부착할 것

③ 표지 규정에 의한 표시와 겹치지 아니하게 부착할 것

(4) 화물 컨테이너 및 탱크에는 다음 각 호의 방법에 따라 차량용 운반표지를 부착하여야 한다. 다만, L형 운반물의 경우에는 그러하지 아니하다.

① **별표** 1에 의한 부표 6의 차량용 운반표지를 화물 컨테이너 또는 탱크의 양 측벽 및 양 끝 벽에 수직방향으로 각 면에 1개씩 4개를 부착할 것. 다만, 제(1)항 및 제(2)항의 규정에 의한 해당 운반표지를 **별표** 1에 의한 부표 6의 최소크기 이상으로 확대하여 부착하는 경우에는 그러하지 아니하다.

② 방사성물질과 관계없는 표지는 제거하거나 덮어씌울 것

(5) 위험물질 혼재제한 규정에서 규정하고 있는 위험물질과 혼재한 경우에는 당해 위험물질의 위험성을 나타내는 표지를 부착하여야 한다.

11) 운반물의 격리

(1) 방사성물질 등이 들어있는 운반물·덧포장 및 화물컨테이너는 운반 중에 일반인의 거주장소 또는 위험물질 혼재제한 규정에서 규정하고 있는 위험물질로부터 이를 격리시켜야 한다.

(2) 제2종 황색운반물 또는 제3종 황색운반물은 일반인이 빈번히 출입하는 구역으로 이를 반입하여서는 아니 된다.

12) 적재한도

- 표면으로부터의 평균 열방출률이 제곱 미터당 15와트를 초과하는 운반물 또는 덧포장은 이를 다른 화물과 함께 운반하여서는 아니 된다.
- 운반물·덧포장 및 화물컨테이너의 적재는 다음 각 호에 따라야 한다.

(1) 단일 운반수단에 적재할 수 있는 운반물·덧포장 또는 화물컨테이너의 수량은 운반지수 합계가 **별표 6**에 의한 운반지수 제한 값을 초과하지 아니하도록 할 것. 다만, 제1종 저준위 비방사능물질의 운반물 또는 전용으로 운반되는 운반물의 경우에는 그러하지 아니하다.

(2) 운반에서의 방사선량률은 다음 각목의 기준을 초과하지 아니할 것

가. 운반수단의 외부표면은 시간당 2밀리시버트

나. 운반수단의 외부표면으로부터 2미터 거리에서는 시간당 0.1밀리시버트

다. 사람이 승차하는 위치에서는 시간당 0.02밀리시버트

(3) 운반수단 및 화물 컨테이너의 핵임계안전지수 합계가 규정에 의한 핵임계안전지수의 제한 값을 초과하지 아니할 것

▸ 운반지수가 10을 초과하는 운반물 또는 덧포장이나 핵임계안전지수가 50을 초과하는 화물은 전용으로 운반하여야 한다.

13) 운반차량

방사성물질 등의 운반에 사용되는 차량에 관한 기술기준은 다음 각 호와 같다.

(1) 운반물을 운반하기에 적합한 차량일 것

(2) 차량에 견고히 묶어두기가 곤란한 소형운반물은 운반 중 이동·전도 및 전락을 방지하기 위한 운반함을 갖출 것. 이 경우 운반함은 차량에 견고히 고정되어 있어야 한다.

(3) 차량의 고장 또는 화재 등에 대비하여 예비타이어 또는 소화기 등 필요한 장비를 갖출 것

14) 운반 책임자 등

B(U)형 운반물·B(M)형 운반물·C형 운반물·핵분열성물질 운반물 또는 방사성물질에 의하여 오염된 대형기계 장치로서 운반용기로 포장하기에는 부적합한 것을 운반하고자 하는 경우 운반 시 사고로부터 방사선장해를 방지하기 위한 기술기준은 다음 각 호와 같다.

(1) 운반은 항상 2인 이상이 할 것

(2) 운반 시 운반책임자를 지정하고 동행하게 하여 사고 및 방사선장해방지를 위하여 필요한 감독을 하게 할 것

(3) 운반 사고 시 신속한 응급조치 및 관계기관 신고를 위한 방사성측정기·보호구 및 통신장비를 휴대할 것

(4) 운전자에 대하여 필요한 안전교육을 실시할 것

(5) 운전자 및 운반책임자는 출발 전 차량에 대한 안전점검을 실시할 것

(6) 운반책임자는 다음 각목의 1에 해당하는 자중에서 지정할 것

가. 핵분열성물질을 운반하는 경우에는 지식과 경험을 가진 방사선안전관리 전담조직의 책임자 또는 방사선안전관리자

나. 기타의 경우에는 해당기관의 방사성동위원소 취급에 관한 면허를 소지한 자

15) L형 운반물

L형 운반물은 다음 각 호의 포장기준에 적합하여야 한다.

(1) 운반물의 외부표면에서 방사선량률이 시간당 5마이크로시버트를 초과하지 아니할 것

(2) 운반물 외부표면의 제거성 표면오염도는 임의의 표면 300제곱센티미터 이상에 대하여 측정한 평균값이 다음 각목에 의한 제한 값을 초과하지 아니할 것

가. 베타·감마 방출체 및 저독성 알파 방출체는 제곱센티미터당 4베크렐

나. 가목을 제외한 모든 알파 방출체는 제곱센티미터당 0.4베크렐

(3) 방사성물질 또는 핵분열성물질 이외에 폭발성·인화성·자연발화성·화학적 독성 또는 부식성 등 운반물내의 방사성물질에 대한 기타의 위험성을 고려할 것

(4) 규정에 의한 표시를 할 것

16) 저준위 비방사능물질의 운반

(1) 저준위 비방사능물질은 **별표 7**에 의한 요건에 따라 IP형 운반물로 운반할 수 있다.

(2) 저준위 비방사능물질을 IP형 운반물로 운반하는 내륙수송용 선박 또는 다른 운반수단의 단일 선창 또는 격실에서의 총 방사능은 **별표 3**에 의한 제한 값을 초과하여서는 아니 된다.

17) 표면 오염물체의 운반

(1) 표면 오염물체는 **별표 7**에 의한 기준에 따라 IP형 운반물로 운반할 수 있다.

(2) 표면 오염물체를 IP형 운반물로 운반하는 내륙 수송용 선박 또는 다른 운반수단의 단일선창 또는 격실에서의 총 방사능은 **별표 3**에 의한 제한값을 초과하여서는 아니 된다.

18) L형 운반물의 운반

(1) 방사성물질이 봉입되어 있거나 제품의 구성부품으로 되어 있는 경우 **별표 2**의 2란 및 3란에 명시된 품목 제한 값 및 운반물 제한값을 초과하지 아니하는 방사능을 가진 방사성물질의 운반에 관한 기술기준은 다음 각 호와 같다.

① 포장되지 아니한 기구 또는 물품의 외부표면의 임의의 지점으로부터 10센티미터 거리에서의 방사선량률이 시간당 0.1밀리시버트를 초과하지 아니할 것

② 각 기구 또는 물품에 "방사성물질"이라는 표지를 부착할 것. 다만, 방사성 형광시계 문자판 또는 장치는 그러하지 아니하다.

③ 활성물질은 비활성 구성품으로 완전히 밀봉되어 있을 것

(2) 제(1)항에서 정하는 것 이외의 형태로서 **별표 2**의 4란에 명시된 제한 값을 초과하지 아니하는 방사능을 가진 방사성물질의 운반에 관한 기술기준은 다음 각 호와 같다.

① 운반과정에서 방사성물질을 보전할 수 있을 것

② 운반물을 개봉할 경우 방사성물질의 존재를 알 수 있도록 눈에 띄기 쉬운 방법으로 내부표면에 "방사성물질"이라는 표지를 부착할 것

(3) 방사성물질이 조사되지 아니한 천연우라늄·감손우라늄 또는 천연 토륨의 제조 물품으로서 우라늄 또는 토륨의 외부표면이 금속이나 기타 견고한 물질로 만들어진 비활성 외장물질로 둘러싸여 있는 경우에는 L형 운반용기로 운반할 수 있다.
(4) 오염 및 누출관리 기준에 적합하여야 한다.

19) 빈 운반용기 운반

방사성물질이 들어 있었던 빈 운반용기는 다음 각 호의 기준에 적합한 경우 L형 운반물로 분류하여 운반할 수 있다.

(1) 운반용기가 양호하게 유지된 상태이고 안전하게 밀폐되어 있을 것
(2) 운반용기 내부의 제거성 표면오염도가 규정에 의한 값의 100배를 초과하지 아니 할 것
(3) 규정하고 있는 표지를 보이지 아니하게 하거나 제거할 것

7-3. 송하인 등의 의무

1) 운반서류의 작성

(1) 송하인은 운반하고자 하는 각 운반물에 대하여 원자력안전위원회가 정하여 고시하는 운반서류를 작성하여 당해 운반물의 운반인에게 전달하여야 한다.
(2) 송하인은 제(1)항의 규정에 의한 운반서류에 원자력안전위원회가 정하여 고시하는 선언서를 포함시켜야 한다. 다만, 다음 각 호의 어느 하나에 해당하는 경우에는 그러하지 아니하다.
① 동 선언서의 취지가 포함되어 있는 국제협약의 운반규정에 따라 이루어지는 운반의 경우
② L형 운반물을 운반하는 경우
(3) 송하인은 제(2)항의 규정에 의한 선언서에 서명·날인하여야 한다.

2) 운반인을 위한 정보 등

- 송하인은 운반인이 취하여야 할 조치에 관한 다음 각 호의 사항을 운반서류에 포함하여야 한다.
  (1) 안전한 열 발산을 위한 특별보관규정 또는 이러한 규정이 필요하지 아니한 경우에는 그 이유를 포함한 운반물·덧포장 또는 화물컨테이너의 적재·보관·운반·취급 및 하역에 관한 사항
  (2) 운반형태 또는 운반수단에 따른 제한 및 필요한 운반지시사항
  (3) 화물에 대한 긴급조치사항

7-4. 운반 수단별 기술기준

1) 철도 및 도로 운반에 관한 기준

- **별표** 1에 의한 부표 2 부터 부표 5의 운반표지를 부착한 운반물·덧포장 또는 화물컨테이너를 운반하는 차량은 다음 각 호의 방법에 따라 **별표** 1에 의한 부표 6의 차량용 운반표지를

부착하여야 한다.

(1) 철도 차량의 경우에는 외부의 양측 벽

(2) 도로차량의 경우에는 외부의 양측 벽과 뒷벽

- 측벽이 없는 차량의 경우에는 식별이 용이한 운반화물에 직접 차량용 운반표지를 부착하여야 하고, 대형탱크 또는 화물컨테이너의 경우에는 대형탱크 또는 화물컨테이너에 차량용 운반표지를 부착할 수 있다.
- 전용으로 운반하는 운반물의 방사선량률은 다음 각 호의 제한 값을 초과하여서는 아니 된다.

(1) 운반물 또는 덧포장의 외부표면은 시간당 10밀리시버트. 다만, 다음 각목의 기준에 적합하지 아니한 경우에는 시간당 2밀리시버트로 한다.

가. 차량의 내부로의 접근이 방지된 밀폐형 차량일 것

나. 운반물 또는 덧포장이 움직이지 아니하도록 고정될 것

다. 운반 중 적재 또는 하역이 없을 것

(2) 차량의 상하부 표면을 포함한 외부표면, 개방형 차량의 경우에는 차량의 외부가장자리의 수직평면, 화물의 상부표면 및 차량의 외부표면 하부는 시간당 2밀리시버트

(3) 차량의 외부측면의 수직평면으로부터 2미터 떨어진 지점과, 화물을 개방형 차량으로 운반하는 경우에는 차량의 외부 가장자리의 수직평면으로부터 2미터 떨어진 지점에서는 시간당 0.1밀리시버트

- 도로차량의 경우 운전기사·운반책임자 또는 보안 관련자 외에는 제2종 황색운반표지 또는 제3종 황색운반표지를 부착한 운반물·덧포장 또는 화물컨테이너를 운반하는 차량에 탑승하여서는 아니 된다.

2) 선박운반에 관한 기준

- 표면의 방사선량률이 시간당 2밀리시버트를 초과하는 운반물은 특별승인을 얻은 경우를 제외하고는 선박으로 이를 운반하여서는 아니 된다. 다만, 전용 운반차량에 적재된 상태로 선적된 경우에는 그러하지 아니하다.
- 방사성물질을 운반하기 위한 특수 선박으로 운반물을 운반하는 경우로서 다음 각 호의 조건에 적합한 경우에는 규정을 적용하지 아니한다.

(1) 운반과 관련하여 방사선에 대비한 방호계획을 마련하여 선박국적의 관계 당국 및 각 기항지의 관계 당국의 승인을 받을 것

(2) 도중의 기항지에서 적재되는 화물을 포함하여 전 항해기간중의 적재조치가 사전에 계획되어 있을 것

(3) 방사성물질의 운반책임자가 화물의 적재·운반 및 하역 등을 감독할 것

- 선박의 선장은 운반물의 적재장소 출입구에 잠금장치 또는 칸막이를 하거나 관계자 이외의 자가 출입할 수 없도록 조치를 하여야 한다.

- 선박의 선장은 운반물을 적재한 장소 주위에 출입제한구역을 설정하여 관계자 이외의 자의 출입을 제한하여야 하며, 출입을 제한하는 표지를 설치하여야 한다.
- 선박의 선장은 운반물을 운반하는 경우 운반물의 종류·수량·취급방법·유의사항 및 사고가 발생한 경우의 조치에 관하여 필요한 서류를 휴대하여야 한다.

3) 항공운반에 관한 기준

(1) B(M)형 운반물 및 전용으로 운반하는 운반물은 여객기로 운반하여서는 아니 된다.

(2) 배기설비가 있는 B(M)형 운반물, 보조냉각계통에 의한 외부냉각을 필요로 하는 운반물, 운반 중에 조작이 필요한 운반물 및 액체상태의 발화성 물질이 포함된 운반물은 항공기로 운반하여서는 아니 된다.

(3) 표면 방사선량률이 시간당 2밀리시버트를 초과하는 운반물 또는 덧포장은 특별승인을 받은 경우를 제외하고는 항공으로 운반하여서는 아니 된다.

(4) 운반물은 항공기 승무원 등이 상시 사용하는 구역에 적재하여서는 아니 된다.

(5) 항공기의 기장은 운반물 등을 운반하는 경우 운반물의 종류·수량·취급방법·유의사항 및 사고가 발생한 경우의 조치에 관하여 필요한 서류를 휴대하여야 한다.

4) 우편운반에 관한 기준

- **별표 2**에 의한 제한 값의 10분의 1을 초과하지 아니하는 운반물은 우편당국이 규정하는 요건을 준수할 경우 국내 우송할 수 있다.
- **별표 2**에 의한 제한 값의 10분의 1을 초과하지 아니하는 운반물은 다음 각 호의 요건을 준수 할 경우 국제우송 할 수 있다.
  (1) 우송물의 취급은 관계 당국이 권한을 부여한 송하인에게 위탁할 것
  (2) 우송물은 항공운송 등 가장 빠른 경로로 송달할 것
  (3) 우송물의 외부에는 "우편우송 허용량이 포함된 방사성물질"이라는 어귀를 알기 쉽고 내구성이 있도록 표시할 것. 이 표시는 빈 포장으로 반송하는 경우 이를 제거하여야 한다.
  (4) 우송물의 외부에는 배달되지 못한 경우 반송하여 달라는 요청과 함께 송하인의 이름 및 주소를 명기할 것
  (5) 송하인의 이름·주소 및 우송물의 내용을 내부포장에 표시할 것

8. 저장용기 등의 안전관리

1) 적용범위

규정에 따른 저장용기 등의 설계·재료·구조·성능 및 품질보증에 관한 기술기준에 관하여 적용한다.

2) 저장용기등의 설계

저장용기등의 설계는 다음 각 호의 기준에 적합해야 한다.

(1) 저장용기등 설계 시에는 「원자력안전법 시행규칙」 제110조의3제2항 따른 안전성분석보고서의 기재사항 중 같은 항 제3호부터 제8호까지의 평가에 대한 설계기준이 제시될 것

(2) 저장용기등은 정상운영, 비정상조건 및 사고조건에서 사용후핵연료가 미임계 상태를 유지되도록 설계될 것

(3) 저장용기등의 방사선차폐 및 격납 기능은 저장용기등이 설치되는 시설의 제한구역경계에서 원자력안전위원회가 정하여 고시하는 제한치를 만족하도록 설계될 것

(4) 저장용기등 격납계통은 다중 밀봉 기능을 제공하도록 설계될 것

(5) 저장용기등은 피동냉각방식을 통해 적절한 열 제거 성능을 제공하도록 설계될 것

(6) 저장용기등은 수명기간 동안 사용후핵연료를 안전하게 보관하고 필요에 따라 유지보수가 가능하도록 설계될 것

(7) 저장용기등은 건식저장시설과 습식저장조에서 사용후핵연료 장전 및 인출이 가능하도록 시설과의 호환성을 고려할 것

(8) 저장용기등은 설계 시 실행 가능한 범위 내에서 취급, 운반 및 최종 처분에 이르는 사용후핵연료 관리 단계별 호환성을 고려할 것

3) 저장용기등의 재료

저장용기등에 사용되는 재료는 다음 각 호의 기준에 적합해야 한다.

(1) 내화구조 또는 불연재료를 사용할 것

(2) 고방사선 및 부식성물질에 강한 재료를 사용할 것

(3) 표면 제염이 쉬운 재료를 사용할 것

(4) 사용후핵연료와 직접 접촉하는 부분의 재료는 물리·화학적으로 사용후핵연료에 손상을 주지 않을 것

(5) 사용후핵연료가 저장되는 환경의 영향에서도 그 기능이 유지될 수 있을 것

(6) 경년열화를 고려하여 설계수명기간 동안 그 기능을 유지할 수 있을 것

4) 저장용기등의 구조 및 성능

저장용기등의 구조 및 성능은 다음 각 호의 기준에 적합해야 한다.

(1) 해일·회오리바람·태풍·홍수·폭설·폭우 또는 지진 등의 자연현상에 의한 손괴로 인하여 일반인에게 방사선에 의한 장해가 발생하지 않도록 할 것

(2) 화재 또는 폭발 등이 발생한 경우에도 안전성을 유지할 것

(3) 저장기간 동안 정상 운영 및 비정상조건 발생 시에도 안전 여유도를 확보할 수 있을 것

(4) 자연현상 및 인위적 사건에 의한 사고를 예방할 수 있거나, 사고 발생에 따른 영향을 완화할 수 있을 것

[별표 1]

포장 및 운반관계 표지

구 분	표지 사항	방사능표지의 형태 및 크기	표지를 붙일 장소
1. 제1종 백색운반물	부표 1에 의한 표지의 아래에 한글로 "방사성물질"이란 글자를, 그 아래에 방사성내용물의 명칭, 방사능의 양을, 그 아래에 위험물질 종류를 나타내는 기호 "7"을 기재한다.	방사능표지는 부표 2와 같은 형태로 하고, 가로세로를 각 100밀리미터 이상으로 한다.	운반물의 표면으로서 서로 반대방향인 2곳
2. 제2종 황색운반물	부표 1에 의한 표지의 아래에 한글로 "방사성물질"이란 글자를, 그 아래에 방사성내용물의 명칭, 방사능의양 및 운반지수를, 그 아래에 위험물질 종류를 나타내는 기호 "7"을 기재한다.	방사능표지는 부표 3과 같은 형태로 하고, 가로세로를 각 100밀리미터 이상으로 한다.	운반물의 표면으로서 서로 반대방향인 2곳
3. 제3종 황색운반물	부표1에 의한 표지의 아래에 한글로 "방사성물질"이란 글자를, 그 아래에 방사성내용물의 명칭, 방사능의 양 및 운반지수를, 그 아래에 위험물질 종류를 나타내는 기호 "7"을 기재한다.	방사능표지는 부표 4와 같은 형태로 하고, 가로세로를 각 100밀리미터 이상으로 한다.	운반물의 표면으로서 서로 반대방향인 2곳
4. 핵분열성물질을 함유한 포장물	"핵분열성물질"이란 글자아래에 핵임계안전지수를, 그 아래에 위험물질 종류를 나타내는 기호 "7"을 기재한다.	표지는 부표 5와 같은 형태로 하고, 가로세로를 각 100밀리미터 이상으로 한다.	운반물의 표면으로서 서로 반대방향인 2곳
5. 방사성운반물이 들어 있는 화물컨테이너 또는 탱크	부표 1에 의한 표지의 아래에 한글로 "방사성물질"이란 글자를, 그 아래에 위험물질 종류를 나타내는 기호 "7"을 기재한다.	방사능표지는 부표6과 같은 형태로 하고, 가로세로를 각 250밀리미터 이상으로 한다.	컨테이너 또는 탱크의 4측면
6. 도로 및 철도로 방사성물질을 운반하는 차량	부표 1에 의한 표지의 아래에 한글로"방사성물질"이란 글자를, 그 아래에 위험물질 종류를 나타내는 기호 "7"을 기재한다.	방사능표지는 부표 6과 같은 형태로 하고, 가로세로를 각 250밀리미터 이상으로 한다.	차량의 양측 면 및 전후면
7. 단일 국제연합번호의 방사성물질을 전용운반하는 도로 및 철도 차량	운반되는 방사성물질에 따라 별표 7의 해당국제연합번호를 65밀리미터 이상의 크기로 기재한다.	표지는 부표 7과 같은 형태로 하고, 가로 300밀리미터 세로 120밀리미터 이상으로 한다.	차량의 양측 면

참고: 위의 표지는 그 붙일 대상물의 크기 등 상황에 따라 그 크기를 조절할 수 있다.

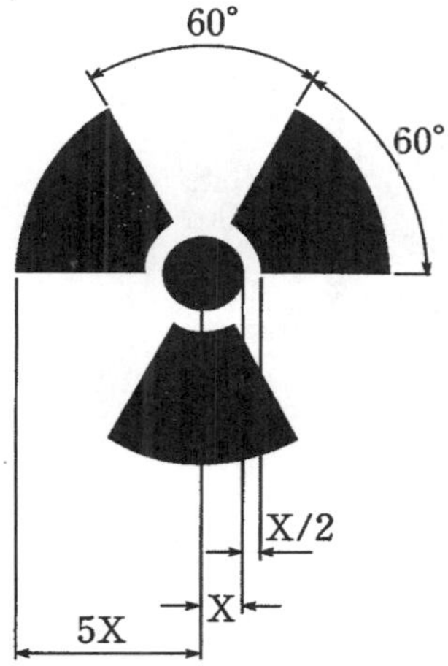

[부표 1] 방사능표지의 규격

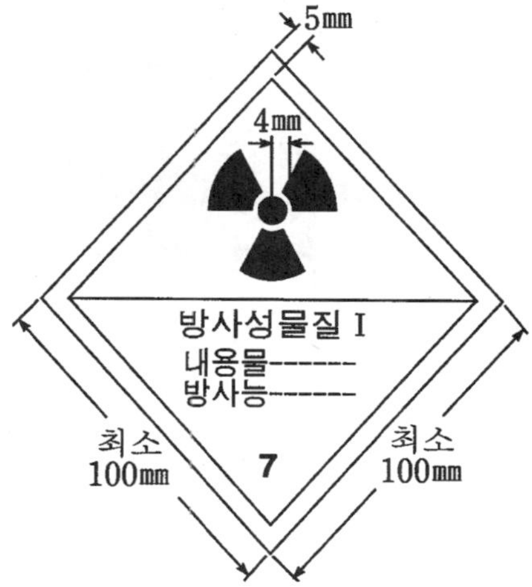

[부표 2] 제1종 백색운반표지

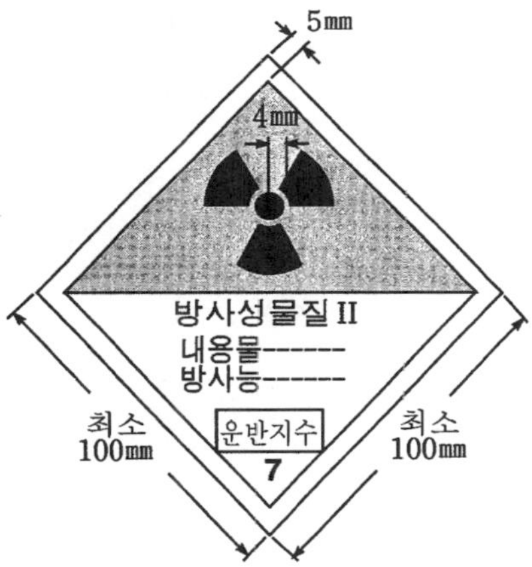

[부표 3] 제2종 황색운반 표지

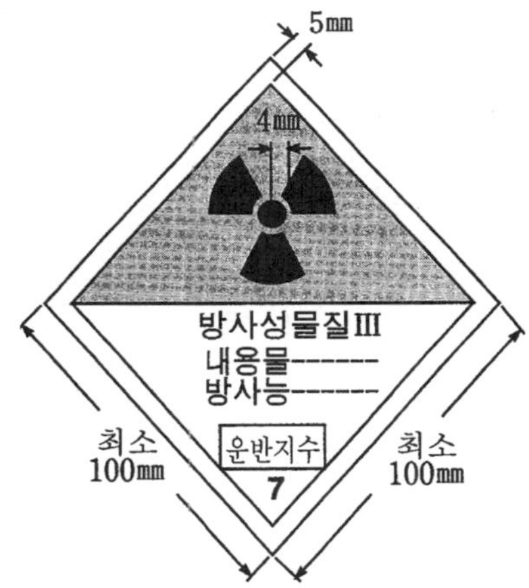

[부표 4] 제3종 황색운반 표지

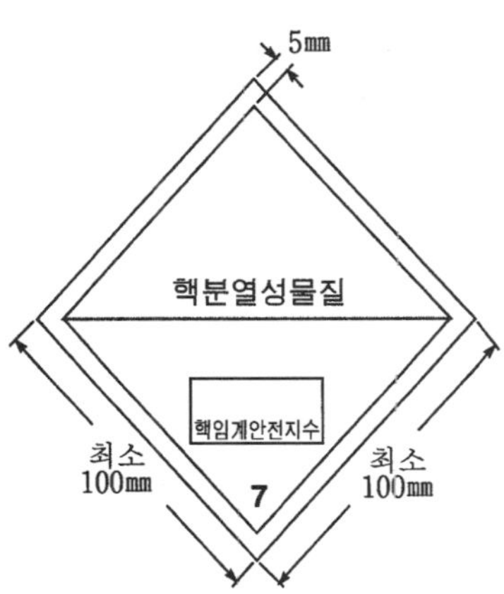

[부표 5] 핵임계안전운반 표지

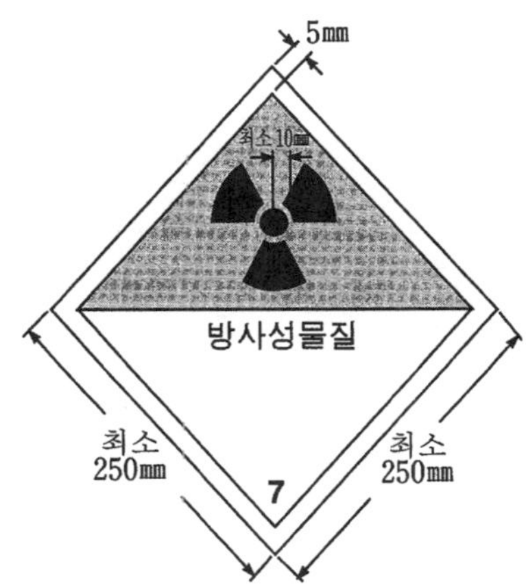

[부표 6] 차량용운반 표지

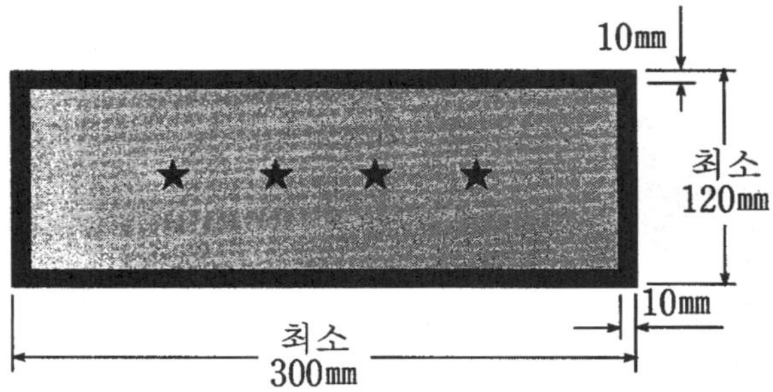

[부표 7] 국제연합번호(UN No.)운반표지

[별표 2]

L형 운반물의 방사능 제한값

내용물의 물리적 상태	기구 또는 품목		방사성물질
	품목 제한값	운반물 제한값	운반물 제한값
1란	2란	3란	4란
고체 : 특수형방사성물질 특수형 이외의 것	$10^{-2}A_1$ $10^{-2}A_2$	A_1 A_2	$10^{-3}A_1$ $10^{-3}A_2$
액체	$10^{-3}A_2$	$10^{-1}A2$	$10^{-4}A_2$
기체 : 삼중수소 특수형방사성물질 특수형 이외의 것	$2\times10^{-2}A_2$ $10^{-3}A_1$ $10^{-3}A_2$	$2\times10^{-1}A_2$ $10^{-2}A_1$ $10^{-2}A_2$	$2\times10^{-2}A_2$ $10^{-3}A_1$ $10^{-3}A_2$

[별표 3]

IP형 운반물에 대한 선박 운반수단의 방사능 제한값

물질의 특성	해 양	내수로
제1종 저준위 비방사능물질	제한값 없음	제한값 없음
제2종 및 제3종 저준위 비방사능물질 (비가연성 고체)	제한값 없음	$100A_2$
제2종 및 제3종 저준위 비방사능물질 (가연성 고체, 액체 및 기체)	$100A_2$	$10A_2$
표면 오염물체	$100A_2$	$10A_2$

[별표 4]

운반물 및 덧포장의 등급 분류기준

조 건		등급 분류
운반지수	**외부표면 임의점에서의 최대 방사선량률**	
0	0.005 mSv/h 이하	제1종 백색운반물
0 초과 1 이하	0.005 mSv/h 초과 0.5 mSv/h 이하	제2종 황색운반물
1 초과 10 이하	0.5 mSv/h 초과 2 mSv/h 이하	제3종 황색운반물
10 이상	2 mSv/h 초과 10 mSv/h 이하	제3종 황색운반물(주 1)

주 1. 이 경우는 반드시 전용으로 운반할 것

[별표 5]

방사성운반물의 국제연합기준 표시

국제연합 번호	운반명 및 설명[1]
L형운반물	
UN2908	방사성물질, L형운반물 - 빈 운반용기
UN2909	방사성물질, L형운반물 - 천연우라늄, 감손우라늄 또는 천연토륨으로 제조한 물품
UN2910	방사성물질, L형운반물 - 물질제한량
UN2911	방사성물질, L형운반물 - 기구 또는 품목
저준위비방사능물질	
UN2912	방사성물질, 저준위비방사능(LSA-I), 비핵분열성 또는 핵분열성 면제[2]
UN3321	방사성몰질, 저준위비방사능(LSA-II), 비핵분열성 또는 핵분열성 면제[2]
UN3322	방사성물질, 저준위비방사능(LSA-III), 비핵분열성 또는 핵분열성 면제[2]
UN3324	방사성물질, 저준위비방사능(LSA-II), 핵분열성
UN3325	방사성물질, 저준위비방사능(LSA-III), 핵분열성
표면오염물체	
UN2913	방사성물질, 표면오염물체(SCO-I 또는 SCO-II), 비핵분열성 또는 핵분열성 면제[2]
UN3326	방사성물질, 표면오염물체(SCO-I 또는 SCO-II), 핵분열성
A형운반물	
UN2915	방사성물질, A형운반물, 비특수형, 비핵분열성 또는 핵분열성 면제[2]
UN3327	방사성물질, A형운반물, 핵분열성, 비특수형
UN3332	방사성물질, A형운반물, 특수형, 비핵분열성 또는 핵분열성 면제[2]
UN3333	방사성물질, A형운반물, 핵분열성
B(U)형운반물	
UN2916	방사성물질, B(U)형운반물, 비핵분열성 또는 핵분열성 면제[2]
UN3328	방사성물질, B(U)형운반물, 핵분열성
B(M)형운반물	
UN2917	방사성물질, B(M)형운반물, 비핵분열성 또는 핵분열성 면제[2]
UN3329	방사성물질, B(M)형운반물, 핵분열성
C형운반물	
UN3323	방사성물질, C형운반물, 비핵분열성 또는 핵분열성 면제[2]
UN3330	방사성물질, C형운반물, 핵분열성
특별조치승인운반물	
UN2919	방사성물질, 특별조치승인운반물, 비핵분열성 또는 핵분열성 면제[2]
UN3331	방사성물질, 특별조치승인운반물, 핵분열성
육불화우라늄 - 부차적 위험으로 부식성(국제연합 Class 8)도 함께 적용	
UN2977	방사성물질, 육불화우라늄, 핵분열성
UN2978	방사성물질, 육불화우라늄, 비핵분열성 또는 핵분열성 면제[2]

주1) '운반명'은 '운반명 및 설명'열의 굵은 글자이며, 작은 글자인 '또는'으로 구분하는 UN2909, UN2911, UN2913, UJ3326의 경우 관련된 운반명만을 사용하여야 한다.

주2) '핵분열성 면제'는 제91조제1항제3호에 해당함

[별표 6]

전용상태가 아닌 화물컨테이너 및 운반수단에 대한 운반지수 제한

화물컨테이너 또는 운반수단의 형태	화물컨테이너 또는 운반수단에 대한 운반지수의 합계에 대한 제한값
화물컨테이너 - 소형화물컨테이너[1)] - 대형화물컨테이너[2)]	 50 50
차량	50
항공기 - 여객 - 화물	 50 200
내륙수로용 선박	50
해상용 선박[3)] (1) 선창, 방수격실, 지정갑판구역 : - 운반물, 덧포장, 소형화물컨테이너[1)] - 대형화물컨테이너[2)] (2) 선박 전체 : - 운반물, 덧포장, 소형화물컨테이너[1)] - 대형화물컨테이너[2)]	 50 200 200 제한없음

주 1. 화물컨테이너 중 내부의 부피가 3세제곱미터 이하인 것을 말한다.
2. 화물컨테이너 중 내부의 부피가 3세제곱미터를 초과하는 것을 말한다.
3. 제125조제3항에 따라 전용으로 운반하는 운반물 또는 덧포장은 이를 차량에 적재한 상태로 선박을 이용하여 운반할 수 있다.

[별표 7]

저준위 비방사능물질 및 표면오염물체에 대한 IP형운반물 기준

방사성 내용물	IP형 운반물	
	전용상태	전용상태가 아닌 것
제1종 저준위 비방사능물질 : 고체 액체	IP - 1형 운반물 IP - 1형 운반물	IP - 1형 운반물 IP - 2형 운반물
제2종 저준위 비방사능물질 : 고체 액체 및 기체	IP - 2형 운반물 IP - 2형 운반물	IP - 2형 운반물 IP - 3형 운반물
제3종 저준위 비방사능물질	IP - 2형 운반물	IP - 3형 운반물
제1종 표면오염물체	IP - 1형 운반물	IP - 1형 운반물
제2종 표면오염물체	IP - 2형 운반물	IP - 2형 운반물

7. 방사선안전관리 예상문제

【문제 1】 진료의 목적으로 방사성동위원소등을 인체에 사용하는 자는 여성 환자가 임신했거나 임신했을 가능성이 있는 경우, 또는 모유 수유중인 경우에는 적합한 (　　) 절차를 수립하여 이행하여야 한다. 괄호 안에 알맞은 것은?

① 방사선처리　② 방사선이용　③ 방사선방호　④ 방사선사고

【문제 2】 진료의 목적으로 방사성동위원소를 인체에 사용하는 자는 체내에 잔류하는 방사능 또는 인체표면 (　　)m 거리에서의 방사선량률이 원자력안전위원회가 정하여 고시하는 수량을 초과하는 환자를 일반환자와 격리하여 입원시켜야 한다. 괄호 안에 알맞은 것은?

① 1　② 2　③ 3　④ 4

【문제 3】 치료용 방사선기기에 대한 선량 교정 및 평가주기가 옳지 않은 것은?

① 장비를 설치하고 처음으로 사용할 때
② 처음으로 사용한 이후 매 6개월 마다
③ 선량평가에 영향을 미칠 수 있는 보수를 한 경우
④ 1년 이상 사용을 중지한 후 다시 사용을 하려는 경우

【문제 4】 의료분야의 안전관리 규정에 적용받지 않는 것은?

① 방사선발생장치　② 밀봉된 방사성동위원소
③ 의료 진단용 엑스선발생장치　④ 밀봉되지 아니한 방사성동위원소

【문제 5】 의료기관에서 치료용 방사선조사 장비의 사용에 대한 기록부의 보존기간으로 옳지 않은 것은?

① 장비의 보수 및 정비기록 - 5년
② 방사선치료 기록 - 3년
③ 치료용 방사선 조사장비의 교정기록 - 5년
④ 근접치료 후 선원 안전조치 기록 - 5년

【문제 6】 치료의 목적으로 방사성동위원소를 인체에 사용하는 자는 환자의 퇴원으로 인하여 방사선에 의해 영향을 받을 수 있는 다른 개인의 (가)을 합리적으로 가능한 낮게 유지하도록 하기 위하여 퇴원 후 주의사항이 기재된 (나)를 제공하여야 한다. 괄호 안에 알맞은 것은?

① 가 : 등가선량, 나 : 지침서　② 가 : 유효선량, 나 : 지침서
③ 가 : 등가선량, 나 : 보고서　④ 가 : 유효선량, 나 : 보고서

㉰ 1. ③　2. ①　3. ②　4. ③　5. ②　6. ②

【문제 7】 방사성의약품이 투여된 진료환자의 퇴원에 관한 기록은 해당 환자의 퇴원일로부터 몇 년간 보존하는가?

① 2 ② 3 ③ 4 ④ 5

【문제 8】 방사성동위원소 등을 이동사용(방사선투과검사 작업)하는 경우의 기술기준으로 옳지 않은 것은?

① 사용시설 또는 방사선관리구역 안에서 사용할 것
② 정상적인 사용 상태에서 밀봉선원이 개봉 또는 파괴될 우려가 없도록 할 것
③ 감마선 조사장치를 사용하는 경우는 콜리메이터를 장착할 것
④ 방사선 작업은 반드시 5인 이상을 1조로 편성하여 작업을 수행할 것

【문제 9】 방사성동위원소 등을 이동사용(방사선투과검사 작업)하는 경우의 기술기준으로 옳지 않은 것은?

① 사용시설에는 사람의 출입을 제한하고, 종사자 외의 사람이 출입하는 경우에는 방사선작업 종사자의 지시에 따르도록 할 것
② 일시적 사용장소에 사용을 폐지한 선원을 보관하지 아니할 것
③ 방사선작업종사자 또는 수시출입자의 피폭방사선량이 선량한도를 초과하지 말 것
④ 사용시설에만 방사선장해방지에 필요한 주의사항을 게시할 것

【문제 10】 방사성동위원소 등을 판매하고자 하는 자에 대한 시설기준 및 취급기준으로 옳은 것은?

① 개봉선원을 판매하는 경우에는 저장시설 및 분배시설만 갖추어야 한다.
② 개봉선원 원포장을 개봉·분배하지 않고 판매하는 경우는 저장시설만 있으면 된다.
③ 밀봉선원을 생산하여 판매하는 경우에는 저장시설 이외에 분배시설만 갖추면 된다.
④ 밀봉선원을 원포장을 개봉·분배하여 판매하는 경우는 저장시설 이외에 보관시설만 갖추면 된다.

【문제 11】 방사성동위원소를 생산하거나 분배하여 판매하고자 할 때의 기술기준으로 옳지 않은 것은?

① 포장단계마다 표면오염도를 검사하여 표면오염도가 허용표면오염도를 초과하지 않는 제품만 판매할 것
② 표면오염도를 측정하여 기록을 유지할 것
③ 방사성동위원소 등을 분배하는 경우에는 분배에 필요한 절차서를 작성하여 구비할 것
④ 최종 포장 후에만 표면오염도를 검사하여 표면오염도가 허용표면오염도를 초과하지 않는 제품만 판매할 것

【문제 12】 방사선발생장치를 판매하고자 하는 자가 갖추어야 할 시설은?

① 폐기시설 ② 보관시설 ③ 분배시설 ④ 저장시설

【문제 13】 운반지수가 0.5이고 외부 표면 임의점에서의 최대방사선량률이 0.7 mSv/h일 때 운반물의 등급은? (별표 4, 운반물 및 덧포장의 등급 분류기준 참조)

① 제1종 백색운반물 ② 제2종 황색운반물
③ 제3종 황색운반물 ④ 제3종 황색운반물(전용)

㉰ 7. ④ 8. ④ 9. ④ 10. ② 11. ④ 12. ② 13. ③

【문제 14】 방사선발생장치를 판매하고자 할 때의 취급기준으로 옳지 않은 것은?

① 방사선발생장치의 사용에 관한 허가를 받거나 신고를 하였는지 여부를 확인하고 판매할 것
② 방사선발생장치의 표면에는 제작사에서 권고하는 안전수칙을 표시할 것
③ 방사선발생장치를 판매하는 경우에는 방사선발생장치의 설계승인서 등 방사선발생장치의 정상작동상태를 입증하는 서류를 사용자에게 제공할 것
④ 판매한 방사선발생장치의 안전성에 결함이 발견된 때에는 6개월 이내에 사용자에게 그 사실을 통지하고 필요한 조치를 취할 것

【문제 15】 방사성물질에 의하여 오염된 공기로부터 방사선장해를 방지하기 위한 방사성폐기물관리시설 등의 기술기준으로 옳지 않은 것은?

① 방사선장해를 방지하기 위하여 필요한 환기능력을 가질 것
② 방사성물질에 의하여 오염된 공기가 누설되지 않는 구조이고 역류할 우려가 없을 것
③ 배출되는 공기를 정화하는 장치를 설치한 경우에는 방사성물질에 의하여 오염된 공기의 정화 및 여과장치의 교체가 용이한 구조일 것
④ 흡기구는 방사성물질에 의하여 오염된 공기를 흡입할 수 있도록 설치할 것

【문제 16】 방사성폐기물에서 심층처분하는 것은?

가. 고준위 방사성폐기물	나. 중준위 방사성폐기물
다. 사용후핵연료	라. 저준위 방사성폐기물

① 가, 나, 다　② 가, 다　③ 나, 라　④ 나, 다, 라

【문제 17】 중·저준위 방사성폐기물 천층처분 시설의 위치와 기준에 대한 설명 중 옳지 않은 것은?

① 인구밀집 지역으로부터 떨어진 곳일 것
② 기상·수문조건·지표면 및 지질학적 상태를 고려하여 적합한 곳일 것
③ 오염제거를 위하여 지표수와 지하수로부터 가까운 곳일 것
④ 지진, 생태학적 특징, 수자원의 이용 기타 제반 환경여건이 적합한 곳일 것

【문제 18】 고준위 방사성폐기물 심층처분 시설의 위치와 기준에 대한 설명 중 옳지 않은 것은?

① 석유·천연가스 등 인화성 광물질의 매장지역으로부터 멀리 떨어진 곳일 것
② 지층의 암석은 방사성물질의 이동을 억제할 수 있도록 침투성·다공성 및 확산성이 높을 것
③ 처분시설의 안전을 위하여 주변지역이 지질학적으로 안정된 곳일 것
④ 인구밀집 지역으로부터 떨어진 곳일 것

【문제 19】 천층처분 장소의 기술기준에 대한 설명 중 옳지 않은 것은?

① 주거지역에 가급적 근접된 장소일 것
② 지표수와 지하수로부터 이격된 곳
③ 지진 등의 환경여건이 기술기준에 적합한 곳
④ 빗물에 의한 침식 또는 물이 고이지 않는 장소일 것

㉰ 14. ④　15. ④　16. ②　17. ③　18. ②　19. ①

【문제 20】 심층처분 장소의 기술기준에 대한 설명 중 옳지 않은 것은?

① 인구밀집 지역으로부터 떨어진 곳
② 지층의 암석은 침투성 및 다공성이 클 것
③ 석유·천연가스 등의 매장지역으로부터 이격된 곳
④ 지표수 및 지하수로부터 이격된 곳

【문제 21】 중·저준위 폐기처분인 것은?

가. 지층처분	나. 천층매몰	다. 심해저 처분	라. 동굴처분

① 가, 나, 다　　② 가, 다　　③ 나, 라　　④ 나, 다, 라

【문제 22】 운반물의 제거성 표면오염도는 표면 300 cm^2 이상에서 측정한 평균값이 저독성 알파방출체는 (가) Bq/cm^2, 그 외의 모든 알파방출체는 (나) Bq/cm^2을 초과하지 말아야 한다. 괄호 안에 알맞은 것은?

① 가 : 0.04,　나 : 0.4　　② 가 : 0.4,　나 : 0.04
③ 가 : 4.0,　나 : 0.4　　④ 가 : 0.4,　나 : 4.0

【문제 23】 운반하기 위하여 제시된 방사성물질등과 그 포장의 종류가 아닌 것은?

① L형 운반물
② U형 운반물
③ A형 운반물
④ B형 운반물[B형 운반물은 B(U)형 운반물 또는 B(M)형 운반물로 구분]

【문제 24】 운반물 또는 덧포장의 최대 방사선량률은 외부표면에서는 시간당 (가) mSv. 다만, 전용운반인 경우에는 시간당 (나) mSv로 한다. 그리고 외부표면으로부터(다) m 떨어진 지점에서는 시간당 (라) mSv의 제한 값을 초과하지 말아야 한다. 괄호 안에 알맞은 것은?

① 가 : 2, 나 : 10, 다 : 1, 라 : 0.1　　② 가 : 1, 나 : 10, 다 : 2, 라 : 0.1
③ 가 : 2, 나 : 10, 다 : 1, 라 : 0.2　　④ 가 : 1, 나 : 10, 다 : 2, 라 : 0.2

【문제 25】 운반 시 사고로부터 방사선장해를 방지하기 위한 기술기준으로 옳지 않은 것은?

① 운전자에 대한 필요한 안전교육을 실시할 것
② 운반은 항상 2인 이상이 할 것
③ 운반 시 운반책임자는 필요 없으며 운전자가 사고방지를 위해 최선을 다할 것
④ 운전자는 출발 전 차량에 대한 안전검사를 실시할 것

【문제 26】 방사성물질 등에 대한 한도량에 따른 운반물의 종류가 아닌 것은?

① A형　　② B형　　③ C형　　④ P형

㉰ 20. ②　21. ③　22. ③　23. ②　24. ①　25. ③　26. ④

【문제 27】 운반물 외부표면에서의 최대 방사선량률(mSv)은 시간당 얼마 이하인가?

① 1 ② 2 ③ 3 ④ 4

【문제 28】 운반물 외부표면으로부터 1 m 떨어진 곳에서의 최대 방사선량률(mSv)은 시간당 얼마 이하인가?

① 0.01 ② 0.1 ③ 1.0 ④ 10

【문제 29】 제거성 표면오염도가 표면오염도의 규정에 의한 제한값을 초과하거나 제염 후 표면의 고착성 오염으로 인한 방사선량률이 시간당 (　　) μSv를 초과하는 운반수단·장비 또는 관련 부속물은 이를 재사용하여서는 안 된다. 괄호 안에 알맞은 것은?

① 1 ② 5 ③ 10 ④ 15

【문제 30】 운반물 및 덧포장의 운반지수는 (가)을 초과해서 안되고, 핵임계안전지수는 (나)을 초과하지 말아야 한다. 다만, 전용으로 운반하는 경우는 제외한다. 괄호 안에 알맞은 것은?

① 가 : 10, 나 : 50
② 가 : 50, 나 : 10
③ 가 : 50, 나 : 100
④ 가 : 100, 나 : 50

【문제 31】 운반물 등급의 종류가 아닌 것은?

① 제1종 백색운반물
② 제2종 황색운반물
③ 제3종 황색운반물
④ 제4종 적색운반물

【문제 32】 운반물·덧포장·탱크 또는 화물컨테이너에 지정되는 등급으로서 방사선피폭에 대한 관리를 위하여 사용되는 수치는?

① 포장지수 ② 운반지수 ③ 관리지수 ④ 피폭지수

【문제 33】 방사성물질 등을 운반하는 차량용 운반표지에 위험물질의 종류를 나타내는 수치는?

① 1 ② 3 ③ 5 ④ 7

【문제 34】 방사성물질 포장 및 운반과 관련하여 운반물 또는 운반차량에 부착하는 표지와 관계가 없는 것은?

① 제1종 적색운반표지
② 제2종 황색운반표지
③ 제3종 황색운반표지
④ 차량용 운반표지

【문제 35】 운반물·덧포장·탱크 또는 화물컨테이너의 표면에서 최대 방사선량률이 1 mSv/h이고 운반지수가 5일 때 운반물의 등급은?

① 제1종 백색운반물
② 제2종 황색운반물
③ 제3종 황색운반물
④ 제3종 황색운반물로 반드시 전용으로 운반

㉰ 27. ② 28. ② 29. ② 30. ① 31. ④ 32. ② 33. ④ 34. ① 35. ③

【문제 36】 반드시 전용으로 운반하여야 하는 운반지수는?

① 0일 때 ② 0 초과 1 이하 ③ 1 초과 10 이하 ④ 10 이상

【문제 37】 방사성운반물 중 혼재 가능한 물질은?

① 고압가스
② 휘발유·알코올·이황화탄소 기타
③ 인화성 물질로서 인화점이 매우 높은 것
④ 강산류(염산 등)로서 산의 함유량이 체적의 10%를 초과하는 것

【문제 38】 운반물에 관한 설명 중 옳지 않은 것은?

① IP형 운반물은 IP-1형, IP-2형, IP-3형 운반물로 구분한다.
② 저준위 비방사능물질은 제1종, 제2종, 제3종으로 구분한다.
③ 표면 오염물체는 제1종, 제2종, 제3종으로 구분한다.
④ B형 운반물은 B(U)형 운반물, B(M)형 운반물로 구분한다.

【문제 39】 운반물의 총 중량이 (가)kg을 초과하는 경우에는 총 중량을 운반용기의 외부에 읽기 쉽고 내구성이 있게 표시하여야 한다. 또한 표면으로부터의 평균 열 방출률이 cm^2당 (나)W(와트)를 초과하는 운반물 또는 덧포장은 이를 다른 화물과 함께 운반하여서는 안 된다. 괄호 안에 알맞은 것은?

① 가 : 20, 나 : 1 ② 가 : 30, 나 : 5
③ 가 : 40, 나 : 10 ④ 가 : 50, 나 : 15

【문제 40】 철도 및 도로 운반에 관한 기준에서 운반물·덧포장 또는 화물컨테이너를 운반하는 차량에 운반표지를 부착하는 방법 중 옳지 않은 것은?

① 철도차량은 외부의 양측 벽과 뒷벽
② 도로차량은 외부의 양측 벽과 뒷벽
③ 측벽이 없는 차량은 식별이 용이한 운반화물에 직접 차량용 운반표지 부착
④ 대형탱크 또는 화물컨테이너는 대형탱크 또는 화물컨테이너에 차량용 운반표지 부착

【문제 41】 항공기로 운반할 수 있는 운반물은?

① 배기설비가 있는 B(M)형 운반물
② 보조 냉각계통에 의한 외부냉각을 필요로 하는 운반물
③ 액체상태의 발화성 물질이 포함된 운반물
④ 표면 방사선량률이 시간당 1 mSv 미만인 운반물

【문제 42】 전용운반하는 제3종 황색운반물에 대한 외부표면 임의점에서 최대 방사선량률은?

① 0.005 mSv/h 초과 ② 0.05 mSv/h 초과
③ 0.5 mSv/h 초과 2 mSv/h 이하 ④ 2 mSv/h 초과 10 mSv/h 이하

답 36. ④ 37. ③ 38. ③ 39. ④ 40. ① 41. ④ 42. ④

【문제 43】 제2종 황색운반물에 대한 운반지수는?

① 0 이다 ② 0 초과 1 이하 ③ 1 초과 10 이하 ④ 10 이상

【문제 44】 (가) 운반물 및 전용으로 운반하는 운반물은 여객기로 운반할 수 없으며, 표면 방사선량률이 시간당 (나) mSv를 초과하는 운반물 또는 덧포장은 특별승인을 받은 경우를 제외하고는 항공으로 운반하여서는 안 된다. 괄호 안에 알맞은 것은?

① 가 : A형, 나 : 4 ② 가 : IP형, 나 : 4 ③ 가 : B(M)형, 나 : 2 ④ 가 : C형, 나 : 2

【문제 45】 철도 및 도로를 이용하여 전용으로 운반하는 경우 운반물 또는 덧포장의 외부표면에서 시간당 방사선량률은 ( )mSv를 초과해서는 안 된다. 괄호 안에 알맞은 것은?

① 1 ② 5 ③ 10 ④ 15

【문제 46】 방사성동위원소등을 인체에 사용함에 따른 방사선피폭(이하 "의료피폭"이라 한다)의 관리 대상 및 범위가 아닌 것은?

① 진료 목적으로 받는 개인의 피폭
② 진료 환자를 간병하는 가족이나 친지가 받는 피폭
③ 방사선을 이용한 의생명 연구 대상으로 참여하는 연구 자원자가 받는 피폭
④ 의사가 환자의 진단과정에서 받는 개인의 피폭

【문제 47】 방사성동위원소등을 인체에 사용하는 자는 방사선피폭으로 인한 해로움보다 이로움이 항상 크도록 의료피폭의 정당화를 보장하여야 한다. 또한 사용자는 방사선 피폭이 경제적, 사회적인자를 고려해 합리적으로 달성할 수 있는 범위에서 낮게 유지되도록 의료피폭의 ( )를 보장하여야 한다. 괄호 안에 알맞은 것은?

① 정당화 ② 최적화 ③ 선량구속치 ④ 선량한도

【문제 48】 방사성동위원소등을 인체에 사용하는 자의 책임 사항이 아닌 것은?

① 방사성동위원소등을 인체에 사용하는 자는 의료방사선 방호에 충분한 전문성을 가진 진료의사가 의료방사선을 사용하도록 하여야 한다.
② 방사성동위원소등을 인체에 사용하는 자는 진료의사의 의뢰가 있고, 방사선방호 대책이 수립되어 있으며, 피폭을 받는 사람이 적절하게 이해하고 있다면, 환자의 동의 없이 의료방사선을 사용할 수 있다.
③ 사용자는 의도되지 아니한 또는 사고에 의한 의료피폭 가능성을 최소화하기 위한 모든 가용한 수단을 강구해야 하며, 이러한 의료피폭이 있는 경우 즉시 조사를 수행하고 시정조치를 하여야 한다.
④ 사용자는 방사선 사용시설에서 이행하는 의료피폭의 정당화와 최적화에 대하여 주기적으로 검토하여야 하며 의료피폭 기록을 유지하여야 한다.

㊟ 43. ② 44. ③ 45. ③ 46. ④ 47. ② 48. ②

【문제 49】 의료분야의 방사선안전관리에 적용받지 않는 것은?

① 진단용 방사선발생장치
② 밀봉된 방사성동위원소(이하 "밀봉선원"이라 한다)
③ 밀봉선원이 내장된 기기
④ 밀봉되지 아니한 방사성동위원소(이하 "개봉선원"이라 한다)

【문제 50】 의료기관은 사용하는 방사선발생장치 및 밀봉선원이 내장된 기기에 대하여 문서화된 품질관리 절차서를 수립하고, 이에 따른 품질관리를 수행하여야 한다. 다음 중 품질관리 절차서에 포함될 사항이 아닌 것은?

① 치료용 방사선기기의 선량 교정 및 평가 ② 종사자의 건강진단
③ 전문인력의 교육 및 훈련 ④ 외부기관에 의한 독립적인 품질감사

【문제 51】 치료용 방사선 조사 장비의 안전요건에 대한 설명 중 옳지 않은 것은?

① 전원의 공급이 중단되는 경우, 자동으로 방사선원이 차폐되고 제어판으로부터 빔 제어 기능이 재 작동될 때까지 차폐된 상태로 유지할 수 있을 것
② 비정상 상황 시 방사선조사를 중단 또는 종결시키는 독립된 장치를 한 개 이상 갖출 것
③ 밀봉선원이 장착된 치료실에는 연속적으로 방사선량을 감시하는 장치를 설치하여 종사자가 선원의 상태를 알 수 있을 것
④ 치료실 내부에 치료받는 자 외의 사람이 잔류하고 있는지 외부에서 확인할 수 있을 것

【문제 52】 사용시설 이외에서의 방사선투과검사 작업을 하는 경우 피폭방사선량이 선량한도 이하가되도록 차폐 벽이나 차폐물을 설치해야 하며, 방사선관리구역의 경계에 설치한 울타리 등 사람의 출입을 제한하는 시설의 사방에 소리 및 경광등 겸용의 경고등을 설치하여야 한다. 그리고 방사성동위원소 Ir-192는 (　　)TBq 이하만을 사용하여야 한다. 괄호 안에 알맞은 것은?

① 0.74 ② 7.4 ③ 74 ④ 740

【문제 53】 방사선작업은 반드시 2인 이상을 1조로 편성하여 작업을 수행하고, 각 개인에 대한 직무를 분담하여야 하며, 반드시 조장을 선임하여야한다. 다음 중 조장으로 선임될 수 없는 자는?

① 방사성동위원소취급자일반면허자
② 방사선투과검사 경력 6개월 이상자
③ 방사선취급감독자면허 취득자
④ 「국가기술자격법」에 의한 비파괴검사 기능사 이상 자격 취득자

【문제 54】 방사선투과검사 작업 시 방사성동위원소 등을 이동 사용하는 경우 외부방사선량률이 시간당 (　　)μSv를 초과하는 구역에는 일반인의 출입을 제한한다. 괄호 안에 알맞은 것은?

① 0.1 ② 1.0 ③ 5.0 ④ 10

㉰ 49. ① 50. ② 51. ② 52. ① 53. ② 54. ②

【문제 55】 방사선작업을 종료하는 경우에는 방사선조사장치 등의 안전성 여부를 확인하기 위한 조치를 하여야 한다. 다음 중 조치사항이 아닌 것은?

① 환경관리 측정기를 확인할 것
② 방사선투과검사장비의 정상상태를 확인할 것
③ 개인피폭선량계. 직독식선량계 및 방사선경보기 등의 정상상태 확인할 것
④ 기타 안전장구 등에 대하여 안전상태를 점검할 것

【문제 56】 방사선투과 검사 작업 시 방사성동위원소 등을 이동 사용하는 경우의 기술기준 중 옳지 않은 것은?

① 사용시설에는 사람의 출입을 제한하고, 방사선작업종사자 외의 사람이 출입하는 경우에는 방사선작업종사자의 지시에 따르도록 할 것
② 방사선조사장치 1대당 측정범위가 작업현장에 적합한 방사선측정기 1대 이상을 휴대하고 이상 유무를 점검하여 활용할 것
③ 일시적 사용 장소에 사용을 종료한 방사선투과검사 장비를 보관할 것
④ 방사선투과검사장비를 사용한 직후에는 그 방사성동위원소의 분실 및 누설 등 이상 유무를 점검하고, 이상이 판명되는 경우에는 탐사 등 방사선장해방지를 위하여 필요한 조치를 취할 것

【문제 57】 IP형 운반물의 방사성물질등과 그 한도량은 운반물의 방사성물질이 저준위 비방사능물질인 경우 저준위 비방사능물질이 차폐되지 아니한 상태에서 당해 운반물로부터 3 m 지점의 방사선량률이 시간당 (　) mSv를 초과하지 말아야 한다. 괄호 안에 알맞은 것은?

① 1　② 2　③ 5　④ 10

【문제 58】 방사선투과검사를 이동 사용하여 작업 하는 경우 방사선작업종사자 또는 수시출입자의 피폭방사선량이 선량한도를 초과하지 않도록 하기 위한 조치사항이 아닌 것은?

① 전용작업장을 설치하거나, 차폐벽 또는 차폐물에 의하여 방사선을 차폐할 것
② 원격조작장치·집게 등을 사용하여 방사성동위원소와 인체 사이에 적당한 거리가 확보되도록 할 것
③ 면밀한 작업계획, 숙달·훈련 등을 통하여 인체에 방사선이 피폭되는 시간을 단축할 것
④ 후드나 글로브 박스 등을 사용하여 취급하고 방사성오염의 확대를 방지하여 피폭을 줄일 것

【문제 59】 방사성동위원소를 투입 또는 투여 받은 환자의 퇴원으로 인한 다른 개인의 피폭방사선량이 (가) mSv를 초과할 가능성이 있는 경우 환자로부터 1 m 거리에서의 선량률을 측정한다. 여기서 1 m 거리에서의 선량률은 환자 신체 표면에서부터 1 m 거리, 바닥으로부터 (나) m 높이의 공간 선량률(주위선량당량률 또는 유효선량당량률)을 측정한다. 괄호 안에 알맞은 것은?

① 가 : 1,　나 : 1　② 가 : 2,　나 : 1
③ 가 : 3,　나 : 1　④ 가 : 5,　나 : 1

㊐ 55. ①　56. ③　57. ④　58. ④　59. ④

【문제 60】 고정 설치된 방사선차폐시설이 없는 곳에서 방사선작업을 하는 경우 외부방사선량률이 시간당 (가)마이크로시버트를 초과하는 구역에 대하여 작업장 출입을 관리하고, 시간당 (나)마이크로시버트를 초과하는 구역에 대하여 일반인의 접근 여부를 감시해야 한다. 괄호 안에 알맞은 것은?

① 가 : 10, 나 : 1 ② 가 : 1, 나 : 10
③ 가 : 5, 나 : 10 ④ 가 : 10, 나 : 5

【문제 61】 운반에서 방사선량률에 대한 기준 중 옳지 <u>않은</u> 것은?

① 운반물의 외부표면 : 시간당 2 mSv
② 운반물의 외부표면에서 1 m 거리 : 시간당 0.1 mSv
③ 덧포장의 외부표면 : 시간당 2 mSv
④ 덧포장의 외부표면(전용 운반인 경우) : 시간당 5 mSv

【문제 62】 치료용 방사선기기에 대한 선량교정 및 평가주기의 규정에서 장비를 처음으로 사용한 이후에는 몇 년마다 실시하는가?

① 1년 ② 2년 ③ 3년 ④ 4년

【문제 63】 치료단일의 운반물·덧포장·화물컨테이너의 외부표면으로부터 1미터 거리에서의 시간당 밀리시버트(mSv/h) 단위로 나타내는 최대 방사선량률에 ( )을 곱하여 운반지수를 산출한다. 괄호 안에 알맞은 것은?

① 5 ② 10 ③ 100 ④ 1,000

【문제 64】 운반지수가 0.7이고 외부 표면 임의점에서의 최대방사선량률이 5 mSv/h일 때 운반물의 등급은? (별표 4, 운반물 및 덧포장의 등급 분류기준 참조)

① 제1종 백색운반물 ② 제2종 황색운반물
③ 제3종 황색운반물 ④ 제3종 황색운반물(전용)

【문제 65】 방사성물질 등의 운반에 사용되는 탱크의 외부 표면오염도를 측정할 때 측정면적(cm^2)은 얼마 이상인가?

① 100 ② 200 ③ 300 ④ 400

【문제 66】 방사성동위원소가 내장된 기기(H-3을 사용한 안전지시등)를 판매하여 설치하는 경우 누설여부를 점검하여야 한다. 이때 육안검사의 방법 중 옳지 <u>않은</u> 것은?

① 방사선기기의 부착상태 및 훼손여부
② 방사성동위원소가 내장된 튜브의 손상여부
③ 조도의 적정성
④ 밀봉된 방사성동위원소의 물리적 및 화학적 상태

㉰ 60. ① 61. ④ 62. ① 63. ③ 64. ④ 65. ③ 66. ④

【문제 67】 방사성동위원소 또는 방사성동위원소가 내장된 기기의 판매와 관련하여 발생한 방사성폐기물의 수거·폐기에 관한 사항 중 옳지 않은 것은?

① 방사성동위원소의 판매와 관련하여 발생한 방사성폐기물은 이를 판매한 자가 수거할 수 있다.
② 방사선기기(H-3을 사용한 안전지시등)의 판매와 관련하여 발생한 방사성폐기물은 이를 사용자가 자체 처분할 수 있다.
③ 수거한 방사성폐기물은 허가를 받은 폐기시설 등 건설·운영자에게 위탁하여 폐기하여야 한다. 다만, 밀봉선원의 경우에는 이를 생산한 자에게 반송할 수 있다.
④ 방사성폐기물의 수거·폐기실적은 기록으로 유지하여 10년간 보관하여야 한다.

【문제 68】 방사성동위원소가 내장된 기기중 위원회에서 고시하는 것을 판매하는 경우로서 최종 소비자에게 설치하기 위하여 판매시설 이외의 장소에 보관하는 경우에는 보관시설의 구조 및 설비에 관한 기술기준의 규정에 준하는 시설에 보관하여야 한다. 이때 보관시설을 요하는 방사선기기는?

가. 전기 및 가스기기에 내장된 선원	나. 연기감지기
다. 방사선계측기의 검·교정용 선원	라. H-3을 사용한 안전지시등

① 가, 나, 다　② 가, 다　③ 나, 라　④ 나, 다, 라

【문제 69】 대형방사선발생장치에 관한 기술기준에 적용되는 항목으로 옳은 것은?

가. 시설에 대한 운영관리	나. 비상안전장치
다. 방사선감시 및 배출시설	라. 정기검사 수검계획서

① 가, 나, 다　② 가, 다　③ 나, 라　④ 나, 다, 라

【문제 70】 대형방사선발생장치 시설의 운영에 대한 관리 기준 중 시설내에서 외부방사선량률이 시간당 (　　) 밀리시버트를 초과할 것으로 예상되는 구역은 가동 중 사람의 출입을 통제하여야 한다. 괄호 안에 알맞은 것은?

① 0.1　② 1　③ 2　④ 5

【문제 71】 방사성물질의 운반에 대한 운반지수는 운반물 표면에서 어느 지점의 선량률로 결정하는가?

① 표면　② 표면에서 10Cm 거리
③ 표면에서 30Cm 거리　④ 표면에서 1m 거리

【문제 72】 제염 후 표면의 고착성 오염으로 인한 운반수단·장비 또는 관련 부속물을 재사용할 수 없는 시간당 방사선량률(μSv)의 초과 기준은?

① 1　② 2　③ 5　④ 10

답 67. ②　68. ③　69. ①　70. ②　71. ④　72. ③

【문제 73】 의료목적으로 방사선을 사용하는 의료기관의 경우 기록비치 해야 할 사항과 보존기간의 연결이 올바른 것은?

① 방사선기기의 보수 및 정비기록 - 3년
② 방사성동위원소의 투여량, 투여일시 - 5년
③ 전문인력의 교육훈련 - 3년
④ 방사선기기 선량교정에 사용하는 장비의 교정 - 1년

【문제 74】 대형방사선발생장치 시설의 운영으로 인하여 발생된 방사성폐기물을 보관하는 시설에 대한 기술기준 중 옳지 않은 것은?

① 방사선량이 선량한도 이하가 되도록 필요한 차폐벽이나 차폐물을 설치할 것
② 외부와 구획된 구조로 할 것
③ 문·덮개 등 외부로 통하는 부분에는 자물쇠 또는 기타 도난·분실을 방지하기 위한 시설 또는 기구를 설치할 것
④ 주요 구조부를 내화구조 또는 불연재료로 할 것

【문제 75】 방사선투과검사를 할 때 작업 기간을 1개월 이상 발주한 발주자가 위원회에 보고해야 할 사항이 아닌 것은?

① 용역 계약 시 총 작업량 및 조별 일일 최대작업량
② 허가사용자의 작업자(작업조)가 일자별로 수행한 방사선투과검사 작업시간, 작업장소, 작업량, 피검사체의 설명서 및 사용선원
③ 조별 일일 최대작업량을 초과한 경우 해당 사유
④ 안전설비의 세부 기준등에 필요한 사항

㉿ 73. ② 74. ④ 75. ④

제8장 방사성물질 등의 운반 · 포장 · 폐기

1. 운반 신고

1) 운반신고(법 제71조)

(1) 발전용원자로설치자 · 발전용원자로운영자 · 연구용원자로등설치자 · 연구용원자로등운영자 · 핵연료주기시설건설자 · 핵연료주기시설운영자 · 핵연료물질사용자 · 핵원료물질사용자 · 허가사용자 · 신고사용자 · 업무대행자 및 방사성폐기물관리시설등건설 · 운영자(이하 "원자력관계사업자"라 한다)가 **총리령으로 정하는 수량의 방사성물질등**을 해당 사업소 밖의 장소나 외국으로부터 국내의 해당 사업소로 운반하려는 때에는 대통령령으로 정하는 바에 따라 위원회에 신고하여야 한다.

(2) **총리령으로 정하는 수량의 방사성물질등**을 실은 선박이나 항공기를 대한민국의 항구 또는 공항에 입항시키거나 대한민국의 영해를 경유하려는 자(선박의 경우만 해당한다)는 대통령령으로 정하는 바에 따라 미리 위원회에 신고하여야 한다. 신고한 사항을 변경하려는 때에도 또한 같다.

(3) 위원회는 제(1)항 또는 제(2)항에 따른 신고를 받은 경우 그 내용을 검토하여 이 법에 적합하면 신고를 수리하여야 한다.

▸ **"총리령으로 정하는 수량의 방사성물질등"**이란 다음 각 호의 어느 하나에 해당하는 방사성물질등을 말한다.

① B(U)형 운반물
② B(M)형 운반물
③ C형 운반물
④ 핵분열성물질 운반물
⑤ 방사성물질에 의하여 오염된 대형기계장치로서 운반용기로 포장하기에 부적합한 것
⑥ 1.6세제곱미터 이상의 중 · 저준위방사성폐기물

▸ **신고서에는 다음 각 호의 서류를 첨부**하여야 한다. 다만, 제(3)호부터 제(6)호까지의 서류 중 종전의 운반신고 시 제출한 것으로서 1년이 지나지 아니한 것은 첨부하지 아니할 수 있다.

① 방사성물질 운반명세서
② 운반할 방사성물질등에 관한 설명서
③ 포장 및 운반 점검기록부 양식
④ 방사성물질등의 포장 또는 운반을 위한 용기(이하 "운반용기"라 한다) 및 특수형방사성물질의 설계승인서

⑤ 운반 절차서
⑥ 비상대응계획서

▸ **비상대응계획**

(1) 법 제71조에 따른 원자력관계사업자(이하 "원자력관계사업자"라 한다) 또는 원자력관계사업자로부터 방사성물질등의 운반을 위탁받은 자는 **총리령으로 정하는 수량의 방사성물질등**을 운반하는 때에는 상기 규정에 의한 비상대응계획을 수립하여야 한다.

(2) 비상대응계획에는 다음 각 호의 사항이 포함되어야 한다.
① 비상대응 조직과 그 권한 및 임무
② 사고보고절차
③ 사고유형에 따른 조치계획

(3) **총리령으로 정하는 수량의 방사성물질등**을 실은 선박이나 항공기를 대한민국의 항구 또는 공항에 입항시키거나 대한민국의 영해를 경유하려는 자(선박의 경우만 해당한다)는 대통령령으로 정하는 바에 따라 미리 위원회에 신고하여야 한다. 신고한 사항을 변경하려는 때에도 또한 같다.

▸ **"총리령으로 정하는 수량의 방사성물질등"**이란 다음 각 호의 방사성물질등을 말한다.
① B(M)형 운반물
② B(U)형 운반물로서 위원회가 정하여 고시하는 수량을 초과하는 운반물
③ C형 운반물로서 위원회가 정하여 고시하는 수량을 초과하는 운반물
④ 그 밖에 위원회가 정하여 고시하는 방사성물질등

2) 운반신고(영 제108조)

(1) 방사성물질등의 운반신고를 하려는 원자력관계사업자는 운반할 때마다 그 신고서에 총리령으로 정하는 서류를 첨부하여 위원회에 제출하여야 한다. 다만, 법 규정에 따라 방사성동위원소등의 생산·판매·사용 또는 이동사용의 허가를 받은 자의 경우에는 **총리령으로 정하는 기간**을 단위로 하여 해당 신고서를 제출할 수 있다.

(2) 위원회는 신고를 받은 경우 그 신고된 내용에 미비사항이 있거나 신고를 받은 방사성물질등의 운반이 인체·물체 및 공공의 안전을 해칠 우려가 있다고 인정할 때에는 이를 시정하거나 보완하게 할 수 있다.

(3) 신고한 자가 그 신고한 사항을 변경하려면 미리 위원회에 변경신고서를 제출하여야 한다.

(4) 신고는 운반을 개시하려는 날의 5일 전까지 하여야 한다.

▸ **"총리령으로 정하는 기간"**이란 1년을 말한다.

3) 외국선박 등의 운반신고

(1) 방사성물질등을 적재한 선박이나 항공기를 대한민국의 항구 또는 공항에 입항시키거나 대한민국 영해를 경유하려는 자는 방사성물질등을 적재하여 운항을 개시하려는 날의 7일 전까지 **총리령으로 정하는 서류**를 첨부하여 위원회에 신고하여야 한다.

(2) 위원회는 신고된 내용에 미비사항이 있거나 신고를 받은 방사성물질등의 운반이 인체·물체 및 공공의 안전을 해칠 우려가 있다고 인정할 때에는 이를 시정하거나 보완하게 할 수 있다.

(3) 신고한 자가 그 신고사항을 변경하려면 그 변경하려는 사항을 위원회에 미리 신고하여야 한다.

▸ **"총리령으로 정하는 서류"**란 다음 각 호의 사항이 기재된 서류를 말한다.

(1) 관련 증명서번호 및 표시를 포함하여 운반물의 확인이 가능한 정보
(2) 운송일, 도착예정일 및 예정경로를 포함한 운반정보
(3) 방사성물질 또는 방사성 핵종의 명칭
(4) 방사성물질 또는 방사성 핵종의 물리적 및 화학적 형태에 대한 정보
(5) 특수형방사성물질 또는 저분산성방사성물질의 해당여부
(6) 운반물에 포함된 베크렐 단위의 최대 방사능량. 다만, 핵분열성물질의 경우에는 그램 단위로 표기할 수 있다.

2. 방사성폐기물관리시설 등의 건설·운영 허가

1) 방사성폐기물 관리시설 등의 건설·운영 허가(법)

(1) 방사성폐기물의 저장 · 처리 · 처분 시설 및 그 **부속시설**(이하 "방사성폐기물관리시설 등"이라 한다)을 건설 · 운영하려는 자는 대통령령으로 정하는 바에 따라 위원회의 허가를 받아야 한다. 허가받은 사항을 변경하려는 때에도 또한 같다. 다만, **총리령으로 정하는 경미한 사항**을 변경하려는 때에는 이를 신고하여야 한다.

(2) 허가를 받으려는 자는 허가신청서에 방사선환경영향평가서, 안전성분석보고서, 안전관리규정, 건설 및 운영에 관한 품질보증계획서와 그 밖에 총리령으로 정하는 서류를 첨부하여 위원회에 제출하여야 한다.

(3) 허가 및 변경허가의 결격사유에 관하여는 법(제14조)를 준용한다.

▸ **부속시설**은 방사선안전에 관계되는 시설로서 방사성폐기물의 인수시설 및 검사시설로 한다.

▸ **경미한 사항의 변경신고**

"총리령으로 정하는 경미한 사항"이란 다음 각 호의 어느 하나에 해당하는 사항을 말한다.

① 허가를 받은 사람의 성명 및 주소(법인인 경우에는 그 명칭·주소 및 그 대표자의 성명)
② 방사성폐기물관리시설 등을 설치하는 사업소의 명칭
③ 방사성폐기물관리시설 등의 공사일정
④ 규정에 따른 건설 및 운영에 관한 품질보증계획서의 기재사항 중 제4조 제4항 제2호부터 제18호까지에 관한 사항
⑤ 안전성분석보고서, 안전관리규정, 건설 및 운영에 관한 품질보증계획서, 방사성폐기물관리시설 등의 건설 · 운영계획에 관한 서류 및 방사성폐기물관리시설 등의 건설 · 운영에

관한 기술능력에 관한 설명서의 내용 중 품질보증체제의 조직이 아닌 일반조직 변경에 관한 사항

⑥ 오기(誤記), 누락 또는 그 밖에 이에 준하는 사유로서 그 변경 근거가 분명한 사항

"변경신고를 하려는 자"는 변경 후 20일 이내에 신고서에 다음 각 호의 서류를 첨부하여 위원회에 제출하여야 한다.

① 변경사항을 증명하는 서류

② 허가증

▸ **"그 밖에 총리령으로 정하는 서류"**란 다음 각 호의 서류를 말한다.

① 방사성폐기물관리시설 등의 건설·운영계획에 관한 서류

② 방사성폐기물의 저장·처리 및 처분방법에 관한 서류

③ 방사성폐기물관리시설 등에 저장·처리 또는 처분할 방사성폐기물의 종류 및 수량에 관한 서류

④ 방사성폐기물관리시설 등의 건설·운영에 관한 기술능력에 관한 설명서

⑤ 규정에 따른 장비 및 인력을 확보하고 있음을 증명하는 서류

2) 방사성폐기물관리시설 등의 건설·운영 허가 신청(영)

(1) 방사성폐기물의 저장·처리·처분 시설 및 그 부속시설(이하 "방사성폐기물관리시설등"이라 한다)의 건설·운영 허가를 받으려는 자는 방사성폐기물 관리시설등 별로 총리령으로 정하는 바에 따라 허가신청서를 작성하여 위원회에 제출해야 한다.

(2) 방사성폐기물 처분시설을 건설·운영하려는 자는 허가를 신청할 때 다음 각 호의 사항을 고려하여 처분의 안전성을 평가한 후 관리기간 범위에서 방사성폐기물 처분시설의 폐쇄 후 관리기간을 설정하여 허가신청서와 함께 위원회에 제출해야 한다.

① 처분방식

② 처분 깊이

③ 처분시설 설계특징

④ 처분폐기물의 종류 및 수량

⑤ 부지 특성

⑥ 주변의 사회적 특성

⑦ 처분시설의 폐쇄 후 관리활동

(3) 위원회는 허가신청을 받은 경우 24개월 이내에 허가 여부를 결정해야 한다.

(4) 다음 각 호의 기간은 제3항에 따른 허가 처리기간에 산입하지 않는다.

① 신청 서류의 보완 또는 수정에 드는 기간

② 그 밖에 안전성 확인을 위한 실험 등 부득이한 사유로 인하여 추가로 필요한 기간

3) 심사계획의 통보

위원회는 허가신청서를 제출받은 경우에는 신청서류의 적합성 및 심사계획을 허가신청서 제출

일부터 45일 이내에 허가신청자에게 통보하여야 한다.

4) 방사성폐기물관리시설 등의 건설·운영허가의 신청 등(규칙)

(1) 안전성분석보고서에는 위원회가 정하여 고시하는 지침에 따라 다음 각 호의 사항을 적어야 한다.

① 시설의 개요 및 현황

② 부지특성

③ 시설의 설계 및 건설

④ 시설의 운영 및 관리

⑤ 방사성폐기물관리시설등의 유형을 고려한 다음 각 목의 사항

가. 방사성폐기물의 저장·처리 시설 및 그 부속시설(이하 "방사성폐기물저장시설등"이라 한다): 해체계획

나. 방사성폐기물의 처분시설 및 그 부속시설(이하 "방사성폐기물처분시설등"이라 한다): 폐쇄 및 폐쇄 후 관리

⑥ 안전성평가 및 사고분석

⑦ 방사선장해방어

⑧ 기술지침

(2) 안전관리규정에는 다음 각 호의 사항을 적어야 한다.

① 방사성폐기물관리시설 등의 운영·관리조직 및 그 기능에 관한 사항

② 방사선안전관리자의 선임·권한·책임 및 직무수행에 관한 사항

③ 방사성폐기물관리시설 등의 방사선작업종사자에 대한 안전관리교육에 관한 사항

④ 안전관리설비의 운전에 관한 사항

⑤ 방사성폐기물관리시설등의 안전운전에 관한 사항

⑥ 방사선관리구역·보전구역 및 제한구역에서의 출입제한 등에 관한 사항

⑦ 배기감시설비 및 배수감시설비에 관한 사항

⑧ 방사선관리구역·보전구역 및 제한구역에서의 다음 각 목의 사항

가. 방사선량률

나. 방사성물질의 농도

다. 방사성물질에 의하여 오염된 물질의 표면오염도의 감시 및 오염제거에 관한 사항

⑨ 방사선측정기의 관리 및 방사선측정방법에 관한 사항

⑩ 방사선작업종사자 및 수시출입자에 대한 피폭방사선량의 평가 및 개인선량계의 관리에 관한 사항

⑪ 방사성폐기물관리시설등의 순시 및 점검과 이에 따른 조치에 관한 사항

⑫ 방사성폐기물관리시설등의 자체 점검에 관한 사항

⑬ 방사성폐기물의 운반·저장 및 그 밖의 취급에 관한 사항

⑭ 방사성폐기물의 처리에 관한 사항
⑮ 주변지역 등의 방사선감시에 관한 사항
⑯ 비상시 조치에 관한 사항
⑰ 방사성폐기물관리시설등에 관계되는 안전관리기록에 관한 사항
⑱ 그 밖에 안전관리에 필요한 사항

▶ 중·저준위방사성폐기물 처분시설의 안전성분석보고서 작성지침(고시)

(1) 목적

이 지침은 「원자력안전법」에 따라 중·저준위방사성폐기물 처분시설의 안전성분석보고서의 작성에 관한 사항을 규정함을 목적으로 한다.

(2) 적용범위

이 지침은 중·저준위방사성폐기물(이하 "폐기물"이라 한다) 처분시설과 그 부속시설의 설계, 건설, 운영 및 폐쇄 후 단계에 예상할 수 있는 문제 등에 대한 안전성 평가와 사고분석에 적용한다.

(3) 일반지침

폐기물 처분시설의 안전성분석보고서(이하 "보고서"라 한다)는 다음 각 호에 따라 객관적인 자료를 근거로 하여 합리적으로 작성하여야 한다.

① 사업의 안전성 및 타당성을 입증할 수 있는 기본 자료로써 안전성평가를 위한 충분한 자료가 조사·기술되어야 한다.
② 보고서는 이미 확인된 사항을 정당화하기 위한 것으로 작성되어서는 아니 되며 안전성의 문제점 및 대책을 충분히 검토할 수 있도록 한다.
③ 처분시설의 설계, 건설, 운영 및 폐쇄후 등의 안전성을 분석·평가함에 있어서는 가능한 한 정량적인 방법에 의하되 객관적인 평가방법이 확립되지 아니한 경우에 있어서는 기존의 자료 또는 사례를 이용한다.
④ 자료의 조사 및 안전성평가는 가능한 한 최근에 확립된 방법 및 기술을 사용하여 실시한다.
⑤ 자료의 조사 및 안전성분석·평가에 사용된 방법 및 기술을 명시하고 인용된 자료 또는 가정은 그 출처를 분명히 한다.

(4) 세부지침

보고서는 다음 각 호에 정하는 사항에 대하여 별표의 "중·저준위방사성폐기물 처분시설의 안전성분석보고서 작성요령"에 따라 작성하여야 한다.

① 시설의 개요 및 현황

처분시설의 사업개요, 시설내용, 부지사용, 주요특성, 법적인 사항 및 일정계획 등 처분시설의 전반적인 개요를 기술한다.

② 부지특성

산업 및 군사시설, 기상, 수문, 지질, 지진, 지질공학, 지구화학, 천연자원, 생태계 등의 부지현황과 부지안전성평가, 부지감시 및 조사계획을 기술한다.

③ 시설의 설계 및 건설

가. 처분시설의 설계, 건설, 운영에 따른 고려사항, 설계 및 건설특성, 설계기준, 건설방법 등 처분시설의 건설, 운영, 부지폐쇄 및 폐쇄 후 단계에 처분시설과 그 부속시설 전반에 대하여 안전성을 입증할 수 있도록 설계 및 건설에 관한 내용을 상세하게 기술한다.

나. 「방사선 안전관리 등의 기술기준에 관한 규칙」 제71조(천층처분시설의 구조 및 설비)와 이에 따른 원자력안전위원회고시에 기초하여 해당 처분시설의 안전을 위해 설계 및 건설에 적용한 세부내용을 기술한다.

④ 시설의 운영 및 관리

가. 시설의 안전운영을 위한 조직운영계획을 설계단계에서 폐쇄에 이르기까지 구분하여 기술한다. 폐기물의 인수, 검사, 취급, 임시저장 및 처분 등 업무수행 방법과 시설물 유지 및 부지감시 등 시설의 운영 및 관리에 대하여 기술한다.

나. 「방사선 안전관리 등의 기술기준에 관한 규칙」 제85조(천층처분시설에서의 저장·처리 또는 처분 및 폐쇄 후 관리)와 이에 따른 원자력안전위원회고시에 기초하여 해당 처분시설의 안전 운영을 위한 세부내용을 기술한다.

⑤ 처분시설 폐쇄 및 폐쇄 후 관리

가. 처분시설 폐쇄의 시점과 방법, 폐쇄 후 관리의 기간과 방법에 대하여 기술한다.

나. 「방사선 안전관리 등의 기술기준에 관한 규칙」제85조(천층처분시설에서의 저장·처리 또는 처분 및 폐쇄 후 관리)와 이에 따른 원자력안전위원회고시에 기초하여 해당 처분시설의 폐쇄 및 폐쇄 후 안전을 위한 세부내용을 기술한다.

⑥ 안전성 평가 및 사고분석

가. 처분시설의 안전성평가를 위하여 운영기간 및 폐쇄 후에 폐기물의 처분에 따른 방사능의 누출이 정상, 비정상 및 사고조건하에서 규제요건에 적합함을 입증할 수 있도록 분석 및 평가내용을 기술한다.

나. 「원자력안전법 시행령」 제174조(환경상의 위해방지)와 관련한 원자력안전위원회고시에 기초하여 처분시설의 안전성을 평가한다.

⑦ 방사선장해 방어

처분시설의 정상운영 및 예상되는 사고발생시 방사선 누출량을 추적하고 종사자와 일반인에 대한 방사선 방호계획 및 피폭선량 평가방법에 대하여 기술한다.

⑧ 기술지침

상기의 평가 및 분석을 토대로 해당 처분시설의 운영, 폐쇄 및 제도적 관리와 관련하여 안전성을 확보하기 위해 적용할 핵심적인 기준과 해당 근거를 분별하여 제시한다.

⑨ 참고자료 및 인용문헌

보고서 작성에 활용한 참고자료 및 인용문헌을 기술한다.

(5) 준용 및 협의

① 이 지침에서 규정하지 아니한 기타 필요한 사항은 국내관련 법규 또는 국제적으로 통용되고 있는 최신의 외국 관련법규를 준용하거나 관계기관과 협의하여 정한다.

② 이 지침에 규정된 내용 중 처분방식에 따라 해당되지 않는 내용이 있을 경우는 관계기관과 협의하여 정한다.

5) 변경허가 신청

방사성폐기물관리시설 등의 건설·운영 허가를 받은 자(이하 "방사성폐기물관리시설 등 건설·운영자"라 한다)는 같은 항 본문의 후단에 따라 그 허가받은 사항의 변경허가를 받으려면 총리령으로 정하는 바에 따라 변경허가신청서를 위원회에 제출하여야 한다.

▸ 변경허가 신청서에는 다음 각 호의 서류를 첨부하여야 한다.

(1) 허가신청서 첨부 서류 중 변경되기 전의 것과 변경된 후의 비교표

(2) 공사계획 및 방사선장해방어계획(공사를 수반하는 경우에만 첨부한다)

(3) 허가증(허가증의 기재사항을 변경하려는 경우에만 첨부한다)

6) 허가기준

허가기준은 다음 각 호와 같다.

(1) 총리령으로 정하는 방사성폐기물관리시설 등의 건설·운영에 필요한 기술능력을 확보하고 있을 것

(2) 방사성폐기물관리시설 등의 위치·구조·설비 및 성능이 위원회규칙으로 정하는 기술기준에 적합하여 방사성물질 등에 따른 인체·물체 및 공공의 재해방지에 지장이 없을 것

(3) 방사성폐기물관리시설 등의 건설·운영 과정에서 발생되는 방사성물질 등으로부터 국민의 건강 및 환경상의 위해를 방지하기 위하여 대통령령으로 정하는 기준에 적합할 것

(4) **대통령령으로 정하는 장비 및 인력**을 확보하고 있을 것

▸ **"대통령령으로 정하는 장비 및 인력"**이란 다음 각 호의 장비 및 인력을 말한다.

① 장비

가. 방사선측정기 3대 이상

나. 방사능측정기 3대 이상

다. 방사성폐기물 취급 및 운반 장비 1대 이상

② 인력

방사선취급감독자면허 소지자 또는 방사선관리기술사 1명 이상

(5) 방사성폐기물 처분시설의 전부 또는 일부에 대한 폐쇄 후 관리계획이 300년 이하의 범위에서 **대통령령으로 정하는 기간** 동안 방사성폐기물 처분시설의 안전성 확보를 위하여 위원회규칙으로 정하는 관리 기준에 적합할 것

▸ **"대통령령으로 정하는 기간"**이란 다음 각 호에 따른 방사성폐기물 처분시설의 폐쇄 후 관리기간을 말한다. 이 경우 동일 부지 안에 2개 이상의 방사성폐기물 처분시설을 운영하려는 경우에는 그 중 가장 긴 기간이 적용되는 방사성폐기물 처분시설의 폐쇄 후 관리기간을 그 부지의 모든 방사성폐기물 처분시설에 적용한다.

① 동굴처분을 하는 방사성폐기물 처분시설 : 200년 이하

② 동굴처분 외의 천층처분을 하는 방사성폐기물 처분시설 : 300년 이하

7) 검사

(1) 방사성폐기물관리시설 등의 건설·운영 허가를 받은 자(이하 "방사성폐기물관리시설 등건설·운영자"라 한다)는 방사성폐기물관리시설 등의 설치·운영, 방사성폐기물의 저장·처리·처분, 특정핵물질의 계량관리에 관한 사항을 대통령령으로 정하는 바에 따라 위원회의 검사를 받아야 한다.

(2) 위원회는 검사결과 다음 각 호의 어느 하나에 해당하면 방사성폐기물 관리시설등건설·운영자에게 그 시정 또는 보완을 명할 수 있다.

① 허가기준 및 규정에 따른 기술기준에 미달될 때

② 허가신청서의 첨부 서류에 기재된 내용과 일치하지 아니하거나 계량관리규정에 위반될 때

8) 방사성폐기물관리시설 등의 건설·운영 허가의 취소 등

(1) 위원회는 방사성폐기물관리시설 등 건설·운영자가 다음 각 호의 어느 하나에 해당하면 그 허가를 취소하거나 1년 이내의 기간을 정하여 그 건설공사 또는 운영의 정지를 명할 수 있다. 다만, 제①호 또는 제④호에 해당하는 때에는 그 허가를 취소하여야 한다.

① 거짓이나 그 밖의 부정한 방법으로 허가를 받은 때

② 정당한 사유 없이 **대통령령으로 정하는 기간** 안에 건설공사 또는 운영의 그 허가받은 건설공사 또는 운영의 개시하지 아니하거나 1년 이상 계속하여 그 중단한 때

▸ **"대통령령으로 정하는 기간"**이란 그 허가를 받은 날부터 2년을 말한다.

③ 허가받아야 할 사항을 허가받지 아니하고 변경한 때

④ 허가 및 변경허가의 **결격사유**에 따라 준용되는 제14조 제1호·제2호 및 제4호 중 어느 하나에 해당하게 된 때. 다만, 법인의 임원이 그 사유에 해당하게 된 경우 3개월 이내에 그 임원을 바꾼 때에는 그러하지 아니하다.

⑤ 허가기준에 미달하게 된 때

⑥ 규정에 따라 준용되는 성능검증관리기관 지정을 위반한 때

⑦ 허가기준 및 규정에 따른 기술기준에 미달될 때·제68조제2항·제65조의2 제2항·제92조제2항 또는 제98조제1항·제3항에 따른 명령을 위반한 때

⑧ 재한구역설정 일반인 출입금지, 방사성물질 등 또는 방사선발생장치의 소지 및 양도·양수 제한, 원자력이용시설의 취급제한 또는 교육훈련을 위반한 때

⑨ 허가조건을 위반한 때

▸ **제14조(결격사유)**

가. 제1호 : 피성년후견인 또는 파산선고를 받고 복권되지 아니한 사람

나. 제2호 : 이 법을 위반하여 징역 이상의 형의 선고를 받고 그 형의 집행이 종료되거나 집행을 받지 아니하기로 확정된 후 2년이 경과되지 아니한 자나 형의 집행유예를 선고받고 그 집행유예기간 중에 있는 자

다. 제3호 : 허가가 취소된 후 2년이 경과되지 아니한 자
라. 제4호 : 임원 중에 제1호부터 제3호까지 중 어느 하나에 해당하는 사람이 있는 법인

9) 기록과 비치

방사성폐기물관리시설 등 건설·운영자는 총리령으로 정하는 바에 따라 방사성폐기물의 저장·처리 또는 처분에 관한 사항 등을 기록하여 이를 방사성폐기물관리시설 등에 비치하여야 한다.

10) 운영에 관한 안전조치 등

(1) 방사성폐기물관리시설등건설·운영자가 방사성폐기물관리시설등을 운영할 때에는 인체·물체 및 공공의 안전을 위하여 위원회규칙으로 정하는 바에 따라 다음 각 호의 조치를 취하여야 한다. 다만, 위원회가 방사성폐기물관리시설등의 사용목적이나 설계상의 원리적인 차이로 인하여 그대로 적용하기 어렵거나 기술적인 면에서 적용하지 아니하여도 안전상 지장이 없다고 인정하는 경우에는 조치를 취하지 아니할 수 있다.
① 피폭방사선량 등에 관한 조치
② 방사성폐기물 안전관리에 관한 조치
③ 방사성폐기물관리시설등의 자체점검에 관한 조치
④ 방사성폐기물관리시설등의 안전운전에 관한 조치
⑤ **그 밖에 방사성폐기물관리시설등의 안전에 관한 조치로서 대통령령으로 정하는 조치**

"대통령령으로 정하는 조치"란 다음 각 호의 조치를 말한다.
① 방사선관리구역 등의 설정 및 안전관리에 관한 조치
② 사업소 안에서의 안전운반에 관한 조치

(2) 방사성폐기물관리시설등건설·운영자 및 그 종업원은 제63조제2항에 따른 안전관리규정을 준수하여야 한다.

11) 사용 전 검사

(1) 방사성폐기물 관리시설 등 건설·운영자는 규정에 따라 방사성폐기물관리시설 등의 공사 및 성능에 관하여 위원회의 검사를 받아야 한다.
(2) 검사 결과 방사성폐기물관리시설 등이 다음 각 호의 기준에 맞는 경우에는 합격으로 한다.
① 해당 공사가 규정에 따른 허가 내용에 따라 이루어진 경우
② 방사성폐기물 관리시설 등의 구조·설비 및 성능이 위원회규칙으로 정하는 기술기준에 맞는 경우
(3) 검사를 받으려는 자는 총리령으로 정하는 바에 따라 검사신청서를 위원회에 제출하여야 한다.

▸ 사용 전 검사의 신청 등

① 사용 전 검사를 받으려는 자는 신청서에 검사받으려는 시설의 개요와 공사일정을 적은 서류를 첨부하여 위원회에 제출하여야 한다.

② 신청서는 검사받으려는 날의 30일 전까지 제출하여야 한다.

③ 위원회는 사용 전 검사를 받은 자에 대하여 합격 여부를 통지하여야 한다.

12) 사용 전 검사의 시기

사용 전 검사를 하는 경우 검사대상별 검사 시기는 다음 각 호와 같다.

(1) 토목 또는 건축구조물에 대해서는 공사를 착공하였을 때 및 공정별로 강도를 확인할 수 있거나 누설에 관계되는 시험이 가능하게 되었을 때

(2) 방사선차폐 · 기밀 · 수밀 또는 내부식이 요구되는 재료 · 부품에 대해서는 기밀시험 · 수밀시험 · 강도시험 · 화학시험 또는 비파괴검사가 가능하게 되었을 때

(3) 방사선관리설비 · 환기설비 · 폐기물처리설비 또는 계측제어설비에 대해서는 그 성능시험이 가능하게 되었을 때

(4) 공사계획에 따른 모든 공사가 끝났을 때

13) 정기검사

(1) 방사성폐기물 관리시설 등 건설 · 운영자는 규정에 따라 방사성폐기물관리시설 등의 설치 · 운영 및 방사성폐기물의 저장 · 처리 · 처분에 관하여 총리령으로 정하는 바에 따라 정기적으로 위원회의 검사를 받아야 한다.

(2) 정기검사를 받으려는 자는 그 신청서에 총리령으로 정하는 서류를 첨부하여 위원회에 제출하여야 한다.

(3) 검사 결과 방사성폐기물관리시설 등이 다음 각 호의 기준에 맞는 경우에는 합격으로 한다.

① 방사성폐기물관리시설등이 법 제64조제1항제1호부터 제4호(허가기준)까지의 규정에 따른 기준에 맞게 운영되고 있을 것

② 방사성폐기물관리시설등건설 · 운영자가 법 제68조제1항(운영에 관한 안전조치)에 따라 운영하고 있을 것

▸ **정기검사의 신청 등**

① 규정에 따른 정기검사를 받으려는 자는 신청서에 다음 각 호의 사항을 적은 서류를 첨부하여 위원회에 제출하여야 한다.

가. 검사받으려는 시설의 개요

나. 정기검사 수검계획서

② 신청서는 검사받으려는 날의 30일 전까지 제출하여야 한다.

③ 위원회는 정기검사를 받은 자에 대하여 합격 여부를 통지하여야 한다.

▸ 정기검사는 1년마다 실시한다.

14) 처분검사

(1) 규정에 따라 방사성폐기물관리시설 등 건설 · 운영자는 방사성폐기물을 처분하려면 위원회가 정하는 바에 따라 처분검사를 받아야 한다.

(2) 처분검사를 받으려는 자는 그 신청서에 총리령으로 정하는 서류를 첨부하여 위원회에 제출하여야 한다.

(3) 검사 결과 방사성폐기물의 처분이 법 제68조제1항 제2호(방사성폐기물의 저장·처리 또는 처분)의 기술기준에 맞는 경우에는 합격으로 한다.

3. 자체처분

1) 방사성폐기물의 처분제한

(1) 누구든지 방사성폐기물을 해양에 투기(投棄)하는 방법으로 처분할 수 없다.

(2) 방사성폐기물처분시설등 건설·운영자가 아닌 자는 **총리령으로 정하는 종류 및 수량의 방사성폐기물**을 땅속에 천층(淺層)처분(동굴처분을 포함한다) 또는 심층(深層)처분 등의 방법으로 처분할 수 없다.

(3) 제(2)항에 따른 방사성폐기물 외의 방사성폐기물의 처분은 대통령령으로 정하는 방법 및 절차에 적합하게 하여야 한다.

(4) 제(2)항에 따른 방사성폐기물의 처분을 방사성폐기물 관리시설 등 건설·운영자에게 위탁하려는 자는 총리령으로 정하는 인도(引渡)기준에 적합하게 하여야 한다.

▸ **방사성폐기물의 처분제한**

"총리령으로 정하는 종류 및 수량의 방사성폐기물"이란 개인에 대한 연간 피폭방사선량이 10마이크로시버트 이상이거나 집단에 대한 총 피폭방사선량이 1맨·시버트 이상이 되는 것으로서 위원회가 정하는 핵종별 농도 이상인 방사성폐기물을 말한다.

2) 방사성폐기물 자체처분의 절차 및 방법

(1) 원자력관계사업자(이하 "원자력관계사업자"라 한다)는 방사성폐기물 외의 방사성폐기물의 처분(법 제70조제3항)을 할 때 다음 각 호의 어느 하나에 해당하는 방사성폐기물로서 핵종별 농도가 위원회가 정하는 값 미만이 된 것으로 위원회로부터 확인을 받은 방사성폐기물을 소각, 매립 또는 재활용 등의 방법으로 처분(이하 "자체처분"이라 한다)할 수 있다.

① 원자력관계사업자가 발생시킨 방사성폐기물

② 원자력관계사업자(방사성폐기물관리시설 등 건설·운영자는 제외한다)로부터 처분을 위탁받아 관리하고 있는 방사성폐기물

(2) 자체처분을 하려는 원자력관계사업자는 방사성폐기물을 자체처분할 때마다 총리령으로 정하는 바에 따라 자체처분계획서에 관계 서류를 첨부하여 위원회에 제출하여야 한다. 이를 변경하려는 경우에도 또한 같다.

(3) 다음 각 호의 기준을 모두 만족하는 방사성폐기물을 자체처분하려는 원자력관계사업자는 제(2)항에 따른 자체처분계획서를 5년마다 위원회에 제출할 수 있다.

① 반감기(半減期)가 5일 미만인 핵종만을 포함할 것

② 위원회가 정하여 고시하는 자체처분 허용기준에 적합할 것

(4) 위원회는 제출된 자체처분계획서가 위원회가 정하여 고시하는 자체처분의 방법 및 절차에 적합한지에 대하여 검토하고, 그 결과를 총리령으로 정하는 바에 따라 원자력관계사업자에게 통지해야 한다.
(5) 자체처분계획서가 적합한 것으로 통지받은 원자력관계사업자는 해당 방사성폐기물을 자체처분할 수 있다.
(6) 자체처분을 한 자는 자체처분에 관한 기록을 자체처분 일부터 5년간 보존하여야 한다.
(7) 원자력관계사업자는 자체처분계획서를 제출하기 전에 그 자체처분계획서의 내용 중 핵종별 농도 측정 및 평가 방법에 대하여 총리령으로 정하는 바에 따라 위원회에 사전검토를 신청할 수 있다.
(8) 위원회는 신청 내용이 위원회가 정하여 고시하는 자체처분의 방법 및 절차에 적합한지 여부를 검토하고, 그 결과를 총리령으로 정하는 바에 따라 신청인에게 통지해야 한다.
(9) 위원회는 자체처분계획서를 검토할 때에는 통지한 사전검토 결과를 고려해야 한다.

3) 자체처분계획서 및 사전검토 신청서 등

(1) 규정에 따른 자체처분계획서는 별지 제84호 서식과 같다.
(2) 자체처분계획서에는 위원회가 정하여 고시하는 지침에 따라 작성된 다음 각 호의 사항에 관한 서류를 첨부하여야 한다.
  ① 자체처분 대상 방사성폐기물의 종류 및 수량
  ② 자체처분 대상 방사성폐기물의 발생원과 발생일시 또는 발생기간
  ③ 자체처분 대상 방사성폐기물의 종류별 표면방사선량률과 핵종별 농도 및 그 산출근거
  ④ 자체처분 방법 및 예정 목적지
  ⑤ 자체처분으로 인하여 부수적으로 발생하는 폐기물의 수량 및 관리방법
  ⑥ 자체처분에 따른 예상 피폭방사선량이 위원회가 정하여 고시하는 자체처분 허용선량을 만족함을 입증하는 자료
  ⑦ 자체처분절차
(3) 사전검토 신청서는 별지 제84호의2서식과 같다.
(4) 사전검토 신청서에는 위원회가 정하여 고시하는 지침에 따라 작성된 다음 각 호의 사항에 관한 서류를 첨부해야 한다.
  ① 자체처분 대상 방사성폐기물의 종류 및 수량
  ② 자체처분 대상 방사성폐기물의 발생원과 발생일시 또는 발생기간
  ③ 자체처분 대상 방사성폐기물의 핵종별 농도 측정 및 평가 방법
(5) 한국원자력안전기술원은 자체처분계획서를 제출받은 날부터 20일 이내에, 사전검토를 신청받은 날부터 30일 이내에 그 검토 결과를 원자력관계사업자에게 통지해야 한다.

4) 방사성폐기물의 인도

방사성폐기물의 인도기준은 다음 각 호와 같다.

(1) 방사성폐기물은 종류 및 방사능 농도에 따라 분류하고, 처분장의 처분요건에 적합하도록 할 것
(2) 방사성폐기물은 처분 후의 안전성을 확보하기 위하여 고체 형태로 할 것
(3) 포장물은 운반 및 취급 시 파손되지 아니하도록 구조적 건전성을 유지할 것
(4) 포장내의 유리수(遊離水)는 최소화하고 고화체가 함유하고 있는 핵종의 침출률이 적절히 제한되도록 할 것
(5) 방사성폐기물은 폭발·인화 및 유해성 물질 등에 따른 위험성이 제거되도록 할 것
(6) 포장물 외부에 방사성폐기물에 대한 주요 정보를 알아보기 쉽게 표시할 것

▸ 방사성폐기물의 인도방법·절차 및 그 밖의 필요한 사항은 위원회가 정하여 고시한다.

5. 방사성폐기물 분류 및 자체처분 기준에 관한 규정(위원회 고시)

1) 목적

이 규정은 「원자력안전법 시행령」 「원자력안전법 시행규칙」 「방사선 안전관리 등의 기술기준에 관한 규칙」에 따른 방사성폐기물과 관련된 기준을 정함을 목적으로 한다.

2) 방사성폐기물 분류

영 제2조제1호(고준위방사성폐기물)에서 **"위원회가 방사능 농도를 고려하여 정하는 바"**란 다음 각 호와 같다.

(1) "중준위방사성폐기물"은 중·저준위방사성폐기물 중에서 방사능 농도가 **별표 2**의 핵종별 농도 이상인 것을 말한다.
(2) "저준위방사성폐기물"은 중·저준위방사성폐기물 중에서 방사능 농도가 자체처분 허용농도의 100배 이상이고 별표 2의 핵종별 농도 미만인 것을 말한다. 단, **별표 2**에 규정되지 않은 핵종에 대해서는 처분시설 운영자의 인수기준에 따른 처분제한농도를 적용한다.
(3) "극저준위방사성폐기물"은 중·저준위방사성폐기물 중에서 방사능 농도가 자체처분 허용농도 이상이고, 자체처분 허용농도의 100배 미만인 방사성폐기물을 말한다.

3) 방사성폐기물 처분방식

(1) **"심층처분"**은 지하 깊은 곳의 안정한 지층구조에 천연방벽 또는 공학적 방벽으로 방사성폐기물을 처분하는 것을 말한다.
(2) **"천층처분"**은 다음 각목의 어느 하나에 해당하는 것을 말한다.
가. 동굴처분 : 지하의 동굴 또는 암반 내에 천연방벽 또는 공학적 방벽으로 방사성폐기물을 처분하는 것
나. 표층처분 : 지표면과 가까이에 천연방벽 및 공학적 방벽으로 방사성폐기물을 처분하는 것
다. 매립형처분 : 지표면과 가까이에 천연방벽으로 방사성폐기물을 매립하여 처분하는 것

4) 방사성폐기물의 처분제한

(1) 방사성폐기물은 다음 각 호와 같이 처분되어야 한다.
  ① 극저준위 방사성폐기물은 천층처분 또는 심층처분 방식으로 처분할 수 있다.
  ② 저준위 방사성폐기물은 매립형처분 방식으로 처분할 수 없다.
  ③ 중준위 방사성폐기물은 표층처분 또는 매립형처분 방식으로 처분할 수 없다.
  ④ 고준위 방사성폐기물은 천층처분 방식으로 처분할 수 없다.
(2) 원자력안전위원회가 방사성폐기물의 효율적 처분을 위해 필요하다고 인정하는 때에는 제(1)항을 적용하지 아니할 수 있다.

5) 자체처분 허용기준

(1) 자체처분 허용농도 미만인 방사성폐기물은 자체처분 할 수 있다.
(2) 자체처분 허용선량을 만족하는 것이 입증된 방사성폐기물은 자체처분 할 수 있다.
(3) 영 제107조 제3항 제2호(위원회가 정하여 고시하는 자체처분 허용기준에 적합할 것)에서 "위원회가 정하여 고시하는 자체처분 허용기준"이라 함은 다음 각 호와 같다.
  ① 자체처분 대상 폐기물 관리 및 방사선 및 방사능의 측정·평가 기준에 따른 기준을 만족시킬 것
  ② 자체처분 절차서에 따른 절차가 수립되어 있을 것
  ③ 자체처분 방법 및 절차 등이 위원회로부터 적합한 것으로 판정된 검토결과를 통지받은 자체처분계획서의 내용과 변경이 없을 것

6) 표지 및 표시 제거

이 규정의 제반 기준을 만족하는 방사성폐기물을 자체처분 할 때에는 자체처분하기 전에 방사성물질의 표지 및 표시를 제거하여야 한다.

7) 행위제한

(1) 규정에 따라 "배출"의 대상이 되는 액체 또는 기체 상태의 방사성폐기물은 자체처분 할 수 없다. 다만, 유기폐액, 폐유, 기타 유해화합물 함유 폐액 등 다른 법률에 따라 환경으로의 직접 배출이 금지된 액체 상태의 방사성폐기물은 그러하지 아니하다.
(2) 자체처분 허용농도 또는 자체처분 허용선량을 만족시키기 위하여 임의적인 혼합 또는 희석의 방법으로 방사성폐기물을 처리하여서는 아니 된다.
(3) 방사성폐기물에 포함된 비방사성물질에 적용되는 다른 법률에 따라 금지된 방법으로 방사성폐기물을 자체처분 할 수 없다.

8) 자체처분 대상 폐기물의 관리

(1) 자체처분사업자는 자체처분 하고자 하는 방사성폐기물(이하 "자체처분 대상 폐기물"이라 한다)을 별도로 구분하여 분리·저장하여야 하며, 다른 폐기물이 혼입되지 아니하도록 하여야 한다.

(2) 자체처분사업자가 자체처분 허용농도 또는 자체처분 허용선량을 만족함을 자체적으로 확인한 방사성폐기물 중에서 「방사선안전관리 등의 기술기준에 관한 규칙」의 규정에 따른 방사선관리구역 반출기준을 만족하는 폐기물은 강우 또는 바람 등에 의한 오염의 확산가능성이 없는 사업소 내의 방사선관리구역 외부의 저장장소에 임시로 저장할 수 있다.

(3) 자체처분 대상 폐기물은 취급·저장 또는 운반 과정에서 방사성물질등이 주변으로 전이되거나 확산되지 않도록 관리하여야 한다.

(4) 매립 또는 소각할 예정인 자체처분 대상 폐기물은 가능한 한 부주의하게 재활용되지 않도록 관리하여야 한다.

(5) 자체처분 대상 폐기물이 용기에 들어 있거나 포장한 경우에는 그 용기 또는 포장재 중에서 자체처분 후 회수되지 않을 용기 또는 포장재는 자체처분 대상 폐기물에 준하여 관리하여야 한다.

(6) 자체처분으로 인하여 부수적으로 폐기물이 발생될 경우, 이 부수적인 폐기물의 관리방안을 사전에 마련하여야 한다.

9) 방사선 및 방사능의 측정·평가 기준

(1) 자체처분 대상 폐기물의 방사선 및 방사능은 교정을 통하여 신뢰성이 확보된 측정기를 이용하여 측정하여야 한다.

(2) 자체처분 대상 폐기물의 표면방사선량률은 부득이한 경우를 제외하고 자연방사선준위를 확인할 수 있는 지역에서 폐기물의 표면으로부터 10 cm의 거리에서 측정하여야 한다.

(3) 방사성핵종별 방사능 농도를 측정하기 전에 별표 1에 규정된 방사성핵종별로 자체처분 허용농도보다 충분히 낮은 수준으로 검출목표치를 수립하여야 하며, 실제 최소검출가능농도는 검출목표치 이하여야 한다.

(4) 자체처분 대상 폐기물에 존재하는 모든 방사성핵종의 종류를 알고 있을 때에는 이론적 방법을 적용하여 핵종별 방사능 농도를 평가할 수 있다. 이 경우 핵종별 방사능 농도가 과소평가 되지 않도록 하여야 한다.

10) 자체처분절차서

자체처분사업자는 다음 각 호의 사항을 포함한 방사성폐기물 자체처분 절차서를 마련하여, 그 절차서에 따라 자체처분에 관한 제반업무를 수행하여야 한다.

(1) 자체처분 정책 및 전략

가. 자체처분 원칙

나. 자체처분이 정당화되는 근거

다. 자체처분 폐기물의 수량 및 방사능 최소화 전략

라. 자체처분 업무를 수행하는 조직, 책임 및 권한

(2) 자체처분하고자 하는 폐기물의 특성과 관리방안

가. 폐기물의 발생장소, 발생과정 및 예상 발생량

나. 폐기물의 종류 및 형태
다. 폐기물에 함유될 수 있는 방사성핵종의 종류
라. 폐기물의 선별, 수거, 분리 및 저장방법
마. 핵종별 및 폐기물별 자체보관기간 및 자체보관기간의 평가방법(적용 가능한 경우에 한함)
바. 폐기물의 표면오염 관리방안

(3) 자체처분 관련 기준을 만족함을 입증하는 방법
가. 방사능 측정방법(대표시료 채취방법을 포함한다) 또는 방사능 평가방법(평가의 타당성에 대한 논거)
나. 방사선 측정방법
다. 기타 이 규정의 제반 규정을 만족함을 입증하는 방법

(4) 자체처분 방법 및 사전 조치
가. 자체처분 방법
나. 자체처분 전 조치사항
다. 자체처분으로 인하여 부수적으로 폐기물이 발생될 경우, 이 부수적인 폐기물의 관리방법

(5) 기록 및 관리
가. 기록의 종류 및 작성양식
나. 기록의 보존방법 및 보존기간

11) 첨부서류의 작성요령

(1) 방사성폐기물 자체처분계획서에 첨부하여야 하는 서류는 다음 각 호에 따라 작성하여야 한다.

① 자체처분 대상 방사성폐기물의 종류 및 수량
자체처분 하고자 하는 방사성폐기물의 종류와 종류별 무게 또는 부피 등을 기술한다.

② 자체처분 대상 방사성폐기물의 발생원과 발생일시 또는 발생기간
자체처분하고자 하는 방사성폐기물의 오염원인, 발생위치, 방사선관리구역에서의 사용기간 및 발생일시 또는 발생기간 등을 기술한다.

③ 자체처분 대상 방사성폐기물의 종류별 표면방사선량률과 핵종별 농도 및 그 산출근거
자체처분 하고자 하는 방사성폐기물의 종류별로 측정대상 핵종, 대표시료 채취방법, 핵종별 방사능농도 측정방법과 측정대상별로 표면방사선량률과 방사능농도 평가 방법 및 결과 등을 기술한다.

④ 자체처분 방법 및 예정 목적지
자체처분 하고자 하는 방사성폐기물의 자체처분 방법 및 예정 목적지를 기술한다. 다만, 위탁처리하고자 하는 경우에는 위탁처리업체의 명칭, 주소, 「폐기물관리법」 등에 따른 폐기물 처분업 허가증 등 제8조제3항의 규정을 만족함을 설명할 수 있는 내용을 포함하여야 한다.

⑤ 자체처분으로 인하여 부수적으로 발생하는 폐기물의 수량 및 관리방법

자체처분하고자 하는 방사성폐기물의 취급과정에서 부수적으로 발생하는 폐기물의 수량 및 관리방법에 대하여 기술한다.

⑥ 자체처분에 따른 예상 피폭방사선량이 위원회가 정하여 고시하는 자체처분 허용선량을 만족함을 입증하는 자료

자체처분 허용선량 만족을 입증하여 자체처분하려는 경우 자체처분에 따른 예상 피폭방사선량의 평가방법 및 평가결과를 기술한다. 다만, **별표1**의 자체처분 허용농도를 만족하는 경우에는 자체처분 허용선량을 만족함을 입증한 것으로 갈음할 수 있다.

⑦ 자체처분절차

자체처분절차서에는 규정된 사항이 기술되어야 한다.

(2) 사전검토 신청서에 첨부하여야하는 서류는 다음 각 호에 따라 작성하여야 한다.

① 자체처분 대상 방사성폐기물의 종류 및 수량

자체처분 하고자 하는 방사성폐기물의 종류와 종류별 무게 또는 부피 등을 기술한다.

② 자체처분 대상 방사성폐기물의 발생원과 발생일시 또는 발생기간

자체처분 하고자 하는 방사성폐기물의 오염원인, 발생위치, 방사선관리구역에서의 사용기간 및 발생일시 또는 발생기간 등을 기술한다.

③ 자체처분 대상 방사성폐기물의 핵종별 농도 측정 및 평가 방법

자체처분 하고자 하는 방사성폐기물의 측정대상 핵종, 적용하고자 하는 대표시료 채취 및 측정 방법과 방사능농도 평가 방법 및 근거에 대한 설명자료 등을 기술한다.

[별표 1]

방사성핵종별 자체처분 허용농도(제2조제2호 관련)

방사성핵종	허용농도 (Bq/g)
I-129	0.01
Na-22, Sc-46, Mn-54, Co-56, Co-60, Zn-65, Nb-94, Ru-106, Ag-110m, Sb-125, Cs-134, Cs-137, Eu-152, Eu-154, Ta-182, Bi-207, Th-229, U-232, Pu-238, Pu-239, Pu-240, Pu-242, Pu-244, Am-241, Am-242m, Am-243, Cm-245, Cm-246, Cm-247, Cm-248, Cf-249, Cf-251, Es-254	0.1
C-14, Na-24, Cl-36, Sc-48, V-48, Mn-52, Fe-59, Co-57, Co-58, Se-75, Br-82, Sr-85, Sr-90, Zr-95, Nb-95, Tc-96, Tc-99, Ru-103, Ag-105, Cd-109, Sn-113, Sb-124, Te-123m, Te-132, Cs-136, Ba-140, La-140, Ce-139, Eu-155, Tb-160, Hf-181, Os-185, Ir-190, Ir-192, Tl-204, Bi-206, U-233, Np-237, Pu-236, Cm-243, Cm-244, Cf-248, Cf-250, Cf-252, Cf-254	1
Be-7, F-18, Cl-38, K-43, Ca-47, Mn-51, Mn-52m, Mn-56, Fe-52, Co-55, Co-62m, Ni-65, Zn-69m, Ga-72, As-74, As-76, Sr-91, Sr-92, Zr-93, Zr-97, Nb-93m, Nb-97, Nb-98, Mo-90, Mo-93, Mo-99, Mo-101, Tc-97, Ru-97, Ru-105, Cd-115, In-111, In-114m, Sn-125, Sb-122, Te-127m, Te-129m, Te-131m, Te-133, Te-133m, Te-134, I-126, I-130, I-131, I-132, I-133, I-134, I-135, Cs-129, Cs-132, Cs-138, Ba-131, Ce-143, Ce-144, Gd-153, W-181, W-187, Pt-191, Au-198, Hg-203, Tl-200, Tl-202, Pb-203, Po-203, Po-205, Po-207, Ra-225, Pa-230, Pa-233, U-230b, U-236, Np-240, u-241, Cm-242, Es-254m	10
H-3, S-35, K-42, Ca-45, Sc-47, Cr-51, Mn-53, Co-61, Ni-59, Ni-63, Cu-64, Rb-86, Sr-85m, Sr-87m, Y-91, Y-91m, Y-92, Y-93, Tc-97m, Tc-99m, Rh-105, Pd-109, Ag-111, Cd-115m, In-113m, In-115m, Te-129, Te-131, I-123, I-125,Cs-135, Ce-141, Pr-142, Nd-147, Nd-149, Sm-153, Eu-152m, Gd-159, Dy-166, Ho-166, Er-171, Tm-170, Yb-175, Lu-177, Re-188, Os-191, Os-193, Ir-194, Pt-197m, Au-199, Hg-197, Hg-197m, Tl-201, Ra-227, U-231, U-237, U-239, U-240, Np-239, Pu-234, Pu-235, Pu-237, Bk-249, Cf-253, Es-253, Fm-255	100
Si-31, P-32, P-33, Fe-55, Co-60m, Zn-69, As-73, As-77, Sr-89, Y-90, Tc-96m, Pd-103, Te-125m, Te-127, Cs-131, Cs-134m, Pr-143, Pm-147, Pm-149, Sm-151, Dy-165, Er-169, Tm-171, W-185, Re-186, Os-191m, Pt-193m, Pt-197, At-211, Th-226, Pu-243, Am-242, Cf-246	1,000
Co-58m, Ge-71, Rh-103m, Fm-254	10,000

주1) 다수의 방사성핵종이 혼합되어 있는 경우에는 다음과 같이 한다.

$$\sum_i \frac{C_i}{C_{L,i}} < 1$$

Ci : 방사성핵종 i의 방사능농도(Bq/g)

CL,i : 별표 1에 주어진 방사성핵종 i의 자체처분 허용농도(Bq/g)

주2) 별표 1에 수록되지 않은 알파선을 방출하지 아니하는 방사성핵종의 경우 자체처분 허용농도로서 0.1 Bq/g을 적용할 수 있다.

주3) 다음 목록에 제시된 모핵종과 그 모핵종의 붕괴로 생성되는 자핵종이 함께 존재하는 경우, 모핵종에 대해서만 허용농도를 적용한다.

모핵종	자핵종
Fe-52	Mn-52m
Zn-69m	Zn-69
Sr-90	Y-90
Sr-91	Y-91m
Zr-95	Nb-95
Zr-97	Nb-97m, Nb-97
Nb-97	Nb-97m
Mo-99	Tc-99m
Mo-101	Tc-101
Ru-103	Rh-103m
Ru-105	Rh-105m
Ru-106	Rh-106
Pd-103	Rh-103m
Pd-109	Ag-109m
Ag-110m	Ag-110
Cd-109	Ag-109m
Cd-115	In-115m
Cd-115m	In-115m
In-114m	In-114
Sn-113	In-113m
Sb-125	Te-125m
Te-127m	Te-127
Te-129m	Te-129
Te-131m	Te-131
Te132	I-132
Cs-137	Ba-137m
Ce-144	Pr-144, Pr-144m
U-232	Th-228, Ra-224, Rn-220, Po-216, Pb-212, Bi-212, Tl-208
U-240	Np-240m, Np-240
Np237	Pa-233
Pu-244	U-240, Np-240m, Np-240
Am-242m	Np-238
Am-243	Np-239
Cm-247	Pu-243
Es-254	Bk-250
Es-254m	Fm-254

[별표 2] 저준위방사성폐기물의 방사능 농도 제한치(제3조제1호 및 제2호 관련)

방사성 핵종	방사능 농도 (Bq/g)
H-3	1.11E+6
C-14	2.22E+5
Co-60	3.70E+7
Ni-59	7.40E+4
Ni-63	1.11E+7
Sr-90	7.40E+4
Nb-94	1.11E+2
Tc-99	1.11E+3
I-129	3.70E+1
Cs-137	1.11E+6
전알파	3.70E+3

8. 방사성물질 등의 운반·포장·폐기 예상문제

【문제 1】 원자력관계사업자가 방사성물질 등을 당해 사업소외의 장소로 운반하고자 할 때 위원회에 신고대상이 아닌 것은?

① B(U)형 운반물　② B(M)형 운반물　③ L형 운반물　④ C형 운반물

【문제 2】 방사성물질의 운반신고 대상은?

① A형 운반물　② B(U)형 운반물　③ IP형 운반물　④ L형 운반물

【문제 3】 방사성물질의 운반신고서에 첨부될 서류가 아닌 것은?

① 운반 절차서　② 방사성물질 운반명세서
③ 인력 및 장비 확보 증빙 서류　④ 포장 및 운반 점검기록부 양식

【문제 4】 원자력관계사업자가 B(M)형 운반물을 운반할 때는 사고조치에 따른 비상대응계획을 수립하여야 한다. 이때 비상대응계획에 포함되는 사항이 아닌 것은?

① 사고유형에 따른 조치계획　② 비상대응 조직과 그 권한 및 임무
③ 사고보고절차　④ 운반용기의 설계승인서

【문제 5】 위원회가 정하는 수량의 방사성물질 등을 당해 사업소외의 장소로 운반할 때에는 운반 신고를 하여야 한다. 이때 운반을 개시하고자 하는 날 며칠 전까지 하는가?

①　② 3　③ 5　④ 7

【문제 6】 방사성물질 등을 사업소외의 장소로 운반하기 위한 용기는 설계승인을 받아야 한다. 다음 중 설계승인 대상이 아닌 것은?

① C형 운반물　② B(U)형 운반물 또는 B(M)형 운반물
③ A형 운반물　④ 핵분열성물질 운반물

【문제 7】 운반용기의 설계승인을 받은 자가 위원회가 정하는 경미한 사항을 변경하고자 한다. 다음 중 경미한 사항에 해당되지 않는 것은?

① 승인을 받은 자의 성명 및 주소
② 사업소의 명칭
③ 사업소의 소재지
④ 방사선안전관리자의 변경에 관한 사항

㉰ 1. ③　2. ②　3. ③　4. ④　5. ③　6. ③　7. ④

【문제 8】 원자력관계사업자가 총리령으로 정하는 수량의 방사성물질 등의 포장 또는 운반을 위한 용기를 제작하려는 때 또는 외국에서 제작된 (가)를 수입하려는 때에는 대통령령으로 정하는 설계기준에 따라 위원회의 (나)을 받아야 한다. 이를 변경하려는 때에도 또한 같다. 다만, 총리령으로 정하는 경미한 사항을 변경하려는 때에는 이를 위원회에 (다)하여야 한다. 괄호 안에 알맞은 것은?

① 가 : 운반용기, 나 : 승인, 다 : 신고 ② 가 : 수송용기, 나 : 허가, 다 : 등록
③ 가 : 운반용기, 나 : 허가, 다 : 등록 ④ 가 : 수송용기, 나 : 승인, 다 : 신고

【문제 9】 운반용기 설계승인 신청서에 첨부서류가 아닌 것은?

① 안전성분석 보고서 ② 운반용기 설계자료
③ 품질보증 계획서 ④ 방사선환경영향 평가서

【문제 10】 방사성폐기물관리시설 등의 건설·운영 허가를 받을 경우 허가신청서에 첨부서류가 아닌 것은?

① 안전성분석 보고서 ② 성능시험 계획서
③ 방사선 환경영향 평가서 ④ 건설 및 운영에 관한 품질보증 계획서

【문제 11】 방사성폐기물관리시설 등의 건설 · 운영 허가에서 "부속시설"은 방사선안전에 관계되는 시설로서 방사성폐기물의 인수시설 및 ( )시설로 한다. 괄호 안에 알맞은 것은?

① 제작 ② 검사 ③ 저장 ④ 처리

【문제 12】 방사성폐기물관리시설등의 건설 · 운영 허가를 신청 할 때 장비에 대한 허가기준으로 옳지 않은 것은?

① 방사선측정기 3대 이상 ② 방사능측정기 3대 이상
③ 방사성오염 검사기 2대 이상 ④ 방사성폐기물 취급 및 운반 장비 1대 이상

【문제 13】 방사성폐기물관리시설 등의 건설·운영 허가를 신청 할 때 인력에 대한 허가기준으로 옳은 것은?

① 방사성동위원소취급 일반면허자 1명 이상
② 방사선취급 감독자면허자 2명 이상
③ 방사선관리기술사 2명 이상
④ 방사선취급 감독자면허자 또는 방사선관리기술사 1명 이상

【문제 14】 방사성폐기물의 처분제한은 개인에 대한 연간 피폭선량이 (가) μSv 이상, 집단에 대한 총 피폭방사선량이 (나) man-Sv 이상일 때이다. 괄호 안에 알맞은 것은?

① 가 : 0.1, 나 : 1.0, ② 가 : 1.0, 나 : 0.1,
③ 가 : 1.0, 나 : 10, ④ 가 : 10, 나 : 1.0,

㉰ 8. ① 9. ④ 10. ② 11. ② 12. ③ 13. ④ 14. ④

【문제 15】 방사성폐기물의 처분제한에 관한 설명 중 옳지 않은 것은?

① 누구든지 방사성폐기물을 해양에 투기하는 방법으로 처분할 수 없다.
② 방사성폐기물 관리시설 등 건설·운영자가 아닌 자는 총리령으로 정하는 종류 및 수량의 방사성폐기물을 땅속에 천층처분 또는 심층처분 등의 방법으로 처분할 수 없다.
③ 방사성폐기물 외의 방사성폐기물의 처분은 대통령령으로 정하는 방법 및 절차에 적합하게 하여야 한다.
④ 방사성폐기물의 처분을 방사성폐기물 관리시설등건설·운영자에게 위탁하려는 자는 대통령령으로 정하는 인도(引渡)기준에 적합하게 하여야 한다.

【문제 16】 방사성폐기물의 인도기준에 대한 설명 중 옳지 않은 것은?

① 방사성폐기물은 종류 및 방사능 농도에 따라 이를 분류하고 처분장의 처분요건에 적합하도록 할 것
② 방사성폐기물은 운반의 안전성을 확보하기 위하여 이를 고체형태로 할 것
③ 포장물은 운반 및 취급 시 파손되지 아니하도록 구조적 건전성을 유지할 것
④ 포장내의 유리수는 이를 최소화하고 고화체가 함유하고 있는 핵종의 침출율도 적절히 제한되도록 할 것

【문제 17】 방사성폐기물 자체처분의 절차 및 방법에 대한 설명 중 옳지 않은 것은?

① 원자력관계사업자가 발생시킨 방사성폐기물로서 핵종별 농도가 위원회가 정하는 값 미만이 된 방사성폐기물을 소각 등의 방법으로 처분할 수 있다
② 자체처분을 하려는 원자력관계사업자는 방사성폐기물을 자체처분할 때마다 총리령으로 정하는 바에 따라 자체처분계획서에 관계 서류를 첨부하여 위원회에 제출하여야 한다.
③ 자체처분한 자는 자체처분에 관한 기록을 자체처분 일부터 10년간 보존하여야 한다.
④ 자체처분계획서가 적합한 것으로 통지받은 원자력관계사업자는 해당 방사성폐기물을 자체처분할 수 있다.

【문제 18】 자체처분을 하려는 원자력관계사업자는 총리령으로 정하는 바에 따라 자체처분 계획서에 관계서류를 첨부하여 위원회에 제출하여야 한다. 반감기(半減期)가 (가)일 미만인 단일 핵종만을 포함하고, 위원회가 정하여 고시하는 자체처분 허용기준에 적합할 때, 자체처분계획서를 (나)년 마다 위원회에 제출할 수 있다. 괄호 안에 알맞은 것은?

① 가 : 5, 나 : 10　② 가 : 10, 나 : 5　③ 가 : 5, 나 : 5　④ 가 : 10, 나 : 10

【문제 19】 방사성폐기물을 육지에 처분할 때에는 누구의 허락을 받아야 하는가?

① 보건복지부장관　② 교육부장관
③ 환경부장관　④ 원자력안전위원회

【문제 20】 방사성폐기물의 처분제한은 개인에 대한 연간 피폭선량은 10 μSv이며, 집단에 대한 총 피폭방사선량(man-Sv)은 얼마 이상인가?

① 1　② 5　③ 10　④ 15

답 15. ④　16. ②　17. ③　18. ③　19. ④　20. ①

【문제 21】 원자력관계사업자에 해당되지 않는 것은?

① 허가사용자　　② 신고사용자
③ 업무대행자 및 폐기시설등건설·운영자　　④ 판독업무자

【문제 22】 위원회는 방사성폐기물관리시설 등의 건설운영자가 정당한 사유없이 대통령령으로 정하는 기간 안에 그 허가받은 사업을 개시하지 아니하거나 1년 이상 계속하여 그 사업을 중단한 때에는 그 허가를 취소하거나 1년 이내의 기간을 정하여 그 사업의 정지를 명할 수 있다. 이때 대통령령으로 정하는 기간이란 허가 받은 날로부터 몇 년을 말하는가?

① 1　　② 2　　③ 3　　④ 4

【문제 23】 방사성폐기물의 자체처분 계획서에 첨부해야 할 서류가 아닌 것은?

① 자체처분 대상 폐기물의 종류 및 수량
② 자체처분 대상 폐기물의 발생원, 발생일시 또는 발생기간
③ 주변지역 방사선 감시에 관한 사항
④ 자체처분으로 인하여 부수적으로 발생되는 폐기물의 수량 및 관리방법

【문제 24】 방사성물질의 운반신고서를 제출한 사업주가 1년이 경과되지 않아, 다시 운반신고를 할 때 종전에 제출한 서류 중 다시 제출하는 것은?

① 방사성물질 운반명세서　　② 포장 및 운반 점검기록부 양식
③ 운반 절차서　　④ 비상대응계획서

【문제 25】 방사성물질의 운반신고 기간은 운반을 개시하려는 날의 (　　)일 전까지 하여야 한다. 괄호 안에 알맞은 것은?

① 5　　② 10　　③ 30　　④ 60

【문제 26】 방사성물질 등을 적재한 선박이나 항공기를 대한민국의 항구 또는 공항에 입항시키거나 대한민국 영해를 경유하려는 자는 방사성물질 등을 적재하여 운항을 개시하려는 날의 (　　)일 전까지 총리령으로 정하는 서류를 첨부하여 위원회에 신고하여야 한다. 괄호 안에 알맞은 것은?

① 5　　② 7　　③ 10　　④ 30

【문제 27】 외국선박 등의 방사성물질 운반 신고시 제출서류가 아닌 것은?

① 관련 증명서번호 및 표시를 포함하여 운반물의 확인이 가능한 정보
② 방사성물질 또는 방사성 핵종의 물리적 및 화학적 형태에 대한 정보
③ 특수형방사성물질 또는 저분산성방사성물질의 해당여부
④ 비상대응 계획서 및 운반 절차서

㉰ 21. ④　22. ②　23. ③　24. ①　25. ①　26. ②　27. ④

【문제 28】 외국선박 등의 운반신고 대상에 포함되지 않는 것은?

① B(M)형 운반물
② B(U)형 운반물로서 위원회가 정하여 고시하는 수량을 초과하는 운반물
③ A형 운반물로서 원자력안전위원회가 정하는 수량을 초과하는 운반물
④ C형 운반물로서 위원회가 정하여 고시하는 수량을 초과하는 운반물

【문제 29】 방사성물질 등의 포장 또는 운반을 위한 용기를 제작 또는 수입하려는 원자력관계사업자는 총리령으로 정하는 바에 따라 운반용기의 (가)별로 설계승인을 받아야 한다. 다만, (나)승인을 받은 운반용기를 반복하여 제작하려는 경우에는 그러하지 아니하다. 괄호 안에 알맞은 것은?

① 가 : 형식, 나 : 설계
② 가 : 제작회사, 나 : 설계
③ 가 : 형식, 나 : 제작
④ 가 : 제작회사, 나 : 제작

【문제 30】 방사성폐기물관리시설 등의 건설·운영허가 규정에서 "총리령으로 정하는 경미한 사항"에 포한되지 않는 것은?

① 허가를 받은 사람의 성명 및 주소
② 방사성폐기물관리시설등의 공사일정
③ 방사성폐기물관리시설등을 설치하는 사업소의 명칭
④ 안전성분석보고서

【문제 31】 방사성폐기물의 처분제한의 규정에 의하면 누구든지 방사성폐기물을 (가)에 투기하는 방법으로 처분할 수 없으며, 방사성폐기물관리시설 등 건설·운영자가 아닌 자는 총리령으로 정하는 종류 및 수량의 방사성폐기물을 땅속에 천층처분 또는 (나)처분 등의 방법으로 처분할 수 없다. 괄호 안에 알맞은 것은?

① 가 : 해양, 나 : 동굴
② 가 : 대기권, 나 : 동굴
③ 가 : 해양, 나 : 심층
④ 가 : 대기권, 나 : 심층

【문제 32】 극저준위방사성폐기물은 중·저준위방사성폐기물 중에서 방사능 농도가 자체처분 허용농도 이상이고, 자체처분 허용농도의 ( )배 미만인 방사성폐기물을 말한다. 괄호 안에 알맞은 것은?

① 10 ② 100 ③ 1,000 ④ 10,000

【문제 33】 방사성폐기물관리시설 등의 건설·운영을 하려는 사업주에 의해 허가신청서를 받은 위원회는 신청 서류의 적합성 및 심사계획을 허가신청서 제출일로 부터 며칠 이내에 허가 신청자에게 통보하여야 하는가?

① 10 ② 30 ③ 45 ④ 60

【문제 34】 방사성물질 등의 운반용기에 해당되는 검사는?

① 운반검사, 사용검사
② 제작검사, 사용검사
③ 운반검사, 제작검사
④ 시설검사, 제작검사

㉰ 28. ③ 29. ① 30. ④ 31. ③ 32. ② 33. ③ 34. ②

【문제 35】 방사성폐기물(자체처분)의 사전검토 신청서에 첨부해야할 서류가 아닌 것은?

① 자체처분 대상 방사성폐기물의 종류 및 수량
② 자체처분 대상 방사성폐기물의 발생원과 발생일시 또는 발생기간
③ 자체처분 대상 방사성폐기물의 핵종별 농도 측정 및 평가 방법
④ 자체처분 방법 및 예정 목적지

【문제 36】 한국원자력안전기술원은 자체처분계획서를 제출받은 날부터 (가) 이내에, 사전검토를 신청받은 날부터 (나) 이내에 그 검토 결과를 원자력관계사업자에게 통지해야 한다. 괄호 안에 알맞은 것은?

① 가 : 10일, 나 : 30일 ② 가 : 20일, 나 : 30일
③ 가 : 30일, 나 : 10일 ④ 가 : 30일, 나 : 20일

【문제 37】 방사성폐기물의 처분방법 중 옳지 않은 것은?

① 극저준위 방사성폐기물은 천층처분 또는 심층처분 방식으로 처분할 수 없다.
② 저준위 방사성폐기물은 매립형처분 방식으로 처분할 수 없다.
③ 중준위 방사성폐기물은 표층처분 또는 매립형처분 방식으로 처분할 수 없다.
④ 고준위 방사성폐기물은 천층처분 방식으로 처분할 수 없다.

【문제 38】 방사성폐기물의 처분 방식 중 천층처분에 해당하지 않는 것은?

① 동굴처분 ② 표층처분 ③ 매립형처분 ④ 심층처분

【문제 39】 방사성물질등의 운반신고 대상 및 시기에 대한 설명 중 옳은 것은?

가. C형 운반물: 운반개시 5일 전까지 나. B(U)형 운반물: 운반개시 7일 전까지 다. 핵분열성물질 운반물: 운반개시 5일 전까지 라. B(M)형 운반물: 운반개시 7일 전까지

① 가, 나, 다 ② 가, 다 ③ 나, 라 ④ 나, 다, 라

답 35. ④ 36. ② 37. ① 38. ④ 39. ②

제9장 방사선작업종사자의 안전관리

1. 방사선장해방지 조치

(1) 원자력관계사업자는 방사선장해를 방지하기 위하여 대통령령으로 정하는 바에 따라 다음 각 호의 조치를 하여야 한다.

① 방사선량 및 방사성오염의 측정

② 건강진단

③ 피폭관리

(2) 원자력관계사업자는 대통령령으로 정하는 바에 따라 방사성물질의 방출량 및 피폭방사선량을 가능한 한 합리적으로 낮게 유지하기 위하여 필요한 조치를 하여야 한다.

(3) 원자력관계사업자는 방사선작업종사자 및 대통령령으로 정하는 수시출입자의 피폭방사선량이 대통령령으로 정하는 선량한도를 초과하지 아니하도록 필요한 조치를 하여야 한다.

(4) 원자력관계사업자는 방사선장해를 받은 사람 또는 방사선장해를 받은 것으로 보이는 사람에게 원자력이용시설에의 출입제한과 그 밖의 보건상 필요한 조치를 하여야 한다.

2. 피폭 저감화 조치

▶ 방사성물질의 방출량 및 피폭방사선량을 가능한 한 합리적으로 낮게 유지하기 위하여 필요한 조치

원자력관계사업자는 원자력이용시설의 정상운전 및 비정상상태(사고의 경우는 제외한다)에서 원자력이용시설에 종사하는 방사선작업종사자 및 수시출입자와 시설 주변 주민의 방사선 피폭을 최소화하기 위하여 위원회가 정하는 바에 따라 다음 각 호의 조치를 하여야 한다.

(1) 방사선 작업 특성에 부합하는 방호조치

(2) 방사선차폐 및 시설의 적절한 배치

(3) 선량 저감에 효과적인 재료 및 기기의 사용

(4) 적절한 작업공간의 확보

3. 방사선 장해방어조치 및 보고

1) 장해방어조치 및 보고(법)

(1) 원자력관계사업자는 다음 각 호의 어느 하나에 해당하면 대통령령으로 정하는 바에 따라 안전조치를 하고 그 사실을 지체 없이 위원회에 보고하여야 한다.

① 지진·화재와 그 밖의 재해에 따라 원자력이용시설이나 방사성물질 등에 위험이 발생하거나 발생할 염려가 있을 때

② 원자력이용시설의 고장 등이 발생한 때
③ 방사선장해가 발생한 때

(2) 위원회는 보고를 받은 때에는 해당 원자력관계사업자에게 원자력 이용시설의 사용정지, 방사성물질 등의 이전·오염의 제거와 그 밖의 방사선장해를 방지하기 위하여 필요한 조치를 명할 수 있다.

(3) 원자력관계사업자는 규정에 따라 국민의 건강 및 환경상 위해 방지를 위하여 대통령령으로 정하는 기준에 적합하지 아니한 사항을 발견하면 그 사실을 지체 없이 위원회에 보고하여야 한다.

2) 장해방어조치 및 보고(영)

(1) 원자력관계사업자가 하여야 할 안전조치는 다음 각 호와 같다.

① 지진·화재·홍수·태풍 및 유해가스 누출 등의 재해로 인하여 원자력이용시설의 안전성이 위협을 받고 있거나 방사선작업종사자가 안전운영과 관련된 직무를 수행하는 데에 위협을 받을 경우에는 그 원인을 제거하고 피해 확대 방지를 위한 조치를 하여야 한다.

② 원자력이용시설 등의 고장 등이 발생하여 원자력이용시설의 안전성이 위협을 받을 경우에는 고장 등의 원인을 제거하여 정상상태로 복구하여야 한다. 다만, 정상복구가 불가능할 경우에는 고장 등의 확대 방지를 위한 조치를 하여야 한다.

③ 방사성물질이 비정상적으로 누설되어 시설경계(제한구역경계가 설정되어 있는 경우에는 제한구역경계를 말한다)에서 공기 중 및 수중 농도가 위원회가 정하는 배출관리 기준에 따른 제한값을 초과하거나 방사선작업종사자 또는 수시출입자가 선량한도를 초과하여 피폭된 경우에는 다음 각 목의 조치를 하여야 한다.

가. 원자력이용시설 및 제한구역 내부에 있는 사람 또는 부근에 있는 사람에 대한 피난경고
나. 방사선장해를 받은 사람 또는 받을 우려가 있는 사람에 대한 구출·피난 등의 긴급조치
다. 방사성물질 등에 의하여 오염이 발생한 경우 오염 확대의 방지 및 오염 제거
라. 방사성물질 등을 다른 장소에 옮길 여유가 있을 경우에는 안전한 장소로의 이전과 그 장소 주위에 위원회규칙으로 정하는 표지 설치 및 관계자 외의 출입 또는 접근의 금지
마. 방사선긴급작업을 하는 경우에는 적절한 보호용구의 사용 및 방사선피폭시간 단축 등으로 긴급작업에 종사하는 사람에 대한 위원회가 정하는 기준 이상의 방사선피폭의 방지

(2) 원자력관계사업자가 상기 규정의 안전조치를 한 때에는 위원회가 정하는 바에 따라 다음 각 호의 사항을 위원회에 보고하여야 한다.

① 상황이 발생한 일시 및 장소와 그 원인
② 발생하였거나 발생할 우려가 있는 방사선장해의 상황
③ 안전조치의 내용 및 계획

(3) 위원회는 **방사선장해를 받은 사람 또는 받을 우려가 있는 사람에 대한 구출·피난 등의 긴급조치의 규정**에 의한 긴급조치를 하는 방사선응급의료구호 관련자에게 위원회가 정하여 고시하는 바에 따라 방사선응급구호에 대한 전문교육을 실시할 수 있다.

3) 방사선장해를 받은 사람 등에 대한 조치

원자력관계사업자가 하여야 할 조치는 다음 각 호와 같다.

(1) 방사선작업종사자 또는 수시출입자가 방사선장해를 받았거나 받은 것으로 보이는 경우에는 지체 없이 의사의 진단 등 필요한 보건상의 조치를 하고, 그 방사선장해의 정도에 따라 방사선관리구역 출입시간의 단축, 출입금지 또는 방사선피폭 우려가 적은 업무로의 전환 등 필요한 조치를 하여야 한다.

(2) 방사선관리구역에 일시적으로 출입하는 사람이 방사선장해를 받았거나 받은 것으로 보이는 경우에는 지체 없이 의사의 진단 등 필요한 보건상의 조치를 하여야 한다.

(3) 원자력관계사업자는 규정에 따라 국민의 건강 및 환경상 위해 방지를 위하여 대통령령으로 정하는 기준에 적합하지 아니한 사항을 발견하면 그 사실을 지체 없이 위원회에 보고하여야 한다.

(4) 제1항에 따라 원자력관계사업자가 위원회에 보고하여야 할 사항 및 절차 등에 관한 사항은 위원회가 정하여 고시한다.

4. 방사선량 및 방사성오염의 측정

1) 측정

(1) 원자력관계사업자(신고사용자는 제외한다)는 **총리령으로 정하는 방사선장해의 우려가 있는 장소**에 대한 방사선량 및 방사성물질 등에 의한 오염상황을 측정하여야 한다.

(2) 원자력관계사업자는 총리령으로 정하는 바에 따라 원자력이용시설에 출입하는 사람의 피폭방사선량 및 방사성물질에 의한 오염상황을 측정하여야 한다.

(3) 원자력관계사업자는 측정 결과에 관하여 기록의 작성, 보존, 그 밖의 총리령으로 정하는 조치를 하여야 한다.

2) 측정장소 및 측정대상

(1) **"총리령으로 정하는 방사선장해우려가 있는 장소"**란 다음 각 호의 장소를 말한다.

① 방사선량의 경우

가. 사용·분배·저장 및 폐기시설

나. 고정된 방사선차폐시설 안에 있는 밀봉방사성동위원소 또는 방사선발생장치

다. 방사성폐기물의 저장·처리 및 처분시설

라. 방사선관리구역

마. 비정상적으로 방사성물질이 누출된 장소

② 방사성물질 등에 의한 오염상황의 경우

가. 방사선관리구역에 있어서 공기 중의 방사성물질농도와 오염된 물체의 표면

나. 방사선관리구역으로부터 반출하는 물품의 표면

다. 배기구 또는 배수구

라. 비정상적으로 방사성물질이 누출된 장소

(2) 피폭방사선량 및 방사성물질등에 따른 오염상황의 측정대상은 다음 각 호와 같다.

① 피폭방사선량의 경우

가. 방사선작업종사자

나. 수시출입자

다. 방사선관리시설에 일시적으로 출입하는 자로서 선량한도를 초과하여 피폭될 우려가 있는 자

② 방사성물질 등에 의한 오염상황의 경우

가. 방사선작업종사자의 손·발·작업복·보호구 그 밖에 오염의 우려가 있는 부위의 표면

나. 수시출입자의 손·발·작업복·보호구 그 밖에 오염의 우려가 있는 부위의 표면

(3) 측정방법은 다음 각 호와 같다.

① 방사선량 및 오염상황은 방사선측정에 가장 적합한 장소에서 측정할 것

② 방사선에 의한 인체내부의 피폭은 공기중 또는 음료수중의 방사성물질의 농도 및 양을 측정하거나 필요한 정밀검사를 통하여 산출할 것

5. 건강진단

1) 건강진단(영)

(1) 원자력관계사업자는 총리령으로 정하는 바에 따라 원자력이용시설의 방사선작업종사자 및 수시출입자에 대하여 건강진단을 실시하여야 한다.

(2) 원자력관계사업자는 건강진단의 결과에 관하여 기록의 작성·보존 그 밖에 총리령으로 정하는 조치를 하여야 한다.

2) 건강진단(규칙)

(1) 건강진단 시 검사할 내용은 다음 각 호와 같다.

① 직업력 및 노출력

② 방사선 취급과 관련된 병력

③ 임상검사 및 진찰

- 임상검사: 말초혈액 중의 백혈구 수, 혈소판 수 및 혈색소의 양
- 진찰: 눈, 피부, 신경계 및 조혈계(혈구형성 계통) 등의 증상

④ 말초혈액 도말검사와 세극등현미경검사(위의 제①~③호까지의 규정에 따른 검사 결과 건강수준의 평가가 곤란하거나 질병이 의심되는 경우에만 해당한다)

(2) 건강진단을 실시하는 시기는 다음 각 호와 같다.

① 방사선작업종사자 및 수시출입자가 최초로 해당 업무에 종사하기 전

② 해당 업무에 종사 중인 방사선작업종사자 및 수시출입자에 대하여는 매년. 다만, 전년도 건강진단을 실시한 때부터 12개월간의 피폭방사선량이 규정에 따른 선량한도를 초과하지 아니하는 경우에는 그 해의 직업력 및 노출력, 방사선취급과 관련된 병력 사항에 대한 검사를 생략할 수 있다.

③ 방사선작업종사자 및 수시출입자에 대한 피폭방사선량이 선량한도를 초과한 때

(3) 「산업안전보건법」에 따라 방사선 유해인자에 대한 배치전 건강진단을 받은 경우에는 위의 건강진단을 받은 것으로 보고, 방사선 유해인자에 대한 특수 건강진단을 받은 경우에도 건강진단을 받은 것으로 본다.

방사선작업종사자 및 수시출입자의 건강진단 결과 보고

기관명 :   기관코드 : □□-□□-□□□□

성 명	주민등록번호	방사선 작업기간	백혈구수 (WBC, /μL)	혈소판수 (PLT, 103/μL	혈색소량 (Hb, g/dL	특이사항

방사선안전관리자 :   (서명)

붙 임 : 방사선작업종사자 건강진단서

방사선작업종사자 및 수시출입자의 건강진단서 (의료기관 작성용)

<table>
<tr><td rowspan="2">종사자</td><td>성 명</td><td colspan="2"></td><td>성별</td><td></td><td>나이</td><td></td></tr>
<tr><td>주민등록번호</td><td colspan="6"></td></tr>
<tr><td colspan="8">건 강 진 단 결 과</td></tr>
<tr><td>문진</td><td colspan="7">▸과거 질병력:
▸가족력:
▸최근 특이증상 (※급격한 시력저하 등):
▸방사선 작업과 관련된 기타 특이사항 (※해당 경우에 작성):</td></tr>
<tr><td rowspan="3">일반혈액 검사결과</td><td>백혈구(WBC)</td><td colspan="6">/μL</td></tr>
<tr><td>혈소판(PLT)</td><td colspan="6">103/μL</td></tr>
<tr><td>혈색소(Hb)</td><td colspan="6">g/dL</td></tr>
<tr><td colspan="2">일반혈액검사 판정소견</td><td colspan="6"></td></tr>
<tr><td colspan="2">채혈일</td><td colspan="6">년 월 일</td></tr>
</table>

의료기관명 :

연락처(전화):

담당의사 의사면허번호:

성명/서명 :   (서명)

6. 개인피폭관리

1) 피폭관리(영)

원자력관계사업자는 규정에 따라 방사선작업종사자 및 수시출입자의 개인피폭선량이 선량한도를 초과하지 아니하도록 총리령으로 정하는 바에 따라 피폭선량 평가 및 피폭관리를 하여야 한다.

2) 피폭방사선량 평가 및 관리(규칙)

원자력관계사업자는 방사선작업종사자 및 수시출입자에 대하여 다음 각 호에 따라 피폭방사선량을 평가하고 관리하여야 한다.

(1) 방사선작업종사자가 방사선관리구역에 출입하는 때에는 위원회가 정하여 고시하는 개인선량계를 착용하도록 할 것

(2) 수시출입자가 방사선관리구역에 출입하는 때에는 위원회가 정하여 고시하는 개인선량계를 착용하도록 할 것

(3) 방사선작업종사자나 수시출입자가 착용한 개인선량계 중 판독이 필요한 개인선량계는 위원회가 정하여 고시하는 기간마다 교체하여 판독하도록 할 것

▸ 방사선작업종사자가 제(3)호에 따른 기간 내에 「진단용 방사선발생장치의 안전관리에 관한 규칙」 또는 「동물 진단용 방사선 발생장치의 안전관리에 관한 규칙」에 따른 방사선 피폭선량 측정을 받은 경우에는 그 측정 내용을 포함하여 제(3)호에 따른 판독을 하도록 할 것

(4) 개인선량계의 판독은 판독업무자가 수행하도록 할 것

(5) 방사선작업종사자 또는 수시출입자 중 규정에 따른 판독특이자가 발생한 때에는 위원회가 정하여 고시하는 바에 따라 필요한 조치를 할 것

7. 개인피폭방사선량의 평가 및 관리(위원회 고시)

1) 목적

이 규정은 「원자력안전법 시행규칙」에 따라 방사선작업종사자 및 수시출입자가 착용하는 개인선량계의 종류 및 판독 등 피폭방사선량의 평가 및 관리에 필요한 사항을 정함을 목적으로 한다.

2) 선량계의 구분

(1) 방사선작업종사자가 착용하는 개인선량계는 다음 각 호의 어느 하나를 말한다. 다만, 측정기와 판독부가 일체형으로 구성되어 있어 측정결과를 즉시 확인할 수 있는 능동형 선량계는 제외한다.

① 감광 또는 흑화작용 등 화학작용을 이용한 선량계

② 형광 또는 섬광 등 여기 작용을 이용한 선량계

③ 분자구조결함 등 결함유발을 이용한 선량계

(2) 수시출입자가 착용하는 개인선량계는 제(1)항에 의한 선량계 또는 다음 각 호의 어느 하나를 말한다.

① 기체, 액체 및 고체전리 등 전리 작용을 이용한 선량계
② 섬광 원리를 이용한 선량계
③ 그 밖에 개인이 휴대할 수 있는 누적선량계

(3) 방사선투과검사 방사선작업종사자는 「원자력안전법 시행령」 별표 2 제4호 가목 기준란에 따른 방사선경보기 및 직독식 개인선량계(방사선경보기로 알람 도시메터를 갖추지 아니한 경우만 해당한다)를 제(1)에 따른 선량계와 함께 착용하여야 한다.

3) 선량계의 교체 및 선량판독

(1) 원자력관계사업자는 방사선작업종사자가 착용한 선량계를 다음 각 호의 기간에 선량 판독하여야 한다.
① 감광 또는 흑화작용 등 화학작용을 이용한 선량계 : 1개월을 초과하지 않는 기간
② 형광 또는 섬광 등 여기작용을 이용한 선량계 : 3개월을 초과하지 않는 기간
③ 분자구조결함 등 결함유발을 이용한 선량계 : 3개월을 초과하지 않는 기간

(2) 수시출입자가 착용한 선량계의 선량판독은 제(1)항의 기간을 초과하지 않는 기간 내에서 출입 종료 시에 수행한다.

4) 선량계 착용 등

(1) 선량계는 종사자등의 가슴 부위에 착용하는 것을 원칙으로 한다. 이 경우 종사자등의 신체조건 및 작업 조건을 고려하여 종사자등의 피폭방사선량을 대표할 수 있어야 한다.

(2) 사업자는 선량판독의 신뢰성을 확보하기 위하여 선량계의 착용 및 관리에 대한 절차를 마련하여야 한다.

5) 판독특이자에 대한 조치

(1) 판독특이자에 대한 판독업무자 또는 사업자의 조치는 다음의 각 호와 같다.
① 판독업무자는 판독특이자가 발생한 경우, 판독특이자의 인적사항 및 선량판독 결과 등을 즉시 한국원자력안전기술원장(이하 "안전기술원장"이라 한다)장에게 보고하여야 하며, 선량판독을 위탁받은 판독업무자의 경우 동시에 해당 사업자에게 그 사실을 통보하여야 한다.
② 판독특이자가 발생한 해당 사업자는 발생 사실을 인지한 날로부터 20일 이내에 **별지 서식1** 및 **별지 서식2**에 따라 보고서를 작성하여 안전기술원장에게 보고하여야 한다.

(2) 사업자는 판독특이자의 피폭방사선량이 피폭방사선량 평가위원회에서 확정될 때까지 선량한도가 초과하지 않도록 판독특이자에 대한 피폭을 최소화하기 위한 조치를 취하여야 한다.

(3) 확정된 판독특이자의 해당 사업자는 다음 각 호의 내용을 안전기술원장에게 피폭방사선량 확정 후 1년간 반기별로 보고하여야 한다. 다만 안전기술원장은 판독특이자의 안전을 위하여 지속적으로 관리할 필요가 있다고 판단하는 경우에는 그 기간을 연장할 수 있다.
① 건강검진 결과 등 방사선 장해 관련 사항
② 비방사선작업으로의 전환 등 조치내용 및 관리 현황

6) 판독특이자의 조사·평가

(1) 안전기술원장은 판독특이자 발생된 관련 보고서 내용을 기초로 하여 사업자 추정선량을 평가하여야 한다.

(2) 안전기술원장은 사업자 추정선량을 평가하기 위하여 필요하다고 판단될 때에는 해당사업자 또는 판독업무자에게 추가 정보나 자료의 제출을 요구할 수 있으며 현장조사를 실시할 수 있다.

7) 피폭방사선량의 확정·관리

(1) 안전기술원장은 사업자 추정선량 평가 결과를 심의·확정하기 위하여 피폭방사선량 평가위원회(이하 "선량평가위원회"라 한다)를 구성하여 운영하여야 한다.

(2) 안전기술원장은 제1항의 선량평가위원회에서 심의·확정한 종사자등의 피폭방사선량을 선량평가위원회에서 확정한 날부터 10일 이내에 원자력안전위원회에 보고하고 해당 사업자 및 한국원자력안전재단(이하 "안전재단"이라 한다) 이사장에게 통보하여야 한다.

8) 피폭기록관리

안전재단 이사장은 종사자등의 피폭기록에 대한 관리체계를 구축·운영하여야 하며 다음 각 호의 업무를 수행한다.

① 종사자등의 등록·해지에 관한 기록의 관리

② 종사자등의 피폭기록 관리 및 피폭이력 제공

③ 종사자등의 업종별·연도별 피폭방사선량 현황 등 피폭기록 관련 통계의 생산·관리

9) 피폭방사선량 분석 등

(1) 안전재단 이사장은 종사자등의 피폭방사선량 분석을 위해 다음 각 호의 업무를 수행한다.

① 피폭방사선량 기록 분석

② 판독특이자 조사·평가결과 분석

③ 방사선 피폭 사건정보 분석

④ 피폭방사선량 저감을 위한 분석 및 연구

⑤ 선량분포 통계에 영향을 미치는 원인 및 관련 정보 수집 분석

(2) 안전기술원장은 제1항의 업무 수행을 위해 다음 각 호의 자료를 안전재단 이사장에게 제공하여야 한다. 단 제①호 및 제②호의 자료는 선량평가위원회 또는 사건등급평가위원회 개최 후 1개월 이내에 제공하여야 한다.

① 판독특이자 조사·평가결과

② 방사선 피폭 사건정보

③ 기타 피폭방사선량 분석을 위해 필요한 자료

(3) 제(1)항의 업무 수행을 위해 판독업무자는 안전재단 이사장에게 다음 각 호의 자료를 매 분기 경과 후 3개월 이내에 제출하여야 한다.

① 종사자등이 착용한 선량계의 판독결과
② 선량평가 알고리즘 변경사항
③ 종사자등의 착용 선량계의 반응값 및 백그라운드선량계 판독정보
④ 판독시스템 교정 기록 등 판독시스템 및 선량계 기초자료

(4) 안전재단 이사장은 제(1)항의 내용이 포함된 연간보고서를 해당년도 사업종료 후 3개월 이내에 원자력안전위원회에 제출한다.

10) 기록 유지

(1) 사업자 및 안전기술원장은 종사자등의 모든 피폭방사선량 측정 및 평가에 사용된 관련 자료의 기록을 유지하여야 한다.

(2) 안전재단 이사장은 다음 각 호의 기록을 유지하여야 한다.

① 종사자등의 피폭방사선량에 대한 자료
② 종사자등의 피폭방사선량 분석을 위해 각 기관이 제출한 자료
③ 연간보고서

방사선작업종사자 및 수시출입의 피폭방사선량 보고(20□□년 □/4분기)

기관명 : 기관코드 : □□-□□-□□□□

단위 : mSv

개인	성명	주민등록번호	피폭선량계	월	월	월	3개월 합계	연간 예탁유효선량[1)]	측정 방법[2)]	측정 주기[3)]	종사 개시일	퇴직일	업무 변경일	휴직 기간

주[1)], 주[2)] 및 주[3)]은 내부피폭방사선량의 측정대상자에 한하여 기재함.

▸ 허가사용자

1/4분기 보고 : 4월 30일까지 제출
2/4분기 보고 : 7월 30일까지 제출
3/4분기 보고 : 10월 30일까지 제출
4/4분기 보고 : 1월 30일까지 제출(연간 예탁유효선량 포함)

방사선안전관리자 : (서명)

방사선작업종사자의 피폭방사선량 보고(방사선투과검사용)

기관명 : 기관코드 : □□-□□-□□□□

단위 : mSv

성 명	주민등록번호	직독식 개인선량계	피폭 방사선량	작업년월일 /시간	작업장	작업내용	비 고

방사선안전관리자 : (서명)

[별지 서식1]

□ 선량한도 초과피폭
□ 분실 또는 훼손
□ 미회수
□ 기타 판독불능

개인선량계 판독특이자 발생 보고서

보고자	① 상 호		② 사업자등록번호	
	③ 소 재 지	(전화 :)		
	④ 대 표 자		⑤ 주민등록번호	
	⑥ 사업소명			
	⑦ 사업장소	(전화 :)		
	⑧ 담당부서		⑨ 담 당 자	

RI등 사용현황	구 분	허가일자	사용목적	허가내역
	방사성동위원소			
	방사선발생장치			

판독특이자				
	⑩ 성 명		주민등록번호	
	⑪ 면허 또는 자격사항		⑫ 방사선작업 근무경력	
	⑬ 건강검진 결과			
	⑭ 선량계 관리방법			
	⑮ 작업장소			

발생경위	(6하원칙에 따라 기술, 내용이 많을 시 추가 별지 사용)
조치사항	판독특이자 발생 후 1) 방사선구역 출입금지 및 선량계 재지급 등에 대한 조치, 2) 작업절차서, 작업환경, 3) 제3조의 규정에 의한 선량계 이외의 선량계를 착용한 경우 그 선량판독 기록 등을 상세히 기술 (내용이 많을 시 추가 별지 사용)

원자력안전법 제98조제1항에 따라 개인선량계 판독특이자 발생 보고서를 제출합니다.

년 월 일

제출인 (서명 또는 인)

원자력안전위원회 귀하

주 : ⑪ 면허 또는 자격사항: 방사선 관련 분야의 면허 및 자격사항을 기재

⑫ 방사선작업 근무경력: 현재 근무기관에서 방사선작업종사자로 종사한 경력을 기술

⑬ 건강검진 결과 : 최근 3년간의 검진여부 및 검진결과의 이상 유무를 기술

⑭ 선량계 관리방법: 판독기관으로부터 선량계를 수취하여 선량계 착용기간동안에 작업종사자등에게 지급 · 회수 · 확인 · 보관방법 및 판독기관에 반송하는 일련의 절차를 구체적으로 기술

⑮ 작업 장소: 판독이상의 원인이 발생한 것으로 판단되는 장소 (방사선작업 장소 이외에서 발생한 경우에는 해당 장소)

[별지 서식2]

<table>
<tr><th colspan="5">판독특이자 피폭방사선량 추정 및 확인서</th></tr>
<tr><td rowspan="4">판독특이자</td><td>성 명</td><td></td><td>주민등록번호</td><td></td></tr>
<tr><td>판독특이 기간</td><td>. . ~ . .</td><td>기간 중 작업시간</td><td></td></tr>
<tr><td colspan="2">기간 중 비정상적인 방사선작업 유무</td><td colspan="2">□없음 □있음(작업내용 :)</td></tr>
<tr><td colspan="4">방사선피폭을 유발시킬 수 있는 작업내용(구체적으로 기술, 내용이 많을 시 추가 별지 사용)</td></tr>
<tr><td rowspan="4">추정피폭방사선량</td><td>선량판독 결과</td><td></td><td>추정선량</td><td></td></tr>
<tr><td>선원의 종류</td><td></td><td>기간중 선원 변동사항 유무</td><td>□ 없음 □ 있음</td></tr>
<tr><td colspan="4">작업장 평균 공간선량률 (선원의 가동시, 측정에 사용된 측정기 및 측정방법 등을 구체적으로 기술)</td></tr>
<tr><td colspan="4">추정선량 산출방법 및 근거(내용이 많을 시 추가 별지 사용)
필요시 관련자료 첨부</td></tr>
</table>

상기 판독특이자에 대한 . . ~ . . 기간 동안의 피폭방사선량을 추정함에 있어 거짓이 없음을 확인하며, 추정선량의 산출은 합리적으로 이루어졌음을 확인합니다.

판독특이자 : (서명)

방사선 안전관리자 : (서명)

8. 내부피폭방사선량 측정 및 산출(위원회 고시)

1) 목적

이 규정은 「원자력안전법 시행규칙」에 따라 방사선작업종사자 및 수시출입자의 내부피폭 방사선량의 측정방법, 측정대상, 측정절차, 산출방법 등을 정하는데 필요한 사항을 규정함을 목적으로 한다.

2) 용어의 정의

(1) 체내섭취 : 입, 호흡구, 피부 또는 상처 등을 통하여 방사성 핵종이 인체내부로 들어오는 것을 말한다.

(2) 체액흡수 : 섭취된 방사성 핵종이 혈액 및 세포액 등과 같은 체액에 흡수되는 것을 말한다.

(3) 섭취잔류량 : 방사성 핵종이 인체 내로 섭취된 다음 일정 기간 경과 후에도 소변, 대변 또는 땀 등을 통하여 체외로 배설되지 않고 인체에 남아 있는 양을 말한다.

(4) 배설률 : 인체 내에 섭취되었던 방사성 핵종이 장기나 조직으로부터 소변 및 대변 등을 통하여 체외로 단위시간당 배설되는 양을 말한다.

(5) 직접측정법 : 인체 내에 섭취된 방사성 핵종의 농도 및 그 양을 방사선측정기를 이용하여 직접 측정하는 방법을 말한다.

(6) 간접측정법 : 인체 내부로부터 배설 또는 분비되는 물질이나 타액 등에 존재하는 방사능의 양을 측정하여 인체 내에 섭취된 방사성 핵종의 농도 및 그 양을 측정하는 방법을 말한다.

3) 측정방법

(1) 방사성핵종의 농도 및 그 양의 측정 방법은 직접측정법 또는 간접측정법을 사용하는 것을 원칙으로 하여야 한다. 이 경우 사업자는 직접측정법 또는 간접측정법 중 사업소 및 방사성 핵종의 특성에 따라 가장 적합한 측정법으로 택일할 수 있다.

(2) 제(1)항의 규정에 의한 측정방법을 이용하지 못할 경우에는 우선 사용시설 등의 공기 중 방사성 핵종의 농도를 평가하여 인체 내에 섭취된 방사성 핵종의 농도 및 그 양을 산출할 수 있다.

4) 측정대상

내부피폭방사선량의 측정대상은 다음 각 호와 같다.

(1) 원자력이용시설에 출입하는 자로써 내부피폭으로 인한 예탁유효선량이 연간 2 mSv를 초과할 우려가 있는 종사자 등

(2) 기타 사고 등으로 인하여 원자력안전위원회가 필요하다고 인정하는 피폭을 받은 종사자 등(방사선작업종사자 및 수시출입자)

5) 측정절차

원자력관계사업자는 규정에 의한 내부피폭 방사선량측정의 신뢰성을 확보하기 위하여 다음

각 호를 포함한 절차 및 방법을 마련하여야 한다.

(1) 측정 장비의 운영
(2) 측정 수행자의 능력(교육, 훈련, 경력 및 자질)
(3) 장비의 교정, 점검절차, 측정 불확도, 검출 하한치 및 측정에 사용되는 기하학적 형태
(4) 섭취량과 예탁유효선량을 계산하는 방법
(5) 방사성 핵종의 유효반감기, 핵종별 섭취 잔류량, 배설률, 측정기기의 핵종별 검출하한치 등을 고려한 측정주기에 관한 사항

6) 시설 및 취급기준

내부피폭 방사선량 측정기관이 갖추어야하는 시설 및 취급기준은 다음 각 호와 같다.

(1) 방사성 핵종의 체내섭취 또는 체액흡수를 직접측정법 또는 간접측정법으로 측정할 수 있는 장비를 갖추고 있어야 하고 이를 취급하는 절차서를 마련하여야 한다. 다만, 내부 피폭 방사선량을 외부시설을 이용하여 측정하고자 하는 경우에는 측정대상, 범위, 기간 등을 명시한 서류를 비치하여야 한다.
(2) 내부피폭 방사선량을 측정하기 위하여 사용되는 측정 장비는 공인된 표준방사성물질을 이용하여 최소한 1년 주기로 교정하여야 한다.

7) 기록 및 유지

원자력관계사업자는 내부피폭 방사선량을 측정·산출할 때마다 다음 각 호에 대한 사항을 기록 및 유지하여야 한다.

(1) 측정일시
(2) 측정대상자의 인적사항
(3) 측정자의 성명
(4) 방사선/능 측정기의 종류 및 형식
(5) 측정방법 및 결과
(6) 필요한 경우 후속조치에 관한 내용

8) 예탁 유효선량의 보고

원자력관계사업자는 측정대상자의 연간 예탁유효선량을 당해 연도 4/4분기 방사선작업종사자 피폭방사선량 보고에 포함하여 원자력안전위원회에 보고하여야 한다.

9. 방사선 긴급작업시 선량제한

1) 방사선방호 등에 관한 기준(위원회 고시) : 방사선 긴급작업 선량제한

(1) 긴급작업에 종사하는 자나 사고의 진압 등 피해의 확대를 방지하기 위하여 불가피한 작업에 참여하는 자에 대하여는 유효선량은 0.5 Sv, 피부의 등가선량은 5 Sv까지 허용할 수 있다. 다만, 인명의 구조를 목적으로 하는 긴급작업에 대해서는 이를 제한하지 말 것

(2) 작업으로 인한 피폭선량은 개인 피폭방사선량과 합산하지 않을 수 있음.

2) 방사선방호 등에 관한 기준(위원회 고시) : 긴급 시 방사선작업절차 등

(1) 원자력관계사업자는 방사선 긴급작업으로 인해 예상되는 피폭방사선량을 피할 수 있는 대안이 없거나 현실적으로 불가능한 극히 예외적인 상황일 때에만 이를 승인할 것

(2) 긴급시의 방사선작업은 작업 시작 전에 원자력관계사업자(원자력관계사업자의 허가 등을 받은 자가 아닌 경우에는 그 고용주 또는 대리인)의 승인을 서면으로 받을 것

(3) 원자력관계사업자는 작업에 참여하는 자의 피폭방사선량을 가능한 한 합리적으로 낮게 유지하기 위하여 필요한 방사선방호 조치를 취할 것

(4) 원자력관계사업자는 작업 승인을 하기 전에 동 작업에 참여하는 자에게 다음 사항을 통보할 것

가. 계획된 긴급작업의 목적

나. 작업 수행으로 받게 되는 예상 피폭방사선량, 부수적인 잠재적 위험도, 구체적인 방사선 준위 또는 기타 작업 조건

다. 방사선방호 조치에 관한 구체적 지침

10. 사고 시 조치 사항

1) 사고의 조치 등

(1) 원자력관계사업자 또는 원자력관계사업자로부터 방사성물질 등의 운반을 위탁받은 자는 방사성물질 등의 운반 또는 포장 중에 발생할 수 있는 사고에 대비하여 총리령으로 정하는 바에 따라 비상대응계획을 수립·시행하여야 한다.

(2) 원자력관계사업자 또는 원자력관계사업자로부터 방사성물질 등의 운반을 위탁받은 자는 방사성물질 등의 운반 또는 포장 중 **방사성물질 등의 누설·화재와 그 밖의 사고가 발생한 때**에는 대통령령으로 정하는 바에 따라 필요한 안전조치를 취하고 지체 없이 이를 위원회에 보고하여야 한다.

2) 사고시의 조치 등

(1) **"방사성물질 등의 누설·화재와 그 밖의 사고가 발생한 때"**란 다음 각 호의 어느 하나에 해당하는 때를 말한다.

① 방사성물질 등의 누설 또는 일탈 등으로 환경오염이 우려되거나 방사선작업종사자의 안전이 위협받게 되었을 때

② 차량 또는 방사성물질 등의 화재로 인하여 방사성물질 등의 누설이 우려될 때

③ 방사선작업종사자 및 수시출입자가 선량한도 이상의 피폭되었을 때

④ 외국으로부터 반입된 포장물이 법과 이 영에 따른 운반기준에 맞지 아니하였을 때

⑤ 방사성물질 등을 도난당하거나 분실하였을 때

⑥ 방사성물질 등이 누출되어 인근주민의 긴급대피가 필요할 때

(2) 원자력관계사업자나 방사성물질 등의 운반을 위탁받은 자가 제1항에 따른 사고가 발생한 경우에 하여야 할 안전조치에 대해서는 장해방어조치 및 보고 규정을 준용한다.

(3) 원자력관계사업자나 방사성물질 등의 운반을 위탁받은 자는 제(1)항 제⑤호 또는 제⑥호의 사고가 발생한 경우에는 그 지역을 관할하는 경찰관서에 즉시 신고하여야 한다.

11. 종업원에 대한 보호

원자력관계사업자 또는 판독업무자는 그가 사용하는 종업원이 다음 각 호의 어느 하나에 해당하는 행위를 한 것을 이유로 해고하거나 불이익을 주어서는 아니 된다.

(1) 허가신청서에 발전용원자로 및 관계시설 또는 허가를 받으려는 자는 그 허가의 종류별로 허가신청서에 따른 운영기술지침서, 방사성동위원소·방사선발생장치 사용 등의 허가 또는 방사성폐기물관리시설 등의 건설·운영 허가신청시 안전관리규정 및 판독에 관한 품질보증계획서를 준수하기 위한 행위

(2) 원자력관계사업자 또는 판독업무자가 제(1)호에 따른 운영기술지침서·안전관리규정 및 판독에 관한 품질보증계획서를 위반하였거나 위반할 우려가 있는 경우에 이를 위원회 또는 위원회의 권한을 위임받거나 위탁받은 기관의 장에게 알려주는 행위

(3) 규정에 따른 검사 또는 조사에 응하기 위하여 증언을 하거나 증거를 제출하는 행위

(4) 방사선안전관리자의 업무행위 또는 방사선안전관리자가 규정에 따라 방사선안전관리에 관하여 조치·권고하거나 규정에 따라 안전관리에 필요한 조치나 협력을 요청하는 행위

9. 방사선작업종사자의 안전관리 예상문제

【문제 1】 방사선장해를 방지하기 위하여 원자력관계사업자가 취하여야 할 조치사항 중 옳지 않은 것은?

① 방사선량 및 방사성오염의 측정
② 건강진단
③ 피폭관리
④ 방사성물질의 방출량 및 피폭방사선량을 절대적으로 낮게 유지

【문제 2】 피폭 저감화 조치사항에 해당되지 않는 것은?

① 방사선작업 특성에 부합되는 방호조치　② 협소한 작업공간
③ 방사선차폐 및 시설의 적절한 배치　④ 선량저감에 효과적인 재료 및 기기의 사용

【문제 3】 방사성물질 등에 의한 오염상황의 측정장소가 아닌 곳은?

① 배수구
② 배기구
③ 비정상적으로 방사성물질이 누출된 장소
④ 방사성폐기물의 저장·처리 및 처분시설

【문제 4】 방사선량을 측정해야 될 장소가 아닌 곳은?

① 배기구 또는 배수구
② 고정된 방사선차폐 시설 안에 있는 밀봉 방사성동위원소
③ 방사성폐기물의 저장·처리 및 처분시설
④ 사용·분배·저장 및 폐기시설

【문제 5】 방사선작업종사자의 피폭선량 측정을 위한 개인피폭선량계의 착용부위는?

① 머리　② 가슴　③ 복부　④ 생식선

【문제 6】 임신된 여성종사자의 방사선방어 부위측정 중 가장 적당한 곳은?

① 두부　② 흉부　③ 복부　④ 유방

【문제 7】 방사선작업종사자가 당해 업무에 종사할 때 건강진단 실시 시기는?

① 종사하기 전　② 종사 기간 중
③ 종사하기 전 및 종사 기간 중　④ 종사 기간 후

【문제 8】 방사선시설에 처음 출입하는 자의 건강진단 시기는?

① 출입하기 전　② 3개월　③ 6개월　④ 1년

㉰ 1. ④　2. ②　3. ④　4. ①　5. ②　6. ③　7. ③　8. ①

【문제 9】 방사선작업종사자의 건강진단 중 임상검사 항목이 아닌 것은?

① 말초혈액중 적혈구 수 ② 말초혈액중 백혈구 수
③ 말초혈액중 혈색소 양 ④ 말초혈액중 혈소판 수

【문제 10】 방사선장해방지 조치와 관련하여 방사선작업종사자에 대하여는 정기적으로 건강진단을 실시하여야 한다. 이때 건강진단 시기는 몇 년인가?

① 1 ② 2 ③ 3 ④ 4

【문제 11】 건강진단 결과 방사선장해를 받았거나, 받았을 우려가 있는 자에 대한 조치사항이 아닌 것은?

① 작업방법 변경 ② 출입시간 단축 ③ 피폭시간 연장 ④ 취업장소 전환

【문제 12】 방사선장해 예방으로 의학적 검사를 하는 것과 관계가 없는 것은?

① 취업 전 검사 ② 정기적 검사 ③ 퇴직 후 검사 ④ 대증적 검사

【문제 13】 방사선작업종사자가 직업력 및 노출력, 방사선취급과 관련된 병력 사항에 대한 검사를 생략할 수 있는 선량한도(mSv)는 얼마 이하인가?

① 1 ② 12 ③ 20 ④ 50

【문제 14】 원자력관계시설 종사자의 건강진단에 대한 설명 중 옳지 않은 것은?

① 방사선시설에 처음 출입하는 자에 대해서는 출입한 후에 건강진단을 한다.
② 원자력관계사업자는 방사선작업종사자의 건강진단 결과에 대하여 기록의 작성, 보존 조치를 하여야 한다.
③ 원자력관계사업자는 방사선작업종사자에 대하여 건강진단을 실시하여야 한다.
④ 검사결과 건강수준의 평가가 곤란 할 경우 말초혈액 도말검사와 세극등 현미경검사를 실시한다.

【문제 15】 방사선작업종사자가 착용하는 개인선량계의 종류가 아닌 것은?

① 감광 또는 흑화작용 등 화학작용을 이용한 선량계
② 형광 또는 섬광 등 여기작용을 이용한 선량계
③ 측정결과를 즉시 확인할 수 있는 능동형 선량계
④ 분자구조 결함 등 결함유발을 이용한 선량계

【문제 16】 방사선작업종사자가 착용한 선량계의 판독기간에 대한 설명 중 옳지 않은 것은?

① 감광 또는 흑화작용 등 화학작용을 이용한 선량계 : 1개월을 초과하지 않는 기간
② 측정결과를 즉시 확인할 수 있는 능동형 선량계 : 1개월을 초과하지 않는 기간
③ 형광 또는 섬광 등 여기작용을 이용한 선량계 : 3개월을 초과하지 않는 기간
④ 분자구조 결함 등 결함유발을 이용한 선량계 : 3개월을 초과하지 않는 기간

㊐ 9. ① 10. ① 11. ③ 12. ④ 13. ① 14. ① 15. ③ 16. ②

【문제 17】 판독업무자는 판독특이자가 발생한 경우, 판독특이자의 인적사항 및 선량판독 결과 등을 즉시 (가)에게 보고하여야 하며, 선량판독을 위탁받은 판독업무자의 경우 동시에 해당 사업자에게 그 사실을 통보하여야 한다. 또한 판독특이자가 발생한 해당 사업자는 발생 사실을 인지한 날로부터 (나)일 이내에 보고서를 작성하여 (가)에게 보고하여야 한다. 괄호 안에 알맞은 것은?

① 가 : 한국원자력안전기술원장 나 : 10　② 가 : 한국원자력안전기술원장 나 : 20
③ 가 : 원자력안전위원회 나 : 10　④ 가 : 원자력안전위원회 나 : 20

【문제 18】 원자력관계사업자는 원자력관계시설에 방사선장해가 발생된 때에는 안전조치를 취하고 그 사실을 지체 없이 누구에게 알려야 하는가?

① 원자력안전위원회 신고　② 원자력안전위원회 보고
③ 미래창조과학부장관 신고　④ 미래창조과학부장관 보고

【문제 19】 방사선장해방어 조치 및 보고와 관련하여 안전조치 후 보고내용이 <u>아닌</u> 것은?

① 상황이 발생한 일시 및 장소와 그 원인
② 방사선작업 현황 및 성과
③ 안전조치의 내용 및 계획
④ 발생하였거나 발생할 우려가 있는 방사선장해의 상황

【문제 20】 판독특이자가 발생한 해당 사업자는 발생 사실을 인지한 날로부터 며칠 이내에 한국원자력안전기술원장에 보고하는가?

① 10　② 20　③ 30　④ 40

【문제 21】 원자력관계사업자는 방사성물질 등을 도난당하거나 분실하였을 때 또는 방사성물질 등이 누출되어 인근주민의 긴급대피가 필요할 때에는 그 지역을 관할하는 누구에게 즉시 신고하는가?

① 공영 방송국　② 인근 군부대　③ 시장·군수·구청장　④ 경찰관서

【문제 22】 원자력관계사업자는 측정대상자의 연간 예탁유효선량을 당해 연도 ( )분기 방사선작업종사자 피폭방사선량 보고에 포함하여 원자력안전위원회에 보고하여야 한다. 괄호 안에 알맞은 것은?

① 1/4　② 2/4　③ 3/4　④ 4/4

【문제 23】 긴급작업에 종사하는 자나 사고의 진압 등 피해의 확대를 방지하기 위하여 불가피한 작업에 참여하는 자에 대한 유효선량(Sv)은?

① 0.1　② 0.5　③ 1　④ 2

【문제 24】 내부피폭 방사선량의 측정대상은 원자력이용시설에 출입하는 자로서 내부피폭으로 인한 예탁유효선량이 연간 ( ) mSv를 초과할 우려가 있는 종사자 등을 말한다. 괄호 안에 알맞은 것은?

① 1　② 2　③ 3　④ 4

㉟ 17. ②　18. ②　19. ②　20. ②　21. ④　22. ④　23. ②　24. ②

【문제 25】 건강진단 결과 방사선장해를 받고 있거나 받았을 우려가 있는 경우의 조치사항과 관계가 없는 것은?

① 취업장소 및 업무의 전환 ② 작업방법 변경
③ 건강유지에 필요한 조치 강구 ④ 작업시간 연장

【문제 26】 도난 등의 신고 또는 위험시의 조치에 관한 설명 중 옳은 것은?

① 방사성물질 등이 도난 또는 소재불명이 되었을 때 소방관에게 신고한다.
② 방사선장해를 방지하기 위하여 필요한 경우에 제한구역 내부에서는 일반인의 출입을 제한할 필요가 없다.
③ 긴급작업에 종사하는 자의 피부 등가선량은 0.5 Sv이다.
④ 긴급작업으로 인한 피폭선량은 개인피폭 방사선량과 합산하지 않을 수 있다.

【문제 27】 내부피폭 방사선량을 측정하기 위하여 사용되는 측정장비는 공인된 표준 방사성물질을 이용하며 최소한 몇 년 주기로 교정하는가?

① 1 ② 2 ③ 3 ④ 4

【문제 28】 방사선사고 진압을 위한 긴급시 방사선작업절차에 대한 설명 중 옳지 않은 것은?

① 원자력관계사업자는 방사선 긴급작업으로 인해 예상되는 피폭방사선량을 피할 수 있는 대안이 없거나 현실적으로 불가능한 극히 예외적인 상황일 때에만 이를 승인할 것
② 긴급시의 방사선작업은 작업종료 후에 원자력관계사업자(원자력관계사업자의 허가 등을 받은 자가 아닌 경우에는 그 고용주 또는 대리인)의 승인을 서면으로 받을 것
③ 원자력관계사업자는 작업에 참여하는 자의 피폭방사선량을 가능한 한 합리적으로 낮게 유지하기 위하여 필요한 방사선방호 조치를 취할 것
④ 원자력관계사업자는 작업승인을 하기 전에 동 작업에 참여하는 자에게 계획된 긴급작업의 목적 등에 대하여 통보할 것

【문제 29】 원자력관계사업자가 방사선장해를 방지하기 위하여 조치해야 할 사항이 아닌 것은?

① 건강진단 ② 피폭관리
③ 방사성물질의 방출량 증가 ④ 방사성오염의 측정

【문제 30】 방사선작업종사자에 대한 건강진단 시 검사할 내용이 아닌 것은?

① 직업력 및 노출력 ② 방사선 취급과 관련된 병력
③ 임상검사 및 진찰 ④ 소변검사에 의한 백혈구 수

【문제 31】 건강진단 결과 방사선장해를 받고 있거나 받았을 우려가 있는 경우의 조치사항과 관계가 없는 것은?

① 취업장소 및 업무의 전환 ② 작업방법 변경
③ 건강유지에 필요한 조치 강구 ④ 작업시간 연장

㉰ 25. ④ 26. ④ 27. ① 28. ② 29. ③ 30. ④ 31. ④

【문제 32】 피폭방사선량 분석을 위한 업무 수행을 위해 판독업무자가 안전재단 이사장에게 매 분기 경과 후 3개월 이내에 제출할 자료가 아닌 것은?

① 선량평가 알고리즘 변경사항
② 방사선량 및 방사성오염의 측정결과
③ 종사자등이 착용한 선량계의 판독결과
④ 판독시스템 교정 기록 등 판독시스템 및 선량계 기초자료

【문제 33】 원자력관계사업자가 긴급작업 승인을 하기 전에 작업 참여자에게 통보할 사항이 아닌 것은?

① 계획된 긴급작업의 목적
② 구체적인 방사선준위 또는 기타 작업조건
③ 방사선방호 조치에 관한 구체적 지침
④ 작업 전에 받았던 총 피폭선량

【문제 34】 판독업무자는 판독특이자가 발생한 경우 누구에게 보고 하는가?

① 원자력안전위원회 ② 교육과학기술부장관
③ 한국원자력안전기술원장 ④ 한국원자력연구소장

【문제 35】 수시출입자에 대한 건강진단시 검사 할 내용이 아닌 것은?

① 직업력 및 노출력 ② 방사선 취급과 관련된 병력
③ 임상검사 및 진찰 ④ 소변검사에 의한 백혈구 수

【문제 36】 안전기술원장은 선량평가위원회에서 심의·확정한 종사자 등의 피폭방사선량을 선량평가위원회에서 확정한 날로부터 며칠 이내에 원자력 안전위원회에 보고하고 해당 사업자에게 통보하는가?

① 10 ② 20 ③ 30 ④ 40

【문제 37】 방사선작업종사자에 대한 건강진단 검사 결과 건강수준의 평가가 곤란하거나 질병이 의심되는 경우에만 실시하는 검사는?

① 방사선 취급과 관련된 병력 ② 말초혈액 도말검사와 세극등 현미경검사
③ 임상검사 및 진찰 ④ 직업력 및 노출력

【문제 38】 긴급작업에 종사하는 자나 사고의 진압 등 피해의 확대를 방지하기 위하여 불가피한 작업에 참여하는 자에 대하여는 유효선량은 (가) Sv, 피부의 등가선량은 (나) Sv까지 허용할 수 있다. 괄호 안에 알맞은 것은?

① 가 : 0.5 나 : 5.0 ② 가 : 5.0 나 : 0.5
③ 가 : 1.0 나 : 1.5 ④ 가 : 1.5 나 : 1.0

【문제 39】 방사선작업종사자에 대한 건강진단 시 진찰해야 할 부위가 아닌 것은?

① 눈 ② 피부 ③ 조혈기계 ④ 생식선

답 32. ② 33. ④ 34. ③ 35. ④ 36. ① 37. ② 38. ① 39. ④

【문제 40】 종사자등의 피폭방사선량 분석을 위한 안전재단 이사장의 수행 업무가 아닌 것은?

① 피폭방사선량 기록 분석
② 판독특이자 조사·평가결과 분석
③ 피폭방사선량 저감을 위한 분석 및 연구
④ 방사선 작업 특성에 부합하는 방호조치에 관한 사항

【문제 41】 방사성물질 사고 시 관할 경찰관서에 신고해야 할 사항으로 맞게 짝지어진 것은?

가. 방사성물질 누설 주민대피 나. 화재가 발생하여 방사성물질의 누설이 우려될 때 다. 도난 또는 분실 하였을 때 라. 누설로 인한 환경오염이 우려되며 작업종사자의 안전이 위협될 때

① 가, 나　　② 나, 다　　③ 다, 라　　④ 가, 다

【문제 42】 긴급 시 방사선작업절차에서 원자력관계사업자가 직업승인을 하기 전에 작업에 참여하는 자에게 통보하여야 할 사항 중 옳지 않은 것은?

① 구체적인 방사선 준위 또는 기타 작업 조건
② 작업수행으로 받게 되는 예상피폭방사선량
③ 방사선방호 조치에 관한 구체적 지침
④ 선량한도 초과자에 대한 업무의 변경

【문제 43】 수시출입자의 건강진단 실시시기에 대한 설명 중 옳지 않은 것은?

① 최초로 해당 업무에 종사하기 전
② 해당 업무에 종사 중인 자에 대하여는 매년
③ 피폭방사선량이 선량한도를 초과한 때
④ 6개월간 피폭방사선량이 선량한도를 초과하지 않을 때는 직업력 및 노출력 등 검사 생략 가능함

【문제 44】 종사자등의 피폭기록에 대한 관리체계를 구축·운영하기 위한 안전재단 이사장의 수행 업무가 아닌 것은?

① 건강검진 결과 등 방사선 장해 관련 사항
② 종사자등의 등록·해지에 관한 기록의 관리
③ 종사자등의 피폭기록 관리 및 피폭이력 제공
④ 종사자등의 업종별·연도별 피폭방사선량 현황 등 피폭기록 관련 통계의 생산·관리

【문제 45】 방사선작업종사자의 건강진단 중 진찰검사 항목이 아닌 것은?

① 피부　　② 눈　　③ 생식선　　④ 신경계 및 조혈계등의 증상

㉰ 40. ④　41. ④　42. ④　43. ④　44. ①　45. ③

제10장 원자력관계종사자의 면허 및 교육

1. 면허 및 시험

1) 면허 등

(1) 원자로의 운전이나 핵연료물질·방사성동위원소 등의 취급은 대통령령으로 정하는 바에 따라 위원회의 면허를 받은 사람이나 「국가기술자격법」에 따른 방사선관리기술사가 아니면 이를 할 수 없다. 다만, 규정에 의한 교육 및 훈련을 받은 사람이 제(2)항 제3호부터 제7호까지의 면허를 받은 사람 또는 방사선관리기술사의 지시·감독하에 핵연료물질·방사성동위원소 등을 취급하는 경우에는 그러하지 아니하다.

(2) 상기의 면허는 다음과 같이 구분한다.

① 원자로조종감독자면허
② 원자로조종사면허
③ 핵연료물질취급감독자면허
④ 핵연료물질취급자면허
⑤ 방사성동위원소취급자일반면허
⑥ 방사성동위원소취급자특수면허
⑦ 방사선취급감독자면허

2) 면허의 효력

원자로조종감독자면허, 원자로조종사면허를 취득한 사람은 원자로의 운전업무에, 핵연료물질취급감독자면허, 핵연료물질취급자면허를 취득한 사람은 핵연료물질의 취급업무에, 방사성동위원소취급자일반면허, 방사성동위원소취급자특수면허, 방사선취급감독자를 취득한 사람과 방사선관리기술사는 방사성동위원소 등의 취급업무에 각각 종사할 수 있다.

3) 결격사유

다음 각 호의 어느 하나에 해당하는 사람은 규정에 의한 면허를 받을 수 없다.

(1) 18세 미만의 사람

(2) 피성년후견인

(3) 이 법을 위반하여 징역 이상의 형의 선고를 받고 그 형의 집행이 종료되거나 집행을 받지 아니하기로 확정된 후 3년이 경과되지 아니한 사람이나 징역 이상의 형의 집행유예를 선고받고 그 집행유예기간 중에 있는 사람

(4) 면허가 취소(이 조 제(1)호 또는 제(2)호에 해당하여 면허가 취소된 경우는 제외한다)된 후 2년이 경과되지 아니한 사람

(5) 원자로 및 관계시설의 건설 및 개수·보수에 관한 업무, 원자로 및 관계시설의 재료·부품 등의 납품·검수에 관한 업무를 수행하는 자가 업무와 관련하여 「형법」 규정의 죄를 범하여 징역 이상의 형의 선고를 받고 그 형의 집행이 종료되거나 집행을 받지 아니하기로 확정된 후 5년이 경과되지 아니한 사람이나 징역 이상의 형의 집행유예를 선고받고 그 집행유예기간 중에 있는 사람

4) 면허시험

(1) 면허를 받으려는 사람은 위원회가 시행하는 면허시험에 합격하여야 한다.

(2) 위원회는 상기의 면허를 받은 사람 또는 외국에서 면허를 받은 사람이 같은 조 제(1)항에 따른 면허를 받으려는 때에는 대통령령으로 정하는 바에 따라 제(1)항에 따른 면허시험의 전부 또는 일부를 면제할 수 있다.

(3) 면허시험에 응시한 사람이 그 시험에 관하여 부정한 행위를 한 경우에는 해당 시험을 무효로 하고, 그 시험의 응시 일부터 3년간 그 면허시험의 응시자격을 정지한다.

(4) 면허시험의 응시자격·시험과목·시험방법과 그밖에 필요한 사항은 대통령령으로 정한다.

5) 응시자격

(1) 면허시험 응시자격은 학력과 경력(교육훈련을 포함한다)으로 구분한다.

(2) 학력 및 경력은 **별표 1**와 같다.

(3) 경력의 내용 및 산출방법은 위원회가 정하여 고시한다.

[별표 1]

면허 종류별 면허시험 응시자격

면허의 종류	면허시험의 응시자격
1. 방사성동위원소취급자일반면허	가. 이공계 전문대학 2년 이상 수료자 또는 이와 동등 이상의 학력이 있다고 교육부장관이 인정하는 사람이나 「국가기술자격법」에 따른 산업기사 이상의 자격을 가진 사람으로서 방사성동위원소등의 취급에 관한 실무에 1년 이상 종사한 사람 나. 고등학교 졸업자 또는 이와 동등 이상의 학력이 있다고 교육부장관이 인정하는 사람이나 「국가기술자격법」에 따른 기능사 이상의 자격을 가진 사람으로서 방사성동위원소등의 취급에 관한 실무에 2년 이상 종사한 사람 다. 외국에서 방사성동위원소취급자일반면허를 받았거나 이에 준하는 자격을 가진 사람으로서 위원회가 인정하는 사람
2. 방사성동위원소취급자특수면허	가. 의사 또는 치과의사의 면허를 가진 사람으로서 다음의 어느 하나에 해당하는 사람 1) 방사성동위원소등을 의학적으로 인체에 사용하는 실무에 1년 이상 종사한 사람 2) 방사선취급감독자면허를 가진 사람 나. 외국에서 방사성동위원소취급자특수면허를 받았거나 이에 준하는 자격을 가진 사람으로서 위원회가 인정하는 사람
3. 방사선취급감독자면허	가. 이공계 4년제 대학 졸업자 또는 이와 동등 이상의 학력이 있다고 교육부장관이 인정하는 사람이나 「국가기술자격법」에 따른 기사 이상의 자격을 가진 사람으로서 방사선장해 방어에 관한 실무에 2년 이상 종사한 사람 나. 방사성동위원소취급자일반면허를 받은 후 방사선장해 방어에 관한 실무에 2년 이상 종사한 사람 다. 방사성동위원소취급자특수면허를 가진 사람 라. 외국에서 방사선취급감독자면허를 받았거나 이에 준하는 자격을 가진 사람으로서 위원회가 인정하는 사람

6) 시험방법

(1) 원자로조종감독자면허, 원자로조종사면허에 관한 시험은 위원회가 정하는 원자로의 종류, 노형, 용량급 및 핵증기공급계통의 공급사별로 실시하며, 필기시험 및 실기시험으로 구분하여 실시하되, 실기시험은 필기시험에 합격한 사람 또는 필기시험을 면제받은 사람이 아니면 응시할 수 없다.

(2) 핵연료물질취급감독자면허, 핵연료물질취급자면허, 방사성동위원소취급자일반면허, 방사성동위원소취급자특수면허, 방사선취급감독자 면허에 관한 시험은 필기시험으로 실시한다.

7) 시험과목(별표 2)

[별표 2]

면허의 종류별 시험과목

면허의 종류	시험방법	시험과목
1. 방사성동위원소 취급자일반면허	필기시험	방사성동위원소의 취급자로서 그 직무수행에 필요한 일반적 지식과 기술에 관하여 다음의 사항을 검정한다.
		가. 원자력기초이론 나. 방사성동위원소 및 방사선의 취급기술에 관한 기초지식 다. 방사선장해 방어에 관한 기초지식 라. 원자력 관계 법령(법 및 방사선장해 방어 관계 법령에 한정한다)
2. 방사성동위원소 취급자특수면허	필기시험	방사성동위원소의 인체에 대한 취급자로서 그 직무수행에 필요한 전문적 지식과 기술에 관하여 다음의 사항을 검정한다. 가. 방사선에 의한 장해 및 그 방어 나. 의학 또는 치의학에 관한 과목 중 수험자가 선택하는 1과목에 대한 방사성동위원소 및 방사선에 관한 사항 다. 방사성동위원소등을 의학적으로 인체에 사용하는 기술 라. 원자력 관계 법령(법 및 방사선장해 방어 관계 법령에 한정한다)
3. 방사선취급감독자면허	필기시험	방사선의 취급감독자로서 그 직무수행에 필요한 전문적 지식과 기술에 관하여 다음의 사항을 검정한다. 가. 방사선에 의한 장해 및 그 방어 나. 원자력이론 (물리학·화학·생물학 분야 중 방사선에 관한 것에 한정한다) 다. 방사성동위원소 및 방사선의 취급기술 및 측정기술 라. 원자력 관계 법령(법 및 방사선장해 방어 관계 법령에 한정한다)

▸ 면허시험 시행에 따른 경력의 내용 및 산출방법(위원회 고시)

(1) 경력의 내용

「원자력안전법 시행령」(이하 "영"이라 한다)제118조제3항에 따른 면허시험 응시자격 중 면허종류별 경력의 내용 및 산출방법은 **별표 3**, 교육훈련은 **별표 4**, 경력인정 대상자 **별표 5**. 경력인정대상 관련 과목은 **별표 6**과 같다.

(2) 산출방법

면허시험 응시 자격중 면허종류별 경력(교육훈련 포함)의 산출방법은 다음 각 호와 같다.

① 경력기간은 경력월수를 단위로 하여 계산하되, 15일 이상은 1개월로 계산하고 15일 미만은 계산하지 아니한다.

② 경력 산출 기준일은 응시원서 접수마감일로 한다.

③ **별표 2**의 해당 면허종류별 교육훈련 이수자 및 경력인정대상자는 실무경력 1년으로 인정한다. 다만, 경력인정대상자가 해당 면허종류별 교육훈련을 이수한 경우에는 교육훈련을 실무경력으로 인정하지 아니한다.

[별표 3]

면허 종류별 경력의 내용 및 산출 방법

면허 종류	경력의 내용	환산율
· 방사성동위원소 취급자 일반면허	가. 법 제53조제1항, 제54조 및 제63조의 규정에 의하여 허가를 받은 기관에서 방사성동위원소 등의 취급이나 방사선 장해방어에 관한 업무에 종사한 자로서 법 제98조의 규정에 따라 개인 방사선피폭경력이 보고된 경력 나. 1997. 6. 30일 당시 법 제53조제2항의 규정에 의하여 신고를 한 기관에서 방사성동위원소 등의 취급이나 방사선 장해방어에 관한 업무에 종사한 자로서 법 제98조의 규정에 따라 개인 방사선피폭경력이 보고된 경력 다. 다음 각 호의 어느 하나에 해당하는 기관에서 방사성동위원소 등의 안전규제에 관한 업무에 종사한 경력 1) 원자력안전위원회 2) 한국원자력안전기술원	100%
· 방사성동위원소 취급자특수면허 방사선취급 감독자면허	가. 고등교육법 제14조에 규정하는 이공계 4년제 대학 및 전문대학 에 재직중인 교직원으로서 1년 이상 교육 및 연구목적으로 사용하는 방사선투과검사관련 업무에 종사한 경력 (단, 방사성동위원소취급자 일반면허에만 적용한다)	80%
	가. 진단용 방사선발생장치의 방사선 관련 업무에 종사한 자로서 1년 이상 연속된 개인 방사선피폭선량의 월별선량기록을 원자력안전위원회에게 제출하여 확인된 경력	50%

[별표 4]

면허종류별 교육훈련(제3조 또는 제4조 관련)

면허종류	교육훈련 내용	기간	교육훈련 기관
1. 원자로조종감독자면허·원자로조종사면허	원자로조종에 관한 교육훈련	10주 이상	가. 한국원자력연구원 나. 한국전력공사, 한국수력원자력주식회사
2. 핵연료물질취급감독자면허·핵연료물질취급자면허	핵연료물질 취급에 관한 교육훈련	4주 이상	한국원자력연구원
3. 방사성동위원소취급자 일반면허	다음 각 호의 1에 해당하는 교육훈련내용 1) 방사성장해방어의 기초에 관한 교육훈련 2) 방사선장해방어의 기초에 관한 통신교육훈련	4주 이상 9개월 이상	한국원자력연구원 가. 한국방사선진흥협회 (기존의 한국동위원소협회를 포함한다) 나. 사단법인한국방사선안전협회
4. 방사성동위원소취급자 특수면허	방사선의 의학적 이용에 관한 교육훈련	4주 이상	한국원자력연구원
5. 방사선취급감독자면허	방사선장해방어의 감독에 관한 교육훈련	6주 이상	한국원자력연구원

[별표 5]

면허종류별 경력인정 대상자(제3조 또는 제4조 관련)

면허종류	경력인정 대상자
1. 원자로조종감독자면허·원자로조종사면허	가. 외국에서 동일 기종이 아닌 원자로조종감독자면허 또는 원자로조종사 면허를 받았거나 또는 이에 준하는 자격을 가진 자 나. 외국에서 별표 2에 준하는 교육훈련을 받은 자
2. 핵연료물질취급감독자면허·핵연료물질취급자면허	가. 외국에서 별표 2에 준하는 교육훈련을 받은 자
3. 방사성동위원소취급자 일반면허	가. 이공계 대학원, 대학 또는 전문대학에서 별표 4의 4개 경력인정분야별로 각각 1과목 이상 포함하여 총 12학점 이상 취득한 자 나. 원자력(핵)공학, 방사선(공학) 또는 원자력안전위원회가 이와 교육과정이 동등하다고 인정한 학과에서 2년 이상 수료한 자 다. 외국에서 별표 2에 준하는 교육훈련을 받은 자
4. 방사성동위원소취급자 특수면허	가. 외국에서 별표 2에 준하는 교육훈련을 받은 자
5. 방사선취급감독자면허	가. 이공계 대학원, 대학 또는 전문대학에서 별표 4의 4개 경력인정분야별로 각각 1과목 이상 포함하여 총 24학점 이상 취득한 자 나. 원자력(핵)공학, 방사선(공학) 또는 원자력안전위원회가 이와 교육과정이 동등하다고 인정한 학과에서 4년 이상 수료한 자 다. 외국에서 별표 2에 준하는 교육훈련을 받은 자

비고 : 이 표에서 "수료"란 경력을 인정받고자 하는 자가 본인이 소속된 학교에서 학교규칙으로 정하는 기준학점 이상을 취득한 것을 말한다.

[별표 6]

경력인정 대상 관련 과목(별표 2의 면허종류별 3 및 5의 경력인정 대상자)

경력인정 분야	경력인정 대상 관련 과목
1. 원자력 이론	원자력개론, 원자력기초이론(학), 방사화학, 핵공학(개론, 설계, 응용), 원자력공학, 핵주기공학, 원자력과 환경, 원자력이론, 방사성동위원소 총론, 원자 및 핵물리, 원자력입문, 핵의학물리학, 원자로시스템공학, 방사선응용생명과학개론, 방사선응용물리, 의용방사선물리학, 방사선약물동태학, (의용)방사선생물학, 비파괴총론, 의학물리학, 방사선물리학, 방사선물리학 및 실습, 방사선학(개론), 방사선학(개론) 및 실습, 방사선과학(개론), 방사화학 및 방사선의약분석, 방사화학 및 방사성의약품학, 방사선의약화학, 현대물리(학), 원자로시스템설계, 원자로안전(해석), 원자로해석 및 핵설계, 원자력안전분석, 원자로물리, 원전안전성구조, 원자로안전공학, 고급핵물리, 핵물리(학), 원자로이론, 원자력안전공학, 방사선(학)개론, (응용)핵물리(학), 원자로공학, 방사선(개론) 및 실습, 핵공학개론, 응용핵물리, 원자력공학(개론), 에너지공학(개론), 핵공학응용, 핵공학설계, 방사선의학물리(개론), 방사선(물질) 상호작용, 방사성의약품개발론, 원자력폐기물공학, 분할조사연구
2. 방사선 취급기술	방사선취급기술, 방사선취급기술학 및 실습, 방사선기기(학) 및 실습(험), 방사선계측(학)실습, 방사선계측(학)실험, 방사선계측학 및 실습, 방사선계측실험 및 설계, 방사선량계측, 방사선계측학, 방사선계측이론, 방사선계측(기)학, 방사선계측, 방사선계측기술, 방사선계측학실습, 원자력계측제어 및 실험, 방사선민감제 연구, 근접치료법연구, 방사선치료(학), 방사선치료 및 핵의학 임상실습, 방사선치료기술학, 방사선치료기술학 및 실습, 방사선치료(학)실습, 방사선치료계획, 방사선투과검사, 방사선기술학, 비파괴검사, 방사선종양학(실습), 방사선종양학과 임상실습, 방사선차폐설계, 방사성폐기물관리, (방사성)동위원소이용, 비파괴이용, 방사선(응용)공학, 방사선의 산업 및 의학응용, 방사선공학설계, 비파괴응용 및 실험, 핵의공학, 방사선상호작용, 원자력폐기물 공학, 방사선안전평가, 방사선응용기술, 방사선영상, 영상정보학, 핵의학영상론, 방사선의약품개발론, 양전자방출체약제학, 원자력의학, 방사선기기실험, 방사선이용, 치료방사선학, 임상치료방사선학, 방사선치료학, 방사선치료선량학, 방사선기기관리공학, 방사선물리학 실습(험), 센서계측공학, 방사선계측설계, 방사선장치설계, 핵공학기초실험, 방사선계측시스템, 방사선량계측, 방사선계측학, 방사선물리 및 선량학, 고급방사선계측이론, 방사선안전 및 관리학, 방사선(치료)임상실습, 방사성동위원소이용암치료론, 방사선치료(학) 실습, 방사선기기관리학 실험, 방사선관리, 방사선치료학, 방사선치료, 방사선치료 기술학 실습, 방사선치료 기술학 및 실습, 방사선기기학, 방사선기기학 및 실습, 방사선치료(임상)실습, 방사선기기(학)실습, 방사선공학, 비파괴응용 및 실험, 핵의공학, 원자력의학과, 방사선차폐
3. 방사선 장해방어	방사선관리학, 방사선안전관리총론, 방사선장해방어(학), 보건물리, 보건물리 및 실험, 방사선방어공학, 방사선방어, 현대보건물리, 보건물리(학), 방사선안전관리, 방사선장해방어 및 관리, 방사선방호 및 보건물리, 방사선보건관리학, 방사선안전관리실습, 방사선과 환경, 방사선환경 및 실험, 방사선량과 생물학적 영향, 방사선안전관리와 방사능방제, 방사선안전분석, 원자력환경공학, 의용방사선방어학
4. 원자력법령	원자력법령(법규), 원자력관계법령(법규), 방사선장해방어관계(법령, 법규), 방사선방호관계법령, 방사선관계법규, 원자력(시설)안전규제

※ 원자력관련 교육훈련기관에서(한국동위원소협회 등) 실시하는 고등교육법상 교과과정 수준의 교육프로그램 및 상기 이외 과목의 인정여부는 관련법령과 면허시험제도의 취지 등을 고려하여 교육과학기술부장관이 결정

※ 상기 과목명에 "개론, 총론, 특론, 각론", "기초, 초급, 중급, 고급", "Ⅰ, Ⅱ, Ⅲ" 등이 표기된 과목도 각각 경력인정대상 관련 과목으로 인정

8) 면허시험의 응시

면허시험에 응시하려는 사람은 다음의 사항을 적은 응시원서에 **총리령으로 정하는 서류**를 첨부하여 위원회에 제출하여야 한다.

(1) 성명·주민등록번호 및 주소
(2) 응시하는 면허의 종류
(3) 응시자격에 관한 사항
(4) 시험 면제에 관한 사항

9) 응시신청

(1) 원자력관계 면허시험 응시원서는 별지 서식(제100호)에 의한다.
(2) 상기 규정에서 **"총리령으로 정하는 서류"**란 다음 각 호의 서류를 말한다.
① 사진(최근 6개월 이내에 모자 등을 쓰지 않고 정면 상반신을 촬영한 가로 3.5센티미터 세로 4.5센티미터 크기의 사진을 말하며, 전자적 파일 형태의 사진을 포함한다. 이하 면허증 발급, 재발급 신청 시 같다) 1매
② 시험면제에 필요한 증명서류(영 제121조에 따라 면허시험의 일부를 면제받으려는 경우에만 해당한다)

10) 시험 등의 면제

(1) 규정된 면허시험에 면제되는 필기시험의 범위는 다음과 같다.
① 원자로조종감독자면허를 면허를 받은 사람으로서 원자로의 종류는 동일하나 노형, 용량급 또는 핵증기공급계통의 공급사 중 하나 이상이 다른 원자로조종감독자 면허시험에 응시하는 사람은 별표 6 제1호가목의 시험과목 중 2) 원자로시설의 구조, 재료 및 설계 및 3) 원자로의 운전제어를 제외한 과목을 면제한다.
② 원자로조종사면허를 받은 사람으로서 원자로의 종류는 동일하나 노형, 용량급 또는 핵증기공급계통의 공급사 중 하나 이상이 다른 원자로조종사 면허시험에 응시하는 사람은 별표 6 제2호가목의 시험과목 중 2) 원자로시설의 구조 및 3) 원자로의 운전제어를 제외한 과목을 면제한다.
③ 원자로조종감독자면허, 원자로조종사면허의 필기시험에 합격하고, 실기시험에 불합격한 사람으로서 원자로의 종류, 노형, 용량급 및 핵증기공급계통의 공급사가 동일한 원자로조종감독자 또는 원자로조종사 면허시험에 응시하는 사람은 다음 회의 시험에 한정하여 필기시험을 면제한다. 면허시험에 있어서 필기시험에 합격하고, 실기시험에 불합격한 사람으로서 원자로의 종류·용량급 및 공급자가 동일한 원자로조종감독자 또는 원자로조종사의 면허시험에 응시하는 사람(다음 회의 동일한 면허시험에 한정한다)
(2) 의사 또는 치과의사의 면허와 방사선취급감독자면허의 면허를 받은 사람이 방사성동위원소취급자특수 면허시험에 응시할 때에는 별표 6 제6호의 방사성동위원소취급자특수면허 시험과목 중 가목, 나목 및 라목을 면제한다.

▸ 시험 면제과목
  ① 가목: 방사선에 의한 장해 및 그 방어
  ② 나목 : 의학 또는 치의학에 관한 과목 중 수험자가 선택하는 1과목에 대한 방사성동위원소 및 방사선에 관한 사항
  ③ 라목: 원자력 관계 법령(법 및 방사선장해 방어 관계 법령에 한정한다)

(3) 외국에서 이 영에 따른 면허와 동등 이상의 것으로 위원회가 인정하는 면허를 받은 경우에는 시험과목 중 원자력 관계 법령을 제외한 과목을 면제한다.

11) 시험시행

(1) 위원회는 면허시험을 특별한 사유가 없으면 매년 1회 이상 실시하여야 한다.
(2) 면허시험을 실시하는 경우에는 그 시험의 시행 일시 및 장소를 시험 실시 전 90일까지 공고하여야 한다.

12) 합격기준

(1) 필기시험의 합격기준은 과목마다 100점을 만점으로 하여 매 과목 40점 이상, 전과목 평균 60점 이상으로 한다.
(2) 실기시험의 합격기준은 100점을 만점으로 하여 60점 이상으로 한다.

13) 시험위원

(1) 위원회는 면허시험 및 원자로조종면허 갱신을 위한 경력 인정 시험의 출제·편집 및 채점과 실기시험의 시행과 평가를 담당하게 하기 위하여 시험을 시행할 때마다 시험위원을 임명하거나 위촉하여야 한다. 다만, 시험이 문제은행식인 경우에는 문제 선정 및 난이도 평가를 위한 문제은행시험 평가위원을 임명하거나 위촉하여야 한다.
(2) 시험위원은 필기시험의 과목마다 2명 이상, 실기시험은 2명 이상을 해당 과목에 관한 학식과 경험이 풍부한 사람 중에서 선정한다.

14) 면허증의 대여 등 금지

누구든지 면허증을 다른 사람에게 빌려주거나 빌리거나 이를 알선하여서는 아니 된다.

15) 면허증의 교부신청

(1) 면허시험에 합격한 사람은 합격발표일부터 30일 이내에 응시자격을 증명하는 서류(면허시험의 일부를 면제받기 위하여 제출한 서류는 제외한다)와 신체검사의료기관으로부터 교부받은 신체검사 판정서(원자로조종면허만 해당한다. 이하 이 조에서 같다)를 위원회에 제출하여야 한다.
(2) 응시자격 및 신체검사 판정서에 대한 심사결과 적합하다고 인정받은 사람은 면허시험 합격발표일부터 60일 이내에 원자력관계면허증 교부신청서에 사진을 첨부하여 위원회에 제출해야 한다.

(3) 면허시험실시업무 수탁기관의 장은 필요한 경우 면허시험 합격자가 결격사유에 해당하는지를 확인하기 위하여 관계기관에 신원확인을 의뢰할 수 있다.
(4) 위원회는 규정에 따른 면허증 교부신청을 받은 경우 신청인의 선택에 따라 수첩형 면허증 또는 상장형 면허증으로 구분하여 교부해야 한다.

16) 면허증의 교부 등

(1) 위원회는 면허시험 및 신체검사(원자로조종면허에 한정한다)에 합격한 사람에게 총리령으로 정하는 바에 따라 면허증을 교부하여야 한다.
(2) 면허증을 교부받은 사람이 면허증을 잃어버렸거나 면허증이 헐어서 쓸 수 없게 되었을 때 또는 면허증의 기재사항이 변경되었을 때에는 총리령으로 정하는 바에 따라 면허증의 재교부나 기재사항의 변경을 신청할 수 있다.

17) 면허증의 재교부신청

신청서에는 다음 각 호의 서류를 첨부하여야 한다.
(1) 면허증(분실한 경우에는 사유서)
(2) 사진 1매
(3) 변경사항을 확인할 수 있는 서류(기재사항이 변경된 경우에만 해당한다)

18) 면허의 취소 등(법)

(1) 위원회는 규정에 따른 면허를 받은 사람이 다음 각 호의 어느 하나에 해당하면 그 면허를 취소하거나 3년 이내의 기간을 정하여 그 면허를 정지할 수 있다. 다만, 제1호, 제2호 또는 제3호에 해당하는 경우에는 그 면허를 취소하여야 한다.
① 거짓이나 그 밖의 부정한 방법으로 면허를 받거나 갱신한 때
② 제85조제1호부터 제3호까지 및 제5호 중 어느 하나에 해당하게 된 때
③ 면허증을 다른 사람에게 빌려준 때
④ 보수교육을 위반한 때
(2) 제(1)항에 따른 면허의 취소 또는 정지의 기준은 총리령으로 정한다.

19) 면허의 취소 등(규칙)

면허의 취소 또는 정지의 기준은 **별표 7**과 같다.

[별표 7]

면허의 취소 또는 정지의 기준(제117조 관련)

1. 면허취소 가. 거짓이나 그 밖의 부정한 방법으로 면허를 받거나 갱신한 경우 나. 법 제85조제1호부터 제3호까지 및 제5호의 어느 하나에 해당하게 된 경우 다. 면허증을 다른 사람에게 빌려준 경우 라. 면허정지처분기간 종료 후 3년 이내에 정지처분에 해당하는 행위를 한 경우 마. 면허정지처분을 받고도 같은 기간 내에 면허증을 사용한 경우
2. 3년의 범위 내에서 보수교육을 이수할 때까지 면허정지 정당한 사유 없이 법 제106조제2항을 위반하여 보수교육을 받지 않은 경우

▸ 결격사유(법 제85조제1호부터 제3호까지 및 제5호)

(1) 18세 미만의 사람

(2) 피성년후견인

(3) 이 법을 위반하여 징역 이상의 형의 선고를 받고 그 형의 집행이 종료되거나 집행을 받지 아니하기로 확정된 후 3년이 경과되지 아니한 사람이나 징역 이상의 형의 집행유예를 선고받고 그 집행유예기간 중에 있는 사람

(5) 원자로 및 관계시설의 건설 및 개수·보수에 관한 업무, 원자로 및 관계시설의 재료·부품 등의 납품·검수에 관한 업무를 수행하는 자가 업무와 관련하여 「형법」 규정의 죄를 범하여 징역 이상의 형의 선고를 받고 그 형의 집행이 종료되거나 집행을 받지 아니하기로 확정된 후 5년이 경과되지 아니한 사람이나 징역 이상의 형의 집행유예를 선고받고 그 집행유예기간 중에 있는 사람

2. 교육 및 훈련의 실시

1) 교육훈련(법)

(1) 원자력관계사업자는 다음 각 호의 구분에 따른 사람에게 대통령령으로 정하는 바에 따라 원자력이용에 따르는 안전성 확보와 방사선장해방지에 필요한 교육 및 훈련을 실시하여야 한다.

① 원자력관계사업자(신고사용자는 제외한다)의 경우: 방사선작업종사자 및 방사선관리구역에 출입하는 사람

② 신고사용자의 경우: 방사선안전관리자

(2) 면허를 받은 사람은 대통령령으로 정하는 바에 따라 위원회가 실시하는 보수교육을 받아야 한다.

(3) 원자력관계사업자와 원자력관련 연구를 수행하는 기관은 대통령령으로 정하는 사람에게 총리령으로 정하는 바에 따라 위원회가 실시하는 원자력통제에 관한 교육을 받게 하여야 한다.

2) 원자력통제 교육대상자

“대통령령으로 정하는 사람”이란 다음 각 호의 어느 하나에 해당하는 사람을 말한다.

(1) 다음 각 목의 어느 하나에 해당하는 원자력관계사업자의 종업원으로서 특정핵물질의 계량 관리 업무를 수행하는 사람

가. 발전용원자로 설치자

나. 발전용원자로 운영자

다. 연구용원자로등설치자 및 연구용원자로등운영자

라. 핵연료주기 사업자

마. 핵연료물질 사용자

(2) 위원회가 정하는 핵연료주기 관련 공정이나 계통개발에 관련된 연구개발과제의 연구책임자

3) 원자력통제교육

(1) 원자력통제에 관한 교육(이하 “원자력통제교육”이라 한다)은 신규교육과 보수교육으로 구분하여 실시한다.

(2) 원자력통제교육의 교육시간·교육방법 및 교육내용은 **별표 7**과 같다.

(3) 한국원자력통제기술원의 장은 매년 12월 31일까지 다음 연도 원자력통제교육에 관한 계획을 수립하고, 교육대상자 또는 그 사용자에게 교육일정 등을 통지하여야 한다.

(4) 교육대상자가 해당 교육대상자가 받아야 하는 원자력통제교육을 이수한 경우에는 규정에 따른 교육대상자가 받아야 하는 원자력통제교육을 이수한 것으로 본다.

(5) 교육대상자가 다음 각 호의 어느 하나에 해당하는 사유로 교육을 받을 수 없는 경우에는 다음 연도까지 원자력통제교육을 유예할 수 있다.

① 질병이나 부상으로 입원 중이거나 거동이 매우 곤란한 경우

② 업무와 관련하여 국외에서 체류하고 있는 경우

③ 그 밖에 교육을 받을 수 없다고 위원회가 인정하는 경우

(6) 교육대상자가 다음 각 호의 어느 하나에 해당하는 경우에는 해당 연도 원자력통제교육을 이수한 것으로 본다.

① 외국기관에서 주관하는 교육으로서 **별표 8**에 따른 교육내용에 상응하는 교육을 이수한 것으로 인정되는 경우

② 영 별표 9 제2호 각 목에 따른 검사업무를 담당하는 경우

③ 그 밖에 원자력통제교육과 동등한 교육을 이수하였다고 위원회가 인정하는 경우

(7) 상기 규정한 사항 외에 교육대상자의 세부분류, 교육방법, 교육계획 수립 등에 관한 세부사항은 위원회가 정하여 고시한다.

[별표 8]

원자력통제교육에 관한 교육시간·교육방법 및 교육내용

교육대상	교육시간		교육방법	교육내용
	신규교육	보수교육		
발전용원자로설치자, 발전용원자로운영자, 연구용원자로등설치자, 핵연료주기사업자, 핵연료물질사용자	16시간 이상	매년 8시간 이상. 다만, 3회 이상 보수교육을 이수한 때에는 매년 2시간 이상으로 한다.	이론교육을 원칙으로 하되, 필요한 경우 실습교육을 병행할 수 있다.	· 원자력통제에 관한 법령 및 국제협약 · 원자력통제 정책에 관한 사항 · 핵물질 등의 안전조치에 관한 사항 · 핵물질 등 국제규제물자의 수출입통제에 관한사항 · 원자력통제 관련 국제협력에 관한 사항 · 검사장비에 관한 사항 · 핵물질 등의 계량관리 보고에 관한 사항
핵연료주기 관련 공정이나 계통 개발에 관련된 연구 개발과제의 연구 책임자	8시간 이상	매년 4시간 이상. 다만, 3회 이상 보수교육을 이수한 때에는 매년 2시간 이상으로 한다.	이론교육을 원칙으로 하되, 필요한 경우 실습교육을 병행할 수 있다.	· 원자력통제에 관한 법령 및 국제협약 · 원자력통제 정책에 관한 사항 · 핵물질 등의 안전조치에 관한 사항 · 핵물질 등 국제규제물자의 수출입통제에 관한사항 · 원자력통제 관련 국제협력에 관한 사항

▸ 비고 : 신규교육은 특정핵물질의 계량관리 업무를 담당하는 종업원으로 임용된 때부터 또는 연구개발과제의 연구책임자가 된 때부터 각각 1년 이내에 받아야 한다.

4) 방사선작업종사자 및 수시출입자 교육(영)

(1) 원자력관계사업자는 규정에 따라 방사선작업종사자에 대해서는 신규교육과 정기교육을 실시하여야 한다. 이 경우 신규교육은 작업 종사 전에 실시하여야 한다.

(2) 교육은 기본교육과 직장교육으로 구분하여 실시한다. 이 경우 직장교육은 방사선안전관리자 외의 방사선작업종사자를 대상으로 한다.

(3) 원자력관계사업자는 수시출입자에 대하여 기본교육 또는 직장교육을 실시할 수 있다.

(4) 기본교육은 안전재단에서 받도록 하여야 하며, 직장교육은 해당 원자력관계사업자가 자체적으로 실시하되 위원회가 지정하여 고시하는 기관에 위탁하여 실시할 수 있다.

(5) 규정에 따른 교육의 과정 및 시간 등은 총리령으로 정한다.

(6) 규정에 따른 보수교육을 받은 자는 제1항에 따른 해당 연도의 정기교육을 받은 것으로 본다.

5) 교육계획의 제출(영)

(1) 안전재단은 매년 11월 30일까지 다음 각 호의 사항이 포함된 다음 해의 기본교육계획을 위원회에 제출하고, 위원회의 승인을 받아야 한다.

① 연간 교육일정, 교육과정, 교육대상, 과정별 이수과목과 시간 등에 관한 사항

② 예산 및 결산에 관한 사항(교육훈련분야만 해당한다)

③ 강사, 교육시설·장비 현황 및 확충계획

④ 교육비 및 교재비에 관한 사항

⑤ 교육의 평가방법 및 결과에 따른 조치사항

(2) 위원회는 안전재단이 제1항에 따라 승인받은 교육계획을 제대로 이행하지 아니하는 경우에는 개선 또는 보완을 요구할 수 있다.

(3) 안전재단은 교육 실시결과를 다음 해 1월 31일까지 위원회에 보고하여야 한다.

6) 방사선관리구역 출입자 교육(영)

원자력관계사업자는 규정에 따라 방사선관리구역에 출입하는 사람에 대해서는 출입할 때마다 방사선장해방지 등에 대하여 안전수칙을 알려주는 등 필요한 교육을 실시하여야 한다. 다만, 규정에 따른 교육을 받은 방사선작업종사자 또는 수시출입자는 제외할 수 있다.

7) 방사선작업종사자 및 수시출입자 교육

(1) 신규교육과 정기교육은 각각 다음 각 호의 구분에 따른 사항을 포함하여 실시한다. 이 경우 교육대상자의 방사선안전 지식수준과 경험 등을 고려하여 교육의 내용과 방법을 다르게 할 수 있다.

① 기본교육

가. 원자력시설 이용에 따른 안전관리

나. 방사성물질등의 취급

다. 방사선장해방어

라. 방사선안전 관계법령

마. 그 밖에 이용업체의 특성에 따른 교육

② 직장교육

가. 이용업체의 방사선안전관리규정

나. 이용업체의 방사선원 및 방사선장비의 특성

다. 그 밖에 이용업체의 특성에 따른 교육

(2) 기본교육은 방사선안전관리자, 방사선안전관리자 이외의 방사선작업종사자 및 수시출입자 교육으로 구분하여 실시하여야 한다.

(3) 교육을 받은 사람에 대해서는 평가를 실시할 수 있다.

(4) 직장교육계획에는 다음 각 호의 사항이 포함되어야 한다.

① 자체교육의 경우

가. 교육일정

나. 교육대상별 교재

다. 강사에 관한 사항

라. 교육시설에 관한 사항

마. 평가에 관한 사항

② 위탁교육의 경우: 위탁의 내용 및 수탁기관

(5) 규정에 따른 교육의 과정 및 시간은 **별표 9**와 같다.

[별표 9]

교육의 과정 및 시간(제138조제6항 관련)

교육과정	신규교육 시간		정기교육 시간			
			기본교육			직장교육
	기본교육	직장교육	1. 방사선 안전관리자	2. 방사선안전 관리자 외의 방사선작업 종사자	3. 수시출입자	
일반분야	8시간 이상	4시간 이상	매년 3시간 이상	매년 3시간 이상	매년 3시간 이상	매년 3시간 이상
방사선투과 검사분야	12시간 이상	6시간 이상	매년 5시간 이상	매년 5시간 이상	매년 5시간 이상	매년 5시간 이상

▸ 비고

(1) 「산업안전보건법」에 따른 교육(같은 법 시행규칙 별표 8의2 제1호라목의 33에 해당하는 작업에 종사하는 근로자를 대상으로 하는 교육으로 한정한다)을 받은 사람에 대해서는 해당 교육 시간만큼 해당연도 정기교육 중 직장교육을 받은 것으로 본다.

(2) 「산업안전보건법」에 따른 특별교육(같은 법 시행규칙 별표 8의2 제1호라목 33에 해당하는 작업에 종사하는 근로자를 대상으로 하는 교육으로 한정한다)을 작업 종사 전에 받은 사람에 대해서는 해당 교육 시간만큼 신규교육 중 직장교육을 받은 것으로 본다.

3. 보수교육 실시

1) 보수교육

(1) 원자로조종면허를 받은 사람과 핵연료물질취급감독자면허, 핵연료물질취급자면허, 방사성동위원소취급자일반면허, 방사성동위원소취급자특수면허 및 방사선취급감독자면허를 받은 사람으로서 핵연료물질 또는 방사성동위원소등의 취급업무에 종사하는 사람은 총리령으로 정하는 바에 따라 3년(면허취득일 또는 직전의 보수교육을 받은 날부터 기산하여 3년이 되는 날이 속하는 해의 1월 1일부터 12월 31일까지를 말한다)마다 법 규정에 따른 보수교육(補修教育)을 받아야 한다.

(2) 원자력관계사업자는 종업원 중 면허를 받은 사람에 대하여 보수교육을 받는 데에 필요한 편의를 제공하여야 하며, 이를 이유로 임금을 줄이거나 그 밖의 불이익처분을 하여서는 아니 된다.

(3) 위원회는 보수교육과정 수료자에 대하여 그 면허증에 기재하는 방법으로 교육이수 사실을 확인해 주어야 한다.

(4) 규정에 따른 보수교육을 받아야 하는 사람이 다음 각 호의 어느 하나에 해당하는 경우에는 다음 각 호의 구분에 따른 보수교육을 받은 것으로 본다.

① 노형, 용량급 및 핵증기 공급계통의 공급사가 동일한 원자로에 대하여 원자로 조종감독자 면허 및 원자로 조종사면허를 모두 받은 사람이 원자로 조종감독자면허에 관한 보수교육을 받은 경우: 원자로 조종사의 면허에 관한 보수교육

② 핵연료물질취급감독자면허 및 핵연료물질취급자면허를 모두 받은 사람이 핵연료물질취급감독자면허에 관한 보수교육을 받은 경우: 핵연료물질취급자면허에 관한 보수교육

③ 방사성동위원소취급자일반면허, 방사성동위원소취급자특수면허, 방사선취급감독자면허 중 서로 다른 2개 이상의 면허를 받은 사람이 방사성동위원소취급자특수면허 또는 방사선취급감독자 면허에 관한 보수교육을 받은 경우: 나머지 면허에 관한 보수교육

2) 보수교육의 신청

(1) 보수교육을 받으려는 자는 교육실시 1개월 전까지 별지 제114호서식에 따른 신청서를 해당 교육훈련기관의 장에게 제출하여야 한다.

(2) 보수교육은 다음 각 호의 구분에 따라 실시하여야 한다.

① 면허 중 발전용원자로 또는 열출력 10메가와트 이상의 연구용원자로의 운전에 관련된 면허를 받은 사람: 5일 이상

② 면허 중 열출력 10메가와트 미만의 연구용원자로 또는 교육용원자로의 운전에 관련된 면허를 받은 사람: 1일 이상

③ 면허를 받은 사람으로서 핵연료물질 또는 방사성동위원소등의 취급업무에 종사하는 사람: 2일 이상

10. 원자력관계종사자의 면허 및 교육 예상문제

【문제 1】 면허증을 훼손 또는 분실하여 재교부를 받고자 할 때 재교부 신청서의 기재사항이 아닌 것은?

① 성명 및 주소 ② 면허증 교부 연월일 및 그 번호
③ 재교부를 받으려는 사유 ④ 방사선안전관리 교육 및 훈련 내용

【문제 2】 방사선취급 면허응시와 방사선작업종사자로서 근무할 수 없는 연령은?

① 18세 이하 ② 18세 이상 ③ 18세 미만 ④ 18세 초과

【문제 3】 면허의 정지 사유에 해당하는 것은?

① 거짓이나 그 밖의 부정한 방법으로 면허를 받거나 갱신한 경우
② 면허증을 다른 사람에게 빌려준 경우
③ 면허정지처분을 받고도 같은 기간 내에 면허증을 사용한 경우
④ 정당한 사유 없이 보수교육을 받지 않은 경우

【문제 4】 면허시험에 합격한 사람은 규정에 따라 응시자격을 증명하는 서류를 면허시험 합격발표일로부터 며칠 이내에 원자력안전위원회에 제출하는가?

① 10 ② 20 ③ 30 ④ 40

【문제 5】 방사성동위원소 등의 취급업무에 종사하는 자의 보수교육은 몇 년마다 받는가?

① 1 ② 2 ③ 3 ④ 4

【문제 6】 면허시험의 결격사유 중 옳지 않은 것은?

① 18세 미만의 사람
② 피성년후견인
③ 면허가 취소되어 3년이 경과되지 아니한 자
④ 집행유예를 선고받고 그 집행유예 기간 중에 있는 자

【문제 7】 면허취소가 되는 사유가 아닌 것은?

① 면허를 다른 사람에게 대여한 때
② 면허정지처분기간 종료 후 3년 이내에 정지처분에 해당하는 행위를 한 경우
③ 정당한 사유 없이 보수교육을 받지 않은 경우
④ 면허정지 처분을 받고도 같은 기간 내에 면허증을 사용한 때

【문제 8】 방사성동위원소취급자 일반면허 시험에 응시한 자가 시험에 부정한 행위를 한 경우에는 당해 시험을 무효로 하고 시험 응시일로부터 몇 년간 응시자격을 정지하는가?

① 1 ② 3 ③ 5 ④ 7

㊐ 1. ④ 2. ③ 3. ④ 4. ② 5. ③ 6. ③ 7. ③ 8. ②

【문제 9】 면허를 취소하거나 3년 이내의 기간을 정하여 그 면허를 정지할 수 있는 사유가 아닌 것은?

① 거짓이나 그 밖의 부정한 방법으로 면허를 받거나 갱신한 때
② 보수교육 위반 한때
③ 면허를 다른 사람에게 대여한 때
④ 징역 이상의 형의 집행유예를 선고받고 그 집행유예기간이 만료된 사람

【문제 10】 원자력관계종사자의 면허시험 응시 자격 중 면허종류별 경력(교육훈련 포함)의 산출방법으로 옳지 않은 것은?

① 경력기간은 경력월수를 단위로 하여 계산하되, 15일 이상은 1개월로 계산하고 15일 미만은 계산하지 아니한다.
② 경력 산출 기준일은 응시원서 접수마감일로 한다.
③ 해당 면허종류별 교육훈련 이수자 및 경력인정대상자는 실무경력 1년으로 인정한다.
④ 경력인정대상자가 해당 면허종류별 교육훈련을 이수한 경우에는 교육훈련을 실무경력으로 인정한다.

【문제 11】 원자력관계사업자는 방사선작업종사자에게 신규교육과 정기교육을 실시하여야 한다. 이 때 신규교육은 언제 실시하는가?

① 작업종사 전
② 작업종사 10일 이내
③ 작업종사 20일 이내
④ 작업종사 30일 이내

【문제 12】 방사선작업종사자 등의 교육훈련에 관한 설명 중 옳지 않은 것은?

① 원자력관계사업자는 방사선작업종사자에 대해서는 신규교육과 정기교육을 실시하여야 한다.
② 방사선작업종사자의 교육은 기본교육과 직장교육으로 구분하여 실시한다.
③ 직장교육은 방사선안전관리자를 포함한 방사선작업종사자를 대상으로 한다.
④ 교육의 과정 및 시간 등은 총리령으로 정한다.

【문제 13】 방사선작업종사자의 기본교육에 포함될 내용이 아닌 것은?

① 원자력시설 이용에 따른 안전관리
② 방사성물질 등의 취급
③ 방사선안전 관계법령
④ 이용업체의 방사선원 및 방사선장비의 특성

【문제 14】 방사성동위원소 등의 취급 면허를 받을 수 없는 결격사유에 해당되지 않는 것은?

① 18세 미만의 사람
② 피성년후견인
③ 형의 집행유예를 선고 받고 그 집행유예 기간 중에 있는 사람
④ 면허가 취소된 후 1년이 경과되지 아니한 사람

㉰ 9. ④ 10. ④ 11. ① 12. ③ 13. ④ 14. ④

【문제 15】 직장교육 계획(자체교육)에 포함될 내용이 아닌 것은?

① 교육대상별 교재 ② 강사에 관한 사항
③ 교육시설에 관한 사항 ④ 교육자의 성별에 관한 사항

【문제 16】 보수교육은 면허취득일 또는 직전의 보수교육을 받은 날부터 기산하여 ( )년이 되는 날이 속하는 해의 1월 1일부터 12월 31일까지 보수교육을 이수하면 된다. 괄호 안에 알맞은 것은?

① 1 ② 2 ③ 3 ④ 5

【문제 17】 원자력통제교육 대상자가 아닌 것은?

① 방사성동위원소취급자일반면허자 ② 발전용원자로 운영자
③ 핵연료주기 사업자 ④ 핵연료물질 사용자

【문제 18】 원자력관계사업자는 방사선안전관리 교육·훈련실시에 관한 사항을 기록하여 비치하여야 한다. 이때 기록장부의 보존기간은?

① 1 ② 2 ③ 5 ④ 7

【문제 19】 안전재단은 방사선작업종사자에 대한 교육계획(기본교육, 직장교육)을 위원회에 제출하여야 한다. 다음 중 옳지 않은 것은?

① 기본교육기관은 매년 12월 31일까지 기본교육계획을 위원회에 제출하고, 위원회의 승인을 받아야 한다.
② 위원회는 기본교육기관이 승인받은 교육계획을 제대로 이행하지 아니하는 경우에는 개선 또는 보완을 요구할 수 있다.
③ 기본교육기관은 교육 실시결과를 다음 해 1월 31일까지 위원회에 보고하여야 한다.
④ 기본교육은 방사선안전관리자, 방사선안전관리자 이외의 방사선작업종사자 및 수시출입자 교육으로 구분하여 실시하여야 한다.

【문제 20】 원자력관계사업자는 방사선작업종사자와 ( )에 출입하는 사람에 대해서는 출입할 때마다 방사선장해방지 등에 대하여 안전수칙을 알려주는 등 필요한 교육을 실시하여야 한다. 다만, 규정에 따른 교육을 받은 방사선작업종사자는 제외할 수 있다. 괄호 안에 알맞은 것은?

① 방사선구역 ② 방사선관리구역 ③ 제한구역 ④ 보전구역

【문제 21】 방사선작업종사자의 신규교육 시간에 대한 설명 중 옳은 것은? 단, 방사선투과검사 분야는 제외한다.

① 기본교육 : 3시간 이상, 직장교육 : 3시간 이상
② 기본교육 : 5시간 이상, 직장교육 : 5시간 이상
③ 기본교육 : 8시간 이상, 직장교육 : 4시간 이상
④ 기본교육 : 12시간 이상, 직장교육 : 6시간 이상

㉰ 15. ④ 16. ③ 17. ① 18. ③ 19. ① 20. ② 21. ③

【문제 22】 방사선작업종사자의 정기교육 시간은 방사선안전관리자 이외의 종사자일 때 기본교육이 매년 (가)시간 이상이고, 직장교육은 매년 (나)시간 이상이다. 단, 방사선투과검사 분야는 제외한다. 괄호 안에 알맞은 것은?

① 가 : 3, 나 : 3 ② 가 : 5, 나 : 5
③ 가 : 8, 나 : 4 ④ 가 : 12, 나 : 6

【문제 23】 방사선투과검사 분야 종사자의 신규교육 시간으로 옳은 것은?

① 기본교육 : 3시간 이상, 직장교육 : 3시간 이상
② 기본교육 : 5시간 이상, 직장교육 : 5시간 이상
③ 기본교육 : 8시간 이상, 직장교육 : 4시간 이상
④ 기본교육 : 12시간 이상, 직장교육 : 6시간 이상

【문제 24】 방사선투과검사 분야 종사자의 정기교육 시간은 방사선안전관리자일 때 기본교육이 매년 (가)시간 이상이고, 직장교육은 매년 (나)시간 이상이다. 괄호 안에 알맞은 것은?

① 가 : 3, 나 : 3 ② 가 : 5, 나 : 5
③ 가 : 8, 나 : 4 ④ 가 : 12, 나 : 6

【문제 25】 방사선작업종사자의 직장교육에 포함될 내용이 아닌 것은?

① 이용업체의 방사선안전관리규정
② 방사선안전 관계법령
③ 이용업체의 방사선원 및 방사선장비의 특성
④ 그 밖에 이용업체의 특성에 따른 교육

【문제 26】 수시출입자의 매년 정기교육과 직장교육 시간에 대한 설명 중 옳은 것은? 단, 방사선투과검사 분야는 제외한다.

① 기본교육 : 3시간 이상, 직장교육 : 3시간 이상
② 기본교육 : 5시간 이상, 직장교육 : 5시간 이상
③ 기본교육 : 8시간 이상, 직장교육 : 4시간 이상
④ 기본교육 : 12시간 이상, 직장교육 : 6시간 이상

27. 보수교육에 대한 설명 중 옳지 않은 것은?

① 면허 중 발전용원자로 또는 열출력 10메가와트 이상의 연구용원자로의 운전에 관련된 면허를 받은 사람은 5일 이상 보수교육 받을 것
② 면허 중 열출력 10메가와트 미만의 연구용원자로 또는 교육용원자로의 운전에 관련된 면허를 받은 사람은 1일 이상 보수교육 받을 것
③ 면허를 받은 사람으로서 핵연료물질 취급업무에 종사하는 사람은 3일 이상 보수교육 받을 것
④ 면허를 받은 사람으로서 방사성동위원소등의 취급업무에 종사하는 사람은 2일 이상 보수교육 받을 것

답 22. ① 23. ④ 24. ② 25. ② 26. ① 27. ③

제11장 규제·감독, 보칙 및 벌칙

1. 허가 등의 취소 또는 사업폐지 등에 따른 조치

1) 허가 등의 취소 또는 사업폐지 등에 따른 조치(법)

(1) 이 법에 따라 허가가 취소(사용금지를 포함한다)되거나 사업 또는 사용을 폐지한 원자력관계사업자는 대통령령으로 정하는 바에 따라 방사성물질등 또는 방사선발생장치의 양도·보관·배출·저장·처리·처분·오염제거·기록인도와 그 밖의 방사선장해방어를 위하여 필요한 조치를 하고, 그 조치한 날부터 30일 이내에 이를 위원회에 신고하여야 한다.

(2) 위원회는 원자력관계사업자가 제(1)항에 따른 조치를 하지 아니하거나 그러한 조치에도 불구하고 방사성물질등 또는 방사선발생장치로부터 지역 주민 또는 주변 환경을 보호하기 위하여 필요하다고 인정하는 경우에는 방사성물질등 또는 방사선발생장치의 수거 및 오염된 시설의 해체 등 필요한 조치를 할 수 있다.

(3) 위원회는 제(2)항에 따른 조치에 소요되는 비용을 해당 원자력관계사업자에게 부담하게 할 수 있다.

(4) 위원회는 제(1)항에 따른 신고를 받은 경우 그 내용을 검트하여 이 법에 적합하면 신고를 수리하여야 한다

2) 허가 등의 취소 또는 사업폐지 등에 따른 조치(영)

(1) 허가 취소 등의 경우에 원자력관계사업자가 하여야 할 조치는 다음 각 호와 같다.

① 원자력관계사업자가 소유하고 있는 방사성물질 또는 방사선발생장치를 다른 원자력관계사업자에게 양도하여야 한다.

② 방사성물질에 의한 오염은 제거하여야 한다.

③ 방사성물질에 의하여 오염된 물질은 방사성폐기물 관리시설등 건설·운영자에게 양도하여야 한다.

④ **총리령으로 정하는 기록**은 안전재단에 인도하여야 한다.

(2) 허가 또는 지정이 취소되거나 사업 또는 사용을 폐지(사망 또는 해산으로 인한 폐지를 포함한다)한 원자력관계사업자는 총리령으로 정하는 바에 따라 그 신고서를 위원회에 제출하여야 한다.

3) 허가 등의 취소 또는 사업의 폐지 등에 따른 조치(규칙)

"총리령이 정하는 기록"이라 함은 다음 각 호의 어느 하나에 해당하는 기록을 말한다.

(1) 방사성물질등에 따른 오염상황의 측정기록

(2) 방사선작업종사자 및 수시출입자의 건강진단 기록

4) 허가취소 등에 따른 신고(규칙)

(1) 허가 등 취소·사업(사용)폐지의 신고서는 별지 서식(제106호)에 의한다.

(2) 신고서에는 다음 각 호에 관한 서류를 첨부하여야 한다.

① 방사선발생장치 또는 방사성물질 등에 관한 조치사항

② 방사선작업종사자 및 수시출입자의 건강진단기록 등의 인도에 관한 서류

③ 허가증 또는 신고필증(분실의 경우에는 그 사유서)

2. 방사성물질등 또는 방사선발생장치의 양도·양수의 기간 등

1) 방사성물질등 또는 방사선발생장치의 소지 및 양도·양수 제한

다음 각 호의 어느 하나에 해당하는 경우 외에는 방사성물질등 또는 방사선발생장치를 소지하거나 양도·양수할 수 없다. 다만, 국제약속에 따라 국가가 핵물질을 양도·양수하거나 국가로부터 양수하는 경우에는 그러하지 아니하다.

(1) 원자력관계사업자가 이 법에 따라 허가 또는 지정을 받거나 신고를 한 범위에서 방사성물질 등 또는 방사선발생장치를 양수·소지하거나 다른 원자력관계사업자에게 양도하는 경우

(2) 허가가 취소된 원자력관계사업자가 그 허가가 취소되었거나 사용이 금지된 때에 소지하고 있던 방사성물질등 또는 방사선발생장치를 총리령으로 정하는 바에 따라 소지하거나 다른 원자력관계사업자에게 양도하는 경우

(3) 해당 사업 또는 업무를 폐지한 원자력관계사업자가 그 사업 또는 업무를 폐지한 때에 소지하고 있던 방사성물질 등 또는 방사선발생장치를 총리령으로 정하는 바에 따라 소지하거나 다른 원자력관계사업자에게 양도하는 경우

(4) 원자력관계사업자로부터 방사성물질 등 또는 방사선발생장치의 운반을 위탁받은 자가 그 위탁받은 방사성물질 등 또는 방사선발생장치를 소지하는 경우

(5) 원자력관계사업자의 종업원이 그 직무상 방사성물질 등 또는 방사선발생장치를 소지하는 경우

(6) 원자력관계사업자가 사망하여 그 상속인이 방사성물질 등 또는 방사선발생장치를 소지하는 경우. 다만, 해당 상속인이 **피성년후견인 또는 파산선고를 받고 복권되지 아니한 사람, 이 법을 위반하여 징역 이상의 형의 선고를 받고 그 형의 집행이 종료되거나 집행을 받지 아니하기로 확정된 후 3년이 경과되지 아니한 사람이나 징역 이상의 형의 집행유예를 선고받고 그 집행유예기간 중에 있는 사람, 허가가 취소된 후 2년이 경과되지 아니한** 자중 어느 하나에 해당하는 경우는 제외한다.

2) 방사성물질 등 또는 방사선발생장치의 양도·양수의 기간 등

(1) 방사성물질 등 또는 방사선발생장치의 양도 및 양수는 각각 양도 및 양수의 사유가 되는 사실이 발생한 날부터 30일 이내에 하여야 한다.

(2) 방사성물질 등 또는 방사선발생장치를 양도·양수한 때에는 별지 서식(제106호)에 의한 양도·양수 신고서를 원자력안전위원회에 지체 없이 제출하여야 한다.
(3) 신고서에는 다음 각 호의 서류를 첨부하여야 한다.
① 설계승인서 등 관련 증빙서류 사본
② 방사성동위원소의 누설점검기록 사본

3) 방사성물질 등 또는 방사선발생장치의 소지

방사성물질 등 또는 방사선발생장치의 소지는 각각 그 사유가 발생한 날부터 30일 이내인 경우로 한정된다.

3. 원자력이용 시설의 취급제한

누구든지 18세 미만인 사람으로 하여금 원자력이용시설이나 방사성물질 등을 취급하게 하여서는 아니 된다. 다만, 교육훈련 등의 목적으로 위원회가 인정하면 그러하지 아니하다.

4. 도난 등의 신고

원자력관계사업자는 그가 소지하는 방사선발생장치 또는 방사성물질 등에 관하여 도난·분실·화재, 그 밖의 사고가 발생된 경우 지체 없이 그 사실을 위원회에 신고하여야 한다.

5. 수출입의 절차(법)

원자로 및 관계시설, 핵물질, 방사성동위원소등의 수출입절차는 위원회가 산업통상자원부장관과 협의하여 정하는 바에 따른다.

▸ **수출입의 절차(영)**

(1) 원자로 및 관계시설, 핵물질, 방사성동위원소등의 수출입을 하려는 자 중 국제규제물자 또는 이와 관련된 기술을 수출입하려는 자는 규정에 따라 원자력 관련 국제조약, 협정, 협약 및 의정서 등에서 규정하고 있는 절차 및 의무사항을 지켜야 한다.
(2) 제(1)항의 절차 및 의무사항의 이행에 필요한 사항은 위원회가 산업통상자원부장관과 협의하여 별도로 정할 수 있다.

6. 국제협력(법)

(1) 위원회는 원자력안전 및 핵안보의 증진을 위하여 국제기구, 외국정부 또는 그 밖의 기관과의 국제협력을 촉진하기 위한 시책을 마련하고 추진할 수 있다.
(2) 정부는 제(1)에 따른 국제협력에 관한 시책을 효율적으로 추진하기 위하여 이를 전문적으로 지원할 기관을 지정하고 그 지원업무 수행에 필요한 경비의 전부 또는 일부를 출연하거나 보조할 수 있다.

(3) 제(2)에 따른 전문기관의 지정과 지원 등 국제협력 촉진에 필요한 사항은 대통령령으로 정한다.

▸ **국제협력 전문기관의 지정(영)**

위원회는 규정에 따라 안전재단을 국제협력에 관한 시책을 전문적으로 지원할 기관으로 지정한다.

7. 보상

1) 보상(법)

원자력이용과 이에 따른 안전관리 중에 방사선에 의하여 신체 또는 재산에 피해를 입은 자는 대통령령으로 정하는 바에 따라 정당한 보상을 받는다.

2) 보상(영)

원자력이용과 이에 따른 안전관리 중에 방사선에 의하여 신체 또는 재산에 피해를 입은 자에 대해서는 다음 각 호의 구분에 따라 보상하여야 한다.

(1) 원자력관계사업자와 그 종업원이 업무상 입은 손해에 대해서는 원자력관계사업자가 정하여 위원회가 인가한 보상기준에 따른다.

(2) 공무원이 원자력 관계 업무를 수행하는 과정에서 입은 손해에 대해서는 「공무재해보상법」으로 정하는 바에 따른다.

(3) 제(1)호 및 제(2)호 외의 자에 대해서는 「원자력손해배상법」으로 정하는 바에 따른다.

3) 원자력안전 관계 공무원에 대한 수당

원자력안전에 종사하는 공무원은 「국가공무원법」에 따른 보수와 그 밖의 수당 외에 대통령령으로 정하는 바에 따라 연구수당·위험근무수당 또는 보건수당을 받을 수 있다.

4) 포상금의 지급(법)

(1) 위원회는 이 법의 위반행위를 신고 또는 제보하고 이를 입증할 수 있는 증거자료를 제출함으로써 원자력안전에 기여한 자에 대하여 예산의 범위에서 포상금을 지급할 수 있다.

(2) 제(1)에 따른 포상금 지급의 기준·절차 등에 관하여 필요한 사항은 대통령령으로 정한다.

▸ **포상금의 지급(영)**

(1) 규정에 따른 포상금은 법 위반행위의 중대성 및 원자력안전 증진에 대한 기여도 등을 고려하여 1명 당 연간(1월 1일부터 12월 31일까지를 말한다) 10억 원을 한도로 위원회가 정하여 고시한다.

(2) 포상금의 지급에 관한 사항을 심의하기 위하여 위원회에 포상금 심의위원회를 둘 수 있다.

(3) 다음 각 호의 어느 하나에 해당하는 경우에는 포상금 지급액을 감액하거나 지급하지 아니할 수 있다.

① 이미 신고·제보가 이루어진 사항에 대하여 신고·제보한 경우
② 신고·제보 받은 사항이 인터넷이나 그 밖의 언론 매체를 통하여 공개된 내용이거나 이미 조사 또는 수사 중이거나 재판 중인 경우
③ 다른 법령이나 규정에 따라 신고·제보하여 포상금이나 보상금을 지급받았거나 지급절차가 진행중인 경우
④ 신고·제보자가 신고·제보한 법 위반사항과 직접 관련되었거나 법에 따른 신고·보고 의무자가 의무사항을 신고·제보한 경우
⑤ 그 밖에 포상금 심의위원회에서 포상금 지급액을 감액하거나 지급하지 아니하는 것이 타당하다고 의결하는 경우

(4) 제(1)부터 (3)까지에서 규정한 사항 외에 포상금의 지급에 관하여 필요한 사항은 위원회가 정하여 고시한다.

8. 책임의 감면 등

(1) 이 법의 위반행위를 신고함으로써 그와 관련된 자신의 범죄가 발견된 경우 그 신고자에 대하여 형을 감경 또는 면제할 수 있다.
(2) 제(1)은 공공기관의 징계처분에 관하여 이를 준용한다.
(3) 이 법의 위반행위를 신고한 경우에는 다른 법령, 단체협약 또는 취업규칙 등의 관련 규정에도 불구하고 직무상 비밀준수의무를 위반하지 아니한 것으로 본다.

9. 원자력안전관리부담금 등(법)

(1) 위원회는 제111조제1항(업무의 위탁) 각 호의 업무를 원활하게 수행하기 위하여 이 법에 따른 허가·승인·등록·사전검토 또는 교육훈련을 신청한 자, 해당 원자력관계사업자 또는 판독업무자(이하 "원자력관계사업자등"이라 한다)에게 원자력안전관리부담금(이하 "부담금"이라 한다)을 부과·징수할 수 있다.
(2) 부담금의 규모, 산정기준은 원자력관계사업자등이 발생시키는 원자력안전관리 수요, 관련 시설의 방호 및 방사능 방재 수요를 고려하여 대통령령으로 정한다.
(3) 그 밖에 부담금의 납부방법 및 납부시기 등에 관한 사항은 대통령령으로 정한다.
(4) 위원회는 부담금 규모, 산정기준, 납부방법 및 납부시기 등에 관하여 필요한 사항을 변경하고자 할 때에는 관계 중앙행정기관의 장과 협의하여야 한다.

1) 부담금 산정기준 등

(1) 원자력관계사업자등(이하 "원자력관계사업자등"이라 한다)에게 부과하는 부담금의 산정기준은 별표 10의2와 같다.
(2) 제(1)에도 불구하고 다음 각 호의 업무에 대한 부담금의 금액은 별표 10의3과 같다.
① 판독업무자가 판독한 방사선작업종사자의 피폭에 관한 기록 및 보고의 관리에 관한 업무

② 보수교육의 실시에 관한 업무

③ 수출입과 관련된 업무

(3) 위원회는 제(1)에 따라 산정한 해당 연도 부담금의 규모를 그 산출내용을 명시하여 다음 연도 1월 31일까지 고시하여야 한다.

(4) 위원회는 제(1)에 따른 부담금의 산정기준을 변경하려는 경우에는 미리 산업통상자원부장관과 협의하여야 한다.

[별표 10의2]

부담금의 산정기준(제156조제1항 관련)

1. 부담금 산정기준

업무별 전년도 업무량 × 기준단가

2. 업무별 전년도 업무량

수탁기관이 전년도를 기준으로 해당 업무에 투입한 인원에 근무일수를 곱한 값

3. 기준단가

가. 다음 1)부터 7)까지의 어느 하나에 해당하는 부담금징수대상자: 다음 표의 구분에 따른 비목의 단가를 더한 값

1) 발전용원자로 및 관계시설(이하 "원자로시설"이라 한다)의 건설허가를 받으려고 건설허가신청서를 제출한 자

2) 핵연료 정련사업의 허가를 받으려는 자 또는 가공사업(변환사업을 포함한다. 이하 같다)의 허가를 받으려고 허가신청서를 제출한 자

3) 방사성폐기물관리시설 등의 건설·운영 허가 신청에 따라 허가신청서를 제출한 자

4) 발전용원자로설치자

5) 발전용원자로운영자

6) 핵연료주기사업자

7) 방사성폐기물관리시설등건설·운영자

비목	세부내용	단가
1. 직접인건비	수탁기관이 수탁업무의 수행을 위해 투입한 인력에 지급한 인건비	「공공기관의 운영에 관한 법률」 제11조에 따라 공시하는 임원 및 운영인력 현황과 인건비 집행현황에 따른 직원 1명의 근무일 하루당 평균 보수액
2. 직접경비	수탁기관이 수탁업무에 직접 사용한 경비	직접인건비의 84.9%에 해당하는 금액
3. 각종 경비	직접경비 외에 수탁기관이 수탁업무에 사용한 경비	직접인건비의 54.73%에 해당하는 금액

나. 가목 외의 부담금징수대상자 : 가목 표의 직접인건비 단가 범위에서 위원회가 정하여 고시하는 값

[별표 10의3]

부담금 부과금액(제156조제2항 관련)

1. 판단업무자가 판독한 방사선작업종사자의 피폭에 관한 기록 및 보고의 관리에 관한 업무에 대한 부담금 : 1년간 1명당 2만원

2. 보수교육의 실시에 관한 업무에 대한 부담금

면허		부담금
가. 원자로조종사면허	1) 공통과정	19만3천원
	2) 전문과정	10만7천원
	3) 실습과정	12만8천원
나. 원자로조종감독자면허	1) 공통과정	19만3천원
	2) 전문과정	10만7천원
	3) 실습과정	12만8천원
다. 핵연료물질취급자면허		7만원
라. 핵연료물질취급감독자면허		7만원
마. 방사성동위원소취급자일반면허		7만원
바. 방사성동위원소취급자특수면허		7만원
사. 방사선취급감독자면허		7만원

3. 수출입과 관련된 업무에 대한 부담금

구분	종류	부담금
가. 수출입신고 요건확인	1) 개봉된 방사성동위원소	가) 수입가격의 1달러당 3.0원
		나) 수출가격의 1달러당 1.8원
	2) 밀봉된 방사성동위원소 또는 밀봉된 방사성동위원소가 내장된 기기	가) 수입가격의 1달러당 2.5원
		나) 수출가격의 1달러당 2.0원
	3) 방사선발생장치 또는 방사선발생장치를 구성하는 부분품	수입가격 또는 수출가격의 1달러당 1.8원
나. 수출입신고 요건확인 면제	1) 방사성동위원소	수입가격 또는 수출가격의 1달러당 3.0원
	2) 방사선발생장치	수입가격 또는 수출가격의 1달러당 2.0원

비고
1. 환율은 매분기 첫째 날 외환은행 외국환율 최초 고시 매매기준율에 따라 적용한다.
2. 수출품목 중 수입 당시 부담금이 부과된 품목이 포함되어 있는 경우 해당 품목의 수출과 관련된 업무에 대한 부담금은 수출가격에서 수입가격을 뺀 금액을 수출가격으로 하여 산정한다.
3. 부담금은 신고 건당 200만 원 이하로 한다.

2) 부담금의 납부방법 및 납부시기 등(영)

(1) 위원회는 부담금을 징수하려면 그 금액과 함께 산출내용, 납부기한 및 납부장소를 명시하여 원자력관계사업자등에게 고지하여야 한다.

(2) 원자력관계사업자등은 다음 각 호의 어느 하나의 방법을 선택하여 해당 기한까지 부담금을 납부하여야 한다.

① 12회 균등 분할 납부 : 다음 연도 매월 말일까지

② 4회 균등 분할 납부 : 다음 연도 1월 31일, 4월 30일, 7월 31일 및 10월 31일까지

(3) 제(2)에도 불구하고 다음 각 호에 해당하는 업무에 대한 부담금은 해당 호에서 정한 시기에 납부하여야 한다.

① 허가 및 변경허가에 관련된 안전성 심사와 변경신고 및 신고의 접수 업무에 대한 부담금 : 허가 신청 시 또는 신고 시

② 판독업무자가 판독한 방사선작업종사자의 피폭에 관한 기록 및 보고의 관리에 관한 업무에 대한 부담금 : 다음 연도 4월 30일까지

③ 보수교육의 실시에 관한 업무에 대한 부담금: 다음 각 목의 어느 하나 중에 원자력관계사업자등이 선택한 시기

가. 교육 신청 시

나. 보수교육 실시 연도 6월 30일까지(교육시작일이 7월 1일 이후인 경우에는 해당 연도 12월 31일까지)

④ 수출입과 관련된 업무에 대한 부담금 : 수출입 신고 시. 다만, 전년도 기준 수출입 신고 건수가 월평균 5회 이상인 경우에는 월별로 합산하여 다음 달 5일까지 한 번에 납부할 수 있다.

(4) 부담금은 현금, 신용카드 또는 직불카드 등으로 납부할 수 있다.

(5) 위원회는 원자력관계사업자등이 납부한 부담금이 해당 업무의 변경·취소 등의 사유로 금액 차이가 발생한 경우에는 위원회가 정하여 고시하는 바에 따라 부담금을 정산하여 추가로 징수하거나 환급하여야 한다.

3) 강제징수

(1) 위원회는 원자력관계사업자등이 부담금을 납부기한 내에 납부하지 아니한 경우에는 납부기한 경과 후 7일 이내에 부담금의 납부를 독촉하여야 한다.

(2) 부담금 및 체납된 부담금을 납부기한 내에 납부하지 아니한 경우에는 「국세기본법」 제21조를 준용하여 가산금을 징수한다.

(3) 제(1)에 따라 독촉장을 발부한 때에는 10일 이상 60일 이내의 납부기한을 주어야 한다.

(4) 제(1)에 따라 독촉장을 받은 자가 그 기한 내에 부담금 및 제(2)에 따른 가산금을 납부하지 아니한 때에는 위원회는 국세강제징수의 예에 따라 이를 징수할 수 있다.

10. 전국 환경방사능 감시

1) 환경보전

(1) 다음 각 호의 어느 하나에 해당하는 시설의 설치자 및 운영자는 총리령으로 정하는 바에 따라 방사선환경조사 및 방사선환경영향평가를 실시하여 이를 위원회에 보고하여야 한다.

① 발전용원자로

② 열 출력 100킬로와트 이상의 연구용원자로

③ 핵연료주기시설

④ 사용후핵연료 중간 저장시설

⑤ 방사성폐기물 처분시설

(2) 위원회는 제(1)항에 따른 방사선환경조사 및 방사선환경영향평가의 결과를 확인하기 위하여 연 1회 이상 방사선환경조사를 실시하여야 한다.

(3) 위원회는 제(1)항에 따른 보고결과 또는 제(2)항에 따른 방사선환경조사의 실시결과 그 주변 환경에 나쁜 영향을 미칠 우려가 있다고 인정하면 제(1)항에 따른 시설의 설치자 및 운영자에게 환경보전에 필요한 조치를 명할 수 있다.

(4) 위원회는 제(2)항에 따른 방사선환경조사의 실시결과를 국회 소관 상임위원회에 제출하여야 한다.

2) 전국 환경방사능 감시(법)

(1) 위원회는 국내외 방사능 비상사태를 조기에 탐지하여 방사선으로부터 국민의 건강을 보호하고 환경을 보전하기 위하여 대통령령으로 정하는 바에 따라 국토 전역에 대하여 환경상의 방사선 및 방사능을 감시하고 그 결과를 평가하여야 하며, 그 평가 결과 특이사항이 있는 경우 방사선환경영향평가를 실시할 수 있다

(2) 위원회는 업무를 체계적으로 수행하기 위하여 중앙 방사능 측정소 및 지방 방사능 측정소를 설치·운영할 수 있다.

(3) 측정소의 설치·운영에 필요한 사항은 총리령으로 정한다.

▸ 전국 환경방사능 감시(영)

위원회는 국토 전역에 대한 환경상의 방사선 및 방사능을 감시·평가하기 위하여 다음 각 호의 업무를 수행한다.

(1) 전 국토 환경방사능의 조사·평가

(2) 해양 환경방사능의 조사·평가

(3) 전 국토 환경방사선 자동 감시망의 운영

3) 방사선환경조사 및 평가(규칙)

(1) 방사선환경조사 및 방사선환경영향평가는 다음 각 호의 기준에 따라 수행하여야 한다.

① 방사선환경조사는 사전에 방사선환경조사계획을 수립하여 수행할 것

② 방사선환경조사에 관한 품질관리계획을 수립하여 주기적으로 방사선환경조사수행결과에 대한 검증을 수행할 것
③ 시설의 운영으로 인한 영향을 평가할 수 있도록 충분한 공간적, 시간적 범위를 정하여 방사선환경을 조사할 것
④ 방사선환경조사결과를 바탕으로 시설의 운영에 따른 방사선환경영향을 평가할 것

(2) 제(1)에 따른 방사선환경조사 및 방사선환경영향평가 수행에 필요한 세부사항은 위원회가 정하여 고시한다.

4) 방사선환경영향평가서초안의 작성 등(규칙)

(1) 규정에 따른 방사선환경영향평가서 초안(이하 "평가서초안"이라 한다)에는 다음 각 호의 사항을 적어야 한다.
① 사업의 개요
② 방사선환경영향을 평가하기 위한 시설 및 그 부지 주변지역의 환경현황
③ 시설의 건설 및 운영으로 인하여 주변환경에 미치는 방사선영향의 예측
④ 시설의 건설 및 운영 중 시행할 방사선환경감시계획
⑤ 운전 중 사고로 인하여 환경에 미치는 방사선영향

(2) 제(1)에 따른 사항 외의 평가서초안의 기재사항과 그 작성방법 등에 관하여 필요한 사항은 위원회가 정하여 고시한다.

5) 방사능측정소의 설치·운영

(1) 중앙방사능측정소는 규정에 따라 환경상의 방사선 및 방사능 감시·평가를 위탁받은 기관(이하 "권한수탁기관"이라 한다)에 설치하며, 지방방사능측정소는 위원회가 필요에 따라 설치·폐쇄한다.

(2) 중앙방사능측정소 및 지방방사능측정소에는 권한수탁기관의 장이 임명하는 측정소장을 두며, 그 운영에 관한 세부적인 사항은 권한수탁기관의 장이 정한다.

6) 환경상의 위해방지

국민의 건강 및 환경상의 위해를 방지하기 위한 기준은 다음 각 호와 같다.

(1) 시설에서 배출되는 액체 및 기체 상태의 방사성물질의 농도가 위원회가 정하는 기준에 맞을 것

(2) 그 밖에 방사선 위해 방지를 위하여 위원회가 정하는 기준에 맞을 것

▸ **방사선방호 등에 관한 기준(위원회 고시) : 환경상의 위해방지**

(1) 해당 시설의 설계에 적용할 기준
가. 기체상태의 방출물에 의한 제한구역 경계에서의 연간선량
① 감마선에 의한 공기의 흡수선량 : 0.1밀리그레이
② 베타선에 의한 공기의 흡수선량 : 0.2밀리그레이

③ 외부피폭에 의한 유효선량 : 0.05밀리시버트
④ 외부피폭에 의한 피부등가선량 : 0.15밀리시버트
⑤ 입자상 방사성물질, 3H, 14C 및 방사성옥소에 의한 인체 장기 등가선량 : 0.15밀리시버트

나. 액체상태의 방출물에 의한 제한구역 경계에서의 연간 선량
① 유효선량 : 0.03밀리시버트
② 인체 장기 등가선량 : 0.1밀리시버트

(2) 동일부지 내에 다수의 원자력관계시설을 운영하는 경우에 적용할 기준

가. 제한구역 경계에서의 연간 선량
① 유효선량 : 0.25밀리시버트
② 갑상선 등가선량 : 0.75밀리시버트

11. 방사선 건강 영향조사

(1) 위원회는 방사선 이용이 국민의 건강에 미치는 영향을 파악하기 위하여 발전용원자로, 연구용원자로(열 출력 2메가와트 이하의 연구용원자로는 제외한다) 및 관계시설 인근 지역 중 위원회가 정하는 범위의 지역에 거주하였거나 거주 중인 사람 및 방사선작업종사자에 대하여 방사선 건강영향조사를 실시할 수 있다.

(2) 위원회는 제1항에 따른 방사선 건강영향조사를 위하여 필요한 경우에는 관계 기관에 다음 각 호의 정보·자료의 제출이나 의견의 진술 등 협조를 요청할 수 있다. 이 경우 협조를 요청받은 관계 기관은 특별한 사유가 없으면 이에 따라야 한다.

① 「주민등록법」에 따른 주민등록표의 주민등록정보
② 「국민건강보험법」에 따라 국민건강보험공단에서 관리하는 자격, 진료, 건강검진 등에 관한 자료
③ 「암관리법」에 따른 암등록통계사업 및 같은 법 제15조에 따른 암정보사업에 관한 자료
④ 「통계법」에 따른 통계자료 중 직업, 질병 및 사인(死因) 등에 관한 자료
⑤ 「산업안전보건법」에 따른 일반건강진단 및 규정에 따른 특수건강진단에 관한 자료
⑥ 「산업재해보상보험법」에 따른 업무상의 재해 인정 관련 자료
⑦ 「출입국관리법」에 따른 출입국자료 중 항공기 이용 관련 자료
⑧ 「학교보건법」에 따른 건강검사기록에 관한 자료
⑨ 「의료급여법」에 따른 의료급여에 관한 자료
⑩ 그 밖에 위원회가 방사선 건강영향조사를 위하여 필요하다고 인정하는 정보·자료

(3) 제(1)항에 따른 방사선 건강영향조사와 관련된 업무에 종사하는 자 또는 종사하였던 자는 직무상 알게 된 개인정보 또는 비밀을 누설하거나 직무상 목적 외의 목적으로 사용하여서는 아니 된다.

12. 업무의 위탁

1) 업무의 위탁

(1) 이 법에 따른 위원회의 권한 중 다음 각 호의 권한을 대통령령으로 정하는 바에 따라 규정에 따라 설립된 기관, 통제기술원, 안전재단, 그 밖의 관계 전문기관 또는 다른 행정기관에 위탁할 수 있다

① 인가 및 허가에 관련된 안전성 심사

② 승인에 관련된 안전성 심사

③ 기준(기술기준을 포함한다)의 연구·개발

④ 검사 및 확인·점검

⑤ 면허시험

⑥ 국제규제물자에 관한 정보의 관리

⑦ 판독업무자가 판독한 방사선작업종사자의 피폭에 관한 기록 및 보고의 관리

⑧ 신고의 접수

⑨ 보수교육의 실시 및 원자력통제에 관한 교육의 실시

⑩ 면허증의 교부 및 재교부, 원자로조종면허의 갱신, 핵물질 등의 수용·양도, 보고, 및 수출입과 관련된 업무

⑪ 위탁업무의 수행에 필요한 범위에서 규정에 의한 서류의 제출·보완 요구

⑫ 등록에 관련된 안전성 심사

⑬ 방사선환경조사 및 환경상의 방사선 및 방사능 감시·평가

⑭ 주기적 안전성평가에 관련된 안전성 심사

⑮ 방사선 건강영향조사

⑯ 그 밖에 **대통령령으로 정하는 업무**

(2) 위원회는 필요하다고 인정하면 규정에 따라 업무를 위탁받은 기관에 보조금을 지급할 수 있다.

(3) 업무를 위탁받은 기관의 장은 대통령령으로 정하는 바에 따라 위탁받은 업무의 효율적인 수행을 위한 수탁업무처리규정을 정하여 위원회의 승인을 받아야 한다. 이를 변경하려는 때에도 또한 같다.

2) 위탁할 수 있는 업무

제⑯호의 규정에서 그 밖에 **"대통령령으로 정하는 업무"**란 다음 각 호의 업무를 말한다.

① 원자력안전연구개발사업계획의 수립과 관련된 기술동향의 조사·분석 및 기술수요의 예측

② 연도별 연구개발과제의 선정과 관련된 연구개발과제의 접수·검토 및 평가에 관한 사항

③ 원자력안전연구개발사업의 실시와 관련된 연구개발과제의 협약체결·진도관리·결과평가 및 사후관리에 관한 사항

④ 원자력안전연구개발사업을 실시하는 데에 드는 비용의 운용에 관한 사항

- 연구용원자로 및 관계시설의 운영허가에 관련된 안전성 심사
- 일일작업량 보고에 관한 업무

⑤ 방사성폐기물 외의 방사성폐기물의 처분에 관한 안전관리 업무
⑥ 운반 또는 포장 중 발생한 사고의 조치에 관한 업무
⑦ 위해시설 설치에 관한 안전성 검토 업무
⑧ 원자력관계사업자(신고 사용자는 제외한다) 또는 그로부터 방사성물질 등을 위탁받아 운반하는 자의 방사성물질등 운반물 현황 보고에 관한 업무
⑨ 검사 및 시료 수거에 관한 업무
⑩ 국제규제물자의 이동을 확인하기 위한 장치의 설치
⑪ 수출입과 관련된 업무
⑫ 기준 외에 법 및 이 영에 따른 업무수행을 위하여 필요한 기준의 연구·개발
⑬ 원자력안전관리부담금(이하 "부담금"이라 한다)의 부과·징수에 관한 업무

<u>한국원자력안전기술원에 위탁하는 업무</u>

(1) 인가·허가 또는 지정에 관한 안전성 심사 중 다음 각 목에 관한 사항
가. 발전용원자로 및 관계시설의 건설허가에 관련된 안전성 심사
나. 표준설계인가에 관련된 안전성 심사
다. 발전용원자로 및 관계시설의 운영허가에 관련된 안전성 심사
라. 연구용원자로 및 관계시설의 건설 허가에 관련된 안전성 심사
마. 핵연료주기사업의 허가 또는 지정과 관련된 안전성 심사
바. 핵연료물질의 사용 또는 소지의 허가에 관련된 안전성 심사
사. 방사성동위원소등의 생산·판매·사용 또는 이동사용의 허가에 관련된 안전성 심사
아. 방사성폐기물관리시설등의 건설·운영허가에 관련된 안전성 심사

(2) 승인에 관한 안전성 심사 중 다음 각 목에 관한 사항
가. 부지에 관한 사전 승인에 관련된 안전성 심사
나. 발전용원자로 및 관계시설의 해체승인에 관련된 안전성 심사
다. 사용후핵연료처리사업의 변경승인에 관련된 안전성 심사
라. 핵연료주기시설의 해체승인에 관련된 안전성 심사
마. 방사선기기의 설계승인에 관련된 안전성 심사
바. 방사성폐기물저장시설등의 해체 승인에 관련된 안전성 심사
사. 방사성폐기물처분시설등의 폐쇄 승인에 관련된 안전성 심사
아. 방사성물질등의 포장 또는 운반을 위한 용기의 설계승인에 관련된 안전성 심사
자. 사용후핵연료 저장용기등의 설계승인에 관련된 안전성 심사
차. 특정기술주제보고서의 승인에 관련된 안전성 심사

(3) 규정에 따른 기준(기술기준을 포함한다)의 연구·개발에 관한 사항

(4) 검사 및 확인·점검 중 다음 각 목에 관한 사항
가. 발전용원자로 및 관계시설의 건설에 관한 검사
나. 발전용원자로 및 관계시설의 운영에 관한 검사
다. 발전용원자로 및 관계시설의 해체상황의 확인·점검
라. 핵연료주기시설의 설치·운영에 관한 검사
마. 핵연료주기시설의 해체상황의 확인·점검
바. 핵연료물질의 사용 또는 소지에 관한 검사
사. 방사성동위원소등의 생산·판매·사용·이동사용 또는 대행업무에 관한 검사 (군사적 목적의 방사성동위원소등의 사용·이동사용에 관한 검사는 제외한다)
아. 방사선기기에 관한 검사
자. 방사성폐기물관리시설등의 설치·운영 및 방사성폐기물의 저장·처리·처분에 관한 검사
차. 방사성폐기물처분시설등의 폐쇄에 대한 검사 및 폐쇄 후 관리에 대한 점검
카. 방사성물질등의 포장 또는 운반에 관한 검사 (군사적 목적의 방사성물질등의 포장 또는 운반에 관한 검사는 제외한다)
타. 제작·수입된 운반용기 또는 사용 중인 운반용기 등에 관한 검사
파. 저장용기등의 제작검사
하. 판독업무 등에 관한 검사

(5) 면허시험의 실시

(6) 판독업무자가 판독한 방사선작업종사자의 피폭에 관한 기록 및 보고의 관리

(7) 신고의 접수와 조치 중 다음 각 목에 관한 사항
가. 규정에 따른 경미한 사항의 변경신고
나. 사업의 중단·폐지 등의 신고
다. 사업개시 등의 신고
라. 핵원료물질의 사용신고 및 그 변경신고
마. 일시적인 사용 장소의 변경신고
바. 방사성동위원소등의 사용 또는 이동사용의 신고 및 그 변경신고
사. 방사선안전관리자의 선임·변경 및 해임 신고
아. 업무대행자의 등록변경신고
자. 방사성물질등의 운반신고
차. 판독업무자의 등록사항 변경신고
카. 허가 또는 지정이 취소되거나 사업 또는 사용을 폐지한 원자력관계사업자의 방사성물질등 또는 방사선발생장치의 양도·보관·배출·저장·처리·처분·오염제거·기록인도와 그 밖의 방사선장해 방어 조치

(7의2) 규정에 따른 보수교육(면허 소지자에 대한 보수교육으로 한정한다)의 실시

(8) 규정에 관한 업무 중 다음 각 목에 관한 사항
  가. 면허증 신청의 접수·심사 및 면허증 교부(재교부를 포함한다)
  나. 핵물질 등의 수용·양도 관련 업무
  다. 법 제98조제1항 및 제104조제1항에 따른 보고

(9) 등록에 관련된 안전성 심사에 관한 사항

(10) 방사선환경조사, 환경상의 방사선 및 방사능 감시·평가에 관한 사항

(11) 주기적 안전성 평가에 관련된 안전성 심사에 관한 사항

(11의2) 대형방사선발생장치의 허가기준 적합 여부에 대한 사전검토에 관한 사항

(12) 법 제111조제1항제16호에 관한 업무 중 다음 각 목에 관한 사항
  가. 연구용원자로 및 관계시설의 운영허가에 관련된 안전성 심사
  나. 일일작업량 보고에 관한 업무
  다. 위원회규칙으로 정하는 종류 및 수량 외의 방사성폐기물의 자체처분에 관한 안전관리 업무
  라. 운반 중 발생한 사고의 조치에 관한 업무
  마. 위해시설 설치에 관한 안전성 검토 업무
  바. 원자력관계사업자(신고사용자는 제외한다) 또는 그로부터 방사성물질등을 위탁받아 운반하는 자의 방사성물질등의 운반물 현황에 대한 보고에 관한 업무
  사. 검사 및 시료 수거를 위한 인력 및 기술의 지원. 다만, 별표 9 제6호 가목에 따른 업무는 제외한다.
  아. 기준 외에 법 및 이 영에 따른 업무 수행을 위하여 필요한 기준(기술기준을 포함한다)의 연구·개발

<u>한국원자력연구원에 위탁하는 업무</u>

면허 소지자로서 핵연료물질 또는 방사성동위원소 등의 취급업무에 종사하는 사람에 대한 보수교육의 실시

한국원자력통제기술원에 위탁하는 업무

(1) 법 제111조 제1항 제2호에 따른 심사 중 다음 각 목의 사항
가. 발전용원자로설치자의 계량관리규정에 관한 심사
나. 발전용 원자로운영자의 계량관리규정에 관한 심사
다. 연구용원자로등설치자의 계량관리규정에 관한 심사
라. 핵연료주기사업자의 계량관리규정에 관한 심사
마. 핵연료물질사용자의 계량관리규정에 관한 심사
바. 폐기시설등건설·운영자의 계량관리규정에 관한 심사

(2) 법 제111조 제1항 제4호에 따른 검사 중 다음 각 목의 사항
가. 발전용원자로설치자의 특정핵물질의 계량관리에 관한 검사
나. 발전용원자로운영자의 특정핵물질의 계량관리에 관한 검사
다. 연구용원자로등설치자의 특정핵물질의 계량관리에 관한 검사
라. 핵연료주기사업자의 특정핵물질의 계량관리에 관한 검사
마. 핵연료물질사용자의 특정핵물질의 계량관리에 관한 검사
바. 폐기시설등건설·운영자의 특정핵물질의 계량관리에 관한 검사

(3) 국제규제물자에 관한 정보 관리

(4) 원자력통제에 관한 교육

(5) 법 제111조 제1항 제10호에 따른 업무 중 다음 각 목의 사항
가. 보고 관련 업무에 관한 사항 중 국제규제물자와 그 관련연구 업무에 대한 보고 및 서류 제출 관련 업무
나. 수출입과 관련된 업무에 관한 인력 및 기술 지원. 다만, 별표 10 제6호마목에 따른 업무는 제외한다.

(6) 법 제111조 제1항 제15호에 따른 업무 중 다음 각 목에 관한 사항
가. 법 제98조제2항(국제규제물자를 취급하거나 이에 관련된 연구를 수행하는 자에 대한 것으로 한정한다) 및 규정에 따른 검사 및 시료 수거를 위한 인력 및 기술 지원
나. 국제규제물자의 이동을 확인하기 위한 장치의 설치

한국원자력의학원에 위탁하는 업무

(1) 방사선 건강영향조사
(2) 건강영향조사를 위한 관계기관의 협조요청의 통보 및 접수

한국원자력안전재단에 위탁하는 업무

(1) 면허 소지자로서 방사성동위원소등의 취급업무에 종사하는 사람에 대한 보수교육의 실시

(2) 법 제111조 제1항 제10호에 따른 업무 중 다음 각 목의 사항
가. 방사선작업종사자 및 수시출입자의 피폭기록에 관한 보고의 관리에 관한 사항
나. 방사선작업종사자의 건강진단기록 보고의 관리에 관한 사항
다. 방사선안전관리자 외의 방사선작업종사자의 직장교육 결과 보고의 관리에 관한 사항

(3) 법 제111조 제1항 제15호에 따른 업무 중 다음 각 목의 사항
가. 원자력안전연구개발사업계획의 수립과 관련된 기술동향의 조사·분석 및 기술수요의 예측
나. 연도별 연구개발과제의 선정과 관련된 연구개발과제의 접수·검토 및 평가에 관한 사항
다. 원자력안전연구개발사업의 실시와 관련된 연구개발과제의 협약체결·진도관리·결과평가 및 사후관리에 관한 사항
라. 원자력안전연구개발사업을 실시하는 데에 드는 비용의 운용에 관한 사항
마. 수출입과 관련된 업무

3) 수탁기관의 구분 등

위원회가 법 규정에 따라 그 권한을 위탁할 수 있는 기관은 다음과 같다.

(1) 「한국원자력안전기술원법」에 따라 설립된 한국원자력안전기술원(이하 "한국원자력안전기술원"이라 한다)
(2) 「과학기술분야 정부출연연구기관 등의 설립·운영 및 육성에 관한 법률」에 따라 설립된 한국원자력연구원(이하 "한국원자력연구원"이라 한다)
(3) 한국원자력통제기술원(이하 "한국원자력통제기술원"이라 한다)
(4) 안전재단
「방사선 및 방사성동위원소 이용진흥법」에 따라 설립된 한국원자력의학원(이하 "한국원자력의학원"이라 한다)
(5) 다음 각 목의 어느 하나에 해당하는 기관으로서 위원회가 지정하는 기관
가. 행정기관
나. 국공립연구기관
다. 「특정연구기관 육성법」에 따른 특정연구기관
라. 「비파괴검사기술의 진흥 및 관리에 관한 법률」에 따라 설립된 비파괴검사협회
마. 「방사선 및 방사성동위원소 이용진흥법」에 따라 설립된 협회
바. 「민법」 규정에 따라 설립된 비영리법인 중 관계 전문기관

13. 원자력 안전규제 계정의 회계기관

위원회는 「원자력 진흥법」제17조제1항에 따른 원자력기금 중 같은 조 제2항에 따른 원자력안전규제계정(이하 "원자력안전규제계정"이라 한다)의 수입과 지출에 관한 사무를 담당하게 하기 위하여 그 소속 공무원 중에서 기금수입징수관, 기금재무관, 기금지출관 및 기금출납공무원을 각각 임명하여야 한다.

1) 원자력안전규제계정의 한국은행 계정 설치

위원회는 원자력안전규제계정의 수입 및 지출을 명확하게 하기 위하여 한국은행에 원자력안전규제계정을 설치하여야 한다.

2) 원자력안전규제계정의 회계연도

원자력안전규제계정의 회계연도는 정부의 회계연도에 따른다.

3) 원자력안전규제계정에 관한 사무의 위탁 등

(1) 위원회는 원자력안전규제계정에 관한 다음 각 호의 사무를 「원자력 진흥법」 제18조제1항 단서에 따라 안전재단에 위탁한다.

① 원자력안전규제계정의 관리·운용에 관한 회계사무

② 원자력안전규제계정의 수입 및 지출에 관한 사무

③ 원자력안전규제계정의 여유자금 운용에 관한 사무

④ 그 밖에 원자력안전규제계정의 관리·운용에 관하여 위원회가 정하여 고시하는 사무

(2) 제(1)에 따라 원자력안전규제계정에 관한 사무를 위탁받은 안전재단은 위원회가 정한 사항을 위원회에 보고하여야 한다.

(3) 위원회는 제(1)에 따라 원자력안전규제계정의 수입과 지출에 관한 사무를 위탁받은 안전재단과 협의하여 안전재단의 이사 중에서 기금수입담당이사와 기금지출원인행위 담당이사를, 그 직원 중에서 기금지출원과 기금출납원을 각각 임명하여야 한다. 이 경우 기금수입담당이사는 기금수입징수관의 업무를, 기금지출원인행위 담당이사는 기금재무관의 업무를, 기금지출원은 기금지출관의 업무를, 기금출납원은 기금출납공무원의 업무를 위탁받은 업무의 범위에서 각각 수행한다.

14. 민감정보 및 고유식별 정보의 처리

▸ 위원회(법 규정에 따라 위원회의 권한을 위탁받은 자, 판독업무자 및 규정에 따라 위원회가 지정하여 고시하는 기관을 포함한다) 또는 원자력관계사업자는 다음 각 호의 사무를 수행하기 위하여 불가피한 경우 「개인정보 보호법」에 따른 건강에 관한 정보(제3호의 사무에 한정한다)나 같은 법 시행령 규정에 따른 범죄 경력자료에 해당하는 정보(제1호, 제2호 및 제4호의 사무에 한정한다), 같은 영 규정에 따른 주민등록번호, 여권번호 또는 외국인등

록번호가 포함된 자료를 처리할 수 있다.

(1) 인가·허가·지정·등록·면허의 취소 및 사용금지의 명령에 관한 사무
(2) 결격사유 조회에 관한 사무
(3) 방사선장해방지조치에 관한 사무
(4) **법 제94조제6호** 단서에 해당하는지를 확인하기 위한 사무

▸ **법 제94조제6호**

원자력관계사업자가 사망하여 그 상속인이 방사성물질등 또는 방사선발생장치를 소지하는 경우.

(4-1) 방사선 건강영향조사에 관한 사무
(5) 교육훈련에 관한 사무

15. 제한구역

1) 제한구역의 설정

(1) 국가가 원자로 및 관계시설, 핵연료주기시설 또는 방사성폐기물 관리시설등을 설치하는 때에는 방사선에 따른 인체·물체 및 공공의 재해를 방어하기 위하여 일정 범위의 제한구역을 설정할 수 있다.
(2) 제한구역에서는 일반인의 출입이나 거주의 제한을 명할 수 있다.
(3) 제한구역의 설정범위와 제(2)항에 따른 출입이나 거주의 제한에 필요한 사항은 대통령령으로 정한다.
(4) 제한으로 인하여 발생한 손실은 정당한 보상을 하여야 한다. 이 경우 그 지급에 필요한 사항은 대통령령으로 정한다.
(5) 국가 외의 원자로 및 관계시설, 핵연료주기시설 또는 방사성폐기물 관리시설등을 설치·운영하려는 자는 일정 범위의 부지를 대통령령으로 정하는 바에 따라 확보하여 그 범위에서 제(1)항에 따른 제한구역을 설정하고 그 제한구역에는 일반인의 출입이나 거주를 제한하여야 한다.

2) 제한구역의 설정범위 등

(1) 제한구역의 설정범위는 지형 및 그 밖의 자연조건을 고려하여 위원회가 관계 기관의 장과 협의한 후 설정한다. 다만, 열 출력 10메가와트 이하인 연구용등 원자로시설에 대해서는 제한구역을 설정하지 아니할 수 있다.
(2) 부지확보는 소유권 취득 또는 지상권 설정의 방법으로 하여야 한다. 다만, 국유·공유의 도로, 철도, 도랑, 하천, 해양, 임야 및 공원에 대해서는 원자로 및 관계시설, 핵연료주기시설 또는 방사성폐기물 관리시설 등을 설치·운영하려는 자가 일반인의 출입 및 통행에 대한 통제를 할 수 있는 경우로서, 위원회가 관련 시설의 안전운영에 지장이 없다고 인정하는 경우에는 부지가 확보된 것으로 본다.

3) 위해시설 설치제한

(1) 허가를 받아 원자로 및 관계시설, 핵연료주기시설 또는 방사성폐기물 관리시설등이 건설 또는 운영되고 있는 부지로부터 **대통령령으로 정하는 범위**에 해당 시설의 운영에 위해가 되는 시설의 설치를 허가·인가 또는 승인하려는 관계 행정기관의 장은 위원회와 미리 협의하여야 한다.

(2) 관계 행정기관의 장이 위원회와 협의하여야 하는 대상시설은 대통령령으로 정한다.

4) 위해시설 설치제한의 범위 및 대상시설

(1) **"대통령령으로 정하는 범위"**란 원자로 및 관계시설, 핵연료주기시설 또는 방사성폐기물 관리시설 등의 중심으로부터 반경 8킬로미터까지의 범위를 말한다. 다만, 「항공법」에 따른 공항의 시설의 경우에는 16킬로미터까지의 범위를 말한다.

(2) 관계 행정기관의 장이 그 시설의 설치를 허가·인가 또는 승인하려는 경우 위원회와 협의하여야 하는 대상시설은 다음 각 호와 같다.

① 「공항시설법」에 따른 공항

② 「군사기지 및 군사시설 보호법」에 따른 군사시설 중 포사격장 및 미사일기지(「국방·군사시설 사업에 관한 법률」에 따른 실시계획승인 대상사업으로 설치되는 것에 한정한다)

③ 「하천법」에 따른 하천시설 중 댐 및 하구둑

④ 그 밖에 폭발, 진동, 유독성 물질 배출 등으로 인하여 원자로 및 관계시설, 핵연료 주기시설 또는 폐기시설 등의 안전에 중대한 지장을 줄 우려가 있다고 인정되는 시설로서 위원회가 관계 행정기관의 장과 협의하여 고시하는 시설

16. 청문

위원회는 다음 각 호의 어느 하나에 해당하는 처분을 하려는 경우에는 청문을 실시하여야 한다.

(1) 허가사용자·신고사용자 또는 업무대행자, 방사성폐기물관리시설등건설·운영자 또는 판독업무자의 허가 또는 등록의 취소

(2) 면허의 취소

17. 종업원에 대한 보호

원자력관계사업자 또는 판독업무자는 그가 사용하는 종업원이 다음 각 호의 어느 하나에 해당하는 행위를 한 것을 이유로 해고하거나 불이익을 주어서는 아니 된다.

(1) 운영기술지침서, 안전관리규정, 판독에 관한 품질보증계획서를 준수하기 위한 행위

(2) 원자력관계사업자 또는 판독업무자가 제(1)호에 따른 운영기술지침서·안전관리규정 및 판독에 관한 품질보증계획서를 위반하였거나 위반할 우려가 있는 경우에 이를 위원회 또는 위원회의 권한을 위임받거나 위탁받은 기관의 장에게 알려주는 행위

(3) 규정에 따른 검사 또는 조사에 응하기 위하여 증언을 하거나 증거를 제출하는 행위
(4) 방사선안전관리자의 업무행위, 방사선안전관리자가 같은 방사선안전관리에 관하여 조치·권고하거나 규정에 따라 안전관리에 필요한 조치나 협력을 요청하는 행위

18. 수수료

1) 수수료(법)

이 법에 따라 허가·승인·면허·등록·검사를 신청하는 자는 총리령으로 정하는 바에 따라 수수료를 납부하여야 한다. 다만, 위원회는 국가, 지방자치단체, 「초·중등교육법」 및 「고등교육법」에 따른 학교, 그 밖에 다른 법령에 따라 설립된 학교와 이 법 또는 다른 법률에 따라 정부가 출연금을 지급하는 기관으로서 **대통령령으로 정하는 기관**에는 수수료의 납부를 면제할 수 있다

▸ **"대통령령으로 정하는 기관"**이란 한국원자력안전기술원, 한국원자력연구원 및 한국원자력통제기술원 및 안전재단을 말한다.

2) 수수료(규칙)

(1) 납부하여야 하는 수수료는 수입인지 또는 정보통신망을 이용한 전자화폐·전자결제 등의 방법으로 납부하며, 그 금액은 별표 1과 같다. 다만, 위원회가 그 권한을 위탁한 경우의 납부방법은 수탁기관이 정한다.
(2) 위원회는 규정에 따라 면허시험에 응시한 자가 다음 각 호의 어느 하나에 해당하는 경우에는 이미 납부한 응시수수료를 환급하여 줄 수 있다.
　① 응시수수료를 과오납한 경우
　② 접수마감일부터 10일 이내에 취소하는 경우
　③ 시험시행기관의 귀책사유로 시험에 응하지 못한 경우

[별표 1]

수수료

1. 방사성동위원소 등의 생산·사용·이동사용 및 판매허가

(단위 : 원)

항 목	수수료
가. 방사성동위원소의 생산·사용·이동사용허가신청	10,000
나. 방사선발생장치의 생산·사용·이동사용허가신청	10,000
다. 방사성동위원소의 판매허가신청	10,000
라. 방사선발생장치의 판매허가신청	10,000
마. 방사성동위원소의 생산·사용·이동사용변경허가신청	5,000
바. 방사선발생장치의 생산·사용·이동사용변경허가신청	5,000
사. 방사성동위원소의 판매변경허가신청	5,000
아. 방사선발생장치의 판매변경허가신청	5,000

2. 폐기시설 등의 건설·운영허가

(단위 : 원)

항 목	수수료
가. 폐기시설 등의 건설·운영 허가신청	100,000
나. 폐기시설 등의 건설·운영 변경허가신청	20,000

3. 판독업무자의 등록

(단위 : 원)

항 목	수수료
가. 판독업무의 등록신청	10,000
나. 판독업무의 변경등록 신고	5.000

4. 원자력관련 면허

(단위 : 원)

항 목	수수료
가. 면허시험에 응시하는 경우	
(1) 원자로조종감독자면허	20,000
(2) 원자로조종사면허	15,000
(3) 핵연료물질취급감독자면허	20,000
(4) 핵연료물질취급자면허	15,000
(5) 방사성동위원소취급자일반면허	15,000
(6) 방사성동위원소취급자특수면허	20,000
(7) 방사선취급감독자면허	20,000
나. 면허증교부를 신청하는 경우	5,000
다. 면허증재교부(정정·갱신 등)를 신청하는 경우	2,500

5. 업무대행자의 등록

(단위 : 원)

항 목	수수료
가. 업무대행자의 등록신청	10,000
나. 업무대행자의 변경등록신고(신청인의 성명 및 주소 변경은 제외함)	5,000

6. 특정 기술주제 보고서의 승인

(단위 : 원)

항 목	수수료
가. 특정 기술주제 보고서의 승인신청	20,000

19. 벌칙

1) 벌칙

(1) 원자로를 파괴하여 사람의 생명 신체 또는 재산을 해하거나 그밖에 공공의 안전을 문란하게 한 자는 **사형, 무기 또는 3년 이상의 유기징역**에 처한다.

(2) 전쟁, 천재지변 또는 이에 준하는 비상사태에 있어서 제(1)항의 죄를 범한 사람은 **사형 또는 무기징역**에 처한다.

(3) 제(1)항 및 제(2)항의 미수범은 처벌한다.

(4) 제(1)항 또는 제(2)항의 죄를 범할 목적으로 예비 음모 또는 선동한 자는 **3년 이상의 유기징역**에 처한다.

(5) 방사성물질 등과 원자로 및 관계시설 핵연료주기시설 방사선 발생장치를 부당하게 조작하여 사람의 생명 또는 신체에 위험을 가한 사람은 **1년 이상 10년 이하의 징역**에 처한다.

(6) 제(5)항의 죄를 범하여 사람을 사망하게 한 자는 **3년 이상의 유기징역**에 처한다.

(7) 비밀누설금지 규정에 위반한 자는 **10년 이하의 징역**에 처한다.

(8) 다음 각 호의 어느 하나에 해당하는 자는 **3년 이하의 징역 또는 3천만원 이하의 벌금**에 처하거나 이를 병과 할 수 있다.

① 방사성동위원소·방사선발생장치 사용 등의 허가, 업무대행자의 등록, 폐기시설 등의 건설·운영허가 또는 판독업무자의 등록을 위반하여 허가를 받지 아니하거나 등록을 하지 아니하고 사용·소지·사업 등 각 해당 조에 규정된 행위를 한 자

② 방사성폐기물관리시설 등 건설·운영자의 기술기준 또는 방사선장해 방지에 대한 명령에 위반한 자

③ 허가사용자·신고사용자 또는 업무대행자의 생산·판매·사용 또는 이동사용 허가 등의 취소 등, 폐기시설 등의 건설·운영 허가의 취소 등 또는 판독업무자 등록의 취소에 대한 사업 또는 업무의 정지 명령에 위반하여 사업 또는 업무를 계속한 자

④ 방사선 건강영향조사와 관련된 업무에 종사하는 자가 직무상 알게 된 개인정보 또는

비밀을 타인에게 누설하거나 직무상 목적 외의 목적으로 사용한 자

(9) 다음 각 호의 어느 하나에 해당하는 자는 **1년 이하의 징역 또는 1천만원 이하의 벌금**에 처하거나 이를 병과 할 수 있다.

① 방사성동위원소·방사선발생장치 사용 등의 허가 등, 방사성폐기물관리시설 등의 건설·운영 허가 등의 허가를 받은 자가 변경허가를 받지 아니하고 허가받은 사항을 변경한 자

② 방사선발생장치 등의 설계승인, 운반용기의 설계승인, 권한의 위탁 규정에 의한 승인을 받지 아니한 자

③ 허가사용자 및 업무대행자의 검사, 방사성폐기물관리시설 등의 건설·운영 허가를 받은 자의 검사, 방사성물질등의 포장 또는 운반을 위탁받은 자의 검사, 승인을 받아 제작·수입된 운반용기 및 사용 중인 운반용기의 검사, 판독업무자의 판독업무 등에 검사받아야 할 사항을 검사받지 아니하거나 검사를 거부·방해 또는 기피하거나 거짓의 진술을 한 자

④ 제한구역 설정에 따른 제한명령에 위반하여 출입하거나 거주한 자 또는 제한구역 규정에 위반한 자

⑤ 허가사용자 및 신고사용자에게 해당 시설의 수리·개선·이전 또는 생산·사용의 정지, 취급방법의 변경과 그 밖의 안전에 필요한 조치 명령 위반, 발주자에게 안전설비의 설치 또는 보완 명령 등을 위반한 자

⑥ 방사성폐기물을 해양에 투기하는 방법으로 처분, 폐기시설 등 건설·운영자가 아닌 자가 위원회규칙으로 정하는 종류 및 수량의 방사성폐기물을 땅속에 천층처분(동굴처분을 포함한다) 또는 심층처분 등의 방법으로 처분, 검사에 합격한 운반용기의 사용, 면허규정, 방사성물질 등 또는 방사선발생장치의 소지 및 양도·양수 제한, 원자력이용시설의 취급 제한, 방사선발생장치 또는 방사성물질 등의 도난 등 신고에 관한 규정을 위반한 자

⑦ 방사성물질의 운반 또는 포장 중 사고시 보고, 장해방어 조치 및 보고, 원자력관계사업자·판독업무자와 원자로 및 관계시설의 건설 또는 운영에 참여하는 사업자와 국제규제물자를 취급하거나 관련 연구를 수행하는 자의 업무보고, 방사선환경조사 및 방사선환경 영향평가 등의 규정에 위반하여 보고를 하지 아니하거나 거짓의 보고를 한 자

⑧ 거짓이나 그 밖의 부정한 방법으로 면허를 받은 자

⑨ 면허증을 다른 사람에게 빌려주거나 빌리거나 이를 알선한 자

(10) 다음 각 호의 어느 하나에 해당하는 자는 **300만원 이하의 벌금**에 처한다.

① 방사성동위원소·방사선 발생장치의 허가사용자 및 업무대행자, 포장 및 운반 등의 검사 결과 시정 또는 보완, 주기적 안전성평가 결과 또는 그에 따른 안전조치 등의 시정 및 보완, 허가사용자 또는 업무대행자에게 검사 결과에 따른 그 시정 또는 보완, 폐기시설 등의 건설·운영 허가를 받은 자의 검사 결과에 따른 시정 또는 보완, 포장 및 운반검사의 기술기준 미달 시 시정 또는 보완, 방사선 환경조사의 실시 결과 그 시설의 설치자 및 운영자에 대하여 환경보전에 필요한 조치사항 명령에 위반한 자

② 면허증을 교부받은 자는 이를 타인에게 대여하거나 부당하게 행사하는 경우, 원자력 관계사업자 또는 판독업무자는 그가 사용하는 종업원에 대한 보호규정 등을 위반한 자
③ 발전용원자로 설치자는 규정에 따라 국제규제물자 중 핵물질의 계량관리규정을 정하여 특정 핵물질의 사용개시 전에 위원회의 승인사항, 발전용원자로운영자가 발전용 원자로 및 관계시설을 해체하려는 경우 위원회의 승인사항을 변경승인을 받지 아니하고 승인받은 사항을 변경한 자
④ 허가 또는 지정조건의 규정을 위반하여 안전한 작업환경을 제공하지 아니한 자
⑤ 발주자는 안전한 작업환경 조성을 위하여 방사선작업종사자의 실제 일일작업량을 보고를 하지 아니하거나 거짓으로 보고한 자
⑥ 허가 또는 지정 조건을 위반한 자

2) 과태료

(1) 다음 각 호의 어느 하나에 해당하는 자는 **3천만원 이하의 과태료**를 부과한다.
① 방사성동위원소 등의 경미한 사항 변경신고, 업무대행자의 등록사항 변경신고, 방사선기기의 경미한 사항 변경신고, 폐기시설 등의 건설·운영 허가자의 변경신고, 운반신고, 운반용기의 설계승인, 판독업무자의 등록한 사항 변경, 원자력 관계사업자의 허가 등의 취소 또는 사업폐지 등에 따른 조치 신고 등을 위반하여 신고를 하지 아니 하거나 거짓의 신고를 한 자
② 포장 및 운반에 관한 기술기준, 방사성폐기물의 처분의 인도 기준, 폐기시설 등 건설·운영자의 기술기준, 방사선장해방지 조치, 방사성물질 등의 운반 또는 포장 중에 발생할 수 있는 사고시 조치, 방사성물질 등의 운반에 관계하는 작업자에게 방사선피폭의 점검과 안전교육의 실시, 방사선작업종사자와 방사선관리구역에 출입하는 사람에게 원자력이용에 따르는 안전성 확보 및 방사선장해방지에 필요한 교육 및 훈련 규정을 위반한 자
③ 허가사용자·신고사용자 및 업무대행자의 업무 등에 관한 기록, 폐기시설 등 건설·운영자의 업무 등에 관한 기록, 판독업무자의 관련된 기록규정에 위반하여 기록하지 아니하거나 거짓으로 기록한 자
④ 검사결과 판독업무자가 등록기준에 미달되거나 이 법에 위반한 사실이 있을 때에는 그 시정 또는 보완 명령을 위반한 자
⑤ 방사선발생장치 등의 설계승인에 대한 경미한 사항의 변경 신고, 운반용기 설계승인에 대한 경미한 사항의 변경 신고, 권한위탁에서 수탁업무 처리규정의 승인사항 변경을 변경승인을 받지 아니하고 변경한 자
⑥ 안전관련설비 계약 신고의 규정에 따른 성능검증과 관련된 서류를 위조, 조작한 자
⑦ 방사선안전관리자를 선임한 허가사용자 또는 신고사용자가 일시적으로 방사선안전관리자의 직무를 대행할 수 있는 대리자를 지정하지 아니한 자
⑧ 원자력관계사업자와 원자력 관련 연구를 수행하는 기관에서 대통령령으로 정하는 사람 중 원자력통제에 관한 교육을 받게 하지 아니한 자

(2) 과태료는 대통령령으로 정하는 바에 따라 위원회가 부과·징수한다.

과태료 부과기준

1. 일반기준

가. 위반행위의 횟수에 따른 과태료의 가중된 부과기준은 최근 2년간 같은 위반행위로 과태료 부과처분을 받은 경우에 적용한다. 이 경우 기간의 계산은 위반행위에 대하여 과태료 부과처분을 받은 날과 그 처분 후 다시 같은 위반행위를 하여 적발된 날을 기준으로 한다.

나. 가목에 따라 가중된 부과처분을 하는 경우 가중처분의 적용 차수는 그 위반행위 전 부과처분 차수(가목에 따른 기간 내에 과태료 부과처분이 둘 이상 있었던 경우에는 높은 차수를 말한다)의 다음 차수로 한다.

다. 위원회는 다음의 어느 하나에 해당하는 경우에는 제2호의 개별기준에 따른 과태료 금액의 2분의 1 범위에서 그 금액을 줄일 수 있다. 다만, 과태료를 체납하고 있는 위반행위자의 경우에는 그렇지 않다.

1) 위반행위자가 「질서위반행위규제법 시행령」 제2조의2제1항 각 호의 어느 하나에 해당하는 경우
2) 위반행위가 사소한 부주의나 오류로 인한 것으로 인정되는 경우
3) 위반행위자가 법 위반상태를 시정하거나 해소하기 위하여 노력한 것이 인정되는 경우
4) 그 밖에 위반행위의 정도, 위반행위의 동기와 그 결과 등을 고려하여 그 금액을 줄일 필요가 있다고 인정되는 경우

라. 위원회는 다음의 어느 하나에 해당하는 경우에는 제2호에 따른 과태료 금액의 2분의 1 범위에서 그 금액을 늘릴 수 있다. 다만, 법 제119조제1항에 따른 과태료 금액의 상한을 넘을 수 없다.

1) 위반의 내용·정도가 중대하여 공중에 미치는 피해가 크다고 인정되는 경우
2) 해당 위반행위보다 중대한 위반행위를 은폐·조작하기 위하여 위반행위가 발생한 경우
3) 법 위반상태의 기간이 6개월 이상인 경우
4) 그 밖에 위반행위의 정도, 위반행위의 동기와 그 결과 등을 고려하여 그 금액을 늘릴 필요가 있다고 인정되는 경우

2. 개별기준

(단위: 만원)

위반행위	근거 법조문	과태료 금액		
		1차 위반	2차 위반	3차이상 위반
1. 총리령으로 정하는 일시적인 사용 장소의 변경과 그 밖의 경미한 사항을 변경 또는 총리령으로 정하는 용도 또는 수량 이하의 밀봉된 방사성동위원소 또는 용도 또는 용량 이하의 방사선발생장치를 사용 또는 이동사용하려는 자가 신고를 하지 않거나 거짓으로 신고한 경우	법 제119조제1항제1호	300	450	900
2. 방사선안전관리자의 선임 신고를 하지 않거나 거짓으로 신고한 경우	법 제119조제1항제1호	300	450	900

3. 방사선안전관리자의 해임 및 선임신고를 하지 않거나 거짓으로 신고한 경우	법 제119조제1항제1호	200	300	600
4. 해임된 후 1년이 지나지 아니한 사람을 방사선안전관리자로 선임하여 위반한 경우	법 제119조제1항제2호	200	300	600
5. 허가사용자 또는 신고사용자가 일시적으로 방사선안전관리자의 직무를 대행할 대리자를 지정하지 않은 경우	법 제119조제1항제7호	200	300	600
6. 허가사용자, 신고사용자, 방사선작업종사자 및 방사선관리구역출입자가 방사선안전관리에 관한 방사선안전관리자의 조치와 권고를 따르지 않아 위반한 경우	법 제119조제1항제2호	200	300	600
7. 업무대행자가 등록한 사항을 변경하고 이를 신고하지 않거나 거짓으로 신고한 경우	법 제119조제1항제1호	200	300	600
8. 허가사용자·신고사용자 및 업무대행자가 규정에 의한 기록사항을 기록하지 않거나 거짓으로 기록한 경우	법 제119조제1항제3호	200	300	600
9. 허가사용자 및 신고사용자의 기술기준 준수 위반 또는 안전관리규정, 업무대행규정을 위반한 경우	법 제119조제1항제2호	300	450	900
10. 방사선안전관리자가 안전한 방사선투과검사의 수행을 위하여 발주자에게 필요한 조치나 협력을 요청시 따르지 않아서 위반한 경우	법 제119조제1항제2호	400	800	1,600
11. 방사선기기를 제작하려는 자 또는 외국에서 제작된 방사선기기를 수입하려는 자가 위원회의 승인이나 변경승인을 받지 않고 승인받은 사항을 변경한 경우	법 제119조제1항제5호	300	450	900
12. 방사선발생장치의 설계승인 규정에서 경미한 사항을 변할 때 이를 신고하지 않거나 거짓으로 신고한 경우	법 제119조제1항제2호	200	300	600
13. 승인을 받은 자가 제작 또는 수입한 방사선기기를 위원회에 검사를 받지 않아서 위반한 경우	법 제119조제1항제2호	300	450	900
14. 허가사용자·신고사용자 및 업무대행자가 사업을 재개한 때에는 그 사업을 개시·중단·폐지 또는 재개한 날부터 30일 이내에 신고를 하지 않거나 거짓으로 신고한 경우	법 제119조제1항제2호	200	300	600
15. 방사성폐기물 관리시설 등의 건설·운영자가 경미한 사항을 변경하고, 신고하지 않거나 거짓으로 신고한 경우	법 제119조제1항제2호	300	450	900
16. 방사성폐기물 관리시설등 건설·운영자가 규정에 기록사항을 기록하지 않거나 거짓으로 기록한 경우	법 제119조제1항제3호	300	450	900
17. 방사성폐기물 관리시설등 건설·운영자가 기술기준 준수 또는 안전관리규정을 준수하지 않아서 위반한 경우	법 제119조제1항제2호	300	450	900
18. 방사성폐기물 관리시설등 건설·운영자가 계량관리규정에	법	300	450	900

서 경미한 사항을 변경하고, 신고하지 않거나 거짓으로 신고한 경우	제119조제1항제1호			
19. 방사성폐기물 관리시설등 건설·운영자가 사업개시 등의 신고를 하지 않거나 거짓으로 신고한 경우	법 제119조제1항제1호	200	300	600
20. 방사성폐기물 외의 방사성폐기물의 처분을 규정의 방법 및 절차에 위반 또는 방사성폐기물의 처분을 방사성폐기물관리 시설등 건설·운영자에게 위탁하는 경우 인도(引渡) 기준에 적합하지 않아서 위반한 경우	법 제119조제1항제2호	300	450	900
21. 방사성물질등을 해당 사업소 밖의 장소나 외국으로부터 국내의 해당 사업소로 운반할 때 신고를 하지 않거나 거짓으로 신고한 경우	법 제119조제1항제1호	300	450	900
22. 포장 및 운반에 관한 기술기준을 위반한 경우	법 제119조제1항제2호	300	450	900
23. 원자력관계사업자는 방사성물질등의 운반에 관계하는 작업자에게 방사선피폭의 점검과 안전교육을 실시하지 않아서 위반한 경우	법 제119조제1항제2호	200	300	600
24. 원자력관계사업자 또는 운반을 위탁받은 자는 방사성물질등의 운반 또는 포장 중에 발생할 수 있는 사고에 대비하여 비상대응계획을 수립·시행하지 않아서 위반한 경우	법 제119조제1항제2호	300	450	900
25. 운반용기를 제작할 때 또는 외국에서 제작된 운반용기를 수입할 때에 변경승인을 받지 않고 승인받은 사항을 변경한 경우	법 제119조제1항제5호	300	450	900
26. 운반용기 설계승인의 규정에서 경미한 사항을 변경하고, 신고하지 않거나 거짓으로 신고한 경우	법 제119조제1항제1호	200	300	600
27. 판독업무자가 등록한 사항을 변경하고 신고를 하지 않거나 거짓으로 신고한 경우	법 제119조제1항제1호	300	450	900
28. 검사결과 판독업무자가 등록기준에 미달될 때 그 시정 또는 보완의 명령을 위반한 경우	법 제119조제1항제4호	300	450	900
29. 판독업무자가 판독시설 및 판독업무에 관한 사항 등을 기록하지 않거나 거짓으로 기록한 경우	법 제119조제1항제3호	200	300	600
30. 판독업무자가 사업개시 등의 신고를 하지 않거나 거짓으로 신고한 경우	법 제119조제1항제1호	200	300	600
31. 방사선장해방지조치 사항을 위반한 경우	법 제119조제1항제2호	400	800	1,600
32. 허가 등의 취소 또는 사업폐지 등에 따른 조치의 규정에 따라 신고를 하지 않거나 거짓으로 신고한 경우	법 제119조제1항제1호	300	450	900

33. 원자력관계사업자가 방사선작업종사자와 방사선관리구역에 출입하는 사람에게 원자력이용에 따르는 안전성 확보 및 방사선장해방지에 필요한 교육 및 훈련을 실시하지 않아서 위반한 경우	법 제119조제1항제2호	200	300	600
34. 원자력관계사업자 및 원자력 관련 연구를 수행하는 사람 중 원자력통제에 관한 교육을 받지 않은 경우	법 제119조제1항제8호	200	300	600

3) 양벌규정

(1) 법인의 대표자나 법인 또는 개인의 대리인, 사용인, 그 밖의 종업원이 그 법인 또는 개인의 업무에 관하여 원자력안전법의 벌칙 규정 제113조부터 제115조까지의 어느 하나에 해당하는 위반행위를 하면 그 행위자를 벌하는 외에 그 법인 또는 개인을 1억원 이하의 벌금에 처한다. 다만, 법인 또는 개인이 그 위반행위를 방지하기 위하여 해당 업무에 관하여 상당한 주의와 감독을 게을리 하지 아니한 경우에는 그러하지 아니하다.

(2) 법인의 대표자나 법인 또는 개인의 대리인, 사용인, 그 밖의 종업원이 그 법인 또는 개인의 업무에 관하여 원자력안전법의 벌칙 규정 제116조부터 제118조까지의 어느 하나에 해당하는 위반행위를 하면 그 행위자를 벌하는 외에 그 법인 또는 개인에게도 해당 조문의 벌금형을 과한다. 다만, 법인 또는 개인이 그 위반행위를 방지하기 위하여 해당 업무에 관하여 상당한 주의와 감독을 게을리 하지 아니한 경우에는 그러하지 아니하다.

4) 벌칙 적용에서의 공무원 의제

다음 각 호의 어느 하나에 해당하는 자는 「형법」과 그 밖의 법률에 따른 벌칙의 적용에 있어서는 이를 공무원으로 본다.

(1) 성능검증기관에서 성능검증업무를 하는 자

(2) 성능검증관리기관에서 성능검증관리업무에 종사하는 자

(3) 위탁한 업무에 종사하는 기관 또는 관계 전문기관의 임원 및 직원

5) 업무의 정지 또는 사용금지 처분기준과 과징금 부과기준

(1) 일반기준

가. 위반행위의 횟수에 따른 행정처분기준은 최근 2년간 같은 위반행위를 한 경우에 적용한다. 이 경우 기준적용일은 최초의 행정처분일부터 같은 위반행위를 다시 적발한 날을 기준으로 한다.

나. 처분권자는 위반행위의 동기·내용·횟수 및 위반의 정도 등 다음에 해당하는 사유를 고려하여 제2호의 개별기준에 따른 업무정지 및 과징금의 2분의 1 범위에서 그 기간이나 금액을 가중하거나 감경할 수 있다. 다만, 가중하는 경우에도 법 제17조제1항, 법 제24조제1항, 법 제32조제1항, 법 제38조제1항, 법 제48조제1항, 법 제52조제6항,

법 제57조제1항, 법 제66조제1항 및 법 제81조제1항에 따른 기간 또는 법 제17조제2항(법 제24조제2항, 법 제32조제2항, 법 제38조제2항 및 법 제66조제2항에서 준용하는 경우를 포함한다), 법 제48조제2항(법 제52조제7항에서 준용하는 경우를 포함한다) 및 법 제57조제2항(법 제81조제2항에서 준용하는 경우를 포함한다)에 따른 금액을 초과할 수 없다.

① 감경 사유

가) 위반행위가 고의나 중대한 과실이 아닌 사소한 부주의나 오류로 인한 것으로 인정되고, 신속히 사후 조치를 취한 경우

나) 위반행위의 내용 및 정도가 경미하여 국민건강 및 환경에 미치는 피해가 적다고 인정되는 경우

다) 해당 위반행위를 처음 한 경우로서, 2년 이상 관련 업무를 모범적으로 해 온 사실이 인정되는 경우

② 가중 사유

가) 위반행위가 사소한 부주의나 오류가 아닌 고의나 중대한 과실에 따른 것으로 인정되는 경우

나) 위반의 내용 및 정도가 중대하여 국민건강 및 환경에 미치는 피해가 크다고 인정되는 경우

다) 위반행위의 기간, 위반횟수 등에 비추어 가중이 필요하다고 인정되는 경우

(2) 개별기준

규정에 따른 업무의 정지 또는 사용금지 처분기준과 과징금 부과기준은 **별표 2**와 같다.

[별표 2]

업무의 정지 또는 사용금지 처분기준과 과징금 부과기준

① 방사성동위원소등의 생산허가를 받은 자

위반행위	근거 법조문	1차 위반		2차 위반		3차이상 위반	
		업무 정지 기간	과징금 금액	업무 정지 기간	과징금 금액	업무 정지 기간	과징금 금액
가. 정당한 사유없이 그 허가를 받은 날부터 1년 내에 그 허가받은 사용 또는 사업을 개시하지 않거나 1년 이상 계속하여 중단한 경우	법 제57조제1항제2호	2개월	5천만원	4개월	1억원	8개월	2억원
나. 변경허가를 받지 않고 허가받은 사항을 변경한 경우	법 제57조제1항제3호	3개월	7천 5백만원	6개월	1억 5천만원	9개월	2억2천 5백만원
다. 허가기준에 미달하게 된 경우	법 제57조제1항제5호	2개월	5천만원	4개월	1억원	8개월	2억원
라. 허가사용자 또는 업무대행자의 검사결과 시정 또는 보완명령위반 또는 원자력관계사업자·판독업무자의 연구 수행보고서의 보완 명령 위반 및 검사결과 국제약속을 위반한 사항의 시정 또는 보완 명령을 위반한 경우	법 제57조제1항제6호	2개월	5천만원	4개월	1억원	8개월	2억원
마. 발주자의 안전설비 설치 보완 명령위반 또는 장해방어조치 보고 명령을 위반한 경우	법 제57조제1항제6호	6개월	1억 5천만원	9개월	2억2천 5백만원	12개월	3억원
바. 발주자의 안전조치 의무위반 또는 원자력관계사업자의 교육훈련을 위반한 경우	법 제57조제1항제7호	2개월	5천만원	4개월	1억원	8개월	2억원
사. 방사성폐기물의 해양투기 위반 또는 방사성폐기물 관리시설등 건설·운영자 이외자가 천층, 심층처분하는 경우	법 제57조제1항제7호	2개월	5천만원	4개월	1억원	8개월	2억원
아. 방사성폐기물 외의 방사성폐기물의 처분위반 또는 방사성폐기물의 인도기준을 위반한 경우	법 제57조제1항제7호	1개월	2천 5백만원	2개월	5천만원	3개월	7천 5백만원
자. 방사성물질등 또는 방사선발생장치의 소지 및 양도·양수 제한위반 또는 원자력이용시설의 취급제한을 위반한 경우	법 제57조제1항제7호	2개월	5천만원	4개월	1억원	8개월	2억원

차. 허가조건을 위반한 경우	법 제57조제1항제8호	1개월	2천5백만원	2개월	5천만원	3개월	7천5백만원

② 방사성동위원소등의 판매허가를 받은 자

위반행위	근거 법조문	1차 위반		2차 위반		3차 이상 위반	
		업무정지기간	과징금 금액	업무정지기간	과징금 금액	업무정지기간	과징금 금액
가. 정당한 사유없이 그 허가를 받은 날부터 1년 내에 그 허가받은 사용 또는 사업을 개시하지 않거나 1년 이상 계속하여 중단한 경우	법 제57조제1항제2호	2개월	5천만원	4개월	1억원	8개월	2억원
나. 변경허가를 받지 않고 허가받은 사항을 변경한 경우	법 제57조제1항제3호	3개월	7천 5백만원	6개월	1억 5천만원	9개월	2억2천 5백만원
다. 허가기준에 미달하게 된 경우	법 제57조제1항제5호	2개월	5천만원	4개월	1억원	8개월	2억원
라. 허가사용자 또는 업무대행자의 검사결과 시정 또는 보완 명령위반 또는 원자력관계사업자·판독업무자의 연구 수행보고서 보완 명령위반 및 검사결과 국제약속을 위반한 사항의 시정 또는 보완명령을 위반한 경우	법 저57조제1항제6호	2개월	5천만원	4개월	1억원	8개월	2억원
마. 발주자의 안전설비의 설치 보완 명형위반 또는 장해방어조치보고 명령을 위반한 경우	법 제57조제1항제6호	6개월	1억 5천만원	9개월	2억2천 5백만원	12개월	3억원
바. 발주자의 안전조치의무 위반 또는 원자력관계사업자의 교육훈련을 위반한 경우	법 제57조제1항제7호	2개월	5천만원	4개월	1억원	8개월	2억원
사. 방사성폐기물의 해양투기 위반 또는 방사성폐기물관리시설등 건설·운영자 이외자가 천층, 심층처분하는 경우	법 제57조제1항제7호	2개월	5천만원	4개월	1억원	8개월	2억원
아. 방사성폐기물 외의 방사성폐기물의 처분위반 또는 방사성폐기물의 인도기준을 위반한 경우	법 제57조제1항제7호	1개월	2천 5백만원	2개월	5천만원	3개월	7천 5백만원

자. 방사성물질등 또는 방사선발생장치의 소지 및 양도·양수 제한위반 또는 원자력이용시설의 취급제한을 위반한 경우	법 제57조제1항제7호	2개월	5천만원	4개월	1억원	8개월	2억원
차. 허가조건을 위반한 경우	법 제57조제1항제8호	1개월	2천 5백만원	2개월	5천만원	3개월	7천 5백만원

③ 방사성동위원소등의 사용허가를 받은 자

위반행위	근거 법조문	1차 위반		2차 위반		3차 이상 위반	
		업무정지기간	과징금 금액	업무정지기간	과징금 금액	업무정지기간	과징금 금액
가. 정당한 사유없이 그 허가를 받은 날부터 1년 내에 그 허가받은 사용 또는 사업을 개시하지 않거나 1년 이상 계속하여 중단한 경우	법 제57조제1항제2호	2개월	4천만원	4개월	8천만원	8개월	1억 6천만원
나. 변경허가를 받지 않고 허가받은 사항을 변경한 경우	법 제57조제1항제3호	3개월	6천만원	6개월	1억2천만원	9개월	1억 8천만원
다. 허가기준에 미달하게 된 경우	법 제57조제1항제5호	2개월	4천만원	4개월	8천만원	8개월	1억 6천만원
라. 허가사용자 또는 업무대행자의 검사결과 시정 또는 보완명령 위반 또는 원자력관계사업자·판독업무자의 연구 수행보고서 보완 명령위반 및 검사결과 국제약속을 위반한 사항의 시정 또는 보완명령을 위반한 경우	법 제57조제1항제6호	2개월	4천만원	4개월	8천만원	8개월	1억 6천만원
마. 발주자의 안전설비의 설치 보완 또는 장해방어조치보고 명령을 위반한 경우	법 제57조제1항제6호	6개월	1억2천만원	9개월	1억 8천만원	12개월	2억 4천만원
바. 발주자의 안전조치의무 위반 또는 원자력관계사업자의 교육훈련을 위반한 경우	법 제57조제1항제7호	2개월	4천만원	4개월	8천만원	8개월	1억 6천만원
사. 방사성폐기물의 해양투기 위반 또는 방사성폐기물관리시설등 건설·운영자 이외자가 천층, 심층처분하는 경우	법 제57조제1항제7호	2개월	4천만원	4개월	8천만원	8개월	1억 6천만원

아. 방사성폐기물 외의 방사성폐기물의 처분위반 또는 방사성폐기물의 인도기준을 위반한 경우	법 제57조제1항제7호	1개월	2천만원	2개월	4천만원	3개월	6천만원
자. 방사성물질등 또는 방사선발생장치의 소지 및 양도·양수 제한위반 또는 원자력이용시설의 취급제한을 위반한 경우	법 제57조제1항제7호	2개월	4천만원	4개월	8천만원	8개월	1억 6천만원
차. 허가조건을 위반한 경우	법 제57조제1항제8호	1개월	2천만원	2개월	4천만원	3개월	6천만원

④ 방사성동위원소등의 이동사용허가를 받은 자

위반행위	근거 법조문	1차 위반		2차 위반		3차 이상 위반	
		업무 정지 기간	과징금 금액	업무 정지 기간	과징금 금액	업무 정지 기간	과징금 금액
가. 정당한 사유없이 그 허가를 받은 날부터 1년 내에 그 허가받은 사용 또는 사업을 개시하지 않거나 1년 이상 계속하여 중단한 경우	법 제57조제1항제2호	2개월	8천만원	4개월	1억 6천만원	8개월	3억 2천만원
나. 변경허가를 받지 않고 허가받은 사항을 변경한 경우	법 제57조제1항제3호	3개월	1억 2천만원	6개월	2억 4천만원	9개월	3억 6천만원
다. 허가기준에 미달하게 된 경우	법 제57조제1항제5호	2개월	8천만원	4개월	1억 6천만원	8개월	3억 2천만원
라. 허가사용자 또는 업무대행자의 검사결과 시정 또는 보완 명령위반 또는 원자력관계사업자·판독업무자의 연구수행보고서 보완 명령위반 및 검사결과 국제약속을 위반한 사항의 시정 또는 보완명령을 위반한 경우	법 제57조제1항제6호	2개월	8천만원	4개월	1억 6천만원	8개월	3억 2천만원
마. 발주자의 안전설비 설치 보완명령위반 또는 장해방어조치보고명령을 위반한 경우	법 제57조제1항제6호	6개월	2억 4천만원	9개월	3억 6천만원	12개월	5억원
바. 발주자의 안전조치의무 위반 또는 원자력관계사업자의 교육훈련을 위반한 경우	법 제57조제1항제7호	2개월	8천만원	4개월	1억 6천만원	8개월	3억 2천만원
사. 방사성폐기물의 해양투기 위반 또는 방사성폐기물관리시설등 건설·운영자 이외자가 천층, 심층처분하는 경우	법 제57조제1항제7호	2개월	8천만원	4개월	1억 6천만원	8개월	3억 2천만원

아. 방사성폐기물 외의 방사성폐기물의 처분위반 또는 방사성폐기물의 인도기준을 위반한 경우	법 제57조제1항제7호	1개월	4천만원	2개월	8천만원	3개월	1억 2천만원
자. 방사성물질등 또는 방사선발생장치의 소지 및 양도·양수 제한위반 또는 원자력이용시설의 취급제한을 위반한 경우	법 제57조제1항제7호	2개월	8천만원	4개월	1억 6천만원	8개월	3억 2천만원
차. 허가조건을 위반한 경우	법 제57조제1항제8호	1개월	4천만원	2개월	8천만원	3개월	1억 2천만원

⑤ 방사성동위원소등의 신고사용자

위반행위	근거 법조문	1차 위반		2차 위반		3차 이상 위반	
		사용 금지 기간	과징금 금액	사용 금지 기간	과징금 금액	사용 금지 기간	과징금 금액
가. 거짓이나 그 밖의 부정한 방법으로 신고한 경우	법 제57조 제1항제1호	3개월	4천 5백만원	6개월	9천만원	9개월	1억3천 5백만원
나. 변경신고를 하지 않고 신고한 사항을 변경한 경우	법 제57조 제1항제3호	2개월	3천만원	4개월	6천만원	8개월	1억2천만원
다. 결격사유 규정에서 준용하는 제14조(결격사유)제1호·제2호 및 제4호 중 어느 하나에 해당하게 된 경우(다만, 법인의 대표자가 그 사유에 해당하게 된 경우 3개월 이내에 그 대표자를 바꾸어 선임한 경우에는 그러하지 않음)	법 제57조 제1항제4호	3개월	4천 5백만원	6개월	9천만원	9개월	1억3천 5백만원
라. 발주자의 안전설비 설치 보완명령위반 또는 장해방어조치보고명령을 위반한 경우	법 제57조 제1항제6호	3개월	4천 5백만원	6개월	9천만원	9개월	1억3천 5백만원
마. 방사성폐기물의 해양투기 위반 또는 방사성폐기물관리시설등 건설·운영자 이외자가 천층, 심층처분하는 경우	법 제57조 제1항제7호	2개월	3천만원	4개월	6천만원	8개월	1억 2천만원
바. 방사성폐기물 외의 방사성폐기물의 처분위반 또는 방사성폐기물의 인도기준을 위반한 경우	법 제57조 제1항제7호	1개월	1천 5백만원	2개월	3천만원	3개월	4천 5백만원

사. 방사성물질등 또는 방사선발생장치의 소지 및 양도·양수 제한위반 또는 원자력이용시설의 취급제한을 위반한 경우	법 제57조 제1항제7호	2개월	3천만원	4개월	6천만원	8개월	1억 2천만원
아. 원자력관계사업자·판독업무자의 연구 수행보고서 보완 명령위반 및 검사결과 국제약속을 위반한 사항의 시정, 보완 명령을 위반한 경우	법 제57조 제1항제6호	2개월	3천만원	4개월	6천만원	8개월	1억 2천만원
자. 원자력관계사업자의 교육훈련을 위반한 경우	법 제57조 제1항제7호	1개월	1천5백만원	2개월	3천만원	3개월	4천5백만원

⑥ 업무대행자

위반행위	근거 법조문	1차 위반		2차 위반		3차 이상 위반	
		업무 정지 기간	과징금 금액	업무 정지 기간	과징금 금액	업무 정지 기간	과징금 금액
가. 변경신고를 하지 않고 등록한 사항을 변경한 경우	법 제57조제1항제3호	2개월	5천만원	4개월	1억원	8개월	2억원
나. 등록기준에 미달하게 된 경우	법 제57조제1항제5호	2개월	5천만원	4개월	1억원	8개월	2억원
다. 업무대행자의 검사결과 시정 또는 보완 명령위반 또는 원자력관계사업자·판독업무자 연구 수행보고서의 보완 명령위반 및 검사결과 국제약속을 위반한 사항의 시정 또는 보완명령을 위반한 경우	법 제57조제1항제6호	2개월	5천만원	4개월	1억원	8개월	2억원
라. 발주자의 안전조치 의무위반 또는 원자력관계사업자의 교육훈련을 위반한 경우	법 제57조제1항제7호	2개월	5천만원	4개월	1억원	8개월	2억원
마. 방사성폐기물의 해양투기 위반 또는 방사성폐기물관리시설등 건설·운영자 이외자가 천층, 심층처분하는 경우	법 제57조제1항제7호	2개월	5천만원	4개월	1억원	8개월	2억원
바. 방사성폐기물 외의 방사성폐기물의 처분위반 또는 방사성폐기물의 인도기준을 위반한 경우	법 제57조제1항제7호	1개월	2천 5백만원	2개월	5천만원	3개월	7천5백만원

사. 장해방어조치 및 보고의 명령을 위반한 경우	법 제57조제1항제6호	6개월	1억 5천만원	9개월	2억2천 5백만원	12개월	3억원
아. 방사성물질등 또는 방사선발생장치의 소지 및 양도·양수 제한위반 또는 원자력이용시설의 취급제한을 위반한 경우	법 제57조제1항제7호	2개월	5천만원	4개월	1억원	8개월	2억원

⑦ 판독업무자

위반행위	근거 법조문	1차 위반		2차 위반		3차 이상 위반	
		업무 정지 기간	과징금 금액	업무 정지 기간	과징금 금액	업무 정지 기간	과징금 금액
가. 정당한 사유없이 그 등록을 한 날부터 1년 내에 그 등록한 업무를 개시하지 않거나 1년 이상 계속하여 중단한 경우	법 제81조제1항제2호	2개월	7천만원	4개월	1억 4천만원	8개월	2억 8천만원
나. 신고를 하지 않고 등록한 사항을 변경한 경우	법 제81조제1항제3호	2개월	7천만원	4개월	1억 4천만원	8개월	2억 8천만원
다. 등록기준에 미달하게 된 경우	법 제81조제1항제4호	1개월	3천 5백만원	2개월	7천만원	3개월	1억 5백만원
라. 검사결과 판독업무자가 등록기준에 미달시 시정 또는 보완 명령위반, 원자력관계사업자·판독업무자의 연구 수행보고서 보완 명령위반 및 검사결과 국제약속을 위반한 사항의 시정 또는 보완명령을 위반한 경우	법 제81조제1항제6호	2개월	7천만원	4개월	1억 4천만원	8개월	2억 8천만원

6) 과징금의 부과 및 납부

(1) 위원회는 과징금을 부과하려면 그 위반행위의 내용과 과징금 금액 등을 명시하여 과징금을 낼 것을 과징금 부과 대상자에게 서면으로 통지하여야 한다.

(2) 통지를 받은 자는 통지받은 날부터 20일 이내에 위원회가 정하는 수납기관에 과징금을 내야 한다.

(3) 과징금을 받은 수납기관은 과징금을 낸 자에게 영수증을 발급하고 수납한 사실을 지체 없이 위원회에 통보하여야 한다.

11. 규제·감독, 보칙 및 벌칙 예상문제

【문제 1】 허가취소나 사용을 폐지한 원자력관계사업자가 취하여야 할 조치사항 중 옳지 않은 것은?

① 소유하고 있는 방사성물질 또는 방사선발생장치를 다른 원자력관계사업자에게 양도한다.
② 방사성물질에 의한 오염은 제거한다.
③ 방사성물질에 오염된 물질은 방사성폐기물관리시설등 건설·운영자에게 양도한다.
④ 방사선작업종사자 및 수시출입자의 건강진단기록은 안전재단에 인도하여야 한다.

【문제 2】 허가 등 취소·사업(사용)폐지의 신고서 첨부서류가 아닌 것은?

① 허가증 또는 신고필증(분실의 경우에는 그 사유서)
② 방사선작업종사자의 건강진단기록 등의 인도에 관한 사항
③ 방사선작업종사자의 방사선피폭 기록
④ 방사선발생장치 또는 방사성물질 등에 관한 조치사항

【문제 3】 방사성동위원소 등의 사용허가가 취소되는 경우 소지하고 있는 오염된 방사성물질은 규정에 따라 조치하여야 한다. 이때 조치방법으로 옳은 것은?

① 사업소 내에서 그대로 보관 ② 자체적으로 오염물질을 폐기처분
③ 방사성폐기시설 등 건설·운영자에게 양도 ④ 다른 원자력관계사업자에게 양도

【문제 4】 허가 등의 취소 또는 사업폐지 등에 따른 조치를 취한 후 며칠 이내에 위원회에 신고하는가?

① 10 ② 20 ③ 30 ④ 40

【문제 5】 허가 등 취소·사업(사용)폐지 시 원자력관계사업자는 위원회가 지정하는 기관에 인도해야 할 기록은?

> 가. 방사선작업종사자의 건강진단기록
> 나. 방사선작업종사자의 방사선피폭기록
> 다. 방사성동위원소에 의한 오염상황의 측정기록
> 라. 방사성동위원서의 사용·저장·폐기 기록

① 가, 나, 다 ② 가, 다 ③ 나, 라 ④ 나, 다, 라

【문제 6】 방사성물질 등 또는 방사선발생장치의 양도 및 양수는 각각 양도 및 양수의 사유가 되는 사실이 발생한 날부터 며칠 이내에 신고하는가?

① 10 ② 20 ③ 30 ④ 40

㉰ 1. ④ 2. ③ 3. ④ 4. ③ 5. ② 6. ③

【문제 7】 방사성동위원소 등의 사용허가가 취소되었을 경우 소지하고 있는 방사성동위원소를 양도·양수 조치를 취할 때까지 소지할 수 있는 기간은 허가취소 사유가 발생한 날로부터 며칠 이내인가?

① 30 ② 40 ③ 50 ④ 60

【문제 8】 교육훈련을 목적으로 원자력안전위원회가 인정하는 경우를 제외하고 원자력이용시설 및 방사성물질 취급이 가능한 최소 나이는?

① 17 ② 18 ③ 19 ④ 20

【문제 9】 만 18세 미만인 사람은 직업적으로 방사선업무에 종사할 수 없는데 그 이유는?

① 나이가 어려서 힘들기 때문에 ② 유전에 미치는 영향을 고려해서
③ 미성년이기 때문에 ④ 발육에 지장을 초래하기 때문에

【문제 10】 방사성물질 등의 도난 사고가 발생 한 경우 조치사항은?

① 위원회에 지체없이 신고 ② 위원회에 1주일 이내 신고
③ 위원회에 2주일 이내 신고 ④ 위원회에 3주일 이내 신고

【문제 11】 원자력이용시설의 취급제한 연령은?

① 18세 이하 ② 18세 미만 ③ 18세 이상 ④ 18세 초과

【문제 12】 원자력관계사업자가 소지하던 방사성물질 등을 도난이나 분실하였을 경우 원자력안전위원회에 (　　)를 해야 한다. 괄호 안에 알맞은 것은?

① 신고 ② 보고 ③ 통보 ④ 승인

【문제 13】 연구용등 원자로시설에 제한구역을 설정하지 않아도 되는 열출력(MW)은 얼마 이하인가?

① 5 ② 10 ③ 15 ④ 20

【문제 14】 제한구역에 대한 설명 중 옳지 않은 것은?

① 방사성폐기물관리시설 등을 설치할 때에는 방사선에 의한 인체·물체 및 공공의 재해를 방어하기 위하여 일정범위의 제한구역을 설정할 수 있다.
② 제한구역 안에는 일반인의 출입은 제한할 수 있으나 거주의 제한은 할 수 없다.
③ 제한으로 인해 발생된 손실은 정당한 보상을 하여야 한다.
④ 제한구역의 설정범위는 지형 및 그 밖의 자연조건을 고려하여 위원회가 관계 기관의 장과 협의한 후 설정한다.

【문제 15】 위해시설의 설치제한은 방사성폐기물관리시설 등의 중심으로부터 반경 몇 km까지의 범위를 말하는가?

① 4 ② 8 ③ 12 ④ 16

㉰ 7. ① 8. ② 9. ② 10. ① 11. ② 12. ① 13. ② 14. ② 15. ②

【문제 16】 시설의 설치자 및 운영자는 위원회규칙으로 정하는 바에 따라 방사선환경 조사 및 방사선환경 영향평가를 실시하여 이를 위원회에 보고하여야 한다. 다음 중 보고사항이 아닌 것은?

① 열 출력 50 kW 이상의 연구용 원자로
② 핵연료주기시설
③ 사용후핵연료 중간 저장시설
④ 방사성폐기물 처분시설

【문제 17】 환경상의 위해방지를 위한 동일부지 내에 다수의 원자력관계시설을 운영하는 경우에 적용할 기준 중 제한구역 경계에서의 연간 유효선량은 (가) mSv이고, 갑상선 등가선량은 (나) mSv이다. 괄호 안에 알맞은 것은?

① 가 : 0.25, 나 : 0.75
② 가 : 0.75, 나 : 0.25
③ 가 : 0.35, 나 : 0.95
④ 가 : 0.95, 나 : 0.35

【문제 18】 기체상태의 방출물에 대한 제한구역 경계에서 연간선량의 값이 옳지 않은 것은?

① 감마선에 의한 공기의 흡수선량 - 0.1 mGy
② 베타선에 의한 공기의 흡수선량 - 0.2 mGy
③ 외부피폭에 의한 유효선량 - 0.05 mSv
④ 외부피폭에 의한 피부 등가선량 - 0.05 mSv

【문제 19】 액체상태의 방출물에 대한 제한구역 경계에서 연간 유효선량은 (가) mSv이고, 인체 장기 등가선량은 (나) mSv이다. 괄호 안에 알맞은 것은?

① 가 : 0.03, 나 : 0.01
② 가 : 0.03, 나 : 0.1
③ 가 : 0.30, 나 : 0.01
④ 가 : 0.30, 나 : 0.1

【문제 20】 방사성물질 등을 부당하게 조작하여 사람의 생명을 사망하게 한 자의 벌칙은?

① 3년 이상의 유기징역
② 1년 이상 10년 이하의 징역
③ 1년 이하의 징역 또는 500만원 이하의 벌금
④ 1천만원의 과징금

【문제 21】 원자로를 파괴하여 사람의 생명, 신체 또는 재산상 손해를 입힌 자는 사형·무기 또는 몇 년 이상의 유기징역에 처하는가?

① 1 ② 3 ③ 5 ④ 7

【문제 22】 비밀누설 금지의 규정에 위반한 자는 몇 년 이하의 징역에 처하는가?

① 4 ② 6 ③ 8 ④ 10

【문제 23】 방사성물질 등을 부당하게 취급하여 사람의 생명에 위험을 가하는 경우 이에 대한 벌칙 규정은?

① 원자력안전법
② 원자력안전법 시행령
③ 원자력안전법 시행규칙
④ 원자력안전위원회 고시

㉣ 16. ① 17. ① 18. ④ 19. ② 20. ① 21. ② 22. ④ 23. ①

【문제 24】 벌칙 중에서 3년 이하의 징역 또는 3천만 원 이하의 벌금에 처하는 위반행위가 아닌 것은?

① 방사성동위원소를 허가받지 않고 사용한 행위
② 업무대행자가 등록하지 않고 사업한 행위
③ 방사성폐기물관리시설 등의 건설·운영자가 허가받지 않고 사업한 행위
④ 방사성동위원소 등의 허가를 받은 자가 변경허가를 받지 않고 허가받은 사항을 변경한 행위

【문제 25】 벌칙 중에서 1년 이하의 징역 또는 1천만 원 이하의 벌금에 처하는 위반행위가 아닌 것은?

① 방사선발생장치를 변경허가를 받지 않고 허가받은 사항을 변경한 경우
② 방사선발생장치를 허가받지 않고 사용한 행위
③ 방사성폐기물관리시설 등의 건설·운영자가 허가를 받지 않고 허가받은 사항을 변경한 경우
④ 방사성물질 등의 도난에 관한 규정을 위반한 행위

【문제 26】 벌칙 중에서 300만 원 이하의 벌금에 처하는 위반행위가 아닌 것은?

① 업무대행자에게 검사 결과에 따른 그 시정 또는 보완
② 방사성폐기물관리시설 등의 건설·운영 허가를 받은 자의 검사 결과에 따른 시정 또는 보완
③ 운반용기에 대해 규정에 의한 설계승인을 받지 않은 경우
④ 포장 및 운반검사의 기술기준 미달 시 시정 또는 보완

【문제 27】 방사성동위원소 생산허가를 받은 자가 변경허가를 받지 않고 허가받은 사항을 변경한 경우 1차위반시 업무정지 기간은 몇 개월인가?

① 1 ② 3 ③ 6 ④ 9

【문제 28】 과징금의 납부통지서를 받은 자는 며칠 이내 수납기관에 이를 납부하여야 하는가?

① 10 ② 20 ③ 30 ④ 40

【문제 29】 허가 사용자가 정당한 사유 없이 그 허가를 받은 날부터 1년 내에 그 허가받은 사용 또는 사업을 개시하지 않거나 1년 이상 계속하여 중단한 경우 1차, 2차, 3차 이상 위반 시 과징금 금액은?

① 1차 : 4천만원 2차 : 8천만원 3차 이상 : 1억 6천만원
② 1차 : 6천만원 2차 : 1억 2천만원 3차 이상 : 1억 8천만원
③ 1차 : 2천만원 2차 : 4천만원 3차 이상 : 6천만원
④ 1차 : 5천만원 2차 : 1억원 3차 이상 : 2억원

【문제 30】 방사성동위원소 생산허가를 받은 자가 허가기준에 미달한 경우 1차 위반 시 과징금 금액은?

① 2천만원 ② 4천만원 ③ 5천만원 ④ 8천만원

㉰ 24. ④ 25. ② 26. ③ 27. ② 28. ② 29. ① 30. ③

【문제 31】 원자력이용과 이에 따른 안전관리 중에 방사선에 의하여 신체 또는 재산에 피해를 입은 자에 대한 보상과 관련하여 원자력관계사업자와 그 종업원이 업무상 입은 손해에 대한 보상 기준은?

① 원자력관계사업자가 정하여 위원회가 인가한 보상기준에 따른다.
② 공무재해보상법이 정하는 바에 따른다.
③ 원자력손해배상법이 정하는 바에 따른다.
④ 산업재해보상법이 정하는 바에 따른다.

【문제 32】 공무원이 원자력 관계 업무를 하다가 발생한 손해에 대한 배상은 어느 기준을 따르는가?

① 공무재해보상법　② 산업안전보건법
③ 원자력손해배상법　④ 사업자가 정한 위원회가 인가한 보상기준

【문제 33】 원자력안전법에서 규정하고 있는 과태료 처분의 최고액은 얼마 이하인가?

① 500만원　② 1천만원　③ 2천만원　④ 3천만원

【문제 34】 과징금의 부과 및 납부 통지를 받은 자는 통지받은 날부터 며칠 이내에 위원회가 정하는 수납기관에 과징금을 내야 하는가?

① 10　② 20　③ 30　④ 60

【문제 35】 방사성물질등과 원자로 및 관계시설·핵연료주기시설·방사선발생장치를 부당하게 조작하여 사람의 생명 또는 신체에 위험을 가한 자에 대한 벌칙은?

① 사형, 무기 또는 3년 이상 무기징역
② 사형 또는 무기징역
③ 10년 이하의 징역
④ 1년 이상 10 이하의 징역

【문제 36】 방사성동위원소등의 이동사용허가를 받은 자가 변경허가를 받지 않고 허가받은 사항을 변경한 경우 2차 위반 시 과징금 금액은?

① 1억 2천만원　② 2억 4천만원　③ 3억 2천만원　④ 3억 8천만원

【문제 37】 원자로를 파괴하여 사람의 생명 신체 또는 재산을 해하거나 그밖에 공공의 안전을 문란하게 한 자에 대한 처벌은?

① 1년 이상 1년 이하의 징역
② 3년 이하의 징역 또는 3천만 원 이하의 벌금
③ 사형 또는 무기
④ 사형, 무기 또는 3년 이하의 유기징역

㉰ 31. ①　32. ①　33. ④　34. ②　35. ④　36. ②　37. ④

【문제 38】 방사성동위원소등의 신고사용자가 거짓이나 그 밖의 부정한 방법으로 신고한 경우 3차 이상위반 시 사용금지 기간은 몇 개월인가?

① 1 ② 3 ③ 6 ④ 9

【문제 39】 허가 등 취소·사업(사용)폐지의 신고서 첨부서류가 <u>아닌</u> 것은?

① 방사선작업종사자의 건강진단기록 등의 인도에 관한 사항
② 방사선발생장치 또는 방사성물질 등에 관한 조치사항
③ 방사선작업종사자의 건강진단기록
④ 허가증 또는 신고필증(분실의 경우에는 그 사유서)

【문제 40】 과징금의 부과 기준에서 감경 사유가 <u>아닌</u> 것은?

① 위반행위가 고의나 중대한 과실이 아닌 사소한 부주의나 오류로 인한 것으로 인정되고, 신속히 사후 조치를 취한 경우
② 위반행위의 내용 및 정도가 경미하여 국민건강 및 환경에 미치는 피해가 적다고 인정되는 경우
③ 해당 위반행위를 처음 한 경우로서, 2년 이상 관련 업무를 모범적으로 해 온 사실이 인정되는 경우
④ 위반행위가 사소한 부주의나 오류가 아닌 고의나 중대한 과실에 따른 것으로 인정되는 경우

【문제 41】 국토 전역에 대한 환경상의 방사선 및 방사능을 감시 평가하기 위하여 수행해야 하는 업무가 <u>아닌</u> 것은?

① 전 국토 환경방사능의 자동 감시망의 운영
② 전 국토 환경방사능의 조사·평가
③ 지역주민의 정기 방사능 오염측정
④ 해양 환경방사능의 조사·평가

【문제 42】 위원회는 과태료 부과 시 과태료 금액의 2분의 1 범위에서 그 금액을 감경할 수 있다. 다음 중 감경사유가 <u>아닌</u> 것은?

① 법 위반상태의 기간이 6개월 이상인 경우
② 위반행위가 사소한 부주의나 오류로 인한 것으로 인정되는 경우
③ 위반행위자가 법 위반상태를 시정하거나 해소하기 위한 노력을 한 것으로 인정되는 경우
④ 그 밖에 위반행위의 정도, 위반행위의 동기와 그 결과 등을 고려하여 감경할 필요가 있다고 인정되는 경우

【문제 43】 위원회는 과태료 부과 시 과태료 금액의 2분의 1 범위에서 그 금액을 가중할 수 있다. 다음 중 가중사유가 <u>아닌</u> 것은?

① 위반의 내용·정도가 중대하여 공중에 미치는 피해가 크다고 인정되는 경우
② 해당 위반행위보다 중대한 위반행위를 은폐·조작하기 위하여 위반행위가 발생한 경우
③ 위반행위가 사소한 부주의나 오류로 인한 것으로 인정되는 경우
④ 그 밖에 위반행위의 정도, 위반행위의 동기와 그 결과 등을 고려하여 가중할 필요가 있다고 인정되는 경우

㊟ 38. ④ 39. ③ 40. ④ 41. ③ 42. ① 43. ③

【문제 44】 일시적인 사용 장소의 변경과 그 밖의 경미한 사항을 변경하려는 자가 신고를 하지 않거나 거짓으로 신고한 경우 1차 위반 시 과태료 부과금액은?

① 200만원 ② 300만원 ③ 450만원 ④ 900만원

【문제 45】 허가 등의 취소 또는 사업폐지 등에 따른 조치의 규정에 따라 신고를 하지 않거나 거짓으로 신고한 경우 2차 위반 시 과태료 부과금액은?

① 300만원 ② 450만원 ③ 900만원 ④ 1600만원

【문제 46】 방사선안전관리자의 해임 및 선임신고를 하지 않거나 거짓으로 신고한 경우 3차 이상 위반 시 과태료 부과금액은?

① 200만원 ② 300만원 ③ 600만원 ④ 800만원

【문제 47】 방사성동위원소 생산 허가자가 방사선장해방어조치 보고 명령을 1차 위반한 경우 과징금 금액은?

① 7천 5백만원 ② 1억 5천만원
③ 2억 2천5백만원 ④ 3억원

【문제 48】 방사성동위원소등의 사용허가를 받은 자가 방사성폐기물의 인도기준을 2차 위반한 경우 업무정지 기간은 몇 개월인가?

① 1 ② 2 ③ 3 ④ 4

【문제 49】 원자력안전위원회에서 한국원자력안전기술원에 위탁하는 업무가 아닌 것은?

① 방사선기기에 관한 검사
② 면허증 신청의 접수·심사 및 면허증 교부
③ 국제규제물자에 관한 정보 관리
④ 방사선안전관리자의 선임·변경 및 해임 신고

【문제 50】 원자력안전위원회에서 한국원자력안전재단에 위탁하는 업무 중 옳은 것은?

① 방사선작업종사자의 건강진단기록 보고의 관리에 관한 사항
② 방사성물질 등의 운반신고
③ 제작·수입된 운반용기 또는 사용 중인 운반용기 등에 관한 검사
④ 위해시설 설치에 관한 안전성 검토 업무

【문제 51】 원자력안전법에 규정하고 있는 과태료의 최고액은?

① 600만원 ② 900만원 ③ 1,600만원 ④ 3,000만원

㉰ 44. ② 45 ② 46. ③ 47. ② 48. ② 49. ③ 50. ① 51. ④

【문제 52】 방사성물질 등과 원자로 및 관계시설 핵연료주기시설 방사선 발생장치를 부당하게 조작하여 사람의 생명 또는 신체에 위험을 가한 자에 대한 벌칙은?

① 사형, 무기 또는 3년 이하의 유기징역
② 1년 이상 10년 이하의 징역
③ 3년 이하의 징역 또는 3천만원 이하의 벌금
④ 3년 이하의 징역 또는 1천만원 이하의 벌금

㉰ 52. ②

제12장 원자력안전위원회의 고시

1. 방사성물질 등의 포장 및 운반에 관한 규정

1-1. 총칙

1) 목적

이 규정은 「원자력안전법 시행령」, 「원자력안전법 시행규칙」 및 「방사선안전관리등의 기술기준에 관한 규칙」 중 방사성물질등의 포장 및 운반에 관한 필요한 사항을 규정함을 목적으로 한다.

2) 저준위 비방사능물질

(1) 방사선규칙 제93조제3항에 따른 저준위 비방사능물질은 본질적으로 제한된 비방사능을 함유한 방사성물질을 말하며, 구분기준은 다음 각 호의 어느 하나와 같다.

① 제1종 저준위 비방사능물질의 기준은 다음 각 목의 어느 하나와 같다.

가. 우라늄, 토륨 광석 및 이들 광석의 농축물, 그리고 기타 천연적으로 존재하는 방사성 핵종을 사용하기 위하여 처리 또는 취급하는 광석

나. 조사(照射)되지 않은 고체상태의 천연우라늄·감손우라늄·천연토륨 또는 이들의 고체 또는 액체상태의 합성물이나 혼합물

다. A2 값이 제한되지 않는 핵분열성물질이외의 방사성물질. 다만, 제35조에 따른 핵분열성물질 면제기준에 해당되지 않는 핵분열성물질은 제외한다.

라. 방사능이 균일하게 분포되어 있으며 평균 비방사능이 별표 1 및 별표 2에 규정된 면제물질에 대한 방사능 농도의 30배를 초과하지 않는 방사성물질. 다만, 제35조에 따른 핵분열성물질 면제기준에 해당되지 않는 핵분열성물질은 제외한다.

② 제2종 저준위 비방사능물질의 기준은 다음 각 목의 어느 하나와 같다.

가. 삼중수소의 농도가 리터당 0.8테라베크렐 이하의 물

나. 방사능이 균일하게 분포되어 있으며 평균 비방사능이 고체 및 액체에 대해서는 그램당 A2 값의 1만분의 1을, 액체에 대해서는 그램당 A2 값의 10만분의 1을 초과하지 않는 물질

③ 제3종 저준위 비방사능물질의 기준은 분말이외의 고화 폐기물 또는 방사화된 물질 등과 같은 고체상태의 것으로서 다음 각 목의 어느 하나와 같다.

가. 방사성물질이 고체 또는 고화물의 집합체에 균일하게 분포되어 있거나 콘크리트·역청 또는 세라믹 등과 같은 고체압축 결합매개체에 균일하게 분포되어 있을 것

나. 고체의 평균 비방사능이 그램당 A2 값의 500분의 1배를 초과하지 않을 것

다. 제19조에 따른 기준에 적합할 것

(2) 제(1)항에 따른 평균 비방사능을 결정할 때에 저준위 비방사능물질을 둘러싸고 있는 외부차폐체를 포함한 운반용기는 고려하지 않는다.

3) 표면 오염물체

방사선규칙 제93조제3항에 따른 표면오염물체는 자체적으로는 방사성물질이 아니나 그 표면상에 방사성물질이 분포되어 있는 고체상태의 물체를 말하며, 구분기준은 다음 각 호의 어느 하나와 같다.

(1) 제1종 표면오염물체의 기준은 다음 각 목의 어느 하나와 같다.

가. 접촉이 가능한 표면적에 대한 제거성 표면오염도는 다음에서 정하는 기준을 초과하지 않을 것

① 베타·감마방출체 및 저독성 알파방출체의 경우 제곱센티미터당 4베크렐

② 기타 알파방출체의 경우 제곱센티미터당 0.4베크렐

나. 접촉이 가능한 표면적에 대한 고착성 표면오염도는 다음에서 정하는 기준을 초과하지 않을 것

① 베타·감마방출체 및 저독성 알파방출체의 경우 제곱센티미터당 40킬로베크렐

② 기타 알파방출체의 경우 제곱센티미터당 4킬로베크렐

다. 접촉하기 어려운 표면적에 대한 제거성 표면오염도와 고착성 표면오염도의 합계는 다음에서 정하는 기준을 초과하지 않을 것

① 베타·감마방출체 및 저독성 알파방출체인 경우 제곱센티미터당 40킬로 베크렐

② 기타 알파방출체인 경우 제곱센티미터당 4킬로베크렐

(2) 제2종 표면오염물체의 기준은 제1)에 따른 제한치를 초과하는 것으로서 다음 각 목의 어느 하나와 같다.

가. 접촉이 가능한 표면적에 대한 제거성 표면오염도는 다음에서 정하는 기준을 초과하지 않을 것

① 베타·감마방출체 및 저독성 알파방출체인 경우 제곱센티미터당 400베크렐

② 기타 알파방출체인 경우 제곱센티미터당 40베크렐

나. 접촉이 가능한 표면적에 대한 고착성 표면오염도는 다음에서 정하는 기준을 초과하지 않을 것

① 베타·감마방출체 및 저독성 알파방출체인 경우 제곱센티미터당 800킬로베크렐

② 기타 알파 방출체인 경우 제곱센티미터당 80킬로베크렐

다. 접촉하기 어려운 표면적에 대한 제거성 표면오염도와 고착성 표면오염도의 합계는 다음에서 정하는 기준을 초과하지 않을 것

① 베타·감마방출체 및 저독성 알파방출체인 경우 제곱센티미터당 800킬로베크렐

② 기타 모든 알파 방출체인 경우 제곱센티미터당 80킬로베크렐

▸ 제(1),(2)항 각 호의 제거성 표면오염도 및 고착성 표면오염도에 대한 평가는 300제곱센티미터 이상의 표면적에 대하여 수행하여야 한다. 다만, 전체 표면적이 300제곱센티미터 미만의 경우에는 그 전체 표면적으로 한다.

4) A_1 및 A_2 값

방사선규칙 제91조제7항에 따른 A형 운반물에 허용되는 최대방사능인 A_1 및 A_2 값은 다음 각 호의 어느 하나에서 정하는 기준으로 한다.

(1) 종류가 분명한 단일 방사성핵종의 방사성물질인 경우에는 별표 1의 제1란의 각각의 핵종에 대한 제2란의 A_1 값 및 제3란의 A_2 값

(2) 혼합 방사성핵종의 방사성물질로서 각 방사성핵종의 원소 및 방사능을 알고 있는 경우에는 다음 식에 의하여 계산된 A_1 또는 A_2 값

$$A_1 \text{ 또는 } A_2 = \frac{1}{\sum \frac{f_{(i)}}{X_{(i)}}}$$

다만, 여기에서 f(i)는 혼합 방사성물질 중에서 핵종 i의 방사능 또는 방사능농도의 비율을, X(i)는 별표 1에 제시된 핵종 i의 A_1 값 또는 A_2 값을 적용할 것

(3) 혼합 방사성핵종의 방사성물질로서 각 방사성핵종의 원소명은 알고 있으나 일부 방사성핵종의 방사능을 알 수 없는 경우에는 방사성핵종을 적절히 그룹으로 분류하고, 각 그룹의 방사성핵종 중에서 가장 작은 A_1 값 또는 A_2 값을 제2호에서 규정하는 공식에 적용하여 계산된 A_1 또는 A_2 값. 다만, 총 알파방사능 및 총 베타·감마방사능을 알고 있어 이에 따라 그룹으로 분류하는 경우에는 알파방출체 또는 베타·감마방출체의 핵종 중에서 가장 작은 A_1 값 또는 A_2 값을 적용할 것

(4) 종류가 불분명한 단일 방사성핵종 또는 혼합 방사성핵종의 방사성물질인 경우에는 별표 2의 값을 적용할 것

[별표 1]

기본 방사성 핵종에 대한 A_1 및 A_2 값

핵종(원자번호)	A_1 (TBq)	A_2 (TBq)	면제물질에 대한 방사능 농도(Bq/g)	면제운반물에 대한 방사능 제한치(Bq)
Carbon (6)				
C-11	1×10^{0}	6×10^{-1}	1×10^{1}	1×10^{6}
C-14	4×10^{1}	3×10^{0}	1×10^{4}	1×10^{7}
Cobalt (27)				
Co-58m	4×10^{1}	4×10^{1}	1×10^{4}	1×10^{7}
Co-60	4×10^{-1}	4×10^{-1}	1×10^{1}	1×10^{5}
Caesium (55)				
Cs-135	4×10^{1}	1×10^{0}	1×10^{4}	1×10^{7}
Cs-137 (a)	2×10^{0}	6×10^{-1}	1×10^{1} (b)	1×10^{4} (b)
Iodine (53)				
I-125	2×10^{1}	3×10^{0}	1×10^{3}	1×10^{6}
I-129	제한없음	제한없음	1×10^{2}	1×10^{5}
I-131	3×10^{0}	7×10^{-1}	1×10^{2}	1×10^{6}

핵종(원자번호)	A_1 (TBq)	A_2 (TBq)	면제물질에 대한 방사능 농도(Bq/g)	면제운반물에 대한 방사능 제한치(Bq)
Radium (88)				
Ra-226 (a)	2×10^{-1}	3×10^{-3}	1×10^{1} (b)	1×10^{4} (b)
Ra-228 (a)	6×10^{-1}	2×10^{-2}	1×10^{1} (b)	1×10^{5} (b)
Radon (86)				
Rn-222 (a)	3×10^{-1}	4×10^{-3}	1×10^{1} (b)	1×10^{8} (b)
Strontium (38)				
Sr-90 (a)	3×10^{-1}	3×10^{-1}	1×10^{2} (b)	1×10^{4} (b)
Sr-91 (a)	3×10^{-1}	3×10^{-1}	1×10^{1}	1×10^{5}
Technetium (43)				
Tc-97	제한없음	제한없음	1×10^{3}	1×10^{8}
Tc-97m	4×10^{1}	1×10^{0}	1×10^{3}	1×10^{7}
Tc-99	4×10^{1}	9×10^{-1}	1×10^{4}	1×10^{7}
Tc-99m	1×10^{1}	4×10^{0}	1×10^{2}	1×10^{7}
Thorium (90)				
Th-232	제한없음	제한없음	1×10^{1}	1×10^{4}
Th (천연)	제한없음	제한없음	1×10^{0} (b)	1×10^{3} (b)
Uranium (92)				
U-235 (a)(d)(e)(f) (모든 폐흡수형태)	제한없음	제한없음	1×10^{1}(b)	1×10^{4}(b)
U-238 (d)(e)(f) (모든 폐흡수형태)	제한없음	제한없음	1×10^{1}(b)	1×10^{4}(b)
U (천연)	제한없음	제한없음	1×10^{0}(b)	1×10^{3}(b)
U (g) (20%이하 농축)	제한없음	제한없음	1×10^{0}	1×10^{3}
U (감손)	제한없음	제한없음	1×10^{0}	1×10^{3}
Xenon (54)				
Xe-131m	4×10^{1}	4×10^{1}	1×10^{4}	1×10^{4}
Xe-133	2×10^{1}	1×10^{1}	1×10^{3}	1×10^{4}
Yttrium (39)				
Y-90	3×10^{-1}	3×10^{-1}	1×10^{3}	1×10^{5}
Y-91	6×10^{-1}	6×10^{-1}	1×10^{3}	7×10^{6}

[별표 2]

불명확한 핵종 또는 혼합물에 대한 A_1 및 A_2 값

방사성 내용물	A_1 (TBq)	A_2 (TBq)	면제물질에 대한 방사능 농도(Bq/g)	면제운반물에 대한 방사능 제한치(Bq)
베타·감마 방출핵종만 존재할 경우	0.1	0.02	1×10^{1}	1×10^{4}
알파 방출핵종만 존재할 경우	0.2	9×10^{-5}	1×10^{-1}	1×10^{3}
핵종이 확인되지 않는 경우	0.001	9×10^{-5}	1×10^{-1}	1×10^{3}

5) 운반지수의 산출

방사선규칙에 따른 운반물·덧포장·탱크·화물컨테이너에 대한 운반지수의 산출방법은 다음 각 호와 같다.

(1) 단일의 운반물·덧포장·화물컨테이너의 외부표면으로부터 1미터 거리에서의 시간당 밀리시버트(mSv/h) 단위로 나타내는 최대 방사선량률에 100을 곱하여 수치를 구할 것. 다만, 단일의 운반물이 우라늄 및 토륨 광석과 그 농축물인 경우 본문에 따른 최대 방사선량률을 각 목에서 정한 값으로 볼 수 있다.

가. 우라늄 및 토륨의 광석과 물리적 농축물 : 시간당 0.4밀리시버트

나. 토륨의 화학적 농축물 : 시간당 0.3밀리시버트

다. 육불화우라늄을 제외한 우라늄의 화학적 농축물 : 시간당 0.02밀리시버트

(2) 탱크·화물컨테이너의 경우에는 제1호에서 산출한 수치에 다음 표의 해당 인자를 곱한 수치로 할 것

적하물의 제원(주)	증배 계수
1 ㎡ 이하인 경우	1
1 ㎡보다 크고 5 ㎡ 이하인 경우	2
5 ㎡보다 크고 20 ㎡ 이하인 경우	3
20 ㎡보다 클 경우	10

(주) : 제원은 적하물의 가장 큰 단면적을 말함

(3) 제(1)호 및 제(2)호의 규정에 의하여 구한 수치를 소수 둘째 자리에서 올림하여 구한수치를 운반지수로 할 것. 다만, 0.05 이하의 값은 영(0)으로 한다.

(4) 여러 개의 운반물이 포함된 덧포장·화물컨테이너 또는 운반수단 각각에 대한 운반지수는 포함되어 있는 모든 운반물의 운반지수를 합계하거나 또는 직접적인 방사선량률의 측정에 의하여 구할 것. 다만, 단단하지 않은 덧포장의 경우에는 모든 운반물의 운반지수의 합으로 할 것

6) 운반서류

(1) 송하인이 작성하여야 하는 운반서류는 다음 각 호와 같다.

① 방사성물질 운반명세서

② 운반물의 검사기록부

(2) 방사성물질 운반명세서에는 다음 각 호의 사항을 적어야 한다. 다만, L형 운반물을 운반하는 경우에는 제3호, 제10호, 제12호의 사항 및 핵분열성 핵종의 질량·면제사유(핵분열성 물질인 경우)만 적을 수 있다.

① 방사선규칙 별표 6의 규정에 의한 해당 운반명 및 설명

② 국제연합의 위험물 분류번호 “7”

③ 방사선규칙 별표 6의 규정에 의한 해당 방사성운반물에 부여된 국제연합번호
④ 각 방사성핵종의 명칭 또는 기호. 다만, 방사성핵종의 혼합물의 경우에는 주요 방사성핵종의 일반적인 기술 또는 목록을 기술한다.
⑤ 방사성물질의 물리적 및 화학적 형태의 기술 또는 해당 물질이 특수형방사성물질 또는 저분산성방사성물질이라는 표기
⑥ 방사성내용물의 최대 방사능량. 다만, 핵분열성물질의 경우에는 핵분열성물질의 질량(그램)을 방사능 대신 사용할 수 있다.
⑦ 운반물의 등급 즉, 제1종 백색운반물·제2종 황색운반물 또는 제3종 황색운반물
⑧ 운반지수(제2종 황색운반물 및 제3종 황색운반물에 한함)
⑨ 핵분열성물질을 운반하는 화물의 경우에 핵임계안전지수. 다만, 규정에 의한 핵분열성물질의 면제기준에 해당하는 경우에는 이를 제외한다.
⑩ 당해 화물에 적용되는 관계당국의 승인증명서가 있는 경우에는 이에 대한 확인표시
⑪ 덧포장 또는 화물컨테이너 안에 운반물이 있는 화물의 경우에는 덧포장 또는 화물컨테이너내의 각 운반물의 내용물, 또는 해당되는 경우 화물 내의 각 덧포장 또는 화물컨테이너에 대한 상세한 기술. 또한, 중간 하역시 덧포장 또는 화물컨테이너에서 운반물을 분리·적재 또는 하역하는 경우에는 이에 적합한 운반서류를 구비하여야 한다.
⑫ 운반물이 전용상태의 운반대상인 경우 "전용운반"이라는 표기
⑬ 제2종 저준위 비방능물질·제3종 저준위 비방사능물질·제1종 표면오염물체 및 제2종 표면오염물체의 경우에는 A_2값의 배수로 나타낸 화물의 총 방사능량

7) 포장 및 운반검사

포장 또는 운반검사의 방법 및 절차 등에 관하여 필요한 사항은 다음 각 호와 같다.

(1) 사업소외 운반과 사업소 내 운반의 구분은 다음 각목의 기준을 적용할 것

가. 원자력관계사업자의 허가를 받았거나 신고한 사업소의 관리 하에 있는 사업소의 경계안에서의 운반은 사업소 내 운반으로 하며, 사업소 경계의 밖에서의 운반은 사업소외 운반으로 할 것

나. 동일 부지 내에 복수의 운영허가를 받은 발전용원자로가 있는 경우, 각 발전사업소 별로 구분하여 각 발전사업소 간 운반은 사업소외 운반으로 할 것

다. 사업목적상 지방에 사업소(출장소를 포함한다. 이하 같다)를 설치한 비파괴검사용역업자가 지방의 사업소에 방사성동위원소 저장시설을 설치하고 일시적 사용 장소까지 선원을 운반하여 작업하는 경우, 각 사업소 경계의 밖에서 일시적 사용 장소 또는 다른 사업소까지의 운반은 사업소외 운반으로 할 것

(2) 동일 부지 내 발전용원자로 운영허가자 간의 방사성물질 등의 운반의 경우 일정기간 동안 동일한 운반이 반복적으로 행해질 때에는 최초의 운반에 대하여만 운반검사를 하고, 그 이후의 동일한 반복적인 운반에 대하여는 발전용원자로 운영허가자의 자체운반 검사에 의하여 운반하도록 하되 운반종료 후 15일 이내에 자체운반검사 보고서를 제출토록 하여

서면검사의 방법으로 운반검사를 할 수 있다.

(3) 원자력관계사업자가 지방에 사업소를 두고 사업소를 중심으로 일시적 사용 장소까지의 운반을 하는 경우의 운반정기검사는 주요 운반사업소를 대상으로 할 수 있다.

(4) 운반정기검사의 경우 판매허가·핵주기사업 허가·이동사용 허가·연구용 원자로 운영 허가 및 발전용원자로 운영허가 중에서 2 이상의 허가를 소지하고 있는 사업소에 대해서는 검사주기가 가장 짧은 주기를 기준을 적용하여 검사할 수 있다.

8) 사업소 안의 운반

(1) 방사성물질에 의하여 오염된 물질을 용기에 넣지 않고 운반할 수 있는 방사능은 A_2값의 1만분의 1로 한다.

(2) 방사선장해방지 조치는 다음 각 호와 같다.

① 정상 운반상태에서 방사성물질 등이 쉽게 공기중에 흩어지거나 누설되지 않을 것.

② 빗물 등이 쉽게 침투되지 않을 것

③ 운반용기 외부 최소 치수가 10센티미터 이상일 것

④ 운반 후에 운반수단 및 운반경로 등에 대한 오염상황을 점검할 것

(3) 방사선규칙의 규정에 의한 승인을 얻고자 할 때에는 별지 1의 승인신청서를 작성하여 원자력안전위원회에 제출하여야 한다.

(4) 방사선규칙 핵연료물질등의 운반기기 및 방사성동위원소 및 그에 의하여 오염된 물질을 운반하는 차량등의 규정에 따른 방사선량률은 다음 각 호와 같다.

① 운반물 외부표면으로부터 10센티미터 떨어진 위치에서 시간당 10밀리시버트

② 운반차량 외부표면에서 2미터 떨어진 위치에서 시간당 0.1밀리시버트

(5) 방사선규칙 제9조제2항, 제39조제2항 및 제94조제1항의 규정에 따른 승인을 얻고자하는 때에는 별지 2의 승인신청서를 작성하여 원자력안전위원회에 제출하여야 한다.

(6) 방사선규칙 제9조제2항 및 제39조제2항의 규정에 따른 해당 운반물의 방사선량률은 다음 각 호와 같다.

① 운반물 외부표면에서 시간당 10밀리시버트

② 운반물 외부표면에서 2미터 떨어진 위치에서 시간당 0.1밀리시버트

1-2. 방사성물질의 기술기준

1) 제3종 저준위 비방사능물질의 기술기준

제3종 저준위 비방능물질의 기준은 운반물 안의 전체 저준위 비방사능물질에 대하여 규정에 따른 시험을 거친 후에 측정한 물의 방사능이 A_2값의 10분의 1을 초과하지 않아야 한다.

2) 특수형 방사성물질의 기술기준

특수형방사성물질의 기술기준은 다음 각 호와 같다.

① 견고한 고체형 방사성물질 또는 캡슐에 봉입된 방사성물질로서 한 변의 길이가 최소한 0.5센티미터 이상일 것
② 캡슐에 봉입된 방사성물질인 경우에는 캡슐이 파괴되어야만 개봉될 수 있을 것
③ 특수형방사성물질에 대한 시험에서 다음 각목의 기준에 적합할 것
가. 충격시험·타격시험 및 굽힘 시험에서 파괴되거나 부서지지 않을 것
나. 열 시험에서 용융되거나 분산되지 않을 것
다. 누출 평가시험에서 물의 방사능이 2킬로베크렐을 초과하지 않을 것. 다만, 밀봉캡슐형태의 방사성물질인 경우에 선택적으로 문서번호 ISO 9978 "Radiation Protection-Sealed Radioactive Sources-Leakage Test Method"에 규정된 시험을 적용할 수 있다.

3) 저분산성 방사성물질의 기술기준

저분산성 방사성물질의 기준은 운반물 안의 전체 저분산성 방사성물질에 대하여 다음 각 호와 같다.

(1) 차폐되지 않은 방사성물질로부터 3미터 지점에서 방사선량률이 시간당 10밀리시버트를 초과하지 않을 것.
(2) 강화된 열시험 및 강화된 충격시험에서 공기역학적 직경이 100마이크로미터(μm) 이하인 기체상 및 입자상 형태의 유출량이 A_2값의 100배를 초과하지 않을 것.
(3) 침출시험을 거친 후에 물의 방사능이 A_2값의 100배를 초과하지 않을 것. 이 경우, 제2호의 시험에 의한 손상을 고려하여야 한다.

1-3. 운반용기 기술기준

1) 운반용기의 일반기준

(1) 방사성물질을 운반하는 모든 운반용기의 기술기준은 다음 각 호와 같다.
① 중량·부피 및 형상과 관련하여 취급 및 운반이 용이하고 안전할 것
② 운반 도중에 운반수단의 안에서 안전이 유지될 수 있을 것
③ 외부표면은 가능한 한 돌출부위가 없으며 쉽게 제염될 수 있을 것
④ 외부표면은 가능한 한 물을 흡수하거나 이를 함유하지 않을 것.
⑤ 운반용기의 구성부품은 아니지만 운반할 때에 추가되는 장치 등으로 인하여 운반용기의 안전성이 감소되지 않을 것
⑥ 정상적인 운반조건에서 야기될 수 있는 가속·진동 또는 공진 등의 영향에 견딜 수 있어야 하며, 특히 너트·볼트 및 기타 안전장치들은 반복해서 사용한 후에도 느슨해지거나 풀어지지 않을 것
⑦ 방사선조사에 따른 영향을 고려하여 운반용기의 재질 및 부품 또는 구조는 상호간 및 방사성내용물에 물리적 및 화학적으로 적합할 것
⑧ 방사성내용물이 누출될 수 있는 모든 밸브는 허가받지 아니하는 한 조작할 수 없을 것

⑨ 통상적인 운반조건에서 발생할 수 있는 주변온도 및 압력에 견딜 수 있을 것
⑩ 방사성물질 이외의 다른 위험물질이 함유된 방사성물질을 운반하는 경우에는 다른 위험물질의 성질까지 고려하여 안전성을 유지할 수 있을 것
⑪ 운반용기의 형태는 운반물의 하중이 10킬로그램 이상 50킬로그램 이하인 경우에는 손으로 취급하기 용이한 형태를 갖추어야 하고, 50킬로그램을 초과하는 경우에는 기계적인 취급이 용이한 형태를 갖출 것
⑫ 운반용기의 인양장치가 운반용기의 일부분으로 되어있는 경우에는 다음 각목의 기준에 적합할 것
  가. 인양장치는 포장 재료의 항복강도를 초과하지 아니하고 운반물 중량의 3배에 상당하는 하중을 지탱할 수 있을 것
  나. 운반용기의 덮개에 설치되어 있는 인양장치는 덮개재료의 항복강도를 초과하는 응력이 생기지 아니하고 덮개 및 그 부착물 중량의 3배를 지탱할 수 있을 것
  다. 인양장치가 운반물의 중량초과로 인하여 파손되더라도 이로 인하여 운반용기의 차폐 또는 격납특성이 저하되지 않을 것
⑬ 운반용기의 결속장치가 운반용기의 일부분으로 되어있는 경우에는 다음 각목의 기준에 적합할 것
  가. 결속장치는 다음에서 정하는 크기의 힘이 운반물의 무게중심에 작용할 때 포장재료의 항복강도를 초과하는 응력이 생기지 아니하는 상태에서 이를 지탱할 수 있을 것
    • 운반물 중량의 2배에 상당하는 수직분력
    • 운반물 중량의 10배에 상당하는 운반수단의 이동방향의 수평분력
    • 운반물 중량의 5배에 상당하는 운반수단의 이동방향과 수직방향의 수평분력
  나. 결속장치가 운반물의 중량초과로 인하여 파손되더라도 이로 인하여 운반물의 차폐 또는 격납특성이 저하되지 않을 것
⑭ 운반이 가능한 최대수량이 들어 있을 때 운반용기 외부표면에서의 방사선량률은 시간당 2밀리시버트를 초과하지 아니하고 전용운반의 경우에는 시간당 10밀리시버트를 초과하지 않을 것
⑮ 운반이 가능한 최대수량이 들어 있을 때 운반지수는 10을 초과하지 아니하고 핵임계안전지수는 50을 초과하지 아니할 것. 다만, 전용운반의 경우에는 그러하지 않을 것

(2) 항공으로 운반하는 운반용기의 경우에는 제(1)항의 규정에 따른 기준 이외에 추가적으로 다음 각 호의 기준에 적합하여야 한다.
① 운반용기의 접촉 가능한 표면온도는 일광효과를 고려하지 아니한 섭씨 38도의 주변온도의 환경에서 섭씨 50도를 초과하지 않을 것
② 섭씨 -40도부터 섭씨 55도까지의 범위에 달하는 온도에 노출되는 경우에도 격납계통의 건전성이 손상되지 않을 것
③ 운반용기의 격납계통은 5킬로파스칼(kPa)까지의 계기압력 감소의 경우에도 방사성물질이 누출되지 않고 건전성을 유지할 것

2) L형 운반용기의 기술기준

(1) 운반용기의 일반기준에 적합할 것. 다만, 제⑭호를 제외한다.

(2) 운반가능한 방사성내용물의 최대수량은 다음표의 제한값 이하일 것

L형 운반물의 방사능 제한값

내용물의 물리적 상태	기구 또는 품목		방사성물질
	품목 제한값	운반물 제한값	운반물 제한값
1란	2란	3란	4란
고체 : 특수형방사성물질 특수형 이외의 것	$10^{-2}A_1$ $10^{-2}A_2$	A_1 A_2	$10^{-3}A_1$ $10^{-3}A_2$
액체	$10^{-3}A_2$	$10^{-1}A_2$	$10^{-4}A_2$
기체 : 삼중수소 특수형방사성물질 특수형 이외의 것	$2\times10^{-2}A_2$ $10^{-3}A_1$ $10^{-3}A_2$	$2\times10^{-1}A_2$ $10^{-2}A_1$ $10^{-2}A_2$	$2\times10^{-2}A_2$ $10^{-3}A_1$ $10^{-3}A_2$

(3) 최대 수량의 방사성내용물이 들어있을 때 운반용기 외부표면에서의 방사선량률은 시간당 5마이크로시버트를 초과하지 않을 것

3) IP형 운반용기의 기술기준

(1) IP-1형 운반용기의 기술기준은 다음 각 호와 같다.

① 운반용기의 일반기준에 적합할 것

② 외부의 최소 길이는 10센티미터 이상일 것

③ 운반가능한 방사성내용물의 최대수량은 다음 각목 1에 해당하는 제한값 이하일 것

가. 방사성내용물이 저준위비방사능물질인 경우 저준위비방사능물질이 차폐되지 아니한 상태에서 3미터 지점에서 방사선량률이 시간당 10밀리시버트에 해당하는 방사능

나. 방사성내용물이 표면오염물체인 경우 표면오염물체가 차폐되지 않은 상태에서 3미터 지점에서 방사선량률이 시간당 10밀리시버트에 해당하는 방사능

(2) IP-2형 운반용기의 기술기준은 다음 각 호와 같다.

① IP-1형 운반용기의 기준에 적합할 것

② 낙하시험 및 적층시험을 거친 후에 다음 각 목의 기준에 적합할 것

가. 방사성내용물의 유실 또는 분산이 없을 것

나. 외부표면에서의 방사선량률이 20퍼센트 이상 증가할 수 있는 차폐능력의 상실이 없을 것

(3) IP-3형 운반용기의 기술기준은 다음 각 호와 같다.

① IP-1형 운반용기의 기준에 적합할 것

② A형 운반용기의 기술기준(제25조), 제(1)항 제③호 내지 제⑭호의 규정에 따른 기준에 적합할 것

(4) 다음 각 호의 기준에 적합한 경우에 IP-2형 운반용기로 사용할 수 있다.
① IP-1형 운반용기의 기준에 적합할 것
② 국제연합 위험물질 운반규정인 “Recommendations on the Transport of Dangerous Goods”의 포장에 관한 일반권고에서 규정한 기준이나 또는 이 기준과 동등한 다른 기준에 적합할 것
③ 국제연합 포장그룹 Ⅰ 또는 Ⅱ에서 규정하는 시험을 거친 후에 제(2)항 제②호 가목 및 나목의 규정에 의한 기준에 적합할 것

(5) 탱크 컨테이너가 다음 각 호의 기준에 적합한 경우 이를 IP-2형 또는 IP-3형 운반용기로 사용할 수 있다.
① IP-1형 운반용기의 기준에 적합할 것
② 국제연합 위험물질 운반규정인 “Recommendations on the Transport of Dangerous Goods”의 다중모드 탱크운반에 관한 권고에서 규정한 기준이나 또는 이 기준과 동등한 다른 기준에 적합하여야 하며, 265킬로 파스칼(kPa)의 계기압력에 견딜 수 있을 것
③ 추가적으로 설치되는 차폐체가 통상적인 취급 및 운반조건에서 발생되는 정적 및 동적 응력에 견딜 수 있으며, 탱크컨테이너 외부표면에서의 방사선량률이 20퍼센트 이상 증가할 수 있는 차폐능력의 상실이 없을 것

(6) 탱크 컨테이너 이외의 탱크가 제(5)항의 규정에 따른 기준과 동등한 기준에 적합한 경우에는 제(2)항 및 제(3)항의 규정에도 불구하고 방사선규칙 별표 9의 규정에 의한 액체 및 기체상태의 제1종 및 제2종 저준위 비방사능물질을 운반하는 IP-2형 또는 IP-3형 운반용기로 사용할 수 있다.

(7) 화물컨테이너가 다음 각 호의 기준에 적합한 경우에는 IP-2형 또는 IP-3형 운반용기로 사용할 수 있다.
① IP-1형 운반용기의 기준
② 방사성내용물은 고체상태일 것
③ 문서번호 ISO 1496/1 “Series 1 Freight Containers - Specification and Testing - Part 1 : General Cargo Containers”에서 제원 및 등급을 제외한 모든 기준에 적합하여야 하며, 이 문서에 규정된 시험과 통상적인 운반조건에서 발생하는 가속도 조건에서 제(2)항 제②호 가목 및 나목의 규정에 따른 기준에 적합할 것

(8) 금속제의 중형 화물컨테이너가 다음 각 호의 기준에 적합한 경우에는 IP-2형 또는 IP-3형 운반용기로 사용할 수 있다.
① IP-1형 운반용기의 기준
② 국제연합 위험물질 운반규정인 “Recommendations on the Transport of Dangerous Goods”의 기준 중에서 다음 각목의 기준
가. 중형 화물컨테이너(IBC)에 관한 기준
나. 포장그룹 I 또는 II에 대하여 이 권고에서 규정한 시험에 따르되 최대한 손상이 발생되는 방향으로 낙하시험을 거친 후에 규정에 따른 기준에 적합할 것

4) A형 운반용기의 기술기준

(1) A형 운반용기의 기술기준은 다음 각 호와 같다.

① 방사성물질을 운반하는 모든 운반용기의 일반기준

② 외부의 최소 길이는 10센티미터 이상일 것

③ 외부는 쉽게 파손되지 않고, 온전한 상태로 있을 때 운반용기가 개봉되지 않았다는 증거가 될 수 있는 봉인기능을 갖출 것

④ 결속용 부착물은 정상운반조건 및 운반사고 조건에서 부착물에 작용하는 하중으로 인하여 운반용기의 능력을 손상시키지 않을 것

⑤ 운반용기의 구성품은 섭씨 -40도부터 섭씨 70도까지의 범위에 해당하는 온도의 환경에서 손상되지 않을 것

⑥ 운반용기 안에서 발생할 수 있는 압력으로 인하여 운반용기가 개봉될 수 없도록 강력한 조임 장치로 안전하고 견고하게 밀봉하는 격납계통을 갖출 것

⑦ 특수형방사성물질은 격납계통의 구성품으로 고려할 것

⑧ 격납계통이 운반용기와 분리된 별개의 단위로 이루어진 경우에, 격납계통을 독립적인 강력한 조임 장치로 운반용기와 안전하고 견고하게 고정할 수 있을 것

⑨ 격납계통 구성품은 액체 및 기타 취약물질의 방사화학적 분해 및 화학반응 또는 방사분해에 의한 가스의 발생에 적절히 대처할 수 있을 것

⑩ 격납계통은 주위압력이 60킬로파스칼의 계기압력까지 감소되어도 방사성내용물을 유지할 수 있을 것

⑪ 압력방출밸브 이외의 모든 밸브는 밸브로부터 누출되는 누출물을 보유하기 위한 장치를 갖출 것

⑫ 격납계통의 부분으로 지정된 운반용기의 구성품을 둘러싸고 있는 방사선 차폐체는 차폐체로부터 구성품이 이탈하는 것을 방지할 수 있을 것. 이 경우, 방사선 차폐체와 내부의 구성품이 각각 분리된 별개단위로 이루어져 있는 경우에 방사선 차폐체는 독립적인 강력한 조임 장치로 운반용기의 구조물에 안전하고 견고하게 고정하여야 한다.

⑬ 정상운반조건의 시험을 거친 후에 규정에 의한 기준에 적합할 것

⑭ 액체상태의 방사성물질을 운반하기 위한 운반용기는 방사성내용물의 온도변화·동적 효과 및 만충 동역학 등을 수용할 수 있는 여분의 공간이 충분할 것

⑮ 운반가능한 방사성내용물의 최대수량은 A_1 또는 A_2값을 초과하지 않을 것

(2) 운반하는 방사성물질이 액체 상태인 경우 제(1)항의 규정 이외에 추가적으로 다음 각 호의 기준에 적합하여야 한다.

① A형 운반용기의 추가시험을 거친 후에 규정에 의한 기준에 적합할 것

② 다음 각 목의 1의 기준에 적합할 것

가. 액체상태의 방사성내용물 체적의 2배를 흡수할 수 있는 충분한 흡수재를 갖출 것. 이 경우, 흡수재는 누출이 발생할 경우 액체와 용이하게 접촉하도록 최적의 장소에

위치하여야 한다.

나. 1차 내부 및 2차 외부의 격납으로 이루어진 격납계통을 갖출 것. 이 경우, 1차 내부격납에서 누설이 발생하면 2차 외부격납 안에서 액체 내용물을 확실히 유지할 수 있어야 한다.

(3) 운반하는 방사성물질이 기체 상태인 경우 제(1)항의 규정 이외에 추가적으로 규정에 의한 A형 운반용기의 추가시험을 거친 후에 방사성내용물의 유실 또는 분산이 없어야 한다. 다만, 삼중수소 또는 불활성가스의 경우에는 그러하지 않다.

5) B(U)형 기술기준

(1) 방사성물질을 운반하는 모든 운반용기의 일반기준

(2) A형 운반용기의 기술기준(제25조) 제(1)항 제②호 내지 제⑭호의 규정에 따른 기준. 다만, 제⑬호 가목의 기준은 제외한다.

(3) 다음 표와 같은 일광조건과 섭씨 38도의 주변온도의 환경에서 운반하면서 1주일간 방치할 경우에 다음 각목의 열적 영향을 고려하여 제45조의 규정에 따른 시험에 입증되는 바와 같이 격납 및 방사선차폐의 기능에 영향이 없을 것

표면의 형태 및 위치	1일당 12시간의 일광량(W/㎡)
수평으로 운반되는 편평한 면 - 기저부 - 기타 표면	 없음 800
수평으로 운반되지 않는 편평한 면 - 각 표면	 200
곡면	400

가. 방사성내용물의 배열·기하학적 형태 또는 물리적 상태를 변화시키거나, 방사성물질이 연료 피복재와 같은 캔 또는 용기 안에 들어있는 경우에 캔·용기 또는 방사성물질의 변형 또는 용융

나. 방사선 차폐 재료의 열팽창·균열 또는 용융

다. 수증기와 결합한 부식의 가속

(4) 항공운반 이외에 전용운반을 하지 아니 하는 한 운반용기의 접촉 가능한 표면온도는 섭씨 38도의 주변온도의 환경에서 섭씨 50도를 초과하지 않을 것

(5) 열차폐물을 포함하고 있는 운반용기는 규정에 의한 열시험의 요건을 만족시키기 위하여 다음 각목에서 정하는 시험에서 열차폐물이 유효하게 지속되어야 하며, 운반용기 외부의 열차폐물은 벗김·잘림·마모 또는 거친 취급에 의하여 효과가 감소되지 아니할 것

가. 규정에 따른 정상운반조건에 대한 입증시험

나. 규정에 따른 기계적 시험 중 가목 및 나목이나 나목 및 다목의 시험

(6) 다음 각목에서 정한 시험을 거친 후에 해당 기준에 적합할 것

가. 규정에 따른 정상운반조건에 대한 입증시험을 거친 후에 방사성내용물의 유실이 시간당 A_2 값의 1백만 분의 1을 초과하지 않을 것

나. 중량이 500킬로그램 이하이고 외부제원을 기준한 전체밀도가 세제곱센티미터당 1,000 킬로그램보다 작으며 특수형방사성물질이 아닌 것으로 A_2 값의 1,000배보다 큰 방사성내용물을 운반하는 운반용기인 경우에는 규정에 의한 시험을 거치고, 그 외의 모든 운반용기의 경우에는 운반사고조건에 대한 입증시험(제47조) 제(1)항 제①호 가목 및 나목, 제(1)항 제②호 및 제③호의 규정에 의한 시험을 거친 후에 다음의 기준에 적합할 것

① 외부표면으로부터 1미터 지점에서 방사선량률이 시간당 10밀리시버트를 초과하지 않을 것

② 일주일 동안 유실되는 방사성내용물의 축적량이 Kr-85에 대하여 A_2값의 10배, 그 외의 방사성핵종에 대하여 A_2값을 초과하지 않을 것

(7) 방사능량이 A_2값의 10만배 이상인 방사성내용물을 운반하는 운반용기는 규정에 의한 강화된 침수시험에서 격납계통이 파손되지 않을 것

(8) 방사성물질 누출 제한치의 준수여부에 대한 평가에서 필터 및 기계적 냉각계통을 고려하지 않을 것

(9) 규정에 의한 시험조건에서 방사성물질이 누출될 수 있는 압력배출장치를 격납계통에 포함시키지 않을 것

(10) 최대정상운전압력의 상태에서 규정에 의한 시험을 거친 후에 격납계통의 변형률의 정도가 운반용기의 요건에 적합하지 아니한 영향을 미치는 값에 도달되지 않을 것

(11) 최대 정상운전압력은 700킬로파스칼의 계기압력을 초과하지 않을 것

(12) 규정에 의한 항공운반이외에 운반용기의 접촉 가능한 표면에서의 최대온도는 섭씨 38도의 주변온도의 환경에서 일광이 없는 경우에 섭씨 85도를 초과하지 않을 것. 다만, 최대온도가 섭씨 50도를 초과하는 경우에는 전용운반을 하여야 하며, 주변사람을 보호하기 위한 보호막이나 보호 장치는 해당시험에 관계없이 사용할 수 있다.

(13) 저분산성방사성물질을 운반하는 운반용기는 포장의 일부 또는 내부 구성품이 외에 저분산성방사성물질에 추가되는 것의 특성으로 인하여 저분산성 방사성물질의 성능이 저하되지 않을 것

(14) 섭씨 -40도부터 섭씨 38도까지의 주변온도의 환경에서 건전성이 유지될 것

6) B(M)형 운반용기의 기술기준

(1) B(U)형 운반용기의 기술기준 규정에 적합할 것. 다만, A형 운반용기의 기술기준(제25조) 제(1)항 제⑤호의 규정에 따른 기준·B(U)형 운반용기의 기술기준(제26조) 제④호의 규정에 따른 섭씨 38도 주변온도 및 별표의 일광조건·B(U)형 운반용기의 기술기준제⑦호 내지 제⑭호의 규정에 따른 기준이 특정국가간 관계당국의 승인에 따라 별도의 기준으로 대체되는 경우에는 이를 적용할 수 있다.

(2) 관계당국에서 인정하는 경우에만 B(M)형 운반용기에 대한 간헐적인 통풍을 실시할 것

7) C형 운반용기의 기술기준

C형 운반용기는 다량의 방사성내용물을 항공으로 운반하는 경우에 적용되는 운반용기로서 기술기준은 다음 각 호와 같다.

(1) 규정에 따른 운반용기의 일반기준에 적합할 것(단, 제1항제1호 및 제2호는 제외한다.)
(2) A형 운반용기의 기술기준(제25조) 제(1)항 제②호 내지 제⑭호의 규정에 따른 기준에 적합할 것(단, 제⑬호 가목의 기준은 제외한다.)
(3) B(U)형 운반용기의 기술기준(제26조) 제③호 및 제⑤호의 규정에 따른 기준에 적합할 것
(4) B(U)형 운반용기의 기술기준(제26조) 제⑧호 내지 제⑭호의 규정에 따른 기준에 적합할 것
(5) 다음 각 목과 같은 초기조건의 정상상태에서 B(U)형 운반용기의 기술기준(제26조) 제⑥호 나목 및 제⑩호의 규정에 따른 시험의 평가기준에 적합할 것
  가. 0.33와트(W(m · K))의 열전도도
  나. 열적 절연이 완전한 상태일 것
  다. 최대 정상운전압력 상태일 것
  라. 섭씨 38도 주변온도일 것
(6) 운반용기의 최대정상운전압력 상태에서 다음 각목에서 정하는 기준에 적합할 것
  가. 규정에 따른 시험을 거친 후에 방사성내용물의 유실이 A_2값의 1백만 분의 1을 초과하지 않을 것
  나. 규정에 따른 시험순서에 따라 시험을 거친 후에 다음의 기준에 적합할 것
    ① 외부표면으로부터 1미터 지점에서 방사선량률이 시간당 10밀리시버트를 초과하지 않을 것
    ② 일주일 동안 유실되는 방사성내용물의 축적량이 Kr-85에 대하여 A_2값의 10배, 그 외의 방사성핵종에 대하여 A_2값을 초과하지 않을 것
(7) 강화된 침수시험에서 격납계통이 파손되지 않을 것
(8) 운반가능한 방사성내용물의 최대수량은 다음 각목 1의 제한값을 초과하는 것일 것
  가. 특수형방사성물질의 경우에는 별표 1의 A_1값의 3,000배 또는 A_2값의 10만배 중에서 더 작은 방사능
  나. 그 외의 방사성물질인 경우에는 A_2값의 3,000배

8) 표시

운반용기의 외부에는 다음 각 호의 사항을 읽기 쉽고 내구성이 있도록 표시하여야 한다.

(1) 운반용기의 모델 및 고유일련번호(다만, L형 운반물은 제외한다.)
(2) 다음 각목과 같이 표시한 운반용기의 종류
  가. L형 운반용기 : “L형 운반용기”
  나. IP-1형 · IP-2형 또는 IP-3형 운반용기 : “IP-1형 운반용기” · “IP-2형 운반용기” 또는

"IP-3형 운반용기"

다. A형·B(U)형·B(M)형 또는 C형 운반용기 : "A형 운반용기"·"B(U)형 운반용기"·"B(M)형 운반용기" 또는 "C형 운반용기"

(3) 방사선규칙 별표 6의 규정에 따른 해당 방사성운반물에 대한 국제연합번호

(4) 설계승인 받은 경우에는 해당 설계승인번호

(5) 운반물의 총 중량이 50킬로그램을 초과하는 경우에는 총 중량

(6) 양각·각인하거나 또는 열과 물에 견딜 수 있도록 표시한 다음의 삼엽표지

[그림] 기본 삼엽표시

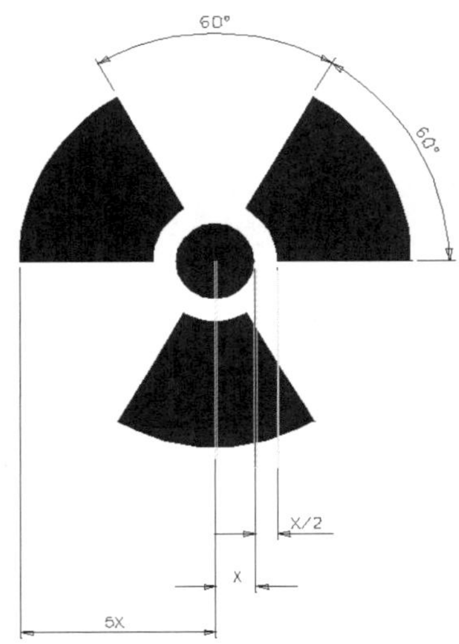

최소허용 X 치수 : 4밀리미터

1-4. 시험절차

1) 시험물 준비

모든 시험물은 시험을 실시하기 전에 다음 각 호에서 정하는 기준에 적합하여야 한다.

(1) 다음 각목의 사항을 포함한 결점 또는 손상을 확인하고 기록할 것

가. 설계와의 차이점

나. 구조상 결함

다. 부식 또는 변질

라. 형상의 변형

(2) 운반용기의 격납계통은 명확하게 지정되어 있을 것

(3) 시험물의 외부상태는 시험결과를 명확하게 평가할 수 있도록 확실하게 확인하여 둘 것

2) 제3종 저준위비방사능물질에 대한 시험

(1) 시험물을 상온에서 다음 각목의 조건에 적합한 물에 7일 동안 침수시킬 것

가. 물의 체적은 7일의 시험기간 후에 흡수 또는 반응하지 않고 남아있는 물의 자 유체적이 시험물 체적의 10퍼센트 이상일 것

나. 물의 초기조건은 수소이온농도(pH)가 6~8이고 섭씨 20도에서 최대 전도도가 미터 당 1 밀리지멘스(mS)일 것

(2) 시험을 실시한 후에 물의 방사능을 측정할 것

3) 특수형방사성물질에 대한 시험

(1) 특수형방사성믈질에 대한 시험은 다음 각 호에서 정하는 충격시험·타격시험·굽힘시험 및 열 시험으로 구성되며, 각 시험은 시험물이 최대의 손상을 받는 방법으로 실시하여야 한다. 이 경우, 각 시험마다 별도의 시험물을 각각 사용할 수 있다.

① 충격시험 : 시험물을 9미터 높이에서 시험 바닥면에 낙하시킬 것

② 타격시험 : 평탄한 고체의 표면 위에 설치한 다음 가목의 조건에 적합한 납판 위에 시험물을 놓은 후, 다음 나목에 적합한 봉을 시험물로부터 1미터 높이에서 시험물에 낙하시켜 타격할 것

가. 납판의 조건

- 납판은 비커스 경도로 3.5~4.5이고, 두께 25밀리미터 이하로서 시험물이 차지하는 면적보다 넓을 것
- 타격할 때마다 새로운 납판을 사용할 것

나. 봉의 조건

- 하단부 직경이 25밀리미터이고, 중량 1.4킬로그램인 연강봉일 것
- 타격면은 평탄하고 가장자리는 반경 (3.0±0.3)밀리미터로 둥글 것

③ 굽힘시험 : 시험물을 길이의 절반이 클램프 면으로부터 튀어 나오도록 수평으로 단단히 고정시키고 다음 각목에 적합한 봉을 시험물로부터 1미터 높이에서 시험물에 낙하시켜 타격할 것. 다만, 이 시험은 길이가 10센티미터 이상이고 길이와 최소 폭에 대한 비율이 10 이상인 길고 얇은 방사성물질에만 적용한다.

가. 하단부 직경이 25밀리미터이고, 중량 1.4킬로그램인 강철봉일 것

나. 타격면은 평탄하고 가장자리는 반경 (3.0±0.3)밀리미터로 둥글 것

④ 열시험 : 시험물을 공기중에서 섭씨 800도까지 가열하여 10분간 유지한 후 자연적으로 냉각시킬 것

(2) 밀봉캡슐 형태의 방사성물질로서 선택적으로 다음 각 호에서 정하는 시험을 실시할 경우에는 제(1)항의 규정에 의한 관련 시험을 면제할 수 있다.

① 특수형방사성 물질의 중량이 200그램 이하로서 문서번호 ISO 2919 “Sealed Radioactive Sources-Classification”에 명시된 Class 4 충격시험에 선택적으로 따를 경우 충격시험 및 타격 시험면제

② 문서번호 ISO 2919 “Sealed Radioactive Sources-Classification”에 명시된 Class 6 온도시험을 선택적으로 따를 경우 열시험의 시험면제

(3) 시험을 각각 실시한 후에 다음 각 호의 어느 하나의 정하는 누출 평가시험을 실시하여야 한다.

① 분산되지 아니한 고체상태의 방사성물질인 경우에는 다음 각 목의 순서에 따라 침출평가시험을 실시할 것

가. 시험물을 상온에서 다음의 조건에 적합한 물에 7일 동안 침수시킬 것

- 물의 체적은 7일의 시험기간 후에 흡수 또는 반응하지 않고 남아 있는 물의 자유체적이 시험물 체적의 10퍼센트 이상일 것
- 물은 수소이온농도(pH)가 6~8이고, 섭씨 20도에서 최대 전도도가 미터당 1밀리지멘스(mS)일 것

나. 시험물이 담긴 물을 섭씨 (50±5)도까지 가열한 후에 이 온도에서 4시간 동안 유지할 것

다. 물의 방사능을 측정할 것

라. 시험물을 섭씨 30도 이상이고 상대습도가 90퍼센트 이상인 정적 공기중에서 적어도 7일 동안 방치할 것

마. 시험물을 가목의 규정에 따른 동일한 조건의 물에 침수시키고 시험물이 담긴 물을 섭씨 (50±5)도까지 가열한 후에 이 온도에서 4시간 동안 유지시킬 것

바. 물의 방사능을 측정할 것

② 밀봉 캡슐 형태의 방사성물질인 경우에는 다음 각목의 어느 하나의 정하는 침출평가시험 또는 체적누출 평가시험을 실시할 것

가. 침출평가시험은 다음과 같은 순서에 따라 실시할 것

- 시험물을 상온에서 수소이온농도가(pH) 6~8이고, 섭씨 20도에서 최대 전도도가 미터 당 1 밀리지멘스(mS)인 물에 침수시킬 것
- 시험물이 담긴 물을 섭씨 (50±5)도까지 가열한 후에 이 온도에서 4시간 동안 유지할 것
- 물의 방사능을 측정할 것
- 시험물을 섭씨 30도 이상인 정적 공기중에서 적어도 7일 동안 방치할 것

나. 체적누출평가시험은 문서번호 ISO 9978 “Radiation Protection-Sealed Radioactive Sources-Leakage Test Methods”에 명시된 바에 따라 실시할 것

4) 저분산성 방사성물질에 대한 시험

(1) 저분산성방사성물질에 대한 입증시험은 다음 각 호와 같다.

① 규정에 따른 강화된 열시험

② 규정에 따른 충격시험

(2) 각 시험을 실시한 후에 규정에 따른 침출시험을 실시하여야 한다.

(3) 규정에 따른 시험에서 별도의 시험물을 각각 사용할 수 있다.

5) 정상 운반조건에 대한 입증시험

(1) 정상운반조건에 대한 건전성 입증시험은 다음 각 호에서 정하는 살수시험·자유낙하시험·압축시험 및 관통시험으로 구성되며 살수시험을 실시한 후에 시험물이 최대의 손상을 받는 방법으로 실시하여야 한다.

① 살수시험 : 시험물에 시간당 5센티미터의 강우량에 상당하는 물을 1시간 이상 뿌릴 것

② 낙하시험 : 시험물을 다음 각목에서 정하는 바에 따라 시험 바닥면 위에 낙하시킬 것

가. 운반물의 중량에 따라 다음 표에서 정하는 높이에서 낙하시킬 것

운반물 중량 (kg)	자유낙하 높이 (m)
운반물 중량 < 5,000	1.2
5,000 ≤ 운반물 중량 < 10,000	0.9
10,000 ≤ 운반물 중량 < 15,000	0.6
15,000 ≤ 운반물 중량	0.3

나. 운반물의 중량이 50킬로그램을 초과하지 아니하는 상자형의 합판 또는 목재 운반용기인 경우에는 별도의 시험물을 이용하여 0.3미터 높이에서 각 모서리에 대한 낙하를 실시할 것

다. 운반물의 중량이 100킬로그램 이하인 원통형의 합판 운반용기인 경우에는 별도의 시험물을 이용하여 0.3미터 높이에서 각 테두리의 1/4 되는 곳에 대한 낙하를 실시할 것

③ 적층시험 : 운반용기가 위로 적층이 가능한 형상인 경우에는 다음 각목의 어느 하나의 하중 중에서 큰 하중으로 시험물의 마주보는 양면에 균등하게 작용하도록 24시간 동안 압축하중을 받도록 할 것

가. 운반물 중량의 5배에 해당하는 하중

나. 운반물의 수직투영 면적에 13킬로파스칼을 곱한 값에 해당하는 하중

④ 관통시험 : 시험물을 움직이지 않도록 단단하고 편평한 수평면 위에 고정시켜 놓은 후, 다음 각 목에 적합한 봉이 관통되면 격납계통을 타격하도록 봉을 시험물로부터 1미터 높이에서 시험물의 가장 약한 부분의 중심부위에 수직으로 낙하시킬 것

가. 직경이 3.2센티미터이고 중량이 6킬로그램인 봉일 것

나. 타격하는 부분이 반구형일 것

다. 타격으로 인하여 변형되지 않을 것

(2) 규정에 따른 살수시험의 결과와 각 후속시험의 시간 간격은 시험물의 외부가 눈에 띄게 건조하지 아니한 범위에서 최대한 물이 흡수되는 정도로 한다. 다만, 이에 관한 입증이 용이하지 않은 경우, 4방향에서 동시에 물을 분사하는 경우의 시간간격은 2시간으로 하며, 각 방향에서 연속적으로 물을 분사하는 경우의 시간간격은 없는 것으로 한다.

(3) 제(2)항의 규정에 따른 조건에 적합한 경우, 하나의 시험물을 제(1)항의 규정에 따른 모든

시험에 사용할 수 있다.

6) A형 운반용기 추가시험

액체 및 기체를 운반하기 위한 A형 운반용기인 경우에는 정상운반조건에 대한 건전성 입증시험의 규정에 따른 시험 이외에 추가적으로 다음 각 호에서 정하는 낙하시험 및 관통시험을 격납계통이 최대의 손상을 받는 방법으로 실시하여야 한다.

(1) 낙하시험 : 시험물을 9미터 높이에서 시험 바닥면 위에 낙하시킬 것

(2) 관통시험 : 시험물을 움직이지 않도록 낙하시험 바닥면에 고정시켜 놓은 후, 다음 각 목에 적합한 봉이 관통되면 격납계통을 타격하도록 봉을 시험물로부터 1.7미터 높이에서 시험물의 가장 약한 부분의 중심부위에 수직으로 낙하시킬 것

가. 직경이 3.2센티미터이고 중량이 6킬로그램인 봉일 것

나. 타격하는 부분이 반구형일 것

다. 타격으로 인하여 변형되지 않을 것

7) 운반사고 조건에 대한 입증시험

(1) 운반사고조건에 대한 건전성 입증시험은 다음 각 호에서 정하는 기계적시험·열시험 및 침수시험으로 구성되며, 시험결과의 영향이 누적되도록 각 호의 시험을 순서대로 실시하되, 시험물이 최대의 손상을 받는 방법으로 실시하여야 한다.

① 기계적시험 : 기계적시험은 3가지의 낙하시험으로 구성되며 시험물의 낙하순서는 기계적 시험이 완료된 후에 후속시험인 열시험에서 시험물이 최대의 손상을 받는 방법으로 실시하여야 한다.

가. 낙하시험 I : 시험물을 9미터 높이에서 시험바닥면위에 낙하시킬 것

나. 낙하시험 II : 다음과 같은 봉을 시험바닥면 위에 수직으로 견고하게 고정시켜 놓고, 시험물을 1미터 높이에서 봉 위에 낙하시킬 것

- 직경이 (15.0±0.5)센티미터이고 길이가 20센티미터인 연강봉일 것
- 봉의 상단부는 평탄하고 가장자리는 반경 6밀리미터 이하로 둥글 것

다. 낙하시험 III : 시험물을 시험바닥면 위에 움직이지 않도록 고정시켜 놓은 후, 중량이 500킬로그램이고 한 변의 길이가 1미터인 정사각형의 연강판을 9미터 높이에서 시험 바닥면 위에 낙하시킬 것

② 열 시험 : 시험물을 제26조제3호의 별표의 규정에 의한 일광조건과 방사성내용물로 인한 내부 발생열의 최대설계조건에서 섭씨 38도의 주위온도조건 및 열적 평형상태에 있는 시험물을 섭씨 800도의 화재환경에 30분간 둘 것. 다만, 시험중 및 시험후에 시험물을 인위적으로 냉각하지 않아야 한다.

③ 침수시험 : 시험물을 수두 15미터 이상에서 시험물이 최대의 손상을 받는 방법으로 8시간 동안 침수시킬 것. 이 경우, 입증목적상 최소한 150킬로파스칼의 외부계기압력이 이에 해당하는 것으로 고려할 수 있다.

(2) 규정에 따른 기계적 시험에서 축소모형의 시험물을 사용하는 경우에는 제(1)항 제②호의 규정에 의한 열시험에서 별도의 시험물을 사용할 수 있다.
(3) 규정에 따른 침수시험에서 별도의 시험물을 사용할 수 있다.

8) C형 운반용기에 대한 시험

(1) C형 운반용기에 대한 시험은 다음 각 호에 적합하게 순서대로 실시하여야 한다.
① 규정에 의한 낙하시험 I
② 규정에 의한 낙하시험 III
③ 파열시험 : 규정에 따른 연속시험결과의 영향으로 시험물이 최대의 손상을 받는 방법으로 다음 각목의 어느 하나에서 정하는 시험을 실시할 것
가. 중량이 250킬로그램 미만인 운반물인 경우에는 시험물을 낙하시험 바닥면에 고정시켜 놓은 후, 다음과 같은 봉을 3미터 높이에서 시험물에 낙하시킬 것
• 직경이 20센티미터이고, 중량 250킬로그램인 원통형 봉일 것
• 타격단의 길이는 30센티미터이고, 그 끝단의 직경이 2.5센티미터인 원뿔대 형상일 것
나. 중량이 250킬로그램 이상인 운반물인 경우에는 가목의 규정에 따른 제원의 봉을 시험바닥면 위에 수직으로 견고하게 고정시켜 놓은 후, 시험물을 3미터 높이에서 봉 위에 낙하시킬 것
④ 강화된 열시험 : 규정에 따른 동일한 시험조건의 열적환경에서 노출시간만 60분으로 할 것
⑤ 충격시험 : 시험물이 최대의 손상을 받는 방법으로 시험물을 초당 90미터 이상의 속도로 시험바닥면에 충격시킬 것
(2) 규정에 따른 시험에서 축소모형의 시험물을 사용하는 경우에는 규정에 따른 강화된 열시험에서 별도의 시험물을 사용할 수 있다.
(3) 규정에 따른 충격시험에서 별도의 시험물을 사용할 수 있다.

1-5. 설계승인 신청서류

1) 안전성분석보고서

(1) 특수형방사성물질 설계승인에 관한 안전성분석보고서에 포함되어야 하는 사항은 다음 각 호와 같다.
1. 방사성물질의 개요
2. 방사성물질의 물리적 및 화학적 형태
3. 방사성물질의 방사능량
4. 캡슐형 방사성물질인 경우에는 캡슐의 상세한 설계 내용
5. 재료의 기계적 특성 및 화학적 특성
6. 법적 적용기준

7. 법적 적용요건에 적합함을 입증하는 시험내용 및 시험결과
8. 제7호에서 시험이 아닌 계산이나 기타 방법에 의한 경우에 해당내용

(2) 운반용기 설계승인에 관한 안전성분석보고서에 포함되어야 하는 사항은 다음 각 호와 같다.

1. 운반용기의 개요
   가. 운반용기의 개요 및 제원
   나. 운반용기의 운영에 관한 개요
   다. 방사성내용물의 개요
2. 법적 적용기준
3. 구조평가
   가. 검토 및 결과
   나. 구조설계
   다. 중량 및 무게중심
   라. 재료의 기계적 특성 및 화학적 특성
   마. 운반용기의 일반요건
   바. 하중 및 외압 적용요건
   사. 정상운반조건에 대한 구조평가
   아. 운반사고조건에 대한 구조평가
4. 열 평가
   가. 검토 및 결과
   나. 재료의 열적 특성
   다. 부품의 기술사양
   라. 정상운반조건에 대한 열 평가
   마. 운반사고조건에 대한 열 평가
5. 격납평가
   가. 검토 및 결과
   나. 격납경계
   다. 정상운반조건에 대한 격납평가
   라. 운반사고조건에 대한 격납평가
6. 방사선차폐평가
   가. 검토 및 결과
   나. 선원사양
   다. 계산모델
   라. 방사선차폐평가
7. 핵임계 평가
   가. 검토 및 결과

나. 핵연료물질 사양
다. 계산모델
라. 핵임계 평가
마. 핵임계 검증평가
8. 운반용기의 조작 및 운영절차
9. 운반용기의 유지·보수 절차 및 성능검사절차

2) 설계도면

운반용기 또는 특수형방사성물질의 설계도면은 다음 각 호에 적합하여야 한다.
1. 설계도면의 작성방법은 KS규격에서 규정하는 도면작성법에 의할 것
2. 설계승인서의 첨부용으로 제출되는 도면은 A4 크기로 작성하되 5장을 초과하지 않을 것

3) 품질보증계획서

품질보증계획서에 포함되어야 하는 사항은 다음 각 호와 같다.
1. 조직
2. 품질보증계획
3. 설계관리
4. 구매문서관리
5. 지시서, 절차서 및 도면
6. 문서관리
7. 구입자재, 기기 및 용역관리
8. 자재, 부품의 식별 및 관리
9. 특수공정의 원리
10. 검사
11. 시험관리
12. 측정 및 시험기기 관리
13. 취급, 저장 및 선적
14. 검사, 시험 및 운전현황
15. 부적합한 자재 및 부품의 관리
16. 시정조치
17. 품질보증기록
18. 제작품질보증요구사항

4) 성능시험계획서

성능시험계획서에 포함되어야 하는 사항은 다음 각 호와 같다.
1. 시험방법

2. 시험기준
3. 시험물 사양 및 시험물 제작
4. 시험시설 및 시험기기
5. 시험자료 평가방법
6. 시험물 제작계획
7. 시험일정

1-6. 설계승인서 발급

1) 설계승인 번호

설계승인서의 승인번호 부여방법은 다음 각 호와 같다.

(1) 설계승인서의 발급번호는 "VRI코드/고유번호/형식코드" 형태로 부여하되 다음 각목에 적합하여야 한다.

가. VRI코드는 국제차량등록코드로서 대한민국에 부여된 "ROK"를 표시할 것
(예 : ROK/고유번호/형식코드)

나. 고유번호는 네 자리 숫자로 다음과 같이 부여할 것(예 : 0001)

① 운반용기의 설계승인 : 1001번부터 순차적으로 부여
② 특수형방사성물질의 설계승인 : 5001번부터 순차적으로 부여

다. 형식코드는 다음과 같이 표시할 것(예 : ROK/1001/AF)

① AF : 핵분열성물질에 대한 A형 운반용기
② B(U) : B(U)형 운반용기(핵분열성물질의 경우 : B(U)F)
③ B(M) : B(M)형 운반용기(핵분열성물질의 경우 : B(M)F)
④ C : C형 운반용기 (핵분열성물질의 경우 : CF)
⑤ IF : 핵분열성물질에 대한 IP형 운반용기
⑥ S : 특수형방사성물질
⑦ LD : 저분산성 방사성물질
⑧ FE : 핵분열성 요건이 면제되는 핵분열성물질
⑨ T : 운송
⑩ X : 특별승인
⑪ AL : 기구 또는 품목의 면제 기준치에 대한 대체 방사능값

라. 비핵분열성 또는 면제되는 육불화 우라늄을 운반하는 운반용기로서 다 목의 어느 경우에도 적용되지 않는 경우에는 다음의 형식코드를 적용할 것

① H(U) : 편무승인
② H(M) : 다변승인

(2) 승인서에 대한 개정은 승인번호 다음에 "(Rev.개정번호)"로 표시하되, 최초 원본발급은 0으로 하여야 한다.

(예 : ROK/1001/AF(Rev.0), ROK/1001/AF(Rev.1) 등)

(3) 다변승인의 경우에는 다변승인 국가의 승인번호를 적절히 표시하여야 한다.

(예 : A/132/B(M)F)

2) 유효기간

(1) 설계승인서의 유효기간은 다음 각 호와 같다.

① 설계승인서의 유효기간은 5년을 초과하지 않는 범위내에서 운반용기 등의 특성을 고려하여 결정할 것

② 외국승인 운반용기 등에 대한 설계승인서의 유효기간은 특별한 사유가 없는 한 외국 설계승인서의 해당 유효기간을 적용할 것

(2) 설계승인서의 유효기간이 경과한 경우 그 효력이 중지된다.

(3) 다음 각 호의 어느 하나 또는 이들을 조합하여 평가한 결과 안전성이 유지되는 경우에 원자력관계사업자의 신청에 의하여 유효기간을 연장하여 설계승인서를 갱신 발급할 수 있다.

① 유효기간 동안의 사용검사 결과

② 운반용기 등을 무작위로 추출하여 시험 평가한 결과

③ 유효기간 동안의 하자 발생내역 및 사고내역

2. 방사성동위원소 등의 생산에 관한 기준

1) 목적

이 기준은 원자력안전법의 규정에 의한 방사성동위원소 등의 생산에 관한 기준을 정함을 목적으로 한다.

2) 밀봉선원의 성능기준

(1) 밀봉선원의 성능기준은 다음 각 호와 같다.

① **별표 1**의 사용용도별 성능시험 및 등급에 따라 **별표 2**의 해당 성능시험 등급별 시험에 적합하여야 한다.

② 성능시험에 관한 절차는 별지에서 정하는 기준에 적합하여야 한다.

③ 평가기준은 각 성능시험을 거친 후 해당 방사성핵종의 방사능 누설량이 200베크렐(Bq)을 초과하지 아니하여야 한다.

(2) 밀봉선원은 다음 각 호와 같이 성능시험 등급을 부여하고 표식 및 표시하여야 한다.

① 6자리로 구성된(예: C43515) 등급을 다음 각 목에 따라 부여하여야 한다.

가. 첫째 자리:

◦ **별표 3**의 핵종 군별 구분에 따라 별표 4에서 정한 방사능준위를 초과하지 아니하는 경우 : C

◦ **별표 3**의 핵종 군별 구분에 따라 별표 4에서 정하는 방사능준위를 초과하는 경우 : E

나. 둘째자리 : 별표 2의 온도시험의 해당 등급
다. 셋째자리 : 별표 2의 외부압력시험의 해당 등급
라. 넷째자리 : 별표 2의 충격시험의 해당 등급
마. 다섯째자리 : 별표 2의 진동시험의 해당 등급
라. 여섯째자리 : 별표 2의 관통시험의 해당 등급

② 밀봉선원에 대한 등급은 밀봉선원 캡슐에 표식하고 관련서류에 표시하여야 한다.

3) 특수형 방사성물질의 성능기준

▸ 특수형 방사성물질인 경우의 성능기준은 다음 각 호와 같다.

(1) 밀봉선원의 성능 기준에서 정하는 기준에 적합하여야 한다.
(2) 원자력안전위원회고시 「방사성물질 등의 포장 및 운반에 관한 규정」의 특수형방사성물질의 규정에서에서 정하는 기준에 적합하여야 한다.
(3) 제(1)호 및 제(2)호의 기준 중 시험항목이 중복되는 경우는 보다 엄격한 시험요건을 적용한다.

▸ 특수형방사성물질의 기술기준

(1) 견고한 고체형 방사성물질 또는 캡슐에 봉입된 방사성물질로서 한 변의 길이가 최소한 0.5센티미터 이상일 것
(2) 캡슐에 봉입된 방사성물질인 경우에는 캡슐이 파괴되어야만 개봉될 수 있을 것

4) 방사선발생장치의 성능기준

방사선발생장치의 성능기준은 원자력안전위원회고시 「방사선기기의 설계승인 및 검사에 관한 기준」 제5조부터 제20조까지의 규정을 준용한다. 이 경우에 “방사선기기”는 “방사선발생장치”로 본다.

2-1. 방사성동위원소등의 생산 품질보증계획

1) 품질보증 조직

(1) 방사성동위원소등의 생산자(이하 “생산자”라 한다)는 방사성동위원소등의 생산과 관련된 기능에 영향을 미치는 업무를 수행하는 자의 권한과 의무를 명확하게 정하여야 한다.
(2) 생산자는 품질보증업무를 수행하는 자가 안전성 확보를 위하여 필요하다고 판단하는 경우에는 비용 및 작업공정에 관계없이 그 사항을 직접 경영층에 보고하고 다음 각 호의 업무를 수행할 수 있도록 충분한 권한과 조직상의 독립성을 부여하여야 한다.
① 품질문제의 제기
② 품질문제에 대한 해결방안의 제시
③ 해결방안의 이행여부 확인

2) 품질보증 계획

(1) 생산자는 방사성동위원소등의 생산 업무개시 전에 품질보증계획을 수립하고 이를 지침서

· 절차서 또는 지시서 등의 서류로 작성하여야 한다.

(2) 품질보증계획에는 다음 각 호의 사항이 포함되어야 한다.

① 품질보증의 대상이 되는 방사성동위원소등 생산의 품질보증활동에 참여하는 주요 조직과 그 기능

② 품질에 영향을 미치는 업무를 수행하는 자에 대하여 업무상 필요한 교육 및 훈련에 관한 사항

③ 품질보증의 대상이 되는 방사성동위원소등 생산의 품질에 영향을 미치는 업무와 그 업무의 안전성에 관한 관리내용

(3) 제(2)항 제③호의 업무 및 관리내용에는 다음 각 호의 사항이 포함되어야 한다.

① 업무별 적절한 장비의 사용

② 청결상태 등 업무수행에 필요한 최적 환경

③ 업무수행에 필요한 선행요건이 있는 경우에는 그 요건의 충족기준

④ 그 밖에 업무의 적절한 수행을 위한 조건에 관한 사항

(4) 생산자는 품질보증계획을 작성함에 있어 다음 각 호의 필요성을 고려하여야 한다.

① 특별관리

② 특수작업공정

③ 특수시험

④ 특수장비

⑤ 공구

⑥ 숙련도

⑦ 검사 또는 시험에 의한 품질확인

(5) 생산자는 품질보증계획의 현황과 적합성을 정기적으로 점검하여야 한다.

3) 설계관리

(1) 생산자는 품질보증의 대상이 되는 방사성동위원소등에 대하여 관련 기술기준과 설계기준이 시방서 · 도면 · 절차서 및 지시서에 반영될 수 있도록 다음 각 호의 조치를 취하여야 한다.

① 품질기준을 설계서류에 명시하고 해당 품질기준을 위배한 사항에 대한 관리를 위한 방안의 설정

② 방사성동위원소등의 안전성과 관련한 기능에 필수적인 재료 · 부품 · 장비 및 공정의 선정과 그 적용의 타당성 검토

③ 설계공유영역의 확인 · 조정 및 설계참여 조직간 관계서류의 검토 · 승인 · 발행 · 배포 및 개정 절차의 확립

(2) 생산자는 특정한 설계의 적합성을 입증하기 위하여 시험에 의한 방법을 사용하는 경우에는 그 시험계획에 최악의 설계조건에서 해당 설계에 따라 제작된 시제품에 대한 인증시험이 포함되도록 하여야 한다.

(3) 생산자는 설계를 변경하는 경우 제1항에 따른 조치를 하고, 최초로 설계한 자 또는 부서로부터 그 적합성을 확인받아야 한다. 다만, 최초로 설계한 자 또는 부서가 없어진 경우 등의 이유로 생산자가 다른 담당자 또는 담당부서를 지정한 경우에는 지정받은 담당자 또는 담당부서로부터 확인을 받을 수 있다.

4) 구매품목 및 용역의 관리

(1) 생산자는 구매품목 및 용역이 구매서류 등과 일치하는지 여부를 확인하는 방안을 수립하여야 하며, 그 확인방안에는 다음 각 호의 사항이 포함되도록 하여야 한다.
① 공급자에 대한 평가 및 선정
② 객관적인 품질증빙서류의 제출 및 검토
③ 공급자에 대한 검사
④ 공급자가 인도한 품목 및 용역의 검사

(2) 생산자는 자재 또는 기기를 설치하거나 사용하기 전에 이들이 규격·기준 및 시방서에서 요구하는 구매요건에 일치함을 입증하는 증빙서류를 확보하여 해당 시설에 이를 비치·관리하여야 한다.

(3) 생산자는 공급자가 자재·기기 또는 용역의 중요도·복잡도 및 분량에 따라 효과적으로 품질관리업무를 수행하고 있는지를 정기적으로 평가하여야 한다.

5) 검사

(1) 생산자는 품질에 영향을 미치는 업무가 지시서·절차서 및 도면에 따라 수행되었는지를 확인하기 위한 검사계획을 수립·시행하여야 한다.

(2) 생산자는 검사대상 업무를 직접 수행하지 않는 자에 의하여 검사가 수행될 수 있도록 하여야 하며, 검사요원은 자재·기기 등의 품질을 보증하기 위하여 필요한 경우에는 작업공정마다 시험·측정 또는 점검 등의 방법으로 직접검사를 실시하되, 직접검사가 불가능하거나 품질에 위해한 영향을 미치는 경우에는 작업방법·장비 및 작업자를 감시하는 간접적인 관리를 하여야 한다.

(3) 생산자는 다음 작업을 진행하기 전에 필수적으로 검사를 받아야 하는 사항이 있는 경우 그 사항을 명시하도록 하여야 한다.

6) 시험관리

(1) 생산자는 방사성동위원소등의 성능을 보증하는 데 필요한 모든 시험이 시험절차서에 따라 시행되고 있는지 여부를 확인하는 시험계획을 수립하여야 한다.

(2) 생산자는 시험절차서에 해당 시험에 대한 다음 각 호의 사항을 규정하여야 한다.
① 시험의 선결조건
② 시험에 적합한 기기 및 장비의 준비
③ 시험에 적합한 환경조건

(3) 생산자는 시험결과와 시험요건의 만족 여부에 대한 확인 및 평가결과를 서류로 작성하여야 한다.

7) 검사·시험 및 성능의 상태

생산자는 방사성동위원소등의 각 품목의 검사결과, 성능에 대한 다음 각 호의 사항을 각인·꼬리표·작업카드 그 밖에 적절한 방법을 사용하여 표시하여야 한다.

(1) 검사 및 시험 합격여부

(2) 방사성동위원소등의 성능

8) 부적합한 품목의 관리

(1) 생산자는 기술기준에 부적합한 자재·부품 및 기기(이하 "부적합품목"이라 한다)의 사용이나 설치를 방지하기 위한 관리방안을 수립하고, 다음 각 호의 사항을 포함하는 절차서를 작성하여야 한다.

① 부적합품목의 식별방안

② 문서화

③ 격리

④ 처리

⑤ 관련 조직에 대한 통보

(2) 부적합품목은 절차서에 따라 검토한 후 현상태사용·폐기·수리 또는 재작업으로 분류하고, 이에 따라 처리하여야 한다.

9) 품질보증기록

(1) 생산자는 품질에 영향을 주는 업무에 대하여 다음 각 호의 기록을 보존하여야 한다.

① 작업 및 생산

② 운영 및 평가결과

③ 검사 및 시험

④ 감사결과

⑤ 작업감시결과

⑥ 재료분석결과

⑦ 작업자·절차서 및 장비의 적격 증빙자료

(2) 검사·시험에 대한 기록에는 다음 각 호의 사항이 기재되어야 한다.

① 검사자 또는 자료기록자

② 검사 또는 시험의 방법

③ 검사 또는 시험의 결과

④ 합격여부

⑤ 지적된 결함사항에 대하여 취한 조치

(3) 생산자는 제(1)항에 따른 품질보증기록의 식별과 검색이 가능하도록 하여야 한다.

(4) 생산자는 해당 기술기준에 따라 다음 각 호의 사항에 대한 기록보존요건을 수립하여야 한다.

① 보존기간

② 보존장소

③ 책임의 소재

2-2. 안전성분석보고서 작성

1) 개요 및 제원

(1) 방사성동위원소의 경우에는 다음 각 호에 관한 사항을 기재하여야 한다.

① 제품의 사용 용도에 대한 설명

② 밀봉 또는 개봉 여부

③ 핵종 및 방사능량

④ 물리적 및 화학적 상태

⑤ 제품 생산 공정에 대한 설명

(2) 방사선발생장치의 경우에는 다음 각 호에 관한 사항을 기재하여야 한다.

① 제품의 사용 용도에 대한 설명

② 방사선발생장치의 형식 및 성능

③ 제품 생산 공정에 대한 설명

2) 재질, 구조 및 안전성평가

(1) 방사성동위원소등의 재질 및 구조에 대하여는 다음 각 호의 사항을 기재하여야 한다. 다만, 개봉선원의 경우는 이를 기재하지 않는다.

① 방사성동위원소등의 주요부품 종류별 재질 및 사양

② 방사성동위원소등의 생산제품별 조립도

(2) 방사성동위원소등의 안전성 평가에 대하여는 다음 각 호의 사항을 기재한다.

① 안전기준(그 기준이 법적 규정인 경우에는 해당규정)

② 안전기준 요건에 적합함을 입증하는 평가내용 및 평가결과

3) 성능시험계획서

(1) 방사성동위원소등의 성능시험계획서에는 다음 각 호의 사항을 기재하여야 한다. 다만, 개봉선원의 경우는 이를 기재하지 않는다.

① 시험방법

② 시험 및 합격기준

③ 시험물 사양 및 시험물 제작방법

④ 시험시설 및 시험기기
⑤ 시험결과 평가방법
⑥ 시험일정

(2) 방사성동위원소의 경우 성능시험계획서는 규정에 따른 생산검사를 신청할 때에 생산검사 신청서와 함께 제출할 수 있다.

2-3. 방사성동위원소의 생산검사

1) 검사시기

(1) 생산검사는 생산허가를 받고 방사성동위원소를 최초로 생산하였을 때에 받아야 한다.

(2) 생산검사는 규정(영 제 88조)에 따른 정기검사와 병행하여 실시할 수 있다.

2) 검사방법

(1) 생산검사는 생산자가 성능시험 계획서에 따라 실시하는 시험에 입회 또는 직접 검사하는 방법으로 한다. 이 경우 서류검사 및 현장검사를 포함한다.

(2) 생산검사는 방사성동위원소 또는 모형 시험물을 이용하여 실시할 수 있다.

[별표 1]

밀봉선원의 사용용도별 성능시험 및 등급

밀봉선원의 사용용도	밀봉선원의 성능시험 및 등급				
	온도	압력	충격	진동	관통
산업용 라디오그래피 ○ 비차폐선원 ○ 기기내장용 선원	 4 4	 3 3	 5 3	 1 1	 5 3
의료용 ○ 래디오그래피 ○ 감마 원격치료기 ○ 근접 치료기	 3 5 5	 2 3 3	 3 5 2	 1 2 1	 2 4 1
감마 게이지(중간 및 높은 에너지) ○ 기기에 장비되지 않은 선원 ○ 기기에 장비(내장)된 선원	 4 4	 3 3	 3 2	 3 3	 3 2
베타게이지 및 낮은 에너지의 감마게이지 또는 X선 형광분석용 선원 (가스충전선원 제외)	3	3	2	2	2
유정용(Oil-well logging)	5	6	5	2	2
휴대용 밀도 및 수분 게이지	4	3	3	3	3
일반중성자 선원의 응용 (원자로 기동용 선원 제외)	4	3	3	2	3
교정용 선원(1 MBq (27 μCi) 이상)	2	2	2	1	2
감마 조사기(1) ○ 카테고리 I ○ 카테고리 II, III, IV	 4 4	 3 3	 3 4	 2 2	 3 4
이온 발생기(2) ○ 크로마토그래피 ○ 정전기제거기 ○ 연기감지기	 3 2 3	 2 2 2	 2 2 2	 1 2 2	 1 2 2

(1) 이 기준에서 감마 조사기는 4개의 카테고리로 구별한다.
- ○ 카테고리 I : 자체 내장형 - 건식 선원 저장
- ○ 카테고리 II : 파노라믹형 - 건식 선원 저장
- ○ 카테고리 III : 자체 내장형 - 습식 선원 저장
- ○ 카테고리 IV : 파노라믹형 - 습식 선원 저장

(2) 선원-기기의 합체에 대해서 시험할 수 있다.

[별표 2]

밀봉선원의 성능시험 등급별 시험조건

시험 구분	성능시험 등급						
	1	2	3	4	5	6	X
온도	시험 없음	-40°C(20분) +80°C(1시간)	-40°C(20분) +80°C(1시간)	- 40°C(20분) +400°C(1시간) 및 400°C에서 20°C로 열 충격	-40°C(20분) +600°C(1시간) 및 600°C에서 20°C로 열 충격	-40°C(20분) +800°C(1시간) 및 800°C에서 20°C로 열 충격	특별 시험
외부 압력	시험 없음	25 kN/㎡ (절대압력)에서 대기압	25 kN/㎡에서 2 MN/㎡ (절대압력)	25 kN/㎡에서 7 MN/㎡ (절대압력)	25 kN/㎡에서 70 MN/㎡ (절대압력)	25 kN/㎡에서 170 MN/㎡ (절대압력)	특별 시험
충격	시험 없음	1 m에서 50 g 및 1.5 m 높이에서 철판표면으로 자유낙하 10회	1 m에서 200 g	1 m에서 2 kg	1 m에서 5 kg	1 m에서 20 kg	특별 시험
진동	시험 없음	5 g최고 amp에서 25 Hz내지 50 Hz까지 30분	5 g 최고 amp에서 25 Hz 내지 50 Hz, 최고진폭 간격 0.635 mm 에서 50 Hz 내지 90 Hz 및 10 g에서 90 Hz 내지 500 Hz 까지 30분	최고진폭 간격1.5 mm 에서 25 Hz 내지 80 Hz 및 20 g에서 80 Hz 내지 2000 Hz까지 90분	미사용	미사용	특별 시험
관통	시험 없음	1 m에서 1 g	1 m에서 10 g	1 m에서 50 g	1 m에서 300 g	1 m에서 1 kg	특별 시험

[별표 3] 방사성핵종의 상대적 위험도에 따른 분류

1군 : 매우 높은 독성				
Ac-227	Cm-242	Pa-231	Pu-241	Th-228
Am-241	Cm-243	Pb-210	Pu-242	Th-230
Am-243	Cm-244	Po-210	Ra-223	U-230
Cf-249	Cm-245	Pu-238	Ra-226	U-232
Cf-250	Cm-246	Pu-239	Ra-228	U-233
Cf-252	Np-237	Pu-240	Th-227	U-234

2군 : 높은 독성				
Ac-228	Ce-144	I-124	Pb-212	Tb-160
Ag-110m	Cl-36	I-125	Ra-224	Te-127m
At-211	Co-56	I-126	Ru-106	Te-129m
Ba-140	Co-60	I-131	Sb-124	Th-234
Bi-207	Cs-134	I-133	Sb-125	Tl-204
Bi-210	Cs-137	In-114m	Sc-46	Tm-170
Bk-249	Eu-152(13y)	Ir-192	Sr-89	U-236
Ca-45	Eu-154	Mn-54	Sr-90	Y-91
Cd-115m	Hf-181	Na-22	Ta-182	Zr-95
		Pa-230		

3군 : 중간 독성				
Ar-41	C-14	Ga-72	Pr-142	Tc-96
Ag-105	Cu-64	K-43	Pr-143	Tc-97
Ag-111	Dy-165	Kr-85m	Pt-191	Tc-97m
As-73	Dy-166	Kr-87	Pt-193	Tc-99
As-74	Er-169	La-140	Pt-197	Te-125m
As-76	Er-171	Lu-177	Rb-86	Te-127
As-77	Eu-152(9.2h)	Mn-52	Re-183	Te-129
Au-196	Eu-155	Mo-90	Re-186	Te-131m
Au-198	F-18	Mn-56	Re-188	Te-132
Au-199	Fe-52	Na-24	Rh-105	Th-231
Ba-131	Fe-55	Nb-93m	Rn-220	Tl-200
Be-7	Fe-59	Nb-95	Rn-222	Tl-201
Bi-206	Ga-67	Nd-147	Ru-97	Tl-202
Bi-212	Gd-153	Nd-149	Ru-103	Tm-171
Br-82	Gd-159	Ni-63	S-35	V-48
	Hg-197	Ni-65	Sb-122	W-181

3군(계속) : 중간 독성				
Ca-47	Hg-197m	Np-239	Sc-47	W-185
Cd-109	Hg-203	Os-185	Sc-48	W-187
Cd-115	Ho-166	Os-191	Se-75	Xe-135
Ce-141	I-130	Os-193	Si-31	Y-87
Ce-143	I-132	P-32	Sm-151	Y-90
Cl-38	I-134	Pa-233	Sn-153	Y-92
Co-57	I-135	Pb-203	Sn-113	Y-93
Co-58	In-115m	Pd-103	Sn-125	Yb-175
Cr-51	Ir-190	Pd-109	Sr-85	Zn-65
Cs-131	Ir-194	Pm-147	Sr-91	Zn-69m
Cs-136	K-42	Pm-149		

4군 : 낮은 독성				
Ar-37 Co-58m Cs-134m Cs-135 Ge-71 H-3 I-129	In-111m In-113m Kr-85 Nb-97 Ni-59 O-15 Os-191m	Pt-193m Pt-197m Rb-87 Re-187 Rh-103m Sm-147 Sr-85m	Tc-96m Tc-99m Th-232 Th(천연) U-235 U-238	U(천연) Xe-131m Xe-133 Y-91m Zn-69 Zr-93

[별표 4]

방사성핵종 군별 최대방사능

핵종군(별표 3 참조)	최대방사능	
	용해성[(1)] 및/또는 반응성[(3)]	비용해성[(2)] 및 비반응성[(4)]
1군	11.1 GBq(0.3 Ci)	111 GBq(3 Ci)
2군	1.11 TBq(30 Ci)	11.1 TBq(300 Ci)
3군	11.1 TBq(300 Ci)	111 TBq(3,000 Ci)
4군	18.5 TBq(500 Ci)	185 TBq(5,000 Ci)

(1) 용해성 : 48시간동안 20℃의 H_2O의 용액 100 ml에서 그램 당 0.1 mg 이상

(2) 비용해성 : 48시간동안 20℃의 H_2O의 용액 100 ml에서 그램 당 0.1 mg 이하

(3) 반응성 : 통상의 대기 또는 수중에서 반응(나트륨, 칼륨, 우라늄, 세슘, 금속 등)

(4) 비반응성 : 통상의 대기 또는 수중에서 비반응(알루미늄, 금, 코발트, 크립톤, 세라믹 등)

[별지]

성능시험 절차

(1) 일반사항

가. 밀봉선원에 대한 시험절차는 제2호 내지 제6호와 같다.
다만, 사업자는 이와 동등성이 인정되는 절차를 규제기관의 승인을 받아 적용할 수 있다.

나. 온도시험을 제외한 모든 시험은 상온에서 수행하여야 한다.

다. 각 시험에 방사성동위원소 또는 모형 시험물을 이용하여 할 수 있다.

(2) 온도시험

가. 장비

시험하고자 하는 시편체적의 최소한 5배에 해당하는 시험영역체적을 가진 가열 및 냉각 장비를 준비한다. 만일, 온도시험을 위하여 가스 또는 기름연소 방식의 가열장치를 사용하는 경우에는 시험기간 동안 산화환경이 유지되어야 한다.

나. 절차

1) 저온시험이외의 모든 시험은 공기 중에서 이루어져야 하며 저온시험은 이산화탄소 분위기에서 이루어질 수 있다. 모든 시험선원은 최대시험온도에서 최소한 1시간, 그리고 최소 시험온도에서 최소한 20분 유지되어야 한다.
2) 상온 이하로 하여야 하는 선원은 45분 이내에 시험온도로 냉각시켜야 하며, 상온 이상으로 하여야 하는 선원은 최소한 다음의 시간-온도 표에 제시된 온도증가 속도로 가열하여야 한다.
3) 4등급, 5등급 및 6등급의 시험선원은 열 충격시험을 하여야 한다. 이 경우 두 번째 시험선원이나, 온도시험에 사용된 선원 모두 사용할 수 있다. 만일 두 번째 방법을 사용한다면, 열 충격시험 이전에 온도시험의 합격여부에 대한 분석이 선행되어야 한다.
4) 열 충격시험의 경우, 선원을 최대시험온도(요구되는 해당등급)로 가열한 후 최소한 15분 동안 유지하여야 한다. 이어, 시험선원을 15초 이내로 최대온도 20℃의 물로 옮긴다. 이때 물의 유량은 1분간 최소한 선원체적의 10배 이상이어야 하며, 만일 정지상태의 물이라면 물의 양은 최소한 선원체적의 20배 이상이어야 한다.

시간·온도 표

시간(분)	온도(°C)
0	상온
5	100
10	220
30	450
60	750
120	1010

(3) 외부압력시험

가. 장비

시험압력보다 최소한 10% 이상의 압력측정범위를 갖춘 압력 게이지로 검·교정된 장비여야 한다. 진공 게이지는 최소한 절대압력 20 kN/m^{2}까지 측정 가능해야 한다. 저압 및 고압시험을 위하여 별도의 시험 챔버를 이용할 수 있다.

나. 절차

1) 시험선원을 챔버에 놓고 각 5분간 두 번씩 시험압력에 노출시킨다.
2) 각 시험사이에는 압력을 대기압으로 환원시킨다.
3) 저압시험은 공기 중에서 시행하고, 고압시험은 반드시 물을 이용하여야 한다.

(4) 충격시험

가. 장비

1) 충격면이 평탄하고 직경이 25 mm이며 평단 면의 모서리부분이 반경 3 mm 정도로 둥글게 가공된 자유낙하 철제 해머. 이 경우, 해머의 무게중심은 충격면을 구성하는 원의 중심축에 있어야 한다.
2) 최소한 해머 질량의 10배 이상의 철제 모루. 이 경우, 모루는 견고하게 부착되어 충격 시 움직이지 말아야 한다. 또한, 평탄 표면으로 선원전체를 수용할 수 있어야 한다.
3) 2등급 낙하시험의 경우, 철판은 견고하게 부착되어 시험 시 현저한 움직임이 없도록 하여야 한다.

나. 절차

1) 별표 2의 해당등급에 적합한 질량의 해머를 선정한다.
2) 모루 위에 위치한 선원의 상부와 낙하시키는 해머의 기저부 사이를 1 m로 조정한다.
3) 해머로 최대한 손상받을 수 있는 위치에 선원을 놓는다.
4) 해머를 선원에 낙하시킨다.

다. 낙하시험

2등급 낙하시험의 경우, 선원의 모든 표면이 최소한 한 번씩은 충격받도록 시험선원을 낙하시킨다.

(5) 진동시험

가. 장비

각각의 시험조건을 구현할 수 있는 진동 장비

나. 절차

1) 선원이 시험동안 내내 견고하게 접촉되도록 진동 장비의 플랫폼에 고착시킨다.
2) 2등급 및 3등급의 경우, 제시된 각 조건의 시험주기를 3번 완료한다. 시험은 최소진동에서부터 최대진동까지 모든 범위의 진동을 10분 이상에 걸쳐 균일한 비율로 시행한다. 시험은 선원의 각 축에 대하여 시행하며, 최대 3개의 축을 사용한다. 또한, 각 공명진동에서 30분간 시험을 계속한다.

3) 4등급의 경우, 제시된 각 조건의 시험주기를 3번 완료한다. 시험은 모든 범위의 진동에서 최소진동에서부터 최대진동까지 30분 이상에 걸쳐 균일한 비율로 시행한다. 시험은 선원의 각 축에 대하여 시행하며, 최대 3개의 축을 사용한다. 또한, 각 공명 진동에서 30분간 시험을 계속한다.

(6) 관통시험

가. 장비

1) 상부는 결속장치가 있고 하부는 바늘이 견고하게 부착되어 있는 해머. 바늘의 특성은 다음과 같다.

○ 경도 : 50 내지 60 Rockwell C

○ 높이 : 6 mm 해머

○ 직경 : 3 mm

○ 하부표면 : 반구형

바늘의 중심선은 무게중심 및 해머에 부착된 지점의 중심에 정렬되어야 한다.

2) 견고하게 부착되고 최소한 해머 질량의 10배에 해당하는 철판 모루. 선원 및 모루 사이의 접촉표면은 충격을 가하였을 때 표면이 변형되지 않도록 충분한 크기이어야 한다. 만일 필요하다면 선원과 모루 사이에 적절한 형태의 보조대를 끼워 넣을 수 있다.

나. 절차

1) 별표 2의 해당등급에 따라 적합한 질량의 해머와 바늘을 준비한다.

2) 모루 위에 위치한 선원의 상부와 낙하시키는 바늘사이를 1 m로 조정한다.

3) 바늘로 최대한 손상 받을 수 있는 위치에 선원을 놓는다.

4) 해머를 선원에 낙하시킨다.

5) 만일 선원이 하나이상의 취약한 부분이 있는 경우에는 모든 부분에 대하여 시험을 한다. 그리고 해당선원의 크기와 질량이 자유낙하 관통시험에 적합하지 않는 경우에는, 타격체를 매끄러운 수직튜브를 사용하여 충격지점으로 유도한다.

3. 방사선방호 등에 관한 기준

1) 목적

이 기준은 방사선방호를 위하여 「원자력안전법」, 같은 법 시행령 및 같은 법 시행규칙, 「방사선안전관리 등의 기술기준에 관한 규칙」 및 「원자로시설 등의 기술기준에 관한 규칙」이 정하는 바에 따른 방사선방호와 관련된 기준을 정함을 목적으로 한다.

2) 고준위 방사성폐기물

「원자력안전법 시행령」(이하 “영”이라 한다)에서 “원자력안전위원회가 정하는 값”이란 다음표의 방사능농도 및 열발생률을 말한다.

원자력안전위원회가 정하는 값

방사능 농도	열 발생률
반감기 20년 이상의 알파선을 방출하는 핵종으로 4,000 Bq/g	2 kW/㎥

3) 선량한도의 적용

선량한도

구 분		방사선작업종사자	수시출입자 및 운반종사자	일반인
1. 유효선량한도		연간 50 mSv를 넘지 아니하는 범위에서 5년간 100 mSv	연간 12 mSv	연간 1 mSv
2. 등가 선량한도	수정체	연간 150 mSv	연간 15 mSv	연간 15 mSv
	손·발 및 피부	연간 500 mSv	연간 50 mSv	연간 50 mSv

(1) 임신한 사실을 사업자에게 보고하여 임신이 확인된 방사선작업종사자에 대하여는 임신이 확인된 시점부터 출산 시까지 하복부 표면에서의 등가선량한도를 2 mSv로 하고 같은 기간 동안 섭취하는 방사성핵종의 한도는 제7조에서 정하는 연간섭취한도(ALI)의 1/20로 한다. 이때 외부피폭과 내부피폭이 병존한다면 2 mSv 및 ALI/20에 대한 각각의 분율의 합이 1을 초과하지 아니하여야 한다.

(2) 방사성동위원소 등을 제한적 또는 일시적으로 사용하는 경우 일반인에 대한 선량은 연간 선량한도를 초과하지 아니하는 범위 내에서 주당 0.1 mSv 및 시간당 20 μSv까지 허용할 수 있다.

4) 허용표면오염도

허용표면오염도는 그 오염을 제거할 수 있는 경우로서 다음 각 호와 같다.

(1) 알파선을 방출하는 방사성물질에 대하여는 0.4 Bq/cm^2

(2) 알파선을 방출하지 아니하는 방사성물질에 대하여는 4 Bq/cm^2

5) 배출관리기준

(1) 방사성물질의 종류를 알 수 있고 단일 방사성핵종일 때에는 별표 3의 제1란의 해당 방사성핵종에 대한 제5란과 제8란의 농도

(2) 방사성물질의 종류를 알 수 있고 2종 이상의 방사성핵종일 때에는 각 방사성핵종의 농도의 제1호에 따른 농도에 대한 각각의 비율의 합계가 1이 되는 농도

(3) 방사성물질의 종류를 알 수 있으나 방사성물질의 일부 또는 전부의 농도를 알 수 없을 때에는 혼합물내 방사성핵종의 배출관리기준중 가장 낮은 값

(4) 방사성물질의 종류는 알 수 없으나 혼합물내에 존재하지 않는 방사성핵종이 알려진 경우에는 혼합물내에 존재할 수 있는 방사성핵종의 배출관리기준 중 가장 낮은 값 또는 별표 4의 제1란의 핵종별 각 경우에 대한 제4란과 제6란의 농도

(5) 배출관리기준을 산출함에 있어서 배기중 또는 배수중에 자연적으로 존재하는 방사성핵종의 농도는 제외한다.

▸ 배출관리기준을 적용함에 있어 배기중 또는 배수중 방사성핵종의 허용농도는 1주간의 평균치로 한다. 다만, 부득이한 경우에는 3개월간의 평균치로 갈음할 수 있다.

6) 연간섭취한도

(1) 방사성물질의 종류를 알 수 있고 단일 방사성핵종일 때에는 흡입에 대하여는 별표 3의 제1란의 해당 방사성핵종에 대한 제3란의 연간섭취한도, 경구섭취에 대하여는 제7란의 연간섭취한도

(2) 방사성물질의 종류를 알 수 있고 2종 이상의 방사성핵종일 때에는 각 방사성핵종의 흡입 또는 경구섭취량의 제1호에 따른 연간섭취한도에 대한 각각의 비율의 합계가 1이 되는 흡입 또는 경구섭취량

(3) 방사성물질의 종류를 알 수 있으나 방사성물질의 일부 또는 전부의 농도를 알 수 없을 때에는 혼합물내 방사성핵종의 연간섭취한도중 가장 낮은 값

(4) 방사성물질의 종류는 알 수 없으나 혼합물내에 존재하지 않는 방사성핵종이 알려진 경우에는 혼합물내에 존재할 수 있는 방사성핵종의 연간섭취한도중 가장 낮은 값 또는 흡입에 대하여는 별표 4의 제1란의 핵종별 각 경우에 대한 제2란의 연간섭취한도

(5) 연간섭취한도를 산출함에 있어서 자연적으로 존재하는 방사성핵종의 농도는 제외한다.

7) 유도공기중농도

(1) 방사성물질의 종류를 알 수 있고 단일 방사성핵종일 때에는 별표 3의 제1란의 해당 방사성핵종에 대한 제4란의 농도

(2) 방사성물질의 종류를 알 수 있고 2종 이상의 방사성핵종일 때에는 각 방사성핵종의 농도의 제1호에 따른 농도에 대한 각각의 비율의 합계가 1이 되는 농도

(3) 방사성물질의 종류를 알 수 있으나 방사성물질의 일부 또는 전부의 농도를 알 수 없을 때에는 혼합물내 방사성핵종의 유도공기중농도중 가장 낮은 값

(4) 방사성물질의 종류는 알 수 없으나 혼합물내에 존재하지 않는 방사성핵종이 알려진 경우에는 혼합물내에 존재할 수 있는 방사성핵종의 유도공기중농도중 가장 낮은 값 또는 별표 4의 제1란의 핵종별 각 경우에 대한 제3란의 농도

(5) 유도공기중농도를 산출함에 있어서 공기 중에 자연적으로 함유되어 있는 방사성핵종의 농도는 제외한다.

8) 방사성동위원소의 수량 및 농도

"원자력안전위원회가 정하는 수량과 농도"란 별표 5의 제2란의 해당 방사성핵종에 대한 제3란의 수량 및 제4란의 농도를 말한다.

9) 방사성동위원소의 신고사용대상

「원자력안전법 시행규칙」(이하 "규칙"이라 한다) 제65조제2호 나목에서 "위원회가 정하는 값"이란 별표 5의 제2란의 해당 방사성핵종에 대하여 제3란에 규정된 수량의 10,000배로 한다.

10) 방사성동위원소의 신고대상 용도

(1) 휴대형 소화기용량측정용
(2) 휴대형 재료성분분석용
(3) 밀봉선원 100 μCi 이하의 휴대형 밀도함수량측정용

11) 방사선발생장치의 신고대상 용도

휴대형 폭발물처리 또는 테러방지 검사용을 말한다.

12) 설비기준 예외규정에 대한 방사성동위원소의 수량

(1) 내화구조 및 불연재료 시설을 요하지 아니하는 한도량은 별표 5의 제2란의 해당 방사성핵종에 대하여 제3란에 규정된 수량의 1,000배
(2) 오염검사 또는 배기설비의 설치를 요하지 아니하는 한도량은 별표 5의 제2란의 해당 방사성핵종에 대하여 제3란에 규정된 수량의 100배

13) 배출시설을 요하지 아니하는 경우

배수설비 및 배기설비의 설치를 요하지 아니하는 경우란 Sr-90 및 알파입자를 방출하는 동위원소를 제외한 방사성동위원소로서 제6조에서 규정한 수량을 초과하지 아니하고 다음 각 호에 해당하는 것을 말한다.

(1) 별표 5의 제2란의 해당 방사성핵종에 대하여 제3란에 규정된 수량의 10,000배 이하의 양을 사용하고 배출물의 방사능이 충분히 감쇠될만한 기간 동안 보관한 다음 다량의 물로 희석하여 배출할 때
(2) 별표 5의 제2란의 해당 방사성핵종에 대하여 제3란에 규정된 수량의 100배 이하의 양을 사용하고 후드 안의 공기가 작업실로 거꾸로 유출하지 아니하는 후드 및 적절한 용량의 보관용기를 설비하였을 때
(3) 제1호와 같은 양의 방사성동위원소를 사용하고 후드의 창을 열었을 때의 공기유입속도가 매분당 15미터 이상인 후드를 마련하였을 때

14) 차폐물의 설계기준

(1) 사용시설 등의 내부에 사람이 상시 출입하는 장소는 연간 방사선량이 20 mSv를 초과하지 아니하여야 하고 1주당 방사선량은 1 mSv를 초과하지 아니하여야 한다.
(2) 사용시설 등의 경계에 인접하여 사람이 거주하는 구역은 연간 방사선량이 1 mSv를 초과하지 아니하여야 하고 1주당 방사선량은 0.1 mSv를 초과하지 아니하여야 한다.

15) 방사선 긴급작업 시 선량제한

(1) 긴급작업에 종사하는 자나 사고의 진압 등 피해의 확대를 방지하기 위하여 불가피한 작업에 참여하는 자에 대하여는 유효선량은 0.5 Sv, 피부의 등가선량은 5 Sv까지 허용할 수 있다. 다만, 인명의 구조를 목적으로 하는 긴급작업에 대해서는 이를 적용하지 아니한다.

(2) 제(1)항의 작업으로 인한 피폭선량은 개인피폭방사선량에 합산하지 아니 할 수 있다.

16) 긴급 시 방사선작업절차 등

(1) 원자력관계사업자는 방사선 긴급작업으로 인해 예상되는 피폭방사선량을 피할 수 있는 대안이 없거나 현실적으로 불가능한 극히 예외적인 상황일 때에만 이를 승인하여야 한다.

(2) 긴급시의 방사선작업은 작업 시작 전에 원자력관계사업자(원자력관계사업자의 허가 등을 받은 자가 아닌 경우에는 그 고용주 또는 대리인)의 승인을 서면으로 받아야 한다.

(3) 원자력관계사업자는 「원자력안전법」 제91조제1항제4호에 따른 작업에 참여하는 자의 피폭방사선량을 가능한 한 합리적으로 낮게 유지하기 위하여 필요한 방사선방호 조치를 취하여야 한다.

(4) 원자력관계사업자는 작업 승인을 하기 전에 해당 작업에 참여하는 자에게 다음 사항을 통보하여야 한다.

가. 계획된 긴급작업의 목적

나. 작업 수행으로 받게 되는 예상 피폭방사선량, 부수적인 잠재적 위험도, 구체적인 방사선 준위 또는 기타 작업 조건

다. 제3호의 방사선방호 조치에 관한 구체적 지침

17) 환경상의 위해방지

(1) 해당 시설의 설계에 적용할 기준

가. 기체상태의 방출물에 의한 제한구역 경계에서의 연간선량

① 감마선에 의한 공기의 흡수선량 : 0.1밀리그레이

② 베타선에 의한 공기의 흡수선량 : 0.2밀리그레이

③ 외부피폭에 의한 유효선량 : 0.05밀리시버트

④ 외부피폭에 의한 피부등가선량 : 0.15밀리시버트

⑤ 입자상 방사성물질, ^{3}H, ^{14}C 및 방사성옥소에 의한 인체 장기 등가선량 : 0.15밀리시버트

나. 액체상태의 방출물에 의한 제한구역 경계에서의 연간 선량

① 유효선량 : 0.03밀리시버트

② 인체 장기 등가선량 : 0.1밀리시버트

(2) 동일부지 내에 다수의 원자력관계시설을 운영하는 경우에 적용할 기준

가. 제한구역 경계에서의 연간 선량

① 유효선량 : 0.25밀리시버트

② 갑상선 등가선량 : 0.75밀리시버트

▸ **연간섭취한도, 유도공기중농도 및 배출관리기준의 적용시 유의사항 등**

(1) 연간섭취한도, 유도공기중농도 및 배출관리기준(이하 "유도한도"라 한다)은 방사성동위원소의 흡입(inhalation) 및 경구섭취(oral ingestion)로 구분되어 있고, 각각의 화학적 형태별로 수치가 제시되어 있다. 또한, 유도한도는 방사선학적 관점에서만 검토된 것으로서 화학적 독성(chemical toxicity)은 반영되지 않았다.

(2) 특정 시설에서의 방사성동위원소의 물리적 및 화학적 특성(예 : 입자크기 분포, 화학적 형태 등)을 고려하여 특정 시설에서만 적용될 수 있는 유도한도를 설정하여 운영할 수 있다. 이 경우에는 사전에 원자력안전위원회의 승인을 받아야 한다.

(3) 유도한도는 해당 방사성동위원소에 의한 피폭과 관련이 있으나, 방사성붕괴에 의해 체내에 존재하는 딸핵종에 의한 기여분도 포함되어 있다. 그러나, 모핵종과 딸핵종이 혼재된 것을 흡입 또는 섭취할 경우에는 혼합물에 적용하는 방법을 고려한다.

(4) 단일 방사성동위원소이지만 여러 가지 화학적형태(예 : F, M, S를 가진 화학적 형태가 작업장내에 동시에 존재)가 동시에 존재할 경우에는 혼합 방사성동위원소에 의한 피폭으로 취급한다.

(5) 용어의 정의는 다음과 같다.

가. 화학적 형태 : 각 방사성동위원소가 존재할 수 있는 다양한 화학적 형태(chemical form)를 말하며, 흡입 및 섭취 경로별로 상이하게 고려하였다. 방사성동위원소별 화학적형태는 IAEA Safety Series 115에 제시된 것이다.

나. F, M, S, G : F, M, S 구분은 입자상 방사성동위원소가 흡입에 의해 호흡기로 침적된 이후에 혈액으로 흡수되는 정도를 나타낸 것이며, G는 기체 또는 증기 형태를 나타낸 것이다. ICRP 66의 권고에 따른 분류이며, 혈액으로의 흡수율에 따른 호흡기에서의 제거특성(F: Fast, M: Moderate, S: Slow)을 분류한 것으로서, ICRP 30의 제거성 분류인 D, W, Y와 대등한 관계에 있다.

다. 배기중의 배출관리기준 : 일반인이 이러한 농도를 갖고 대기중으로 배기되는 방사성물질을 흡입할 경우에 받는 피폭선량이 일반인의 선량한도에 해당하는 유도된 수치이다.

라. 배수중의 배출관리기준 : 일반인이 이러한 농도를 갖고 수중으로 배출되는 방사성물질을 섭취할 경우에 받는 피폭선량이 일반인의 선량한도에 해당하는 유도된 수치이다.

(6) 단위변환을 위한 수치 및 표에 적용한 수치 표시방법에 대한 설명은 다음과 같다.

가. [μCi ← Bq] : 2.7027×10^{-5}를 곱한다.

나. [$\mu Ci/cm^3$ ← Bq/m^3] : 2.7027×10^{-11}를 곱한다.

다. 표에 제시된 값중 6E+05는 6×10^5를 의미하고, 6E-05는 6×10^{-5}를 의미한다.

(7) 유도한도를 계산하는데 적용한 방법은 다음과 같다.

가. 작업자의 연간섭취한도 및 유도공기중농도는 ICRP 61의 계산방법을 적용하여 유도하였다. 선량한도는 20 mSv/yr를 적용하였고, 선량환산계수는 IAEA의 Safety Series 115에 제시된 값을 적용하였다. 입자형태의 경우에는 5 μm AMAD(Activity Median

Aerodynamic Diameter)의 입자크기에 근거한 작업자의 선량환산계수를 사용하였다. 피폭대상은 ICRP 23에 제시된 표준인(reference man)이며, 작업시간은 연간 2,000 시간, 호흡율은 1.2 m^3/hr를 고려하였다.

나. 배기중 배출관리기준은 작업자의 유도공기중농도에 작업자와 일반인의 선량한도의 차이(1/20), 일반인과 작업자의 호흡율 및 활동시간의 차이(1/3), 연령군별 선량환산계수의 차이(1/2)를 가중하여 계산하였다. 다만, 입자형태의 경우에는 1 μm AMAD의 입자크기에 근거한 작업자의 선량환산계수를 사용하여 작업자의 유도공기중농도를 임시로 계산하고, 이 값에 작업자와 일반인의 선량한도의 차이(1/20), 일반인과 작업자의 호흡율 및 활동시간의 차이(1/3), 연령군별 선량환산계수의 차이(1/2)를 가중하였다.

다. 경구섭취의 경우, 작업자의 연간섭취한도를 ICRP 23에 제시된 표준인의 물 섭취율(0.73 m^3/yr)로 나누고, 일반인과 작업자의 선량한도의 차이(1/20), 일반인과 작업자의 연령군별 선량환산계수의 차이(1/2)를 가중하였다.

라. 불활성기체에 의한 외부피폭의 경우, 작업자의 유도공기중농도에 일반인과 작업자의 선량한도의 차이(1/20), 일반인과 작업자의 활동시간의 차이(1/4.38)를 가중하였다.

마. 삼중수소수(HTO) 형태의 삼중수소의 경우, 유도공기중농도 및 배기중 배출관리기준은 흡입과 피부흡수를 고려하여 설정되었다. 피부흡수에 의한 삼중수소 흡수율이 공기흡입에 의한 삼중수소 흡수율의 1/2이라고 고려하여 공기흡입에 의한 유도공기중농도 및 배기중 배출관리기준을 1.5로 나누었다.

바. 라돈(Rn-220, 222)은 딸핵종을 배제한 경우와 딸핵종을 포함한 경우로 구분하여 유도한도를 설정하였다. 딸핵종을 배제한 경우에는 ICRP 32에 제시된 Rn-222 및 Rn-220의 선량환산계수와 작업자의 선량한도를 이용하여 연간섭취한도와 유도공기중농도를 설정하였다. 딸핵종을 포함한 경우에는 ICRP 65 및 IAEA의 Safety Series 115에 근거하여 Rn-222의 딸핵종은 4 WLM, Rn-220의 딸핵종은 12 WLM을 일차한도로 고려하였다. 유도한도는 ICRP 32의 방법론을 적용하여 계산하였고, Potential α-energy Intake는 IAEA의 Safety Series 115의 값을 적용하였다.

사. 미지 혼합 방사성동위원소의 경우, 혼합물에 포함되어 있지 않다고 할 수 없는 방사성동위원소들의 유도치중 가장 보수적인 것을 적용하거나 이 고시 별표 4에 제시된 값을 적용토록 하였다. 별표 4에 제시된 값중 연간섭취한도(흡입) 및 유도공기중농도는 50, 500, 5000, 50000, 500000 Bq를 기준으로 하여 방사성동위원소의 연간섭취한도를 크기별로 구분하고, 각각의 범주 이내인 방사성동위원소가 없는 경우는 각 기준값을 유도한도로 설정하는 방법이다. 배기중 배출관리기준은 5E-05, 5E-03, 5E-02 Bq/m^3을 기준으로 고려하였고 배수중 배출관리기준은 5E+04 Bq/m^3을 기준으로 고려하였다.

[별표 1] 방사성물질의 연간섭취한도, 유도공기중농도 및 배출관리기준

1 란	2 란	3 란	4 란	5 란	6 란	7 란	8 란
핵종	흡입				섭취		
	화학적 형태	연간 섭취한도	유도 공기중농도	배기중의 배출관리기준	화학적 형태	연간 섭취한도	배수중의 배출관리기준
		Bq	Bq/m^3	Bq/m^3		Bq	Bq/m^3
H-3	G, 삼중수소가 결합된 물 (피부흡수 포함)	1E+09	3E+05	3E+03	삼중수소가 결합된 물	1E+09	4E+07
	G, 유기적으로 결합된 삼중수소	5E+08	2E+05	2E+03	유기적으로 결합된 삼중수소	5E+08	2E+07
	G, 원소상태의 삼중수소	1E+13	5E+09	4E+07			
F-18	F; H, Li, Na, K, Rb, Cs, 및 Fr 원소와의 불화물	4E+08	2E+05	2E+03	모든 화합물	4E+08	1E+07
	M; Be, Mg, Ca, Sr, Ba, Ra, Al, RE 원소와의 불화물	2E+08	9E+04	1E+03			
P-32	F, 기타 모든 화합물	2E+07	8E+03	9E+01	모든 화합물	8E+06	3E+05
	M; Zn^{2+}, S^{3+}, Mg^{2+}, Fe^{3+}, Bi^{3+} 및 란탄계열 원소와의 인산염	7E+06	3E+03	2E+01			
Co-60	M, Co-55와 동일	3E+06	1E+03	7E+00	Co-55와 동일	6E+06	2E+05
Kr-87	불활성 기체		7E+04	8E+02			
Rb-87	F, Rb-79와 동일	3E+07	1E+04	1E+02	Rb-78와 동일	1E+07	5E+05
Sr-90	F, Sr-80과 동일	7E+05	3E+02	3E+00	Sr-80과 동일	7E+05	2E+04
	S, Sr-80과 동일	3E+05	1E+02	5E-01	Sr-80과 동일	7E+06	3E+05
Y-90	M, Y-86과 동일	1E+07	5E+03	5E+01	Y-86과 동일	7E+06	3E+05
	S, Y-86과 동일	1E+07	5E+03	5E+01			
Mo-90	F, 기타 모든 화합물	7E+07	3E+04	4E+02	기타 모든 화합물	6E+07	2E+06
	S, 황화 몰리브덴, 산화 및 수산화물	4E+07	1E+04	2E+02	황화 몰리브덴	3E+07	1E+06
Tc-99	F, Tc-93과 동일	5E+07	2E+04	2E+02	Tc-93과 동일	3E+07	9E+05
	M, Tc-93과 동일	6E+06	3E+03	2E+01			
Tc-99m	F, Tc-93과 동일	1E+09	4E+05	6E+03	Tc-93과 동일	9E+08	3E+07
	M, Tc-93과 동일	7E+08	3E+05	4E+03			
I-131	F, I-120과 동일	2E+06	8E+02	9E+00	I-120과 동일	9E+05	3E+04
	G, 원소형	1E+06	4E+02	3E+00			
	G, 메틸 화합물	1E+06	6E+02	5E+00			
Cs-137	F, Cs-125와 동일	3E+06	1E+03	1E+01	Cs-125와 동일	2E+06	5E+04
Ir-192	F, Ir-182와 동일	9E+06	4E+03	4E+01	Ir-182와 동일	1E+07	5E+05
	M, Ir-182와 동일	5E+06	2E+03	1E+01			
	S, Ir-182와 동일	4E+06	2E+03	1E+01			
Au-198	F, Au-193과 동일	5E+07	2E+04	3E+02	Au-193과 동일	2E+07	7E+05
	M, Au-193과 동일	2E+07	9E+03	9E+01			
	S, Au-193과 동일	2E+07	8E+03	8E+01			
Rn-222	딸핵종 제외	1E+08	6E+04	5E+02			
	딸핵종 포함	3E+06	1E+03	1E+01			
Ra-226	M, Ra-223과 동일	9E+03	4E+00	2E-02	Ra-223과 동일	7E+04	2E+03
Th-232	M, Th-226과 동일	7E+02	3E-01	2E-03	Th-226과 동일	9E+04	3E+03
U-235	F, U-230과 동일	3E+04	1E+01	1E-01	U-230과 동일	4E+05	1E+04
	M, U-230과 동일	1E+04	5E+00	2E-02	U-230과 동일	2E+06	8E+04
	S, U-230과 동일	3E+03	1E+00	9E-03			
U-238	F, U-230과 동일	3E+04	1E+01	1E-01	U-230과 동일	5E+05	2E+04
	M, U-230과 동일	1E+04	5E+00	3E-02	U-230과 동일	3E+06	9E+04
	S, U-230과 동일	4E+03	1E+00	1E-02			
Am-240	M, Am-237과 동일	3E+07	1E+04	2E+02	Am-237과 동일	3E+07	1E+06

[별표 2] 종류 미상인 방사성물질의 유도공기중농도 및 배출관리기준

1 란	2 란	3 란	4 란	5 란	6 란
핵 종	흡 입			섭 취	
	연간 섭취한도	유도 공기중 농도	배기중의 배출관리 기준	연간 섭취한도	배수중의 배출관리 기준
	Bq	Bq/m^3	Bq/m^3	Bq	Bq/m^3
Ac-227-F, Cm-250-M이 혼합물내에 없는 경우	5E+01	2E-02	-	-	-
상기의 경우에 추가하여, Ac-227-M-S, Th-229-M-S, Pa-231-M, Cm-248-M, Bk-247-M, Cf-249-M, Cf-251-M이 혼합물내에 없는 경우	5E+02	2E-01	-	-	-
상기의 경우에 추가하여, Sm-146-M, Sm-147-M, Gd-148-F-M, Gd-152-F-M, Ra-223-M, Ra-225-M, Ac-225-M-S, Th-227-M-S, Th-228-M-S, Th-230-M-S, Th-232-M-S, Pa-231-S, U-230-M-S, U-232-F-M-S, U-233-S, U-234-S, U-235-S, U-236-S, U-238-S, Np-237-M, Pu-236-M-S, Pu-238-M-S, Pu-239-M-S, Pu-240-M-S, P이 혼합물내에 없는 경우	5E+03	2E+00	-	-	-
상기의 경우에 추가하여, In-115-F, Pb-210-F, Bi-210m-M, Po-210-F-M, Ra-224-M, Ra-226-M, Ra-228-M, Ac-225-F, Ac-226-M-S, Pa-230-M-S, U-233-F-M, U-234-F-M, U-235-F-M, U-238-F-M, Np-236-M, Md-258-M이 혼합물내에 없는 경우	5E+04	2E+01	-	-	-
상기의 경우에 추가하여, Si-32-S, Ti-44-F-S, Fe-60-F-M, Sr-90-S, Cd-113-F-M, Cd-113m-F, In-115-M, La-138-F, Mo-166m-M, Lu-176-M, Hf-178m-F-M, Hf-182-F-M, Bi-210-M, Bi-210m-F, Ac-224-M-S, Ac-226-F, Th-226-M-S, Pa-227-M-S, 이 혼합물내에 없는 경우	5E+05	2E+02	-	-	-
상기의 경우에 추가하여, Gd-148-F, Gd-152-F, Ac-227-S, Th-228-M-S, Th-229-M-S, Th-230-M, Th-232-M-S, Pa-231-M-S, U-232-S, Np-237-M, Pu-236-M, Pu-238-M, Pu-239-M, Pu-240-M, Pu-242-M, Pu-244-M, Am-241-M, Am-242m-M, Am-243-M, Cf-251-M, Cf-252-M, Cf-254-M이 없는 경우	-	-	5E-03	-	-
상기의 경우에 추가하여, Sm-146-M, Sm-147-M, Gd-148-M, Gd-152-M, Bi-210m-M, Po-210-M, Ra-223-M, Ra-224-M, Ra-225-M, Ra-226-M, Ra-228-M, Ac-225-M-S, Th-227-M-S, Th-230-S, U-230-M-S, U-232-F-M, U-233-M-S, U-234-M-S, U-235-M-S, 이 없는 경우	-	-	5E-02	-	-
상기의 경우에 추가하여, Fe-60, Sr-90, Cd-113, Cd-113m, In-115, I-126, I-129, I-131, Cs-134, Hg-194, Pb-210이 없는 경우	-	-	-	-	5E+04

[별표 3] 핵종별 규제면제 관련 수량 및 농도

원자 번호	핵종	최소수량 (Bq)	최소농도 (Bq/g)	원자 번호	핵종	최소수량 (Bq)	최소농도 번호 (Bq/g)
제1란	제2란	제3란	제4란	제1란	제2란	제3란	제4란
1	H-3	1×10^9	1×10^6	55	Cs-1371	1×10^4	1×10^1
4	Be-7	1×10^7	1×10^3	56	Ba-1401	1×10^5	1×10^1
6	C-14	1×10^7	1×10^4	61	Pm-147	1×10^7	1×10^4
8	O-15	1×10^9	1×10^2	63	Eu-155	1×10^7	1×10^2
9	F-18	1×10^6	1×10^1	67	Ho-166	1×10^5	1×10^3
11	Na-22	1×10^6	1×10^1	68	Er-169	1×10^7	1×10^4
14	Si-31	1×10^6	1×10^3	69	Tm-171	1×10^8	1×10^4
15	P-32	1×10^5	1×10^3	70	Yb-175	1×10^7	1×10^3
16	S-35	1×10^8	1×10^5	71	Lu-177	1×10^7	1×10^3
17	Cl-38	1×10^5	1×10^1	72	Hf-181	1×10^6	1×10^1
18	Ar-41	1×10^9	1×10^2	73	Ta-182	1×10^4	1×10^1
19	K-40	1×10^6	1×10^2	74	W-185	1×10^7	1×10^4
20	Ca-45	1×10^7	1×10^4	75	Re-186	1×10^6	1×10^3
24	Cr-51	1×10^7	1×10^3	76	Os-191	1×10^7	1×10^2
25	Mn-52	1×10^5	1×10^1	77	Ir-192	1×10^4	
26	Fe-59	1×10^6	1×10^1	78	Pt-197	1×10^6	1×10^3
27	Co-60	1×10^5	1×10^1	79	Au-198	1×10^6	1×10^2
28	Ni-65	1×10^6	1×10^1	80	Hg-203	1×10^5	1×10^2
29	Cu-64	1×10^6	1×10^2	81	Tl-201	1×10^6	1×10^2
30	Zn-69	1×10^6	1×10^4	82	Pb-2101	1×10^4	1×10^1
32	Ge-71	1×10^8	1×10^4	83	Bi-210	1×10^6	1×10^3
33	As-76	1×10^5	1×10^2	84	Po-210	1×10^4	1×10^1
35	Br-82	1×10^6	1×10^1	86	Rn-2221	1×10^8	1×10^1
36	Kr-87	1×10^9	1×10^2	88	Ra-2261	1×10^4	1×10^1
37	Rb-86	1×10^5	1×10^2	90	Th-232	1×10^3	1×10^0
38	Sr-901	1×10^4	1×10^2	92	U-2351	1×10^4	1×10^1
39	Y-90	1×10^5	1×10^3	92	U-2381	1×10^4	1×10^1
42	Mo-99	1×10^6	1×10^2	93	Np-240	1×10^6	1×10^1
43	Tc-99	1×10^7	1×10^4	94	Pu-239	1×10^4	1×10^0
44	Ru-1061	1×10^5	1×10^2	95	Am-241	1×10^4	1×10^0
49	In-113m	1×10^6	1×10^2	96	Cm-247	1×10^4	1×10^0
41	Nb-93m	1×10^7	1×10^4	97	Bk-249	1×10^6	1×10^3
53	I-125	1×10^6	1×10^3	98	Cf-252	1×10^4	1×10^1
53	I-131	1×10^6	1×10^2	99	Es-254	1×10^4	1×10^1
54	Xe-133	1×10^4	1×10^3	100	Fm-254	1×10^7	1×10^4

▸ 영속평형 상태에 있는 모핵종과 자핵종들의 목록은 다음과 같다.

Cs-137	Ba-137m
Ce-134	La-134
Ce-144	Pr-144
Ba-140	La-140
Bi-212	Tl-208(0.36), Po-212(0.64)
Pb-210	Bi-210, Po-210
Pb-212	Bi-212, Tl-208(0.36), Po-212(0.64)
Rn-220	Po-216
Rn-222	Po-218, Pb-214, Bi-214, Po-214
Ra-223	Rn-219, Po-215, Pb-211, Bi-211, Tl-207
Ra-224	Rn-220, Po-216, Pb-212, Bi-212, Tl-208(0.36), Po-212(0.64)
Ra-226	Rn-222, Po-218, Pb-214, Bi-214, Po-214, Pb-210, Bi-210, Po-210
Ra-228	Ac-228
Th-226	Ra-222, Rn-218, Po-214
Th-228	Ra-224, Rn-220, Po-216, Pb-212, Bi-212, Tl-208(0.36), Po-212(0.64)
Th-229	Ra-225, Ac-225, Fr-221, At-217, Bi-213, Po-213, Pb-209
Th-234	Pa-234m
U-230	Th-226, Ra-222, Rn-218, Po-214
U-232	Th-228, Ra-224, Rn-220, Po-216, Pb-212, Bi-212, Tl-208(0.36), Po-212(0.64)
U-235	Th-231
U-238	Th-234, Pa-234m
U-240	Np-240m
Np-237	Pa-233
Am-242m	Am-242
Am-243	Np-239
Sr-90	Y-90
Zr-93	Nb-93m
Zr-97	Nb-97
Ru-106	Rh-106

4. 중·저준위 방사성폐기물 인도규정

1) 목적

이 규정은 중·저준위 방사성폐기물의 처분을 폐기시설등 건설·운영자에게 위탁하고자 하는 자가 중·저준위 방사성폐기물을 인도하는데 필요한 인도방법·절차 및 기타 필요한 사항 등을 정함을 목적으로 한다.

2) 적용범위

이 규정은 중·저준위 방사성폐기물(이하 "폐기물"이라 한다)의 처분을 폐기시설등 건설·운영자(이하 "처분시설운영자"라 한다)에게 위탁하려는 자(이하 "위탁자"라 한다)가 폐기물의 처분을 처분시설 운영자에게 위탁하기 위하여 인도하는 폐기물에 대하여 적용한다.

3) 폐기물 인수의뢰 신청

위탁자는 별지 서식에 따라 포장물별로 다음 각 호의 자료를 첨부하여 처분시설운영자에게 폐기물 인수의뢰신청을 하여야 한다.

(1) 고유번호
(2) 폐기물의 발생지점, 발생시점, 포장일자 및 기타 이력
(3) 폐기물의 종류, 처리 방법, 주요 물리적·화학적·생물학적 특성 및 특성규명방법
(4) 총 방사능량, 주요 방사성핵종별 농도 및 측정/평가 일자
(5) 최대 표면방사선량률 및 측정일자
(6) 용기의 종류, 포장형태, 중량, 주요 안정성 특성 및 특성규명방법 등
(7) 취급·저장·처분 등에 관한 유의사항
(8) 폐기물관리에 관한 품질보증기록

4) 포장물 표지

각 포장물의 외부에는 해당 폐기물의 특성을 분별할 수 있도록 고유번호, 발생 일자, 발생 장소, 표면방사선량률 등의 주요 정보를 분명하게 표시하여야 한다.

5) 방사능 농도 등의 제한

위탁자가 폐기시설운영자에게 인도하는 폐기물의 방사능 농도는 포장물 단위로 다음 각호의 기준을 충족하여야 한다.

(1) 「원자력안전법 시행령」제2조제1호 에 따라 원자력안전위원회가 정하는 중·저준위 방사성폐기물에 해당할 것
(2) 원자력안전위원회 고시 「중·저준위 방사성폐기물 처분시설 운영등에 관한 기술기준」에 따른 방사성폐기물 인수기준의 방사성핵종별 농도를 만족할 것

저준위 방사성폐기물의 방사능 농도 제한치

핵 종	처분 농도제한치(Bq/g)
H-3	1.11E + 6
C-14	2.22E + 5
Co-60	3.70E + 7
Ni-59	7.40E + 4
Ni-63	1.11E + 7
Sr-90	7.40E + 4
Nb-94	1.11E + 2
Tc-99	1.11E + 3
I-129	3.70E + 1
Cs-137	1.11E + 6
전알파	3.70E + 3

6) 핵종 규명

(1) 폐기물에 포함되어 있는 전체 방사능량의 95% 이상을 구성하는 방사성핵종을 규명하여야 하며, 다음 방사성핵종에 대하여는 그 농도가 규명되어야 한다.

① H-3, C-14, Fe-55, Co-58, Co-60, Ni-59, Ni-63, Sr-90, Nb-94, Tc-99, I-129, Cs-137, Ce-144, 전알파

(2) 폐기물에 포함되어 있는 방사성핵종의 규명은 다음 각 호의 방법에 따른다.

① 원자력안전위원회 고시 「방사성폐기물 분류 및 자체처분 기준에 관한 규정」에 따라 중준위, 저준위, 극저준위로 분류할 수 있도록 방사성핵종별 농도를 평가하여야 한다.

② 방사선 계측 등에 의한 직접 측정방법의 경우, 해당 계측시스템은 제1항에서 정한 핵종(단, Fe-55, Co-58, Ce-144은 제외한다)에 대하여는 원자력안전위원회 고시 「방사성폐기물 분류 및 자체처분 기준에 관한 규정」이 정하는 저준위방사성폐기물 방사능농도제한치의 1% 수준을 평가할 수 있는 능력을 보유하여야 하며, 기타 핵종에 대하여는 이에 준하는 측정 성능을 갖추어야 한다.

③ 척도인자 등 간접 평가방법의 경우, 예측의 정확도를 제시하여야 하고, 핵종 농도가 과소평가 되지 않도록 척도인자의 값을 보수적으로 설정해야 한다. 척도인자의 확인주기는 2년에 1회 이상이어야 하며, 폐기물 조성에 변화를 줄 수 있는 요인이 발생한 경우에는 그때마다 실시하여야 한다.

④ 물질수지(물질의 유입량과 유출량을 비교하여 내부에 남아있는 물질의 양을 계산하는 것) 등을 이용한 이론적 평가방법의 경우, 예측의 정확도를 제시하여야 하고, 핵종 농도가 과소평가 되지 않도록 하여야 한다.

7) 폐기물의 형태

(1) 폐기물은 취급 시와 처분 후 안전성을 확보할 수 있도록 고체 형태이어야 한다.

(2) 폐기물은 물리적·화학적으로 안정하여야 하며 유동성이 없어야 한다.

8) 고형화의 조건

(1) 유동성이 있는 폐기물을 고형화하는 경우에는 고형화 폐기물은 균질하게 고형화되어야 한다.

(2) 고형화 폐기물은 함유하고 있는 방사성핵종의 침출이 처분 환경에서 제한될 수 있도록 적절한 방법으로 고형화 처리 및 포장되어야 한다.

(3) 고형화 폐기물은 취급 시 예상되는 상황과 처분 시 예상되는 압력 및 온도 변화에서 그 구조적 건전성을 유지할 수 있도록 충분한 기계적 강도를 가져야 하며, 물과 접촉하는 환경에서 그 형체를 유지할 수 있어야 한다.

9) 포장물의 조건

(1) 모든 폐기물은 비가연성 용기로 포장되어야 하며, 포장용기는 육안 검사 시 이상이 없어야 한다.

(2) 포장물은 처분 시 예상되는 상황에서 구조적 건전성을 유지할 수 있어야 하며 포장물 내에 기체 발생으로 내부 압력이 증가하는 경우에도 견딜 수 있어야 한다.

10) 유리수

포장물 내의 유리수는 최대한 제한되어야 하며, 폐기물 부피의 0.5%를 초과해서는 안 된다. 다만, 고건전성용기를 사용하는 경우에는 폐기물 부피의 1% 이상 초과해서는 안 된다.

11) 폭발성물질 등

(1) 폭발성·인화성·발화성 물질 등을 포함한 폐기물은 적합하게 처리하여 이로 인한 위험성이 제거되어야 한다.

(2) 폐기물은 방사분해, 생물학적 및 화학적 반응에 의한 가스, 증기 및 액체를 발생시켜 포장물의 건전성이나 처분시설의 성능을 저하시켜서는 안 되며, 폐기물을 취급할 때 작업자의 안전을 저해하여서는 안 된다.

12) 유해성 물질

(1) 유독성이나 부패성 및 전염성 물질이 포함된 폐기물은 이러한 위험성이 제거되어야 한다.

(2) 킬레이트제 등을 포함하는 폐기물은 처리과정 중에 그 특성이 제거되거나 0.1% 이상 함유된 폐기물은 명시되어야 하며 처분장 요건에 부합되도록 제한되어야 한다.

12. 원자력안전위원회의 고시 예상문제

【문제 1】 방사성물질을 사업소 안에서 운반 시 방사선장해방지를 위한 조치사항이 아닌 것은?

① 정상 운반상태에서 방사성물질 등이 쉽게 비산하거나 누설되지 아니하도록 할 것
② 빗물 등이 쉽게 침투되지 아니하도록 할 것
③ 외접하는 직방체의 최소변을 5 cm 이상이 되도록 할 것
④ 운반 후에 운반수단 및 운반경로 등에 대한 오염상황을 점검할 것

【문제 2】 방사성동위원소 및 그에 의하여 오염된 물질을 운반하는 차량 등의 규정에 의한 방사선량률은 운반물 외부표면으로부터 10 cm 떨어진 위치에서 시간당 (가) mSv, 운반차량 외부표면에서 2 m 떨어진 위치에서 시간당 (나) mSv이다. 괄호 안에 알맞은 것은?

① 가 : 10, 나 : 0.1　　② 가 : 0.1, 나 : 10
③ 가 : 20, 나 : 0.1　　④ 가 : 0.1, 나 : 20

【문제 3】 특수형 방사성물질의 시험에 대한 기준에 적합하지 않은 것은?

① 충격시험·타격시험에서 파괴되거나 부서지지 말 것
② 굽힘시험에서 파괴되거나 부서지지 말 것
③ 열 시험에서 용융되거나 분산되지 말 것
④ 누출 평가시험에서 물의 방사능이 0.5 kBq을 초과하지 말 것

【문제 4】 저분산성 방사성물질의 기준은 차폐되지 아니한 방사성물질로부터 3 m 지점에서 방사선량률이 시간당 몇 밀리시버트(mSv)를 초과해서 안 되는가?

① 1　　② 5　　③ 10　　④ 15

【문제 5】 방사성물질을 운반하는 모든 운반용기의 기술기준에 대한 설명 중 옳지 않은 것은?

① 중량·부피 및 형상과 관련하여 취급 및 운반이 용이하고 안전할 것
② 운반 도중에 운반수단의 안에서 안전이 유지될 수 있을 것
③ 외부표면은 가능한 한 돌출부위가 없으며 쉽게 제염될 수 있을 것
④ 외부표면은 가능한 한 물을 흡수하여 오염이 확산되는 것을 방지할 것

【문제 6】 운반이 가능한 최대수량이 들어 있을 때 운반지수는 (가)을 초과하지 아니하고 핵임계 안전지수는 (나)을 초과하지 아니할 것. 다만, 전용운반의 경우에는 그러하지 아니하다. 괄호 안에 알맞은 것은?

① 가 : 30, 나 : 10　　② 가 : 10, 나 : 30
③ 가 : 10, 나 : 50　　④ 가 : 50, 나 : 10

㉮ 1. ③　2. ①　3. ④　4. ③　5. ④　6. ③

【문제 7】 특수형 방사성물질에 대한 시험방법이 아닌 것은?

① 충격시험 ② 타격시험 ③ 열시험 ④ 낙하시험

【문제 8】 밀봉선원의 성능평가 기준은 각 성능시험을 거친 후 해당 방사성핵종의 방사능 누설량이 ( ) Bq을 초과하지 아니하여야 한다. 괄호 안에 알맞은 것은?

① 100 ② 200 ③ 300 ④ 400

【문제 9】 방사성동위원소 생산에 관한 기준에서 밀봉선원의 성능 시험항목이 아닌 것은?

① 온도시험 ② 충격시험 ③ 관통시험 ④ 제작시험

【문제 10】 방사성동위원소의 사용 용도별 성능을 평가하기 위한 충격시험에서 선원의 상부와 낙하시키는 해머의 기저부 사이 조정거리(m)는?

① 0.5 ② 1.0 ③ 1.5 ④ 2.0

【문제 11】 원자력관계사업자가 설계승인을 얻어 운반용기 등을 제작할 때 받는 검사는?

① 시설검사 ② 설계승인 검사 ③ 제작검사 ④ 정기검사

【문제 12】 방사성물질의 운반명세서에 포함될 사항이 아닌 것은?

① 국제연합의 위험물 분류번호 "5"
② 해당 방사성운반물에 부여된 국제연합번호
③ 방사성내용물의 최대 방사능량
④ 운반물이 전용상태의 운반대상인 경우 "전용운반"이라는 표기

【문제 13】 운반용기의 외부에 표시해야 할 사항이 아닌 것은?

① 운반용기의 모델 및 고유 일련번호(다만, L형 운반물은 제외한다.)
② 운반용기의 종류
③ 해당 방사성운반물에 대한 국제연합번호
④ 운반물의 총 중량이 30 kg을 초과하는 경우에는 총 중량

【문제 14】 모델 및 고유 일련번호를 표시하지 않아도 되는 운반용기는?

① A형 ② L형 ③ IP-1형 ④ B(U)형

【문제 15】 제1종 표면오염물체는 접촉이 가능한 표면적에 대한 제거성 표면오염도가 베타감마방출체 및 저독성 알파방출체의 경우 cm^2당 (가) Bq, 기타 알파방출체의 경우 cm^2당 (나) Bq의 기준을 초과하지 말아야 한다. 괄호 안에 알맞은 것은?

① 가 : 4.0, 나 : 0.4 ② 가 : 0.4, 나 : 4.0
③ 가 : 40, 나 : 4.0 ④ 가 : 4.0, 나 : 40

㉰ 7. ④ 8. ② 9. ④ 10. ② 11. ③ 12. ① 13. ④ 14. ② 15. ①

【문제 16】 제거성 표면오염도 및 고착성 표면오염도에 대한 평가는 ( ) cm^2 이상의 표면적에 대하여 수행하여야 한다. 다만, 전체 표면적이 300 cm^2 미만의 경우에는 그 전체 표면적으로 한다. 괄호 안에 알맞은 것은?

① 100　② 200　③ 300　④ 400

【문제 17】 IP-1형 운반용기의 기술기준에 대한 설명 중 옳지 않은 것은?

① 운반용기의 일반기준에 적합할 것
② 외부의 최소 길이는 5 cm 이상일 것
③ 방사성내용물이 저준위 비방사능물질인 경우 차폐되지 아니한 상태에서 3 m 지점에서 방사선량률이 시간당 10 mSv에 해당하는 방사능
④ 방사성내용물이 표면오염물체인 경우 차폐되지 아니한 상태에서 3 m 지점에서 방사선량률이 시간당 10 mSv에 해당하는 방사능

【문제 18】 A형 운반용기의 기술기준에 대한 설명 중 옳지 않은 것은?

① 외부의 최소 길이는 10 cm 이상일 것
② 운반용기의 구성품은 섭씨 -30도 내지 섭씨 80도의 범위에 해당하는 온도의 환경에서 손상되지 말 것
③ 특수형방사성물질은 격납계통의 구성품으로 고려할 것
④ 격납계통은 주위압력이 60킬로파스칼의 계기압력까지 감소되어도 방사성내용물을 유지할 수 있을 것

【문제 19】 다량의 방사성내용물을 항공으로 운반하는 경우에 적용되는 운반용기는?

① L형　② A형　③ B(U)형　④ C형

【문제 20】 C형 운반용기에 대한 시험방법이 아닌 것은?

① 규정에 의한 낙하시험Ⅱ　② 파열시험
③ 강화된 열시험　④ 충격시험

【문제 21】 운반용기 설계승인서의 유효기간은 몇 년을 초과할 수 없는가?

① 3　② 5　③ 7　④ 10

【문제 22】 위험도가 가장 적은 방사성물질을 수송할 수 있는 운반용기의 종류는?

① L형　② A형　③ B(U)형　④ C형

【문제 23】 L형 운반용기는 최대 수량의 방사성내용물이 들어 있을 때 운반용기 외부표면에서의 방사선량률(μSv)은 시간당 얼마를 초과할 수 없는가?

① 5　② 10　③ 15　④ 20

㊟ 16. ③　17. ②　18. ②　19. ④　20. ①　21. ②　22. ①　23. ①

【문제 24】 운반용기 설계승인서의 승인번호에 표기되는 약어 중 특수형 방사성물질을 나타내는 것은?

① AF ② S ③ LD ④ IF

【문제 25】 운반용기의 외부에 표시해야 할 사항 중 총 중량을 몇 kg 이상일 경우에만 표시하는가?

① 20 ② 30 ③ 40 ④ 50

【문제 26】 액체상태의 방출물에 의한 제한구역 경계에서의 연간 인체장기 등가선량(mSv)은?

① 0.1 ② 0.5 ③ 1.0 ④ 1.5

【문제 27】 의료용 밀봉선원 성능점검 시험으로 옳지 않은 것은?

① 진동 ② 낙하 ③ 온도 ④ 관통

【문제 28】 제2종 저준위 비방사능물질의 기준은 삼중수소의 농도가 리터당 ( ) TBq 이하의 물이다. 괄호 안에 알맞은 것은?

① 0.4 ② 0.8 ③ 1.2 ④ 1.6

【문제 29】 제1종 표면오염물체의 기준은 접촉이 가능한 표면적에 대한 고착성 표면오염도로 베타·감마방출체 및 저독성 알파방출체의 경우 cm^2당 (가) kBq, 기타 알파방출체의 경우 cm^2당 (나) kBq를 초과하지 않아야 한다. 괄호 안에 알맞은 것은?

① 가 : 4, 나 : 0.4 ② 가 : 0.4, 나 : 4
③ 가 : 40, 나 : 4 ④ 가 : 4, 나 : 40

【문제 30】 고체의 평균 비방사능이 그램당 A_2값의 500분의 1배를 초과하지 않는 것은 몇 종 저준위 비방사능물질인가?

① 제1종 ② 제2종 ③ 제3종 ④ 제4종

【문제 31】 제2종 표면오염물체의 기준은 접촉이 가능한 표면적에 대한 제거성 표면오염도로 베타·감마방출체 및 저독성 알파방출체의 경우 cm^2당 (가) KBq, 기타 알파방출체의 경우 cm^2당 (나) KBq를 초과하지 않아야 한다. 괄호 안에 알맞은 것은?

① 가 : 40, 나 : 400 ② 가 : 400, 나 : 40
③ 가 : 80, 나 : 800 ④ 가 : 800, 나 : 80

【문제 32】 운반물·덧포장·탱크·화물컨테이너에 대한 운반지수의 산출방법은 단일의 운반물·덧포장·화물컨테이너의 외부표면으로부터 1 m 거리에서의 시간당 밀리시버트(mSv/h) 단위로 나타내는 최대 방사선량률의 값에 ( )을 곱하여 수치를 구한다. 괄호 안에 알맞은 것은?

① 1.0 ② 10 ③ 100 ④ 1,000

㉰ 24. ② 25. ④ 26. ① 27. ② 28. ② 29. ③ 30. ③ 31. ② 32. ③

【문제 33】 저분산성 방사성물질의 기준은 운반물 안의 전체 저분산성 방사성물질에 대하여 차폐되지 않은 방사성물질로부터 3 m 지점에서 방사선량률이 시간당 (　　) mSv를 초과하지 않아야 한다. 괄호 안에 알맞은 것은?

① 0.1　② 1.0　③ 5　④ 10

【문제 34】 운반이 가능한 최대수량이 들어있을 때 운반용기 외부표면에서의 방사선량률은 시간당 2 mSv를 초과하지 아니하고, 전용운반의 경우에는 시간당 얼마를 초과할 수 없는가?

① 1 mSv　② 2 mSv　③ 5 mSv　④ 10 mSv

【문제 35】 B(U)형 운반용기의 기술기준에 대한 설명 중 옳지 않은 것은?

① 최대 정상운전압력은 500킬로파스칼의 계기압력을 초과하지 않을 것
② 섭씨 -40도부터 섭씨 38도까지의 주변온도의 환경에서 건전성이 유지될 것
③ 방사능량이 A_2값의 10만 배 이상인 방사성내용물을 운반하는 운반용기는 규정에 의한 강화된 침수시험에서 격납계통이 파손되지 않을 것
④ 항공운반 이외에 전용운반을 하지 아니하는 한 운반용기의 접촉 가능한 표면온도는 섭씨 38도의 주변온도의 환경에서 섭씨 50도를 초과하지 않을 것

【문제 36】 설계승인서의 승인번호 부여방법에 대한 설명 중 옳지 않은 것은?

① AF : 핵분열성물질에 대한 A형 운반용기
② S : 특수형방사성물질
③ LD : 저분산성 방사성물질
④ T : 특별승인

【문제 37】 산업용 라디오그래피에 사용되는 기기내장용 선원에 대한 성능시험 항목이 아닌 것은?

① 온도시험　② 압력시험　③ 충격시험　④ 열시험

【문제 38】 허용표면오염도는 그 오염을 제거할 수 있는 경우로서 알파선을 방출하는 방사성물질에 대하여는 (가) Bq/cm^2, 알파선을 방출하지 아니하는 방사성물질에 대하여는 4 Bq/cm^{2}이다. 괄호 안에 알맞은 것은?

① 가 : 4,　나 : 0.4　② 가 : 0.4,　나 : 4
③ 가 : 40,　나 : 4　④ 가 : 4,　나 : 40

【문제 39】 액체상태의 방출물에 의한 제한구역 경계에서의 연간 유효선량(mSv)은?

① 0.01　② 0.03　③ 0.1　④ 0.3

【문제 40】 밀봉선원의 성능시험 등급표시 중 옳지 않은 것은?

① 첫째자리 : 방사선 준위　② 둘째자리 : 진동시험
③ 셋째자리 : 외부압력시험　④ 넷째자리 : 충격시험

답 33. ④　34. ④　35. ①　36. ④　37. ④　38. ②　39. ②　40. ②

【문제 41】 기체상태의 방출물에 의한 제한구역 경계에서의 연간선량이 옳지 <u>않은</u> 것은?

① 감마선에 의한 공기의 흡수선량 - 0.1 mGy
② 외부피폭에 의한 유효선량 - 0.05 mSv
③ 외부피폭에 의한 피부등가선량 - 0.15 mSv
④ 입자상 방사성물질, ^{3}H, ^{14}C 및 방사성옥소에 의한 인체 장기 등가선량 - 0.05 mSv

【문제 42】 동일부지 내에 다수의 원자력관계시설을 운영하는 경우에 적용할 기준에서 제한구역 경계에서의 연간 갑상선 등가선량(mSv)은?

① 0.25　　② 0.5　　③ 0.75　　④ 1.0

【문제 43】 방사성동위원소 등의 생산에 관한 기준에서 검사와 관련된 규정 중 옳지 <u>않은</u> 것은?

① 방사성동위원소 또는 모형 시험물을 이용하여 실시하는 것은 인정될 수 없다.
② 생산검사는 생산자가 성능시험 계획서에 따라 실시하는 시험에 입회 또는 직접 검사 하는 방법으로 한다.
③ 생산자는 품질에 영향을 미치는 업무가 지시서·절차서 및 도면에 따라 수행되었는지를 확인하기 위한 검사계획을 수립·시행하여야 한다.
④ 생산자는 다음 작업을 진행하기 전에 필수적으로 검사를 받아야 하는 사항이 있는 경우 그 사항을 명시하도록 하여야 한다.

【문제 44】 중·저준위방사성폐기물 인도규정에서 고형화폐기물의 조건으로 옳지 <u>않은</u> 것은?

① 유동성이 있는 폐기물을 고형화하는 경우에는 고형화 폐기물은 균질하게 고형화되어야 한다.
② 고형화 폐기물은 함유하고 있는 방사성핵종의 침출이 처분 환경에서 제한될 수 있도록 적절한 방법으로 고형화 처리 및 포장되어야 한다.
③ 고형화 폐기물은 취급 시 예상되는 상황과 처분 시 예상되는 압력 및 온도 변화에서 그 구조적 건전성을 유지할 수 있도록 충분한 기계적 강도가 있어야 한다.
④ 물과 접촉하는 환경에서는 그 형체가 쉽게 변화될 수 있어야 한다.

㉰ 41. ④　42. ③　43. ①　44. ④

주관식 문제

Ⅰ. 다음 원자력안전법령에 규정된 용어의 정의를 설명하시오.

1. 방사성물질

2. 방사선

3. 방사선관리구역

4. 고준위 방사성폐기물

5. 밀봉된 방사성동위원소

6. 선량한도

7. 허용표면오염도

8. 피폭방사선량

9. 특수형 방사성물질

10. 연간섭취한도

11. 유도공기중농도

12. 판독특이자

13. 오염검사실

14. 운반지수

15. 유효선량

16. 대단위사업

17. 근접치료

18. 개인선량계

19. 심부선량

20. 체내섭취

Ⅱ. 다음 사항을 설명하시오.

1. 방사선원은 밀봉선원으로서 기준에 따라 누설점검을 받아야 한다. 이때 누설점검 대상에서 제외되는 방사선원을 기술하시오.

2. 개봉선원 저장시설에 비치하는 용기에 대한 기술기준을 서술하시오.

3. 원자력관계사업자가 방사선장해방지를 위해 취하여야 할 조치사항을 기술하시오.

4. 판독의 품질보증 계획서에 기재사항을 기술하시오.

5. 방사성동위원소를 이동사용하는 경우 방사선작업을 종료할 때는 방사선조사장치 등의 안전성 여부를 확인하기 위한 조치사항을 기술하시오.

6. 원자력관계사업자가 방사성동위원소 사용허가를 취소하고자 할 때 신고서에 첨부하여야 할 서류를 기술하시오.

7. 원자력관계사업자는 방사선장해우려가 있는 장소에 대한 방사성물질 등에 의한 오염상황을 측정하여야 한다. 오염상항의 측정 장소를 기술하시오.

8. 정기검사에 갈음하는 자체점검에 대한 서면심사 등에 포함되어야 하는 사항을 기술하시오.

9. 방사성동위원소 또는 방사선발생장치를 생산·판매·사용 또는 이동사용하려는 자는 대통령령으로 정하는 바에 따라 위원회의 허가를 받아야 한다. 이때 허가 시 결격사유에 대하여 기술하시오.

10. 원자력관계사업자가 방사성동위원소 등의 사용(이동 사용)을 허가 받으려면 허가신청을 하여야 한다. 이때 허가 신청서에 첨부하여야 할 서류를 기술하시오.

11. "위원회규칙으로 정하는 용도 또는 용량 이하의 방사선발생장치"의 규정 중 방사선발생장치의 용도에 관해서 기술하시오.

12. 허가받은 사항을 변경할 때는 변경허가를 받아야 하지만, 허가사항 중 일시적 사용장소의 변경과 그 밖의 경미한 사항을 변경하고자 할 때는 변경신고만으로 가능하다. 이 중 그 밖의 경미한 사항 변경내용을 기술하시오.

13. 허가사용자 및 신고사용자를 대행하여 업무를 하려는 자는 위원회에 등록하여야 한다. 이때 대행할 수 있는 업무의 범위를 기술하시오.

14. 신체의 외부에서 피폭하는 방사선량의 판독에 관한 업무를 하려는 자는 위원회에 등록하여야 한다. 이때 판독의 기술적 능력에 대하여 기술하시오.

15. 개봉선원의 사용시설 및 분배시설의 구조 및 설비에 관한 기술기준에 의하면 작업실을 설치하도록 되어있다. 작업실의 설치에 대한 기술기준에 관하여 서술하시오.

16. 개봉선원 저장시설의 구조 및 설비에 관한 기술기준에서 저장시설에 비치하는 용기에 대한 기술기준을 서술하시오.

17. 밀봉선원의 사용시설 및 분배시설의 구조 및 설비에 관한 기술기준에서 111테라베크렐 이상의 밀봉선원을 사용 또는 분배할 때에 갖추어야 할 시설에 대하여 기술하시오.

18. 개봉선원의 저장에 관한 기술기준에 대하여 서술하시오.

19. 방사선발생장치의 사용에 관한 기술기준에서 방사선작업종사자 또는 수시출입자의 피폭방사선량이 선량한도를 초과하지 않도록 하기 위한 방법을 기술하시오.

20. 밀봉선원은 건전성을 확인하기 위하여 누설점검을 하여야 한다. 누설점검의 시기에 관하여 기술하시오.

21. 허가사용자는 방사성동위원소 등의 생산시설·사용시설·분배시설·저장시설·보관시설·처리시설 및 배출시설(이하 "사용시설 등"이라 한다)을 설치 또는 변경한 경우에는 해당 시설에 대하여 위원회의 검사를 받아야 한다. 이때 시설검사가 면제되는 사항을 기술하시오.

22. 특수형 방사성물질의 조건에 관하여 기술하시오.

23. 등록업무를 전담하기 위한 업무대행자가 갖추어야 할 장비 기준에 관하여 기술하시오.

24. 밀봉선원의 저장시설의 구조에 대한 기술기준을 서술하시오.

25. 운반용기의 제작검사를 받고자 하는 자는 운반용기 제작검사 신청서를 원자력안전위원회에 제출하여야 한다. 이때 신청서에 첨부할 서류를 기술하시오.

26. 의료분야의 안전관리 규정에 의한 치료용 방사선기기에 대한 선량 교정 및 평가주기에 관하여 기술하시오.

27. 방사성동위원소의 이동사용 안전관리 규정에서 야간 방사선작업을 수행하는 경우에는 작업수행에 필요한 기구 등을 확보하여야 한다. 이때 확보하여야 할 기구 등을 기술하시오.

28. 개봉선원 사용시설에 설치할 작업실에 대한 시설기준을 기술하시오.

29. 개봉선원을 생산하기 위한 방사선 조사시설에 설치하여야 할 시설기준에 대하여 기술하시오.

30. 운반하기 위하여 제시된 방사성물질등과 그 포장의 종류는 방사성물질 등의 종류와 그 한도량에 따라 분류한다. 이 운반물의 종류를 기술하시오.

31. 운반물 또는 덧포장의 최대 방사선량률에 대한 제한 값에 관하여 기술하시오.

32. B(U)형 운반물·B(M)형 운반물·C형 운반물·핵분열성물질 운반물에 대한 운반용기로 포장하기에 부적합한 것을 운반하고자 하는 경우 운반 시 사고로부터 방사선장해를 방지하기 위한 기술기준을 서술하시오.

33. 방사성물질 등의 운반신고를 하려는 원자력관계사업자는 운반할 때마다 그 신고서에 위원회규칙으로 정하는 서류를 첨부하여 위원회에 제출하여야 한다. 이때 신고서 첨부서류를 기술하시오.

34. 방사성폐기물의 처분제한 규정에서 "위원회규칙으로 정하는 종류 및 수량의 방사성폐기물"에 관하여 기술하시오.

35. 자체처분 사업자는 방사성폐기물 자체처분 절차서를 마련하여, 그 절차서에 따라 자체처분에 관한 제반업무를 수행하여야 한다. 이때 자체처분 절차서에 포함될 사항을 기술하시오.

36. 방사성폐기물 자체처분계획서에 첨부하여야 할 서류를 기술하시오.

37. 원자력관계사업자는 방사선작업종사자가 착용한 선량계를 규정에 정해진 기간에 따라 선량판독을 받아야 한다. 이때 선량계별 판독시기에 대해 기술하시오.

38. 방사선작업종사자 및 수시출입자와 시설 주변 주민의 방사선피폭을 최소화하기 위하여 위원회가 정하는 바에 따라 조치를 하여야 한다. 이때 취하여야 할 조치사항을 기술하시오.

39. 방사선장해의 우려가 있는 장소에 대한 방사선량 및 방사성물질 등에 의한 오염상황을 측정하여야 한다. 이때 방사선량에 대한 측정장소를 기술하시오.

40. 원자력이용시설의 방사선작업종사자에 대하여 건강진단을 실시하여야 한다. 이때 건강진단 시 검사할 내용을 기술하시오.

41. 원자력이용시설의 방사선작업종사자에 대하여 건강진단을 실시하여야 한다. 이때 건강진단을 실시하는 시기에 관하여 기술하시오.

42. 방사선작업종사자가 착용하는 선량계의 종류를 기술하시오.

43. 방사성물질이 들어있었던 빈 운반용기에 대한 운반을 L형 운반용기로 운반할 수 있는 기준에 대하여 기술하시오.

44. 방사성물질 등의 운반을 위탁받은 자가 방사성물질 등을 운반할 때에는 사고 시 조치에 따른 비상대응계획을 수립하여야 한다. 이때 비상대응계획서에 포함될 사항을 기술하시오.

45. 장해방어 조치 및 보고의 규정에 의해 원자력관계사업자가 안전조치를 취하고 그 사실을 지체없이 위원회에 보고하여야 할 사항을 기술하시오.

46. 긴급 시 방사선작업절차 등에 관하여 기술하시오.

47. "방사성물질 등의 누설·화재와 그 밖의 사고가 발생한 때"의 규정에 해당하는 사항을 기술하시오.

48. 면허증 재교부 신청서에 기재사항을 기술하시오.

49. 허가 취소 등의 경우에 원자력관계사업자가 취하여야 할 조치사항에 관하여 기술하시오.

50. 원자력관계사업자가 방사선장해를 받은 사람 등에 대하여 취하여야 할 조치사항을 기술하시오.

51. 방사성동위원소 등의 생산 및 사용자(신고사용자를 제외한다)가 기록 비치하여야 할 사항을 기술하시오.

52. 방사성동위원소 등의 생산 및 사용자가 방사선안전관리를 기록할 때 그 내용에 관하여 기술하시오.

53. 개봉선원을 생산하기 위한 방사선조사 시설에 설치하여야 할 사항을 기재하시오.

54. 개봉선원 저장시설에 비치하는 용기에 대한 기술기준을 서술하시오.

55. 개봉선원 및 그에 의하여 오염된 물질의 보관시설에 갖추어야 할 보관설비의 기술기준을 서술하시오.

56. 방사성물질이 들어있었던 빈 운반용기의 운반에서 L형 운반용기로 운반할 수 있는 기준에 관하여 기술하시오.

57. 방사성운반물과 혼재하여서는 안 되는 물건 또는 물질에 관하여 기술하시오.

58. 원자력관계사업자가 내부피폭 방사선량을 측정·산출할 때마다 기록하여야 할 내용에 관하여 기술하시오.

59. 개봉선원 저장시설안의 사람이 접촉하는 물건표면의 방사성동위원소의 오염도가 허용표면오염도를 초과하지 않도록 하기 위한 조치사항을 기술하시오.

60. B(U)형·B(M)형·C형 운반용기 중에서 방사선 비파괴검사를 위한 방사선조사기 겸용으로 사용하는 용기에 대한 사용검사 항목을 기술하시오.

61. 방사성폐기물의 인도 기준에 관하여 기술하시오.

62. 내부피폭 방사선량의 측정대상에 관하여 설명하시오.

63. 운반용기의 제작검사를 면제하는 기준에 대하여 기술하시오.

64. 판독특이자에 대한 판독업무자 또는 사업자가 취하여야 할 조치사항에 관하여 기술하시오.

65. 임신한 여성 방사선작업종사자의 선량한도에 대하여 기술하시오.

66. 제외되는 방사선발생장치에서 용도 및 용량의 기준에 대하여 기술하시오.

67. 항공기로 운반해서 안 되는 운반물을 기술하시오.

68. 여객기로 운반해서 안 되는 운반물을 기술하시오.

69. 설계승인 대상이 되는 운반용기를 기술하시오.

70. 개봉선원 사용시설 등에 방사선량이 선량한도 이하가 되도록 차폐벽이나 차폐물을 설치하여야 한다. 이때 차폐기준에 대하여 기술하시오.

71. 방사성동위원소등의 허가신청에 필요한 방사선안전보고서에 기재할 사항을 기술하시오.

72. 방사성동위원소등의 허가신청에 필요한 안전관리규정에 기재할 사항을 기술하시오.

73. 원자력이용과 이에 따른 안전관리 중에 방사선에 의하여 신체 또는 재산에 피해를 입은 자에 대한 보상기준에 관하여 기술하시오.

74. 정기적으로 포장 또는 운반검사를 받아야 하는 대상자 및 그 검사주기에 대하여 기술하시오.

75. 중·저준위 방사성폐기물과 고준위 방사성폐기물의 분류기준에 대하여 기술하시오.

76. 방사선기기의 검사 신청서에 첨부할 서류를 기술하시오.

77. 치료용 방사선조사장비의 안전요건에 관하여 기술하시오.

78. 의료기관은 사용하는 방사선발생장치 및 밀봉선원이 내장된 기기에 대하여 문서화된 품질관리 절차서를 수립하고, 이에 따른 품질관리를 수행하여야 한다. 이때 품질관리 절차서에 포함되어야 할 내용을 기술하시오.

79. "위원회규칙으로 정하는 용도 또는 수량 이하의 밀봉된 방사성동위원소"의 규정 중 방사성동위원소의 용도에 관해서 기술하시오.

80. 밀봉선원의 분배에 관한 기술기준에 대하여 서술하시오.

81. 방사성동위원소 등의 생산허가에 필요한 안전성분석보고서에 기재사항을 기술하시오.

82. 허가증 재교부 신청서에 첨부할 서류를 기술하시오.

83. 방사선발생장치 보관시설의 구조 및 설비에 관한 기술기준에 대하여 서술하시오.

84. 판독특이자로 확정된 해당 사업자는 안전기술원장에게 피폭방사선량의 확정 후 1년간 반기별로 보고하여야 한다. 이때 보고사항에 대하여 기술하시오.

85. 정기검사에 갈음하는 허가사용자의 자체점검에 대한 서면 심사 내용에 대하여 기술하시오.

86. 내부피폭 방사선량의 측정대상에 관하여 기술하시오.

87. 허가취소 등에 따른 신고서에 첨부할 서류를 기술하시오.

88. 원자력이용과 이에 따른 안전관리 중에 방사선에 의하여 신체 또는 재산에 피해를 입은 자에 대해서는 보상을 하여야 한다. 이때 보상 기준에 대하여 기술하시오.

89. 방사선발생장치의 사용에 관한 기술기준에서 방사선작업종사자 또는 수시출입자의 피폭방사선량이 선량한도를 초과하지 않도록 하기 위한 방법을 기술하시오.

90. 일시적 사용장소 변경 신고서에 첨부하여야 할 서류를 기술하시오.

91. 방사성동위원소를 생산하거나 분배하여 판매하고자 하는 경우의 기술기준에 대하여 기술하시오.

92. 운반용기의 설계승인을 얻고자 하는 자가 설계승인 신청서에 첨부해야 할 서류에 대하여 기술하시오.

93. 방사성폐기물의 인도 기준에 대하여 기술하시오.

94. 운반용기의 사용검사를 면제하는 기준에 대하여 기술하시오.

95. 원자력관련 면허를 받을 수 없는 결격 사유에 대하여 기술하시오.

96. 방사성동위원소 등의 판매 허가신청 시 제출서류에 대하여 기술하시오.

97. 원자력관계사업자는 작업 승인을 하기 전에 동 작업에 참여하는 자에게 통보해야 할 사항에 대하여 기술하시오.

98. 원자력안전위원회가 정하는 심부선량 및 표층선량에 대하여 기술하시오.

99. 방사선투과검사 목적으로 이동사용시의 허가기준에 필요한 장비기준에 대하여 기술하시오.

100. 방사선투과검사 목적으로 이동사용시의 허가기준에 필요한 인력기준에 대하여 기술하시오.

101. 긴급작업 종사자의 선량제한에 대하여 기술하시오.

102. 판독업무 개시 전 검사 신청서(개시 전 검사)에 첨부할 서류를 기재하시오.
(단, 판독업무자 등록 신청 시에 이미 제출된 서류는 제외한다)

103. 판독특이자에 대한 판독업무자 또는 사업자가 취하여야 할 조치사항에 관하여 기술하시오.

주관식 해답

Ⅰ. 다음 원자력안전법령에 규정된 용어의 정의를 설명하시오

1. 핵연료물질·사용후핵연료·방사성동위원소 및 원자핵분열생성물
2. 전자파 또는 입자선 중 직접 또는 간접으로 공기를 전리하는 능력을 가진 것
3. 외부의 방사선량률, 공기 중의 방사성물질의 농도 또는 방사성물질에 따라 오염된 물질의 표면의 오염도가 원자력안전위원회 규칙으로 정하는 값을 초과할 우려가 있는 곳
   ① 외부 방사선량률 : 1주당 400마이크로시버트
   ② 공기 중의 방사성물질의 농도 : 유도공기중농도
   ③ 물체표면의 오염도 : 허용표면오염도
4. 방사성폐기물 중 그 방사능 농도 및 열 발생률이 원자력안전위원회가 정하는 값 이상인 방사성폐기물. 또한 중·저준위 방사성폐기물이란 고준위 방사성폐기물 외의 방사성폐기물
5. 기계적인 강도가 충분하여 파손될 우려가 없고, 부식되기 어려운 재료로 된 용기에 넣은 방사성동위원소로서 사용할 때에 방사선은 용기 외부로 방출하지만 방사성동위원소는 누출하지 못하도록 되어있는 것
6. 외부에 피폭하는 방사선량과 내부에 피폭하는 방사선량을 합한 피폭방사선량의 상한 값
7. 물체 또는 인체 표면의 방사성오염도로서 위원회가 정하는 허용오염도
   ① α선을 방출하는 방사성물질에 대하여는 0.4 Bq/cm^2
   ② α선을 방출하지 않는 방사성물질에 대하여는 4 Bq/cm^2
8. 사람의 신체의 외부 또는 내부에 피폭하는 방사선량을 말한다. 다만, 진료를 위하여 피폭하는 방사선량과 인위적으로 증가시키지 아니하는 자연방사선량은 제외한
9. 견고한 고체형 방사성물질 또는 캡슐에 넣고 봉한 방사성물질로서 위원회가 정하는 운반기준에 맞는 것
   ① 견고한 고체형 방사성물질 또는 캡슐에 봉입된 방사성물질로서 한 변의 길이가 최소한 0.5센티미터 이상일 것
   ② 캡슐에 봉입된 방사성물질인 경우에는 캡슐이 파괴되어야만 개봉될 수 있을 것
   ③ 위원회가 정하여 고시하는 특수형 방사성물질에 대한 시험기준에 적합할 것
10. 방사선작업종사자가 1년 동안 섭취할 경우 피폭방사선량이 선량한도에 이를 것으로 보이는 방사능의 양
11. 방사선작업종사자가 1년 동안 흡입할 경우 방사능 섭취량이 연간섭취한도에 이를 것으로 보이는 공기 중의 농도
12. ① 선량한도를 초과하여 방사선에 피폭된 사람
    ② 선량계의 훼손·분실 등으로 인하여 선량판독이 불가능하게 된 사람
    ③ 위원회가 정하는 선량계 교체주기를 2개월 이상 지난 후 선량계를 제출한 사람
13. 인체 또는 작업복·신발·보호구 등 인체에 착용하였던 물건의 표면이 방사성물질에 의하여 오염되었는지 여부를 검사하는 곳

14. 운반물·덧포장·탱크 또는 화물컨테이너에 지정되는 등급으로서 방사선피폭에 대한 관리를 위하여 사용되는 수치
15. 인체 내 조직간 선량분포에 따른 위험 정도를 하나의 양으로 나타내기 위하여 각 조직의 등가선량에 해당 조직의 조직가중치를 곱하여 이를 모든 조직에 대해 합산한 양을 말한다. 유효선량의 단위로 시버트가 사용
16. ① 방사성동위원소 등의 이동사용을 전문으로 하는 사업
    ② 식품 등에 방사선을 조사하는 것을 전문으로 하는 사업
    ③ 단위 시설 당 밀봉선원 111테라베크렐 이상 사용하는 사업
    ④ 단위 시설 당 1기가전자볼트 이상의 방사선발생장치를 사용하는 사업
17. 밀봉선원을 이용하여 인체의 표면, 강내 또는 조직 내의 근접거리에서 방사선을 조사하는 방사선치료
18. 사람의 신체외부에 피폭하는 방사선량의 판독업무를 수행하기 위하여 판독업무자가 등록할 수 있는 장치
    ① 감광 또는 흑화작용 등 화학작용을 이용한 선량계
    ② 형광 또는 섬광 등 여기 작용을 이용한 선량계
    ③ 분자구조결함 등 결함유발을 이용한 선량계
19. 국제방사선단위측정위원회(ICRU)가 정하는 HP(10)으로서 인체의 몸통 표면 아래 10 mm 깊이에서의 선량을 선량계로 판독한 것
20. 경구, 호흡구, 피부 또는 상처 등을 통하여 방사성 핵종이 인체내부로 들어오는 것

Ⅱ. 다음 사항을 설명하시오

1. ① 베타 및 감마선을 방출하는 밀봉선원으로서 방사능량이 3.7 MBq 이하의 것
   ② 알파선을 방출하는 밀봉선원으로서 방사능량이 0.37 MBq 이하의 것
   ③ 물리적 반감기가 30일 이하의 것
2. ① 외부의 공기를 오염시킬 우려가 있는 개봉선원을 넣는 용기는 기밀구조일 것
   ② 액체상의 개봉선원을 넣는 용기의 구조는 액체가 누출되지 아니하도록 하고, 그 재료는 액체가 침투할 수 없는 것으로 할 것
   ③ 액체상 또는 기체상의 개봉선원을 넣는 용기가 균열 또는 파손될 우려가 있는 때에는 밑받이·흡수재 기타 개봉선원에 의한 오염의 확산을 방지하기 위한 시설 또는 기구를 설치할 것
3. ① 방사선량 및 방사성오염의 측정
   ② 건강진단
   ③ 피폭관리
   ④ 방사성물질의 방출량 및 피폭방사선량을 가능한 한 합리적으로 낮게 유지하기 위한 필요한 조치
   ⑤ 방사선작업종사자 및 수시출입자가 선량한도를 초과하지 않게 하기 위한 조치
   ⑥ 방사선장해를 받은 자 또는 방사선장해를 받은 것으로 보이는 자에 대한 조치
4. ① 품질보증체계
   ② 판독취급관리자
   ③ 시설 및 장비
   ④ 판독방법 및 절차
   ⑤ 판독결과보고서 등 그밖에 필요한 사항

5. ① 방사선투과검사 장비의 정상상태를 확인하고, 안전관련 품목 등을 임의조작하거나 훼손하여 사용하지 않도록 할 것
② 개인피폭선량계, 직독식선량계 및 방사선경보기 등의 정상상태를 확인할 것
③ 기타 안전장구 등에 대하여 안전상태를 점검할 것

6. ① 방사선발생장치 또는 방사성물질 등에 관한 조치 사항
② 방사선작업종사자의 건강진단 기록 등의 인도에 관한 사항
③ 허가증 또는 신고필증(분실의 경우에는 그 사유서)

7. ① 방사선관리구역에 있어서 공기중의 방사성물질의 농도와 오염된 물체의 표면
② 방사선관리구역으로부터 반출하는 물품의 표면
③ 배기구 및 배수구
④ 비정상적으로 방사성물질이 누출된 장소

8. ① 방사성동위원소 등의 구매·사용·저장 및 폐기 현황
② 방사성동위원소 등의 사용실적
③ 방사선작업종사자 현황
④ 방사선작업종사자의 피폭관리·건강진단 및 교육 현황
⑤ 사용시설 등의 방사선측정 현황
⑥ 방사선측정장비의 보유현황 및 그에 대한 검정·교정 현황
⑦ 방사선기기에 대한 누설점검 실적 및 결과
⑧ 보유하고 있는 안전관리기록 현황
⑨ 취급 및 시설의 기술기준에 적합하지 아니한 사항과 그 원인 및 조치에 관한 사항

9. ① 피성년후견인 또는 파산선고를 받은 자로서 복권되지 아니한 자
② 이 법을 위반하여 금고징역 이상의 형의 선고를 받고 그 형의 집행이 종료되거나 집행을 받지 아니하 기로 확정된 후 3년이 경과되지 아니한 자나 형의 집행유예를 선고받고 그 집행 유예기간 중에 있는 자
③ 허가취소·사용금지된 후 2년이 경과되지 아니한 자
④ 대표자가 상기규정 중 어느 하나에 해당하는 사람이 있는 법인

10. ① 방사선안전보고서
② 안전관리규정
③ 보상기준
④ 장비구입 입증 서류
⑤ 방사선안전관리자 재직 입증 서류

11. ① 엑스선 형광분석용
② 엑스선 회절분석용
③ 가속 이온주입용
④ 수화물 검색용
⑤ 휴대형 폭발물처리 또는 테러방지 검사용

12. ① 사용시설 등의 변경을 요하지 아니하는 방사성동위원소 등의 종류 또는 수량의 감소에 관한 사항
② 신청인의 성명 및 주소(법인인 경우에는 명칭 및 주소와 그 대표자의 성명)
③ 방사선안전관리자의 변경에 관한 사항
④ 허가사용자가 사용신고 대상 방사성동위원소 또는 사용신고 대상 방사선발생장치를 추가 또는 변경하는 것에 관한 사항

⑤ 안전관리규정의 변경에 관한 사항

13. ① 방사선오염의 제거
② 방사성동위원소 등 및 방사성폐기물의 수거·처리 및 운반
③ 방사선안전보고서·안전관리규정의 작성
④ 사용시설 등의 설치에 대한 감리
⑤ 방사선안전관리

14. ① 규정에 의한 기술인력·시설 및 취급기준에 적합할 것
② 판독시설 및 장비가 「국가표준기본법」에 따른 소급성을 유지할 수 있을 것
③ 개인선량계 패용기간 동안 자연적으로 증가 또는 감소하는 피폭선량의 영향에 대한 평가를 할 수 있을 것
④ 피폭방사선량을 원자력안전위원회가 정하는 심부선량과 표층선량으로 구분하여 판독할 수 있을 것
⑤ 판독시스템의 최저측정준위를 0.1 mSv 이하로 유지할 수 있을 것
⑥ 피폭방사선량의 기록에 대한 보안을 유지할 수 있을 것

15. ① 작업실 내부의 벽·바닥 그밖에 개봉선원에 의하여 오염될 우려가 있는 부분의 표면은 평탄하고 매끄러우며 빈틈이나 구멍이 없도록 하고, 기체 또는 액체가 침투할 수 없는 내식성이 강한 재료로 할 것
② 작업실에 설치한 후드·글로브 박스 등 기체상의 방사성동위원소의 확산을 방지하는 장치는 배기설비에 연결시킬 것

16. ① 외부의 공기를 오염시킬 우려가 있는 개봉선원을 넣는 용기는 기밀구조일 것
② 액체상의 개봉선원을 넣는 용기의 구조는 액체가 누출되지 아니하도록 하고, 그 재료는 액체가 침투할 수 없는 것으로 할 것
③ 액체상 또는 기체상의 개봉선원을 넣는 용기가 균열 또는 파손될 우려가 있는 때에는 밑받이·흡수재 기타 개봉선원에 의한 오염의 확산을 방지하기 위한 시설 또는 기구를 설치할 것

17. ① 출입구에 밀봉선원의 사용 또는 분배중임을 자동적으로 표시하는 장치를 설치할 것
② 밀봉선원의 사용 또는 분배여부에 따라 출입구가 개폐되는 연동장치를 할 것
③ 내부를 상시 감시할 수 있는 장치를 할 것
④ 사람의 출입을 제한하는 장치를 할 것

18. ① 용기에 넣어 저장시설에 저장할 것
② 저장시설의 저장능력을 초과하여 저장하지 아니할 것
③ 방사선작업종사자 또는 수시출입자의 피폭방사선량이 선량한도를 초과하지 아니하도록 할 것
④ 저장함은 개봉선원의 보관 중에는 그 운반을 제한하도록 할 것
⑤ 저장시설안의 사람이 호흡하는 공기중 방사성동위원소의 농도가 유도공기중 농도를 초과하지 아니하도록 할 것
⑥ 저장시설안의 사람이 접촉하는 물건표면의 방사성동위원소의 오염도가 허용표면오염도를 초과하지 아니하도록 다음 각목의 조치를 할 것
가. 액체상의 방사성동위원소는 액체가 흘러넘치지 아니하는 구조 및 액체가 침투할 수 없는 재료로 된 용기에 넣을 것
나. 액체상의 방사성동위원소를 넣은 용기가 균열 또는 파손될 우려가 있는 경우에는 밑받이·흡수재 기타 시설 또는 기구를 사용하여 방사성동위원소에 의한 오염의 확산을 방지할 것

⑦ 방사선관리구역에는 사람의 출입제한, 도난·분실 등을 방지하기 위한 방범 및 보안 등의 조치를 할 것

19. ① 차폐벽이나 차폐물에 의하여 방사선을 차폐할 것
② 원격조작장치·집게 등을 사용하여 개봉선원과 인체 사이에 적당한 거리를 확보하고 차폐물을 이용하도록 할 것
③ 면밀한 작업계획 및 숙달·훈련 등을 통하여 인체에 방사선이 피폭되는 시간을 단축할 것

20. ① 방사선원을 신규로 인수하였을 경우에는 취득일로부터 30일 이내
② 사용 중인 방사선원에 대해서는 매 1년
③ 최근 6월 이내에 누설점검을 실시하지 아니하고 보관 또는 저장하고 있는 방사선원에 대해서는 사용을 재개하기 직전

21. ① 밀봉되지 아니한 방사성동위원소의 저장시설을 변경하는 경우
② 방사성폐기물(폐기선원은 제외한다)의 저장시설을 변경하는 경우
③ 일시적인 사용 장소에 사용시설 등을 설치하는 경우
④ 신고대상인 방사성동위원소 등을 사용하기 위하여 사용시설 등을 추가로 설치하거나 변경하는 경우
⑤ 제작검사에 합격한 방사선기기를 기존 시설의 변경 없이 설치하는 경우
⑥ 방사광가속기에 방사광 빔라인을 추가로 설치하거나 구조를 변경하는 경우로서 위원회가 시설검사가 필요 없다고 인정하는 경우
⑦ 방사선발생장치의 보관시설을 설치하거나 변경하는 경우

22. ① 견고한 고체형 방사성물질 또는 캡슐에 봉입된 방사성물질로서 한 변의 길이가 최소한 0.5센티미터 이상인 것
② 원자력안전위원회가 정하여 고시하는 시험기준에 적합한 방사성물질
③ 캡슐에 봉입된 방사성물질인 경우에는 캡슐이 파괴되어야만 개봉될 수 있도록 제작된 것

23. ① 방사선측정기 5대 이상
② 방사능측정기 2대 이상
③ 전담인력마다 방사선경보기 또는 직독식 개인선량계 1대 이상
④ 방사성물질 등을 운반할 수 있는 전용차량 1대 이상(업무를 대행하려는 경우에 한정한다)

24. ① 저장실의 주요 구조부 및 출입문은 내화구조로 하거나 불연재료로 할 것
② 저장함은 내화구조로 하거나 불연재료로 할 것

25. ① 품질보증계획서(제110조제3항의 규정에 의하여 제출하는 경우에 한한다)
② 제작방법에 관한 설명서
③ 제작설비 명세서
④ 시험방법·검사방법에 관한 설명서
⑤ 시험·검사시설 또는 검사기기 명세서

26. ① 장비를 설치하고 처음으로 사용할 때
② 처음으로 사용한 이후 매 1년마다
③ 선량평가에 영향을 미칠 수 있는 보수를 한 경우
④ 1년 이상 사용을 중지한 후 다시 사용하려는 경우

27. ① 방사선관리구역의 경계를 쉽게 식별할 수 있는 기구
② 작업수행에 필요한 조명기구
③ 기타 작업수행에 필요한 기구

28. ① 작업실 내부의 벽·바닥·기타 개봉선원에 의하여 오염될 우려가 있는 부분의 표면은 평탄하고 매끄러우며 빈틈이나 구멍이 없도록 하고, 기체 또는 액체가 침투할 수 없는 내식성이 강한 재료로 할 것
② 작업실에 설치한 후드·글로브 박스 등 기체상의 방사성동위원소의 확산을 방지하는 장치는 배기설비에 연결시킬 것. 다만, 원자력안전위원회가 정하는 것은 그러하지 아니하다.

29. ① 출입구에 방사선 조사 중임을 자동적으로 표시하는 장치를 설치할 것
② 방사선 조사 여부에 따라 출입구가 개폐되는 연동장치를 할 것
③ 내부를 상시 감시할 수 있는 장치를 할 것
④ 사람의 출입을 제한하는 장치를 할 것

30. ① L형 운반물
② IP형 운반물(IP형 운반물은 IP-1형 운반물, IP-2형 운반물 또는 IP-3형 운반물로 구분한다)
③ A형 운반물
④ B형 운반물{B형 운반물은 B(U)형 운반물 또는 B(M)형 운반물로 구분한다}
⑤ C형 운반물
⑥ 핵분열성물질 운반물

31. ① 외부표면에서는 시간당 2 mSv. 다만, 전용운반인 경우에는 시간당 10 mSv한다.
② 외부표면으로부터 1 m 떨어진 지점에서는 시간당 0.1 mSv. 다만, 전용운반인 경우를 제외한다.

32. ① 운반은 항상 2인 이상이 할 것
② 운반 시 운반책임자를 지정하고 동행하게 하여 사고 및 방사선장해방지를 위하여 필요한 감독을 하게 할 것
③ 운반 사고 시 신속한 응급조치 및 관계기관 신고를 위한 방사성측정기·보호구 및 통신장비를 휴대할 것
④ 운전자에 대하여 필요한 안전교육을 실시할 것
⑤ 운전자 및 운반책임자는 출발 전 차량에 대한 안전점검을 실시할 것

33. ① 방사성물질 운반명세서
② 운반할 방사성물질 등에 관한 설명서
③ 포장 및 운반 점검기록부 양식
④ 방사성물질 등의 포장 또는 운반을 위한 용기 및 특수형방사성물질의 설계승인서
⑤ 운반절차서
⑥ 비상대응계획서

34. 개인에 대한 연간 피폭방사선량이 10마이크로시버트 이상이거나 집단에 대한 총 피폭방사선량이 1맨·시버트 이상이 되는 것으로서 원자력안전위원회가 정하는 핵종별 농도 이상의 방사성폐기물을 말한다.

35. ① 자체처분 정책 및 전략
② 자체처분하고자 하는 폐기물의 특성과 관리방안
③ 자체처분 관련 기준을 만족함을 입증하는 방법
④ 자체처분 방법 및 사전 조치
⑤ 기록 및 관리

36. ① 자체처분 대상 폐기물의 종류 및 수량
② 자체처분 대상 폐기물의 발생원, 발생일시 또는 발생기간

③ 자체처분 대상 폐기물의 측정 대상별 표면 방사선량률, 핵종별 농도 및 그 산출근거
④ 자체처분 방법 및 예정 목적지(위탁 처리하고자 하는 경우 위탁업체를 포함한다)
⑤ 자체처분으로 인하여 부수적으로 발생되는 폐기물의 수량 및 관리방법
⑥ 자체처분에 따른 예상 피폭방사선량이 자체처분 허용선량을 만족함을 입증하는 자료 (단, 제6조제2항에 해당하는 경우에 한한다)
⑦ 규정에 따른 자체처분절차서

37. ① 감광 또는 흑화작용 등 화학작용을 이용한 선량계 : 1개월을 초과하지 않는 기간
② 형광 또는 섬광 등 여기작용을 이용한 선량계 : 3개월을 초과하지 않는 기간
③ 분자구조결함 등 결함유발을 이용한 선량계 : 3개월을 초과하지 않는 기간

38. ① 방사선 작업 특성에 부합하는 방호조치
② 방사선차폐 및 시설의 적절한 배치
③ 선량 저감에 효과적인 재료 및 기기의 사용
④ 적절한 작업공간의 확보

39. ① 사용·분배·저장 및 폐기시설
② 고정된 방사선차폐시설 안에 있는 밀봉방사성동위원소 또는 방사선발생장치
③ 방사성폐기물의 저장·처리 및 처분시설
④ 방사선관리구역
⑤ 비정상적으로 방사성물질이 누출된 장소

40. ① 직업력 및 노출력
② 방사선 취급과 관련된 병력
③ 임상검사 및 진찰
가. 임상검사 : 말초혈액 중의 백혈구 수, 혈소판 수 및 혈색소의 양
나. 진찰 : 눈, 피부, 신경계 및 조혈계(혈구형성 계통) 등의 증상
④ 말초혈액 도말검사와 세극등현미경검사(위의 제① ~ ③호까지의 규정에 따른 검사 결과 건강수준의 평가가 곤란하거나 질병이 의심되는 경우에만 해당한다)

41. ① 방사선작업종사자 및 수시출입자가 최초로 해당 업무에 종사하기 전
② 해당 업무에 종사 중인 방사선작업종사자 및 수시출입자에 대하여는 매년. 다만, 전년도 건강진단을 실시한 때부터 12개월간의 피폭방사선량이 규정에 따른 선량한도를 초과하지 아니하는 경우에는 그 해의 직업력 및 노출력, 방사선취급과 관련된 병력 사항에 대한 검사를 생략할 수 있다.
③ 방사선작업종사자 및 수시출입자에 대한 피폭방사선량이 선량한도를 초과한 때

42. ① 감광 또는 흑화작용 등 화학작용을 이용한 선량계
② 형광 또는 섬광 등 여기 작용을 이용한 선량계
③ 분자구조결함 등 결함유발을 이용한 선량계

43. ① 운반용기가 양호하게 유지된 상태이고 안전하게 밀폐되어 있을 것
② 운반용기 내부의 제거성 표면오염도가 규정에 의한 값의 100배를 초과하지 아니할 것
③ 규정하고 있는 표지를 보이지 아니하게 하거나 제거할 것

44. ① 비상대응 조직과 그 권한 및 임무
② 사고보고절차
③ 사고유형에 따른 조치계획

45. ① 지진·화재와 그 밖의 재해에 따라 원자력이용시설이나 방사성물질 등에 위험이 발생하거나 발생할 염려가 있을 때
② 원자력이용시설의 고장 등이 발생한 때
③ 방사선장해가 발생한 때

46. ① 원자력관계사업자는 방사선 긴급작업으로 인해 예상되는 피폭방사선량을 피할 수 있는 대안이 없거나 현실적으로 불가능한 극히 예외적인 상황일 때에만 이를 승인할 것
② 긴급시의 방사선작업은 작업 시작 전에 원자력관계사업자(원자력관계사업자의 허가 등을 받은 자가 아닌 경우에는 그 고용주 또는 대리인)의 승인을 서면으로 받을 것
③ 원자력관계사업자는 작업에 참여하는 자의 피폭방사선량을 가능한 한 합리적으로 낮게 유지하기 위하여 필요한 방사선방호 조치를 취할 것
④ 원자력관계사업자는 작업 승인을 하기 전에 동 작업에 참여하는 자에게 다음 사항을 통보할 것
가. 계획된 긴급작업의 목적
나. 작업 수행으로 받게 되는 예상 피폭방사선량, 부수적인 잠재적 위험도, 구체적인 방사선 준위 또는 기타 작업 조건
다. 방사선방호 조치에 관한 구체적 지침

47. ① 방사성물질 등의 누설 또는 일탈 등으로 환경오염이 우려되거나 방사선작업종사자의 안전이 위협받게 되었을 때
② 차량 또는 방사성물질 등의 화재로 인하여 방사성물질 등의 누설이 우려될 때
③ 방사선작업종사자 및 수시출입자가 선량한도 이상의 피폭되었을 때
④ 외국으로부터 반입된 포장물이 법과 이 영에 따른 운반기준에 맞지 아니하였을 때
⑤ 방사성물질 등을 도난당하거나 분실하였을 때
⑥ 방사성물질 등이 누출되어 인근주민의 긴급대피가 필요할 때

48. ① 성명 및 주소
② 면허증교부연월일 및 그 번호
③ 재교부를 받으려는 사유

49. ① 원자력관계사업자가 소유하고 있는 방사성물질 또는 방사선발생장치를 다른 원자력관계사업자에게 양도하여야 한다.
② 방사성물질에 의한 오염은 제거하여야 한다.
③ 방사성물질에 의하여 오염된 물질은 폐기시설 등 건설·운영자에게 양도하여야 한다.
④ 총리령으로 정하는 기록은 위원회가 지정하는 기관에 인도하여야 한다.

50. ① 방사선작업종사자 또는 수시출입자가 방사선장해를 받았거나 받은 것으로 보이는 경우에는 지체 없이 의사의 진단 등 필요한 보건상의 조치를 하고, 그 방사선장해의 정도에 따라 방사선관리구역 출입시간의 단축, 출입금지 또는 방사선피폭 우려가 적은 업무로의 전환 등 필요한 조치를 하여야 한다.
② 방사선관리구역에 일시적으로 출입하는 사람이 방사선장해를 받았거나 받은 것으로 보이는 경우에는 지체 없이 의사의 진단 등 필요한 보건상의 조치를 하여야 한다.

51. ① 방사성동위원소 등의 생산 또는 사용기록
(생산 또는 사용일시·장소·방법·목적·종사자성명·종류 및 수량)
② 방사성동위원소 또는 방사성동위원소에 의한 오염물의 보관·처리·저장 및 배출기록
(일시·장소·방법·종사자·성명·종류 및 수량)
③ 방사선안전관리의 기록

52. ① 방사성동위원소등의 생산, 사용, 분배, 저장 및 폐기시설의 방사선량률
② 밀봉방사성동위원소 또는 방사선발생장치로서 방사선차폐시설이 일정한 장소의 방사선량률
③ 배기구 및 배수구에서의 방사성물질의 농도
④ 방사선관리구역에서의 방사성물질로 오염된 물체의 표면오염도
⑤ 매년 1월 1일을 기준으로 한 각 3개월간의 방사선작업종사자의 피폭방사선량
⑥ 매년 1월 1일을 기준으로 한 각 3개월간의 수시출입자의 피폭방사선량
⑦ 방사선작업종사자가 해당 업무에 종사하기 이전의 건강진단기록 및 방사선피폭경력
⑧ 수시출입자가 해당 업무에 종사하기 이전의 건강진단기록
⑨ 방사선작업종사자가 해당 업무에 종사하는 기간 중의 건강진단기록
⑩ 수시출입자가 해당 업무에 종사하는 기간 중의 건강진단기록
⑪ 자체처분한 방사성폐기물의 발생원, 종류, 수량, 방사선량률, 처분방법 및 처리일시

53. ① 출입구에 방사선 조사 중임을 자동적으로 표시하는 장치를 설치할 것
② 방사선 조사 여부에 따라 출입구가 개폐되는 연동장치를 할 것
③ 내부를 상시 감시할 수 있는 장치를 할 것
④ 사람의 출입을 제한하는 장치를 할 것

54. ① 외부의 공기를 오염시킬 우려가 있는 개봉선원을 넣는 용기는 기밀구조일 것
② 액체상의 개봉선원을 넣는 용기의 구조는 액체가 누출되지 아니하도록 하고, 그 재료는 액체가 침투할 수 없는 것으로 할 것
③ 액체상 또는 기체상의 개봉선원을 넣는 용기가 균열 또는 파손될 우려가 있는 때에는 밑받이·흡수재 기타 개봉선원에 의한 오염의 확산을 방지하기 위한 시설 또는 기구를 설치할 것

55. ① 외부와 구획된 구조로 할 것
② 문·덮개 등 외부로 통하는 부분에는 자물쇠 기타 도난 또는 분실을 방지하기 위한 설비 또는 기구를 설치할 것
③ 저장시설에 비치하는 용기의 기술기준에 적합한 용기를 비치할 것. 다만, 방사성동위원소에 의하여 오염된 대형기계 등으로서 용기에 넣기가 곤란하여 오염 확산을 방지하기 위한 조치를 취한 경우에는 그러하지 아니하다.

56. ① 운반용기가 양호하게 유지된 상태이고 안전하게 밀폐되어 있을 것
② 운반용기 내부의 제거성 표면오염도가 규정에 의한 값의 100배를 초과하지 아니할 것
③ 규정하고 있는 표지를 보이지 아니하게 하거나 제거할 것

57. ① 화약류
② 고압가스
③ 휘발유·알코올·이황화탄소 기타 인화성 물질로서 인화점이 섭씨 50도 이하인 것
④ 염산·황산·질산 기타 강산류로서 산의 함유량이 체적의 10퍼센트를 초과하는 것
⑤ 상기 규정 외에 운반물의 안전한 운반에 지장을 초래할 우려가 있는 물건 또는 물질

58. ① 측정일시
② 측정대상자의 인적사항
③ 측정자의 성명
④ 방사선/능 측정기의 종류 및 형식
⑤ 측정방법 및 결과
⑥ 필요한 경우 후속조치에 관한 내용

59. ① 액체상의 방사성동위원소는 액체가 흘러넘치지 아니하는 구조 및 액체가 침투할 수 없는 재료로 된 용기에 넣을 것
② 액체상의 방사성동위원소를 넣은 용기가 균열 또는 파손될 우려가 있는 경우에는 밑받이·흡수재 기타 시설 또는 기구를 사용하여 방사성동위원소에 의한 오염의 확산을 방지할 것

60. ① 내부와 외부에 대한 외형 육안검사
② 인양장치 또는 결속장치의 하중검사
(방사성내용물을 포함한 운반용기의 총 중량이 50 kg 이하인 경우에는 제외한다.)
③ 방사선차폐 성능검사

61. ① 방사성폐기물은 종류 및 방사능 농도에 따라 이를 분류하고 처분장의 처분요건에 적합하도록 할 것
② 방사성폐기물은 처분 후의 안전성을 확보하기 위하여 이를 고체 형태로 할 것
③ 포장물은 운반 및 취급 시 파손되지 아니하도록 구조적 건전성을 유지할 것
④ 포장내의 유리수는 이를 최소화하고 고화체가 함유하고 있는 핵종의 침출률도 적절히 제한되도록 할 것
⑤ 방사성폐기물은 폭발·인화 및 유해성 물질 등에 의한 위험성이 제거되도록 할 것
⑥ 포장물 외부에 방사성폐기물에 대한 주요 정보를 알아보기 쉽게 표시할 것

62. ① 원자력이용시설에 출입하는 자로써 내부피폭으로 인한 예탁유효선량이 연간 2 mSv를 초과할 우려가 있는 종사자 등
② 기타 사고 등으로 인하여 원자력안전위원회가 필요하다고 인정하는 피폭을 받은 종사자 등

63. ① 외국 관계당국으로부터 발급 받은 설계승인서가 적합한 것일 것
② 운반용기의 구조 및 재료가 설계 승인된 도면과 일치할 것
③ 설계승인서에서 승인된 성능검사 및 시험기준에 적합할 것
④ 품질보증규정에 따라 제작되었을 것

64. ① 판독업무자는 판독특이자가 발생한 경우, 판독특이자의 인적사항 및 선량판독 결과 등을 즉시 한국원자력안전기술원장에게 보고하여야 하며, 선량판독을 위탁받은 판독업무자의 경우 동시에 해당 사업자에게 그 사실을 통보하여야 한다.
② 판독특이자가 발생한 해당 사업자는 발생 사실을 인지한 날로부터 20일 이내에 보고서를 작성하여 안전기술원장에게 보고하여야 한다.

65. 임신한 사실을 사업자에게 보고하여 임신이 확인된 방사선작업종사자에 대하여는 임신이 확인된 시점부터 출산 시까지 하복부 표면에서의 등가선량한도를 2 mSv로 하고 같은 기간 동안 섭취하는 방사성핵종의 한도는 연간섭취한도(ALI)의 1/20로 한다. 이때 외부피폭과 내부피폭이 병존한다면 2 mSv 및 ALI/20에 대한 각각의 분율의 합이 1을 초과하지 아니하여야 함.

66. ① 하전입자를 가속시켜 방사선을 발생하는 장치로서 가속된 하전입자 및 이로 인해 부수적으로 발생하는 모든 방사선의 최대 에너지가 5 keV 이하인 것
② 의료 진단용으로 사용하는 엑스선발생장치
③ 설계승인 및 검사를 받은 방사선기기로서 규정에 의한 완전 방호형인 것

67. 배기설비가 있는 B(M)형 운반물, 보조냉각계통에 의한 외부냉각을 필요로 하는 운반물, 운반 중에 조작이 필요한 운반물 및 액체상태의 발화성 물질이 포함된 운반물

68. B(M)형 운반물 및 전용으로 운반하는 운반물

69. ① B(U)형 운반용기 또는 B(M)형 운반용기
② C형 운반용기
③ 핵분열성물질 운반용기

70. ① 사용시설 안 및 분배시설안의 사람이 상시 출입하는 장소에서의 방사선량
② 사업소의 경계에 인접하는 구역에서의 방사선량

71. ① 시설 개요
② 시설주변의 환경
③ 운영계획 개요
④ 방사선원의 특성·위치 및 제원
⑤ 안전시설 개요
⑥ 방사선취급방법 및 방사선안전관리계획
⑦ 예상피폭선량의 평가에 관한 절차·방법 및 결과
⑧ 주변 환경에 대한 방사선영향
⑨ 사고의 위험 및 그 대책
⑩ 방사성폐기물의 발생 및 처리계획
⑪ 방사선안전보고서의 작성자의 인적사항 및 자격

72. ① 방사성동위원소 등 또는 방사성동위원소에 의하여 오염된 물질을 취급하는 조직 및 그 기능에 관한 사항
② 방사성동위원소 등의 구매·사용 및 판매에 관한 사항
③ 방사성동위원소 또는 방사성동위원소에 의하여 오염된 물질의 분배·보관·운반·처리·배출·저장·자체처분 및 인도에 관한 사항
④ 방사선량률·피폭방사선량 및 방사성물질 또는 그에 의하여 오염된 물질(이하 "방사성물질 등"이라 한다)에 의한 오염상황의 측정 및 그 측정결과의 기록과 보존에 관한 사항
⑤ 방사선안전관리장비의 보관·관리 및 교정에 관한 사항
⑥ 방사선작업종사자의 피폭방사선량의 평가 및 개인선량계의 관리에 관한 사항
⑦ 방사선작업종사자 또는 수시출입자의 방사선장해발생을 방지하기 위하여 필요한 교육훈련에 관한 사항
⑧ 방사선장해발생 여부를 발견하기 위하여 필요한 조치에 관한 사항
⑨ 방사선장해를 받은 자 또는 그 우려가 있는 자에 대하여 취하여야 할 보건상 필요한 조치에 관한 사항
⑩ 규정에 의한 기록과 이의 비치에 관한 사항
⑪ 위험시의 조치에 관한 사항
⑫ 방사성동위원소 등의 분실·도난 등 사고시의 조치 및 사고예방에 관한 사항
⑬ 방사선안전관리자의 권한·책임 및 직무수행에 관한 사항
⑭ 기타 방사선장해의 방어에 필요한 사항

73. ① 원자력관계사업자와 그 종업원이 업무상 입은 손해에 대해서는 원자력관계사업자가 정하여 위원회가 인가한 보상기준에 따른다.
② 공무원이 원자력 관계 업무를 수행하는 과정에서 입은 손해에 대해서는 「공무원연금법」으로 정하는 바에 따른다.
③ 상기규정 외의 자에 대해서는 「원자력손해배상법」으로 정하는 바에 따른다.

74. ① 발전용 원자로운영자, 연구용 원자로 등 설치자, 핵연료주기사업자, 폐기시설 등 건설·운영자 또는 방사성동위원소 등의 이동사용을 전문으로 하는자 : 매 1년
② 방사성동위원소 생산 및 판매업자
가. 밀봉된 방사성동위원소의 연간 생산·판매량이 370테라베크렐 이상인 경우 : 매 1년
나. 밀봉되지 아니한 방사성동위원소의 연간 생산·판매량이 37테라베크렐 이상인 경우 : 매 1년
다. 밀봉된 방사성동위원소의 연간 생산·판매량이 370테라베크렐 미만인 경우 : 매 3년
라. 밀봉되지 아니한 방사성동위원소의 연간 생산·판매량이 37테라베크렐 미만인 경우 : 매 3년

75. 방사성폐기물 중 그 방사능 농도 및 열 발생률이 원자력안전위원회가 정하는 값 이상인 방사성폐기물을 말하고, "중·저준위 방사성폐기물"이란 고준위 방사성폐기물 외의 방사성폐기물을 말한다. 위원회가 정하는 값은 다음과 같다.
① 방사능 농도 : 반감기 20년 이상의 알파선을 방출하는 핵종으로 4,000 Bq/g
② 열 발생률 : 2 kW/m^3

76. ① 시험·검사시설 및 장비명세서
② 시험·검사에 관한 설명서
③ 방사선기기설계승인서

77. ① 전원의 공급이 중단되는 경우, 자동으로 방사선원이 차폐되고 제어판으로부터 빔 제어 기능이 재 작동될 때까지 차폐된 상태로 유지되어야 한다.
② 비정상 상황 시 방사선 조사를 중단시키는 독립된 장치를 둘 이상 갖추어야 한다.
③ 밀봉선원이 장착된 치료실에는 연속적으로 방사선량을 감시하는 장치를 설치하여 종사자가 선원의 상태를 알 수 있도록 하여야 한다.
④ 방사선 치료를 위해 치료실 내부에 치료받는 자 외의 사람이 남아 있는지를 외부에서 확인할 수 있도록 하여야 한다.

78. ① 품질관리 조직 및 직무
② 품질관리에 필요한 장비
③ 품질관리 항목에 대한 품질관리 방법, 주기, 관리오차 및 관리오차 초과 시 조치방법
④ 치료용 방사선기기의 선량 교정 및 평가
⑤ 환자의 피폭방사선량을 의사의 처방대로 유지하기 위한 치료계획 수립 및 점검방법
⑥ 의료방사선 품질관리 전문인력(이하 "전문인력"이라 한다)의 교육 및 훈련
⑦ 외부기관에 의한 독립적인 품질감사

79. ① 엑스선 형광분석용
② 엑스선 회절분석용
③ 가스 크라마토그래피 중 전자 포획용
④ 휴대형 소화기용량 측정용
⑤ 휴대형 재료성분 분석용
⑥ 밀봉선원 100 μCi 이하의 휴대형 밀도함수량 측정용

80. ① 밀봉선원의 분배는 분배시설에서 할 것
② 방사성동위원소를 밀봉된 상태로 분배하는 경우에는 그 방사성동위원소를 규정에 적합한 상태에서 분배할 것
③ 분배시설안의 눈에 띄기 쉬운 곳에는 방사선장해방지에 필요한 주의사항을 게시할 것

81. ① 방사성동위원소 등의 개요 및 제원
② 방사성동위원소 등의 재질·구조 및 안전성평가
③ 방사성동위원소 등의 성능시험계획서

82. ① 훼손한 경우에는 그 허가증(지정증·신고필증)
② 분실한 경우에는 그 사유서

83. ① 문·덮개 등 외부로 통하는 부분에는 자물쇠 기타 도난·분실을 방지하기 위한 시설 또는 기구를 설치할 것
② 출입문에는 눈에 띄기 쉬운 곳에 방사선장해방지에 필요한 주의사항을 게시할 것

84. ① 건강검진 결과 등 방사선 장해 관련 사항
② 비방사선작업으로의 전환 등 조치내용 및 관리 현황

85. ① 방사성동위원소 등의 구매·사용·저장 및 폐기 현황
② 방사성동위원소 등의 사용실적
③ 방사선작업종사자 현황
④ 방사선작업종사자의 피폭관리·건강진단 및 교육 현황
⑤ 사용시설 등의 방사선측정 현황
⑥ 방사선 측정 장비의 보유현황 및 그에 대한 검정·교정 현황
⑦ 방사선기기에 대한 누설점검 실적 및 결과
⑧ 보유하고 있는 안전관리기록 현황
⑨ 법 규정에 따른 기술기준에 적합하지 아니한 사항과 그 원인 및 조치에 관한 사항

86. ① 원자력이용시설에 출입하는 자로써 내부피폭으로 인한 예탁유효선량이 연간 2 mSv를 초과할 우려가 있는 종사자 등
② 기타 사고 등으로 인하여 원자력안전위원회가 필요하다고 인정하는 피폭을 받은 종사자 등

87. ① 방사선발생장치 또는 방사성물질 등에 관한 조치사항
② 방사선작업종사자의 건강진단기록 등의 인도에 관한 사항
③ 허가증 또는 신고필증(분실의 경우에는 그 사유서)

88. ① 원자력관계사업자와 그 종업원이 업무상 입은 손해에 대해서는 원자력관계사업자가 정하여 위원회가 인가한 보상기준에 따른다.
② 공무원이 원자력 관계 업무를 수행하는 과정에서 입은 손해에 대해서는 「공무원연금법」으로 정하는 바에 따른다.
③ 제(1)호 및 제(2)호 외의 자에 대해서는 「원자력손해배상법」으로 정하는 바에 따른다.

89. ① 차폐 벽이나 차폐물에 의하여 방사선을 차폐할 것
② 원격조작장치·집게 등을 사용하여 개봉선원과 인체 사이에 적당한 거리를 확보하고 차폐물을 이용하도록 할 것
③ 면밀한 작업계획 및 숙달·훈련 등을 통하여 인체에 방사선이 피폭되는 시간을 단축할 것

90. ① 사용 장소 및 그 부근의 상황설명서
② 저장시설의 구조명세서
③ 저장시설 및 방사선관리구역의 평면도
④ 작업방법에 관한 설명서
⑤ 운반방법에 관한 설명서
⑥ 신고한 사항의 변경에 관한 서류(신고한 사항을 변경하고자 하는 경우에 한한다)

91. ① 포장 단계마다 표면오염도를 검사하여 표면오염도가 허용표면오염도를 초과하지 아니하는 제품만 판매할 것
② 표면오염도를 측정하여 기록을 유지할 것
③ 방사성동위원소 등을 분배하는 경우에는 분배에 필요한 절차서를 작성하여 구비할 것

92. ① 안전성분석보고서
② 설계도면 등 설계자료
③ 품질보증계획서
④ 성능시험계획서

93. ① 방사성폐기물은 종류 및 방사능 농도에 따라 이를 분류하고 처분장의 처분요건에 적합하도록 할 것
② 방사성폐기물은 처분 후의 안전성을 확보하기 위하여 이를 고체 형태로 할 것
③ 포장물은 운반 및 취급 시 파손되지 아니하도록 구조적 건전성을 유지할 것
④ 포장내의 유리수는 이를 최소화하고 고화체가 함유하고 있는 핵종의 침출률도 적절히 제한되도록 할 것
⑤ 방사성폐기물은 폭발·인화 및 유해성 물질 등에 의한 위험성이 제거되도록 할 것
⑥ 포장물 외부에 방사성폐기물에 대한 주요 정보를 알아보기 쉽게 표시할 것

94. ① 운반용기 보수내용이 설계 승인된 보수내용과 일치할 것
② 설계승인서에서 승인된 사용검사항목 및 기준에 적합할 것
③ 품질보증규정에 따라 보수 및 사용검사가 되었을 것

95. ① 18세 미만의 사람
② 피성년후견인
③ 이 법을 위반하여 징역 이상의 형의 선고를 받고 그 형의 집행이 종료되거나 집행을 받지 아니하기로 확정된 후 3년이 경과되지 아니한 사람이나 형의 집행유예를 선고받고 그 집행유예기간 중에 있는 사람
④ 면허가 취소된 후 2년이 경과되지 아니한 사람

96. ① 방사선안전보고서
② 안전관리규정
③ 보상기준
④ 장비구입 입증 서류
⑤ 방사선안전관리자 재직 입증 서류
⑥ 방사성동위원소 등의 수급 및 판매에 관한 계획서
⑦ 방사선발생장치의 명세서

97. ① 계획된 긴급작업의 목적
② 작업 수행으로 받게 되는 예상 피폭방사선량, 부수적인 잠재적 위험도, 구체적인 방사선 준위 또는 기타 작업 조건
③ 방사선방호 조치에 관한 구체적 지침

98. ① "심부선량"이라 함은 국제방사선단위측정위원회(ICRU)가 정하는 HP(10)으로서 인체의 몸통 표면아래 10 mm 깊이에서의 선량을 선량계로 판독한 것을 말한다.
② "표층선량"이라 함은 국제방사선단위측정위원회(ICRU)가 정하는 HS(0.07)으로서 인체의 피부 표면아래 0.07 mm 깊이에서의 선량을 선량계로 판독한 것을 말한다.

99. ① 방사선 투과 검사장비 : 5대 이상
② 방사선 측정장비
가. 방사선측정기 : 5대 이상
나. 방사선경보기 : 10개 이상
다. 직독식개인선량계 : 10개 이상
(방사선경보기로 알람도시메터를 갖춰두지 않은 경우만 해당한다)
③ 방사선 방호장비
가. 콜리메터(10밀리미터 이상) : 10개 이상
나. 경고등 : 10개 이상
④ 방사선원 운반 전용차량 : 4대 이상(승용차는 제외한다)

100. ① 면허 소지자
가. 방사선취급감독자면허 소지자 또는 방사선관리기술사 : 2명 이상
(이 중 1명은 방사선투과검사 수행 경력 1년 이상인 사람)
나. 방사성동위원소취급자일반면허 소지자 : 2명 이상
② 기술자격 소지자
가. 비파괴검사 기사 : 1명 이상
나. 비파괴검사 산업기사 : 2명 이상
다. 비파괴검사 기능사 : 2명 이상

101. ① 긴급작업에 종사하는 자나 사고의 진압 등 피해의 확대를 방지하기 위하여 불가피한 작업에 참여하는 자에 대하여는 유효선량은 0.5 Sv, 피부의 등가선량은 5 Sv까지 허용할 수 있다. 다만, 인명의 구조를 목적으로 하는 긴급작업에 대해서는 이를 제한하지 말 것
② 작업으로 인한 피폭선량은 개인 피폭방사선량과 합산하지 않을 수 있음.

102. ① 판독시설 등의 목록과 개요
② 판독시설 등에 관한 도면(상세 단면도를 포함한다)
③ 보유 장비 및 그 성능에 관한 자료
④ 보유인력에 관한 자료

103. ① 판독업무자는 판독특이자가 발생한 경우, 판독특이자의 인적사항 및 선량판독 결과 등을 즉시 한국원자력안전기술원장에게 보고하여야 하며, 선량판독을 위탁받은 판독업무자의 경우 동시에 해당 사업자에게 그 사실을 통보하여야 한다.
② 판독특이자가 발생한 해당 사업자는 발생 사실을 인지한 날로부터 20일 이내에 보고서를 작성하여 안전기술원장에게 보고하여야 한다.

◇ 저 자 약 력 ◇

송재흥(마산대학교)
권대철(신한대학교)
김기복(한서대학교)
김영란(원광보건대학교)
김정훈(부산가톨릭대학교)
류영환(동강대학교)
박철수(한림성심대학교)
서정민(부산가톨릭대학교)
신지윤(광주보건대학교)
여화연(남부대학교)
이기백(충북보건과학대학교)
이선석(한국폴리텍대학교)
이승재(동서대학교)
임재동(대원대학교)
정상복(대전보건대학교)
조용인(부산가톨릭대학교)
지연상(광주보건대학교)
한용수(한림성심대학교)
곽병준(호산대학교)
김가중(극동대학교)
김순근(백석문화대학교)
김용민(대구가톨릭대학교)
김창규(김천대학교)
민병인(인제대학교)
박혜민(마산대학교)
선종률(대전보건대학교)
양오남(목포과학대학교)
오명진(대구보건대학교)
이보우(김천대학교)
이송재(전주비전대학교)
이행기(수성대학교)
정문택(동신대학교)
제재용(동의과학대학교)
조정근(전주대학교)
최준구(극동대학교)
홍성일(광양보건대학교)
권경태(동남보건대학교)
김갑중(송호대학교)
김승철(고려대학교)
김원태(가야대학교)
김형균(김천대학교)
박영준(제주한라대학교)
박훈희(신구대학교)
신정섭(선린대학교)
여진동(신경주대학교)
유신영(동강대학교)
이상윤(동남보건대학교)
이승완(건양대학교)
이효영(동의대학교)
정봉재(가야대학교)
조광호(백석문화대학교)
주명식(송호대학교)
한상현(대원대학교)

원자력안전법규

2025년 3월 05일 인쇄
2025년 3월 10일 발행

지은이 / 송재흥, 곽병준, 권경태, 권대철, 김가중, 김갑중, 김기복, 김순근, 김승철, 김영란, 김용민, 김원태, 김정훈, 김창규, 김형균, 류영환, 민병인, 박영준, 박철수, 박혜민, 박훈희, 서정민, 선종률, 신정섭, 신지윤, 양오남, 여진동, 여화연, 오명진, 유신영, 이기백, 이보우, 이상윤, 이선석, 이송재, 이승완, 이승재, 이행기, 이효영, 임재동, 정문택, 정봉재, 정상복, 제재용, 조광호, 조용인, 조정근, 주명식, 지연상, 최준구, 한상현, 한용수, 홍성일

펴낸이 / 이상태

펴낸곳 / 청구문화사

주　소 / 03706 서울특별시 서대문구 성산로11길 15

전　화 / 02) 332-0541(代) **팩스전송** / 02) 337-9577

등　록 / 1990년 11월 2일 제9-247호

가격 28,000원

ISBN 978-89-5616-949-1 93510